软件开发视频大讲堂

ASP.NET 从入门到精通
（第3版）

明日科技　编著

清华大学出版社

北　京

内 容 简 介

《ASP.NET 从入门到精通（第 3 版）》从初学者角度出发，以通俗易懂的语言、丰富多彩的示例，使用最新的 Visual Studio 2010 开发环境，详细介绍了使用 ASP.NET 进行 Web 程序开发需要掌握的各方面知识。全书共分 31 章，包括 ASP.NET 开发入门、C#语言基础、ASP.NET 的内置对象、ASP.NET Web 常用控件、数据验证技术、母版页、主题、数据绑定、使用 ADO.NET 操作数据库、数据控件、站点导航控件、Web 用户控件、ASP.NET 缓存技术、调试与错误处理、GDI+图形图像、水晶报表、E-mail 邮件发送、Web Services、ASP.NET Ajax 技术、LINQ 数据访问技术、安全策略、ASP.NET 网站发布、注册及登录验证模块设计、新闻发布系统、在线投票系统、网站流量统计、文件上传与管理、购物车、Blog、BBS 论坛和 B2C 电子商务网站。书中所有知识都结合具体示例进行介绍，涉及的程序代码都给出了详细的注释，可以使读者轻松领会使用 ASP.NET 进行 Web 程序开发的精髓，从而快速提高开发技能。另外，本书除了纸质内容之外，配书光盘中还给出了海量开发资源库，主要内容如下：

- ☑ 语音视频讲解：总时长 43 小时，共 477 段
- ☑ 实例资源库：126 个实例及源码详细分析
- ☑ 模块资源库：15 个经典模块开发过程完整展现
- ☑ 项目案例资源库：15 个企业项目开发过程完整展现
- ☑ 测试题库系统：596 道能力测试题目
- ☑ 面试资源库：343 个企业面试真题
- ☑ PPT 电子教案

本书适合作为软件开发入门者的自学用书，也适合作为高等院校相关专业的教学参考书，也可供开发人员查阅、参考。

本书封面贴有清华大学出版社防伪标签，无标签者不得销售。
版权所有，侵权必究。侵权举报电话：010-62782989　13701121933

图书在版编目（CIP）数据

ASP.NET 从入门到精通/明日科技编著．—3 版．—北京：清华大学出版社，2012.9（2016.9 重印）
（软件开发视频大讲堂）
ISBN 978-7-302-28753-7

Ⅰ. ①A… Ⅱ. ①明… Ⅲ. ①网页制作工具 Ⅳ. ①TP393.092

中国版本图书馆 CIP 数据核字（2012）第 089420 号

责任编辑：赵洛育
封面设计：刘洪利
版式设计：文森时代
责任校对：张兴旺　张彩凤
责任印制：宋　林

出版发行：清华大学出版社
网　　址：http://www.tup.com.cn, http://www.wqbook.com
地　　址：北京清华大学学研大厦 A 座　　　　邮　编：100084
社 总 机：010-62770175　　　　　　　　　　邮　购：010-62786544
投稿与读者服务：010-62776969, c-service@tup.tsinghua.edu.cn
质 量 反 馈：010-62772015, zhiliang@tup.tsinghua.edu.cn

印 刷 者：清华大学印刷厂
装 订 者：三河市新茂装订有限公司
经　　销：全国新华书店
开　　本：203mm×260mm　　印　张：50.75　　字　数：1362 千字
　　　　　（附海量开发资源库 DVD1 张）
版　　次：2008 年 9 月第 1 版　2012 年 9 月第 3 版　印　次：2016 年 9 月第 9 次印刷
印　　数：28001～33000
定　　价：89.80 元

产品编号：046162-01

如何使用 ASP.NET 开发资源库

在学习《ASP.NET 从入门到精通（第 3 版）》一书时，配合随书光盘提供了"ASP.NET 开发资源库"系统，可以帮助读者快速提升编程水平和解决实际问题的能力。《ASP.NET 从入门到精通（第 3 版）》和 ASP.NET 开发资源库配合学习流程如图 1 所示。

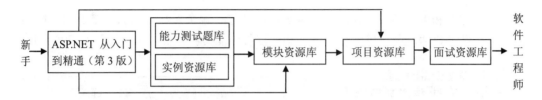

图 1　从入门到精通与开发资源库配合学习流程图

打开光盘的"ASP.NET 开发资源库"文件夹，运行 ASP.NET 开发资源库.exe 程序，即可进入"ASP.NET 程序开发资源库"系统，主界面如图 2 所示。

图 2　ASP.NET 开发资源库主界面

在学习《ASP.NET 从入门到精通（第 3 版）》某一章节时，可以配合实例资源库的相应章节，利用实例资源库提供的大量热点实例和关键实例巩固所学编程技能，提高编程兴趣和自信心。也可以配合能力测试题库的对应章节测试，检验学习成果，具体流程如图 3 所示。

图 3　使用实例资源库和能力测试题库

对于数学逻辑能力和英语基础较为薄弱的读者，或者想了解个人数学逻辑思维能力和编程英语基础的用户，本书提供了数学及逻辑思维能力测试和编程英语能力测试供练习和测试，如图 4 所示。

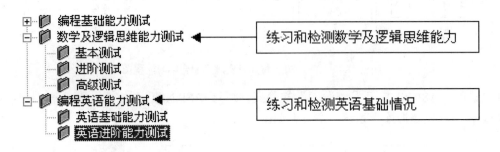

图 4　数学及逻辑思维能力测试和编程英语能力测试目录

当《ASP.NET 从入门到精通（第 3 版）》学习完成时，可以配合模块资源库和项目资源库的 30 个模块和项目，全面提升个人综合编程技能和解决实际开发问题的能力，为成为 ASP.NET 软件开发工程师打下坚实基础。具体模块和项目目录如图 5 所示。

图 5　模块资源库和项目资源库目录

万事俱备，该到软件开发的主战场上接受洗礼了。面试资源库提供了大量国内外软件企业的常见面试真题，同时还提供了程序员职业规划、程序员面试技巧、企业面试真题汇编和虚拟面试系统等精彩内容，是程序员求职面试的绝佳指南。面试资源库具体内容如图6所示。

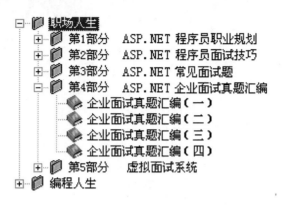

图6 面试资源库具体内容

如果您在使用 ASP.NET 开发资源库时遇到问题，读者朋友可加我们的 QQ：4006751066（可容纳10万人），我们将竭诚为您服务。

前言
Preface

丛书说明： "软件开发视频大讲堂"（第1版）于2008年8月出版以来，因其编写细腻，易学实用，配备全程视频等，在软件开发类图书市场上产生了很大反响，绝大部分品种在全国软件开发零售图书排行榜中名列前茅，2009年多个品种被评为"全国优秀畅销书"。

"软件开发视频大讲堂"丛书（第2版）于2010年8月出版，自出版至今，绝大部分品种在全国软件开发类零售图书排行榜中，依然持续名列前茅。丛书迄今累计已销售近40万册，被百余所高校计算机相关专业、软件学院选为教学参考书，在众多的软件开发类图书中成为一支最耀眼的品牌。

"软件开发视频大讲堂"丛书（第3版）在前两版的基础上，增删了品种，修正了疏漏，重新录制了视频，提供了从入门学习，到实例应用，到模块开发，到项目开发，到能力测试，直到面试等各个阶段的海量开发资源库。为了方便教学，还提供了教学课件PPT。

ASP.NET是Microsoft公司推出的新一代建立动态Web应用程序的开发平台，它可以把程序开发人员的工作效率提高到其他技术都无法比拟的程度。与Java、PHP、ASP 3.0、Perl等相比，ASP.NET具有方便、灵活、性能优、生产效率高、安全性高、完整性强及面向对象等特性，是目前主流的网络编程工具之一。

本书内容

本书提供了从入门到编程高手所必备的各类知识，共分4篇，大体结构如下图所示。

第1篇：基础知识。 本篇介绍了ASP.NET开发入门、C#语言基础、ASP.NET的内置对象和ASP.NET Web常用控件等知识，并结合大量的图示、示例、视频等使读者快速掌握ASP.NET，为以后编程奠定坚实的基础。

第2篇：核心技术。 本篇介绍了数据验证技术、母版页、主题、数据绑定、使用ADO.NET操作数据库、数据控件、站点导航控件和Web用户控件等知识。学习完本篇，读者能够开发一些小型Web应用程序和数据库程序。

第3篇：高级应用。 本篇介绍了ASP.NET缓存技术、调试与错误处理、GDI+图形图像、水晶报表、E-mail邮件发送、Web Services、ASP.NET Ajax技术、LINQ数据访问技术、安全策略、ASP.NET网站发布等知识。学习完本篇，读者可以在实际开发过程中提高Web应用程序的安全与性能，能够进行多媒体程序开发和水晶报表的开发与打印等。

第4篇：项目实战。 本篇包括注册及登录验证模块设计、新闻发布系统、在线投票系统、网站流量统计、文件上传与管理、购物车、Blog、BBS论坛和B2C电子商务网站等项目。这些项目由浅入深，带领读者一步一步亲自体验开发Web项目的全过程。

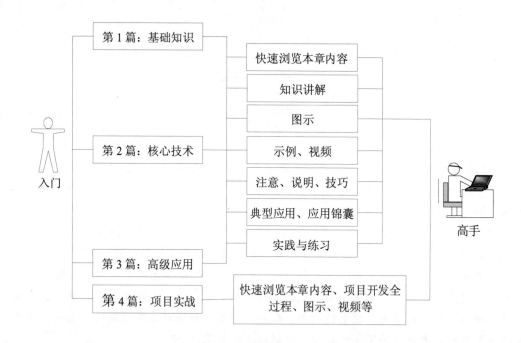

本书特点

- **由浅入深，循序渐进**：本书以初、中级程序员为对象，先从 ASP.NET 基础学起，再学习 ASP.NET 的核心技术，然后学习 ASP.NET 的高级应用，最后学习项目的开发。讲解过程中步骤详尽，版式新颖，让读者在阅读时一目了然，从而快速熟悉书中内容。

- **语音视频，讲解详尽**：书中每一章节均提供声像并茂的语音教学视频，这些视频能够引导初学者快速入门，感受编程的快乐和成就感，增强进一步学习的信心，从而快速成为编程高手。

- **示例典型，轻松易学**：通过示例进行学习是最好的学习方式，本书通过"一个知识点、一个示例、一个结果、一段评析和一个综合应用"的模式，透彻详尽地讲述了实际开发中所需的各类知识。另外，为了便于读者阅读程序代码，快速学习编程技能，书中几乎每行代码都提供了注释。

- **精彩栏目，贴心提醒**：本书根据需要在各章使用了很多"注意"、"说明"和"技巧"等小栏目，让读者可以在学习过程中更轻松地理解相关知识点及概念，并轻松地掌握个别技术的应用技巧。

- **应用实践，随时练习**：书中几乎每章都提供了"实践与练习"，让读者能够通过对问题的解答进行回顾，熟悉所学的知识，为进一步学习做好充分的准备。

读者对象

- 初学编程的自学者
- 大中专院校的老师和学生
- 编程爱好者
- 相关培训机构的老师和学员

前　言

- ☑ 进行毕业设计的学生
- ☑ 程序测试及维护人员
- ☑ 初、中级程序开发人员
- ☑ 参加实习的"菜鸟"程序员

读者服务

为了方便解决本书疑难问题，读者朋友可登录我们的 **QQ：4006751066（可容纳 10 万人）**，也可以登录 www.mingribook.com 留言，我们将竭诚为您服务。

致读者

本书由 ASP.NET 程序开发团队组织编写，主要编写人员有王小科、赵会东、顾彦玲、刘欣、杨丽、寇长梅、陈丹丹、王国辉、李伟、李银龙、李慧、潘凯华、高春艳、陈英、刘莉莉、李继业、刘淇、赵永发、王双、黎秋芬、陈媛、曹飞飞、朱晓、房大伟、刘云峰、吕双、顾丽丽、孟范胜、董大永、李继业、尹强、张磊、王军、刘彬彬、卢瀚、安剑、巩建华、刘锐宁、李伟明、梁水、李鑫、孙秀梅、李钟尉等。在编写本书的过程中，我们以科学、严谨的态度，力求精益求精，但错误、疏漏之处在所难免，敬请广大读者批评指正。

感谢您选择本书，希望本书能成为您编程路上的领航者。

"零门槛"编程，一切皆有可能。

祝读书快乐！

编　者

目 录

第 1 篇 基础知识

第 1 章 ASP.NET 开发入门 ... 2
视频讲解：1 小时 24 分钟
- 1.1 ASP.NET 简介 ... 3
  - 1.1.1 ASP.NET 的发展历程 ... 3
  - 1.1.2 ASP.NET 的优势 ... 3
  - 1.1.3 .NET Framework ... 4
  - 1.1.4 ASP.NET 的运行原理 ... 4
  - 1.1.5 ASP.NET 的运行机制 ... 5
- 1.2 ASP.NET 开发环境搭建 ... 6
  - 1.2.1 安装 IIS ... 6
  - 1.2.2 配置 IIS ... 7
  - 1.2.3 安装 Visual Studio 2010 ... 8
  - 1.2.4 配置 Visual Studio 2010 开发环境 ... 11
- 1.3 ASP.NET 网页语法 ... 13
  - 1.3.1 ASP.NET 网页扩展名 ... 13
  - 1.3.2 页面指令 ... 14
  - 1.3.3 ASPX 文件内容注释 ... 15
  - 1.3.4 服务器端文件包含 ... 15
  - 1.3.5 HTML 服务器控件语法 ... 16
  - 1.3.6 ASP.NET 服务器控件语法 ... 17
  - 1.3.7 代码块语法 ... 18
  - 1.3.8 表达式语法 ... 18
- 1.4 制作一个 ASP.NET 网站 ... 19
  - 1.4.1 创建 ASP.NET 网站 ... 19
  - 1.4.2 设计 Web 页面 ... 20
  - 1.4.3 添加 ASP.NET 文件夹 ... 22
  - 1.4.4 添加配置文件 Web.config ... 23
  - 1.4.5 运行应用程序 ... 24
  - 1.4.6 配置 IIS 虚拟目录 ... 24
- 1.5 Visual Studio 2010 帮助工具的使用 ... 26
  - 1.5.1 安装 Help Library 管理器 ... 26
  - 1.5.2 使用 Help Library ... 28

第 2 章 C#语言基础 ... 30
视频讲解：1 小时 22 分钟
- 2.1 数据类型 ... 31
  - 2.1.1 值类型 ... 31
  - 2.1.2 引用类型 ... 32
  - 2.1.3 装箱和拆箱 ... 33
- 2.2 常量和变量 ... 34
  - 2.2.1 常量 ... 34
  - 2.2.2 变量 ... 34
- 2.3 类型转换 ... 35
  - 2.3.1 隐式类型转换 ... 35
  - 2.3.2 显式类型转换 ... 36
- 2.4 运算符及表达式 ... 37
  - 2.4.1 算术运算符与算术表达式 ... 37
  - 2.4.2 关系运算符与关系表达式 ... 38
  - 2.4.3 赋值运算符与赋值表达式 ... 38
  - 2.4.4 逻辑运算符与逻辑表达式 ... 39
  - 2.4.5 位运算符 ... 40
  - 2.4.6 其他运算符 ... 40
  - 2.4.7 运算符的优先级 ... 41
- 2.5 字符串处理 ... 42
  - 2.5.1 比较字符串 ... 42
  - 2.5.2 定位字符及子串 ... 43
  - 2.5.3 格式化字符串 ... 43
  - 2.5.4 截取字符串 ... 44
  - 2.5.5 分裂字符串 ... 44

2.5.6 插入和填充字符串 45
2.5.7 删除和剪切字符串 46
2.5.8 复制字符串 46
2.5.9 替换字符串 47
2.6 流程控制 47
2.6.1 分支语句 47
2.6.2 循环语句 49
2.6.3 异常处理语句 51
2.7 数组 52
2.7.1 数组的声明 53
2.7.2 初始化数组 53
2.7.3 数组的遍历 54

第 3 章 ASP.NET 的内置对象 55
视频讲解：1 小时 14 分钟
3.1 Response 对象 56
3.1.1 Response 对象概述 56
3.1.2 Response 对象的常用属性和方法 56
3.1.3 在页面中输出数据 57
3.1.4 页面跳转并传递参数 58
3.1.5 输出二进制图像 59
3.2 Request 对象 60
3.2.1 Request 对象概述 60
3.2.2 Request 对象的常用属性和方法 60
3.2.3 获取页面间传送的值 61
3.2.4 获取客户端浏览器信息 62
3.3 Application 对象 63
3.3.1 Application 对象概述 63
3.3.2 Application 对象的常用集合、属性和方法 64
3.3.3 使用 Application 对象存储和读取全局变量 64
3.3.4 设计一个访问计数器 65
3.3.5 制作聊天室 66
3.4 Session 对象 68
3.4.1 Session 对象概述 68
3.4.2 Session 对象的常用集合、属性和方法 ... 68
3.4.3 使用 Session 对象存储和读取数据 69
3.5 Cookie 对象 70

3.5.1 Cookie 对象概述 70
3.5.2 Cookie 对象的常用属性和方法 70
3.5.3 使用 Cookie 对象保存和读取客户端信息 ... 71
3.6 Server 对象 73
3.6.1 Server 对象概述 73
3.6.2 Server 对象的常用属性和方法 73
3.6.3 使用 Server.Execute 和 Server.Transfer 方法重定向页面 74
3.6.4 使用 Server.MapPath 方法获取服务器的物理地址 75
3.6.5 使用 Server.UrlEncode 方法对字符串进行编码 75
3.6.6 使用 Server.UrlDecode 方法对字符串进行解码 75
3.7 实践与练习 76

第 4 章 ASP.NET Web 常用控件 77
视频讲解：1 小时 48 分钟
4.1 文本类型控件 78
4.1.1 Label 控件 78
4.1.2 TextBox 控件 80
4.2 按钮类型控件 83
4.2.1 Button 控件 83
4.2.2 LinkButton 控件 85
4.2.3 ImageButton 控件 87
4.2.4 HyperLink 控件 88
4.3 选择类型控件 90
4.3.1 ListBox 控件 90
4.3.2 DropDownList 控件 96
4.3.3 RadioButton 控件 99
4.3.4 CheckBox 控件 102
4.4 图形显示类型控件 105
4.4.1 Image 控件 105
4.4.2 ImageMap 控件 107
4.5 Panel 容器控件 111
4.5.1 Panel 控件概述 111
4.5.2 使用 Panel 控件显示或隐藏一组控件 ... 112
4.6 FileUpload 文件上传控件 113
4.6.1 FileUpload 控件概述 113

4.6.2 使用 FileUpload 控件上传图片文件 113
4.7 登录控件 116
　4.7.1 Login 控件 116
　4.7.2 CreateUserWizard 控件 118
　4.7.3 使用 Login 和 CreateUserWizard 控件实现用户注册与登录 119
4.8 实践与练习 123

第 2 篇　核心技术

第 5 章　数据验证技术 126
　　📹 视频讲解：32 分钟
5.1 数据验证控件 127
　5.1.1 非空数据验证控件 127
　5.1.2 数据比较验证控件 128
　5.1.3 数据类型验证控件 130
　5.1.4 数据格式验证控件 132
　5.1.5 数据范围验证控件 135
　5.1.6 验证错误信息显示控件 137
　5.1.7 自定义验证控件 139
5.2 禁用数据验证 140
5.3 实践与练习 141

第 6 章　母版页 142
　　📹 视频讲解：24 分钟
6.1 母版页概述 143
6.2 创建母版页 144
6.3 创建内容页 146
6.4 嵌套母版页 147
6.5 访问母版页的控件和属性 149
　6.5.1 使用 Master.FindControl 方法访问母版页上的控件 150
　6.5.2 引用@MasterType 指令访问母版页上的属性 151
6.6 实践与练习 153

第 7 章　主题 154
　　📹 视频讲解：30 分钟
7.1 主题概述 155
　7.1.1 组成元素 155
　7.1.2 文件存储和组织方式 156

7.2 创建主题 157
　7.2.1 创建外观文件 157
　7.2.2 为主题添加 CSS 样式 158
7.3 应用主题 161
　7.3.1 指定和禁用主题 161
　7.3.2 动态加载主题 162
7.4 实践与练习 165

第 8 章　数据绑定 166
　　📹 视频讲解：18 分钟
8.1 数据绑定概述 167
8.2 简单属性绑定 167
8.3 表达式绑定 169
8.4 集合绑定 170
8.5 方法调用结果绑定 171
8.6 实践与练习 173

第 9 章　使用 ADO.NET 操作数据库 174
　　📹 视频讲解：1 小时 28 分钟
9.1 ADO.NET 简介 175
9.2 使用 Connection 对象连接数据库 176
　9.2.1 使用 SqlConnection 对象连接 SQL Server 数据库 176
　9.2.2 使用 OleDbConnection 对象连接 OLE DB 数据源 177
　9.2.3 使用 OdbcConnection 对象连接 ODBC 数据源 178
　9.2.4 使用 OracleConnection 对象连接 Oracle 数据库 179
9.3 使用 Command 对象操作数据 180
　9.3.1 使用 Command 对象查询数据 181

- 9.3.2 使用 Command 对象添加数据 182
- 9.3.3 使用 Command 对象修改数据 184
- 9.3.4 使用 Command 对象删除数据 186
- 9.3.5 使用 Command 对象调用存储过程 187
- 9.3.6 使用 Command 对象实现数据库的事务处理 189
- 9.4 结合使用 DataSet 对象和 DataAdapter 对象 191
  - 9.4.1 DataSet 对象和 DataAdapter 对象概述 191
  - 9.4.2 使用 DataAdapter 对象填充 DataSet 对象 192
  - 9.4.3 对 DataSet 中的数据进行操作 192
  - 9.4.4 使用 DataSet 中的数据更新数据库 194
- 9.5 使用 DataReader 对象读取数据 195
  - 9.5.1 使用 DataReader 对象读取数据 196
  - 9.5.2 DataReader 对象与 DataSet 对象的区别 198
- 9.6 实践与练习 200

第 10 章 数据控件 201
视频讲解：1 小时 24 分钟
- 10.1 GridView 控件 202
  - 10.1.1 GridView 控件概述 202
  - 10.1.2 GridView 控件的常用属性、方法和事件 202
  - 10.1.3 使用 GridView 控件绑定数据源 205
  - 10.1.4 设置 GridView 控件的外观 207
  - 10.1.5 制定 GridView 控件的列 210
  - 10.1.6 查看 GridView 控件中数据的详细信息 212
  - 10.1.7 使用 GridView 控件分页显示数据 214
  - 10.1.8 在 GridView 控件中排序数据 215
  - 10.1.9 在 GridView 控件中实现全选和全不选功能 216
  - 10.1.10 在 GridView 控件中对数据进行编辑操作 217
- 10.2 DataList 控件 221
  - 10.2.1 DataList 控件概述 221
  - 10.2.2 使用 DataList 控件绑定数据源 221
  - 10.2.3 分页显示 DataList 控件中的数据 223
  - 10.2.4 查看 DataList 控件中数据的详细信息 226
  - 10.2.5 在 DataList 控件中对数据进行编辑操作 228
- 10.3 ListView 控件与 DataPager 控件 231
  - 10.3.1 ListView 控件与 DataPager 控件概述 231
  - 10.3.2 使用 ListView 控件与 DataPager 控件分页显示数据 232
- 10.4 实践与练习 234

第 11 章 站点导航控件 235
视频讲解：45 分钟
- 11.1 站点地图概述 236
- 11.2 TreeView 控件 237
  - 11.2.1 TreeView 控件概述 237
  - 11.2.2 TreeView 控件的常用属性和事件 238
  - 11.2.3 TreeView 控件的基本应用 240
  - 11.2.4 TreeView 控件绑定数据库 241
  - 11.2.5 TreeView 控件绑定 XML 文件 243
  - 11.2.6 使用 TreeView 控件实现站点导航 244
- 11.3 Menu 控件 245
  - 11.3.1 Menu 控件概述 245
  - 11.3.2 Menu 控件的常用属性和事件 246
  - 11.3.3 Menu 控件的基本应用 247
  - 11.3.4 Menu 控件绑定 XML 文件 248
  - 11.3.5 使用 Menu 控件实现站点导航 249
- 11.4 SiteMapPath 控件 250
  - 11.4.1 SiteMapPath 控件概述 250
  - 11.4.2 SiteMapPath 控件的常用属性和事件 250
  - 11.4.3 使用 SiteMapPath 控件实现站点导航 252
- 11.5 实践与练习 252

第 12 章 Web 用户控件 253
视频讲解：24 分钟
- 12.1 Web 用户控件概述 254
  - 12.1.1 用户控件与普通 Web 页的比较 254
  - 12.1.2 用户控件的优点 254
- 12.2 创建及使用 Web 用户控件 255
  - 12.2.1 创建 Web 用户控件 255
  - 12.2.2 将 Web 用户控件添加至网页 256
  - 12.2.3 使用 Web 用户控件制作博客导航条 257

12.3 设置用户控件 258
　12.3.1 访问用户控件的属性 259
　12.3.2 访问用户控件中的服务器控件 259
12.3.3 将 Web 网页转化为用户控件 261
12.4 实践与练习 261

第 3 篇　高级应用

第 13 章　ASP.NET 缓存技术 264
　🎬 视频讲解：44 分钟
13.1 ASP.NET 缓存概述 265
13.2 页面输出缓存 265
　13.2.1 页面输出缓存概述 265
　13.2.2 设置页面缓存的过期时间为当前时间加上 60 秒 266
13.3 页面部分缓存 268
　13.3.1 页面部分缓存概述 268
　13.3.2 使用@OutputCache 指令设置用户控件缓存功能 269
　13.3.3 使用 PartialCachingAttribute 类设置用户控件缓存功能 269
　13.3.4 使用 ControlCachePolicy 类 271
13.4 页面数据缓存 273
　13.4.1 页面数据缓存概述 273
　13.4.2 页面数据缓存的应用 276
13.5 实践与练习 278

第 14 章　调试与错误处理 279
　🎬 视频讲解：30 分钟
14.1 错误类型 280
　14.1.1 语法错误 280
　14.1.2 语义错误 281
　14.1.3 逻辑错误 281
14.2 程序调试 281
　14.2.1 断点 282
　14.2.2 开始执行 283
　14.2.3 中断执行 285
　14.2.4 停止执行 285
　14.2.5 单步执行 286

14.2.6 运行到指定位置 286
14.3 错误处理 286
　14.3.1 服务器故障排除 286
　14.3.2 ASP.NET 中的异常处理 288

第 15 章　GDI+图形图像 291
　🎬 视频讲解：60 分钟
15.1 GDI+绘图基础 292
　15.1.1 GDI+概述 292
　15.1.2 创建 Graphics 对象 292
　15.1.3 创建 Pen 对象 293
　15.1.4 创建 Brush 对象 294
15.2 基本图形绘制 300
　15.2.1 GDI+中的直线和矩形 300
　15.2.2 GDI+中的椭圆、弧和扇形 302
　15.2.3 GDI+中的多边形 305
15.3 GDI+绘图的应用 306
　15.3.1 绘制柱形图 306
　15.3.2 绘制折线图 309
　15.3.3 绘制饼形图 313

第 16 章　水晶报表 316
　🎬 视频讲解：52 分钟
16.1 水晶报表简介 317
16.2 .NET 平台下的 CryStal 报表 317
　16.2.1 CryStal Reports.Net 简介 317
　16.2.2 Crystal 报表设计器的环境介绍 317
　16.2.3 Crystal 报表区域介绍 318
16.3 Crystal 报表数据源和数据访问模式 ... 320
　16.3.1 Visual Studio 2010 中 Crystal 报表数据源列举 320
　16.3.2 报表的数据访问模式 320

16.4 Crystal 报表数据的相关操作 331
　16.4.1 水晶报表中数据的分组与排序 331
　16.4.2 水晶报表中数据的筛选 333
　16.4.3 图表的使用 341
　16.4.4 子报表的应用 343
16.5 实践与练习 347

第 17 章 E-mail 邮件发送 348
　　📹 视频讲解：34 分钟
17.1 SMTP 服务器发送电子邮件 349
　17.1.1 安装与配置 SMTP 服务 349
　17.1.2 System.Net.Mail 命名空间介绍 351
　17.1.3 使用 MailMessage 类创建电子邮件 352
　17.1.4 使用 Attachment 类添加附件 352
　17.1.5 使用 SmtpClient 发送电子邮件 353
　17.1.6 在 ASP.NET 程序中发送电子邮件 353
17.2 Jmail 组件发送电子邮件 355
　17.2.1 Jmail 组件概述 355
　17.2.2 使用 Jmail 组件实现给单用户发送电子邮件 356
　17.2.3 使用 Jmail 组件实现邮件的群发 358

第 18 章 Web Services 360
　　📹 视频讲解：32 分钟
18.1 Web Services 基础 361
18.2 创建 Web 服务 361
　18.2.1 Web 服务文件 362
　18.2.2 Web 服务代码隐藏文件 362
　18.2.3 创建一个简单的 Web 服务 364
18.3 Web 服务的典型应用 367
　18.3.1 使用 Web 服务 367
　18.3.2 利用 Web Service 获取手机号码所在地 370
18.4 实践与练习 371

第 19 章 ASP.NET Ajax 技术 372
　　📹 视频讲解：60 分钟
19.1 ASP.NET Ajax 简介 373
　19.1.1 ASP.NET Ajax 概述 373
　19.1.2 Ajax 开发模式 373
　19.1.3 ASP.NET Ajax 优点 374
　19.1.4 ASP.NET Ajax 架构 374
19.2 ASP.NET Ajax 服务器控件 375
　19.2.1 ScriptManager 脚本管理控件 375
　19.2.2 UpdatePanel 局部更新控件 381
　19.2.3 Timer 定时器控件 384
19.3 Ajax 实现无刷新聊天室 385
19.4 引入 ASP.NET Ajax Control Toolkit 中的控件 390
19.5 ASP.NET Ajax Control Toolkit 中的扩展控件 392
　19.5.1 TextBoxWatermarkExtender：添加水印提示 392
　19.5.2 PasswordStrength：智能密码强度提示 394
　19.5.3 SlideShow：播放照片 396
19.6 实践与练习 399

第 20 章 LINQ 数据访问技术 400
　　📹 视频讲解：50 分钟
20.1 LINQ 技术概述 401
20.2 LINQ 查询常用子句 402
　20.2.1 from 子句 402
　20.2.2 where 子句 403
　20.2.3 select 子句 404
　20.2.4 orderby 子句 405
20.3 使用 LINQ 操作 SQL Server 数据库 406
　20.3.1 建立 LINQ 数据源 407
　20.3.2 执行数据的添加、修改、删除和查询操作 408
　20.3.3 灵活运用 LinqDataSource 控件 411
20.4 LINQ 技术实际应用 414
　20.4.1 LINQ 防止 SQL 注入式攻击 414
　20.4.2 使用 LINQ 实现数据分页 416

第 21 章 安全策略 421
　　📹 视频讲解：20 分钟
21.1 验证 422
　21.1.1 Windows 验证 422
　21.1.2 Forms 验证 425
　21.1.3 Passport 验证 434

21.2 授权 435

第22章 ASP.NET 网站发布 437
 视频讲解：10分钟
22.1 使用 IIS 浏览 ASP.NET 网站 438
22.2 使用"发布网站"功能发布 ASP.NET 网站 439
22.3 使用"复制网站"功能发布 ASP.NET 网站 443

第4篇 项目实战

第23章 注册及登录验证模块设计 446
 视频讲解：44分钟
23.1 实例说明 447
23.2 技术要点 447
 23.2.1 避免 SQL 注入式攻击 447
 23.2.2 图形码生成技术 448
 23.2.3 MD5 加密算法 450
23.3 开发过程 451
 23.3.1 数据库设计 451
 23.3.2 配置 Web.config 452
 23.3.3 公共类编写 452
 23.3.4 模块设计说明 455

第24章 新闻发布系统 471
 视频讲解：50分钟
24.1 实例说明 472
24.2 技术要点 473
 24.2.1 站内全面搜索 473
 24.2.2 代码封装技术 473
 24.2.3 使用 DataList 控件绑定数据并实现分页 474
 24.2.4 向页面中添加 CSS 样式 475
 24.2.5 使用 FrameSet 框架布局页面 476
 24.2.6 转化 GridView 控件中绑定数据的格式 476
24.3 开发过程 477
 24.3.1 数据库设计 477
 24.3.2 配置 Web.config 477
 24.3.3 公共类编写 478
 24.3.4 后台登录模块设计 482
 24.3.5 后台新闻管理模块设计 484
 24.3.6 前台主要功能模块设计 493

第25章 在线投票系统 504
 视频讲解：36分钟
25.1 实例说明 505
25.2 技术要点 505
 25.2.1 防止用户重复投票 505
 25.2.2 图形方式显示投票结果 506
25.3 开发过程 509
 25.3.1 数据库设计 509
 25.3.2 配置 Web.config 510
 25.3.3 公共类编写 510
 25.3.4 模块设计说明 512

第26章 网站流量统计 525
 视频讲解：28分钟
26.1 实例说明 526
26.2 技术要点 526
 26.2.1 获取并记录流量统计所需数据 526
 26.2.2 使用 Request 对象获取客户端信息 527
26.3 开发过程 528
 26.3.1 数据库设计 528
 26.3.2 配置 Web.config 528
 26.3.3 公共类编写 529
 26.3.4 模块设计说明 530

第27章 文件上传与管理 549
 视频讲解：44分钟
27.1 实例说明 550
27.2 技术要点 550
 27.2.1 上传文件 551
 27.2.2 文件的基本操作 551

27.2.3 文件下载 553
27.2.4 鼠标移动表格行变色功能 553
27.2.5 双击 GridView 控件中的数据弹出
　　　 新页功能 554
27.3 开发过程 554
27.3.1 数据库设计 554
27.3.2 配置 Web.config 555
27.3.3 公共类编写 555
27.3.4 模块设计说明 557

第 28 章　购物车 569
　　　 视频讲解：45 分钟
28.1 实例说明 570
28.2 技术要点 570
28.2.1 使用 Web 服务器的 Attributes 属性
　　　 运行 JavaScript 命令 570
28.2.2 使 DataList 控件中的 TextBox 控件允许
　　　 输入数字 571
28.3 开发过程 571
28.3.1 数据库设计 571
28.3.2 配置 Web.config 572
28.3.3 公共类编写 572
28.3.4 模块设计说明 574

第 29 章　Blog 587
　　　 视频讲解：60 分钟
29.1 实例说明 588
29.2 技术要点 589
29.2.1 关于 ASP.NET 中的 3 层结构 589
29.2.2 触发器的应用 589
29.2.3 为 GridView 控件中的删除列添加确认
　　　 对话框 591
29.2.4 对 DataList 控件中的某列数据信息执行
　　　 截取操作 592
29.3 开发过程 592
29.3.1 数据库设计 592
29.3.2 配置 Web.config 595
29.3.3 公共类编写 595
29.3.4 前台主要功能模块设计 601

29.3.5 后台主要管理模块设计 619

第 30 章　BBS 论坛 626
　　　 视频讲解：1 小时 10 分钟
30.1 实例说明 627
30.2 技术要点 628
30.2.1 IFrame 框架的使用 628
30.2.2 第三方组件 FreeTextBox 的使用 629
30.2.3 以缩略图形式上传图片 631
30.2.4 多层设计模式开发 631
30.3 开发过程 633
30.3.1 数据库设计 633
30.3.2 配置 Web.config 635
30.3.3 公共类编写 636
30.3.4 模块设计说明 645

第 31 章　B2C 电子商务网站 659
　　　 视频讲解：2 小时 18 分钟
31.1 系统分析 660
31.1.1 需求分析 660
31.1.2 可行性分析 660
31.2 总体设计 660
31.2.1 项目规划 660
31.2.2 系统业务流程分析 661
31.2.3 系统功能结构图 662
31.3 系统设计 662
31.3.1 设计目标 662
31.3.2 开发及运行环境 663
31.3.3 数据库设计 663
31.4 关键技术 675
31.4.1 使用母版页构建网站的整体风格 675
31.4.2 主题的应用 678
31.4.3 使用存储过程实现站内模糊查询 680
31.4.4 使用哈希表和 Session 对象实现购物
　　　 功能 681
31.4.5 FreeTextBox 组件的配置使用 683
31.5 公共类的编写 684
31.5.1 Web.config 文件配置 684
31.5.2 数据库操作类的编写 685

目 录

31.6 网站前台主要功能模块设计 700
    31.6.1 网站前台功能结构图 700
    31.6.2 母版页 700
    31.6.3 网站前台首页 711
    31.6.4 商品浏览页 715
    31.6.5 商品详细信息页 721
    31.6.6 购物车管理页 724
    31.6.7 服务台页 730
    31.6.8 在线支付功能模块 738
    31.6.9 用户注册页 744
    31.6.10 浏览/更新用户信息页 748
    31.6.11 发表留言 751
    31.6.12 浏览/管理我的留言 753

31.7 网站后台主要功能模块设计 757
    31.7.1 网站后台功能结构图 757
    31.7.2 后台登录模块设计 758
    31.7.3 商品管理模块设计 759
    31.7.4 订单管理模块设计 769

光盘"开发资源库"目录

第 1 大部分　实例资源库

（126 个实例，光盘路径：开发资源库/实例资源库）

- ……
- 📁 网站页面与菜单导航设计
  - 利用 DIV+CSS 布局网站主页
  - SiteMapPath 控件实现企业门户网站导航
  - TreeView 控件实现网站后台功能导航
  - Menu 控件实现电子商城网站导航
  - Menu 控件控制网站用户权限
  - 通过用户控件实现网站菜单导航
  - ASP.NET 开发网站地图
  - 动态加载网站母版页
  - 应用 Web.config 配置网站
  - 网站在线访问人数统计并计算停留时间
  - 统计网站总访问量（年 / 月 / 日）
  - 网站动态更换皮肤
  - 网站气泡提示信息
- 📁 典型 Web 控件应用开发
  - 省与市实现联动关系(AJAX)
  - 在线考试实现单选题功能
  - 在线考试实现多选题功能
  - ListBox 控件实现点菜功能
  - 日历控件在新闻网站上应用
  - 触发验证会员注册信息
  - 智能验证会员注册信息
  - 实现网站在线登录功能
  - 优化 GridView 控件数据显示
  - GridView 控件数据显示编辑与控制
  - 数据绑定到 DataList 控件并分页
  - GridView 显示商品明细信息
  - DataList 显示商品明细信息
  - GridView 控件中数据导入到 Excel 中
- 📁 SQL 查询技术
  - 按学生年龄或姓名(动态)查询
  - 使用 DISTINCT 去除查询结果重复数据
  - 查询商品销售量占整个市场的 30%
  - 模式匹配万能查询
  - SUM 函数统计商品销售总额
  - 利用临时表删除数据表中重复数据
  - 利用 MIN 或 MAX 函数计算最小利润或最大利润商品
  - First 或 Last 函数指定查询结果数据中的第一行或最后一行数据
  - 按公司部门汇总平均工资
  - 利用 Transform 分析季度 / 部门绩效
  - 利用 SQL Server 交叉表分析员工 / 部门绩效
  - 使用拼音简码实现智能查询（AJAX）
  - 分布式数据库链接与查询
  - 自定义 SQL 函数
- 📁 数据库开发技术
  - ASP.NET 实现通用数据库连接
  - ASP.NET+SQL 语句读写数据库
  - ASP.NET 读写 Excel
  - 用存储过程读写数据库
  - 存储过程中杀死数据连接进程
  - 利用事务进行数据回滚防止数据混乱
  - 在数据库中添加或读取文件数据
  - 利用触发器记录系统日志信息
  - Excel、Access、SQL Server 之间数据导入 / 导出
  - 将 Access 数据导成特定数据格式框

- 将数据库中数据转换为文本文件
- 将数据库中数据传递给 Word
- SQL Server 数据库备份与恢复
- SQL Server 数据库附加与分离
- 图形图像与多媒体
  - 绘制商品条形码
  - 绘制会员登录验证码
  - 商品销售（年/月/日）分析柱形图
  - 绘制饼形图分析投票结果
  - 利用折线图形分析股票走势
  - flv 格式在线视频播放
  - MP3 音乐在线播放
  - 在商品图片上水印图片/文字(支持批量水印)
  - 循环播放广告图片
  - 生成图片缩略图
  - 绘制 3D 柱型图分析数据（商品销售）
  - 绘制 3D 饼型图分析数据（商品市场占有率）
- 网上购物与银行在线支付
  - 购物商城网创建个人店铺
  - 网上商城购物车
  - 网银在线支付
  - 支付宝在线支付
  - 快钱在线支付
  - NPS 在线支付
  - YeePay 易宝在线支付
- 网站策略与安全
  - 使用基本身份验证
  - 使用摘要式身份验证
  - 使用集成 Windows 身份验证
  - 加密与解密 Web.Config
  - 加密与解密数据库中数据
  - 防止 SQL 注入式攻击
  - 防止网站图片盗链
  - 获取指定网页源代码并盗取数据
- 程序开发设计模式与架构设计
  - 简单工厂设计模式
  - 工厂方法设计模式
  - 原型（Prototype）设计模式
  - 适配器（Adapter）设计模式
  - 合成（Composite）设计模式
  - 代理（Proxy）设计模式
  - 三层架构在餐饮预订管理系统中应用
  - 应用 MVC 架构开发简单计算器
- Web 系统应用硬件开发
  - ……
  - 写入与读取串口加密狗
  - 使用 U 口加密锁进行身份验证
  - 利用短信猫发送与接收手机短信息
  - 远程获取客户端网卡地址
  - 使用 IC 卡制作考勤程序
  - 条形码扫描器销售商品
  - 利用语音卡实现客户来电查询
  - 使用数据采集器实现库存盘点
  - ……

第 2 大部分　模块资源库

（15 个经典模块，光盘路径：开发资源库/模块资源库）

模块 1　论坛模块
- 概述
- XML 数据库设计
  - XML 数据库概述
  - XML 数据库逻辑结构设计
- 关键技术详解
  - 定义操作 XML 数据库的参数
  - 读取 XML 中的数据
  - 向 XML 文件中插入数据
  - 更新 XML 文件中的数据
  - 删除 XML 文件中的数据
- 公共类的封装与设计
  - Web.Config 文件设计
  - 操作 XML 连接路径类

- 论坛版面设计与管理
  - 论坛版面管理
  - 创建论坛版面
  - 编辑论坛版面
- 论坛帖子设计与管理
  - 发布论坛新帖
  - 查看论坛帖子
  - 论坛帖子回复
- 论坛帖子搜索、统计及排行
  - 基于关键字的搜索
  - 基于时间的搜索
  - 论坛帖子统计
  - 热门帖子排行
  - 热门回复帖子排行
- 程序打包与发布

模块2 博客模块
- 模块功能概述
- 数据库设计
  - 数据库概要说明
  - 数据库逻辑设计
- 关键技术详解
  - 通过IE地址栏进入用户Blog
  - Iframe框架技术
  - GridView控件中数据实现全选或复选
  - 母版页技术
- 公共类的封装与设计
  - Web.config配置文件
  - 公共类中的全局变量
  - 公共类中的构造函数
  - 执行数据的添加、删除等操作
  - 执行数据库查询操作
  - 读取数据库中数据
  - 绑定GridView控件中的数据
- 博客主界面设计
- 博客个人文章管理
- 评论信息管理
- 友情链接管理
- 博客留言信息管理
- 程序发布与调试

……

模块4 网络硬盘
- 网络硬盘概述
- 网络硬盘关键技术
  - 文件及文件夹处理技术
  - GridView控件数据绑定
  - 3 统一控件的样式使用主题
- 网络硬盘实现过程
  - 选择不同的文件夹进行文件上传
  - 修改文件名称
  - 获取指定文件的基本信息
  - 修改文件夹名称
  - 添加文件夹到指定的目录中
  - 搜索文件并显示
  - 提示信息页
- 网站打包与发布

模块5 在线考试模块
- 在线考试模块概述
- 关键技术详解
  - 用户管理权限设置
  - 考试时间倒计时
  - 大量数据查询进度等待
  - 智能记忆登录用户名
  - GridView控件中更改试卷可用状态
  - AJAX服务器控件的应用
- 公共类的封装与设计
  - 数据库连接类
  - AJAX环境中的对话框类
- 在线考试页设计
- 用户信息管理页
- 试卷出题页
- 试卷评审页
- 程序发布与调试

模块6 网站备忘录
- 网站备忘录模块概述
  - 功能概述
  - 数据库设计
- 网站备忘录模块关键技术

- 向网站中添加公共类
- 定时自动提示网站备忘信息
- 使用 Web 用户控件实现页面导航
- 使用验证控件验证用户输入的信息
- 网站备忘录实现过程
  - 新建网站备忘录
  - 检索网站备忘录信息
  - 详细信息页
  - 按日期查看当天信息
  - 网站备忘录修改信息页
  - 新用户注册
  - 用户登录
- 网站打包与发布

模块 7　电子邮件发送与接收模块
- 电子邮件发送模块功能概述
- 实现电子邮件发送与接收的关键技术
  - 引入 Jmail 组件到 ASP.NET 中
  - 配置 POP3 服务
  - 在 POP3 服务中添加域
  - 在域中添加新邮箱
  - 邮件发送核心技术
  - 邮件接收核心技术
- 电子邮件发送与接收的实现过程
  - 单用户发送和群发邮件
  - 电子邮件接收
- 好友录管理
  - 添加好友录
  - 管理好友录
  - 好友信息修改
- 网站的打包与发布

模块 8　在线短消息模块
- 在线短消息概述
  - 功能概述
  - 数据库设计
- 在线短消息关键技术
  - 防止用户的重复登录（单点登录）
  - 设计动态树状菜单栏
  - 过滤和还原 HTML 字符
  - 未读消息提示

- 公共类的封装与设计
  - 实现判断数据是否存在
  - 实现用户登录操作
  - 实现更新、插入、删除操作
  - 实现查询数据并返回 DataSet
  - 实现查询数据并返回 SqlDataReader
  - 实现返回统计数据的结果
- 在线短消息实现过程
  - 用户登录设计
  - 在线短消息首页设计
  - 好友信息设计
  - 发送消息设计
  - 所有未读消息设计
- 网站打包与发布

模块 9　网站统计分析
- 网站统计分析概述
  - 功能概述
  - 数据库设计
- 网站统计分析关键技术
  - GDI+绘制图形
  - 柱型图的绘制
  - 饼型图的绘制
  - Global.asax 类统计访问人数
- 公共类的封装与设计
  - 实现判断数据是否存在
  - 实现返回指定列值
  - 实现更新、插入、删除操作
  - 实现返回表中所有数据
  - 实现更新或插入时段数据
  - 实现执行存储过程
  - 实现返回当前时间字段
  - 实现返回操作系统类型
  - 实现返回浏览器类型
- 网站统计的实现过程
  - 统计概述设计
  - 日或月时段分析设计
  - 日或月回访统计设计
  - 日或月地域分析设计
  - 日或月客户端分析设计

- 网站打包与发布

模块10 图书馆管理系统（权限分配）
- 图书馆管理系统（权限分配模块）概述
  - 功能概述
  - 数据库设计
- 图书馆管理系统（权限分配模块）关键技术
  - Menu 菜单动态编辑
  - 借阅业务操作失败使用事务回滚
  - 权限存储设计思路
- 公共类的封装与设计
  - 实现判断数据是否存在
  - 实现用户登录操作
  - 实现更新、插入、删除操作
  - 实现查询数据并返回 DataSet
  - 实现查询数据并返回 SqlDataReader
  - 实现执行事务处理
- 图书馆管理系统实现过程
  - 权限菜单栏设计
  - 管理员设置设计
  - 添加管理员设计
  - 管理员权限设置设计
  - 图书借阅设计
  - 图书续借设计
  - 图书归还设计
  - 图书档案查询设计
- 网站打包与发布

第3大部分　项目资源库

（15个企业开发项目，光盘路径：开发资源库/项目资源库）

……

项目2　供求信息网
- 开发背景与系统分析
  - 开发背景
  - 系统分析
- 系统设计
  - 系统目标
  - 业务流程图
  - 网站功能结构
  - 系统预览
  - 编码规则
  - 构建开发环境
  - 数据库设计
  - 网站文件组织结构
- 公共类设计
  - 数据层功能设计
  - 网站逻辑业务功能设计
- 网站主页设计（前台）
- 网站招聘信息页设计（前台）
- 免费供求信息发布页（前台）
- 网站后台主页设计（后台）
- 免费供求信息审核页（后台）
- 免费供求信息删除管理页（后台）
- 网站编译与发布
  - 网站编译
  - 网站发布
- 网站文件清单
- SQL Server 2005 数据库使用专题
  - 安装合适的 SQL Server 2005 版本
  - 建立数据库与数据表

项目3　明日播客网
- 概述和系统分析及设计
  - 概述
  - 系统分析
  - 总体设计
  - 系统设计
- 公用类编写
  - Web.Config 文件设计
  - operateData 数据库操作类
  - operateMethod 公共方法类

- 网站前台主要功能模块设计
  - 播客首页
  - 用户注册页面
  - 密码找回页面
  - 最新视频页面
  - 个人管理上传页面
  - 个人管理页面
  - 播放视频并发表评论页面
- 网站后台主要功能模块设计
  - 搞笑视频管理页面
  - 用户管理页面
  - 修改循环广告页面
- 疑难问题分析与解决
  - 视频月排行榜
  - 播放视频分析

项目4 电子商务平台
- 开发背景与系统分析
  - 开发背景
  - 系统分析
- 系统设计
  - 系统目标
  - 系统流程图
  - 系统功能结构
  - 系统预览
  - 构建开发环境
  - 数据库设计
  - 文件夹组织结构
- 公共类设计
  - Web.Config 文件配置
  - 数据库操作类的编写
- 网站前台首页
- 购物车管理页
- 后台登录模块设计
- 商品库存管理模块设计
- 销售订单管理模块设计
- 文件清单
- 网上在线支付使用专题

项目5 都市网络新闻中心
- 系统功能概述及可行性分析
  - 概述
  - 需求分析
  - 可行性分析
  - 项目规划
  - 系统功能结构图
- 系统设计
  - 设计目标
  - 开发及运行环境
  - 逻辑结构设计
- 技术准备
  - ASP.NET 开发前准备
  - ASP.NET 网站构建准备
  - 关于 IIS 系统服务准备
  - 互联网站建设准备
  - ASP.NET 配置文件 Web.config
- 网站总体架构
  - 模块功能介绍
  - 文件夹及文件架构布局
  - 文件架构
  - 网站首页的运行结果
- 公共类编写
  - BaseClass.cs 类
  - checkCode.cs 类
  - randomCode.cs 类
  - Web.Config 文件设计
  - 数据库操作类 BaseClass 编写
  - 验证码 randomCode 类编写
- 后台登录模块设计
- 新闻信息管理
  - 新闻类别添加
  - 编辑类别新闻
- 用户自定义控件设计
- 新闻类别页（newsList.aspx）
- 站内搜索显示结果页（search.aspx）
- 验证码技术及 SQL 注入式攻击
  - 验证码技术
  - SQL 注入式攻击
- **ASP.NET 开发常用函数**

项目6 基于XML技术的在线论坛

概述和系统分析及设计
- 概述
- 系统分析
- 总体设计
- 系统设计

关键技术详解
- XML文件概述
- 读取XML文件中的数据
- 向XML文件中添加数据
- 更新XML文件中的数据
- 删除XML文件中的数据

网站总体架构和公共类编写
- 网站总体架构
- 公共类编写

论坛版面设计与管理模块
- 论坛版面管理
- 新开论坛版面
- 编辑论坛版面
- 查看论坛版面

论坛版面设计与管理模块
- 发布论坛新帖
- 新开论坛版面
- 编辑论坛版面
- 查看论坛版面

论坛帖子搜索、统计及排行
- 基于关键字的搜索
- 基于时间的搜索
- 论坛帖子统计
- 热门帖子排行
- 热门回复帖子排行

ASP.NET 2.0主题的应用
- 主题的概述
- 主题的创建
- 主题的应用

项目7 物流信息发布平台

系统功能概述及可行性分析
- 功能概述
- 需求分析
- 可行性分析
- 项目规划
- 系统功能结构图

系统设计
- 设计目标
- 开发及运行环境
- 逻辑结构设计

公共类编写
- Web.Config文件设计
- CSS样式
- 创建Web用户控件（left1.ascx）
- 创建Web用户控件（validate.ascx）

前台文件总体架构
- 功能模块介绍
- 文件架构
- 网站页面的运行效果

前台首页设计
会员注册设计
忘记密码设计
发布司机信息设计
司机信息设计
司机详细信息设计

后台总体架构
- 模块功能介绍
- 文件架构

后台登录模块设计
后台管理首页设计
货源信息管理
会员信息管理设计
用户设置模块设计

ASP.NET版本错误和执行权限错误
- ASP.NET版本错误
- 执行权限错误

项目8 物流信息供求网

概述和系统分析及设计
- 概述
- 系统分析
- 总体设计
- 系统设计

- 公用类编写
  - Web.Config 文件设计
  - CSS 样式
  - 创建 Web 用户控件（left1.ascx）
  - 创建 Web 用户控件（validate.ascx）
- 前台主要功能模块详细设计
  - 前台文件总体架构
  - 前台首页设计
  - 会员注册设计
  - 忘记密码设计
  - 发布司机信息设计
  - 司机信息设计
  - 司机详细信息设计
- 后台主要功能模块详细设计
  - 后台总体架构
  - 后台登录模块设计
  - 后台管理首页设计
  - 货源信息管理
  - 会员信息管理设计
  - 用户设置模块设计
- 疑难问题分析与解决
  - ASP.NET 版本错误
  - 执行权限错误

项目 9　小区物业内部管理网
- 开发背景与系统设计
  - 开发背景
  - 需求分析
  - 系统设计
- 公共类设计
- 网站首页设计
- 欠费信息查询页
- 管理员登录页设计
- 值班员工页设计
- 业主住房信息管理页设计
- 业主投诉信息审核页
- 网站文件清单
- Access 数据库操作技术专题
  - 简单的 SELECT 语句的查询
  - FROM 子句
  - 使用 WHERE 子句设置查询条件
  - 使用 ORDER BY 子句对查询结果排序
  - 使用 GROUP BY 子句将查询结果分组
  - 嵌套查询
  - 多表查询
  - 添加数据
  - 修改数据
  - 删除数据

项目 10　电子商务网站
- 系统功能概述及可行性分析
  - 系统概述
  - 需求分析
  - 可行性分析
  - 项目规划
  - 系统功能结构图
- 系统设计
  - 设计目标
  - 开发及运行环境
  - 逻辑结构设计
- 技术准备
  - 命名规则
  - ADO.NET 的事务
- 公共类的编写
  - 数据库操作类的编写
  - 购物车类的编写
- 系统架构及网站前台首页设计
  - 系统架构设计
  - 网站前台首页设计
- 特价商品模块设计
- 新品上架模块设计
- 商品模块设计
- 会员注册模块设计
  - 会员注册
  - 会员登录
- 购物车模块设计
- 网站后台文件架构及后台登录模块设计
  - 网站后台文件架构设计
  - 后台登录模块设计
- 商品管理模块设计

- 会员管理模块设计
- 订单管理模块设计
- 公告管理模块设计
- 疑难问题分析
- 电话号的验证
- 对数据库的常用操作方法
- 网站发布

第 4 大部分　测试资源库

（596 道能力测试题目，光盘路径：开发资源库/能力测试）

第 1 部分　ASP.NET 编程基础能力测试
......

第 2 部分　数学及逻辑思维能力测试
- 基本测试
- 进阶测试
- 高级测试

第 3 部分　面试能力测试
- 常规面试测试

第 4 部分　编程英语能力测试
- 英语基础能力测试
- 英语进阶能力测试

第 5 大部分　面试资源库

（343 项面试真题，光盘路径：开发资源库/编程人生）

第 1 部分　ASP.NET 程序员职业规划
- 你了解程序员吗
- 程序员自我定位

第 2 部分　ASP.NET 程序员面试技巧
- 面试的三种方式
- 如何应对企业面试
- 英语面试
- 电话面试
- 智力测试

第 3 部分　ASP.NET 常见面试题
- .NET 框架面试真题
- C#编程语言面试真题
- 常用算法与排序面试真题
- 面向对象面试真题
- Web 窗体开发面试真题
- 数据库访问面试真题
- XML 应用与处理面试真题
- Web Service 开发面试真题
- 网站优化与安全面试真题
- 设计模式与架构面试真题
- 调试、部署与测试面试真题

第 4 部分　ASP.NET 企业面试真题汇编
- 企业面试真题汇编（一）
- 企业面试真题汇编（二）
- 企业面试真题汇编（三）
- 企业面试真题汇编（四）

第 5 部分　ASP.NET 虚拟面试系统

基础知识

- 第1章 ASP.NET 开发入门
- 第2章 C#语言基础
- 第3章 ASP.NET 的内置对象
- 第4章 ASP.NET Web 常用控件

本篇介绍了 ASP.NET 开发入门、C#语言基础、ASP.NET 的内置对象和 ASP.NET Web 常用控件等知识，并结合大量的图示、示例、视频等使读者快速掌握 ASP.NET，为以后编程奠定坚实的基础。

第 1 章

ASP.NET 开发入门

（ 视频讲解：1 小时 24 分钟 ）

本书从这里开始 ASP.NET 技术的学习之旅。ASP.NET 技术是 Microsoft Web 开发史上的一个重要的里程碑，使用 ASP.NET 开发 Web 应用程序并维持其运行比以前更加简单。通过本章的学习，读者会对 ASP.NET 有进一步的认识，可以学会安装、搭建和熟悉 ASP.NET 环境，并了解一些网页相关的基本知识，同时也可以利用 ASP.NET 的帮助系统更加深入地学习 ASP.NET。

1.1 ASP.NET 简介

ASP.NET 是 Microsoft 公司推出的新一代建立动态 Web 应用程序的开发平台，是一种建立动态 Web 应用程序的新技术。它是.NET 框架的一部分，可以使用任何.NET 兼容的语言（如 Visual Basic.NET、C#和 JScript.NET）编写 ASP.NET 应用程序。当建立 Web 页面时，可以使用 ASP.NET 服务器端控件来建立常用的 UI（用户界面）元素，并对它们编程来完成一般的任务，可以把程序开发人员的工作效率提高到其他技术都无法比拟的程度。

1.1.1 ASP.NET 的发展历程

2000 年 ASP.NET 1.0 正式发布，2003 年 ASP.NET 升级为 1.1 版本。ASP.NET 1.1 的发布激发了 Web 应用程序开发人员对 ASP.NET 更大的兴趣，而且对网络技术的发展有着巨大的推动作用，Microsoft 公司提出"减少 70%代码"的目标，于是在 2005 年 11 月发布了 ASP.NET 2.0。ASP.NET 2.0 的发布是.NET 技术走向成熟的标志，其在使用上增加了方便、实用的新特性，使 Web 开发人员可以更加快捷方便地开发 Web 应用程序，它不但执行效率大幅度提高，对代码的控制也做得更好，以高安全性、易管理性和高扩展性等特点著称。随后，Microsoft 公司陆续推出了 ASP.NET 3.0 和 3.5 版本，并在 2010 年推出了 ASP.NET 4.0 版本，使网络程序开发更倾向于智能化，运行起来像 Windows 下的应用程序一样流畅。

注意
本书是在 ASP. NET 4.0 环境下介绍相关技术的。

1.1.2 ASP.NET 的优势

ASP.NET 是目前主流网络开发技术之一，其本身具有许多优点和新特性，具体介绍如下。
☑ 高效的运行性能
ASP.NET 应用程序采用页面脱离代码技术，即前台页面代码保存到 ASPX 文件中，后台代码保存到 CS 文件中，这样当编译程序将代码编译为 DLL 文件后，ASP.NET 在服务器上运行时，可以直接运行编译好的 DLL 文件，并且 ASP.NET 采用缓存机制，可以提高其运行性能。
☑ 简易性、灵活性
很多 ASP.NET 功能都可以扩展，这样可以轻松地将自定义功能集成到应用程序中。例如，ASP.NET 提供程序模型为不同数据源提供插入支持。
☑ 可管理性
ASP.NET 中包含的新增功能使得管理宿主环境变得更加简单，从而为宿主主体创建了更多增值的机会。

☑ 生产效率高

使用新增的 ASP.NET 服务器控件和包含新增功能的现有控件，可以轻松、快捷地创建 ASP.NET 网页和应用程序。新增内容（如成员资格、个性化和主题）可以提供系统级的功能，此类功能通常会要求开发人员进行大量的代码编写工作。新增数据控件、无代码绑定和智能数据显示控件解决了核心开发方案（尤指数据）问题。

1.1.3　.NET Framework

.NET Framework 是 Microsoft 公司推出的完全面向对象的软件开发与运行平台，具有两个主要组件，分别是公共语言运行库（Common Language Runtime，CLR）和.NET Framework 类库。

公共语言运行库是.NET Framework 的基础，为多种语言提供了一种统一的运行环境。可以将运行库看做一个在执行时管理代码的代理，代码管理的概念是运行库的基本原则。以运行库为目标的代码称为托管代码，而不以运行库为目标的代码称为非托管代码。

.NET Framework 的另一个主要组件是类库，可以使用它开发多种应用程序，包括传统的命令行或图形用户界面（GUI）应用程序，以及基于 ASP.NET 所提供的最新创建的应用程序（如 Web 窗体和 XML Web Services）。

1.1.4　ASP.NET 的运行原理

当一个 HTTP 向服务器请求并被 IIS 接收后，首先，IIS 检查客户端请求的页面类型，并为其加载相应的 DLL 文件，然后，在处理过程中将这条请求发送给能够处理该请求的模块。在 ASP.NET 中，这个模块叫做 HttpHandler（HTTP 处理程序组件），之所以 ASPX 文件可以被服务器处理，就是因为在服务器端有默认的 HttpHandler 专门处理 ASPX 文件。

IIS 将请求发送给能够处理该请求的模块之前，还需要经过一些 HttpModule 的处理，这些都是系统默认的 Modules（用于获取当前应用程序的模块集合）。这样有四个好处，一是为了一些必需的过程；二是为了安全性；三是为了提高效率；四是为了用户能够在更多的环节上进行控制，增强用户的控制能力。ASP.NET 的运行原理如图 1.1 所示。

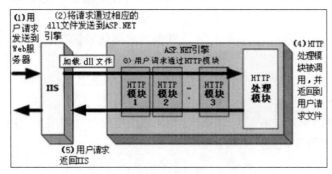

图 1.1　ASP.NET 运行原理

> **说明**
>
> HttpModule 模块是一个组件，可以注册为 ASP.NET 请求生命周期的一部分，当处理该组件时，该组件可以读取或更改请求或响应。HttpModule 模块通常用于执行需要监视每个请求的特殊任务，如安全或站点统计信息。

1.1.5 ASP.NET 的运行机制

ASP.NET 的运行机制如图 1.2 所示。

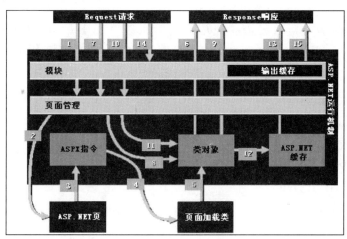

图 1.2 ASP.NET 的运行机制

从图 1.2 中可以清楚地看到一个 HTTP 请求是如何经过服务器处理的，同时也可以看出 Request 掌管着所有客户端的输入。图中展示了一个 HTTP 请求可能经过的 4 条路线。

- ☑ 第 1 条路线（1、2、3、4、5、6）

当用户第一次访问这个页面时，请求首先经过 HttpModules 和 HttpHandler（HTTP 处理程序组件）的处理，而在 HttpHandler 的处理中，服务器会为用户转到其真正要访问的页面，然后通过 ASP Engine 来找到这个页面背后的类，并实例化为一个临时对象，在此过程中会触发一系列的事件，其中一部分事件需要经过对象中的方法处理，之后服务器会将这个处理后的页面移交给 Response 对象，最后由 Response 对象将这个页面发送到客户端，这就是第 1 条路线。

- ☑ 第 2 条路线（7、8、9）

当用户在这个页面上重新提交一些信息，并继续向服务器发送请求时，因为用户与服务器之间的会话已经建立，同时对应的临时对象也在服务器中建立，所以不用再经过初始化页面的工作，故第 2 条路线是按照 HttpModules、HttpHandler 直接与临时对象交互后返回的。

- ☑ 第 3 条路线（10、11、12、13）

第 3 条路线与第 2 条不同的是，在处理请求时如果需要调用 ASP Cache（即 ASP 缓存），临时对象将直接从 ASP 缓存提取信息并返回。

☑ 第 4 条路线（14、15）

第 4 条路线就是当用户刷新这个页面时，服务器接收到 HTTP 请求，发现该请求先前已经处理过，并将处理结果存储到由一个默认的 HttpModule 管理的输出缓存中，那么用户就可以直接从这个缓存提取信息并返回，而无需再重新处理一遍。

1.2 ASP.NET 开发环境搭建

1.2.1 安装 IIS

ASP.NET 作为一项服务，首先需要在运行它的服务器上建立 Internet 信息服务器（Internet Information Server，IIS）。IIS 是 Microsoft 公司主推的 Web 服务器，通过 IIS，开发人员可以更方便地调试程序或发布网站。

> **注意**
>
> 下面列出 Windows 操作系统不同版本下集成的 IIS 服务器。
> ☑ Windows 2000 Server：Professional IIS 5.0。
> ☑ Windows XP：Professional IIS 5.1。
> ☑ Windows 2003：IIS 6.0。
> ☑ Windows 7：IIS 7.0。

下面介绍 Windows 7 操作系统中 IIS 7.0 的安装过程，具体步骤如下。

（1）将 Windows 7 操作系统光盘放到光盘驱动器中。依次打开"控制面板"/"程序"，选择"程序和功能"/"打开或关闭 Windows 功能"，弹出"Windows 功能"窗口，如图 1.3 所示。

（2）选中"Internet 信息服务"复选框，单击"确定"按钮，弹出如图 1.4 所示的"Microsoft Windows"对话框，显示安装进度。安装完成后，将自动关闭 Microsoft Windows 对话框和"Windows 功能"窗口。

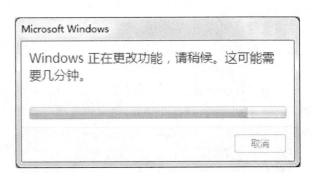

图 1.3 "Windows 功能"窗口　　　　　　图 1.4 Microsoft Windows 对话框

（3）依次打开"控制面板"/"系统和安全"/"管理工具"，在其中可以看到"Internet 信息服务（IIS）管理器"选项，如图 1.5 所示。

图 1.5　"Internet 信息服务（IIS）管理器"选项

以上为 Internet 信息服务（IIS）的完整安装步骤，用户按照步骤安装后即可使用。

1.2.2　配置 IIS

IIS 安装启动后还要进行必要的配置，才能使服务器在最优的环境下运行，下面介绍 IIS 服务器配置与管理的具体步骤。

（1）依次打开"控制面板"/"系统和安全"/"管理工具"，在图 1.5 所示的窗口中双击"Internet 信息服务（IIS）管理器"，弹出"Internet 信息服务（IIS）管理器"窗口，如图 1.6 所示。

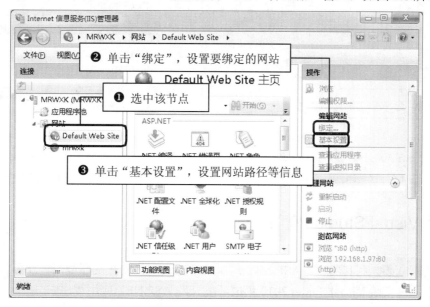

图 1.6　"Internet 信息服务（IIS）管理器"窗口

（2）在如图1.6所示窗口的左侧列表中选中"网站"/Default Web Site节点，在右侧单击"绑定"超链接，弹出如图1.7所示的"网站绑定"对话框，可以在该对话框中添加、编辑、删除和浏览绑定的网站。

（3）在"网站绑定"对话框中单击"添加"按钮，弹出"添加网站绑定"对话框，可以在该对话框中设置要绑定网站的类型、IP地址、端口及主机名等信息，如图1.8所示。

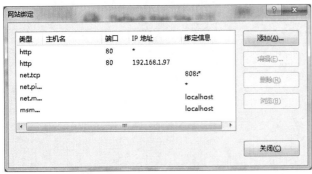

图1.7 "网站绑定"对话框   图1.8 "添加网站绑定"对话框

（4）设置完要绑定的网站后，单击"确定"按钮，返回"Internet信息服务（IIS）管理器"窗口，单击该窗口右侧的"基本设置"超链接，弹出"编辑网站"对话框，可以在该对话框中设置应用程序池、网站的物理路径等信息，如图1.9所示。

（5）在"编辑网站"对话框中，单击"…"按钮，选择网站路径，然后单击"选择"按钮，弹出"选择应用程序池"对话框，可以在该对话框的下拉列表中选择要使用的.NET版本，如图1.10所示。

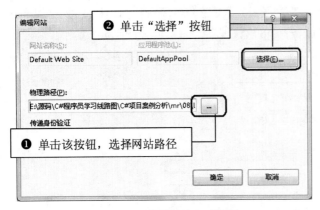 

图1.9 "编辑网站"对话框   图1.10 "选择应用程序池"对话框

1.2.3 安装 Visual Studio 2010

"工欲善其事，必先利其器。"ASP.NET是Visual Studio集成开发环境的一部分，现在的专业开发人员一般都会通过安装Visual Studio 2010集成环境开发ASP.NET应用程序。

> **说明**
> 使用 Visual Studio 2010 可以开发 ASP.NET 2.0、ASP.NET 3.0、ASP.NET 3.5 和 ASP.NET 4.0 的 Web 应用程序。

1．系统要求

（1）操作系统

- ☑ Windows 2000 Service Pack 4。
- ☑ Windows Server 2003 Service Pack 2.0。
- ☑ Windows XP Service Pack 2.0。
- ☑ Windows 7。

（2）硬件

- ☑ CPU：至少 1.6GHz（推荐使用 2GHz）。
- ☑ 内存：至少 1GB（推荐使用 2GB）。

（3）磁盘

全部安装（包括帮助文档），系统驱动器上需要 5.4GB 的可用空间，安装驱动器上需要 2GB 的可用空间。

（4）显示器

至少 800×600 像素，256 色（建议用 1024×768 像素，增强色为 16 位）。

安装 Visual Studio 2010 之前，系统必须先安装 Internet 信息服务（IIS）6.0 或更高版本。

> **注意**
> 在不同版本的 Windows 系统下（除了 Windows 7）安装 Visual Studio 2010 前，需要安装相应的 Windows 操作系统补丁。也就是说，必须安装相应的系统补丁，才能正常安装 Visual Studio 2010 开发环境。

2．安装步骤

（1）将 Visual Studio 2010 安装光盘放到光驱中，光盘自动运行后会进入安装程序文件界面，如果光盘不能自动运行，可以双击 setup.exe 文件，应用程序会自动跳转到如图 1.11 所示的"Microsoft Visual Studio 2010 安装程序"界面，该界面上有两个安装选项：安装 Microsoft Visual Studio 2010 和检查 Service Release，一般情况下需安装第一项。

（2）选择"安装 Microsoft Visual Studio 2010"选项，弹出如图 1.12 所示的"Microsoft Visual Studio 2010 旗舰版"安装向导界面。

（3）单击"下一步"按钮，弹出如图 1.13 所示的"Visual Studio 2010 旗舰版 安装程序-起始页"界面，该界面左边显示关于 Visual Studio 2010 安装程序的所需组件信息，右边显示用户许可协议。

（4）选中"我已阅读并接受许可条款"单选按钮，单击"下一步"按钮，弹出如图 1.14 所示的"Microsoft Visual Studio 2010 旗舰版 安装程序-选项页"界面，用户可以选择要安装的功能和产品安装路径。一般使用默认设置即可，产品默认路径为 C:\Program Files\Microsoft Visual Studio 10.0\。

图 1.11　Visual Studio 2010 安装界面

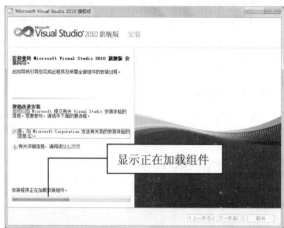

图 1.12　Visual Studio 2010 安装向导

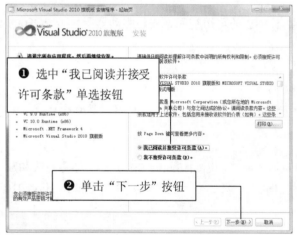

图 1.13　Visual Studio 2010 安装程序-起始页

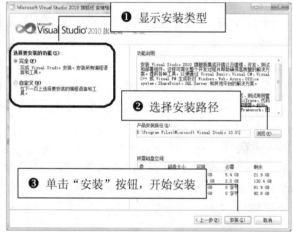

图 1.14　选择"完全"安装方式

> **说明**
> 在选择安装选项界面中，用户可以选择"完全"和"自定义"两种方式。如果选择"完全"，安装程序会安装系统的所有功能；如果选择"自定义"，用户可以选择希望安装的项目，增加了安装程序的灵活性。

（5）选择"自定义"安装方式，单击"安装"按钮，进入"选择要安装的功能"界面，如图 1.15 所示。

（6）选择好产品安装路径之后，单击"安装"按钮，进入如图 1.16 所示的"Microsoft Visual Studio 2010 旗舰版 安装程序-安装页"界面，显示正在安装组件。

第 1 章 ASP.NET 开发入门

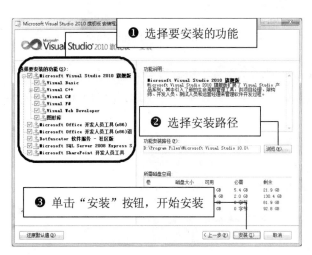

图 1.15 选择安装的功能　　　　　　　　图 1.16　Visual Studio 2010 安装程序-安装页

> **说明**
> 如果选择"完全"安装方式，会自动进入如图 1.16 所示的界面。

（7）安装完毕后，单击"下一步"按钮，弹出如图 1.17 所示的"Microsoft Visual Studio 2010 旗舰版 安装程序-完成页"界面，单击"完成"按钮，至此，Visual Studio 2010 程序开发环境安装完成。

图 1.17　Visual Studio 2010 安装程序-完成页

1.2.4　配置 Visual Studio 2010 开发环境

为了更加方便地在 Visual Studio 2010 中开发 Web 应用程序，需要配置 Visual Studio 2010 开发环

境，具体操作步骤如下。

（1）选择"开始"/"所有程序"/Microsoft Visual Studio 2010/Microsoft Visual Studio 2010 命令，启动 Microsoft Visual Studio 2010。

（2）第一次打开 Microsoft Visual Studio 2010 时，会弹出"选择默认环境设置"对话框，这里需要选择"Web 开发"选项，然后单击"启动 Visual Studio"按钮打开集成开发环境，如图 1.18 和图 1.19 所示。

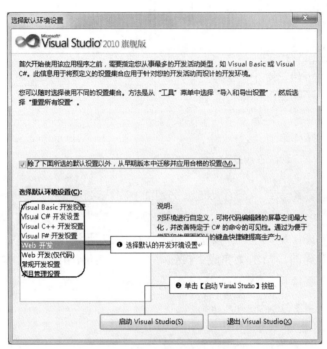

图 1.18　选择默认环境

图 1.19　启动 Microsoft Visual Studio 2010

第 1 章 ASP.NET 开发入门

> **技巧**
> 如果要更改"选择默认环境设置"对话框中的设置,则在 Visual Studio 2010 环境中选择"工具"/"导入和导出设置"命令,按照提示进行操作即可。

(3)在"工具"菜单中选择"选项"命令,弹出"选项"对话框,在该对话框的左侧导航栏中有"常规"、"环境 字体和颜色"、"文本编辑器 HTML"和"HTML 设计器"选项,如图 1.20 所示。

> **说明**
> 在"选项"对话框默认页中,可以选择 Visual Studio 2010 起始页位置和源视图中显示的项目(如自动列出成员、行号、自动换行)等。

(4)在"选项"对话框的下方选中"显示所有设置"复选框,在左栏中将显示所有命令,如图 1.21 所示。用户可以根据实际需要进行详细设置。

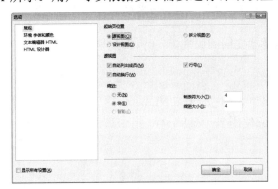
图 1.20 "选项"对话框

图 1.21 显示所有设置

1.3 ASP.NET 网页语法

1.3.1 ASP.NET 网页扩展名

网站应用程序中可以包含很多文件类型。例如,在 ASP.NET 中经常使用的 ASP.NET Web 窗体页就是以.aspx 为扩展名的文件。ASP.NET 网页其他扩展名的具体描述如表 1.1 所示。

表 1.1 ASP.NET 网页扩展名

文 件	扩 展 名
Web 用户控件	.ascx
HTML 页	.htm
XML 页	.xml
母版页	.master

续表

文件	扩展名
Web 服务	.asmx
全局应用程序类	.asax
Web 配置文件	.config
网站地图	.sitemap
外观文件	.skin
样式表	.css

1.3.2 页面指令

ASP.NET 页面中的前几行一般是<%@...%>这样的代码，叫做页面的指令，用来定义 ASP.NET 页分析器和编译器使用的特定于该页的一些定义。在.aspx 文件中使用的页面指令一般有以下几种。

1. <%@Page%>

<%@Page%>指令可定义 ASP.NET 页分析器和编译器使用的属性，一个页面只能有一个这样的指令。

2. <%@Import Namespace="Value"%>

<%@Import Namespace="Value"%>指令可将命名空间导入到 ASP.NET 应用程序文件中，一个指令只能导入一个命名空间，如果要导入多个命名空间，应使用多个@Import 指令来执行。有些命名空间是 ASP.NET 默认导入的，没有必要再重复导入。

> **说明**
>
> ASP.NET 4.0 默认导入的命名空间包括 System、System.Configuration、System.Data、System.Linq、System.Web、System.Web.Security、System.Web.UI、System.Web.UI.HtmlControls、System.Web.UI.WebControls、System.Web.UI.WebControls.WebParts、System.Xml.Linq。

3. <%@OutputCache%>

<%@OutputCache%>指令可设置页或页中包含的用户控件的输出缓存策略。

4. <%@Implements Interface="接口名称"%>

<%@Implements Interface="接口名称"%>指令用来定义要在页或用户控件中实现的接口。

5. <%@Register%>

<%@Register%>指令用于创建标记前缀和自定义控件之间的关系，有下面 3 种写法：

```
<%@ Register tagprefix="tagprefix" namespace="namespace" assembly="assembly" %>
<%@ Register tagprefix="tagprefix" namespace="namespace" %>
<%@ Register tagprefix="tagprefix" tagname="tagname" src="pathname" %>
```

- ☑ tagprefix：提供对包含指令的文件中所使用的标记的命名空间的短引用的别名。
- ☑ namespace：正在注册的自定义控件的命名空间。
- ☑ tagname：与类关联的任意别名。此属性只用于用户控件。
- ☑ src：与 tagprefix:tagname 对关联的声明性用户控件文件的位置，可以是相对的地址，也可以是绝对的地址。
- ☑ assembly：与 tagprefix 属性关联的命名空间的程序集，程序集名称不包括文件扩展名。如果将自定义控件的源代码文件放置在应用程序的 App_Code 文件夹下，ASP.NET 4.0 在运行时会动态编译源文件，因此不必使用 assembly 属性。

1.3.3 ASPX 文件内容注释

服务器端注释（<%--注释内容--%>）允许开发人员在 ASP.NET 应用程序文件的任何部分（除了<script>代码块内部）嵌入代码注释。服务器端注释元素的开始标记和结束标记之间的任何内容，不管是 ASP.NET 代码还是文本，都不会在服务器上进行处理或呈现在结果页上。

例如，使用服务器端注释 TextBox 控件，代码如下：

```
<%--
    <asp:TextBox ID="TextBox2" runat="server"></asp:TextBox>
--%>
```

执行后，浏览器上将不显示此文本框。

如果<script>代码块中的代码需要注释，则使用 HTML 代码中的注释（<!--注释//-->）。此标记用于告知浏览器忽略该标记中的语句。例如：

```
<script language ="javascript" runat ="server">
    <!--
        注释内容
    //-->
</script>
```

> **注意**
> 服务器端注释用于页面的主体，但不在服务器端代码块中使用。当在代码声明块（包含在<script runat="server"></script>标记中的代码）或代码呈现块（包含在<%...%>标记中的代码）中使用特定语言时，应使用用于编码的语言的注释语法。如果在<%...%>块中使用服务器端注释块，则会出现编译错误。开始和结束注释标记可以出现在同一行代码中，也可以由许多被注释掉的行隔开。服务器端注释块不能被嵌套。

1.3.4 服务器端文件包含

服务器端文件包含用于将指定文件的内容插入 ASP.NET 文件中，这些文件包括网页（.aspx 文件）、用户控件文件（.ascx 文件）和 Global.asax 文件。包含文件是在编译之前被包含的文件按原始格式插入到原始位置，相当于两个文件组合为一个文件，两个文件的内容必须符合.aspx 文件的要求。

语法如下：

```
<!-- #include file|virtual="filename" -->
```

- ☑ file：文件名是相对于包含带有#include 指令的文件目录的物理路径，此路径可以是相对的。
- ☑ virtual：文件名是网站中虚拟目录的虚拟路径，此路径可以是相对的。

注意

使用 file 属性时包含的文件可以位于同一目录或子目录中，但该文件不能位于带有#include 指令的文件的上级目录中。由于文件的物理路径可能会更改，因此建议采用 virtual 属性。

例如，使用服务器端包含指令语法调用将在 ASP.NET 页上创建页眉的文件，这里使用的是相对路径，代码如下：

```html
<html>
    <body>
        <!-- #Include virtual="/include/header.ascx" -->
    </body>
</html>
```

注意

赋予 file 或 virtual 属性的值必须用引号（""）括起来。

1.3.5　HTML 服务器控件语法

默认情况下，ASP.NET 文件中的 HTML 元素作为文本进行处理，页面开发人员无法在服务器端访问文件中的 HTML 元素。要使这些元素可以被服务器端访问，必须将 HTML 元素作为服务器控件进行分析和处理，该操作可以通过为 HTML 元素添加 runat="server"属性来完成。服务器端通过 HTML 元素的 id 属性引用该控件。

语法如下：

```
<控件名  id="名称" …runat="server">
```

例如，使用 HTML 服务器端控件创建一个简单的 Web 应用程序，单击 Red 按钮将 Web 页的背景改为红色，程序代码如下：

```
<%@ Page Language="C#" AutoEventWireup="true"    CodeFile="HTMLTest.aspx.cs" Inherits="HTMLTest" %>
<!DOCTYPE html PUBLIC "-//W3C//DTD XHTML 1.0 Transitional//EN"
"http://www.w3.org/TR/xhtml1/DTD/xhtml1- transitional.dtd">
<html xmlns="http://www.w3.org/1999/xhtml" >
<head runat="server">
    <title>HTML 服务器控件</title>
```

```
<script language="javascript" type="text/javascript" runat="server">
function btnRed_onclick() {
    form1.style.backgroundColor ="Red";
}
</script>
</head>
<body>
    <form id="form1" runat="server">
        <input id="btnRed" type="button" value="Red" onclick="return btnRed_onclick()" />
    </form>
</body>
</html>
```

运行结果如图 1.22 所示。

图 1.22 HTML 服务器控件举例

> **注意**
> HTML 服务器控件必须位于具有 runat="server" 属性的 <form> 标记中。

1.3.6 ASP.NET 服务器控件语法

ASP.NET 服务器控件比 HTML 服务器控件具有更多内置功能。Web 服务器控件不仅包括窗体控件（如按钮和文本框），而且还包括特殊用途的控件（如日历、菜单和树视图控件）。Web 服务器控件与 HTML 服务器控件相比更为抽象，因为其对象模型不一定反映 HTML 语法。

语法如下：

```
<asp:控件名 ID="名称"…组件的其他属性…runat="server" />
```

例如，使用服务器端控件语法添加控件，程序代码如下：

```
<html>
<head runat="server">
    <title>服务器端控件</title>
    <script language="C#" runat ="server" >
    //在页面初始化时显示按钮控件的文本
    protected void Page_Load(object sender, EventArgs e)
    {
        Response.Write(this.btnTest .Text);
    }
    </script>
</head>
<body>
    <form id="form1" runat="server">
        <div>
            <asp:Button ID="btnTest" runat="server" Text="服务器按钮控件" /></div>
```

```
        </form>
    </body>
</html>
```

运行结果如图 1.23 所示。

> **注意**
> 以上代码<script>标记内的 language 属性必须设置为 C#，否则<script>标记内不支持使用 C#代码。

图 1.23　服务器端控件语法举例

1.3.7　代码块语法

代码块语法是定义网页呈现时所执行的内嵌代码。定义内嵌代码的语法标记元素为：

`<%内嵌代码%>`

例如，使用代码块语法，根据系统时间显示"上午好！"或"下午好！"，具体代码如下：

```
<html>
<head runat="server">
    <title>代码块语法</title>
</head>
<body>
    <form id="form1" runat="server">
    <%if(DateTime.Now.Hour<12) %>
    上午好！
    <%else%>
    下午好！
    </form>
</body>
</html>
```

运行结果如图 1.24 所示。

> **说明**
> 以上代码中，DateTime 对象用于表示时间上的一刻，通常以日期和当天的时间表示。其包含在 System 命名空间中。

图 1.24　代码块语法举例

1.3.8　表达式语法

定义内嵌表达式，使用的语法标记元素为：

`<%=内嵌表达式%>`

例如，在网页上显示字体大小不同的文本，代码如下：

```
<html>
<head runat="server">
    <title>表达式语法</title>
</head>
<body>
    <form id="form1" runat="server">
    <%for (int i = 1;i < 7;i++) %>
    <%{%>
    <font size=<%= i+1%>>Hello World!</font></br>
    <%}%>
    </form>
</body>
</html>
```

运行结果如图 1.25 所示。

以上代码中，使用 for 循环语句执行 6 次循环内容。

图 1.25　表达式语法举例

1.4　制作一个 ASP.NET 网站

通过前几节的学习，相信读者对 ASP.NET 已经有了一些基本的了解。下面讲解一个简单的实例，使读者快速掌握 ASP.NET 的使用方法。

1.4.1　创建 ASP.NET 网站

创建 ASP.NET 网站的具体操作步骤如下。

（1）选择"开始"/"所有程序"/Microsoft Visual Studio 2010/Microsoft Visual Studio 2010 命令，进入 Visual Studio 2010 开发环境。

（2）在菜单栏中选择"文件"/"新建"/"网站"命令，如图 1.26 所示。

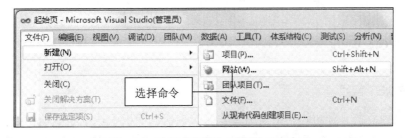

图 1.26　选择"新建"/"网站"命令

（3）弹出如图 1.27 所示的"新建网站"对话框。

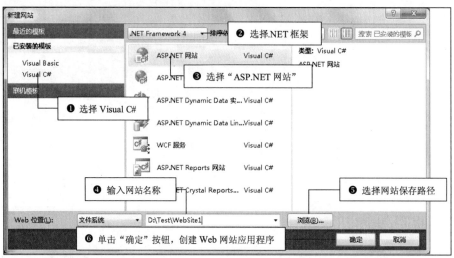

图 1.27 "新建网站"对话框

（4）选择要使用的.NET 框架和"ASP.NET 网站"选项后，可对所要创建的 ASP.NET 网站进行命名，并选择存放位置。在命名时可以使用用户自定义的名称，也可以使用默认名 WebSite1，用户可以单击"浏览"按钮，设置网站存放的位置，然后单击"确定"按钮，完成 ASP.NET 网站的创建，如图 1.28 所示。

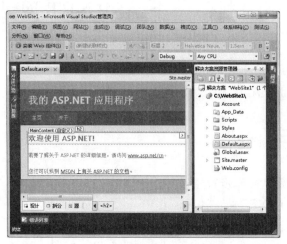

图 1.28 创建完成的 ASP.NET 网站

1.4.2 设计 Web 页面

1．加入 ASP.NET 网页

ASP.NET 网站建立后，便可在"解决方案资源管理器"面板中选中当前项目，单击鼠标右键，在弹出的快捷菜单中选择"添加新项"命令，在网站中加入新建的 ASP.NET 网页。如图 1.29 所示为"添加新项"对话框。

图1.29 "添加新项"对话框

如图1.29所示，ASP.NET网站里可以放入许多不同种类的文件，最常见的是ASP.NET网页，也就是所谓的"Web窗体"，其扩展名为.aspx，主文件名的部分可自行定义，默认为Default。因为网页里可编写程序，所以加入新网页时需要设定编写网页里程序时使用的语言，本书统一使用C#语言。

每个.aspx的Web窗体网页都有3种视图方式，分别为"设计"、"拆分"及"源"视图。在"解决方案资源管理器"上双击某个*.aspx就可以打开.aspx文件，接下来便可以在3种方式间切换。

☑ "设计"视图

如图1.30所示为"设计"视图，该视图可模拟用户在浏览器里看到的界面。

☑ "拆分"视图

"拆分"视图会将HTML及设计界面同时呈现在开发工具中，让用户设计好HTML后即可看到将会显示的界面，如图1.31所示。

图1.30 "设计"视图

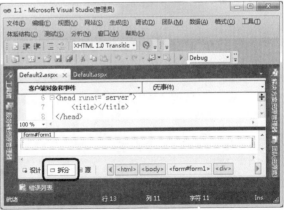

图1.31 "拆分"视图

☑ "源"视图

"源"视图可让网页设计人员针对网页的HTML及程序做细致的编辑及调整，如图1.32所示。

21

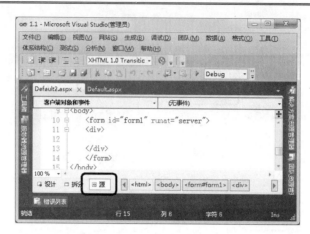

图 1.32 "源"视图

2. 布局 ASP.NET 网页

布局 ASP.NET 网页可以使用两种方法实现，一种是使用 Table 表格布局，另一种是使用 CSS+DIV 布局。使用 Table 表格布局时，在 Web 窗体中添加一个 HTML 格式表格，然后根据位置的需要，向表格中添加相关文字信息或服务器控件；而使用 CSS+DIV 布局时，需要通过 CSS 样式控制 Web 窗体中的文字信息或服务器控件的位置，这需要精通 CSS 样式。

3. 添加服务器控件

添加服务器控件既可以通过拖曳的方式添加，也可以通过 ASP.NET 网页代码添加。例如，下面通过这两种方法添加一个 Button 按钮。

☑ 拖曳方法

首先打开工具箱，在"标准"栏中找到 Button 控件，然后按住鼠标左键，将 Button 按钮拖曳到 Web 窗体中指定位置或表格单元格中，最后释放鼠标即可，如图 1.33 所示。

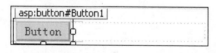

图 1.33 添加 Button 控件

☑ 代码方法

打开 Web 窗体的"源"视图，使用代码添加一个 Button 控件，代码如下：

```
<td>
    <asp:Button ID="Button1" runat="server" Text="Button" />
</td>
```

1.4.3 添加 ASP.NET 文件夹

ASP.NET 应用程序包含 7 个默认文件夹，分别为 Bin、APP_Code、App_GlobalResources、App_LocalResources、App_WebReferences、App_Browsers 和主题。每个文件夹都存放 ASP.NET 应用程序的不同类型的资源，具体说明如表 1.2 所示。

表 1.2　ASP.NET 应用程序文件夹说明

文件夹	说明
Bin	包含程序所需的所有已编译程序集（.dll 文件）。应用程序中自动引用 Bin 文件夹中的代码所表示的任何类
APP_Code	包含页使用的类（如.cs、.vb 和.jsl 文件）的源代码
App_GlobalResources	包含编译到具有全局范围的程序集中的资源（.resx 和.resources 文件）
App_LocalResources	包含与应用程序中的特定页、用户控件或母版页关联的资源（.resx 和.resources 文件）
App_WebReferences	包含用于定义在应用程序中使用的 Web 引用的引用协定文件（.wsdl 文件）、架构（.xsd 文件）和发现文档文件（.disco 和.discomap 文件）
App_Browsers	包含 ASP.NET 用于标识个别浏览器并确定其功能的浏览器定义文件（.browser 文件）
主题	包含用于定义 ASP.NET 网页和控件外观的文件集合（.skin 和.css 文件、图像文件及一般资源）

添加 ASP.NET 默认文件夹的方法是：在"解决方案资源管理器"面板中选中方案名称并单击鼠标右键，在弹出的快捷菜单中选择"添加 ASP.NET 文件夹"命令，在其子菜单中可以看到 7 个默认的文件夹，选择指定的命令即可，如图 1.34 所示。

图 1.34　ASP.NET 默认文件夹

> **说明**
> 新建网站后，默认存在的文件夹是 App_Data，其他文件夹可以根据需要手动添加。在操作过程中有些文件夹会自动添加，例如，添加一个类文件时，会自动创建 App_Code 文件夹并将新建的类文件保存在该文件夹中。

1.4.4　添加配置文件 Web.config

在 Visual Studio 2010 中创建网站后，会自动添加 Web.config 配置文件。

手动添加 Web.config 文件的方法是：在"解决方案资源管理器"面板中，右击网站名称，在弹出的快捷菜单中选择"添加新项"命令，打开"添加新项"对话框，选择"Web 配置文件"选项，单击"添加"按钮即可。

注意

在 Visual Studio 2010 开发环境中 Web.config 文件不需要手动添加，这里只是提供添加的方法。

1.4.5 运行应用程序

Visual Studio 中有多种方法运行程序，可以选择"调试"/"启动调试"命令运行应用程序，如图 1.35 所示；也可以单击工具栏中的 ▶ 按钮运行应用程序；还可以直接按 F5 键运行程序。

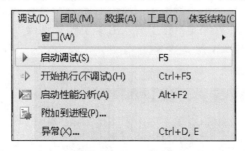

图 1.35 在"调试"菜单中选择命令运行应用程序

第一次运行网站时会弹出"未启用调试"对话框，如图 1.36 所示。该对话框中，有"修改 Web.config 文件以启用调试"和"不进行调试直接运行"两个单选按钮，一般选中前者，然后单击"确定"按钮运行程序。运行结果如图 1.37 所示。

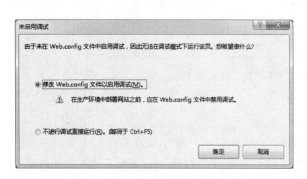

图 1.36 "未启用调试"对话框

图 1.37 Default.aspx 页运行结果

1.4.6 配置 IIS 虚拟目录

IIS 作为当今流行的 Web 服务器之一，提供了强大的 Internet 和 Intranet 服务功能，可以发布、测试和维护 Web 页和 Web 站点。

下面以 Windows 7 系统为例，介绍如何在 IIS 管理器中配置 ASP.NET 网站虚拟站点，步骤如下。

（1）依次打开"控制面板"/"系统和安全"/"管理工具"/"Internet 信息服务（IIS）管理器"选项，在"Internet 信息服务（IIS）管理器"窗口中依次展开"网站"/Default Web Site 节点，选中该节点，单击鼠标右键，在弹出的快捷菜单中选择"添加应用程序"命令，如图 1.38 所示。

图 1.38　选择"添加应用程序"命令

（2）弹出如图 1.39 所示的"添加应用程序"对话框，在该对话框中，首先输入应用程序别名，并单击"选择"按钮，选择应用程序池，然后单击"…"按钮选择 ASP.NET 网站路径，最后单击"确定"按钮。

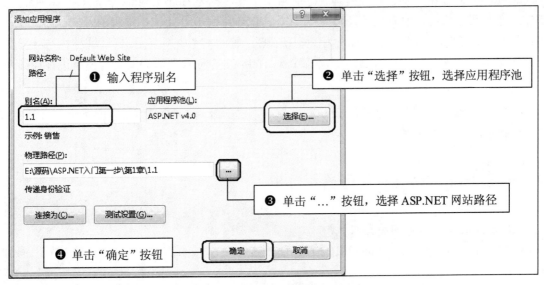

图 1.39　"添加应用程序"对话框

（3）配置完成后，选中添加的应用程序，切换到"内容视图"，选中要浏览的页面，单击鼠标右键，在弹出的快捷菜单中选择"浏览"命令，即可在 IE 等网页浏览器中浏览配置的 ASP.NET 网站，如图 1.40 所示。

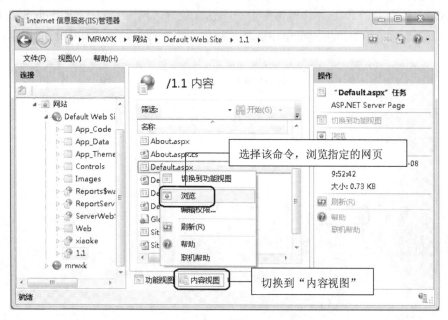

图 1.40 浏览网页

1.5 Visual Studio 2010 帮助工具的使用

Visual Studio 2010 中提供了一个内容广泛的帮助工具，称为 Help Library 管理器。在 Help Library 管理器中，用户可以查看任何 C#语句、类、属性、方法、编程概念及一些编程的示例。帮助工具包括用于 Visual Studio IDE、.NET Framework、C#、J#、C++等的参考资料，用户可以根据需要进行筛选，使其只显示某方面（如 C#）的相关信息。本节将对 Help Library 管理器的安装与使用进行详细介绍。

> **说明**
> Help Library 管理器类似于 Visual Studio 前期版本中附带的 MSDN 帮助，都是为了给开发人员提供一定的帮助。

1.5.1 安装 Help Library 管理器

安装 Help Library 管理器的步骤如下。

（1）在"Microsoft Visual Studio 2010 旗舰版 安装程序-完成页"中，单击"安装文档"按钮，如图 1.41 所示。

（2）进入如图 1.42 所示的"设置本地内容位置"界面，单击"浏览"按钮，选择 Microsoft Visual

Studio 2010 Help Library 管理器的安装路径。

 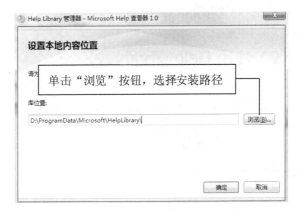

图 1.41　单击"安装文档"按钮　　　　　图 1.42　"设置本地内容位置"界面

（3）选择好安装位置后，单击"确定"按钮，进入如图 1.43 所示的 Help Library 管理器"从磁盘安装内容"界面，在"操作"列表下添加要安装的内容。

（4）单击"更新"按钮，进入如图 1.44 所示的"正在更新本地库"界面。

（5）本地库更新完成后将自动弹出"Help Library 管理器"界面，如图 1.45 所示。

（6）单击"联机检查更新"超链接，弹出 Help Library 管理器"设置"界面，如图 1.46 所示。

 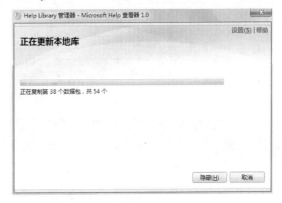

图 1.43　"从磁盘安装内容"界面　　　　　图 1.44　"正在更新本地库"界面

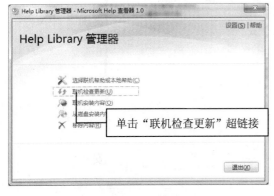 

图 1.45　"Help Library 管理器"界面　　　　　图 1.46　Help Library 管理器"设置"界面

（7）如果本地机器已经联网，可以选中"我要使用联机帮助"单选按钮；否则，选中"我要使用本地帮助"单选按钮，然后单击"确定"按钮，即可完成 Help Library 管理器的安装。

1.5.2　使用 Help Library

Help Librery 是微软的文档库，提供了大量的技术文档，供开发人员参考。下面介绍如何使用 Help Librery 帮助，具体操作步骤如下。

（1）选择"开始"/"所有程序"/Visual Studio 2010/"Visual Studio 2010 文档"命令，即可进入 Help Librery 主界面，如图 1.47 所示。

图 1.47　Help Librery 主界面

（2）在 Help Librery 主界面的左侧可以看到"内容"、"索引"、"收藏夹"和"结果"4 个选项卡，当选择"内容"选项卡时，可以依次展开左侧列表进行学习，如图 1.48 所示。

图 1.48　"内容"选项卡

（3）当选择"索引"选项卡时，可以在左上方的文本框中输入要查找的内容，如输入 int，即可在左侧列表中显示与 int 相关的所有内容，用户可以选择某项，在右侧查看其详细内容，如图 1.49 所示。

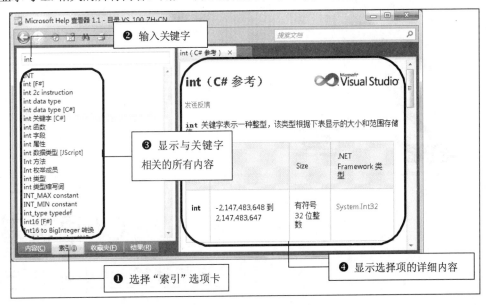

图 1.49　"索引"选项卡

（4）选择"结果"选项卡，在 Help Librery 主界面右上方的搜索文本框中输入要搜索的内容并按 Enter 键，即可将搜索结果显示在左侧列表中，用户可以单击进行查看，如图 1.50 所示。

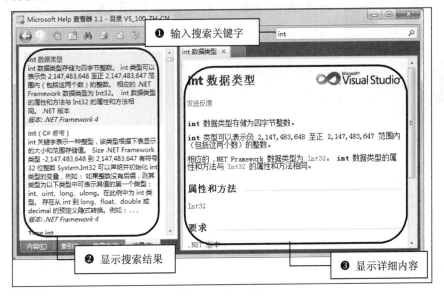

图 1.50　搜索内容

> **说明**
> Help Library 管理器实际上就是.NET 语言的超大型词典，可以在该词典中查找.NET 语言的结构、声明以及使用方法，它是一个智能的查询软件。

第 2 章

C#语言基础

（视频讲解：1小时22分钟）

C#是 Microsoft 公司设计的一种简单、现代、面向对象、类型安全、平台独立的组件编程语言，是.NET 的关键性语言，也是整个.NET 平台的基础。

2.1 数据类型

C#是一种面向对象的编程语言，主要用于开发可以在.NET 平台上运行的应用程序。它是从 C 和 C++语言派生来的一种简单、现代、面向对象和类型安全的编程语言，并且能够与.NET 框架完美结合。

C#是强类型语言，因此每个变量和对象都必须具有声明类型。C#中有两种数据类型：值类型（用于存储值）和引用类型（用于存储对实际数据的引用）。

> **说明**
> C#自 2002 年正式发布以来，使用率一直呈现稳定的上升趋势，而且作为 Microsoft 公司全力推广的一种语言，其发展前景也非常好。

> **注意**
> 本章主要介绍 C#语言的基础知识，读者可以在 Windows 控制台应用程序环境下应用示例。控制台应用程序的创建步骤如下。
> （1）启动 Visual Studio 2010 开发环境，首先进入"起始页"界面，在其中单击"创建/项目"超链接，或者在菜单栏上选择"文件"/"新建项目"命令。
> （2）在打开的"新建项目"对话框的"模板"列表框中选择"控制台应用程序"选项，在下面的"名称"文本框中输入项目名称，在"位置"文本框中输入项目保存位置。
> （3）单击"确定"按钮，完成控制台应用程序的创建。

2.1.1 值类型

值类型表示实际的数据，存储在堆栈中。将一个值类型变量赋给另一个值类型变量时，将复制包含的值，对其中一个变量操作时，不影响其他变量。C#语言中的多数基本类型都是值类型。值类型包括简单类型、枚举类型和结构类型，其结构如图 2.1 所示。

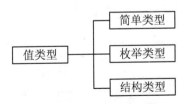

图 2.1　值类型结构图

简单类型主要包括数值（Numeric）类型和布尔（Bool）类型，其说明如表 2.1 所示。

表 2.1 简单数据类型说明

类别	位数	类型	范围/精度
有符号整型	8	sbyte	-128~127
	16	short	-32768~32767
	32	int	-2147483648~2147483647
	64	long	-9223372036854775808~9223372036854775807
无符号整型	8	byte	0~255
	16	ushort	0~65536
	32	uint	0~4294967295
	64	unlong	0~18446744073709551615
浮点	32	float	$\pm1.5e^{-45}\sim\pm3.4e^{38}$
	64	double	$\pm5.0e^{-324}\sim\pm1.7e^{308}$
decimal	128	decimal	$\pm1.0\times10e^{-28}\sim\pm7.9\times10e^{28}$
Unicode 字符	16	char	U+0000~U+ffff
布尔值		bool	true/false

> **注意**
> decimal 类型具有更高的精度和更小的范围，这使它适合于财务和货币计算。

在一般情况下，要根据实际需要选择数据值类型。例如，统计班级人数（每班人数不超过 80 人）可以使用 byte 类型，而不考虑使用 float 类型（因为班级人数不可能出现小数的情况）。有人要问，可以使用 int 类型吗？可以，但是 int 类型存储值的范围要远远大于要求保存值的范围，为了保证内存空间的有效利用，这里选择使用 byte 类型。

2.1.2 引用类型

引用类型表示指向数据的指针或引用，可存储对实际数据的引用。引用类型在内存中的存储位置仅包含堆上对象的地址的引用。引用类型为 null 时，表明没有引用任何对象。引用类型包括接口、类、数组和指针等，而类中又可以分为装箱类型、委托、自定义类。引用类型结构如图 2.2 所示。

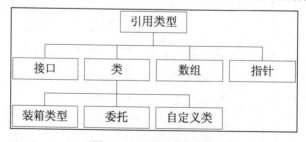

图 2.2 引用类型结构图

> **说明**
> 尽管 string 是引用类型，但如果用到了相等运算符（==和!=），则表示比较 string 对象（而不是引用）的值。

2.1.3 装箱和拆箱

简而言之，装箱是从值类型到引用类型的转换。同样，拆箱是从引用类型到值类型的转换。使用拆箱可以像操作简单类型一样操作复杂的引用类型，这是C#非常强大的功能。

在装箱和拆箱过程中，任何值类型都可以被当做 object 引用类型来看。例如：

```
using System;
class Test()
{
    static void Main()
    {
        int i=11;
        object o=i;           //装箱
        int j=(int)o;         //拆箱
    }
}
```

以上装箱和拆箱的过程如图 2.3 所示。

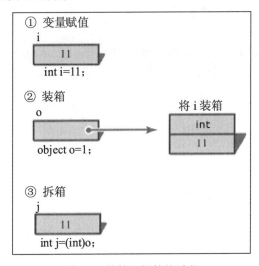

图 2.3 装箱和拆箱的过程

> **说明**
> 当一个装箱操作把值类型转换成一个引用类型时，不需要显式地强制类型转换；而拆箱操作把引用类型转换到值类型时，由于它可以强制转换到任何可以相容的值类型，所以必须显式地强制类型转换。

2.2 常量和变量

2.2.1 常量

常量也称为常数，是在编译时已知并在程序运行过程中其值保持不变的量。常数被声明为字段，声明时在字段的类型前面使用 const 关键字。常数必须在声明时初始化。例如：

```
class Date
{
    public const int hour=24;
}
```

在此示例中，常数 hour 将始终为 24，不能更改——即使是该类自身也不能更改它。常数必须属于整型（sbyte、byte、short、ushort、int、uint、long、ulong、char、float、double、decimal、bool 或 string）、枚举或对 null 的引用。

可以同时声明多个相同类型的常数，并且只要不造成循环引用，用于初始化一个常数的表达式就可以引用另一个常数。例如：

```
class Date
{
    public const int hour=24 ,min=hour*60;
}
```

常数可标记为 public、private、protected、internal 或 protected internal，这些访问修饰符定义了用户访问该常数的方式。

尽管常数不能使用 static 关键字，但可以像访问静态字段一样访问常数。未包含在定义常数类中的表达式必须使用"类名.常数名"的方式来访问该常数。例如：

```
int hours=Date.hour;
```

注意

若要创建在运行时初始化的常数值，应使用 readonly 关键字。const 关键字用于创建编译时常数。

2.2.2 变量

变量的命名规则必须符合标识符的命名规则，并且变量名要尽量有意义（人性化），以便阅读。

变量是指在程序运行过程中其值可以不断变化的量，通常用来保存程序运行过程中的输入数据、计算获得的中间结果和最终结果。

使用变量前必须对其进行声明。变量可以保存某个给定类型的值。声明变量时，还需要指定它的名称。如果把内存比喻成一个仓库，那么变量可以看成是这个仓库中用于保存值的盒子。选择大小合适的盒子才能保存数据，这就是确定数据类型。找到了合适的盒子，还要给盒子签名以便能够找到这个盒子，这就是给变量命名。

声明变量的形式如下：

AccessModifier DataType VariableName;

- ☑ AccessModifier：表示访问修饰符，可以是 public、protected、private 或 internal。访问修饰符定义特定代码块对类成员的访问级别，各修饰符的访问级别如表 2.2 所示。

表 2.2 修饰符的访问级别

访问修饰符	描 述
public	使成员可以从任何位置访问
protected	使成员可以从声明它的类及其派生类内部访问
private	使成员仅可从声明它的类内部访问
internal	使成员仅可从声明它的程序集内部访问

- ☑ DataType：表示数据类型，可以是 C#语言中的任何有效变量类型。
- ☑ VariableName：表示变量名，变量名不能与任何 C#语言关键字同名。例如：

```
int i=0;                //正确
int int=0;              //错误
```

变量只能保持一种类型的值。例如，如果一个变量声明为数值类型，则无法再用其保存字符串类型的值。

```
int i=123;
i="123";                //错误
```

注意

变量的名称最好能代表一定的含义，以便代码的后期维护。

2.3 类型转换

2.3.1 隐式类型转换

隐式类型转换是指不需要声明就能进行的转换。进行隐式类型转换时，编译器不需要进行检查就能安全地进行转换，表 2.3 列出了可以进行隐式类型转换的数据类型。

表 2.3 隐式类型转换表

源 类 型	目 标 类 型
sbyte	short、int、long、float、double、decimal
byte	short、ushort、int、uint、long、ulong、float、double 或 decimal
short	int、long、float、double 或 decimal
ushort	int、uint、long、ulong、float、double 或 decimal
int	long、float、double 或 decimal
uint	long、ulong、float、double 或 decimal
char	ushort、int、uint、long、ulong、float、double 或 decimal
float	double
ulong	float、double 或 decimal
long	float、double 或 decimal

说明

从 int、uint、long 或 ulong 到 float,以及从 long 或 ulong 到 double 的转换可能导致精度损失,但不会影响其数量级。其他的隐式转换不会丢失任何信息。

数字转为货币、日期转为日期时间、简单类型转为同一基础简单类型的范围值时,C#语言会自动发生类型转换。变量的数据类型决定了表达式转换的目标数据类型。例如:

```
int i=123;
decimal money=i;          //数字转货币
float f=i;                //整型转单精度
```

2.3.2 显式类型转换

显式类型转换也可以称为强制类型转换,它需要在代码中明确地声明要转换的类型。如果在不存在隐式转换的类型之间进行转换,就需要使用显式类型转换。表 2.4 列出了需要进行显式类型转换的数据类型。

表 2.4 显式类型转换表

源 类 型	目 标 类 型
sbyte	byte、ushort、uint、ulong 或 char
byte	sbyte 和 char
short	sbyte、byte、ushort、uint、ulong 或 char
ushort	sbyte、byte、short 或 char
int	sbyte、byte、short、ushort、uint、ulong 或 char
uint	sbyte、byte、short、ushort、int 或 char
char	sbyte、byte 或 short
float	sbyte、byte、short、ushort、int、uint、long、ulong、char 或 decimal

续表

源 类 型	目 标 类 型
ulong	sbyte、byte、short、ushort、int、uint、long 或 char
long	sbyte、byte、short、ushort、int、uint、ulong 或 char
double	sbyte、byte、short、ushort、int、uint、ulong、long、char 或 decimal
decimal	sbyte、byte、short、ushort、int、uint、ulong、long、char 或 double

在 C#语言中，要将某个表达式显式转换为特定数据类型，可使用显式强制转换调用转换运算符，将数据从一种类型转换为另一种类型。在括号中给出数据类型标识符，在括号外紧跟要转换的表达式，或者使用 Convert 关键字都可以进行数据类型的强制转换。

下面的代码示例使用显式转换将一个单精度值转换为一个整数值：

```
float f = 123.45;
int i = (int)f;
```

或

```
float f = 123.45;
int i =Convert.ToInt32(f);
```

> **注意**
> 由于显式类型转换包括所有隐式类型转换和显式类型转换，因此总是可以使用强制转换表达式从任何数值类型转换为任何其他的数值类型。

2.4 运算符及表达式

C#语言提供了大量的运算符，这些运算符指定在表达式中执行哪些操作符号。表达式是可以计算且结果为单个值、对象、方法或命名空间的代码片段，可以包含文本值、方法调用、运算符及其操作数或简单名称。简单名称可以是变量、类型成员、方法参数、命名空间或类型的名称。

表达式可以使用运算符，而运算符又可以将其他表达式用作参数，或者使用方法调用，而方法调用的参数又可以是其他方法的调用，因此表达式既可以非常简单，也可以非常复杂。

2.4.1 算术运算符与算术表达式

算术运算符包括"+"、"-"、"*"、"/"和"%"，用算术运算符把数值连接在一起的、符合 C#语法的表达式称为算术表达式。算术运算符及算术表达式的详细说明如表 2.5 所示。

表2.5 算术运算符及算术表达式

运算符	说明	操作数	表达式	值
+	加法运算符	二元	3+4	7
-	减法运算符	二元	3-4	-1
*	乘法运算符	二元	3*4	12
/	除法运算符	二元	9/3	3
%	模运算符	二元	9%2	1

> **注意**
> 被除数表达式的结构不能为0,否则将会出现异常。

2.4.2 关系运算符与关系表达式

关系运算符包括"=="、"!="、"<"、">"、"<="和">="等。用关系运算符把运算对象连接起来,符合C#语法的式子称为关系表达式。关系运算符都是二元操作符,左右操作数都是表达式。关系表达式成立,则值为true;否则,值为false。关系运算符与关系表达式的详细说明如表2.6所示。

表2.6 关系运算符及关系表达式

运算符	说明	操作数	表达式	值
==	相等运算符	二元	3==4	false
!=	不等运算符	二元	3!=4	true
<	小于运算符	二元	3<4	true
>	大于运算符	二元	9>3	true
<=	小于等于运算符	二元	9<=2	false
>=	大于等于运算符	二元	9>=9	true

> **注意**
> 每种语言都有自己使用的相等和不等运算符,在这里应牢记C#语言中使用的相等运算符(==)和不等运算符(!=),避免混淆。

2.4.3 赋值运算符与赋值表达式

赋值运算符用于为变量、属性、事件或索引器元素赋新值。C#中的赋值运算符包括"="、"+="、"-="、"*="、"/="、"^="、"%="、"<<="和">>="。

右操作数的值存储在左操作数表示的存储位置、属性或索引器中,并将值作为结果返回。操作数的类型必须相同(或右边的操作数必须可以隐式转换为左边操作数的类型)。赋值运算符及赋值表达式的详细说明如表2.7所示。

表2.7 赋值运算符及赋值表达式

运算符	说 明	操 作 数	表 达 式	意 义	操作数类型	值 类 型
=	赋值	二元	c=a+b	将右边的值给左边	任意类型	任意类型
+=	加赋值	二元	a+=b	a=a+b	数值型（整型、实数型等）	数值型（整型、实数型等）
-=	减赋值	二元	a-=b	a=a-b		
/=	除赋值	二元	a/=b	a=a/b		
*=	乘赋值	二元	a*=b	a=a*b		
%=	模赋值	二元	a%=b	a=a%b	整型	整型
&=	位与赋值	二元	a&=b	a=a&b	整型或字符型	整型或字符型
|=	位或赋值	二元	a|=b	a=a|b		
>>=	右移赋值	二元	a>>=b	a=a>>b		
<<=	左移赋值	二元	a<<=b	a=a<<b		
^=	异或赋值	二元	a^=b	a=a^b		

例如，使用"+="运算符累加变量 i（i 为 int 类型）的值，程序如下：

int i = 1;
i += 9;

代码执行后，变量 i 的值为 10。

2.4.4 逻辑运算符与逻辑表达式

逻辑运算符包括"&"、"^"、"！"和"|"，用逻辑运算符把运算对象连接起来，符合 C#语法的式子称为逻辑表达式。这 4 个操作符用于表达式，产生一个 true 或 false 逻辑值。逻辑运算符与逻辑表达式的详细说明如表 2.8 所示。

表2.8 逻辑运算符及逻辑表达式

运算符	说 明	操 作 数	表 达 式	操作数类型	值 类 型
&	与操作符	二元	a&b	布尔型	布尔型
^	异或操作符	二元	a^b	布尔型	布尔型
!	非操作符	一元	!a	布尔型	布尔型
|	或操作符	二元	a|b	布尔型	布尔型

逻辑运算符对于表达式 a 和 b 的操作如表 2.9 所示。

表2.9 逻辑运算符运行结果

a	b	a&b	a|b	!a	a^b
false	false	false	false	true	false
false	true	false	true	true	true
true	false	false	true	false	true
true	true	true	true	false	false

2.4.5 位运算符

位运算符将它的操作数看做一个二进制位的集合，每个二进制位可以取值 0 或 1。位运算符允许开发人员测试或设置单个二进制或一组二进制位。C#语言中的位运算符及其功能如表 2.10 所示。

表 2.10 位运算符及其功能

运算符	说明	操作数	表达式	操作数类型	值类型
<<	左移运算符	二元	a<<b	整型	整型
>>	右移运算符	二元	a>>b	整型	整型
&	位与运算符	二元	a&b	整型	整型
^	位异或运算符	二元	a^b	整型	整型
!	位或运算符	一元	!a	整型	整型

> **注意**
> 位运算符的操作数为整型或可以转换成整型的其他类型。

例如，将数值向左移位 8 次，代码如下：

```
uint a = 4294967295;        //声明 uint 类型变量
uint b;                     //声明 uint 类型变量
b = a << 8;
```

代码执行后，变量 b 的值为 4294967040。

2.4.6 其他运算符

1．递增、递减运算符

增量运算符（++）将操作数加 1，它可以出现在操作数之前或之后。

- ☑ 第 1 种形式是前缀增量操作，如++a。该运算的结果是操作数加 1 之后的值。
- ☑ 第 2 种形式是后缀增量操作，如 a++。该运算的结果是操作数增加之前的值。

减量运算符（--）将操作数减 1。与增量运算符相似，减量运算符可以出现在操作数之前或之后。

- ☑ 第 1 种形式是前缀减量操作，如--a。该运算的结果是操作数减小之后的值。
- ☑ 第 2 种形式是后缀减量操作，如 a--。该运算的结果是操作数减小之前的值。

递增、递减的具体运算结果如表 2.11 所示（其中变量 a 为 int 类型）。

表 2.11 递增、递减运算符运行结果

运算前 a 值	表达式	运算后 a 值
1	++a	2
1	a++	1
1	--a	0
1	a--	1

2. 条件运算符

条件运算符（?:）根据布尔型表达式的值返回两个值中的一个。条件运算符的格式如下：

condition?expression1:expression2;

如果条件为 true，则计算 expression1 表达式并以它的计算结果为准；如果为 false，则计算 expression2 表达式并以它的计算结果为准。例如：

```
int a=1;
int b=2;
a != b ? a++ :a--;
```

上面的代码首先定义了两个变量，给它们赋值并且进行三元运算，如果 a!=b，该示例返回执行结果为 2；否则，返回 1。

3. new 运算符

new 运算符用于创建对象和调用构造函数。例如：

ClassTest test=new ClassTest();

new 运算符还可用于调用值类型的默认构造函数。例如：

int i=new int();

该语句等同于：

int i=0;

注意
new 操作符暗示创建一个类的实例，但不一定必须动态分配内存。

4. as 运算符

as 运算符用于在兼容的引用类型之间执行转换。例如：

string s=someObject as string;

说明
as 运算符类似于强制转换，不同的是，当转换失败时，运算符将产生空值，而不是引发异常。

2.4.7 运算符的优先级

当表达式包含多个运算符时，运算符的优先级控制着各个运算符执行的顺序。例如，表达式"a+b/c"

按"a+(b/c)"计算,因为操作符"/"的优先级比"+"高。运算符的优先级与结合性如表 2.12 所示。

表 2.12 运算符的优先级与结合性

类 别	运 算 符	优 先 级	结 合 性
基本	x.y、f(x)、a[x]、x++、x--、new、typeof、checked、unchecked	1	自右向左
单目	+、-、!、~、++、--、(T)x、~	2	自左向右
乘除	*、/、%	3	自左向右
加减	+、-	4	自左向右
移位	<<、>>	5	自左向右
比较	<、>、<=、>=、is、as	6	自左向右
相等	==、!=	7	自左向右
位与	&	8	自左向右
位异或	^	9	自左向右
位或	|	10	自左向右
逻辑与	&&	11	自左向右
逻辑或	||	12	自左向右
条件	?:	13	自右向左
赋值	=、+=、-=、*=、/=、%=、&=、|=、^=、<<=、>>=	14	自右向左

2.5 字符串处理

在 ASP.NET 中提供了 String 类,用来对字符串进行操作。这些操作在很大程度上方便了开发人员,而且使编写程序的灵活性大大增强。下面介绍常用的字符串处理。

2.5.1 比较字符串

String 类提供了一系列的方法用于字符串的比较,如 CompareTo 和 Equals 方法等。

☑ CompareTo 方法用于比较两个字符串是否相等,格式如下:

String.CompareTo(String);

如果参数的值与此实例相等,则返回 0;如果此实例大于参数的值,则返回 1;否则返回-1。例如:

string str1="abc";
int m1=str1.CompareTo("abc");
int m2=str1.CompareTo("ab");
int m3=str1.CompareTo("abcd");

代码执行后,m1 的值为 0,m2 的值为 1,m3 的值为-1。

☑ Equals 方法用于确定两个 String 对象是否具有相同的值,格式如下:

String.Equals(String);

如果参数的值与此实例相同，则为 true；否则为 false。例如：

```
string str1="abC",str2="abc",str3="abC";
bool b1=str1.Equals(str2);
bool b2=str1.Equals(str3);
```

代码执行后，b1 为 false，b2 为 true。

注意

Equals 方法区分大小写。

2.5.2 定位字符及子串

定位字符串中某个字符或子串第一次出现的位置使用 IndexOf 方法，格式如下：

String.IndexOf(String);

其中，参数为要定位的字符或子串。如果找到该字符，则为参数值的索引位置，从 0 开始；如果未找到该字符，则为-1；如果参数为 Empty，则返回值为 0。例如：

```
string str1="abcd";
int m1=str1. IndexOf ("b");
int m2=str1. IndexOf ("cd");
int m3=str1. IndexOf ("");
int m4=str1.IndexOf("w");
```

代码执行后，m1 的值为 1，m2 的值为 2，m3 的值为 0，m4 的值为-1。

注意

IndexOf 方法不能拼写为 Indexof。

2.5.3 格式化字符串

.NET Framework 提供了一种一致、灵活而且全面的方式，能够将任何数值、枚举、日期和时间等基本数据类型表示为字符串。格式化由格式说明符的字符串控制，该字符串指示如何表示基类型值。例如，格式说明符指示是否应该用科学记数法来表示格式化的数字，或者格式化的日期在表示月份时应该用数字还是名称，格式如下：

String Format(String,Object);

将指定的 String 中的格式项替换为指定的 Object 实例。例如：

```
//格式化为 Currency 类型
string str1 = String.Format("(C) Currency:{0:C}\n", -123.45678f);
//格式化为 ShortDate 类型
string str2 = String.Format("(d) Short date: {0:d}\n", DateTime.Now);
```

代码执行后，变量 str1 的值为(C) Currency:¥-123.46，str2 的值为 (d) Short date: 2009/11/6。

2.5.4 截取字符串

Substring 方法可以从指定字符串中截取子串，格式如下：

```
String.Substring(Int32,Int32);
```

子字符串从指定的字符位置开始且具有指定的长度。第 1 个参数表示子串的起始位置；第 2 个参数表示子字符串的长度。例如：

```
string str="Hello World!";
string str1=str.Substring (0,5);
```

代码执行后，str1 的值为 Hello。

说明

截取字符串的索引位置从 0 开始。

2.5.5 分裂字符串

Split 方法可以把一个字符串按照某个分隔符分裂成一系列小的字符串，格式如下：

```
String[] Split(Char[]);
```

其中，参数为分隔字符串的分隔符数组。例如：

```
string str = "Hello.World!";
string[] split = str.Split(new Char[] { '.', '!'});
foreach (string s in split)
{
if (s.Trim() != "")
    Console.WriteLine(s);
}
```

代码执行后输出的结果为：Hello
                     World

注意

以上代码中第 2 行可以改写为：

string[] split = str.Split('.', '!');

说明

String 对象的 Split 方法是一个非常有用的方法，在编程时会经常用到。

2.5.6 插入和填充字符串

1．插入字符串

Insert 方法用于在一个字符串的指定位置插入另一个字符串，从而构造一个新的串，格式如下：

String Insert(Int,String);

其中，第 1 个参数指定所要插入的位置，索引从 0 开始；第 2 个参数指定要插入的字符串。例如：

string str = " This is a girl.";
str = str.Insert(10, "beautiful ");

代码执行后，str 的值为 This is a beautiful girl.。

2．填充字符串

字符串通过使用 PadLeft 或 PadRight 方法添加指定数量的空格实现右对齐或左对齐。新字符串既可以用空格（也称为空白）进行填充，也可以用自定义字符进行填充。格式如下：

String PadLeft(Int,Char);
String PadRight(Int,Char);

其中，第 1 个参数指定了填充后的字符串长度；第 2 个参数指定所要填充的字符。第 2 个参数可以省略，如果省略，则填充空格符号。例如：

string str = "Hello World!";
string str1=str.PadLeft(15, '@');
string str2 = str.PadRight(15,'@');

代码执行后，str1 的值为@@@Hello World!，str2 的值为 Hello World!@@@。

2.5.7 删除和剪切字符串

1．删除字符串

Remove 方法用于在一个字符串的指定位置删除指定的字符，格式如下：

String Remove (Int,Int);

其中，第 1 个参数指定开始删除的位置，索引从 0 开始；第 2 个参数指定要删除的字符数量。例如：

string str = " This is a beautiful girl.";
str = str. Remove (10,10);

代码执行后，str 的值为 This is a girl.。

2．剪切字符串

若想把一个字符串首尾处的一些特殊字符剪切掉，可以使用 Trim、TrimStart、TrimEnd 方法，格式如下：

String Trim(Char[]);   //从字符串的开头和结尾处移除空白
String TrimStart (Char[]);   //从字符串的开头处移除在字符数组中指定的字符
String TrimEnd (Char[]);   //从字符串的结尾处移除在字符数组中指定的字符

其中，参数中包含了指定要去掉的字符。Trim 方法的参数可以省略，如果省略，则删除空格符号。例如：

string str = "*_*Hello World！*_*";
string str2 = str.TrimStart(new char[] {'*','_' });
string str3 = str.TrimEnd(new char[] {'*','_'});

代码执行后，str2 的值为 Hello World*_*！，str3 的值为 *_*Hello World！。

2.5.8 复制字符串

Copy 方法可以把一个字符串复制到另一个字符串中，格式如下：

String Copy(String);

其中，参数为需要复制的源字符串，方法返回目标字符串。例如：

string str="Hello World!";   //源字符串
string newstr=String.Copy(str);   //目标字符串

代码执行后，newstr 的值为 Hello World！。

2.5.9 替换字符串

Replace 方法可以替换掉一个字符串中的某些特定字符或者子串，格式如下：

String Replace(String String);

其中，第 1 个参数为待替换的子串；第 2 个参数为替换后的新子串。例如：

string str="It is a dog.";
str=str.Replace("dog","pig");

代码执行后，str 的值为 It is a pig.。

String 类中提供了很多关于字符串的操作的方法，每种方法还有多个重载形式，使开发人员可以更加方便地处理程序开发中字符串的相关问题。

2.6 流程控制

2.6.1 分支语句

1. if…else 语句

if…else 语句是控制在某个条件下才执行某个功能，否则执行另一个功能。if…else 语句的语法格式如下：

```
if(布尔表达式)
{
    //代码段 1
}
else
{
    //代码段 2
}
```

注意

如果语句块只有一条语句，则可以不使用{}，如果语句块有多条语句则必须使用{}。但是，为了增加代码的可读性，避免出现错误，建议一般情况下语句块均使用{}。

if 语句会根据布尔表达式的值决定执行哪一个代码段。若为 true，则执行代码段 1 中的代码；反之，则执行代码段 2 中的代码。如果在 if 语句中用来判断的条件有多个，可以使用 else if 语句。所有的 else if 语句的条件都是互斥的。例如：

```
int score= Convert.ToSingle(Console.ReadLine());
string str="";
if (score >= 80)
    str = "优秀";
else if (score >= 60)
    str = "及格";
else
    str = "不及格";
```

如果条件（score >= 80）计算为 true，str 的值为"优秀"；如果条件（score >= 60）计算为 true，str 的值为"及格"；否则，str 的值为"不及格"。

2．switch 语句

switch 语句是一个控制语句，它通过将控制传递给其体内的一个 case 语句来处理多个选择和枚举。switch 语句的语法格式如下：

```
switch(条件)
{
    case 条件 1:
          //代码段 1
         break;
         …
    case 条件 n:
          //代码段 n
         break;
    default : 语句 n+1;
         break;
}
```

控制传递给与条件值匹配的 case 语句。switch 语句可以包括任意数目的 case 实例，但是任何两个 case 语句都不能具有相同的值。语句体从选定的语句开始执行，直到 break 将控制传递到 case 体以外。如果没有任何 case 表达式与开关值匹配，则控制传递给跟在可选 default 标签后的语句。如果没有 default 标签，则控制传递到 switch 以外。例如：

```
int i = 1;
switch (i)
{
    case 1:
        Console.WriteLine("Case 1");
        break;
    case 2:
        Console.WriteLine("Case 2");
        break;
    default:
        Console.WriteLine("Default case");
        break;
}
```

如果i的值为1，则在控制台输出Case 1；如果i的值为2，则在控制台输出Case 2；如果i的值为其他数值，则在控制台输出Default case。

在许多情况下，switch语句可以简化成if…else语句结构，但执行效率要高于if…else语句。

2.6.2 循环语句

1．for语句

for语句循环重复执行一个语句或语句块，直到指定的表达式计算为 false。for语句的语法格式如下：

```
for(初始值;布尔表达式;表达式)
{
    //代码段
}
```

for语句的执行顺序为：首先，计算变量的初始值；然后，当布尔表达式的值为true时，执行代码段的语句并重新计算变量的值；当布尔表达式的值为false时，则将控制传递到循环外部。例如：

```
for(int i=1;i<=5;i++)
{
    Console.Write(i);
}
```

代码的运行结果为：12345。

由于条件表达式的测试在循环执行之前发生，因此for语句执行0次或更多次。

注意

（1）可以使用逗号来分隔多于一个的初始迭代变量。

（2）for(;;){}是一个有效的for循环，必须保证for语句包括两个分号。

2．while语句

while语句用来在指定条件内重复执行一个语句或语句块。while语句的语法格式如下：

```
while(布尔表达式)
{
    //代码段
}
```

while 语句根据一个特定条件，重复执行某个程序代码块，每当程序代码块执行完毕，则重新查看是否符合条件值。若执行完毕后的结果在条件值范围内，则再次执行相同的程序代码块，否则跳出反复执行的程序代码块。也就是说，while 语句执行一个语句或语句块，直到指定的表达式计算为 false。例如：

```
int n = 1;
while (n< 6)
{
    Console.Write(n);
    n++;
}
```

代码的运行结果为：12345。

 技巧

在 while 语句的嵌入语句块中，可以使用 break 语句将控制转到 while 语句的结束点，而 continue 语句则可用于将控制直接转到下一次循环。

3. do...while 语句

do...while 语句实现的循环是直到型循环，该类循环先执行循环体再测试循环条件。do...while 语句的一般语法格式如下：

```
do
{
     //代码段
}while(布尔表达式);
```

与 while 语句不同，do...while 语句在程序每一次循环执行完毕后进行条件判断，而 while 语句则在每一次循环执行前进行判断。例如：

```
int n = 1;
do
{
    Console.WriteLine(n);
    n++;
} while (n < 1);
```

代码的运行结果为：1。

 注意

while(布尔表达式)后的分号一定要写，否则会出现语法错误。

4．foreach 语句

foreach 语句提供一种简单、明了的方法来循环访问数组的元素。foreach 语句的一般语法格式如下：

```
foreach(数据类型 变量名 in  数组或集合)
{
     //代码段
}
```

说明

以上代码中的变量相当于一个范围覆盖整个语句块的局部变量。"数组或集合"不能为 null，否则会出现异常。

该语句为数组或对象集合中的每个元素重复一个嵌入语句组。当为集合中的所有元素完成迭代后，控制传递给 foreach 块之后的下一个语句。例如：

```
string [] str={"Num1","Num2","Num3"};
foreach (string s in str)
{
     Console.WriteLine(s);
}
```

代码的运行结果为：Num1
　　　　　　　　　Num2
　　　　　　　　　Num3

2.6.3　异常处理语句

1．try…catch 语句

try…catch 语句由一个 try 块后跟一个或多个 catch 子句构成，这些子句指定不同的异常处理程序。try 块包含可能导致异常的保护代码。该块一直执行到引发异常或成功完成为止。

catch 子句使用时可以不带任何参数，这种情况下它捕获任何类型的异常，并被称为一般 catch 子句。它还可以接受从 System.Exception 派生的对象参数，这种情况下它处理特定的异常。例如：

```
try
{
     //除数不能为 0
     int x = 0;
     float y = 123/x;
}
catch(ArithmeticException ee)
{
     //获取描述当前异常的消息
     Console.WriteLine(ee.Message);
}
```

执行代码输出结果为:试图除以 0。

注意

　　try 块后跟多个 catch 子句时,catch 块的顺序很重要,因为会按顺序检查 catch 子句。将先捕获特定程度较高的异常,然后捕获特定程度较小的异常。

2．try…finally 语句

　　finally 块用于清除 try 块中分配的任何资源,以及运行任何即使在发生异常时也必须执行的代码。控制总是传递给 finally 块,与 try 块的退出方式无关。

　　catch 用于处理语句块中出现的异常,而 finally 用于保证代码语句块的执行,与前面的 try 块的退出方式无关。例如:

```
int x = 0;
try
{
    //除数不能为 0
    float y = 123 / x;
}
finally
{
    Console.Write(x);
}
```

　　此段代码虽然引发了异常,但 finally 块中的输出语句仍会执行,即 0。

3．try…catch…finally 语句

　　通常,try 块、catch 块和 finally 块是一起使用的,在 try 块中获取并使用资源,在 catch 块中处理异常情况,并在 finally 块中释放资源。

4．throw 语句

　　throw 语句用于立即无条件地引发异常,控制永远不会到达紧跟在 throw 后面的语句。通常 throw 语句与 try…catch 或 try…finally 语句一起使用。当引发异常时,程序查找处理此异常的 catch 语句。

2.7　数　　组

　　数组是包含若干相同类型的变量的集合,这些变量可以通过索引进行访问。数组的索引从 0 开始。数组中的变量称为数组的元素。数组中的每个元素都具有唯一的索引与其相对应。数组能够容纳元素的数量称为数组的长度。数组的维数即数组的秩。

　　数组类型是从 System.Array 派生的引用类型。数组可以分为一维、多维和交错数组。

2.7.1 数组的声明

数组可以具有多个维度。一维数组即数组的维数为 1。声明一维数组的语法为：

type[] arrayName;

二维数组即数组的维数为 2，它相当于一个表格。声明二维数组的语法为：

type[,] arrayName;

其中，type 为数组存储数据的数据类型；arrayName 为数组名称。

> **说明**
> 需要注意的是，数组的长度不是声明的一部分，而且数组必须在访问前初始化。数组的类型可以是基本数据类型，也可以是枚举或其他类型。

2.7.2 初始化数组

数组的初始化有很多形式，可以通过 new 运算符创建数组并将数组元素初始化为它们的默认值。例如：

int[] arr =new int[5];//arr 数组中的每个元素都初始化为 0
int[,] array = new int[4, 2];

可以在声明数组时将其初始化，并且初始化的值为用户自定义的值。例如：

int[] arr1=new int[5]{1,2,3,4,5};//一维数组
int[,] arr2=new int[3,2]{{1,2},{3,4},{5,6}};//二维数组

> **说明**
> 数组大小必须与大括号中的元素个数相匹配，否则会产生编辑错误。

声明一个数组变量时可以不对其初始化，但在对数组初始化时必须使用 new 运算符。例如：

//一维数组
string[] arrStr;
arrStr=new string[7]{"Sun", "Mon", "Tue", "Wed", "Thu", "Fri", "Sat"};
//二维数组
int[,] array;
array = new int[,] { { 1, 2 }, { 3, 4 }, { 5, 6 }, { 7, 8 } };

实际上，初始化数组时可以省略 new 运算符和数组的长度。编译器将根据初始值的数量来计算数组长度并创建数组。例如：

```
string[] arrStr={"Sun", "Mon", "Tue", "Wed", "Thu", "Fri", "Sat"};//一维数组
int[,] array4 = { { 1, 2 }, { 3, 4 }, { 5, 6 }, { 7, 8 } };//二维数组
```

2.7.3 数组的遍历

C#还提供了 foreach 语句，该语句提供一种简单、明了的方法来循环访问数组的元素。例如，定义一个整型数组 array，并用 foreach 语句循环访问该数组。

```
int[] arrays = { 7, 76, 33, 51, 2, 4, -6, 1, 0 };
foreach (int i in arrays)
{
    System.Console.Write("{0}、",i);
}
```

执行代码，运行结果为：7、76、33、51、2、4、-6、1、0。

第 3 章

ASP.NET 的内置对象

（ 视频讲解：1 小时 14 分钟）

ASP.NET 的基本内置对象包括 Response、Request、Application、Session、ViewState、Cookie 和 Server 对象。可以使用这些对象检索在浏览器请求中发送的信息，并将输出的结果发送到浏览器，还可以存储有关用户的信息。

3.1 Response 对象

3.1.1 Response 对象概述

Response 对象用于将数据从服务器发送回浏览器。它允许将数据作为请求的结果发送到浏览器中,并提供有关响应的信息;还可以用来在页面中输入数据、在页面中跳转,并传递各个页面的参数。它与 HTTP 协议的响应消息相对应。

假如将用户请求服务器的过程比喻成客户到柜台买商品的过程,那么在客户描述要购买的商品(如功能、大小、颜色等)后,销售员就会将商品摆在客户的面前,这就相当于 Response 对象将数据从服务器发送回浏览器。

3.1.2 Response 对象的常用属性和方法

Response 对象将 HTTP 响应数据发送到客户端,并包含有关该响应的信息,其常用属性、方法及说明如表 3.1 和表 3.2 所示。

表 3.1 Response 对象的常用属性及说明

属性	说明
Buffer	获取或设置一个值,该值指示是否缓冲输出,并在完成处理整个响应之后将其发送
Cache	获取 Web 页的缓存策略,如过期时间、保密性和变化子句等
Charset	设定或获取 HTTP 的输出字符编码
Expires	获取或设置在浏览器上缓存的页过期之前的分钟数
Cookies	获取当前请求的 Cookie 集合
IsClientConnected	传回客户端是否仍然和 Server 连接
SuppressContent	设定是否将 HTTP 的内容发送至客户端浏览器,若为 true,则网页将不会传至客户端

表 3.2 Response 对象的常用方法及说明

方法	说明
AddHeader	将一个 HTTP 头添加到输出流
AppendToLog	将自定义日志信息添加到 IIS 日志文件
Clear	将缓冲区的内容清除
End	将目前缓冲区中所有的内容发送至客户端,然后关闭
Flush	将缓冲区中所有的数据发送至客户端
Redirect	将网页重新导向另一个地址
Write	将数据输出到客户端
WriteFile	将指定的文件直接写入 HTTP 内容输出流

3.1.3　在页面中输出数据

Response 对象通过 Write 或 WriteFile 方法在页面上输出数据。输出的对象可以是字符、字符数组、字符串、对象或文件。

【例 3.1】　在页面中输出数据。（示例位置：光盘\mr\sl\03\01）

本示例主要是使用 Write 方法和 WriteFile 方法实现在页面上输出数据。在运行程序之前，在 F 盘上新建一个 WriteFile.txt 文件，文件内容为"Hello World!!! Hello World!!! Hello World!!! Hello World!!!"。执行程序，示例运行结果如图 3.1 所示。

图 3.1　在页面输出数据

程序实现的主要步骤如下。

新建一个网站，默认主页为 Default.aspx。在 Default.aspx 的 Page_Load 事件中先定义 4 个变量，分别为字符型变量、字符串变量、字符数组变量和 Page 对象，然后将定义的数据在页面上输出。代码如下：

```
char c='a';//定义一个字符变量
string s = "Hello World!";//定义一个字符串变量
char[] cArray ={'H', 'e', 'l', 'l', 'o', ',', ' ', 'w', 'o', 'r', 'l', 'd'};//定义一个字符数组
Page p = new Page();//定义一个 Page 对象
Response.Write("输出单个字符");
Response.Write(c);
Response.Write("<br>");
Response.Write("输出一个字符串"+s+"<br>");
Response.Write("输出字符数组");
Response.Write(cArray, 0, cArray.Length);
Response.Write("<br>");
Response.Write("输出一个对象");
Response.Write(p);
Response.Write("<br>");
Response.Write("输出一个文件");
Response.WriteFile(@"F:\WriteFile.txt");
```

> **注意**
> 应用 WriteFile 方法输出一个文件时，该文件必须是已经存在的。如果不存在，将产生"未能找到文件"异常。

3.1.4 页面跳转并传递参数

Response 对象的 Redirect 方法可以实现页面重定向的功能，并且在重定向到新的 URL 时可以传递参数。

例如，将页面重定向到 welcome.aspx 页的代码如下：

Response. Redirect ("~/welcome.aspx");

在页面重定向 URL 时传递参数，使用 "?" 分隔页面的链接地址和参数，有多个参数时，参数与参数之间使用 "&" 分隔。

例如，将页面重定向到 welcome.aspx 页并传递参数的代码如下：

Response.Redirect("~/welcome.aspx?parameter=one ");
Response.Redirect("~/welcome.aspx?parameter1=one&parameter2=other");

【例 3.2】 页面跳转并传递参数。（示例位置：光盘\mr\sl\03\02）

本示例主要通过 Response 对象的 Redirect 方法实现页面跳转并传递参数。执行程序，在 TextBox 文本框中输入姓名并选择性别，单击"确定"按钮，跳转到 welcome.aspx 页，示例运行结果如图 3.2 和图 3.3 所示。

图 3.2 页面跳转传递参数　　　　　　图 3.3 重定向的新页

程序实现的主要步骤如下。

（1）新建一个网站，默认主页为 Default.aspx，在 Default.aspx 页面上添加 1 个 TextBox 控件、1 个 Button 控件和 2 个 RadioButton 控件，它们的属性设置及用途如表 3.3 所示。

表 3.3　Default.aspx 页面中控件的属性设置及用途

控件类型	控件名称	主要属性设置	用途
标准/TextBox 控件	txtName		输入姓名
标准/Button 控件	btnOK	Text 属性设置为"确定"	执行页面跳转并传递参数的功能
标准/RadioButton 控件	rbtnSex1	Text 属性设置为"男"	显示"男"文本
		Checked 属性设置为 true	显示为选中状态
	rbtnSex2	Text 属性设置为"女"	显示"女"文本

在"确定"按钮的 btnOK_Click 事件中实现跳转到页面 welcome.aspx 并传递参数 Name 和 Sex，代码如下：

```
protected void btnOK_Click(object sender, EventArgs e)
{
    string name=this.txtName.Text;
    string sex="先生";
    if(rbtnSex2 .Checked)
        sex="女士";
    Response.Redirect("~/welcome.aspx?Name="+name+"&Sex="+sex);
}
```

> **注意** 通过 URL 地址传递多个参数时，应使用 "&" 符号作为多个参数之间的连接符。

（2）在该网站中添加一个新页，将其命名为 welcome.aspx。在页面 welcome.aspx 的初始化事件中获取 Response 对象传递过来的参数，并将其输出在页面上。代码如下：

```
protected void Page_Load(object sender, EventArgs e)
{
    string name = Request.Params["Name"];
    string sex = Request.Params["Sex"];
    Response.Write("欢迎"+name+sex+"!");
}
```

3.1.5 输出二进制图像

Response 对象不但可以使用 Write 和 WriteFile 方法将文件内容在页面上输出，而且还可以使用 BinaryWrite 方法显示二进制表示的数据，如图像、图片等。

【例 3.3】 输出二进制图像。（示例位置：光盘\mr\sl\03\03）

本示例主要通过 Response 对象的 BinaryWrite 方法实现输出二进制图像。执行程序，示例运行结果如图 3.4 所示。

程序实现的主要步骤如下。

新建一个网站，默认主页为 Default.aspx。首先引入 System.IO 命名空间，然后在 Default.aspx 页面初始化事件中将图片文件读取到文件流中，并将图像以二进制数据的形式输出到页面。代码如下：

图 3.4 输出二进制图像

```
using System.IO;
public partial class _Default : System.Web.UI.Page
{
    protected void Page_Load(object sender, EventArgs e)
    {
        //打开图片文件，并存在文件流中
        FileStream stream = new FileStream(Server.MapPath("picture.gif"), FileMode.Open);
```

```
        long FileSize = stream.Length;//获取流的长度
        byte[] Buffer = new byte[(int)FileSize];//定义一个二进制数组
        stream.Read(Buffer, 0, (int)FileSize);//从流中读取字节块并将该数据写入给定缓冲区中
        stream.Close();//关闭流
        Response.BinaryWrite(Buffer);//将图片输出在页面上
    }
}
```

> **技巧**
>
> Response 对象的 Write 方法与 JavaScript 脚本语言结合使用。
>
> （1）弹出提示对话框
>
> Response.Write 方法主要用来在页面上输出信息。该方法还可以结合 JavaScript 脚本语言，弹出提示对话框。代码如下：
>
> Response.Write("<script>alert('Hello World!')</script>");
>
> （2）关闭窗口
>
> 在 ASP.NET 中没有提供直接关闭窗口的方法，但是可以使用 JavaScript 脚本关闭窗口。代码如下：
>
> Response.Write("<script>window.close();</script>");

3.2 Request 对象

3.2.1 Request 对象概述

Request 对象用于检索从浏览器向服务器发送的请求中的信息。它提供对当前页请求的访问，包括标题、Cookie、客户端证书、查询字符串等，与 HTTP 协议的请求消息相对应。

同样，假如将用户请求服务器的过程比喻成客户到柜台买商品的过程，那么客户向销售员描述要购买商品（如功能、大小、颜色等）的同时，销售员也在记录客户的描述，这就相当于 Request 对象检索从浏览器向服务器发送的请求。

3.2.2 Request 对象的常用属性和方法

Request 对象可以获得 Web 请求的 HTTP 数据包的全部信息，其常用属性、方法及说明如表 3.4 和表 3.5 所示。

表 3.4　Request 对象的常用属性及说明

属　性	说　　　明
ApplicationPath	获取服务器上 ASP.NET 应用程序虚拟应用程序的根目录路径
Browser	获取或设置有关正在请求的客户端浏览器的功能信息
ContentLength	指定客户端发送的内容长度（以字节计）
Cookies	获取客户端发送的 Cookie 集合
FilePath	获取当前请求的虚拟路径
Files	获取采用多部分 MIME 格式的由客户端上传的文件集合
Form	获取窗体变量集合
Item	从 Cookies、Form、QueryString 或 ServerVariables 集合中获取指定的对象
Params	获取 QueryString、Form、ServerVariables 和 Cookies 项的组合集合
Path	获取当前请求的虚拟路径
QueryString	获取 HTTP 查询字符串变量集合
UserHostAddress	获取远程客户端 IP 主机地址
UserHostName	获取远程客户端 DNS 名称

表 3.5　Request 对象的常用方法及说明

方　法	说　　　明
MapPath	将请求的 URL 中的虚拟路径映射到服务器上的物理路径
SaveAs	将 HTTP 请求保存到磁盘

3.2.3　获取页面间传送的值

Request 对象通过 Params 和 QueryString 属性获取页面间传送的值。

【例 3.4】 获取页面间传送的值。（示例位置：光盘\mr\sl\03\04）

本示例主要通过 Request 对象的不同属性实现获取请求页的值。执行程序，单击"跳转"按钮，示例运行结果如图 3.5 所示。

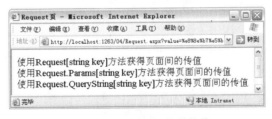

图 3.5　获取页面间传送的值

程序实现的主要步骤如下。

（1）新建一个网站，默认主页为 Default.aspx。在页面上添加 1 个 Button 控件，ID 属性设置为 btnRedirect，Text 属性设置为"跳转"。在按钮的 btnRedirect_Click 事件中实现页面跳转并传值的功能。代码如下：

```
protected void btnRedirect_Click(object sender, EventArgs e)
{
    Response.Redirect("Request.aspx?value=获得页面间的传值");
}
```

（2）在该网站中，添加一个新页，将其命名为 Request.aspx。在页面 Request.aspx 的初始化事件中用不同方法获取 Response 对象传递过来的参数，并将其输出到页面上。代码如下：

```
protected void Page_Load(object sender, EventArgs e)
{
    Response.Write("使用 Request[string key]方法"+Request["value"]+"<br>");
    Response.Write("使用 Request.Params[string key]方法" + Request.Params["value"] + "<br>");
    Response.Write("使用 Request.QueryString[string key]方法" + Request.QueryString["value"] + "<br>");
}
```

说明

通过页面传递参数，参数的默认数据类型为字符串类型。例如，参数值为 102，那么传递时默认为 102。

3.2.4 获取客户端浏览器信息

使用 Request 对象的 Browser 属性，可以访问 HttpBrowserCapabilities 属性获得当前正在使用哪种类型的浏览器浏览网页，并且可以获得该浏览器是否支持某些特定功能。下面通过一个示例进行介绍。

【例 3.5】 获取客户端浏览器信息。（示例位置：光盘\mr\sl\03\05）

本示例主要通过 Request 对象的 Browser 属性获取客户端浏览器信息。执行程序，示例运行结果如图 3.6 所示。

图 3.6 获取客户端浏览器信息

程序实现的主要步骤如下。

新建一个网站，默认主页为 Default.aspx。在 Default.aspx 的 Page_Load 事件中先定义 HttpBrowserCapabilities 的类对象，用于获取 Request 对象的 Browser 属性的返回值。代码如下：

```
protected void Page_Load(object sender, EventArgs e)
{
    HttpBrowserCapabilities b = Request.Browser;
    Response.Write("客户端浏览器信息：");
    Response.Write("<hr>");
    Response.Write("类型： " + b.Type + "<br>");
    Response.Write("名称： " + b.Browser + "<br>");
    Response.Write("版本： " + b.Version + "<br>");
    Response.Write("操作平台： " + b.Platform + "<br>");
    Response.Write("是否支持框架： " + b.Frames + "<br>");
    Response.Write("是否支持表格： " + b.Tables + "<br>");
    Response.Write("是否支持 Cookies： " + b.Cookies + "<br>");
    Response.Write("<hr>");
}
```

> **技巧**
>
> （1）获取客户端的 IP 地址
>
> 通过 Request 对象的 UserHostAddress 属性可以获取远程客户端 IP 地址。代码如下：
>
> TextBox1.Text = Request.UserHostAddress;
>
> 还可以通过 Request 对象的 ServerVariables 属性来取得客户端 IP 地址。代码如下：
>
> TextBox1.Text = Request.ServerVariables["REMOTE_ADDR"];
>
> ServerVariables 属性的返回值包含了 Web 服务器的详细信息和当前页面的路径信息，其中 REMOTE_ADDR 代表客户端 IP 地址。
>
> （2）获取当前页面路径
>
> 在开发网站（如开发电子商城）时，由于用户登录可以发生在很多页面中，并不一定要求在一开始就登录，所以登录之后切换的页面不一定是首页，而是当前页，可以使用 Request 对象的 CurrentExecutionFilePath 属性获取当前页。切换页面并返回到当前页面的路径代码如下：
>
> Response.Redirect(Request.CurrentExecutionFilePath);

3.3 Application 对象

3.3.1 Application 对象概述

Application 对象用于共享应用程序级信息，即多个用户共享一个 Application 对象。

在第 1 个用户请求 ASP.NET 文件时，将启动应用程序并创建 Application 对象。一旦 Application 对象被创建，就可以共享和管理整个应用程序的信息。在应用程序关闭之前，Application 对象将一直存在。所以，Application 对象是用于启动和管理 ASP.NET 应用程序的主要对象。

3.3.2 Application 对象的常用集合、属性和方法

Application 对象的常用集合及说明如表 3.6 所示。

表 3.6 Application 对象的常用集合及说明

集 合	说 明
Contents	用于访问应用程序状态集合中的对象名
StaticObjects	确定某对象指定属性的值或遍历集合，并检索所有静态对象的属性

Application 对象的常用属性及说明如表 3.7 所示。

表 3.7 Application 对象的常用属性及说明

属 性	说 明
AllKeys	返回全部 Application 对象变量名到一个字符串数组中
Count	获取 Application 对象变量的数量
Item	允许使用索引或 Application 变量名称传回内容值

Application 对象的常用方法及说明如表 3.8 所示。

表 3.8 Application 对象的常用方法及说明

方 法	说 明
Add	新增一个 Application 对象变量
Clear	清除全部 Application 对象变量
Lock	锁定全部 Application 对象变量
Remove	使用变量名称移除一个 Application 对象变量
RemoveAll	移除全部 Application 对象变量
Set	使用变量名称更新一个 Application 对象变量的内容
UnLock	解除锁定的 Application 对象变量

3.3.3 使用 Application 对象存储和读取全局变量

Application 对象用来存储和维护某些值，需要通过定义变量来完成。Application 对象定义的变量为应用程序级变量，即全局变量。变量可以在 Global.asax 文件或 aspx 页面中进行声明。语法如下：

Application[varName] =值;

其中，varName 是变量名。例如：

Application.Lock();
Application["Name"]="小亮";
Application.UnLock();
Response.Write("Application[\"Name\"]的值为:"+ Application["Name"].ToString());

> **注意**
> 由于应用程序中的所有页面都可以访问应用程序变量,所以为了确保数据的一致性,必须对 Application 对象加锁。

3.3.4 设计一个访问计数器

访问计数器主要是用来记录应用程序曾经被访问次数的组件。用户可以通过 Application 对象和 Session 对象实现这一功能。下面通过一个示例进行介绍。

【例 3.6】 访问计数器。(**示例位置:光盘\mr\sl\03\06**)

本示例主要在 Global.asax 文件中对访问人数进行统计,并在 Default.aspx 文件中将统计结果显示出来。执行程序,示例运行结果如图 3.7 所示。

图 3.7 访问计数器

程序实现的主要步骤如下。

(1)新建一个网站,添加一个全局应用程序类(即 Global.asax 文件),在该文件的 Application_Start 事件中将把访问数初始化为 0,代码如下:

```
void Application_Start(object sender, EventArgs e)
{
    //在应用程序启动时运行的代码
    Application["count"] = 0;
}
```

当有新的用户访问网站时,将建立一个新的 Session 对象,并在 Session 对象的 Session_Start 事件中对 Application 对象加锁,以防止因为多个用户同时访问页面造成并行,同时将访问人数加 1;当用户退出该网站时,将关闭该用户的 Session 对象,同理对 Application 对象加锁,然后将访问人数减 1。代码如下:

```
void Session_Start(object sender, EventArgs e)
{
    //在会话启动时运行的代码
    Application.Lock();
    Application["count"] = (int)Application["count"] + 1;
    Application.UnLock();
}
void Session_End(object sender, EventArgs e)
{
    //在会话结束时运行的代码
    //注意:只有在 Web.config 文件中的 sessionstate 模式设置为
    //InProc 时,才会引发 Session_End 事件。如果会话模式设置为 StateServer
    //或 SQLServer,则不会引发该事件
    Application.Lock();
    Application["count"] = (int)Application["count"] - 1;
```

```
    Application.UnLock();
}
```

（2）对 Global.asax 文件进行设置后，需要将访问人数在网站的默认主页 Default.aspx 中显示出来。在 Default.aspx 页面上添加了 1 个 Label 控件，用于显示访问人数。代码如下：

```
protected void Page_Load(object sender, EventArgs e)
{
    Label1.Text = "您是该网站的第" + Application["count"].ToString() + "个访问者";
}
```

3.3.5 制作聊天室

Application 对象的一个典型应用就是聊天室的制作。下面通过一个示例进行介绍。

【例 3.7】 聊天室。（示例位置：光盘\mr\sl\03\07）

本示例主要利用 Application 对象实现聊天室功能。执行程序，首先应该登录聊天室，在"用户名"文本框中输入登录用户的名称，再单击"登录"按钮进入聊天室。示例运行结果如图 3.8 所示。

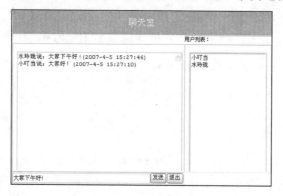

图 3.8 聊天室

程序实现的主要步骤如下。

（1）新建一个网站，其主页默认为 Default.aspx，将其重命名为 Login.aspx。

（2）在该网站中添加 Default.aspx、Content.aspx 和 List.aspx 3 个 Web 页面，其中，Default.aspx 页面为聊天室的主页面，Content.aspx 页面用来显示用户的聊天信息，List.aspx 页面用来显示在线用户的列表。

（3）在该网站中添加一个 Global.asax 全局程序集文件，用来初始化 Application 对象值。

该聊天室是使用 Application 对象实现的，在应用程序启动时，应在 Application 对象的 Application_Start 事件中将所有数据初始化。代码如下：

```
void Application_Start(object sender, EventArgs e)
{
    //在应用程序启动时运行的代码
    //建立用户列表
    string user = "";//用户列表
```

```
            Application["user"] = user;
            Application["userNum"] = 0;
            string chats = "";//聊天记录
            Application["chats"] = chats;
            //当前的聊天记录数
            Application["current"] = 0;
    }
```

在聊天室主页面中单击"发送"按钮时,首先调用 Application 对象的 Lock 方法对所有 Application 对象进行锁定,然后判断当前聊天信息的记录数是否大于 20。如果大于,则清空聊天记录,并重新加载用户的聊天记录;否则,将把聊天内容、用户名和发信息时间保存在 Application 对象中。代码如下:

```
protected void btnSend_Click(object sender, EventArgs e)
{
    int P_int_current = Convert.ToInt32(Application["current"]);
    Application.Lock();
    if (P_int_current == 0 || P_int_current > 20)
    {
        P_int_current = 0;
        Application["chats"] = Session["userName"].ToString() + "说:" + txtMessage.Text.Trim() + "(" + DateTime.Now.ToString() + ")";
    }
    else
    {
        Application["chats"] = Application["chats"].ToString() + "," + Session["userName"].ToString() + "说:" + txtMessage.Text.Trim() + "(" + DateTime.Now.ToString() + ")";
    }
    P_int_current += 1;
    Application["current"] = P_int_current;
    Application.UnLock();
}
```

显示聊天信息页面 Content.aspx 加载时,从 Application 对象中读取保存的聊天信息,并将其显示在 TextBox 文本框中。Content.aspx 页面的 Page_Load 事件代码如下:

```
protected void Page_Load(object sender, EventArgs e)
{
    int P_int_current = Convert.ToInt32(Application["current"]);
    Application.Lock();
    string P_str_chats = Application["chats"].ToString();
    string[] P_str_chat = P_str_chats.Split(',');
    for (int i = P_str_chat.Length - 1; i >= 0; i--)
    {
        if (P_int_current == 0)
        {
            txtContent.Text = P_str_chat[i].ToString();
        }
        else
        {
            txtContent.Text = txtContent.Text + "\n" + P_str_chat[i].ToString();
        }
```

```
    }
    Application.UnLock();
}
```

3.4　Session 对象

3.4.1　Session 对象概述

Session 对象用于存储在多个页面调用之间特定用户的信息。Session 对象只针对单一网站使用者，不同的客户端无法互相访问。Session 对象中止于联机机器离线时，也就是当网站使用者关掉浏览器或超过设定 Session 对象的有效时间时，Session 对象变量就会关闭。

说明

Session 对象是与特定用户相联系的。各个 Session 对象是完全独立的，不会相互影响。也就是说，一个用户对应一个 Session 对象，保存在 Session 对象中的用户信息，其他用户是看不到的。

3.4.2　Session 对象的常用集合、属性和方法

Session 对象的常用集合及说明如表 3.9 所示。

表 3.9　Session 对象的常用集合及说明

集　　合	说　　明
Contents	用于确定指定会话项的值或遍历 Session 对象的集合
StaticObjects	确定某对象指定属性的值或遍历集合，并检索所有静态对象的所有属性

Session 对象的常用属性及说明如表 3.10 所示。

表 3.10　Session 对象的常用属性及说明

属　　性	说　　明
TimeOut	传回或设定 Session 对象变量的有效时间，当使用者超过有效时间而没有动作时，Session 对象就会失效，默认值为 20 分钟

Session 对象的常用方法及说明如表 3.11 所示。

表 3.11　Session 对象的常用方法及说明

方　　法	说　　明
Abandon	此方法用于结束当前会话，并清除会话中的所有信息。如果用户随后访问页面，可以为它创建新会话（"重新建立"非常有用，这样用户就可以得到新的会话）
Clear	此方法用于清除全部的 Session 对象变量，但不结束会话

3.4.3 使用 Session 对象存储和读取数据

使用 Session 对象定义的变量为会话变量。会话变量只能用于会话中特定的用户，应用程序的其他用户不能访问或修改这个变量，而应用程序变量则可由应用程序的其他用户访问或修改。Session 对象定义变量的方法与 Application 对象相同，都是通过"键/值"对的方式来保存数据的。语法如下：

Sessiont[varName]=值;

其中，varName 为变量名，例如：

```
//将 TextBox 控件的文本存储到 Session["Name"]中
Session["Name"]=TextBox1.Text;
//将 Session["Name"]的值读取到 TextBox 控件中
TextBox1.Text=Session["Name"].ToString();
```

【例 3.8】 登录时使用 Session 对象保存用户信息。（示例位置：光盘\mr\sl\03\08）

用户登录后通常会记录该用户的相关信息，而该信息是其他用户不可见并且不可访问的，这就需要使用 Session 对象进行存储。本示例介绍如何使用 Session 对象保存当前登录用户的信息。执行程序，示例运行结果如图 3.9 所示。

图 3.9　Session 示例

程序实现的主要步骤如下。

（1）新建一个网站，默认主页为 Default.aspx，将其命名为 Login.aspx。在 Login.aspx 页面上添加 2 个 TextBox 控件和 2 个 Button 控件，它们的属性设置及用途如表 3.12 所示。

表 3.12　Default.aspx 页面中控件的属性设置及用途

控 件 类 型	控 件 名 称	主要属性设置	用　　途
标准/TextBox 控件	txtUserName		输入用户名
	txtPwd	TextMode 属性设置为 Password	输入密码
标准/Button 控件	btnLogin	Text 属性设置为"登录"	"登录"按钮
	btnCancel	Text 属性设置为"取消"	"取消"按钮

单击"登录"按钮，将触发按钮的 btnLogin_Click 事件。在该事件中，使用 Session 对象记录用户名及用户登录的时间，并跳转到 Welcome.aspx 页面。代码如下：

```
protected void btnLogin_Click(object sender, EventArgs e)
{
    if (txtUserName.Text=="mr" && txtPwd .Text =="mrsoft")
    {
```

```
                Session["UserName"] = txtUserName.Text;//使用 Session 变量记录用户名
                Session["LoginTime"] = DateTime.Now;//使用 Session 变量记录用户登录系统的时间
                Response.Redirect("~/Welcome.aspx");//跳转到主页
            }
            else
            {
                Response.Write("<script>alert('登录失败！请返回查找原因');location='Login.aspx'</script>");
            }
        }
```

（2）在该网站中，添加一个新页，将其命名为 Welcome.aspx。在页面 Welcome.aspx 的初始化事件中，将登录页中保存的用户登录信息显示在页面上。代码如下：

```
protected void Page_Load(object sender, EventArgs e)
{
    Response.Write("欢迎用户"+Session["UserName"].ToString ()+"登录本系统!<br>");
    Response.Write("您登录的时间为："+Session["LoginTime"].ToString ());
}
```

3.5 Cookie 对象

3.5.1 Cookie 对象概述

Cookie 对象用于保存客户端浏览器请求的服务器页面，也可用于存放非敏感性的用户信息，信息保存的时间可以根据用户的需要进行设置。并非所有的浏览器都支持 Cookie，并且数据信息是以文本的形式保存在客户端计算机中的。

3.5.2 Cookie 对象的常用属性和方法

Cookie 对象的常用属性及说明如表 3.13 所示。

表 3.13 Cookie 对象的常用属性及说明

属　　性	说　　明
Expires	设定 Cookie 变量的有效时间，默认为 1000 分钟。若设为 0，则可以实时删除 Cookie 变量
Name	取得 Cookie 变量的名称
Value	获取或设置 Cookie 变量的内容值
Path	获取或设置 Cookie 适用的 URL

Cookie 对象的常用方法及说明如表 3.14 所示。

表 3.14 Cookie 对象的常用方法及说明

方法	说明
Equals	确定指定 Cookie 是否等于当前的 Cookie
ToString	返回此 Cookie 对象的一个字符串表示形式

3.5.3 使用 Cookie 对象保存和读取客户端信息

要存储一个 Cookie 变量，可以通过 Response 对象的 Cookies 集合，其语法如下：

Response. Cookies[varName].Value=值;

其中，varName 为变量名。

要取回 Cookie，使用 Request 对象的 Cookies 集合，并将指定的 Cookies 集合返回，其语法如下：

变量名=Request. Cookies[varName].Value;

【例 3.9】 使用 Cookie 对象保存和读取客户端信息。（示例位置：光盘\mr\sl\03\09）

本示例分别通过 Response 对象和 Request 对象的 Cookies 属性将客户端的 IP 地址写入 Cookie 中并读取出来。执行程序，示例运行结果如图 3.10 所示。

图 3.10 Cookie 示例

程序实现的主要步骤如下。

新建一个网站，默认主页为 Default.aspx，在 Default.aspx 页面上添加 2 个 Button 控件和 1 个 Label 控件，它们的属性设置及用途如表 3.15 所示。

表 3.15 Default.aspx 页面中的控件属性设置及用途

控件类型	控件名称	主要属性设置	用途
标准/Label 控件	Label1		显示用户 IP
标准/Button 控件	btnWrite	Text 属性设置为"将用户 IP 写入 Cookie"	将用户 IP 保存在 Cookie 中
	btnRead	Text 属性设置为"将用户 IP 从 Cookie 中读出"	将用户 IP 从 Cookie 中读出

单击"将用户 IP 写入 Cookie"按钮，将触发按钮的 Click 事件。在该事件中首先利用 Request 对象的 UserHostAddress 属性获取客户端 IP 地址，然后将 IP 保存到 Cookie 中。代码如下：

```
protected void btnWrite_Click(object sender, EventArgs e)
{
    string UserIP = Request.UserHostAddress.ToString();
    Response.Cookies["IP"].Value = UserIP;
}
```

单击"将用户 IP 从 Cookie 中读出"按钮，从 Cookie 中读出写入的 IP。代码如下：

```
protected void btnRead_Click(object sender, EventArgs e)
{
    this.Label1.Text = Request.Cookies["IP"].Value;
}
```

由于 Cookie 对象可以保存和读取客户端的信息，可以通过它对登录的客户进行标识，防止用户恶意攻击网站。例如，在线投票中，可以使用 Cookie，防止用户进行重复投票，详细介绍参见第 23 章。

技巧

（1）对 Cookie 中的数据加密

为了避免用户信息被他人窃取，增强网站的安全性，通常需要对 Cookie 中的数据进行加密。加密代码如下：

```
string data="对 Cookie 中的数据加密。";
Response.Cookies["data"].Value=Forms.Authentication.HashPasswordForStoringInConfigFile(data,"md5");
```

（2）创建及存取多个键值的 Cookie 对象

使用 Response 对象可以创建多个数据值的 Cookie，其语法格式如下：

```
Response.Cookies["CookieName"]["KeyName"]="Cookie 中相对索引键的数据值";
```

例如，使用 Response 对象的 Cookie 集合保存用户登录名和密码，其代码如下：

```
Response.Cookies["UserInfo"]["UserName"] = this.txtName.Text.Trim();
Response.Cookies["UserInfo"]["UserPwd"] = this.txtPassword.Text.Trim();
```

（3）设定 Cookie 变量的生命周期

虽然 Cookie 对象变量是存放在客户端计算机上的，但也不是永远不会消失。设计人员可以在程序中设定 Cookie 对象的有效日期，其语法为：

```
Response.Cookies["CookieName"].Expires =日期;
```

如果没有指定 Expires 属性，Cookie 变量将不会被保存，当关闭浏览器时，Cookie 变量也会随之消失。

下面的程序片段演示了几种设定有效期的方法：

```
//20 分钟后到期
```

```
TimeSpan ts = new TimeSpan(0, 0, 20, 0);
Response.Cookies["myCookie"].Expires = DateTime.Now.Add(ts);
//一个月后到期
Response.Cookies["myCookie"].Expires = DateTime.Now.AddMonths(1);
//指定有效日期
Response.Cookies["myCookie"].Expires = DateTime.Parse("10/26/2007");
//永远不过期
Response.Cookies["myCookie"].Expires = DateTime.MaxValue;
//关闭浏览器后过期
Response.Cookies["myCookie"].Expires = DateTime.MinValue;
```

3.6 Server 对象

3.6.1 Server 对象概述

Server 对象定义了一个与 Web 服务器相关的类，提供对服务器上的方法和属性的访问，用于访问服务器上的资源。

3.6.2 Server 对象的常用属性和方法

Server 对象的常用属性及说明如表 3.16 所示。

表 3.16 Server 对象的常用属性及说明

属性	说明
MachineName	获取服务器的计算机名称
ScriptTimeout	获取和设置请求超时值（以秒计）

Server 对象的常用方法及说明如表 3.17 所示。

表 3.17 Server 对象的常用方法及说明

方法	说明
Execute	在当前请求的上下文中执行指定资源的处理程序，然后将控制返回给该处理程序
HtmlDecode	对已被编码以消除无效 HTML 字符的字符串进行解码
HtmlEncode	对要在浏览器中显示的字符串进行编码
MapPath	返回与 Web 服务器上的指定虚拟路径相对应的物理文件路径
UrlDecode	对字符串进行解码，该字符串为了进行 HTTP 传输而进行编码并在 URL 中发送到服务器
UrlEncode	编码字符串，以便通过 URL 从 Web 服务器到客户端进行可靠的 HTTP 传输
transfer	终止当前页的执行，并为当前请求开始执行新页

3.6.3 使用 Server.Execute 和 Server.Transfer 方法重定向页面

Execute 方法用于将执行从当前页面转移到另一个页面，并将执行返回到当前页面。执行所转移的页面在同一浏览器窗口中执行，然后原始页面继续执行。故执行 Execute 方法后，原始页面保留控制权。

而 Transfer 方法用于将执行完全转移到指定页面。与 Execute 方法不同，执行该方法时主调页面将失去控制权。

【例 3.10】 重定向页面。（示例位置：光盘\mr\sl\03\10）

本示例实现的主要功能是通过 Server 对象的 Execute 和 Transfer 方法重定向页面。执行程序，单击"Execute 方法"按钮，示例运行结果如图 3.11 所示；单击"Transfer 方法"按钮，示例运行结果如图 3.12 所示。

图 3.11 单击"Execute 方法"按钮示例运行结果　　图 3.12 单击"Transfer 方法"按钮示例运行结果

程序实现的主要步骤如下。

（1）新建一个网站，默认主页为 Default.aspx，在 Default.aspx 页面上添加 2 个 Button 控件，它们的属性设置及用途如表 3.18 所示。

表 3.18　Default.aspx 页面中控件的属性设置及用途

控件类型	控件名称	主要属性设置	用途
标准/Button 控件	btnExecute	Text 属性设置为"Execute 方法"	使用 Execute 方法重定向页面
标准/Button 控件	btnTransfer	Text 属性设置为"Transfer 方法"	使用 Transfer 方法重定向页面

（2）单击"Execute 方法"按钮，利用 Server 对象的 Execute 方法从 Default.aspx 页重定向到 newPage.aspx 页，然后控制权返回到主调页面（Default.aspx）并执行其他操作。代码如下：

```
protected void btnExecute_Click(object sender, EventArgs e)
{
    Server.Execute("newPage.aspx?message=Execute");
    Response.Write("Default.aspx 页");
}
```

（3）单击"Transfer 方法"按钮，利用 Server 对象的 Transfer 方法从 Default.aspx 页重定向到 newPage.aspx 页，控制权完全转移到 newPage.aspx 页。代码如下：

```
protected void btnTransfer_Click(object sender, EventArgs e)
{
```

```
        Server.Transfer("newPage.aspx?message= Transfer ");
        Response.Write("Default.aspx 页");
}
```

3.6.4 使用 Server.MapPath 方法获取服务器的物理地址

MapPath 方法用来返回与 Web 服务器上的指定虚拟路径相对应的物理文件路径。语法如下：

Server.MapPath(path);

其中，path 表示 Web 服务器上的虚拟路径，如果 path 值为空，则该方法返回包含当前应用程序的完整物理路径。例如，下面的示例在浏览器中输出指定文件 Default.aspx 的物理文件路径。

Response.Write(Server.MapPath("Default.aspx"));

可以使用 Server.MapPath(".")获取当前目录所在服务器的物理路径。

3.6.5 使用 Server.UrlEncode 方法对字符串进行编码

Server 对象的 UrlEncode 方法用于对通过 URL 传递到服务器的数据进行编码。语法如下：

Server.UrlEncode(string);

其中，string 为需要进行编码的数据。例如：

Response.Write(Server.UrlEncode("http://Default.aspx"));

编码后的输出结果为：http%3a%2f%2fDefault.aspx。

Server 对象的 UrlEncode 方法的编码规则如下：
- ☑ 空格将被加号 "+" 字符所代替。
- ☑ 字段不被编码。
- ☑ 字段名将被指定为关联的字段值。
- ☑ 非 ASCII 字符将被转义码所替代。

3.6.6 使用 Server.UrlDecode 方法对字符串进行解码

UrlDecode 方法用来对字符串进行 URL 解码并返回已解码的字符串。例如：

Response.Write(Server.UrlDecode("http%3a%2f%2fDefault.aspx"));

解码后的输出结果为：http://Default.aspx。

> **技巧**
>
> 如何解决 Response.Redirec 方法传递汉字丢失或乱码问题?
>
> 使用 Response.Redirec 方法传递汉字时,有时会发现传递的内容与接收到的内容不一致,接收到的值丢失了几个字或乱码。怎样才能解决呢?
>
> 为了确保传递的汉字被正确地接收,可以在传值之前使用 Server 对象的 UrlEncode 方法对所传递的汉字进行 URL 编码。代码如下:
>
> String name=Server.UrlEncode("如何解决 Response.Redirec 方法传递汉字丢失或乱码问题");
> Response.Redirect("B.aspx?name="+name);
>
> 接收值时,使用 Server 对象的 UrlDecode 方法对所接收的汉字进行 URL 解码。代码如下:
>
> String name=Server.UrlDecode(Request.QueryString["name"]);

3.7 实践与练习

编写一个访问计数器,并使用图片样式显示计数器。(示例位置:光盘\mr\sl\03\11)

第 4 章

ASP.NET Web 常用控件

（ 📹 视频讲解：1 小时 48 分钟 ）

本章将详细介绍 ASP.NET 中常用的服务器控件的使用，主要包括文本类型控件、按钮类型控件、选择类型控件、图形显示类型控件、容器控件、上传控件和登录控件。通过本章的学习，读者可以轻松了解 ASP.NET 中的一些常用控件的属性、方法和事件的使用，并可利用这些控件开发出功能强大的网络应用程序。

4.1 文本类型控件

4.1.1 Label 控件

1. Label 控件概述

Label 控件又称标签控件,主要用于显示用户不能编辑的文本,如标题或提示等。如图 4.1 所示为 Label 控件。

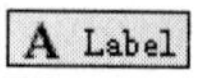

图 4.1 Label 控件

> **说明**
> Label 控件可以用于显示固定的文本内容,或者根据程序的逻辑判断显示动态文本。

Label 控件的常用属性及说明如表 4.1 所示。

表 4.1 Label 控件的常用属性及说明

属 性	说 明
ID	控件的 ID 名称,Label 控件的唯一标志
Text	控件显示的文本
Width	控件的宽度
Height	控件的高度
Visible	控件是否可见
CssClass	控件呈现的样式
BackColor	控件的背景颜色
BorderColor	控件的边框颜色
BorderWidth	控件的边框宽度
Font	控件中文本的字体
ForeColor	控件中文本颜色
Enabled	控件是否可用

2. 设置 Label 控件的外观

设置 Label 控件外观的常用方法有两种,即通过属性面板设置和通过引用 CSS 样式设置。下面分别进行介绍。

1)通过属性面板设置 Label 控件的外观

通过属性面板设置 Label 控件的外观,只需更改 Label 控件的外观属性即可。具体属性的设置及其效果如图 4.2 所示。

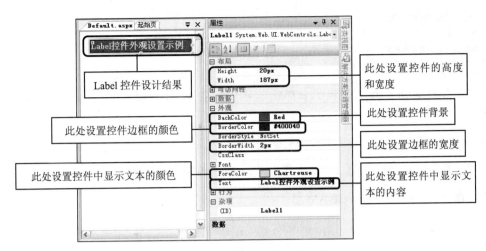

图 4.2　通过属性面板设置 Label 控件的外观

> **注意**
> （1）通过属性面板设置 Label 控件的外观，也可以通过 HTML 代码实现，实现代码如下：
>
> `<asp:Label ID="Label1" runat="server" BackColor="Red" BorderColor="#400040" BorderWidth="2px" Font-Bold="True" ForeColor="Chartreuse" Height="20px" Text="Label 控件外观设置示例" Width="187px"></asp:Label>`
>
> （2）下文所述所有控件的外观属性都可以通过属性面板进行设置，以后不再赘述。

2）通过引用 CSS 样式设置 Label 控件的外观

【例 4.1】　通过引用 CSS 样式设置 Label 控件的外观。（示例位置：光盘\mr\sl\04\01）

本示例主要通过引用 CSS 样式设置 Label 控件的外观，示例运行结果如图 4.3 所示。

图 4.3　通过引用 CSS 样式设置 Label 控件的外观

程序实现的主要步骤如下。

（1）新建一个网站，默认主页为 Default.aspx，在 Default.aspx 页面上添加一个 Label 控件。

（2）在该网站上右击，在弹出的快捷菜单中选择"添加新项"命令，将会弹出"添加新项"对话框，在该对话框中选择"样式表"，默认名为 StyleSheet.css。单击"添加"按钮，为该网站添加一个 CSS 样式文件，在该文件中添加如下代码，为 Label 控件设置外观样式。

```
.stylecs
{
background-color:Yellow;
 font-style:oblique;
```

```
font-size:medium;
border :2px;
border-color:Black ;
}
```

（3）将 Default.aspx 页切换到 HTML 视图中，在<head></head>节中编写如下代码，引用已编写好的 CSS 样式文件。

`<link href="stylecs.css" rel="stylesheet" type="text/css"/>`

（4）在属性面板中设置 Label 控件的 CssClass 属性为 stylecs（stylecs 为样式名）。

3．使用 Label 控件显示文本信息

【例 4.2】 使用 Label 控件显示文本信息。（示例位置：光盘\mr\sl\04\02）

本示例主要通过设置 Label 控件的 Text 属性，显示静态的文本信息，如显示"明日网站欢迎您的光临"字样，示例运行结果如图 4.4 所示。

图 4.4　使用 Label 控件显示文本信息

程序实现的主要步骤如下。

（1）新建一个网站，默认主页为 Default.aspx，在 Default.aspx 页面上添加一个 Label 控件。

（2）打开属性面板，设置 Label 控件的 Text 属性值为"明日网站欢迎您的光临"，并对 Label 控件的外观属性进行适当的修改。

> **技巧**
>
> 通过编程方式也可以设置 Label 控件的文本，代码如下：
>
> ```
> protected void Page_Load(object sender, EventArgs e)
> {
>     Label1.Text = "ASP.NET 编程词典！";
> }
> ```
>
> 其中，Label1 为 Label 控件的 ID 属性值。

4.1.2　TextBox 控件

1．TextBox 控件概述

TextBox 控件又称文本框控件，用于输入或显示文本。TextBox 控件通常用于可编辑文本，但也可以通过设置其属性值，使其成为只读控件。如图 4.5 所示为 TextBox 控件。

TextBox 控件相当于一个写字板，可以对输入的文本进行更改；而 Label 控件相当于一个提示板，不能对文本进行编辑。

图 4.5 TextBox 控件

说明

TextBox 控件可用于显示或者输入单行文本、多行文本以及密码格式的文本。

TextBox 控件的常用属性及说明如表 4.2 所示。

表 4.2 TextBox 控件的常用属性及说明

属　　性	说　　明
AutoPostBack	获取或设置一个值，该值指示无论何时用户在 TextBox 控件中按 Enter 或 Tab 键时，是否执行自动回发到服务器的操作
CausesValidation	获取或设置一个值，该值指示当 TextBox 控件设置为在回发发生时，是否执行验证
Text	控件要显示的文本
TextMode	获取或设置 TextBox 控件的行为模式（单行、多行或密码）
Width	控件的宽度
Height	控件的高度
Visible	控件是否可见
ReadOnly	获取或设置一个值，用于指示能否更改 TextBox 控件的内容
CssClass	控件呈现的样式
BackColor	控件的背景颜色
Enabled	控件是否可用
Columns	文本框的宽度（以字符为单位）
MaxLength	可输入的最大字符数
Rows	多行文本框显示的行数
ID	获取或设置分配给服务器控件的编程标识符

TextBox 控件大部分属性设置和 Label 控件类似，具体可参见 Label 控件属性设置，下面主要介绍 TextMode 属性。

TextMode 属性主要用于控制 TextBox 控件的文本显示方式，该属性的设置选项有以下 3 种。

- ☑ 单行（SingleLine）：用户只能在一行中输入信息，还可以通过设置 TextBox 的 Columns 属性值限制文本的宽度；通过设置 MaxLength 属性值限制输入的最大字符数。
- ☑ 多行（MultiLine）：文本很长时，允许用户输入多行文本并执行换行，还可以通过设置 TextBox 的 Rows 属性值，限制文本框显示的行数。
- ☑ 密码（Password）：将用户输入的字符用黑点（●）屏蔽，以隐藏这些信息。

2．使用 TextBox 控件制作会员登录界面

【例 4.3】 使用 TextBox 控件制作会员登录界面。（示例位置：光盘\mr\sl\04\03）

本示例主要通过设置 TextBox 控件的 TextMode 属性值，制作会员登录界面。执行程序，并在两个 TextBox 控件中输入文字，示例运行结果如图 4.6 所示。

程序实现的主要步骤如下。

（1）新建一个网站，默认主页为 Default.aspx，在 Default.aspx 页面上添加 2 个 TextBox 控件。

（2）设置控件的属性，如表 4.3 所示。

表 4.3　TextBox 控件属性设置

TextBox 控件	属　性　值
输入会员名的 TextBox 控件	TextMode 属性设置为 SingleLine
输入密码的 TextBox 控件	TextMode 属性设置为 Password
	MaxLength 属性值为 6

3．使用 TextBox 控件制作用户注册界面

【例 4.4】 使用 TextBox 控件制作用户注册界面。（示例位置：光盘\mr\sl\04\04）

本示例主要通过设置 TextBox 控件的 TextMode 属性值，制作会员注册界面。执行程序，并在 TextBox 控件中输入文字，示例运行结果如图 4.7 所示。

图 4.6　使用 TextBox 控件制作会员登录界面

图 4.7　使用 TextBox 控件制作用户注册界面

程序实现的主要步骤如下。

（1）新建一个网站，默认主页为 Default.aspx，在 Default.aspx 页面上添加 6 个 TextBox 控件。

（2）设置控件的属性，如表 4.4 所示。

表 4.4　TextBox 控件属性设置

TextBox 控件	属　性　值
输入用户名的 TextBox 控件	TextMode 属性设置为 SingleLine
	Width 属性设置为 150px
输入密码的 TextBox 控件	TextMode 属性设置为 Password
	MaxLength 属性值为 6
	Width 属性设置为 150px
输入确认密码的 TextBox 控件	TextMode 属性设置为 Password
	MaxLength 属性值为 6
	Width 属性设置为 150px

续表

TextBox 控件	属 性 值
输入 E-mail 的 TextBox 控件	TextMode 属性设置为 SingleLine
	Width 属性设置为 150px
输入详细地址的 TextBox 控件	TextMode 属性设置为 MultiLine
	Width 属性设置为 150px
输入管理员提示的 TextBox 控件	TextMode 属性设置为 MultiLine
	Width 属性设置为 232px
	Height 属性设置为 92px
	ReadOnly 属性设置为 False
	BackColor 属性设置为#FFFF80
	Text 属性设置为"用户须知：我们将保护您的隐私权并保证您所提供的个人资料的保密性。我们所收集的个人资料仅用于为您提供服务。除此之外，我们只在您允许的情况下才使用您的个人资料，否则本网站决不会与第三方共享您的个人资料。"

技巧

虽然 C#中的关键字不能作为变量名，但可将关键字嵌入变量名中。例如，print 是非法变量名，但 print_3 或 print3 都是合法的变量名。

（1）制作不可编辑的文本框

对于 TextBox 控件中的信息，默认情况下是可以编辑的，但在制作 Web 页面时（如显示用户详细信息页），有时只需要显示文本框中的信息，而不需要修改。实现该功能，可以将 TextBox 控件的 ReadOnly 属性设置为 True。代码如下：

this.TextBox1.ReadOnly = true;

（2）限制文本框的输入字符长度

在制作 Web 页面，如在制作用户登录页面时，有时希望用户输入的密码只为 6 个字符，可以将输入密码的 TextBox 控件的 MaxLength 属性值设置为 6。代码如下：

this.TextBox1.MaxLength =6;

4.2 按钮类型控件

4.2.1 Button 控件

1. Button 控件概述

Button 控件可以分为提交按钮控件和命令按钮控件。提交按钮控件只是将 Web 页面回送到服务器，默认情况下，Button 控件为提交按钮控件；而命令按钮控件一般包含与控件相关联的命令，用于处理控件命令事件。如图 4.8 所示为 Button 控件。

图 4.8　Button 控件

（1）Button 控件的常用属性

Button 控件的常用属性及说明如表 4.5 所示。

表 4.5　Button 控件的常用属性及说明

属　　性	说　　明
ID	控件 ID
Text	获取或设置在 Button 控件中显示的文本标题
Width	控件的宽度
Height	控件的高度
CssClass	控件呈现的样式
CausesValidation	获取或设置一个值，该值指示在单击 Button 控件时是否执行了验证
OnClientClick	获取或设置在引发某个 Button 控件的 Click 事件时所执行的客户端脚本
PostBackUrl	获取或设置单击 Button 控件时从当前页发送到的网页的 URL

Button 控件的大部分属性和 Label 控件类似，下面主要介绍 Button 控件的 CausesValidation、OnClientClick 和 PostBackUrl 属性的设置。

☑　CausesValidation 属性

CausesValidation 属性主要用来确定该控件是否导致激发验证。例如，用户在注册时，将会添加多个验证控件，但在单击"重置"按钮时，并不需要触发验证控件的激发验证，此时就可以将"重置"按钮的 CausesValidation 属性设置为 false，以防止在单击该按钮时导致控件的激发验证。

☑　OnClientClick 属性

OnClientClick 属性用于获取或设置客户端上执行的客户端脚本，例如，可以在属性面板中设置 Button 控件的 OnClientClick 属性值为 "window.external.addFavorite ('http://www.mingrisoft.com','吉林省明日科技')"，当运行程序时，单击该按钮将会打开一个"添加到收藏夹"窗口，收藏本网站。

☑　PostBackUrl 属性

PostBackUrl 属性用于获取或设置单击 Button 控件时从当前页发送到的网页的 URL，例如，可以在属性面板中设置 Button 控件的 PostBackUrl 属性值为 NewWebPage.aspx，当运行程序时，单击该按钮将会跳转到新页（NewWebPage.aspx）中。

（2）Button 控件的常用事件

Button 控件的常用事件是 Click 事件，该事件是在单击 Button 控件时引发的。

2．单击 Button 按钮弹出消息对话框

【例 4.5】　单击 Button 按钮弹出消息对话框。（示例位置：光盘\mr\sl\04\05）

本示例实现的主要功能是单击 Button 按钮，弹出一个消息对话框。执行程序，示例运行结果如图 4.9 所示，当单击"点击 me"按钮时，将会弹出消息对话框，如图 4.10 所示。

程序实现的主要步骤如下。

（1）新建一个网站，默认主页为 Default.aspx，在 Default.aspx 页面上添加一个 Button 控件，Button 控件的属性设置如表 4.6 所示。

图 4.9　Button 按钮示例　　　　　　　图 4.10　单击 Button 按钮弹出的消息对话框

表 4.6　Button 控件的属性设置

属 性 名 称	属 性 值
ID	Button1
BackColor	#E0E0E0
BorderColor	Gray
Text	点击 me

（2）在属性面板中单击 按钮，找到 Click 事件并双击该事件，进入后台编码区，在 Button 控件的 Click 事件下编写如下代码：

```
protected void Button1_Click(object sender, EventArgs e)
    {
        Response.Write("<script>alert('Hello World！')</script>");
    }
```

4.2.2　LinkButton 控件

1. LinkButton 控件概述

LinkButton 控件又称为超链接按钮控件，该控件在功能上与 Button 控件相似，但在呈现样式上不同，LinkButton 控件以超链接的形式显示。如图 4.11 所示为 LinkButton 控件。

图 4.11　LinkButton 控件

> **注意**
>
> LinkButton 控件是以超链接形式显示的按钮控件，不能为此按钮设置背景图片。

（1）LinkButton 控件的常用属性

LinkButton 控件的常用属性及说明如表 4.7 所示。

表 4.7　LinkButton 控件的常用属性及说明

属　　性	说　　明
ID	控件 ID
Text	获取或设置在 LinkButton 控件中显示的文本标题
Width	控件的宽度
CausesValidation	获取或设置一个值，该值指示在单击 LinkButton 控件时是否执行了验证

续表

属　性	说　明
Enabled	获取或设置一个值，该值指示是否启用 Web 服务器控件
PostBackUrl	获取或设置单击 LinkButton 控件时从当前页发送到的网页的 URL

该控件大部分属性设置与 Button 控件类似，下面主要介绍 PostBackUrl 属性的用法。

PostBackUrl 属性用来设置单击 LinkButton 控件时链接到的网页地址。在设置该属性时，单击其后面的按钮，会弹出如图 4.12 所示的"选择 URL"对话框，用户可以选择要链接到的网页地址。

图 4.12　"选择 URL"对话框

（2）LinkButton 控件的常用事件

LinkButton 控件的常用事件是 Click 事件，该事件是在单击 LinkButton 控件时引发的。

2．使用 LinkButton 控件的 PostBackUrl 属性实现超链接功能

【例 4.6】使用 LinkButton 控件的 PostBackUrl 属性实现超链接功能。（示例位置：光盘\mr\sl\04\06）

本示例通过设置 LinkButton 控件的外观属性来控制其外观显示，并通过设置 LinkButton 控件的 PostBackUrl 属性实现超链接功能。执行程序，示例运行结果如图 4.13 所示，单击图 4.13 中的"超链接"按钮，页面链接到 Default2.aspx，运行结果如图 4.14 所示。

图 4.13　LinkButton 控件示例　　　图 4.14　Default2.aspx 页面

程序实现的主要步骤如下。

（1）新建一个网站，默认主页为 Default.aspx，然后添加一个用于超链接的 Default2.aspx 页面。

（2）在 Default.aspx 页面上添加一个 LinkButton 控件，其属性设置如表 4.8 所示。

表 4.8　LinkButton 控件的属性设置

属　性　名　称	属　性　值
ID	LinkButton1
BackColor	#FFFFC0
BorderColor	Black
BorderWidth	2px

续表

属 性 名 称	属 性 值
Font	18pt
PostBackUrl	~/Default2.aspx（链接页面）
Text	超链接

4.2.3 ImageButton 控件

1. ImageButton 控件概述

ImageButton 控件为图像按钮控件，用于显示具体的图像，在功能上和 Button 控件类似。如图 4.15 所示为 ImageButton 控件。

图 4.15 ImageButton 控件

（1）ImageButton 控件的常用属性

ImageButton 控件的常用属性及说明如表 4.9 所示。

表 4.9 ImageButton 控件的常用属性及说明

属 性	说 明
ID	控件 ID
AlternateText	在图像无法显示时显示的替换文字
CausesValidation	获取或设置一个值，该值指示在单击 ImageButton 控件时是否执行了验证
ImageUrl	获取或设置在 ImageButton 控件中显示的图像的位置
Enabled	获取或设置一个值，该值指示是否可以单击 ImageButton 以执行到服务器的回发
PostBackUrl	获取或设置单击 ImageButton 控件时从当前页发送到网页的 URL

ImageButton 控件的大部分属性设置与 Button 控件类似，下面主要介绍 ImageUrl 和 AlternateText 属性。

☑ ImageUrl 属性

ImageUrl 属性用于设置在 ImageButton 控件中显示图像的位置（URL）。在设置 ImageUrl 属性值时，可以使用相对 URL，也可以使用绝对 URL。相对 URL 使图像的位置与网页的位置相关联，当整个站点移动到服务器上的其他目录时，不需要修改 ImageUrl 属性值；而绝对 URL 使图像的位置与服务器上的完整路径相关联，当修改站点路径时，需要修改 ImageUrl 属性值。笔者建议，在设置 ImageButton 控件的 ImageUrl 属性值时，使用相对 URL。

☑ AlternateText 属性

使用此属性指定在 ImageUrl 属性中指定的图像不可用时显示的文本。

（2）ImageButton 控件的常用事件

ImageButton 控件的常用事件是 Click 事件，该事件是在单击 ImageButton 控件时引发的。

2. 使用 ImageButton 控件显示图片并实现超链接

【例 4.7】 使用 ImageButton 控件显示图片并实现超链接。（示例位置：光盘\mr\sl\04\07）

本示例主要通过设置 ImageButton 控件的 ImageUrl 和 PostBackUrl 属性来指定该控件的显示图片和

超链接页面。执行程序，示例运行结果如图 4.16 所示，单击图 4.16 中的"ImageButton"按钮，页面链接到 Default2.aspx 上，运行结果如图 4.17 所示。

图 4.16　ImageButton 控件示例　　　　图 4.17　ImageButton 控件链接页面

程序实现的主要步骤如下。

（1）新建一个网站，默认主页为 Default.aspx，然后添加一个新页 Default2.aspx，以便与 Default.aspx 进行链接。

（2）在 Default.aspx 页面上添加一个 ImageButton 控件，其属性设置如表 4.10 所示。

表 4.10　ImageButton 控件的属性设置

属 性 名 称	属　性　值
ID	ImageButton1
AlternateText	ImageButton 按钮
BorderColor	Black
BorderWidth	2px
ImageUrl	~/image/Image1.gif（图片的相对 URL）
PostBackUrl	~/Default2.aspx（链接页面）

4.2.4　HyperLink 控件

1. HyperLink 控件概述

HyperLink 控件又称超链接控件，该控件在功能上和 HTML 的<a href="">控件相似，其显示模式为超链接的形式。HyperLink 控件与大多数 Web 服务器控件不同，当用户单击 HyperLink 控件时并不会在服务器代码中引发事件，该控件只实现导航功能。如图 4.18 所示为 HyperLink 控件。

图 4.18　HyperLink 控件

> **注意**
>
> 单击 HyperLink 服务器控件不会引发任何事件，它只起到超链接的作用。

HyperLink 控件的常用属性及说明如表 4.11 所示。

表 4.11　HyperLink 控件的常用属性及说明

属　　性	说　　明
ID	控件 ID
Text	获取或设置 HyperLink 控件的文本标题
ImageUrl	获取或设置 HyperLink 控件显示的图像路径

续表

属 性	说 明
NavigateUrl	获取或设置单击 HyperLink 控件时链接到的 URL
Target	获取或设置单击 HyperLink 控件时显示链接到的 Web 页内容的目标窗口或框架
Enabled	获取或设置一个值,该值指示是否启用 Web 服务器控件

下面介绍 HyperLink 控件的一些重要属性。

☑ NavigateUrl 属性

NavigateUrl 属性用来设置单击 HyperLink 控件时要链接到的网页地址,其设置方法可参见 LinkButton 控件的 PostBackUrl 属性设置方法。

☑ Target 属性

Target 属性表示下一个框架或窗口显示样式,Target 属性值一般以下划线开头,其常用成员及说明如表 4.12 所示。

表 4.12 Target 属性成员及说明

成 员	说 明
_blank	在没有框架的新窗口中显示链接页
_self	在具有焦点的框架中显示链接页
_top	在没有框架的全部窗口中显示链接页
_parent	在直接框架集父级窗口或页面中显示链接页

2. 使用 HyperLink 控件显示图片并实现超链接

【例 4.8】 使用 HyperLink 控件显示图片并实现超链接。(示例位置:光盘\mr\sl\04\08)

本示例通过设置 HyperLink 控件的外观属性来控制其外观显示,并通过设置 NavigateUrl 属性指定该控件的超链接页面。执行程序,示例运行结果如图 4.19 所示,单击图 4.19 中的"HyperLink"按钮,页面链接到 Default2.aspx 上,运行结果如图 4.20 所示。

图 4.19 HyperLink 控件示例

图 4.20 HyperLink 控件链接页面

程序实现的主要步骤如下。

(1)新建一个网站,默认主页为 Default.aspx,然后添加一个用于超链接的页 Default2.aspx。

(2)在 Default.aspx 页面上添加一个 HyperLink 控件,其属性设置如表 4.13 所示。

表 4.13 HyperLink 控件的属性设置

属性名称	属 性 值
ID	HyperLink1
BorderColor	#8080FF

续表

属性名称	属性值
BorderWidth	2px
NavigateUrl	~/Default2.aspx（链接页面）
Target	_top
ImageUrl	~/images/image1.gif（图片的相对 URL）

> **技巧**
>
> （1）单击按钮弹出新窗口
>
> 在开发网站时，经常会遇到单击前台页面的"后台登录"按钮，弹出一个新窗口，用于输入登录后台的用户名和密码。单击 Button 按钮弹出一个新窗口的代码如下：
>
> ```
> protected void Button1_Click(object sender, EventArgs e)
> {
>     Response.Write("<script language='javascript'>window.open('NewPage.aspx','','width=335,height=219')</script>");
> }
> ```
>
> 在打开的新窗口中，可以单击 Button 按钮关闭该窗口，该按钮的 Click 事件代码如下：
>
> ```
> protected void Button1_Click(object sender, EventArgs e)
> {
>     Response.Write("<script language='javascript'>window.close()</script>");
> }
> ```
>
> （2）打开 Outlook 窗口发送邮件
>
> 在开发网站时，经常会遇到单击"联系管理员"按钮，打开 Outlook 窗口发送邮件。实现该功能，可以将 HyperLink 控件的 NavigateUrl 属性值设置为 "mailto:mingrisoft@mingrisoft.com"。
>
> （3）设置 IE 主页
>
> 在开发网站时，经常会遇到单击"设置主页"按钮，将指定的网页设置为 IE 主页。实现该功能，可以将 LinkButton 按钮的 OnClientClick 属性设置为 "this.style.behavior='url(#default#homepage)'; this.sethomepage('hppt://www.mingrisoft.com')"。

4.3 选择类型控件

4.3.1 ListBox 控件

1．ListBox 控件概述

ListBox 控件用于显示一组列表项，用户可以从中选择一项或多项。如果列表项的总数超出可以显示的项数，则 ListBox 控件会自动添加滚动条。如图 4.21 所示为 ListBox 控件。

图 4.21　ListBox 控件

1）ListBox 控件的常用属性

ListBox 控件的常用属性及说明如表 4.14 所示。

表 4.14　ListBox 控件的常用属性及说明

属　　性	说　　明
Items	获取列表控件项的集合
SelectionMode	获取或设置 ListBox 控件的选择格式
SelectedIndex	获取或设置列表控件中选定项的最低序号索引
SelectedItem	获取列表控件中索引最小的选中的项
SelectedValue	获取列表控件中选定项的值，或选择列表控件中包含指定值的项
Rows	获取或设置 ListBox 控件中显示的行数
DataSource	获取或设置对象，数据绑定控件从该对象中检索其数据项列表
ID	获取或设置分配给服务器控件的编程标识符

下面主要介绍 ListBox 控件的 Items、SelectionMode 和 DataSource 属性。

（1）Items 属性

Items 属性主要是用来获取列表控件的集合，使用 Items 属性为 ListBox 控件添加列表项的方法有两种，下面分别进行介绍。

☑　通过属性面板为 ListBox 控件添加列表项

首先，打开属性面板，单击 Items 属性后面的按钮，会弹出一个如图 4.22 所示的"ListItem 集合编辑器"对话框。

图 4.22　"ListItem 集合编辑器"对话框

在"ListItem 集合编辑器"对话框中，可以通过单击"添加"按钮，为 ListBox 控件添加列表项，可以选中该列表项，在属性面板中修改其属性值。当为 ListBox 控件添加完列表项后，还可以选中列表项，单击"↑"和"↓"按钮更改列表项的位置。单击"移除"按钮可以将该项从列表项中删除，如图 4.23 所示。

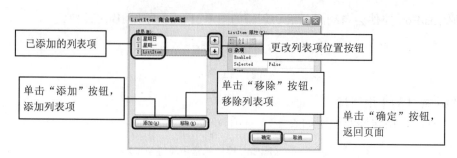

图 4.23 添加列表项

最后,单击"确定"按钮,返回到页面中,在 ListBox 控件中将会呈现已添加的列表项。

☑ 使用 Items.Add 方法为 ListBox 控件添加列表项

在后台代码中,可以编写如下代码,使用 Items.Add 方法为 ListBox 控件添加列表项。

```
lbxSource.Items.Add("星期日");
lbxSource.Items.Add("星期一");
lbxSource.Items.Add("星期二");
lbxSource.Items.Add("星期三");
lbxSource.Items.Add("星期四");
lbxSource.Items.Add("星期五");
lbxSource.Items.Add("星期六");
```

(2) SelectionMode 属性

SelectionMode 属性用于获取或设置 ListBox 列表控件的选择模式,其设置选项有以下两种。

☑ 单选(Single):用户只能在列表框中选中一项。

☑ 多选(MultiLine):用户可以在列表框中选中多项。

(3) DataSource 属性

使用 DataSource 属性可以从数组或集合中获取列表项并将其添加到控件中。当编程人员希望从数组或集合中填充控件时,可以使用此属性。例如,在后台代码中编写如下代码,将数组绑定到 ListBox 控件中。

```
ArrayList arrList = new ArrayList();
arrList.Add("星期日");
arrList.Add("星期一");
arrList.Add("星期二");
arrList.Add("星期三");
arrList.Add("星期四");
arrList.Add("星期五");
arrList.Add("星期六");
ListBox1.DataSource = arrList;
ListBox1.DataBind();
```

注意

在使用 ArrayList 类数组之前,需要引用 ArrayList 类的命名空间,其引用代码为"using System.Collections"。

2）ListBox 控件的常用方法

ListBox 控件的常用方法是 DataBind。当 ListBox 控件使用 DataSource 属性附加数据源时，可使用 DataBind 方法将数据源绑定到 ListBox 控件上。

2．ListBox 控件选项的多选和单选操作

【例 4.9】 ListBox 控件选项的多选和单选操作。（示例位置：光盘\mr\sl\04\09）

本示例实现的主要功能是对 ListBox 控件中的列表项进行多选和单选操作。执行程序，示例运行结果如图 4.24 所示，在源列表框中选择部分选项，单击"<"按钮后，将会把源列表框中选择的项移到目的列表框中，运行结果如图 4.25 所示。

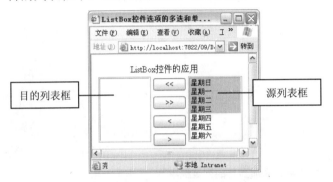 

图 4.24　ListBox 控件（选择前）　　　　图 4.25　ListBox 控件（选择后）

程序实现的主要步骤如下。

（1）新建一个网站，默认主页为 Default.aspx。

（2）在 Default.aspx 页面上添加 2 个 ListBox 控件和 4 个 Button 按钮，其属性设置及用途如表 4.15 所示。

表 4.15　Default.aspx 页面中控件的属性设置及用途

控 件 类 型	控 件 名 称	主要属性设置	用　　　途
标准/ListBox 控件	lbxDest	SelectionMode 属性设置为 Multiple	目的列表框
	lbxSource	SelectionMode 属性设置为 Multiple	源列表框
标准/Button 控件	Button1	Text 属性设置为 "<<"	执行全选功能
	Button2	Text 属性设置为 ">>"	执行全删功能
	Button3	Text 属性设置为 "<"	执行单选功能
	Button4	Text 属性设置为 ">"	执行单删功能

如果需要将源列表框中的选项全部移到目的列表框中，可以单击"<<"按钮。"<<"按钮的 Click 事件代码如下：

```
protected void Button1_Click(object sender, EventArgs e)
{
    //获取列表框的选项数
    int count = lbxSource.Items.Count;
    int index = 0;
    //循环从源列表框中转移到目的列表框中
```

```
            for (int i = 0; i < count; i++)
            {
                ListItem Item = lbxSource.Items[index];
                lbxSource.Items.Remove(Item);
                lbxDest.Items.Add(Item);
            }
            //获取下一个选项的索引值
            index++;
        }
```

如果需要将源列表框中的部分选项移到目的列表框中，可以单击"<"按钮。"<"按钮的 Click 事件代码如下：

```
protected void Button3_Click(object sender, EventArgs e)
    {
        //获取列表框的选项数
        int count = lbxSource.Items.Count;
        int index = 0;
        //循环判断各个项的选中状态
        for (int i = 0; i < count; i++)
        {
            ListItem Item = lbxSource.Items[index];
            //如果选项为选中状态，则从源列表框中删除并添加到目的列表框中
            if (lbxSource.Items[index].Selected == true)
            {
                lbxSource.Items.Remove(Item);
                lbxDest.Items.Add(Item);
                //将当前选项索引值减 1
                index--;
            }
            //获取下一个选项的索引值
            index++;
        }
    }
```

> **注意**
> （1）在列表框中，通过按 Shift 键或 Ctrl 键，可以进行多项选择。
> （2）单击页面中的"<"按钮或">"按钮，可以将选中的项目移动到指定的列表框中；单击页面中的"<<"按钮或">>"按钮，所有项目都将移到指定的列表框中。

3. ListBox 控件选项的上移和下移操作

【例 4.10】 ListBox 控件选项的上移和下移操作。（示例位置：光盘\mr\sl\04\10）

本示例实现的主要功能是对 ListBox 控件中的列表选项进行上移和下移操作。执行程序，示例运行结果如图 4.26 所示，在列表框中选中最后一项，单击"上移"按钮后，选中的选项将会向上移动，运行结果如图 4.27 所示。

图 4.26　ListBox 控件（上移前）　　　　图 4.27　ListBox 控件（上移后）

程序实现的主要步骤如下。

（1）新建一个网站，默认主页为 Default.aspx。

（2）在 Default.aspx 页面上添加 1 个 ListBox 控件和 4 个 Button 按钮，其属性设置及用途如表 4.16 所示。

表 4.16　Default.aspx 页面中控件的属性设置及用途

控件类型	控件名称	主要属性设置	用途
标准/ListBox 控件	lbxSource	SelectionMode 属性设置为 Multiple	列表框
标准/Button 控件	Button1	Text 属性设置为"上移"	执行上移选中选项功能
	Button2	Text 属性设置为"下移"	执行下移选中选项功能
	Button3	Text 属性设置为"循环上移"	执行循环上移选中选项功能
	Button4	Text 属性设置为"循环下移"	执行循环下移选中选项功能

如果需要将列表框中选中的项上移，可以单击"上移"按钮。"上移"按钮的 Click 事件代码如下：

```
protected void Button1_Click(object sender, EventArgs e)
{
    //若不是第 1 行则上移
    if (lbxSource.SelectedIndex > 0 && lbxSource.SelectedIndex <= lbxSource.Items.Count - 1)
    {
        //记录当前选项的值
        string name = lbxSource.SelectedItem.Text;
        string value = lbxSource.SelectedItem.Value;
        //获取当前选项的索引号
        int index = lbxSource.SelectedIndex;
        //交换当前选项和其前一项的索引号
        lbxSource.SelectedItem.Text = lbxSource.Items[index - 1].Text;
        lbxSource.SelectedItem.Value = lbxSource.Items[index - 1].Value;
        lbxSource.Items[index - 1].Text = name;
        lbxSource.Items[index - 1].Value = value;
        //设定上一项为当前选项
        lbxSource.SelectedIndex--;
    }
}
```

如果需要将列表框中选中的选项向下移动，可以单击"下移"按钮。"下移"按钮的 Click 事件代码如下：

```
protected void Button2_Click(object sender, EventArgs e)
{
```

```
            //若不是最后一行则下移
            if (lbxSource.SelectedIndex >= 0 && lbxSource.SelectedIndex < lbxSource.Items.Count - 1)
            {
                //保存当前选项的信息
                string name = lbxSource.SelectedItem.Text;
                string value = lbxSource.SelectedItem.Value;
                //获取当前选项的索引号
                int index = lbxSource.SelectedIndex;
                //交换当前选项与下一项的信息
                lbxSource.SelectedItem.Text = lbxSource.Items[index + 1].Text;
                lbxSource.SelectedItem.Value = lbxSource.Items[index + 1].Value;
                lbxSource.Items[index + 1].Text = name;
                lbxSource.Items[index + 1].Value = value;
                //设定下一项为当前选项
                lbxSource.SelectedIndex++;
            }
        }
```

4.3.2 DropDownList 控件

1. DropDownList 控件概述

DropDownList 控件与 ListBox 控件的使用类似，但 DropDownList 控件只允许用户每次从列表中选择一项，而且只在框中显示选定选项。如图 4.28 所示为 DropDownList 控件。

图 4.28　DropDownList 控件

（1）DropDownList 控件的常用属性

DropDownList 控件的常用属性及说明如表 4.17 所示。

表 4.17　DropDownList 控件的常用属性及说明

属　　性	说　　明
Items	获取列表控件项的集合
SelectedIndex	获取或设置列表中选定选项的最低序号索引
SelectedItem	获取列表中索引最小的选中选项
SelectedValue	获取列表控件中选定选项的值，或选择列表控件中包含指定值的选项
AutoPostBack	获取或设置一个值，该值指示当用户更改列表中的选定内容时，是否自动产生向服务器回发
DataSource	获取或设置对象，数据绑定控件从该对象中检索其数据项列表
ID	获取或设置分配给服务器控件的编程标识符

 说明

DropDownList 控件的属性大部分与 ListBox 控件相同，这里不再赘述，读者可参见 ListBox 控件的属性。

（2）DropDownList 控件的常用方法

DropDownList 控件的常用方法是 DataBind。当 DropDownList 控件使用 DataSource 属性附加数据源时，可使用 DataBind 方法将数据源绑定到 DropDownList 控件上。

（3）DropDownList 控件的常用事件

DropDownList 控件的常用事件是 SelectedIndexChanged。当 DropDownList 控件中选定选项发生改变时，将触发 SelectedIndexChanged 事件。

2．将数组绑定到 DropDownList 控件中

【例 4.11】 将数组绑定到 DropDownList 控件中。（示例位置：光盘\mr\sl\04\11）

本示例实现的主要功能是使用 DropDownList 控件的 DataBind 方法，将 ArrayList 数组绑定到 DropDownList 控件中。执行程序，示例运行结果如图 4.29 所示。

程序实现的主要步骤如下。

（1）新建一个网站，默认主页为 Default.aspx，在 Default.aspx 页面上添加一个 DropDownList 控件。

（2）将页面切换到后台代码区，在使用 ArrayList 类之前，需要引用 ArrayList 类的命名空间，其代码如下：

```
using System.Collections;
```

（3）在页面的 Page_Load 事件中编写如下代码，将 ArrayList 数组绑定到 DropDownList 控件中。

```
protected void Page_Load(object sender, EventArgs e)
    {
        if (!IsPostBack)
        {
            ArrayList arrList = new ArrayList();
            arrList.Add("星期日");
            arrList.Add("星期一");
            arrList.Add("星期二");
            arrList.Add("星期三");
            arrList.Add("星期四");
            arrList.Add("星期五");
            arrList.Add("星期六");
            DropDownList1.DataSource = arrList;
            DropDownList1.DataBind();
        }
    }
```

3．动态改变 DropDownList 控件的背景色

【例 4.12】 动态改变 DropDownList 控件的背景色。（示例位置：光盘\mr\sl\04\12）

本示例实现的主要功能是，当 DropDownList 控件列表项改变时，其背景色也做相应的改变。执行程序，示例运行结果如图 4.30 所示。

图 4.29　将数组绑定到 DropDown List 控件中

图 4.30　动态改变 DropDownList 控件的背景色

程序实现的主要步骤如下。

（1）新建一个网站，默认主页为 Default.aspx，在 Default.aspx 页面上添加一个 DropDownList 控件，其属性设置如表 4.18 所示。

表 4.18　DropDownList 控件的属性设置

属 性 名 称	属 性 值
ID	DropDownList1
AutoPostBack	True
Font/Bold	True
ForeColor	Black

（2）为了实现当选择的列表项发生改变时，DropDownList 控件的背景色也做相应的改变，需要在 DropDownList 控件的 SelectedIndexChanged 事件下添加如下代码，在 switch 语句中改变 DropDownList 控件的背景色。

```
protected void DropDownList1_SelectedIndexChanged(object sender, EventArgs e)
{
    string color = this.DropDownList1.SelectedItem.Value;
    switch (color)
    {
        case "Red":
            this.DropDownList1.BackColor = System.Drawing.Color.Red;
            break;
        case "Green":
            this.DropDownList1.BackColor = System.Drawing.Color.Green;
            break;
        case "Blue":
            this.DropDownList1.BackColor = System.Drawing.Color.Blue;
            break;
        case " LightGray ":
            this.DropDownList1.BackColor = System.Drawing.Color. LightGray;
            break;
        default :
            this.DropDownList1.BackColor = System.Drawing.Color.White;
            break;
    }
}
```

> **技巧**
>
> （1）获取 DropDownList 控件选项的索引号和标题
>
> ```
> int Index = DropDownList1.SelectedIndex;//获取选项的索引号
> string text = DropDownList1.SelectedItem;//获取选项的标题
> ```
>
> （2）向 DropDownList 控件的下拉列表框中添加列表项
>
> ```
> DropDownList1.Items.Add(new ListItem("ASP.NET","0"));
> DropDownList1.Items.Add(new ListItem("VB.NET","1"));
> DropDownList1.Items.Add(new ListItem("C#.NET", "2"));
> DropDownList1.Items.Add(new ListItem("VB", "3"));
> ```
>
> （3）删除选择的 DropDownList 控件的列表项
>
> ```
> ListItem Item = DropDownList1.SelectedItem;
> DropDownList1.Items.Remove(Item);
> ```
>
> （4）清除所有 DropDownList 控件的列表项
>
> ```
> DropDownList1.Items.Clear();
> ```
>
> （5）获取 DropDownList 控件包含的列表项数
>
> ```
> int count = DropDownList1.Items.Count;
> ```

4.3.3 RadioButton 控件

1. RadioButton 控件概述

RadioButton 控件是一种单选按钮控件，用户可以在页面中添加一组 RadioButton 控件，通过为所有的单选按钮分配相同的 GroupName（组名），来强制执行从给出的所有选项集中仅选择一个选项。如图 4.31 所示为 RadioButton 控件。

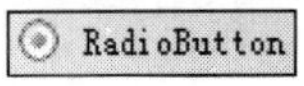

图 4.31 RadioButton 控件

（1）RadioButton 控件的常用属性

RadioButton 控件的常用属性及说明如表 4.19 所示。

表 4.19 RadioButton 控件的常用属性及说明

属　　性	说　　明
AutoPostBack	获取或设置一个值，该值指示在单击 RadioButton 控件时，是否自动回发到服务器
CausesValidation	获取或设置一个值，该值指示在单击 RadioButton 控件时，是否执行验证
Checked	获取或设置一个值，该值指示是否已选中 RadioButton 控件
GroupName	获取或设置单选按钮所属的组名
Text	获取或设置与 RadioButton 关联的文本标签
TextAlign	获取或设置与 RadioButton 控件关联的文本标签的对齐方式
Enabled	控件是否启用
ID	获取或设置分配给服务器控件的编程标识符

下面介绍 RadioButton 控件的一些重要属性。

☑ GroupName 属性

使用 GroupName 属性指定一组单选按钮，以创建一组互相排斥的控件。如果用户在页面中添加了一组 RadioButton 控件，可以将所有单选按钮的 GroupName 属性值设为同一个值，来强制执行在给出的所有选项集中仅有一个处于被选中状态。

☑ Checked 属性

如果 RadioButton 控件被选中，则 RadioButton 控件的 Checked 属性值为 true；否则，为 false。

☑ TextAlign 属性

可以通过 Text 属性指定要在 RadioButton 控件中显示的文本。当 RadioButton 控件的 TextAlign 属性值为 Left 时，文本显示在单选按钮的左侧；当 RadioButton 控件的 TextAlign 属性值为 Right 时，文本显示在单选按钮的右侧。

（2）RadioButton 控件的常用事件

RadioButton 控件的常用事件是 CheckedChanged，当 RadioButton 控件的选中状态发生改变时引发该事件。

2．使用 RadioButton 控件模拟考试系统中的单选题

【例 4.13】 使用 RadioButton 控件模拟考试系统中的单选题。（示例位置：光盘\mr\sl\04\13）

本示例通过设置 RadioButton 控件的 GroupName 属性值，模拟考试系统中的单选题，并在 RadioButton 控件的 CheckedChanged 事件下，将用户选择的答案显示出来。执行程序并选择答案 D，示例运行结果如图 4.32 所示，单击"提交"按钮，将会弹出如图 4.33 所示的提示对话框。

图 4.32　使用 RadioButton 控件模拟考试系统

图 4.33　提示对话框

程序实现的主要步骤如下。

（1）新建一个网站，默认主页为 Default.aspx，在 Default.aspx 页面上添加 4 个 RadioButton 控件、1 个 Label 控件和 1 个 Button 按钮控件，其属性设置及用途如表 4.20 所示。

表 4.20　Default.aspx 页面中控件的属性设置及用途

控件类型	控件名称	主要属性设置	用　　途
标准/Label 控件	Label1	Text 属性设置为 "？"	显示用户已选择的答案
标准/Button 控件	Button1	Text 属性设置为 "提交"	执行提交功能
标准/RadioButton 控件	RadioButton1	Text 属性设置为 "A：地球是圆的"	显示 "A：地球是圆的" 文本
		AutoPostBack 属性设置为 true	当单击控件时，自动回发到服务器中
		GroupName 属性设置为 Key	RadioButton 控件的组名，强制执行单选操作
		TextAlign 属性设置为 Right	文本显示在单选按钮的右侧

控件类型	控件名称	主要属性设置	用途
	RadioButton2	Text 属性设置为 "B：地球是长的"	显示 "B：地球是长的" 文本
		AutoPostBack 属性设置为 true	当单击控件时，自动回发到服务器中
		GroupName 属性设置为 Key	RadioButton 控件的组名，强制执行单选操作
		TextAlign 属性设置为 Right	文本显示在单选按钮的右侧
	RadioButton3	Text 属性设置为 "C：地球是方的"	显示 "C：地球是方的" 文本
		AutoPostBack 属性设置为 true	当单击控件时，自动回发到服务器中
		GroupName 属性设置为 Key	RadioButton 控件的组名，强制执行单选操作
		TextAlign 属性设置为 Right	文本显示在单选按钮的右侧
	RadioButton4	Text 属性设置为 "D：地球是椭圆的"	显示 "D：地球是椭圆的" 文本
		AutoPostBack 属性设置为 true	当单击控件时，自动回发到服务器中
		GroupName 属性设置为 Key	RadioButton 控件的组名，强制执行单选操作
		TextAlign 属性设置为 Right	文本显示在单选按钮的右侧

（2）为了将已选择的答案显示在界面上，可以在 RadioButton 控件的 CheckedChanged 事件中，使用 Checked 属性来判断该 RadioButton 控件是否已被选择，如果已被选择，则将其显示出来。单选按钮 RadioButton1 的 CheckedChanged 事件代码如下：

```
protected void RadioButton1_CheckedChanged(object sender, EventArgs e)
    {
        if (RadioButton1.Checked == true)
        {
            this.Label1.Text = "A";
        }
    }
```

注意

单选按钮 RadioButton2、RadioButton3 和 RadioButton4 的 CheckedChanged 事件代码与 RadioButton1 的 CheckedChanged 事件代码相似，都是用来判断该单选按钮是否被选中。如果被选中，则将其显示出来。由于篇幅有限，其他单选按钮的 CheckedChanged 事件代码不再给出，请读者参考本书光盘。

（3）当用户选择完答案后，可以通过单击提交按钮获取正确答案。提交按钮的 Click 事件代码如下：

```
protected void Button1_Click(object sender, EventArgs e)
    {
        //判断用户是否已选择了答案。如果没有作出选择，将会弹出对话框，提示用户选择答案
        if (RadioButton1.Checked == false && RadioButton2.Checked == false && RadioButton3.Checked == false && RadioButton4.Checked == false)
        {
```

```
                Response.Write("<script>alert('请选择答案')</script>");
            }
            else if (RadioButton4.Checked == true)
            {
                Response.Write("<script>alert('正确答案为 D，恭喜您，答对了！')</script>");
            }
            else
            {
                Response.Write("<script>alert('正确答案为 D，对不起，答错了！')</script>");
            }
        }
```

4.3.4 CheckBox 控件

1. CheckBox 控件概述

CheckBox 控件是用来显示允许用户设置 true 或 false 条件的复选框。用户可以从一组 CheckBox 控件中选择一项或多项。如图 4.34 所示为 CheckBox 控件。

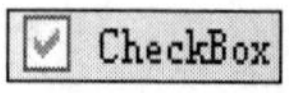

图 4.34 CheckBox 控件

（1）CheckBox 控件的常用属性

CheckBox 控件的常用属性及说明如表 4.21 所示。

表 4.21 CheckBox 控件的常用属性及说明

属　　性	说　　明
AutoPostBack	获取或设置一个值，该值指示在单击 CheckBox 控件时，是否自动回发到服务器
CausesValidation	获取或设置一个值，该值指示在单击 CheckBox 控件时，是否执行验证
Checked	获取或设置一个值，该值指示是否已选中 CheckBox 控件
Text	获取或设置与 CheckBox 关联的文本标签
TextAlign	获取或设置与 CheckBox 控件关联的文本标签的对齐方式
Enabled	控件是否启用
ID	获取或设置分配给服务器控件的编程标识符

下面介绍 CheckBox 控件的一些重要属性。

☑ Checked 属性

如果 CheckBox 控件被选中，则 CheckBox 控件的 Checked 属性值为 true；否则为 false。

☑ TextAlign 属性

可以通过 Text 属性指定要在 CheckBox 控件中显示的文本。当 CheckBox 控件的 TextAlign 属性值为 Left 时，文本显示在单选按钮的左侧；当 CheckBox 控件的 TextAlign 属性值为 Right 时，文本显示在单选按钮的右侧。

（2）CheckBox 控件的常用事件

CheckBox 控件的常用事件是 CheckedChanged，当 CheckBox 控件的选中状态发生改变时引发该事件。

2. 使用 CheckBox 控件模拟考试系统中的多选题

【例 4.14】 使用 CheckBox 控件模拟考试系统中的多选题。（示例位置：光盘\mr\sl\04\14）

本示例主要是模拟考试系统中的多选题功能，并在 CheckBox 控件的 CheckedChanged 事件下，将用户选择的答案显示出来。执行程序并选择答案 A、B、C，示例运行结果如图 4.35 所示。单击"提交"按钮，将会弹出如图 4.36 所示的提示对话框。

图 4.35　使用 RadioButton 控件模拟考试系统

图 4.36　提示对话框

程序实现的主要步骤如下。

（1）新建一个网站，默认主页为 Default.aspx，在 Default.aspx 页面上添加 4 个 CheckBox 控件、4 个 Label 控件和 1 个 Button 控件，其属性设置及用途如表 4.22 所示。

表 4.22　Default.aspx 页面中控件的属性设置及用途

控 件 类 型	控 件 名 称	主要属性设置	用　　途
标准/Label 控件	Label1	Text 属性设置为 ""	显示用户已选择的 A 答案
	Label2	Text 属性设置为 ""	显示用户已选择的 B 答案
	Label3	Text 属性设置为 ""	显示用户已选择的 C 答案
	Label4	Text 属性设置为 ""	显示用户已选择的 D 答案
标准/Button 控件	Button1	Text 属性设置为 "提交"	执行提交功能
标准/CheckBox 控件	CheckBox1	Text 属性设置为 "A：正方形有四条边"	显示 "A：正方形有四条边" 文本
		AutoPostBack 属性设置为 true	当单击控件时，自动回发到服务器中
	CheckBox2	Text 属性设置为 "B：四边形有四个角"	显示 "B：四边形有四个角" 文本
		AutoPostBack 属性设置为 true	当单击控件时，自动回发到服务器中
	CheckBox3	Text 属性设置为 "C：正方形属于四边形"	显示 "C：正方形属于四边形" 文本
		AutoPostBack 属性设置为 true	当单击控件时，自动回发到服务器中
	CheckBox4	Text 属性设置为 "D：四边形属于正方形"	显示 "D：四边形属于正方形" 文本
		AutoPostBack 属性设置为 true	当单击控件时，自动回发到服务器中

> **注意**
> CheckBox 控件的 AutoPostBack 属性值设置为 true，则当选中复选框时系统会自动将网页中的内容送回 Web 服务器，并触发 CheckBox 控件的 CheckedChanged 事件。

（2）为了将已选择的答案显示在界面上，可以在 CheckBox 控件的 CheckedChanged 事件中，使用 Checked 属性来判断该 CheckBox 控件是否已被选中，如果已被选中，则将其显示出来。复选框 CheckBox1 的 CheckedChanged 事件代码如下：

```
protected void CheckBox1_CheckedChanged(object sender, EventArgs e)
{
    if (CheckBox1.Checked == true)
    {
        this.Label1.Text = "A";
    }
    else
    {
        this.Label1.Text = "";
    }
}
```

> **注意**
>
> 复选框 CheckBox2、CheckBox3 和 CheckBox4 的 CheckedChanged 事件代码与 CheckBox1 的 CheckedChanged 事件代码相似，都是用来判断该复选框是否被选中。如果被选中，则将其显示出来。由于篇幅有限，其他复选框的 CheckedChanged 事件代码不再给出，请读者参考本书光盘。

（3）当用户选择完答案后，可以通过单击"提交"按钮获取正确答案。"提交"按钮的 Click 事件代码如下：

```
protected void Button1_Click(object sender, EventArgs e)
{
    //判断用户是否已选择了答案，如果没有作出选择，弹出对话框，提示用户选择答案
    if (CheckBox1.Checked == false && CheckBox2.Checked == false && CheckBox3.Checked == false && CheckBox4.Checked == false)
    {
        Response.Write("<script>alert('请选择答案')</script>");
    }
    else if (CheckBox1.Checked == true && CheckBox2.Checked == true && CheckBox3.Checked == true && CheckBox4.Checked == false)
    {
        Response.Write("<script>alert('正确答案为 ABC，恭喜您，答对了！')</script>");
    }
    else
    {
        Response.Write("<script>alert('正确答案为 ABC，对不起，答错了！')</script>");
    }
}
```

4.4 图形显示类型控件

4.4.1 Image 控件

1. Image 控件概述

Image 控件用于在页面上显示图像。在使用 Image 控件时，可以在设计或运行时以编程方式为 Image 对象指定图形文件。如图 4.37 所示为 Image 控件。

图 4.37　Image 控件

Image 控件的常用属性及说明如表 4.23 所示。

表 4.23　Image 控件的常用属性及说明

属　　性	说　　明
ID	获取或设置分配给服务器控件的编程标识符
AlternateText	在图像无法显示时显示的替换文字
ImageAlign	获取或设置 Image 控件相对于网页上其他元素的对齐方式
ImageUrl	获取或设置在 Image 控件中显示的图像的位置
Enabled	获取或设置一个值，该值指示是否已启用控件

下面介绍 Image 控件的 ImageAlign 和 ImageUrl 属性。

☑ ImageAlign 属性

ImageAlign 属性指定或确定图像相对于网页上其他元素的对齐方式。在表 4.24 中列出了可能的对齐方式。

表 4.24　Image 控件的 ImageAlign 属性的对齐方式

对 齐 方 式	说　　明
Left	图像沿网页的左边缘对齐，文字在图像右边换行
Right	图像沿网页的右边缘对齐，文字在图像左边换行
Baseline	图像的下边缘与第一行文本的下边缘对齐
Top	图像的上边缘与同一行上最高元素的上边缘对齐
Middle	图像的中间与第一行文本的下边缘对齐
Bottom	图像的下边缘与第一行文本的下边缘对齐
AbsBottom	图像的下边缘与同一行中最大元素的下边缘对齐
AbsMiddle	图像的中间与同一行中最大元素的中间对齐
TextTop	图像的上边缘与同一行上最高文本的上边缘对齐

☑ ImageUrl 属性

ImageUrl 属性用于设置在 Image 控件中显示图像的位置（URL）。在设置 ImageUrl 属性值时，可以使用相对 URL，也可以使用绝对 URL。相对 URL 使图像的位置与网页的位置相关联，当整个站点移动到服务器上的其他目录时，不需要修改 ImageUrl 属性值；而绝对 URL 使图像的位置与服务器上的完整路径相关联，当更改站点路径时，需要修改 ImageUrl 属性值。笔者建议，在设置 Image 控件的 ImageUrl 属性值时，使用相对 URL。

2. 实现动态显示用户头像功能

【例 4.15】 实现动态显示用户头像功能。（**示例位置：光盘\mr\sl\04\15**）

本示例主要通过改变 Image 控件的 ImageUrl 属性值来动态显示用户头像。执行程序，并在下拉列表框中选择"boy 图像"选项，示例运行结果如图 4.38 所示。在下拉列表框中选择"girl 图像"选项，示例运行结果如图 4.39 所示。

图 4.38 "boy 图像"显示

图 4.39 "girl 图像"显示

程序实现的主要步骤如下。

（1）新建一个网站，默认主页为 Default.aspx，在 Default.aspx 页面上添加一个 DropDownList 控件和一个 Image 控件，其属性设置及用途如表 4.25 所示。

表 4.25 Default.aspx 页面中控件属性的设置及用途

控 件 类 型	控 件 名 称	主要属性设置	用　　途
标准/DropDownList 控件	DropDownList1	AutoPostBack 属性设置为 true	当单击控件时，自动回发到服务器中
标准/Image 控件	Image1	AlternateText 属性设置为"显示头像"	在图像无法显示时显示的替换文字

（2）在 DropDownList 控件的 SelectedIndexChanged 事件下编写如下代码，实现动态显示用户头像。

```
protected void DropDownList1_SelectedIndexChanged(object sender, EventArgs e)
    {
        //用户选择 DropDownList 控件中的不同项时，显示不同的用户头像
        if (DropDownList1.SelectedIndex == 1)
        {
            Image1.ImageUrl = "~/images/boy.jpg";
        }
        else if (DropDownList1.SelectedIndex == 2)
        {
            Image1.ImageUrl = "~/images/girl.jpg";
```

```
        }
        else
        {
            Image1.ImageUrl = "";
        }
    }
```

> **说明**
> 在使用 Image 控件时，一般情况下要设置其 AlternateText 属性（在图像无法显示时显示的替换文字）。设置此属性后，浏览网页时将光标放置在控件上也会显示说明文字。

4.4.2 ImageMap 控件

1．ImageMap 控件概述

ImageMap 控件允许在图片中定义一些热点（HotSpot）区域。当单击这些热点区域时，将会引发超链接或者单击事件。当需要对某幅图片的局部实现交互时，可使用 ImageMap 控件，如以图片形式展示网站地图和流程图等。如图 4.40 所示为 ImageMap 控件。

（1）ImageMap 控件的常用属性

ImageMap 控件的常用属性及说明如表 4.26 所示。

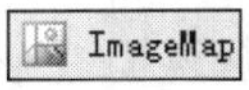

图 4.40　ImageMap 控件

表 4.26　ImageMap 控件的常用属性及说明

属　　性	说　　明
ID	获取或设置分配给服务器控件的编程标识符
AlternateText	在图像无法显示时显示的替换文字
HotSpotMode	获取或设置单击 HotSpot 对象时 ImageMap 控件的 HotSpot 对象的默认行为
HotSpots	获取 HotSpot 对象的集合，这些对象表示 ImageMap 控件中定义的热点区域
ImageAlign	获取或设置 Image 控件相对于网页上其他元素的对齐方式
ImageUrl	获取或设置在 Image 控件中显示的图像的位置
Target	获取或设置单击 ImageMap 控件时显示链接到的网页内容的目标窗口或框架
Enabled	获取或设置一个值，该值指示是否已启用控件

ImageMap 控件比较重要的两个属性是 HotSpotMode 和 HotSpots。下面分别进行介绍。

☑ HotSpotMode 属性

HotSpotMode 属性用于获取或者设置单击热点区域后的默认行为方式。在表 4.27 中列出了 HotSpotMode 属性的枚举值。

表 4.27　ImageMap 控件的 HotSpotMode 属性的枚举值

枚　举　值	说　　明
Inactive	无任何操作，即此时形同一张没有热点区域的普通图片

续表

枚 举 值	说 明
NotSet	未设置项，同时也是默认项。虽然名为未设置，但是默认情况下将执行定向操作，即链接到指定的URL地址。如果未指定URL地址，则默认链接到应用程序根目录下
Navigate	定向操作项。链接到指定的URL地址。如果未指定URL地址，则默认链接到应用程序根目录下
PostBack	回传操作项。单击热点区域后，将触发控件的Click事件

注意

HotSpotMode属性虽然为图片中所有热点区域定义了单击事件的默认行为方式，但在某些情况下，图片中热点区域的行为方式各不相同，需要单独为每个热点区域定义HotSpotMode属性及其相关属性。

☑ HotSpots属性

HotSpots属性用于获取HotSpots对象集合。HotSpot类是一个抽象类，包含CircleHotSpot（圆形热区）、RectangleHotSpot（方形热区）和PolygonHotSpot（多边形热区）3个子类，这些子类的实例称为HotSpot对象。创建HotSpot对象的步骤如下。

① 在ImageMap控件上右击，在弹出的快捷菜单中选择"属性"命令，弹出属性面板。

② 在属性面板中，单击HotSpots属性后的按钮，将弹出"HotSpot集合编辑器"对话框，如图4.41所示。单击"添加"按钮后的按钮，将弹出一个下拉菜单，该下拉菜单中包括CircleHotSpot（圆形热区）、RectangleHotSpot（方形热区）和PolygonHotSpot（多边形热区）3个对象，可以通过单击添加对象。

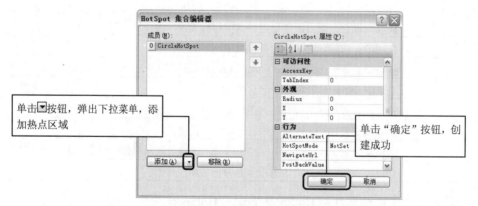

图4.41 "HotSpot集合编辑器"对话框

③ 为热点区域设置属性。在定义每个热点区域的过程中，主要设置两个属性。一个是HotSpotMode及其相关属性。HotSpot对象中的HotSpotMode属性用于为单个热点区域设置单击后的显示方式，与ImageMap控件的HotSpotMode属性基本相同。例如，当HotSpotMode属性值设置为PostBack时，则必须设置定义回传值的PostBackValue属性。另一个是热点区域坐标属性，对于CircleHotSpot（圆形热区），需要设置半径Radius和圆心坐标X和Y；对于RectangleHotSpot（方形热区），需要设置其左、上、右、下的坐标，即Left、Top、Right、Bottom属性；对于PolygonHotSpot（多边形热区），需要

设置每一个关键点的坐标 Coordinates 属性。

④ 单击"确定"按钮，创建完成。

（2）ImageMap 控件的常用事件

ImageMap 控件的常用事件是 Click 事件，该事件在用户单击热点区域时发生。当 HotSpotMode 属性设置为 PostBack 时，需要定义并实现该事件的处理程序。

2. 使用 ImageMap 控件展示图片中的方位

【例 4.16】 使用 ImageMap 控件展示图片中的方位。（示例位置：光盘\mr\sl\04\16）

本示例主要使用 ImageMap 控件展示图片中的方位。执行程序，示例运行结果如图 4.42 所示。在图片中单击西北方向，在界面中将会显示"您现在所指的方向是：西北方向。"字样，如图 4.43 所示。

图 4.42　示例运行结果

图 4.43　指向"西北方向"

程序实现的主要步骤如下。

（1）新建一个网站，默认主页为 Default.aspx，在 Default.aspx 页面上添加一个 ImageMap 控件，其属性设置如表 4.28 所示。

表 4.28　ImageMap 控件的属性设置

属 性 名 称	属 性 值
ID	ImageMap1
HotSpotMode	PostBack
ImageUrl	~/images/map.bmp

（2）定义 4 个 RectangleHotSpot（方形热区），并为每个热点区设置相关的属性。

在属性面板中，单击 HotSpots 属性后的 按钮，弹出"HotSpot 集合编辑器"对话框，在其中单击"添加"按钮后的 按钮，在下拉菜单中单击 4 次 RectangleHotSpot（方形热区）项，并设置其左（Left）、上（Top）、右（Right）和下（Bottom）的坐标值，4 个热点区的属性设置如下所示。

☑　显示"西北"方向的 RectangleHotSpot 的属性设置

Bottom 设置为 100、Right 设置为 100、HotSpotMode 设置为 PostBack、PostBackValue 设置为 NW、AlternateText 设置为"西北"。

☑　显示"东北"方向的 RectangleHotSpot 的属性设置

Bottom 设置为 100、Left 设置为 100、Right 设置为 200、HotSpotMode 设置为 PostBack、PostBackValue 设置为 NE、AlternateText 设置为"东北"。

☑ 显示"西南"方向的 RectangleHotSpot 的属性设置

Bottom 设置为 200、Right 设置为 100、Top 设置为 100、HotSpotMode 设置为 PostBack、PostBackValue 设置为 SW、AlternateText 设置为"西南"。

☑ 显示"东南"方向的 RectangleHotSpot 的属性设置

Bottom 设置为 200、Left 设置为 100、Right 设置为 200、Top 设置为 100、HotSpotMode 设置为 PostBack、PostBackValue 设置为 SE、AlternateText 设置为"东南"。

> **注意**
>
> 对于 ImageMap 控件的属性设置，也可以通过在 HTML 视图中添加如下代码来实现。
>
> ```
> <asp:ImageMap ID="ImageMap1" ImageUrl="~/images/指南针.jpg " runat="server"
> OnClick="ImageMap1_Click" Borderwidth="1PH"
> HotSpotMode="PostBack">
> <asp:RectangleHotSpot Bottom="100" Right="100"
> HotSpotMode="PostBack" PostBackValue="NW" AlternateText="西北" />
> <asp:RectangleHotSpot Bottom="100" Left="100" Right="200" AlternateText="东北"
> HotSpotMode="PostBack" PostBackValue="NE" />
> <asp:RectangleHotSpot Bottom="200" Right="100" Top="100" AlternateText="西南"
> PostBackValue="SW" HotSpotMode="PostBack" />
> <asp:RectangleHotSpot Bottom="200" Left="100" Right="200" AlternateText="东南"
> Top="100" PostBackValue="SE" HotSpotMode="PostBack" /> </asp:ImageMap>
> ```

（3）为了实现在单击图片中的热点区域时，将图片的方位显示出来，需要在 ImageMap 控件的 Click 事件下添加如下代码：

```
protected void ImageMap1_Click(object sender, ImageMapEventArgs e)
    {
        String region = "";
        switch (e.PostBackValue)
        {
            case "NW":
                region = "西北";
                break;
            case "NE":
                region = "东北";
                break;
            case "SE":
                region = "东南";
                break;
            case "SW":
                region = "西南";
                break;
        }
        Label1.Text = "您现在所指的方向是： "+ region +"方向。";
    }
```

4.5 Panel 容器控件

4.5.1 Panel 控件概述

Panel 控件在页面内为其他控件提供了一个容器，可以将多个控件放入一个 Panel 控件中，作为一个单元进行控制，如隐藏或显示这些控件；同时，也可以使用 Panel 控件为一组控件创建独特的外观。如图 4.44 所示为 Panel 控件。

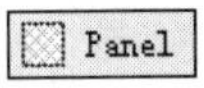

图 4.44 Panel 控件

Panel 控件相当于一个储物箱，在这个储物箱内可以放置各种物品（其他控件）。也就是说，可以将零散的物品放置在储物箱中，便于管理和控制。

Panel 控件的常用属性及说明如表 4.29 所示。

表 4.29 Panel 控件的常用属性及说明

属　　性	说　　明
ID	获取或设置分配给服务器控件的编程标识符
Visible	用于指示该控件是否可见
HorizontalAlign	用于设置控件内容的水平对齐方式
Enabled	获取或设置一个值，该值指示是否已启用控件

下面介绍 Panel 控件的 HorizontalAlign 属性。

Panel 控件的 HorizontalAlign 属性用于指定容器中内容的水平对齐方式。HorizontalAlign 属性成员及说明如表 4.30 所示。

表 4.30 HorizontalAlign 属性成员及说明

成 员 名 称	说　　明
Center	容器的内容居中
Justify	容器的内容均匀展开，与左右边距对齐
Left	容器的内容左对齐
NotSet	未设置水平对齐方式
Right	容器的内容右对齐

> **说明**
> 通过设置 Panel 控件的 ScrollBars 属性，可以控制 Panel 控件以何种方式使用滚动条，其值包括 None、Horizontal、Vertical、Both 和 Auto。

4.5.2 使用 Panel 控件显示或隐藏一组控件

【例 4.17】 使用 Panel 控件显示或隐藏一组控件。（示例位置：光盘\mr\sl\04\17）

本示例主要使用 Panel 控件显示或隐藏一组控件。当用户未登录时，将提示用户单击"点击 me"按钮登录本网站，如图 4.45 所示；当用户单击"点击 me"按钮登录时，将会隐藏提示信息，显示用户登录窗体，如图 4.46 所示。

图 4.45 提示用户登录网站

图 4.46 用户登录窗体

程序实现的主要步骤如下。

（1）新建一个网站，默认主页为 Default.aspx，在 Default.aspx 页面上添加的控件及用途如表 4.31 所示。

表 4.31 Default.aspx 页面上添加的控件及用途

控件类型	控件名称	主要属性设置	用途
标准/Panel 控件	Panel1	Font/Size 设置为 9pt Font/Bold 设置为 True ForeColor 设置为 Red HorizontalAlign 设置为 Left	用于存放 Label1 和 LinkButton1 控件
	Panel2	Font/Size 设置为 9pt HorizontalAlign 设置为 Left	用于存放 Button1 和 TextBox1 控件
标准/Label 控件	Label1	Text 属性设置为 ""	显示当前系统时间
标准/LinkButton 控件	LinkButton1	Text 属性设置为 "点击 me"	执行显示或隐藏 Panel 控件
标准/Button 控件	Button1	Text 属性设置为 "登录"	执行登录功能
标准/TextBox 控件	TextBox1	TextMode 属性设置为 SingleLine	输入登录名

（2）如果用户需要登录网站，可以通过单击"点击 me"按钮来隐藏 Panel1 控件、显示 Panel2 控件。在"点击 me"按钮的 Click 事件下添加的代码如下：

```
protected void LinkButton1_Click(object sender, EventArgs e)
{
    this.Panel1.Visible = false;
    this.Panel2.Visible = true;
}
```

4.6 FileUpload 文件上传控件

4.6.1 FileUpload 控件概述

FileUpload 控件的主要功能是向指定目录上传文件,该控件包括一个文本框和一个浏览按钮。用户可以在文本框中输入完整的文件路径,或者单击浏览按钮选择需要上传的文件。FileUpload 控件不会自动上传文件,必须设置相关的事件处理程序,并在程序中实现文件上传。如图 4.47 所示为 FileUpload 控件。

图 4.47 FileUpload 控件

(1) FileUpload 控件的常用属性

FileUpload 控件的常用属性及说明如表 4.32 所示。

表 4.32 FileUpload 控件的常用属性及说明

属　性	说　明
ID	获取或设置分配给服务器控件的编程标识符
FileBytes	获取上传文件的字节数组
FileContent	获取指向上传文件的 Stream 对象
FileName	获取上传文件在客户端的文件名称
HasFile	获取一个布尔值,用于表示 FileUpload 控件是否已经包含一个文件
PostedFile	获取一个与上传文件相关的 HttpPostedFile 对象,使用该对象可以获取上传文件的相关属性

在表 4.32 中列出了 3 种访问上传文件的方式。一是通过 FileBytes 属性,该属性将上传文件数据置于字节数组中,遍历该数组,则能够以字节方式了解上传文件内容;二是通过 FileContent 属性,调用该属性可以获得一个指向上传文件的 Stream 对象,可以使用该属性读取上传文件数据,并使用 FileBytes 属性显示文件内容;三是通过 PostedFile 属性,调用该属性可以获得一个与上传文件相关的 HttpPostedFile 对象,使用该对象可以获得与上传文件相关的信息。例如,调用 HttpPostedFile 对象的 ContentLength 属性,可获得上传文件大小;调用 HttpPostedFile 对象的 ContentType 属性,可以获得上传文件类型;调用 HttpPostedFile 对象的 FileName 属性,可以获得上传文件在客户端的完整路径(调用 FileUpload 控件的 FileName 属性,仅能获得文件名称)。

(2) FileUpload 控件的常用方法

FileUpload 控件包括一个核心方法 SaveAs(String filename),其中,参数 filename 是指被保存在服务器中的上传文件的绝对路径。通常在事件处理程序中调用 SaveAs 方法。然而,在调用 SaveAs 方法之前,首先应该判断 HasFile 属性值是否为 true。如果为 true,则表示 FileUpload 控件已经确认上传文件存在,此时,就可以调用 SaveAs 方法实现文件上传;如果为 false,则需要显示相关提示信息。

4.6.2 使用 FileUpload 控件上传图片文件

【例 4.18】 使用 FileUpload 控件上传图片文件。(示例位置:光盘\mr\sl\04\18)

本示例主要使用 FileUpload 控件实现上传图片文件功能，并将原文件路径、文件大小和文件类型显示出来。执行程序，并选择图片路径，运行结果如图 4.48 所示。单击"上传"按钮，将图片的原文件路径、文件大小和文件类型显示出来，运行结果如图 4.49 所示。

图 4.48　选择上传图片　　　　　　图 4.49　显示原文件路径、文件大小和文件类型

程序实现的主要步骤如下。

（1）新建一个网站，默认主页为 Default.aspx，在 Default.aspx 页面上添加一个 FileUpload 上传控件，用于选择上传路径，再添加一个 Button 控件，用于将上传图片保存在图片文件夹中，然后添加一个 Label 控件，用于显示原文件路径、文件大小和文件类型。

（2）在"上传"按钮的 Click 事件下添加一段代码，首先判断 FileUpload 控件的 HasFile 属性是否为 true，如果为 true，则表示 FileUpload 控件已经确认上传文件存在。然后判断文件类型是否符合要求，接着调用 SaveAs 方法实现上传。最后，利用 FileUpload 控件的属性获取与上传文件相关的信息。代码如下：

```
protected void Button1_Click(object sender, EventArgs e)
{
    bool fileIsValid = false;
    //如果确认了上传文件，则判断文件类型是否符合要求
    if (this.FileUpload1.HasFile)
    {
        //获取上传文件的后缀
        String fileExtension = System.IO.Path.GetExtension(this.FileUpload1.FileName).ToLower();
        String[] restrictExtension ={ ".gif",".jpg",".bmp",".png"};
        //判断文件类型是否符合要求
        for (int i = 0; i < restrictExtension.Length; i++)
        {
            if (fileExtension == restrictExtension[i])
            {
                fileIsValid = true;
            }
        }
        //如果文件类型符合要求，调用 SaveAs 方法实现上传，并显示相关信息
        if (fileIsValid == true)
        {
            try
            {
                this.Image1.ImageUrl ="~/images/"+ FileUpload1.FileName;
                this.FileUpload1.SaveAs(Server.MapPath("~/images/") + FileUpload1.FileName);
                this.Label1.Text = "文件上传成功";
```

```csharp
                    this.Label1.Text += "<Br/>";
                    this.Label1.Text += "<li>"+"原文件路径："+this.FileUpload1.PostedFile.FileName;
                    this.Label1.Text += "<Br/>";
                    this.Label1.Text += "<li>" + "文件大小：" + this.FileUpload1.PostedFile.ContentLength+"字节";
                    this.Label1.Text += "<Br/>";
                    this.Label1.Text += "<li>" + "文件类型：" + this.FileUpload1.PostedFile.ContentType;
                }
                catch
                {
                    this.Label1.Text = "文件上传不成功！";
                }
                finally
                {

                }
            }
            else
            {
                this.Label1.Text ="只能够上传后缀为.gif,.jpg,.bmp,.png 的文件";
            }
        }
    }
```

技巧

（1）获取文件的相关知识

```
string filePath = FileUpload1.PostedFile.FileName;//获取上传文件的路径
string fileName = filePath.Substring(filePath.LastIndexOf("\\") + 1);//获取文件名称
string fileSize = Convert.ToString(FileUpload1.PostedFile.ContentLength);//获取文件大小
string fileExtend = filePath.Substring(filePath.LastIndexOf(".")+1);//获取文件扩展名
string fileType = FileUpload1.PostedFile.ContentType;//获取文件类型
string serverPath = Server.MapPath("指定文件夹名称") + fileName;//保存到服务器的路径
FileUpload1.PostedFile.SaveAs(serverPath);//确定上传文件
```

（2）生成图片的缩略图

在上传图片时，可以先将图片进行缩放，然后将其保存到服务器中，主要代码如下：

```
string filePath = FileUpload1.PostedFile.FileName;//获取上传文件的路径
//生成缩略图
System.Drawing.Image image, newimage;
image = System.Drawing.Image.FromFile(filePath);
System.Drawing.Image.GetThumbnailImageAbort callb=null;
newimage = image.GetThumbnailImage(67, 90, callb, new System.IntPtr());
//把缩略图保存到指定的虚拟路径
newimage.Save(serverpath);
//释放 image 对象占用的资源
newimage.Dispose();
image.Dispose();
```

4.7 登录控件

4.7.1 Login 控件

Login 控件是一个复合控件，它有效集成了登录验证页面中常见的用户界面元素和功能。通常情况下，Login 控件会在页面中呈现 3 个核心元素，即用于输入用户名的文本框、用于输入密码的文本框和用于提交用户凭证的按钮。Login 控件与成员资格管理功能集成，无须编写任何代码就能够实现用户登录功能。

Login 控件还具有很强的自定义扩展能力，主要包括以下几个方面。
- ☑ 自定义获取密码页面的提示文字和超链接。
- ☑ 自定义帮助页面的提示文字和超链接。
- ☑ 自定义创建新用户页面的提示文字和超链接。
- ☑ 自定义"下次登录时记住"的 CheckBox 控件。
- ☑ 自定义各种提示信息和操作，如未填写用户凭证的提示、登录失败的提示、登录成功之后的操作等。

如图 4.50 所示为 Login 控件。

图 4.50　Login 控件

> **注意**
> 默认情况下，Login 控件使用 Web.config 配置文件中定义的成员资格提供程序。

（1）Login 控件的常用属性

Login 控件的常用属性及说明如表 4.33 所示。

表 4.33　Login 控件的常用属性及说明

属　　性	说　　明
CreateUserText	获取或设置新用户注册页的链接文本
CreateUserUrl	获取或设置新用户注册页的 URL
DestinationPageUrl	获取或设置在登录尝试成功时向用户显示的页面的 URL
FailureAction	获取或设置当登录尝试失败时发生的操作
FailureText	获取或设置当登录尝试失败时显示的文本
HelpPageText	获取或设置登录帮助页链接的文本
HelpPageUrl	获取或设置登录帮助页的 URL
InstructionText	获取或设置用户的登录说明文本
LoginButtonText	获取或设置 Login 控件的登录按钮的文本
MembershipProvider	获取或设置控件使用的成员资格数据提供程序的名称

续表

属　性	说　　明
Password	获取用户输入的密码
PasswordLabelText	获取或设置 Password 文本框的标签文本
PasswordRecoveryText	获取或设置密码恢复页链接的文本
PasswordRecoveryUrl	获取或设置密码恢复页的 URL
PasswordRequiredErrorMessage	获取或设置当密码字段为空时在 ValidationSummary 控件中显示的错误信息
RememberMeSet	获取或设置一个值，该值指示是否将持久性身份验证 Cookie 发送到用户的浏览器
RememberMeText	获取或设置"记住我"复选框的标签文本
TitleText	获取或设置 Login 控件的标题
UserName	获取用户输入的用户名
UserNameLabelText	获取或设置 UserName 文本框的标签文本
UserNameRequiredErrorMessage	获取或设置当用户名字段为空时在 ValidationSummary 控件中显示的错误信息
VisibleWhenLoggedIn	获取或设置一个值，该值指示在验证用户身份后是否显示 Login 控件

下面对比较重要的属性进行详细介绍。

☑ CreateUserText 属性

CreateUserText 属性包含站点注册页的链接文本。在 CreateUserUrl 属性中指定注册页的 URL，如果 CreateUserUrl 为空，则向用户显示 CreateUserText 属性中的文本，但不以链接的形式显示。如果 CreateUserText 属性为空，则不向用户提供注册页链接。

☑ CreateUserUrl 属性

CreateUserUrl 属性用来设置新用户注册页的 URL，包含网站新用户注册页的 URL。

☑ DestinationPageUrl 属性

DestinationPageUrl 属性指定当登录尝试成功时显示的页面。它将重写 Login 控件的默认行为以及在配置文件中所做的 defaultUrl 设置。

☑ FailureAction 属性

FailureAction 属性定义当用户没有成功登录到网站时 Login 控件的行为，默认行为为重新加载页并显示 FailureText 属性的内容，以提醒用户登录失败。当 FailureAction 设置为 RedirectToLoginPage 时，用户将被重定向到 Web.config 文件中定义的登录页。

☑ Password 属性

Password 属性用来设置用户登录所需的密码，默认为空。该属性既可以在属性对话框中设置，也可以在后台代码中设置，密码为明文形式。

（2）Login 控件的常用事件

由于 Login 控件与成员资格管理功能集成，因此，主要设置的是 Login 控件属性，而不必关心如何实现登录验证过程中的事件处理程序，这部分内容都是由 Login 控件自动完成的。这样做虽然比较快捷和方便，但是应用灵活性有所降低。实际上，Login 控件允许开发人员自行实现登录验证过程中的事件处理程序。Login 控件的常用事件及说明如表 4.34 所示。

表 4.34 Login 控件的常用事件及说明

事件	说明
Authenticate	验证用户的身份后出现
LoggedIn	在用户登录到网站并进行身份验证后出现
LoggingIn	在用户未进行身份验证而提交登录信息时出现
LoginError	当检测到登录错误时出现

下面介绍 Login 控件的 Authenticate 事件。

当用户使用 Login 控件登录到网站时，会引发 Authenticate 事件。自定义身份验证方案可以使用 Authenticate 事件对用户进行身份验证，应该将 Authenticated 属性设置为 true，以指示已验证用户的身份。

> **说明**
>
> 使用 Login 控件时，也可以不使用默认的成员资格提供程序，而在其 Authenticate 事件中编写代码验证用户的登录信息。

4.7.2 CreateUserWizard 控件

CreateUserWizard 控件用于创建新网站用户账户的用户界面。该控件与成员资格功能紧密集成，能够快速在成员数据库中创建新用户。如图 4.51 所示为 CreateUserWizard 控件。

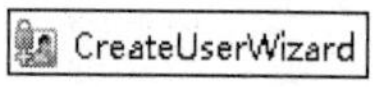

图 4.51 CreateUserWizard 控件

CreateUserWizard 控件的常用属性及说明如表 4.35 所示。

表 4.35 CreateUserWizard 控件的常用属性及说明

属性	说明
ActiveStepIndex	获取或设置当前显示在 CreateUserWizard 控件中的步骤的索引，该索引从 0 开始。可以通过编程方式设置该属性以便向用户动态显示步骤
AutoGeneratePassword	获取或设置用于指示是否自动为新用户账户生成密码的值
CompleteSuccessText	获取或设置网站用户账户创建成功后所显示的文本
ConfirmPassword	获取用户输入的第 2 个密码
ConfirmPasswordCompareErrorMessage	获取或设置当用户在密码文本框和确认密码文本框中输入两个不同的密码时所显示的错误信息
ConfirmPasswordLabelText	获取或设置第 2 个密码文本框的标签文本
ConfirmPasswordRequiredErrorMessage	获取或设置当用户将确认密码文本框留空时所显示的错误信息
ContinueButtonImageUrl	获取或设置最终用户账户创建步骤中的"继续"按钮所用图像的 URL
ContinueButtonText	获取或设置在"继续"按钮上显示的文本标题
ContinueDestinationPageUrl	获取或设置在用户单击成功页上的"继续"按钮后将看到的页的 URL
DisableCreatedUser	获取或设置一个值，该值指示是否允许新用户登录到网站
DisplayCancelButton	获取或设置一个布尔值，指示是否显示"取消"按钮

续表

属　　性	说　　明
Email	获取或设置用户输入的电子邮件地址
EmailRegularExpression	获取或设置用于验证提供的电子邮件地址的正则表达式
FinishDestinationPageUrl	获取或设置当用户单击"完成"按钮时将重定向到的URL
MembershipProvider	获取或设置为创建用户账户而调用的成员资格提供程序
Password	获取用户输入的密码
PasswordHintText	获取或设置描述密码要求的文本
PasswordRegularExpression	获取或设置用于验证提供的密码的正则表达式
PasswordRequiredErrorMessage	获取或设置由于用户未输入密码而显示的错误信息的文本
Question	获取或设置用户输入的密码恢复确认问题
RequireEmail	获取或设置一个值，该值指示网站用户是否必须填写电子邮件地址

下面对比较重要的属性进行详细介绍。

☑ ContinueDestinationPageUrl 属性

ContinueDestinationPageUrl 属性包含用户在站点上成功完成注册后将跳转到的网页的 URL。通过设置 ContinueDestinationPageUrl 属性，可以控制新注册的用户将跳转到的第 1 个页面。当 ContinueDestinationPageUrl 属性为 Empty 且用户单击"继续"按钮后，该页将刷新并清除表单中的所有值。

☑ PasswordRegularExpression 属性

获取或设置用于验证提供的密码的正则表达式。默认值为空字符串（""），用户输入的密码必须包括大写和小写字母、数字以及标点，且长度至少为 8 个字符。

说明

CreateUserWizard 控件实现注册时有两个步骤：一是注册新账户；二是完成，可以分别对这两个步骤的界面进行设置。

4.7.3 使用 Login 和 CreateUserWizard 控件实现用户注册与登录

【例 4.19】使用 Login 和 CreateUserWizard 控件实现用户注册与登录。（示例位置：光盘\mr\sl\04\19）

用户注册和登录是网站中必备的功能。在过去的网站开发中，这些功能都是需要开发人员手动编写的，在 ASP.NET 2.0 及以上版本中新增了用户注册控件和登录控件，极大地方便了开发人员的编程。使用这两个控件可以不用编写代码实现注册和登录功能，前提是使用 ASP.NET 提供的成员资格服务。

下面介绍如何使用 Login 和 CreateUserWizard 控件实现用户注册与登录的功能。运行程序，在用户注册页面（如图 4.52 所示）输入正确的注册信息后，单击"创建用户"按钮，如果注册成功则会出现如图 4.53 所示的页面效果，单击"继续"按钮将跳转到用户登录页面（如图 4.54 所示），在该页面中输入用户名和密码，单击"登录"按钮进行登录，如果登录成功将跳转到如图 4.55 所示的页面。在用户登录页面单击"注册"按钮将跳转到用户注册页面。

图 4.52　用户注册页面　　　　　图 4.53　注册成功

图 4.54　用户登录页面　　　　　图 4.55　登录成功

程序开发的主要步骤如下。

 说明

　　为了使用 ASP.NET 提供的成员资格服务，首先要创建数据库，下面介绍使用命令行命令 aspnet_regsql.exe 创建数据库的方法。

（1）打开"Visual Studio 2010 命令提示"窗口，输入"aspnet_regsql.exe"命令，如图 4.56 所示。

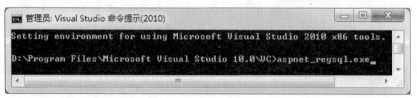

图 4.56　"Visual Studio 2010 命令提示"窗口

（2）输入完命令后按 Enter 键，弹出"ASP.NET SQL Server 安装向导"窗口，如图 4.57 所示。
（3）单击"下一步"按钮，在弹出的"选择安装项"界面中选择"为应用程序服务配置 SQL Server"选项，单击"下一步"按钮，弹出"选择服务器和数据库"界面，如图 4.58 所示。
（4）在"服务器"文本框中输入本机数据库服务器名称，在"数据库"下拉列表框中选择"默认"选项，系统会自动创建一个名称为 aspnetdb 的数据库。单击"下一步"按钮完成操作，数据库创建成功。

 注意

　　数据库创建成功后，系统在数据库中会自动创建一些用户表，如图 4.59 所示。

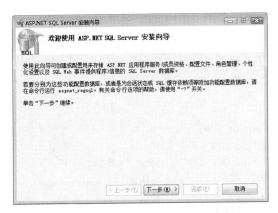
图 4.57　ASP.NET SQL Server 安装向导

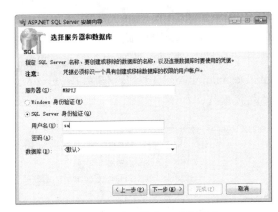
图 4.58　选择服务器和数据库

图 4.59　aspnetdb 数据库

（5）新建一个网站，将主页命名为 Default.aspx。

（6）打开 Web.confg 文件，设置<connectionStrings>标记及<system.web>标记下的<compilation>和<authentication>标记，代码如下：

```
<configuration xmlns="http://schemas.microsoft.com/.NetConfiguration/v2.0">
    ...
    <connectionStrings>
        <remove name="LocalSqlServer" />
        <add name="LocalSqlServer"
connectionString="server=MRPYJ\MRPYJ;database=aspnetdb;uid=sa;pwd=;"/>
    </connectionStrings>
    <system.web>
        <compilation debug="true"/>
        <authentication mode="Forms"/>
    </system.web>
</configuration>
```

注意

<add>标记的 name 属性必须设置为 LocalSqlServer，否则会出现错误。

（7）在 Default.aspx 页面上添加一个 CreateUserWizard 控件，单击控件右上角的▷按钮，在弹出的菜单中选择"自动套用格式"命令，在打开的对话框中选择"典雅型"选项；在"步骤"下拉列表框中选择"完成"选项，该项也设置自动套用格式为"典雅型"；设置 CreateUserWizard 控件的 ContinueDestinationPageUrl 属性值为"~/Login.aspx"，这里是设定注册成功单击"继续"按钮时跳转的文件路径。代码如下：

```
<asp:CreateUserWizard ID="CreateUserWizard1" runat="server" BackColor="#F7F7DE"
        BorderColor="#CCCC99" BorderStyle="Solid" BorderWidth="1px"
        ContinueDestinationPageUrl="~/Login.aspx" Font-Names="Verdana" Font-Size="10pt">
    <SideBarStyle BackColor="#7C6F57" BorderWidth="0px" Font-Size="0.9em"
        VerticalAlign="Top" />
    <SideBarButtonStyle BorderWidth="0px" Font-Names="Verdana"
        ForeColor="#FFFFFF" />
    <ContinueButtonStyle BackColor="#FFFBFF" BorderColor="#CCCCCC"
        BorderStyle="Solid" BorderWidth="1px" Font-Names="Verdana"
        ForeColor="#284775" />
    <NavigationButtonStyle BackColor="#FFFBFF" BorderColor="#CCCCCC"
        BorderStyle="Solid" BorderWidth="1px" Font-Names="Verdana"
        ForeColor="#284775" />
    <HeaderStyle BackColor="#6B696B" Font-Bold="True" ForeColor="#FFFFFF"
        HorizontalAlign="Center" />
    <CreateUserButtonStyle BackColor="#FFFBFF" BorderColor="#CCCCCC"
        BorderStyle="Solid" BorderWidth="1px" Font-Names="Verdana"
        ForeColor="#284775" />
    <TitleTextStyle BackColor="#6B696B" Font-Bold="True" ForeColor="#FFFFFF" />
    <StepStyle BorderWidth="0px" />
    <WizardSteps>
        <asp:CreateUserWizardStep runat="server" />
        <asp:CompleteWizardStep runat="server" />
    </WizardSteps>
</asp:CreateUserWizard>
```

说明
设定 CreateUserWizard 控件的自动套用格式，会自动生成修饰控件的样式代码。

（8）添加一个 Web 窗体，命名为 Login.aspx，在该页面上添加一个 Login 登录控件。Login 控件的属性设置如表 4.36 所示。

表 4.36　Login 控件的属性设置

属 性 名 称	属 性 值
ID	Login1
CreateUserText	注册
CreateUserUrl	~/Default.aspx
DestinationPageUrl	~/CheckLogin.aspx

（9）添加一个 Web 窗体，命名为 CheckLogin.aspx，切换到 CheckLogin.aspx.cs 页面，编写如下代码，以输出登录提示信息。

```
protected void Page_Load(object sender, EventArgs e)
    {
        Response.Write(User.Identity.Name + " 登录成功:-)");
    }
```

技巧
在.aspx 页面上按 F7 键可以切换到.aspx.cs 页面。

4.8 实践与练习

开发一个简单的注册及登录模块，并在注册页中使用 DropDownList 和 Image 控件显示用户图像。（示例位置：光盘\mr\sl\04\20）

第 2 篇

核心技术

- 第 5 章　数据验证技术
- 第 6 章　母版页
- 第 7 章　主题
- 第 8 章　数据绑定
- 第 9 章　使用 ADO.NET 操作数据库
- 第 10 章　数据控件
- 第 11 章　站点导航控件
- 第 12 章　Web 用户控件

本篇介绍了数据验证技术、母版页、主题、数据绑定、使用 ADO.NET 操作数据库、数据控件、站点导航控件及 Web 用户控件等内容。学习完本篇，读者将能够开发一些小型 Web 应用程序和数据库程序。

第 5 章

数据验证技术

（ 视频讲解：32 分钟 ）

为了帮助 Web 人员提高开发效率，降低程序出错率，ASP.NET 为 Web 开发人员提供了许多常用的数据验证控件，这些控件能够同时实现客户端验证和服务器端数据验证。

5.1 数据验证控件

ASP.NET 提供了一组验证控件，对客户端用户的输入进行验证。在验证数据时，网页会自动生成相关的 JavaScript 代码，这样不仅响应速度快，而且网页设计人员也不需要额外编写 JavaScript 脚本代码。

> **注意**
> ASP.NET 提供的验证控件是在客户端进行验证。为了保证程序的正确性，应该对数据进行客户端验证和服务器端验证。

在 Visual Studio 2010 工具箱的"验证"选项卡上，可以看到一组数据验证控件，如图 5.1 所示。

图 5.1 验证控件

下面介绍数据验证控件的使用方法。

5.1.1 非空数据验证控件

当某个字段不能为空时，可以使用非空数据验证控件（RequiredFieldValidator），该控件常用于文本框的非空验证。在网页提交到服务器前，该控件验证控件的输入值是否为空，如果为空，则显示错误信息和提示信息。RequiredFieldValidator 控件的部分常用属性及说明如表 5.1 所示。

表 5.1 RequiredFieldValidator 控件的常用属性及说明

属　　性	说　　明
ID	控件 ID，控件唯一标识符
ControlToValidate	表示要进行验证的控件 ID，此属性必须设置为输入控件 ID。如果没有指定有效输入控件，则在显示页面时引发异常。另外，该 ID 的控件必须和验证控件在相同的容器中
ErrorMessage	表示当验证不合法时，出现的错误信息
IsValid	获取或设置一个值，该值指示控件验证的数据是否有效，默认值为 true
Display	设置错误信息的显示方式
Text	如果 Display 为 Static，不出错时显示该文本

下面对比较重要的属性进行详细介绍。

☑ ControlToValidate 属性

ControlToValidate 属性指定验证控件对哪一个控件的输入进行验证。

例如，要验证 TextBox 控件的 ID 属性为 txtPwd，只要将 RequiredFieldValidator 控件的 ControlToValidate 属性设置为 txtPwd，代码如下：

```
this.RequiredFieldValidator1.ControlToValidate = "txtPwd";
```

☑ ErrorMessage 属性

ErrorMessage 属性用于指定页面中使用 RequiredFieldValidator 控件时显示的错误消息文本。

例如，将 RequiredFieldValidator 控件的错误消息文本设为"*"，代码如下：

```
this.RequiredFieldValidator1.ErrorMessage = "*";
```

【例 5.1】 非空数据验证。（示例位置：光盘\mr\sl\05\01）

本示例主要通过 RequiredFieldValidator 控件的 ControlToValidate 属性验证 TextBox 控件的文本值是否为空。执行程序，如果 TextBox 控件中内容为空，单击"验证"按钮，示例运行结果如图 5.2 所示。

程序实现的主要步骤如下。

新建一个网站，默认主页为 Default.aspx，在 Default.aspx 页面上添加一个 TextBox 控件、一个 RequiredFieldValidator 控件和一个 Button 控件，它们的属性设置如表 5.2 所示。

图 5.2 非空数据验证

表 5.2 Default.aspx 页控件的属性设置及用途

控件类型	控件名称	主要属性设置	用途
标准/TextBox 控件	txtName		输入姓名
标准/Button 控件	btnCheck	Text 属性设置为"验证"	执行页面提交的功能
验证/RequiredFieldValidator 控件	RequiredFieldValidator1	ControlToValidate 属性设置为 txtName	要验证的控件的 ID 为 txtName
		ErrorMessage 属性设置为"姓名不能为空"	显示的错误信息为"姓名不能为空"
		SetFocusOnError 属性设置为 true	验证无效时，在该控件上设置焦点

注意

ASP.NET 中使用的验证控件是在客户端对用户的输入内容进行验证。

5.1.2 数据比较验证控件

比较验证将输入控件的值同常数值或其他输入控件的值相比较，以确定这两个值是否与比较运算符（小于、等于、大于等）指定的关系相匹配。

数据比较验证控件（CompareValidator）的部分常用属性及说明如表 5.3 所示。

表 5.3 CompareValidator 控件的常用属性及说明

属　　性	说　　明
ID	控件 ID，控件的唯一标识符
ControlToCompare	获取或设置用于比较的输入控件的 ID。默认值为空字符串（""）
ControlToValidate	表示要进行验证的控件 ID，此属性必须设置为输入控件 ID。如果没有指定有效输入控件，则在显示页面时引发异常。另外，该 ID 的空间必须和验证控件在相同的容器中
ErrorMessage	表示当验证不合法时，出现的错误信息
IsValid	获取或设置一个值，该值指示控件验证的数据是否有效。默认值为 true
Operator	获取或设置验证中使用的比较操作。默认值为 Equal
Display	设置错误信息的显示方式
Text	如果 Display 为 Static，不出错时显示该文本
Type	获取或设置比较的两个值的数据类型。默认值为 string
ValueToCompare	获取或设置要比较的值

> **说明**
> 如果比较的控件均为空值，则网页不会调用 CompareValidator 控件进行验证。这时，应使用 RequiredFieldValidator 控件防止输入空值。

下面对比较重要的属性进行详细介绍。

☑ ControlToCompare 属性

ControlToCompare 属性指定要对其进行值比较的控件的 ID。

例如，ID 属性为 txtRePwd 的 TextBox 控件与 ID 属性为 txtPwd 的 TextBox 控件进行比较验证，代码如下：

```
this. CompareValidator1.ControlToCompare= "txtPwd";
this. CompareValidator1. ControlToValidate = "txtRePwd";
```

☑ Operator 属性

Operator 属性指定进行比较验证时使用的比较操作。ControlToValidate 属性必须位于比较运算符的左边，ControlToCompare 属性位于右边，才能有效进行计算。

例如，要验证 ID 属性为 txtRePwd 的 TextBox 控件与 ID 属性为 txtPwd 的 TextBox 控件是否相等，代码如下：

```
this.CompareValidator1.Operator = ValidationCompareOperator.Equal;
```

☑ Type 属性

Type 属性指定要进行比较的两个值的数据类型。

例如，要验证 ID 属性为 txtRePwd 的 TextBox 控件与 ID 属性为 txtPwd 的 TextBox 控件的值类型为 string 类型，代码如下：

```
this.CompareValidator1.Type = ValidationDataType.String;
```

☑ ValueToCompare 属性

ValueToCompare 属性指定要比较的值。如果 ValueToCompare 和 ControlToCompare 属性都存在，则使用 ControlToCompare 属性的值。

例如，设置比较的值为"你好"，代码如下：

```
this.CompareValidator1.ValueToCompare = "你好";
```

【例 5.2】 值比较验证。（示例位置：光盘\mr\sl\05\02）

本示例主要通过 CompareValidator 控件的 ControlToValidate 属性和 ControlToCompare 属性验证用户输入的密码与确认密码是否相同。执行程序，如果密码与确认密码文本框中的值不同，单击"验证"按钮，示例运行结果如图 5.3 所示。

程序实现的主要步骤如下。

新建一个网站，默认主页为 Default.aspx，在 Default.aspx 页面上添加 3 个 TextBox 控件、1 个 RequiredFieldValidator 控件、1 个 CompareValidator 控件和 1 个 Button 控件，它们的属性设置及用途如表 5.4 所示。

图 5.3 值比较验证

表 5.4 Default.aspx 页控件的属性设置及用途

控 件 类 型	控 件 名 称	主要属性设置	用 途
标准/TextBox 控件	txtName		输入姓名
	txtPwd	TextMode 属性设置为 Password	设置为密码格式
	txtRePwd	TextMode 属性设置为 Password	设置为密码格式
标准/Button 控件	btnCheck	Text 属性设置为"验证"	执行页面提交的功能
验证/RequiredFieldValidator 控件	RequiredFieldValidator1	ControlToValidate 属性设置为 txtName	要验证的控件的 ID 为 txtName
		ErrorMessage 属性设置为"姓名不能为空"	显示的错误信息为"姓名不能为空"
		SetFocusOnError 属性设置为 true	验证无效时，在该控件上设置焦点
验证/CompareValidator 控件	CompareValidator1	ControlToValidate 属性设置为 txtRePwd	要验证的控件的 ID 为 txtRePwd
		ControlToCompare 属性设置为 txtPwd	进行比较的控件 ID 为 txtPwd
		ErrorMessage 属性设置为"确认密码与密码不匹配"	显示的错误信息为"确认密码与密码不匹配"

5.1.3 数据类型验证控件

CompareValidator 控件还可以对照特定的数据类型来验证用户的输入，以确保用户输入的是数字、日期等。例如，如果要在用户信息页上输入出生日期信息，就可以使用 CompareValidator 控件确保该页在提交之前对输入的日期格式进行验证。

第 5 章 数据验证技术

【例 5.3】 数据类型验证。（示例位置：光盘\mr\sl\05\03）

本示例主要通过 CompareValidator 控件的 ControlToValidate、Operator 和 Type 属性验证用户输入的出生日期与日期类型是否匹配。执行程序，如果出生日期不是日期类型，单击"验证"按钮，示例运行结果如图 5.4 所示。

图 5.4 数据类型验证

程序实现的主要步骤如下。

新建一个网站，默认主页为 Default.aspx，在 Default.aspx 页面上添加 4 个 TextBox 控件、1 个 RequiredFieldValidator 控件、2 个 CompareValidator 控件和 1 个 Button 控件，它们的属性设置及用途如表 5.5 所示。

表 5.5 Default.aspx 页控件的属性设置及用途

控 件 类 型	控 件 名 称	主要属性设置	用 途
标准/TextBox 控件	txtName		输入姓名
	txtPwd	TextMode 属性设置为 Password	设置为密码格式
	txtRePwd	TextMode 属性设置为 Password	设置为密码格式
	txtBirth		输入出生日期
标准/Button 控件	btnCheck	Text 属性设置为"验证"	执行页面提交的功能
验证/RequiredFieldValidator 控件	RequiredFieldValidator1	ControlToValidate 属性设置为 txtName	要验证的控件的 ID 为 txtName
		ErrorMessage 属性设置为"姓名不能为空"	显示的错误信息为"姓名不能为空"
		SetFocusOnError 属性设置为 true	验证无效时，在该控件上设置焦点
验证/CompareValidator 控件	CompareValidator1	ControlToValidate 属性设置为 txtRePwd	要验证的控件的 ID 为 txtRePwd
		ControlToCompare 属性设置为 txtPwd	进行比较的控件 ID 为 txtPwd
		ErrorMessage 属性设置为"确认密码与密码不匹配"	显示的错误信息为"确认密码与密码不匹配"
	CompareValidator2	ControlToValidate 属性设置为 txtBirth	要验证的控件的 ID 为 txtBirth
		ErrorMessage 属性设置为"日期格式有误"	显示的错误信息为"日期格式有误"
		Operator 属性设置为 DataTypeCheck	对值进行数据类型验证
		Type 属性设置为 Date	进行日期比较

> **注意**
>
> 使用验证控件（不包括自定义验证控件）时，应该首先设置其 ControlToValidate 属性（必须设置），以避免因未指定验证控件 ID 而产生错误。

5.1.4 数据格式验证控件

使用数据格式验证控件（RegularExpressionValidator）可以验证用户输入是否与预定义的模式相匹配，这样就可以对电话号码、邮编、网址等进行验证。RegularExpressionValidator 控件允许有多种有效模式，每个有效模式使用"|"字符来分隔。预定义的模式需要使用正则表达式定义。

RegularExpressionValidator 控件的部分常用属性及说明如表 5.6 所示。

表 5.6 RegularExpressionValidator 控件常用的属性及说明

属　性	说　明
ID	控件 ID，控件的唯一标识符
ControlToValidate	表示要进行验证的控件 ID，此属性必须设置为输入控件 ID。如果没有指定有效输入控件，则在显示页面时引发异常。另外，该 ID 的控件必须和验证控件在相同的容器中
ErrorMessage	表示当验证不合法时，出现的错误信息
IsValid	获取或设置一个值，该值指示控件验证的数据是否有效，默认值为 true
Display	设置错误信息的显示方式
Text	如果 Display 为 Static，不出错时显示该文本
ValidationExpression	获取或设置被指定为验证条件的正则表达式。默认值为空字符串（""）

RegularExpressionValidator 控件的属性与 RequiredFieldValidator 控件大致相同，这里只对 ValidationExpression 属性进行具体介绍。

ValidationExpression 属性用于指定验证条件的正则表达式。在 RegularExpressionValidator 控件的属性面板中，单击 ValidationExpression 属性输入框右边的 按钮，将弹出"正则表达式编辑器"对话框，在其中列出了一些常用的正则表达式，如图 5.5 所示。

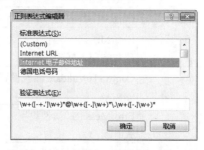

图 5.5 "正则表达式编辑器"对话框

常用的正则表达式字符及含义如表 5.7 所示。

表 5.7　常用正则表达式字符及含义

编　号	正则表达式字符	含　　义
1	[……]	匹配括号中的任何一个字符
2	[^……]	匹配不在括号中的任何一个字符
3	\w	匹配任何一个字符（a~z、A~Z 和 0~9）
4	\W	匹配任何一个空白字符
5	\s	匹配任何一个非空白字符
6	\S	与任何非单词字符匹配
7	\d	匹配任何一个数字（0~9）
8	\D	匹配任何一个非数字（^0~9）
9	[\b]	匹配一个退格键字符
10	{n,m}	最少匹配前面表达式 n 次，最大为 m 次
11	{n,}	最少匹配前面表达式 n 次
12	{n}	恰恰匹配前面表达式为 n 次
13	?	匹配前面表达式 0 或 1 次{0,1}
14	+	至少匹配前面表达式 1 次{1,}
15	*	至少匹配前面表达式 0 次{0,}
16	|	匹配前面表达式或后面表达式
17	(…)	在单元中组合项目
18	^	匹配字符串的开头
19	$	匹配字符串的结尾
20	\b	匹配字符边界
21	\B	匹配非字符边界的某个位置

下面列举几个常用的正则表达式。

（1）验证电子邮件

☑　\w+([-+.]\w+)*@\w+([-.]\w+)*\.\w+([-.]\w+)*。

☑　\S+@\S+\. \S+。

（2）验证网址

☑　HTTP：//\S+\. \S+。

☑　http(s)?://([\w-]+\.)+[\w-]+(/[\w- ./?%&=]*)?。

（3）验证邮政编码

☑　\d{6}。

（4）其他常用正则表达式

☑　[0-9]：表示 0~9 十个数字。

☑　\d*：表示任意个数字。

☑　\d{3,4}-\d{7,8}：表示中国大陆的固定电话号码。

☑　\d{2}-\d{5}：验证由两位数字、一个连字符再加 5 位数字组成的 ID 号。

☑　<\s*(\S+)(\s[^>]*)?>[\s\S]*<\s*\/\1\s*>：匹配 HTML 标记。

【例 5.4】 数据格式验证。（示例位置：光盘\mr\sl\05\04）

本示例主要通过 RegularExpressionValidator 控件的 ControlToValidate、Operator 和 Type 属性验证用户输入的 Email 格式是否正确。执行程序，如果输入的 Email 格式不正确，单击"验证"按钮，示例运行结果如图 5.6 所示。

图 5.6　数据格式验证

程序实现的主要步骤如下。

新建一个网站，默认主页为 Default.aspx，在 Default.aspx 页面上添加 5 个 TextBox 控件、1 个 RequiredFieldValidator 控件、2 个 CompareValidator 控件和 1 个 Button 控件，它们的属性设置及用途如表 5.8 所示。

表 5.8　Default.aspx 页控件的属性设置及用途

控件类型	控件名称	主要属性设置	用途
标准/TextBox 控件	txtName		输入姓名
	txtPwd	TextMode 属性设置为 Password	设置为密码格式
	txtRePwd	TextMode 属性设置为 Password	设置为密码格式
	txtBirth		输入出生日期
	txtEmail		输入 Email 地址
标准/Button 控件	btnCheck	Text 属性设置为"验证"	执行页面提交的功能
验证/RequiredFieldValidator 控件	RequiredFieldValidator1	ControlToValidate 属性设置为 txtName	要验证的控件的 ID 为 txtName
		ErrorMessage 属性设置为"姓名不能为空"	显示的错误信息为"姓名不能为空"
		SetFocusOnError 属性设置为 true	验证无效时，在该控件上设置焦点
验证/CompareValidator 控件	CompareValidator1	ControlToValidate 属性设置为 txtRePwd	要验证的控件的 ID 为 txtRePwd
		ControlToCompare 属性设置为 txtPwd	进行比较的控件 ID 为 txtPwd
		ErrorMessage 属性设置为"确认密码与密码不匹配"	显示的错误信息为"确认密码与密码不匹配"
	CompareValidator2	ControlToValidate 属性设置为 txtBirth	要验证的控件的 ID 为 txtBirth
		ErrorMessage 属性设置为"日期格式有误"	显示的错误信息为"日期格式有误"
		Operator 属性设置为 DataTypeCheck	对值进行数据类型验证
		Type 属性设置为 Date	进行日期比较

续表

控件类型	控件名称	主要属性设置	用 途
验证/RegularExpressionValidator控件	RegularExpression-Validator1	ControlToValidate 属性设置为 txtEmail	要验证的控件的 ID 为 txtEmail
		ErrorMessage 属性设置为"格式不正确"	显示的错误信息为"格式不正确"
		ValidationExpression 属性设置为 "\w+([-+.]\w+)*@\w+([-.]\w+)*\.\w+([-.]\w+)*"	进行有效性验证的正则表达式

说明

RegularExpressionValidator 控件在客户端使用的应该是 JScript 正则表达式语法。

5.1.5 数据范围验证控件

使用数据范围验证控件（RangeValidator）验证用户输入是否在指定范围之内，可以通过对 RangeValidator 控件的上、下限属性以及指定控件要验证的值的数据类型进行设置完成这一功能。如果用户的输入无法转换为指定的数据类型，如无法转换为日期，则验证将失败。如果用户将控件保留为空白，则此控件将通过范围验证。若要强制用户输入值，则还要添加 RequiredFieldValidator 控件。

一般情况下，输入的月份（1~12）、一个月中的天数（1~31）等，都可以使用 RangeValidator 控件对数据的范围进行限定以保证用户输入数据的准确性。

RangeValidator 控件的部分常用属性及说明如表 5.9 所示。

表 5.9 RangeValidator 控件的常用属性及说明

属 性	说 明
ID	控件 ID，控件的唯一标识符
ControlToValidate	表示要进行验证的控件 ID，此属性必须设置为输入控件 ID。如果没有指定有效输入控件，则在显示页面时引发异常。另外，该 ID 的控件必须和验证控件在相同的容器中
ErrorMessage	表示当验证不合法时，出现的错误信息
IsValid	获取或设置一个值，该值指示控件验证的数据是否有效，默认值为 true
Display	设置错误信息的显示方式
MaximumValue	获取或设置要验证的控件的值，该值必须小于或等于此属性的值，默认值为空字符串（""）
MinimumValue	获取或设置要验证的控件的值，该值必须大于或等于此属性的值，默认值为空字符串（""）
Text	如果 Display 为 Static，不出错时显示该文本
Type	获取或设置一种数据类型，用于指定如何解释要比较的值

下面对比较重要的属性进行详细介绍。

☑ MaximumValue 和 MinimumValue 属性

MaximumValue 和 MinimumValue 属性指定用户输入范围的最大值和最小值。

例如，要验证用户输入的值在 20~70 之间，代码如下：

this. RangeValidator1. MaximumValue= "70";
this. RangeValidator1. MaximumValue= "20";

☑ Type 属性

Type 属性用于指定进行验证的数据类型。在进行比较之前，值被隐式转换为指定的数据类型。如果数据转换失败，数据验证也会失败。

例如，将 RangeValidator 控件进行验证的数据类型设为 Integer，代码如下：

this. RangeValidator1.Type = ValidationDataType.Integer;

【例 5.5】 数据范围验证。（示例位置：光盘\mr\sl\05\05）

本示例主要通过 RangeValidator 控件的 ControlToValidate、MinimumValue、MaximumValue 和 Type 属性验证用户输入的数学成绩是否在 0~100 之间。执行程序，如果输入的数学成绩不在规定范围内或不符合数据类型要求，单击"验证"按钮，示例运行结果如图 5.7 所示。

图 5.7　数据范围验证

程序实现的主要步骤如下。

新建一个网站，默认主页为 Default.aspx，在 Default.aspx 页面上添加 2 个 TextBox 控件、1 个 RangeValidator 控件和 1 个 Button 控件，它们的属性设置及用途如表 5.10 所示。

表 5.10　Default.aspx 页控件的属性设置及用途

控件类型	控件名称	主要属性设置	用途
标准/TextBox 控件	txtName		输入姓名
	txtMath		输入数学成绩
标准/Button 控件	btnCheck	Text 属性设置为"验证"	执行页面提交的功能
验证/RangeValidator 控件	RangeValidator1	ControlToValidate 属性设置为 txtMath	要验证的控件的 ID 为 txtMath
		ErrorMessage 属性设置为"分数在 0~100 之间"	显示的错误信息为"分数在 0~100 之间"
		MaximumValue 属性设置为 100	最大值为 100
		MinimumValue 属性设置为 0	最小值为 0
		Type 属性设置为 Double	进行浮点型比较

注意

使用 RangeValidator 控件时，必须保证指定的 MaximumValue 或 MinimumValue 属性值类型能够转换为 Type 属性设定的数据类型，否则会出现异常。

5.1.6 验证错误信息显示控件

使用验证错误信息显示控件（ValidationSummary）可以为用户提供将窗体发送到服务器时所出现错误的列表。错误列表可以通过列表、项目符号列表或单个段落的形式进行显示。

ValidationSummary 控件中为页面上每个验证控件显示的错误信息，是由每个验证控件的 ErrorMessage 属性指定的。如果没有设置验证控件的 ErrorMessage 属性，将不会在 ValidationSummary 控件中为该验证控件显示错误信息。还可以通过设置 HeaderText 属性，在 ValidationSummary 控件的标题部分指定一个自定义标题。

通过设置 ShowSummary 属性，可以控制 ValidationSummary 控件是显示还是隐藏，还可通过将 ShowMessageBox 属性设置为 true，在消息框中显示摘要。

ValidationSummary 控件的常用属性及说明如表 5.11 所示。

表 5.11 ValidationSummary 控件的常用属性及说明

属 性	说 明
HeaderText	控件汇总信息
DisplayMode	设置错误信息的显示格式
ShowMessageBox	是否以弹出方式显示每个被验证控件的错误信息
ShowSummary	是否使用错误汇总信息
EnableClientScript	是否使用客户端验证，系统默认值为 true
Validate	执行验证并且更新 IsValid 属性

下面对比较重要的属性进行详细介绍。

☑ DisplayMode 属性

使用 DisplayMode 属性指定 ValidationSummary 控件的显示格式。摘要可以按列表、项目符号列表或单个段落的形式显示。

例如，设置 ValidationSummary 的显示模式为项目符号列表，代码如下：

```
this.ValidationSummary1.DisplayMode = ValidationSummaryDisplayMode.BulletList;
```

☑ ShowMessageBox 属性

当 ShowMessageBox 属性设为 true 时，网页上的错误信息不在网页本身显示，而是以弹出对话框的形式来显示，如图 5.8 所示。

☑ ShowSummary 属性

除了 ShowMessageBox 属性外，ShowSummary 属性也可用于控制验证摘要的显示位置。如果该属性设置为 true，则在网页上显示验证摘要。

> **注意**
> 如果 ShowMessageBox 和 ShowSummary 属性都设置为 true，则在消息框和网页上都显示验证摘要。

【例 5.6】 验证错误信息显示。（示例位置：光盘\mr\sl\05\06）

本示例主要通过 ValidationSummary 控件将错误信息的摘要一起显示。执行程序，如果姓名为空，并且输入的数学成绩不在规定范围内或不符合数据类型要求，单击"验证"按钮，示例运行结果如图 5.9 所示。

图 5.8 弹出对话框

图 5.9 验证错误信息显示

程序实现的主要步骤如下。

新建一个网站，默认主页为 Default.aspx，在 Default.aspx 页面上添加 2 个 TextBox 控件、1 个 RangeValidator 控件和 1 个 Button 控件等，它们的属性设置及用途如表 5.12 所示。

表 5.12 Default.aspx 页控件的属性设置及用途

控件类型	控件名称	主要属性设置	用途
标准/TextBox 控件	txtName		输入姓名
	txtMath		输入数学成绩
标准/Button 控件	btnCheck	Text 属性设置为"验证"	执行页面提交的功能
验证/RequiredFieldValidator 控件	RequiredFieldValidator1	ControlToValidate 属性设置为 txtName	要验证的控件的 ID 为 txtName
		ErrorMessage 属性设置为"姓名不能为空"	显示的错误信息为"姓名不能为空"
		SetFocusOnError 属性设置为 true	验证无效时，在该控件上设置焦点
验证/RangeValidator 控件	RangeValidator1	ControlToValidate 属性设置为 txtMath	要验证的控件的 ID 为 txtMath
		ErrorMessage 属性设置为"分数在 0~100 之间"	显示的错误信息为"分数在 0~100 之间"
		MaximumValue 属性设置为 100	最大值为 100
		MinimumValue 属性设置为 0	最小值为 0
		Type 属性设置为 Double	进行浮点型比较
验证/ValidationSummary 控件	ValidationSummary1		将错误信息一起显示

说明

使用 ValidationSummary 控件能够集中呈现错误信息。

5.1.7 自定义验证控件

如果现有的 ASP.NET 验证控件无法满足需求，那么可以自定义一个服务器端验证函数，然后使用自定义验证控件（CustomValidator）来调用该函数。

【例 5.7】 自定义验证控件。（示例位置：光盘\mr\sl\05\07）

本示例主要通过使用 CustomValidator 控件实现服务器端验证，此时只需将验证函数与 ServerValidate 事件相关联。执行程序，如果输入的数字不是偶数或不符合数据类型要求，单击"验证"按钮，示例运行结果如图 5.10 所示。

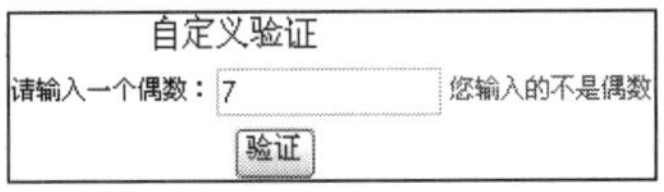

图 5.10 验证错误信息显示

程序实现的主要步骤如下。

新建一个网站，默认主页为 Default.aspx，在 Default.aspx 页面上添加 1 个 TextBox 控件、1 个 CustomValidator 控件和 1 个 Button 控件，它们的属性设置及用途如表 5.13 所示。

表 5.13 Default.aspx 页控件的属性设置及用途

控件类型	控件名称	主要属性及事件设置	用途
标准/TextBox 控件	txtNum		输入偶数
标准/Button 控件	btnCheck	Text 属性设置为"验证"	执行页面提交的功能
验证/CustomValidator 控件	RequiredFieldValidator1	ControlToValidate 属性设置为 txtNum	要验证的控件的 ID 为 txtNum
		ErrorMessage 属性设置为"您输入的不是偶数"	显示的错误信息为"您输入的不是偶数"
		ServerValidate 事件设置为 ValidateEven	与自定义函数相关联，以在服务器上执行验证

Default.aspx 页面中的相关代码如下：

```
<asp:TextBox ID="txtNum" runat="server" Width="100px"></asp:TextBox>
<asp:CustomValidator ID="CustomValidator1" runat="server" ErrorMessage="您输入的不是偶数"
ControlToValidate="txtNum" OnServerValidate="ValidateEven"></asp:CustomValidator>
<asp:Button ID="btnCheck" runat="server" Text="验证" />
```

Default.aspx.cs 页面中 CustomValidator 控件的 ServerValidate 事件（这里命名为 ValidateEven）相关代码如下：

```
public void ValidateEven(Object sender, ServerValidateEventArgs args)
{
    try
    {
        if ((Convert.ToInt32(args.Value) % 2) == 0)
```

```
            {
                args.IsValid = true;
            }
            else
            {
                args.IsValid = false;
            }
        }
        catch (Exception e)
        {
            args.IsValid = false;
        }
    }
```

> **技巧**
>
> （1）Page 对象的 IsValid 属性
>
> 　　验证控件列表和执行验证的结果是由 Page 对象来维护的。Page 对象具有一个 IsValid 属性，如果验证测试成功，属性返回 true；如果有一个验证失败，则返回 false。IsValid 属性可用于了解是否所有验证测试均已成功。接着，可将用户重定向到另一个页面或向用户显示适当的信息。
>
> （2）RangeValidator 控件提供的验证类型
>
> RangeValidator 控件提供了以下 5 种验证类型。
>
> - ☑ Integer 类型：用来验证输入是否在指定的整数范围内。
> - ☑ String 类型：用来验证输入是否在指定的字符串范围内。
> - ☑ Date 类型：用来验证输入是否在指定的日期范围内。
> - ☑ Double 类型：用来验证输入是否在指定的双精度实数范围内。
> - ☑ Currency 类型：用来验证输入是否在指定的货币值范围内。

5.2　禁用数据验证

　　在特定条件下，可能需要避开验证。例如，在一个页面中，即使用户没有正确填写所有验证字段，也可以提交该页。这时就需要设置 ASP.NET 服务器控件来避开客户端和服务器的验证。可以通过以下 3 种方式禁用数据验证。

　　（1）在特定控件中禁用验证

　　将相关控件的 CausesValidation 属性设置为 false。例如，将 Button 控件的 CausesValidation 属性设置为 false，这时单击 Button 控件不会触发页面上的验证。

　　（2）禁用验证控件

　　将验证控件的 Enabled 属性设置为 false。例如，将 RegularExpressionValidator 控件的 Enabled 属性设置为 false，页面在验证时不会触发此验证控件。

（3）禁用客户端验证

将验证控件的 EnableClientScript 属性设置为 false。

> **技巧**
> 在网页上的"取消"或"重置"按钮（如 Button、ImageButton 或 LinkButton）不需要执行验证，这时可以设置按钮的 CausesValidation 属性为 false，以防止单击按钮时执行验证。

5.3 实践与练习

1. 编写一个用户注册页面，其中包括用户名、密码、确认密码和年龄字段，每个字段都必须输入内容，并且年龄为 10~100 之间的数字。（示例位置：光盘\mr\sl\05\08）
2. 编写一个程序，当程序验证成功时，显示验证成功消息框。（示例位置：光盘\mr\sl\05\09）

第6章

母版页

（🎥 视频讲解：24分钟）

为了给访问者协调一致的感觉，每个网站都需要具有统一的风格和布局。对于这一点，在不同的技术发展阶段有着不同的实现方法。从框架到用户控件，直到ASP.NET 2.0（及以上版本）中提出一个新功能——母版页。ASP.NET 母版页可以创建页面布局（母版页），可以对网站中的选定页或所有页（内容页）使用该页面布局。使用母版页可以极大地简化为站点创建一致外观的任务。

6.1 母版页概述

母版页的主要功能是为 ASP.NET 应用程序创建统一的用户界面和样式，实际上母版页由两部分构成，即一个母版页和一个（或多个）内容页，这些内容页与母版页合并以将母版页的布局与内容页的内容组合在一起输出。

使用母版页，简化了以往重复设计每个 Web 页面的工作。母版页中承载了网站的统一内容、设计风格，减轻了网页设计人员的工作量，提高了工作效率。如果将母版页比喻为未签名的名片，那么在这张名片上签字后就代表着签名人的身份，这就相当于为母版页添加内容页后呈现出的各种网页效果。

1．母版页

母版页为具有扩展名.master（如 MyMaster.master）的 ASP.NET 文件，它具有可以包括静态文本、HTML 元素和服务器控件的预定义布局。母版页由特殊的@Master 指令识别，该指令替换了用于普通.aspx 页的@ Page 指令。

2．内容页

内容页与母版页关系紧密，主要包含页面中的非公共内容。通过创建各个内容页来定义母版页的占位符控件的内容，这些内容页为绑定到特定母版页的 ASP.NET 页（.aspx 文件以及可选的代码隐藏文件）。

> **注意**
> 使用母版页，必须先创建母版页再创建内容页。

3．母版页运行机制

在运行时，母版页按照下面的步骤处理。

（1）用户通过输入内容页的 URL 来请求某页。

（2）获取该页后，读取@Page 指令。如果该指令引用一个母版页，则也读取该母版页。如果是第一次请求这两个页，则两个页都要进行编译。

（3）包含更新的内容的母版页合并到内容页的控件树中。

（4）各个 Content 控件的内容合并到母版页中相应的 ContentPlaceHolder 控件中。

（5）浏览器中呈现得到的合并页。

从编程的角度来看，这两个页用作其各自控件的独立容器，内容页用作母版页的容器。但是，在内容页中可以从代码中引用公共母版页成员。

4．母版页的优点

使用母版页，可以为 ASP.NET 应用程序页面创建一个通用的外观。开发人员可以利用母版页创建一个单页布局，然后将其应用到多个内容页中。母版页具有以下优点。

- ☑ 使用母版页可以集中处理页的通用功能,以便只在一个位置上进行更新,在很大程度上提高了工作效率。
- ☑ 使用母版页可以方便地创建一组公共控件和代码,并将其应用于网站中所有引用该母版页的网页。例如,可以在母版页上使用控件来创建一个应用于所有页的功能菜单。
- ☑ 可以通过控制母版页中的占位符 ContentPlaceHolder 对网页进行布局。
- ☑ 由内容页和母版页组成的对象模型,能够为应用程序提供一种高效、易用的实现方式,并且这种对象模型的执行效率比以前的处理方式有了很大的提高。

技巧

在母版页中不能直接使用主题(参考第7章的介绍),可以在 pages 元素中进行设置。例如,在网站的 Web.config 文件中配置 pages 元素的代码如下:

```
<configuration>
    <system.web>
        <pages styleSheetTheme="ThemeName" />
    </system.web>
</configuration>
```

6.2 创建母版页

母版页中包含的是页面的公共部分,因此,在创建母版页之前,必须判断哪些内容是页面的公共部分。如图 6.1 所示为企业绩效系统的首页 Index.aspx,该网页是由 4 部分组成的,即页头、页尾、登录栏和内容页。经过分析可知,页头、页尾和登录栏是企业绩效系统中页面的公共部分。内容 A 是企业绩效系统的非公共部分,是 Index.aspx 页面所独有的。结合母版页和内容页的相关知识可知,如果使用母版和内容页创建页面 Index.aspx,那么必须创建一个母版页 MasterPage.master 和一个内容页 Index.aspx,其中,母版页包含页头、页尾和登录栏,内容页则包含内容 A。

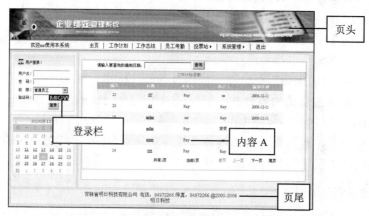

图 6.1 企业绩效系统首页

创建母版页的具体步骤如下。

（1）在网站的解决方案下右击网站名称，在弹出的快捷菜单中选择"添加新项"命令。

（2）打开"添加新项"对话框，如图6.2所示。选择"母版页"，默认名为MasterPage.master。单击"添加"按钮即可创建一个新的母版页。

图6.2　创建母版页

（3）母版页MasterPage.master中的代码如下：

```
<%@ Master Language="C#" AutoEventWireup="true" CodeFile="MasterPage.master.cs" Inherits="MasterPage" %>

<!DOCTYPE html PUBLIC "-//W3C//DTD XHTML 1.0 Transitional//EN" "http://www.w3.org/TR/xhtml1/DTD/xhtml1-transitional.dtd">

<html xmlns="http://www.w3.org/1999/xhtml">
<head runat="server">
    <title>无标题页</title>
    <asp:ContentPlaceHolder id="head" runat="server">
    </asp:ContentPlaceHolder>
</head>
<body>
    <form id="form1" runat="server">
    <div>
        <asp:ContentPlaceHolder id="ContentPlaceHolder1" runat="server">
        
        </asp:ContentPlaceHolder>
    </div>
    </form>
</body>
</html>
```

以上代码中ContentPlaceHolder控件为占位符控件，它所定义的位置可替换为内容出现的区域。

说明
母版页中可以包括一个或多个 ContentPlaceHolder 控件。

6.3 创建内容页

创建完母版页后，接下来就要创建内容页。内容页的创建与母版页类似，具体步骤如下。
（1）在网站的解决方案下右击网站名称，在弹出的快捷菜单中选择"添加新项"命令。
（2）打开"添加新项"对话框，如图 6.3 所示。在对话框中选择"Web 窗体"并为其命名，同时选中"将代码放在单独的文件中"和"选择母版页"复选框，单击"添加"按钮，弹出如图 6.4 所示的"选择母版页"对话框，在其中选择一个母版页，单击"确定"按钮，即可创建一个新的内容页。

图 6.3 创建内容页　　　　　　　　图 6.4 选择母版页

（3）内容页中的代码如下：

```
<%@ Page Language="C#" MasterPageFile="~/MasterPage.master" AutoEventWireup="true"
CodeFile="Default2.aspx.cs" Inherits="Default2" Title="无标题页" %>

<asp:Content ID="Content1" ContentPlaceHolderID="head" Runat="Server">
</asp:Content>
<asp:Content ID="Content2" ContentPlaceHolderID="ContentPlaceHolder1" Runat="Server">
</asp:Content>
```

通过以上代码可以发现，母版页中有几个 ContentPlaceHolder 控件，在内容页中就会有几个 Content 控件生成，Content 控件的 ContentPlaceHolderID 属性值对应着母版页 ContentPlaceHolder 控件的 ID 值。

技巧
添加内容页的另一种方法是，在母版页中右击，在弹出的快捷菜单中选择"添加内容页"命令即可；或者右击"解决方案资源管理器"中母版页的名称，在弹出的快捷菜单中选择"添加内容页"命令。

注意

在内容页中可以使用主题（参考第 7 章的介绍）。

6.4　嵌套母版页

所谓"嵌套"，就是一个套一个，大的容器套装小的容器。嵌套母版页就是指创建一个大母版页，在其中包含另外一个小的母版页。如图 6.5 所示为嵌套母版页的示意图。

图 6.5　嵌套母版页的示意图

利用嵌套的母版页可以创建组件化的母版页。例如，大型网站可能包含一个用于定义站点外观的总体母版页，不同的网站内容合作伙伴又可以定义各自的子母版页，这些子母版页引用网站母版页，并相应定义合作伙伴的内容外观。

【例 6.1】　创建一个简单的嵌套母版页。（示例位置：光盘\mr\sl\06\01）

本示例主要通过创建一个简单的嵌套母版页来加深读者对嵌套母版页的理解。执行程序，示例运行结果如图 6.6 所示。

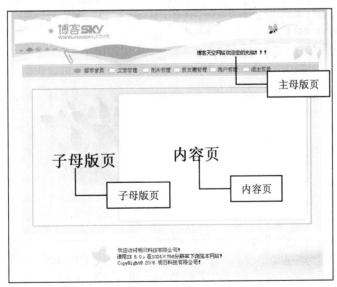

图 6.6　嵌套母版页

程序实现的主要步骤如下。

（1）新建一个网站，将其命名为01。

（2）在该网站的解决方案下右击网站名称，在弹出的快捷菜单中选择"添加新项"命令，打开"添加新项"对话框，首先添加两个母版页，分别命名为MainMaster（主母版页）和SubMaster（子母版页），然后添加一个Web窗体，命名为Default.aspx，并将其作为SubMaster（子母版页）的内容页。

如图6.6所示的页面是由主母版页（MainMaster）、子母版页（SubMaster）和内容页（Default.aspx）组成的，主母版页包含的内容主要是页面的公共部分，主母版页嵌套子母版页，内容页绑定子母版页。

（3）主母版页的构建方法与普通的母版页一致。由于主母版页嵌套一个子母版页，因此必须在适当的位置设置一个ContentPlaceHolder控件实现占位。主母版页的设计代码如下：

```
<%@ Master Language="C#" AutoEventWireup="true" CodeFile="MainMaster.master.cs" Inherits="MainMaster" %>
<!DOCTYPE html PUBLIC "-//W3C//DTD XHTML 1.0 Transitional//EN" "http://www.w3.org/TR/xhtml1/DTD/xhtml1-transitional.dtd">
<html xmlns="http://www.w3.org/1999/xhtml" >
<head runat="server">
    <title>主母版页</title>
</head>
<body>
    <form id="form1" runat="server">
    <div>
        <table style="width: 759px; height: 758px" cellpadding="0" cellspacing="0">
            <tr>
                <td style="background-image: url(Image/baner.jpg); width: 759px; height: 153px">
                </td>
            </tr>
            <tr>
                <td style="width: 759px; height: 498px" align="center" valign="middle">
                <asp:contentplaceholder id="MainContent" runat="server">
                </asp:contentplaceholder>
                </td>
            </tr>
            <tr>
                <td style="background-image: url(Image/3.jpg); width: 759px; height: 107px">
                </td>
            </tr>
        </table>
    </div>
    </form>
</body>
</html>
```

（4）子母版页以.master为扩展名，其代码包括两部分，即代码头声明和Content控件。子母版页与普通母版页相比，不包括<html>、<body>等Web元素。在子母版页的代码头中添加了一个属性MasterPageFile，以设置嵌套子母版页的主母版页路径，通过设置该属性，实现主母版页和子母版页之间的嵌套。子母版页的Content控件中声明的ContentPlaceHolder控件用于为内容页实现占位。子母版页的设计代码如下：

```
<%@ Master Language="C#" AutoEventWireup="true" CodeFile="SubMaster.master.cs" Inherits="SubMaster"
MasterPageFile ="~/MainMaster.master" %>
<asp:Content id="Content1" ContentPlaceholderID="MainContent" runat="server">
    <table style="background-image: url(Image/2.jpg); width:759px; height: 498px">
    <tr>
    <td align ="center" valign ="middle">
        <h1>子母版页</h1>
    </td>
    <td align ="center" valign ="middle">
        <asp:contentplaceholder id="SubContent" runat="server">
        </asp:contentplaceholder>
    </td>
    </tr>
    </table>
</asp:Content>
```

> **注意**
> 这里需要强调的是，子母版页中不包括<html>、<body>等 Web 元素。在子母版页的@Master 指令中添加了 MasterPageFile 属性以设置主母版页路径，从而实现嵌套。

（5）内容页的构建方法与普通内容页一致。其代码包括两部分，即代码头声明和 Content 控件。由于内容页绑定子母版页，所以代码头中的属性 MasterPageFile 必须设置为子母版页的路径。内容页的设计代码如下：

```
<%@ Page Language="C#" MasterPageFile="~/SubMaster.master" AutoEventWireup="true"
CodeFile="Default.aspx.cs" Inherits="_Default" Title="Untitled Page" %>
<asp:Content ID="Content1" ContentPlaceHolderID="SubContent" Runat="Server">
<table style="width :451px; height :391px">
<tr>
<td>
<h1>内容页</h1>
</td>
</tr>
</table>
</asp:Content>
```

6.5 访问母版页的控件和属性

内容页中引用母版页中的属性、方法和控件有一定的限制。对于属性和方法的规则是：如果它们在母版页上被声明为公共成员，则可以引用它们，这包括公共属性和公共方法；在引用母版页上的控件时，没有只能引用公共成员的这种限制。

6.5.1 使用 Master.FindControl 方法访问母版页上的控件

在内容页中，Page 对象具有一个公共属性 Master，该属性能够实现对相关母版页基类 MasterPage 的引用。母版页中的 MasterPage 相当于普通 ASP.NET 页面中的 Page 对象，因此，可以使用 MasterPage 对象实现对母版页中各个子对象的访问，但由于母版页中的控件是受保护的，不能直接访问，那么就必须使用 MasterPage 对象的 FindControl 方法实现。

【例 6.2】 访问母版页上的控件。（示例位置：光盘\mr\sl\06\02）

本示例主要通过使用 FindControl 方法，获取母版页中用于显示系统时间的 Label 控件。执行程序，示例运行结果如图 6.7 所示。

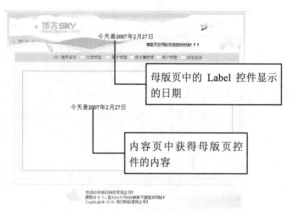

图 6.7 访问母版页上的控件

程序实现的主要步骤如下。

（1）新建一个网站，首先添加一个母版页，默认名称为 MasterPage.master，再添加一个 Web 窗体，命名为 Default.aspx，作为母版页的内容页。

（2）分别在母版页和内容页上添加一个 Label 控件。母版页的 Label 控件的 ID 属性为 labMaster，用来显示系统日期；内容页的 Label 控件的 ID 属性为 labContent，用来显示母版页中的 Label 控件值。

（3）在 MasterPage.master 母版页的 Page_Load 事件中，使母版页的 Label 控件显示当前系统日期的代码如下：

```
protected void Page_Load(object sender, EventArgs e)
{
    this.labMaster.Text="今 天 是 "+DateTime.Today.Year+" 年 "+DateTime.Today.Month+" 月 "+DateTime.Today.Day+"日";
}
```

（4）在 Default.aspx 内容页中的 Page_LoadComplete 事件中，使内容页的 Label 控件显示母版页中的 Label 控件值的代码如下：

```
protected void Page_LoadComplete(object sender, EventArgs e)
{
```

```
    Label MLable1 = (Label)this.Master.FindControl("labMaster");
    this.labContent.Text = MLable1.Text;
}
```

> **注意**
> 由于在母版页的 Page_Load 事件引发之前，内容页 Page_Load 事件已经引发，所以，此时从内容页中访问母版页中的控件比较困难。所以，本示例使用 ASP.NET 2.0（及以上版本）新增的 Page_LoadComplete 事件，利用 FindControl 方法来获取母版页的控件，其中 Page_LoadComplete 事件是在生命周期内和网页加载结束时触发的。当然，还可以在 Label 控件的 PreRender 事件下完成此功能。

6.5.2 引用@MasterType 指令访问母版页上的属性

引用母版页中的属性和方法，需要在内容页中使用 MasterType 指令，将内容页的 Master 属性强类型化，即通过 MasterType 指令创建与内容页相关的母版页的强类型引用。另外，在设置 MasterType 指令时，必须设置 VirtualPath 属性以便指定与内容页相关的母版页存储地址。

【例 6.3】 访问母版页上的属性。（示例位置：光盘\mr\sl\06\03）

本示例主要通过使用 MasterType 指令引用母版页的公共属性，并将 Welcome 字样赋给母版页的公共属性。执行程序，示例运行结果如图 6.8 所示。

图 6.8　访问母版页上的属性

程序实现的主要步骤如下。
（1）程序开发步骤参见例 6.2。
（2）在母版页中定义一个 String 类型的公共属性 MValue，代码如下：

```
public partial class MasterPage : System.Web.UI.MasterPage
{
    string mValue = "";
    public string MValue
    {
        get
        {
            return mValue;
        }
        set
        {
            mValue = value;
        }
    }
//其他代码
}
```

并且通过<%= MValue %>显示在母版面中，代码如下：

```
//其他代码
<td style="background-image: url(Image/baner.jpg); height: 153px" align="center">
<asp:Label ID="labMaster" runat="server"></asp:Label>
<%=this.MValue%>
</td>
//其他代码
```

（3）在内容页代码头的设置中，增加了<%@MasterType%>，并在其中设置了 VirtualPath 属性，用于设置被强类型化的母版页的 URL 地址。代码如下：

```
<%@ Page Language="C#" MasterPageFile="~/MasterPage.master" AutoEventWireup="true"
CodeFile="Default.aspx.cs" Inherits="_Default" Title="Untitled Page" %>
    <%@ MasterType VirtualPath ="~/MasterPage.master" %>
    <asp:Content ID="Content1" ContentPlaceHolderID="ContentPlaceHolder1" Runat="Server">
        <table align="center">
            <tr>
                <td style="width: 86px; height: 21px;">
                    <asp:Label ID="labContent" runat="server" Width="351px" ></asp:Label></td>
            </tr>
        </table>
    </asp:Content>
```

引用@ MasterType 指令

（4）在内容页的 Page_Load 事件下，通过 Master 对象引用母版页中的公共属性，并将 Welcome 字样赋给母版页中的公共属性。代码如下：

```
protected void Page_Load(object sender, EventArgs e)
{
    Master.MValue = "Welcome";
}
```

说明
以上代码在内容页上的赋值，将影响母版页中公共属性的值。

6.6 实践与练习

创建一个单击母版页中的导航按钮，在内容页中显示刚刚所单击按钮的名称的 Web 应用程序。（示例位置：光盘\mr\sl\06\04）

第 7 章

主题

（ 视频讲解：30 分钟 ）

网站的外观是否美观将直接决定其受欢迎的程度，这就意味着在网站开发过程中，设计和实现美观、实用的用户界面非常重要。在 ASP.NET 2.0 出现之前，网站开发人员经常使用级联样式表（CSS）来实现外观设计。而现在，在 ASP.NET 2.0（及以上版本）中提供了一种称为"主题"的新功能。主题是定义网站中页面和控件外观的属性集合，它可以包括外观文件（定义 ASP.NET Web 服务器控件的属性设置），还可以包括级联样式表文件（.css 文件）和图形。通过应用主题，可以为网站中的页面提供一致的外观。

7.1 主题概述

7.1.1 组成元素

主题由外观、级联样式表（CSS）、图像和其他资源组成，至少要包含外观，它是在网站或 Web 服务器上的特殊目录中定义的，如图 7.1 所示。

图 7.1 添加主题文件夹

在制作网站中的网页时，有时需要对控件和页面设置进行重复设计，主题的出现就是将重复的工作简单化，不仅提高制作效率，更重要的是能够统一网站的外观。例如，一款家具的设计框架是一样的，但是整体颜色、零件色彩（把手等）可以是不同的，这就相当于一个网站可以通过不同的主题呈现出不同的外观。

1．外观

外观文件是主题的核心内容，用于定义页面中服务器控件的外观，它包含各个控件（如 Button、TextBox 或 Calendar 控件）的属性设置。控件外观设置类似于控件标记本身，但只包含要作为主题的一部分来设置的属性。例如，下面的代码定义了 TextBox 控件的外观。

```
<asp:TextBox runat="server" BackColor="PowderBlue" ForeColor="RoyalBlue"/>
```

控件外观的设置与控件声明代码类似。在控件外观设置中只能包含作为主题的属性定义。上述代码中设置了 TextBox 控件的前景色和背景色属性。如果将以上控件外观应用到单个 Web 页上，那么页面内所有 TextBox 控件都将显示所设置的控件外观。

主题中至少要包含外观。

2. 级联样式表（CSS）

主题还可以包含级联样式表（.css 文件）。将 .css 文件放在主题目录中时，样式表自动作为主题的一部分应用。使用文件扩展名 .css 在主题文件夹中定义样式表。

> **说明**
> 主题中可以包含一个或多个级联样式表。

3. 图像和其他资源

主题还可以包含图形和其他资源，如脚本文件或视频文件等。通常，主题的资源文件与该主题的外观文件位于同一个文件夹中，但也可以在 Web 应用程序中的其他地方，如主题目录的某个子文件夹中。

7.1.2 文件存储和组织方式

在 Web 应用程序中，主题文件必须存储在根目录的 App_Themes 文件夹下（除全局主题之外），开发人员可以手动或者使用 Visual Studio 2010 在网站的根目录下创建该文件夹。如图 7.2 所示为 App_Themes 文件夹的示意图。

图 7.2 App_Themes 文件夹的示意图

在 App_Themes 文件夹中包括"主题 1"和"主题 2"两个文件夹。每个主题文件夹中都可以包含外观文件、CSS 文件和图像文件等。通常 APP_Themes 文件夹中只存储主题文件及与主题有关的文件，尽量不存储其他类型文件。

外观文件是主题的核心部分，每个主题文件夹下都可以包含一个或者多个外观文件，如果主题较多、页面内容较复杂时，外观文件的组织就会出现问题。这样就需要开发人员在开发过程中，根据实际情况对外观文件进行有效管理。通常根据 SkinID、控件类型及文件 3 种方式进行组织，具体说明如表 7.1 所示。

表 7.1 3 种常见的外观文件的组织方式及说明

组织方式	说明
根据 SkinID	设置控件外观时，将具有相同 SkinID 的控件放在同一个外观文件中，这种方式适用于网站页面较多、设置内容复杂的情况
根据控件类型	组织外观文件时，以控件类型进行分类，这种方式适用于页面中包含控件较少的情况
根据文件	组织外观文件时，以网站中的页面进行分类，这种方式适用于网站中页面较少的情况

7.2 创建主题

7.2.1 创建外观文件

在创建外观文件之前，先介绍有关创建外观文件的知识。

外观文件分为默认外观和已命名外观两种类型。如果控件外观不包含 SkinID 属性，那么就是默认外观。此时，向页面应用主题，默认外观自动应用于同一类型的所有控件。已命名外观是设置了 SkinID 属性的控件外观。已命名外观不会自动按类型应用于控件，而应当通过设置控件的 SkinID 属性将其显式应用于控件。通过创建已命名外观，可以为应用程序中同一控件的不同实例设置不同的外观。

控件外观设置的属性可以是简单属性，也可以是复杂属性。简单属性是控件外观设置中最常见的类型，如控件背景颜色（BackColor）、控件的宽度（Width）等。复杂属性主要包括集合属性、模板属性和数据绑定表达式（仅限于<%#Eval%>或<%#Bind%>）等类型。

> **注意**
> 外观文件的后缀为.skin。

下面通过示例来介绍如何创建一个简单的外观文件。

【例 7.1】 创建一个简单的外观文件。（示例位置：光盘\mr\sl\07\01）

本示例主要通过两个 TextBox 控件分别介绍如何创建默认外观和命名外观。执行程序，示例运行结果如图 7.3 所示。

程序实现的主要步骤如下。

图 7.3 创建外观文件示例图

（1）新建一个网站，应用程序根目录下创建一个 App_Themes 文件夹用于存储主题。添加一个主题，在 App_Themes 文件夹上右击，在弹出的快捷菜单中选择"添加 ASP.NET 文件夹"/"主题"命令，主题名为 TextBoxSkin。在主题下新建一个外观文件，名称为 TextBoxSkin.skin，用来设置页面中 TextBox 控件的外观。TextBoxSkin.skin 外观文件的源代码如下：

```
<asp:TextBox runat="server" Text="Hello World!" BackColor="#FFE0C0" BorderColor="#FFC080"
Font-Size="12pt" ForeColor="#C04000" Width="149px"/>
<asp:TextBox SkinId="textboxSkin" runat="server" Text="Hello World!" BackColor="#FFFFC0"
BorderColor="Olive" BorderStyle="Dashed" Font-Size="15pt" Width="224px"/>
```

在代码中创建了两个 TextBox 控件的外观，其中没有添加 SkinID 属性的是 Button 的默认外观，另外一个设置了 SkinID 属性的是 TextBox 控件的命名外观，其 SkinID 属性为 textboxSkin。

> **注意**
> 任何控件的 ID 属性都不可以在外观文件中出现。如果向外观文件中添加了不能设置主题的属性，将会导致错误发生。

（2）在网站的默认页 Default.aspx 中添加两个 TextBox 控件，应用 TextBoxSkin.skin 中的控件外观。首先在<%@ Page%>标签中设置一个 Theme 属性用来应用主题。如果为控件设置默认外观，则不用设置控件的 SkinID 属性；如果为控件设置了命名外观，则需要设置控件的 SkinID 属性。Default.aspx 文件的源代码如下：

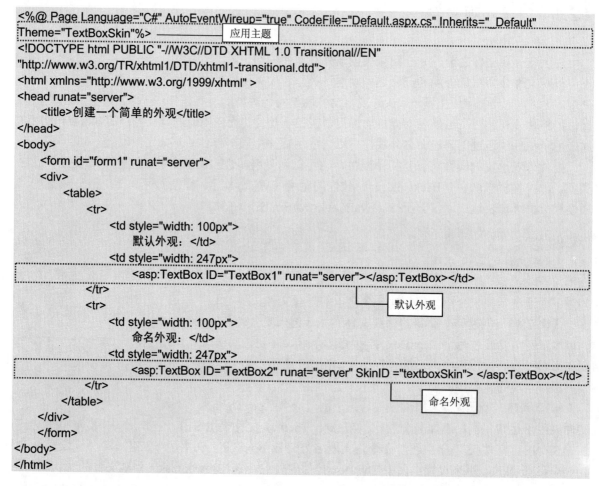

如果在控件代码中添加了与控件外观相同的属性，则页面最终显示以控件外观的设置效果为主。

7.2.2 为主题添加 CSS 样式

主题中的样式表主要用于设置页面和普通 HTML 控件的外观样式。

主题中的.css 样式表是自动作为主题的一部分加以应用的。

【例 7.2】 为主题添加 CSS 样式。（示例位置：光盘\mr\sl\07\02）

本示例主要对页面背景、页面中的普通文字、超链接文本以及 HTML 提交按钮创建样式。执行程序，示例运行结果如图 7.4 所示。

图 7.4 为主题添加 CSS 样式

程序实现的主要步骤如下。

（1）新建一个网站，在应用程序根目录下创建一个 App_Themes 文件夹，用于存储主题。添加一个名为 MyTheme 的主题。在 MyTheme 主题下添加一个样式表文件，默认名称为 StyleSheet.css。

页面中共有 3 处被设置的样式：一是页面背景颜色、文本对齐方式及文本颜色；二是超文本的外观、悬停效果；三是 HTML 按钮的边框颜色。StyleSheet.css 文件的源代码如下：

```css
body
{
    text-align :center;
    color :Yellow ;
    background-color :Navy;
}
A:link
{
    color:White ;
    text-decoration:underline;
}
A:visited
{
    color:White;
    text-decoration:underline;
}
A:hover
{
    color :Fuchsia;
    text-decoration:underline;
     font-style :italic ;
}
input
{
    border-color :Yellow;
}
```

主题中的 CSS 文件与普通的 CSS 文件没有任何区别，但主题中包含的 CSS 文件主要针对页面和普通的 HTML 控件进行设置，并且必须保存在主题文件夹中。

（2）在网站的默认网页 Default.aspx 中，应用主题中的 CSS 文件样式的源代码如下：

```
<%@ Page Language="C#" AutoEventWireup="true"  CodeFile="Default.aspx.cs" Inherits="_Default"
Theme ="myTheme" %>
<!DOCTYPE html PUBLIC "-//W3C//DTD XHTML 1.0 Transitional//EN"
"http://www.w3.org/TR/xhtml1/DTD/xhtml1-transitional.dtd">
<html xmlns="http://www.w3.org/1999/xhtml" >
<head runat="server">
    <title>为主题添加 CSS 样式</title>
</head>
<body>
    <form id="form1" runat="server">
    <div>
        为主题添加 CSS 文件
        <table>
            <tr>
                <td style="width: 100px">
                <a href ="Default.aspx">明日科技</a>
                </td>
                <td style="width: 100px">
                <a href ="Default.aspx">明日科技</a>
                </td>
            </tr>
            <tr>
                <td style="width: 100px">
                    <input id="Button1" type="button" value="button" /></td>
                <td style="width: 100px">
                 </td>
            </tr>
        </table>
    </div>
    </form>
</body>
</html>
```

右侧注释：Theme ="myTheme"应用主题

右侧注释：在主题中应用 CSS 文件，必须保证在页面头部定义<head runat="server">

技巧

（1）如何将主题应用于母版页中

不能直接将 ASP.NET 主题应用于母版页。如果向@Master 指令添加一个主题属性，则页面在运行时会引发错误。

但是，主题在以下情况中会应用于母版页。

☑ 如果主题是在内容页中定义的，母版页在内容页的上下文中解析，那么内容页的主题也会应用于母版页。

☑ 通过在 Web.config 文件中的 pages 元素内设置主题定义，可以将整个站点都应用主题。

（2）创建主题的简便方法

在创建控件外观时，一个简单的方法是：将控件添加到.aspx 页面中，然后利用 Visual Studio 2010 的属性面板及可视化设计功能对控件进行设置，最后将控件代码复制到外观文件中并做适当的修改。

7.3 应用主题

在前面的几个示例中，简单说明了应用主题的方法，即在每个页面头部的<%@ Page%>标签中设置 Theme 属性为主题名。本节将更加深入地学习主题的应用。

7.3.1 指定和禁用主题

不仅可以对网页或网站应用主题，还可以对全局应用主题。在网站级设置主题会对站点上的所有页和控件应用样式和外观，除非对个别页重写主题。在页面级设置主题会对该页及其所有控件应用样式和外观。默认情况下，主题重写本地控件设置，或者可以设置一个主题作为样式表主题，以便该主题仅应用于未在控件上显式设置的控件设置。

1．为单个页面指定和禁用主题

为单个页面指定主题可以将@ Page 指令的 Theme 或 StyleSheetTheme 属性设置为要使用的主题的名称，代码如下：

```
<%@ Page Theme="ThemeName" %>
```

或

```
<%@ Page StyleSheetTheme="ThemeName" %>
```

> **注意**
> StyleSheetTheme 属性的工作方式与普通主题（使用 Theme 设置的主题）类似，不同的是当使用 StyleSheetTheme 时，控件外观的设置可以被页面中声明的同一类型控件的相同属性所代替。例如，如果使用 Theme 属性指定主题，该主题指定所有的 Button 控件的背景都是黄色，那么即使在页面中个别的 Button 控件的背景设置了不同颜色，页面中的所有 Button 控件的背景仍然是黄色。如果需要改变个别 Button 控件的背景，就需要使用 StyleSheetTheme 属性指定主题。

禁用单个页面的主题，只要将@Page 指令的 EnableTheming 属性设置为 false 即可，代码如下：

```
<%@ Page EnableTheming="false" %>
```

如果想要禁用控件的主题，只要将控件的 EnableTheming 属性设置为 false 即可。以 Button 控件为例，代码如下：

```
<asp:Button id="Button1" runat="server" EnableTheming="false" />
```

2．为应用程序指定和禁用主题

为了快速地为整个网站的所有页面设置相同的主题，可以设置 Web.config 文件中的<pages>配置节的内容。Web.config 文件的配置代码如下：

```
<configuration>
  <system.web >
    <pages theme ="ThemeName"></pages>
  </system.web>
<connectionStrings/>
```

或

```
<configuration>
  <system.web >
    <pages StylesheetTheme=" ThemeName "></pages>
  </system.web>
<connectionStrings/>
```

禁用整个应用程序的主题设置，只要将<pages>配置节中的 Theme 属性或者 StylesheetTheme 属性值设置为空（""）即可。

7.3.2 动态加载主题

除了在页面声明和配置文件中指定主题和外观首选项之外，还可以通过编程方式动态加载主题。

【例 7.3】 动态加载主题。（示例位置：光盘\mr\sl\07\03）

本示例主要通过选择相应的主题，实现对页面应用所选主题。例如，页面应用主题一和主题二样式。执行程序，示例运行结果如图 7.5 和图 7.6 所示。

图 7.5　主题一　　　　　　　　　　　　　　图 7.6　主题二

程序实现的主要步骤如下。

（1）新建一个网站，添加两个主题，分别命名为 Theme1 和 Theme2，并且每个主题包含一个外观文件（TextBoxSkin.skin）和一个 CSS 文件（StyleSheet.css），用于设置页面外观及控件外观。主题文件夹 Theme1 中的外观文件 TextBoxSkin.skin 的源代码如下：

```
<asp:TextBox runat="server" Text="Hello World!" BackColor="#FFE0C0" BorderColor="#FFC080" Font-Size="12pt" ForeColor="#C04000" Width="149px"/>
<asp:TextBox SkinId="textboxSkin" runat="server" Text="Hello World!" BackColor="#FFFFC0" BorderColor="Olive" BorderStyle="Dashed" Font-Size="15pt" Width="224px"/>
```

级联样式表文件 StyleSheet.css 的源代码如下：

```
body
{
    text-align :center;
```

```
        color :Yellow ;
        background-color :Navy;
}
A:link
{
    color:White ;
    text-decoration:underline;
}
A:visited
{
    color:White;
    text-decoration:underline;
}
A:hover
{
    color :Fuchsia;
    text-decoration:underline;
     font-style :italic ;
}
input
{
    border-color :Yellow;
}
```

主题文件夹 Theme2 中的外观文件 TextBoxSkin.skin 的源代码如下:

```
<asp:TextBox runat="server" Text="Hello World!" BackColor="#C0FFC0" BorderColor="#00C000" ForeColor="#004000" Font-Size="12pt" Width="149px"/>
<asp:TextBox SkinId="textboxSkin" runat="server" Text="Hello World!" BackColor="#00C000" BorderColor="#004000" ForeColor="#C0FFC0" BorderStyle="Dashed" Font-Size="15pt" Width="224px"/>
```

级联样式表文件 StyleSheet.css 的源代码如下:

```
body
{
     text-align :center;
     color :#004000;
     background-color :Aqua;
}
A:link
{
    color:Blue;
    text-decoration:underline;
}
A:visited
{
    color:Blue;
    text-decoration:underline;
}
A:hover
```

```
{
    color :Silver;
    text-decoration:underline;
     font-style :italic ;
}
input
{
    border-color :#004040;
}
```

（2）在网站的默认主页 Default.aspx 中添加一个 DropDownList 控件、两个 TextBox 控件、一个 HTML/Button 控件以及一个超链接。

DropDownList 控件中包含两个选项，一个是"主题一"，另一个是"主题二"。当用户选择任一个选项时，都会触发 DropDownList 控件的 SelectedIndexChanged 事件，在该事件下，将选项的主题名存放在 URL 的 QueryString（即 theme）中，并重新加载页面。其代码如下：

```
protected void DropDownList1_SelectedIndexChanged(object sender, EventArgs e)
{
    string url = Request.Path + "?theme=" + DropDownList1.SelectedItem.Value;
    Response.Redirect(url);
}
```

使用 Theme 属性指定页面的主题，只能在页面的 PreInit 事件发生过程中或者之前设置，本示例是在 PreInit 事件发生过程中修改 Page 对象的 Theme 属性值。其代码如下：

```
void Page_PreInit(Object sender, EventArgs e)
{
    string theme="Theme1";
    if (Request.QueryString["theme"] == null)
    {
        theme = "Theme1";
    }
    else
    {
        theme = Request.QueryString["theme"];
    }
    Page.Theme = theme;
    ListItem item = DropDownList1.Items.FindByValue(theme);
    if (item != null)
    {
        item.Selected = true;
    }
}
```

使用 Theme 属性指定页面的主题

在制作网站换肤程序时，可以动态加载主题以使网站具有指定的显示风格。

7.4 实践与练习

为 Calendar 日历控件设置主题，其外观设置如下。（示例位置：光盘\mr\sl\07\04）

- ☑ 背景色为 White，边框色为#EFE6F7，单元格内空白为 4，日标头文字格式为 Shortest。
- ☑ TodayDayStyle 中的背景色为#FF8000。
- ☑ WeekendDayStyle 中的背景色为#FFE0C0。
- ☑ DayHeaderStyle 中的背景色为#FFC0C0。
- ☑ TitleStyle 中的背景色为#C00000，字体加粗，前景色为#FFE0C0。

第 8 章

数据绑定

（视频讲解：18分钟）

声明性数据绑定语法是一种非常灵活的语法，它不仅允许开发人员绑定到数据源，而且还允许绑定到简单属性、表达式、集合，甚至可以从方法调用返回的结果。

8.1 数据绑定概述

数据绑定是指从数据源获取数据或向数据源写入数据。简单的数据绑定可以是对变量或属性的绑定，比较复杂的是对 ASP.NET 数据绑定控件的操作。

> **说明**
> 所有的数据绑定表达式都必须包含在<%#...%>中。另外，执行绑定操作要么执行 Page 对象的 DataBind 方法，要么执行数据绑定控件对应类的实例对象的 DataBind 方法。

8.2 简单属性绑定

基于属性的数据绑定所涉及的属性必须包含 get 访问器，因为在数据绑定过程中，数据显示控件需要通过属性的 get 访问器从属性中读取数据。

简单属性绑定的语法如下：

`<%# 属性名称%>`

然后需要调用 Page 类的 DataBind 方法才能执行绑定操作。

> **注意**
> DataBind 方法通常在 Page_Load 事件中调用。

【例 8.1】 绑定简单属性。（示例位置：光盘\mr\sl\08\01）

本示例主要介绍如何绑定简单属性。执行程序，示例运行结果如图 8.1 所示。

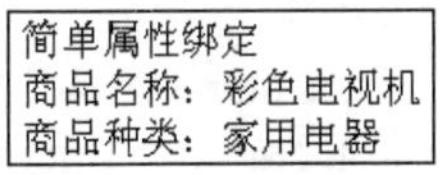

程序实现的主要步骤如下：

（1）新建一个网站，默认主页为 Default.aspx。在 Default.aspx 页的后台代码文件中定义两个公共属性，作为数据绑定时的数据源。代码如下：

图 8.1 简单属性绑定

```
public string GoodsName
{
    get
    {
        return "彩色电视机";
    }
}
```

```
public string GoodsKind
{
    get
    {
        return "家用电器";
    }
}
```

（2）设置完数据绑定中的数据源，即可将其与显示控件建立绑定关系。将视图切换到源视图，具体代码如下：

```
<body>
    <form id="form1" runat="server">
    <div>
        简单属性绑定<br/>
        商品名称：<%# GoodsName %><br/>
        商品种类：<%# GoodsKind %></div>
    </form>
</body>
```

（3）绑定完成后，只需要在页面的 Page_Load 事件中调用 Page 类的 DataBind 方法来实现在页面加载时读取数据，代码如下：

```
protected void Page_Load(object sender, EventArgs e)
{
    Page.DataBind();
}
```

技巧

简单变量绑定类似于简单属性绑定。例如，定义一个公共变量并赋值，在 Page_Load 事件中调用 Page 类的 DataBind 方法，然后在 Label 控件的 Text 属性中使用<%#...%>来绑定变量。

.aspx.cs 文件中的代码如下：

```
public string str = "测试";
protected void Page_Load(object sender, EventArgs e)
{
    Page.DataBind();
}
```

.aspx 文件中的代码如下：

```
<asp:Label ID="Label1" runat="server" Text='<%# str %>'></asp:Label>
```

8.3 表达式绑定

将数据绑定到显示控件之前，通常要对数据进行处理，也就是说，需要使用表达式做简单处理后，再将执行结果绑定到显示控件上。

【例 8.2】 表达式绑定。（示例位置：光盘\mr\sl\08\02）

本示例主要介绍如何将单价与数量相乘的结果绑定到 Label 控件上。执行程序，示例运行结果如图 8.2 所示。

图 8.2 表达式绑定

程序实现的主要步骤如下。

（1）新建一个网站，默认主页为 Default.aspx，在 Default.aspx 页中添加两个 TextBox 控件、一个 Button 控件、一个 Label 控件和两个 CompareValidator 验证控件，它们的属性设置如表 8.1 所示。

表 8.1 Default.aspx 页面中控件的属性设置及其用途

控件类型	控件名称	主要属性设置	用途
标准/TextBox 控件	TextBox1	Text 属性设置为 0	输入默认值
	TextBox2	Text 属性设置为 0	输入默认值
标准/Button 控件	btnOk	Text 属性设置为 "确定"	将页面提交至服务器
验证/CompareValidator 控件	CompareValidator1	ControlToValidate 属性设置为 TextBox1	需要验证的控件 ID
		ErrorMessage 属性设置为 "输入数字"	显示的错误信息
		Operator 属性设置为 DataTypeCheck	数据类型比较
		Type 属性设置为 Double	用于比较的数据类型为 Double
	CompareValidator2	ControlToValidate 属性设置为 TextBox2	需要验证的控件 ID
		ErrorMessage 属性设置为 "输入数字"	显示的错误信息
		Operator 属性设置为 DataTypeCheck	数据类型比较
		Type 属性设置为 Integer	用于比较的数据类型为 Integer
标准/Label 控件	Label1	Text 属性设置为 0	显示总金额

（2）将视图切换到源视图，将表达式绑定到 Label 控件的 Text 属性上，具体代码如下：

```
<asp:Label ID="Label1" runat="server" Text='<%# " 总 金 额 为 ： "+Convert.ToString(Convert.ToDecimal(TextBox1.Text)*Convert.ToInt32(TextBox2.Text)) %>'></asp:Label></td>
```

通过以上代码会发现，Label 控件的 Text 属性值是使用单引号限定的，这是因为<%#数据绑定表达

式%>中的数据绑定表达式包含双引号,所以推荐使用单引号限定此 Text 属性值。

> **说明**
> 在 C#中调用 Convert 类的方法可以实现类型的转换,即将一个基本数据类型转换为另一个基本数据类型。

> **注意**
> C#语言中使用 "+" 符号拼接字符串。

(3)在页面的 Page_Load 事件中调用 Page 类的 DataBind 方法执行数据绑定表达式,代码如下:

```
protected void Page_Load(object sender, EventArgs e)
{
    Page.DataBind();
}
```

8.4 集合绑定

有一些服务器控件是多记录控件,如 DropDownList 控件,这类控件即可使用集合作为数据源对其进行绑定。通常情况下,集合数据源主要包括 ArrayList、Hashtabel、DataView、DataReader 等。下面就以 ArrayList 集合绑定 DropDownList 控件为例进行具体介绍。

【例 8.3】 集合绑定。(示例位置:光盘\mr\sl\08\03)

本示例主要介绍如何将 ArrayList 绑定至 DropDownList 控件。执行程序,示例运行结果如图 8.3 所示。

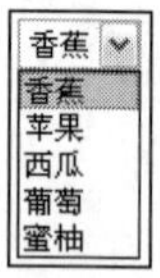

程序实现的主要步骤如下。

图 8.3 集合绑定

新建一个网站,默认主页为 Default.aspx,在 Default.aspx 页中添加 1 个 DropDownList 控件作为显示控件,并在 Default.aspx 页的 Page_Load 事件中先定义一个 ArrayList 数据源,然后将数据绑定到显示控件上,最后调用 DataBind 方法执行数据绑定并显示数据。代码如下:

```
protected void Page_Load(object sender, EventArgs e)
{
    System.Collections.ArrayList arraylist = new ArrayList();//定义集合数组,作为数据源
    arraylist.Add("香蕉");//向数组集合中添加数据
    arraylist.Add("苹果");
    arraylist.Add("西瓜");
    arraylist.Add("葡萄");
    arraylist.Add("蜜柚");
    DropDownList1.DataSource = arraylist;//实现数据绑定
    DropDownList1.DataBind();//调用 DataBind 方法执行数据绑定
}
```

注意

使用 ArrayList 类，需要引入或者指明命名空间 System.Collections。

8.5　方法调用结果绑定

定义一个方法，其中可以定义表达式计算的几种方式，在数据绑定表达式中通过传递不同的参数得到调用方法的结果。

【例 8.4】　绑定方法调用的结果。（示例位置：光盘\mr\sl\08\04）

本示例主要介绍如何将方法的返回值绑定到显示控件属性上。执行程序，示例运行结果如图 8.4 所示。

图 8.4　绑定方法调用的结果

程序实现的主要步骤如下。

（1）新建一个网站，默认主页为 Default.aspx，在 Default.aspx 页中添加两个 TextBox 控件、一个 Button 控件、一个 Label 控件、两个 CompareValidator 验证控件和一个 DropDownList 控件，它们的属性设置如表 8.2 所示。

表 8.2　Default.aspx 页面中控件属性设置及用途

控件类型	控件名称	主要属性设置	用途
标准/TextBox 控件	txtNum1	Text 属性设置为 0	输入默认值
	txtNum2	Text 属性设置为 0	输入默认值
标准/DropDownList 控件	ddlOperator	Items	显示"+"、"-"、"*"、"/"
标准/Button 控件	btnOk	Text 属性设置为"确定"	将页面提交至服务器
验证/CompareValidator 控件	CompareValidator1	ControlToValidate 属性设置为 txtNum1	需要验证的控件 ID
		ErrorMessage 属性设置为"输入数字"	显示的错误信息
		Operator 属性设置为 DataTypeCheck	数据类型比较
		Type 属性设置为 Double	用于比较的数据类型为 Double
	CompareValidator2	ControlToValidate 属性设置为 txtNum2	需要验证的控件 ID
		ErrorMessage 属性设置为"输入数字"	显示的错误信息
		Operator 属性设置为 DataTypeCheck	数据类型比较
		Type 属性设置为 Double	用于比较的数据类型为 Integer
标准/Label 控件	Label1		显示运算结果

（2）在后台代码中编写求两个数的运算结果的方法，代码如下：

```
public string operation(string VarOperator)
{
    double num1=Convert.ToDouble (txtNum1.Text);
    double num2=Convert.ToDouble (txtNum2.Text);
    double result = 0;
    switch (VarOperator)
    {
        case "+":
            result = num1 + num2;
            break ;
        case "-":
            result = num1 - num2;
            break ;
        case "*":
            result = num1 * num2;
            break ;
        case "/":
            result = num1 / num2;
            break ;
    }
    return result.ToString ();
}
```

> **说明**
>
> C#中的 switch 语句为分支语句,具体可参见 2.6.1 节的介绍。

(3) 在源视图中,将方法的返回值绑定到 Label 控件的 Text 属性的代码如下:

```
<asp:Label ID="Label1" runat="server" Text='<%#operation(ddlOperator.SelectedValue) %>'/>
```

(4) 在 Default.aspx 页的 Page_Load 事件中调用 DataBind 方法执行数据绑定并显示数据,代码如下:

```
protected void Page_Load(object sender, EventArgs e)
{
    Page.DataBind();
}
```

> **技巧**
>
> 对于数据控件的绑定,是在数据绑定表达式中使用 Eval 和 Bind 方法进行数据绑定,语法如下:
>
> <%#Eval("数据字段名称")%>
>
> 或
>
> <%#Bind("数据字段名称")%>
>
> Eval 方法是调用 DataBinder 对象的 Eval 方法。Eval 或 Bind 方法常用在 GridView、DataList、

ListView 等数据绑定控件模板内的绑定数据表达式中。关于 Eval 和 Bind 方法的具体应用可参见第 10 章的介绍。

值得注意的是,Eval 方法是定义单向(只读)绑定,也就是具有读取功能;Bind 方法是定义双向(可更新)绑定,也就是具有读取与写入功能。

8.6 实践与练习

1. 创建一个 Web 应用程序,以显示网页的访问次数。(**示例位置:光盘\mr\sl\08\05**)
2. 创建一个 Web 应用程序,绑定图片的 Width 和 Height 属性,以控制图片的大小。(**示例位置:光盘\mr\sl\08\06**)

第 9 章

使用 ADO.NET 操作数据库

(视频讲解：1 小时 28 分钟)

　　本章将详细介绍如何使用 ADO.NET 操作数据库。通过本章的学习，读者可以熟练掌握以 OleDb、Odbc 或 SqlClient 模式建立与数据库的连接，并且能通过 SqlCommand、DataReader、DataAdapter、DataSet 对象对 SQL Server 数据库进行检索、读、写等操作。

9.1 ADO.NET 简介

ADO.NET 提供对 Microsoft SQL Server 数据源以及通过 OLE DB 和 XML 公开的数据源的一致的访问。应用程序开发者可以使用 ADO.NET 来连接这些数据源，并检索、处理和更新所包含的数据。

ADO.NET 通过数据处理将数据访问分解为多个可以单独使用或一前一后使用的不连续组件。ADO.NET 包含用于连接到数据库、执行命令和检索结果的.NET Framework 数据提供程序，用户可以直接处理检索到的结果，或将检索到的结果放入 ADO.NET DataSet 对象中，以便与来自多个源的数据或在层之间进行远程处理的数据组合在一起，以特殊方式向用户公开。ADO.NET DataSet 对象可以独立于.NET Framework 数据提供程序使用，用来管理应用程序本地的数据或来自 XML 的数据。.NET Framework 数据提供程序与 DataSet 之间的关系如图 9.1 所示。

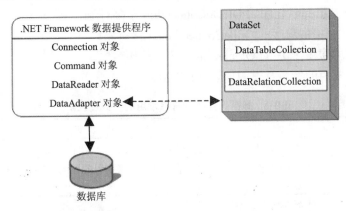

图 9.1 .NET Framework 数据提供程序与 DataSet 的关系

ADO.NET 主要包括 Connection、Command、DataReader、DataSet 和 DataAdapter 对象，具体介绍如下。

- ☑ Connection 对象主要提供与数据库的连接功能。
- ☑ Command 对象用于返回数据、修改数据、运行存储过程以及发送或检索参数信息的数据库命令。
- ☑ DataReader 对象通过 Command 对象提供从数据库检索信息的功能。DataReader 对象以一种只读的、向前的、快速的方式访问数据库。
- ☑ DataSet 是 ADO.NET 的中心概念，是支持 ADO.NET 断开式、分布式数据方案的核心对象。它是一个数据库容器，可以当做存于内存中的数据库。DataSet 是数据的内存驻留表示形式，无论数据源是什么，它都会提供一致的关系编程模型；它可以用于多种不同的数据源，如用于访问 XML 数据或用于管理本地应用程序的数据。
- ☑ DataAdapter 对象提供连接 DataSet 对象和数据源的桥梁，它使用 Command 对象在数据源中执行 SQL 命令，以便将数据加载到 DataSet 中，并确保 DataSet 中数据的更改与数据源保持一致。

> **注意**
>
> DataSet 是可以独立于 .NET Framework 数据提供程序进行使用的,如通过 DataSet 处理 XML 数据等。

9.2 使用 Connection 对象连接数据库

当连接到数据源时,首先选择一个 .NET 数据提供程序。数据提供程序包含一些类,这些类能够连接到数据源,高效地读取数据、修改数据、操纵数据以及更新数据源。Microsoft 公司提供了如下 4 种数据提供程序的连接对象。

- ☑ SQL Server .NET 数据提供程序的 SqlConnection 连接对象。
- ☑ OLE DB .NET 数据提供程序的 OleDbConnection 连接对象。
- ☑ ODBC .NET 数据提供程序的 OdbcConnection 连接对象。
- ☑ Oracle .NET 数据提供程序的 OracleConnection 连接对象。

数据库连接字符串常用的参数及说明如表 9.1 所示。

表 9.1 数据库连接字符串常用的参数及说明

参 数	说 明
Provider	用于设置或返回连接提供程序的名称,仅用于 OleDbConnection 对象
Connection Timeout	在终止尝试并产生异常前,等待连接到服务器的连接时间长度(以秒为单位)。默认值是 15 秒
Initial Catalog 或 Database	数据库的名称
Data Source 或 Server	连接打开时使用的 SQL Server 名称,或者是 Microsoft Access 数据库的文件名
Password 或 pwd	SQL Server 账户的登录密码
User ID 或 uid	SQL Server 登录账户
Integrated Security	此参数决定连接是否为安全连接,可能的值有 true、false 和 SSPI(SSPI 是 true 的同义词)

下面将对各种连接对象进行详细讲解。

9.2.1 使用 SqlConnection 对象连接 SQL Server 数据库

对数据库进行任何操作之前,先要建立数据库的连接。ADO.NET 专门提供了 SQL Server .NET 数据提供程序用于访问 SQL Server 数据库。SQL Server.NET 数据提供程序提供了专用于访问 SQL Server 7.0 及更高版本数据库的数据访问类集合,如 SqlConnection、SqlCommand、SqlDataReader 及 SqlDataAdapter 等数据访问类。

SqlConnection 类是用于建立与 SQL Server 服务器连接的类,其语法格式如下:

```
SqlConnection con = new SqlConnection("Server=服务器名;User Id=用户;Pwd=密码;DataBase=数据库名称");
```

> **注意**
> 在编写连接数据库的代码前,必须先引用命名空间 using System.Data.SqlClient。

例如,下面的代码通过 ADO.NET 连接本地 SQL Server 中的 pubs 数据库:

```
//创建连接数据库的字符串
string SqlStr = "Server=(local);User Id=sa;Pwd=;DataBase=pubs";
//创建 SqlConnection 对象
//设置 SqlConnection 对象连接数据库的字符串
SqlConnection con = new SqlConnection(SqlStr);
//打开数据库的连接
con.Open();
…
//数据库相关操作
…
//关闭数据库的连接
con.Close();
```

这里需要明确一点,打开数据库连接后,在不需要操作数据库时要关闭此连接。因为数据库联机资源是有限的,如果未及时关闭连接就会耗费内存资源。这就类似于需要照明时打开电灯,不需要时就要及时关闭电灯一样,以免造成资源浪费。

> **说明**
> 在连接 SQL Server 2005/2008 数据库时,server 参数需要指定服务器所在的机器名称(IP 地址)和数据库服务器的实例名称。例如:
>
> string SqlStr = "Server=MRPYJ\\sql2005;User Id=sa;Pwd=;DataBase=数据库名称 ";
>
> 其中,server 参数中 MRPYJ 为计算机名称,sql2005 为数据库服务器的实例名称。

9.2.2 使用 OleDbConnection 对象连接 OLE DB 数据源

OLE DB 数据源包含具有 OLE DB 驱动程序的任何数据源,如 SQL Server、Access、Excel 和 Oracle 等。OLE DB 数据源连接字符串必须提供 Provide 属性及其值。

(1)使用 OleDb 方式连接 Access 数据库的语法格式

```
OleDbConnection myConn=new OleDbConnection("provide=提供者; Data Source=Access 文件路径");
```

说明

使用 OleDb 方式连接 Access 数据库时，需要指定 Provide 和 Data Source 两个参数，Provide 指数据提供者，Data Source 指 Access 文件路径。

例如，在 ASP.NET 中以下代码表示 OleDb 连接 Access 数据库的方法和完整连接字符串，其中，Access 数据库文件路径可以是相对路径或绝对路径。

```
string StrLoad = Server.MapPath("db_access.mdb");    //获取指定数据库文件的路径
OleDbConnection myConn=new OleDbConnection("provide=Microsoft.Jet.OLEDB.4.0;Data Source="+StrLoad+";");
```

（2）使用 OleDb 方式连接 SQL Server 数据库的语法格式

```
OleDbConnection myConn = new OleDbConnection("Provider=OLE DB 提供程序的名称;Data Source=存储要连接数据库的 SQL 服务器; Initial Catalog=连接的数据库名;Uid =用户名;Pwd=密码");
```

例如，通过 OleDbConnection 对数据库进行连接，在打开连接后输出连接对象的状态，代码如下：

```
using System.Data.OleDb;    //在编码之前首先导入 OLE DB.NET 数据提供程序的命名空间
public partial class _Default : System.Web.UI.Page
{
    protected void Page_Load(object sender, EventArgs e)
    {
        OleDbConnection myConn = new OleDbConnection();
        myConn.ConnectionString = "provider=SQLOLEDB;Data Source= TIE\\SQLEXPRESS;Initial Catalog=db_09;User Id=sa;pwd=";
        myConn.Open();
        Response.Write(myConn.State);
        myConn.Close();
    }
}
```

9.2.3 使用 OdbcConnection 对象连接 ODBC 数据源

与 ODBC 数据源连接需要使用 ODBC.NET Framework 数据提供程序，其命名空间位于 System.Data.Odbc。

下面的代码演示了如何在 ASP.NET 应用程序中连接 ODBC 数据源。

```
string strCon = " Driver=数据库提供程序名;Server=数据库服务器名;Trusted_Connection=yes;Database=数据库名;";
OdbcConnection odbcconn = new OdbcConnection(strCon);
odbcconn.Open();
odbcconn.Close();
```

9.2.4 使用 OracleConnection 对象连接 Oracle 数据库

连接和操作 Oracle 数据库，ASP.NET 提供了专门的 Oracle.NET Framework 数据提供程序，它位于命名空间 System.Data.OracleClient，并包含在 System.Data.OracleClient.dll 程序集中。

下面的代码演示了如何在 ASP.NET 应用程序中连接 Oracle 数据库。

```
string strCon = " Data Source=Oracle8i;Integrated Security=yes";
OracleConnection oracleconn = new OracleConnection(strCon);
oracleconn.Open();
oracleconn.Close();
```

> **注意**
> 使用 Oracle.NET Framework 数据提供程序，要求必须先在系统上安装 Oracle 客户端软件（8.1.7 版或更高版本），才能连接到 Oracle 数据源。

> **技巧**
> （1）在 Web.config 文件中配置与数据库连接的字符串
> 对于应用程序而言，可能需要在多个页面的程序代码中使用数据连接字符串来连接数据库。当数据库连接字符串发生改变时（如应用程序被转移到其他计算机上运行），要修改所有的连接字符串。设计人员可以在<appSettings>配置节中定义应用程序的数据库连接字符串，所有的程序代码从该配置节读取字符串，当需要改变连接时，只需要在配置节中重新设置即可。下面的代码演示了如何将应用程序的数据库连接字符串存储在<appSettings>配置节中。
>
> ```
> <?xml version="1.0"?>
> <configuration>
>   <appSettings>
>     <add key="ConnectionString " value="server=TIE\SQLEXPRESS;database=db_NetStore;UId=sa;password=""/>
>   </appSettings>
> <connectionStrings/>
> </configuration>
> ```
>
> （2）获取 Web.config 文件中与数据库连接的字符串
> 可以通过一段代码获取与数据库连接的字符串，并返回 SqlConnection 类对象，代码如下：
>
> ```
> ///<summary>
> ///连接数据库
> ///</summary>
> ///<returns>返回 SqlConnection 对象</returns>
> ```

```
public SqlConnection GetConnection()
{
    //获取 Web.config 文件中的连接字符串
    string myStr = ConfigurationManager.AppSettings["ConnectionString"].ToString();
    SqlConnection myConn = new SqlConnection(myStr);
    return myConn;
}
```

9.3 使用 Command 对象操作数据

使用 Connection 对象与数据源建立连接后，可使用 Command 对象对数据源执行查询、添加、删除和修改等各种操作，操作实现的方式可以是使用 SQL 语句，也可以是使用存储过程。根据所用的 .NET Framework 数据提供程序的不同，Command 对象也可以分成 4 种，分别是 SqlCommand、OleDbCommand、OdbcCommand 和 OracleCommand。在实际的编程过程中应根据访问的数据源不同，选择相应的 Command 对象。

Command 对象的常用属性及说明如表 9.2 所示。

表 9.2 Command 对象的常用属性及说明

属　　性	说　　明
CommandType	获取或设置 Command 对象要执行命令的类型
CommandText	获取或设置要对数据源执行的 SQL 语句、存储过程名或表名
CommandTimeOut	获取或设置在终止对执行命令的尝试并生成错误之前的等待时间
Connection	获取或设置此 Command 对象使用的 Connection 对象的名称
Parameters	获取 Command 对象需要使用的参数集合

Command 对象的常用方法及说明如表 9.3 所示。

表 9.3 Command 对象的常用方法及说明

方　　法	说　　明
ExecuteNonQuery	执行 SQL 语句并返回受影响的行数
ExecuteReader	执行返回数据集的 Select 语句
ExecuteScalar	执行查询，并返回查询所返回的结果集中第 1 行的第 1 列

说明

通过 ADO.NET 的 Command 对象操作数据时，应根据返回值的情况适当地选择使用表 9.3 中介绍的方法。

Command 命令可根据指定 SQL 语句实现的功能来选择 SelectCommand、InsertCommand、UpdateCommand 和 DeleteCommand 等命令。下面将针对这几种命令进行讲解。

9.3.1 使用 Command 对象查询数据

查询数据库中的记录时，首先创建 SqlConnection 对象连接数据库，然后定义查询字符串，最后将查询的数据记录绑定到数据控件上（如 GridView 控件）。

【例 9.1】 使用 Command 对象查询数据库中记录。（示例位置：光盘\mr\sl\09\01）

本示例主要讲解在 ASP.NET 4.0 应用程序中如何使用 Command 对象查询数据库中的记录。执行程序，在"请输入姓名"文本框中输入"明日"，并单击"查询"按钮，将会在界面上显示查询结果，如图 9.2 所示。

图 9.2 使用 Command 对象查询数据库中记录

程序实现的主要步骤如下。

（1）新建一个网站，默认主页为 Default.aspx，在 Default.aspx 页面上分别添加一个 TextBox 控件、一个 Button 控件和一个 GridView 控件，并把 Button 控件的 Text 属性值设为"查询"。

（2）在 Web.config 文件中配置数据库连接字符串，在配置节<configuration>下的子配置节<appSettings>中添加连接字符串，代码如下：

```
<configuration>
 <appSettings >
   <add key="ConnectionString" value="server=TIE\SQLEXPRESS;database=db_09;UId=sa;password=""/>
 </appSettings>
    <connectionStrings/>
```

（3）在 Default.aspx 页中，使用 ConfigurationManager 类获取配置节的连接字符串，代码如下：

```
public SqlConnection GetConnection()
    {
        string myStr = ConfigurationManager.AppSettings["ConnectionString"].ToString();
        SqlConnection myConn = new SqlConnection(myStr);
        return myConn;
    }
```

> **注意**
>
> 在 Web.config 配置文件中定义连接数据库的字符串，在网页中通过下面的语句来访问该字符串。

```
string myStr = ConfigurationManager.AppSettings["连接数据库字符串名称"].ToString();
```

（4）在"查询"按钮的 Click 事件下，使用 Command 对象查询数据库中的记录，并将其显示出来，代码如下：

```
protected void btnSelect_Click(object sender, EventArgs e)
    {
        if (this.txtName.Text != "")
        {
            SqlConnection myConn = GetConnection();
            myConn.Open();
            string sqlStr = "select * from tb_Student where Name=@Name";
            SqlCommand myCmd = new SqlCommand(sqlStr, myConn);
            myCmd.Parameters.Add("@Name", SqlDbType.VarChar, 20).Value = this.txtName.Text.Trim();
            SqlDataAdapter myDa = new SqlDataAdapter(myCmd);
            DataSet myDs = new DataSet();
            myDa.Fill(myDs);
            if (myDs.Tables[0].Rows.Count > 0)
            {
                GridView1.DataSource = myDs;
                GridView1.DataBind();
            }
            else
            {
                Response.Write("<script>alert('没有相关记录')</script>");
            }
            myDa.Dispose();
            myDs.Dispose();
            myConn.Close();
        }
        else
            this.bind();
    }
```

使用 Command 对象查询数据库中的记录

说明

以上代码中设置了 Command 对象参数，通过传递的参数来查询指定的数据，然后通过 DataAdapter 对象填充 DataSet 对象，从而将 DataSet 绑定到 GridView 控件。

9.3.2 使用 Command 对象添加数据

向数据库中添加记录时，首先要创建 SqlConnection 对象连接数据库，然后定义添加记录的 SQL 字符串，最后调用 SqlCommand 对象的 ExecuteNonQuery 方法执行记录的添加操作。

【例 9.2】 使用 Command 对象添加数据。（示例位置：光盘\mr\sl\09\02）

本示例主要讲解在 ASP.NET 4.0 应用程序中如何向数据库添加记录。执行程序，示例运行结果如图 9.3 所示。在文本框中输入"光盘"类别名，然后单击"添加"按钮，将"光盘"类别名添加到数据库中，运行结果如图 9.4 所示。

图 9.3　示例运行结果　　　　　　　　图 9.4　添加记录后的结果

程序实现的主要步骤如下。

（1）新建一个网站，默认主页为 Default.aspx，在 Default.aspx 页面上分别添加一个 GridView 控件、一个 TextBox 控件和一个 Button 控件，并将 Button 控件的 Text 属性设为"添加"。

（2）在 Web.config 文件中配置连接字符串，并在 Default.aspx 页中读取配置节的连接字符串，其具体过程可参见例 9.1。

（3）在"添加"按钮的 Click 事件下，使用 Command 对象将文本框中的值添加到数据库中，并将其显示出来，代码如下：

```
protected void btnAdd_Click(object sender, EventArgs e)
{
    if (this.txtClass.Text != "")
    {
        SqlConnection myConn = GetConnection();
        myConn.Open();
        string sqlStr = "insert into tb_Class(ClassName) values('"
            + this.txtClass.Text.Trim() + "')";
        SqlCommand myCmd = new SqlCommand(sqlStr, myConn);
        myCmd.ExecuteNonQuery();
        myConn.Close();
        this.bind();
    }
    else
        this.bind();
}
```

使用 Command 对象添加数据

说明

以上代码中在 SQL 语句中直接引用了用户输入的值，读者可以仿照 9.3.1 节中的示例通过设置 Command 对象参数的方法将用户输入的值添加到数据库中。

9.3.3 使用 Command 对象修改数据

修改数据库中的记录时，首先创建 SqlConnection 对象连接数据库，然后定义修改数据的 SQL 字符串，最后调用 SqlCommand 对象的 ExecuteNonQuery 方法执行记录的修改操作。

【例 9.3】 使用 Command 对象修改数据。（示例位置：光盘\mr\sl\09\03）

本示例讲解在 ASP.NET 4.0 应用程序中如何修改数据表中的记录。示例运行结果如图 9.5 所示，单击类别号为 7 的"编辑"按钮，运行结果如图 9.6 所示。在图 9.6 所示的文本框中修改完商品类别名，单击"更新"按钮，运行结果如图 9.7 所示。

　　图 9.5　修改数据前　　　　　　图 9.6　修改数据中　　　　　　图 9.7　修改数据后

程序实现的主要步骤如下。

（1）新建一个网站，默认主页为 Default.aspx，在 Default.aspx 页面上添加一个 GridView 控件，并将 GridView 控件的 AutoGenerateEditButton（获取或设置一个值，该值指示每个数据行是否自动添加"编辑"按钮）属性值设置为 true，将"编辑"按钮添加到 GridView 控件中。

（2）在 Web.config 文件中配置连接字符串，并在 Default.aspx 页中读取配置节的连接字符串，其具体过程可参见例 9.1。

（3）编写一个自定义方法 bind()，读取数据库中的信息，并将其绑定到数据控件 GridView 中，代码如下：

```
protected void bind()
{
    SqlConnection myConn = GetConnection();
    myConn.Open();
    string sqlStr = "select * from tb_Class ";
    SqlDataAdapter myDa = new SqlDataAdapter(sqlStr, myConn);
    DataSet myDs = new DataSet();
    myDa.Fill(myDs);
    GridView1.DataSource = myDs;
    GridView1.DataKeyNames = new string[] { "ClassID" };    // 指定 GridView 控件绑定的主键字段
    GridView1.DataBind();
    myDa.Dispose();
    myDs.Dispose();
    myConn.Close();
}
```

（4）单击 GridView 控件上的"编辑"按钮时，将会触发 GridView 控件的 RowEditing 事件，在该事件下，编写如下代码指定需要编辑信息行的索引值：

```
protected void GridView1_RowEditing(object sender, GridViewEditEventArgs e)
    {
        GridView1.EditIndex = e.NewEditIndex;
        this.bind();
    }
```

单击 GridView 控件上的"更新"按钮时，将会触发 GridView 控件的 RowUpdating 事件，在该事件下，编写如下代码对指定信息进行更新：

```
protected void GridView1_RowUpdating(object sender, GridViewUpdateEventArgs e)
    {
        int ClassID = Convert.ToInt32(GridView1.DataKeys[e.RowIndex].Value.ToString());
        string CName = ((TextBox)(GridView1.Rows[e.RowIndex].Cells[2].Controls[0])).Text.ToString();
        string sqlStr = "update tb_Class set ClassName='" + CName + "' where ClassID=" + ClassID;
        SqlConnection myConn = GetConnection();
        myConn.Open();
        SqlCommand myCmd = new SqlCommand(sqlStr, myConn);
        myCmd.ExecuteNonQuery();
        myCmd.Dispose();
        myConn.Close();
        GridView1.EditIndex = -1;
        this.bind();
    }
```

（使用 Command 对象修改数据）

单击 GridView 控件上的"取消"按钮时，将会触发 GridView 控件的 RowCancelingEdit 事件，在该事件下取消对指定信息进行编辑，代码如下：

```
protected void GridView1_RowCancelingEdit(object sender, GridViewCancelEditEventArgs e)
    {
        GridView1.EditIndex = -1;
        this.bind();
    }
```

技巧

为 GridView 控件设置主键值，例如：

GridView1.DataKeyNames = new string[] { "ClassID" };

在 GridView 的相关事件中获取主键值，例如：

String DataKey = GridView1.DataKeys[e.RowIndex].Value.ToString();

9.3.4 使用 Command 对象删除数据

删除数据库中的记录时，首先创建 SqlConnection 对象连接数据库，然后定义删除字符串，最后调用 SqlCommand 对象的 ExecuteNonQuery 方法完成记录的删除操作。

【例 9.4】 使用 Command 对象删除数据。（示例位置：光盘\mr\sl\09\04）

本示例讲解在 ASP.NET 4.0 应用程序中如何删除数据库中的记录。示例运行结果如图 9.8 所示，单击类别号为 7 的"删除"按钮，运行结果如图 9.9 所示。

图 9.8 删除数据前

图 9.9 删除数据后

程序实现的主要步骤如下。

（1）新建一个网站，默认主页为 Default.aspx，在 Default.aspx 页面上添加一个 GridView 控件，并将 GridView 控件的 AutoGenerateDeleteButton（获取或设置一个值，该值指示每个数据行是否自动添加"删除"按钮）属性值设置为 true，将"删除"按钮添加到 GridView 控件中。

（2）在 Web.config 文件中配置连接字符串，并在 Default.aspx 页中读取配置节的连接字符串，其具体过程可参见例 9.1。

（3）编写一个自定义方法 bind()，读取数据库中的信息，并将其绑定到数据控件 GridView 中，代码如下：

```
protected void bind()
{
    SqlConnection myConn = GetConnection();
    myConn.Open();
    string sqlStr = "select * from tb_Class ";
    SqlDataAdapter myDa = new SqlDataAdapter(sqlStr, myConn);
    DataSet myDs = new DataSet();
    myDa.Fill(myDs);
    GridView1.DataSource = myDs;
    GridView1.DataKeyNames = new string[] { "ClassID" };    // 指定 GridView 控件绑定的主键字段
    GridView1.DataBind();
    myDa.Dispose();
    myDs.Dispose();
    myConn.Close();
}
```

（4）单击 GridView 控件上的"删除"按钮时，将会触发 GridView 控件的 RowDeleting 事件，在该事件下，编写如下代码删除指定信息：

```
protected void GridView1_RowDeleting(object sender, GridViewDeleteEventArgs e)
{
    int ClassID = Convert.ToInt32(GridView1.DataKeys[e.RowIndex].Value.ToString());
    string sqlStr = "delete from tb_Class where ClassID=" + ClassID;
    SqlConnection myConn = GetConnection();
    myConn.Open();
    SqlCommand myCmd = new SqlCommand(sqlStr, myConn);
    myCmd.ExecuteNonQuery();
    myCmd.Dispose();
    myConn.Close();
    GridView1.EditIndex = -1;
    this.bind();
}
protected void GridView1_RowDataBound(object sender, GridViewRowEventArgs e)
{
    if (e.Row.RowType == DataControlRowType.DataRow)
    {
        ((LinkButton)e.Row.Cells[0].Controls[0]).Attributes.Add("onclick","return confirm('确定要删除吗?')");
    }
}
```

（使用 Command 对象删除指定的信息）

注意

如果执行的操作不需要返回查询记录集，可以选择调用 Command 对象的 ExecuteNonQuery 方法执行该操作。

9.3.5 使用 Command 对象调用存储过程

存储过程可以使管理数据库和显示数据库信息等操作变得非常容易，它是 SQL 语句和可选控制流语句的预编译集合。存储在数据库内，在程序中可以通过 SqlCommand 对象来调用，其执行速度比 SQL 语句快。

【例 9.5】 使用 Command 对象调用数据库存储过程。（示例位置：光盘\mr\sl\09\05）

本示例讲解在 ASP.NET 4.0 应用程序中如何调用存储过程向数据库中添加记录。执行程序，示例运行结果如图 9.10 所示。在文本框中输入"计算机书籍"类别名，然后单击"添加"按钮，将"计算机书籍"类别名添加到数据库中，运行结果如图 9.11 所示。

图 9.10　添加记录前

图 9.11　添加记录后

程序实现的主要步骤如下。

（1）给出存储过程代码，用来向 db_09 数据库的 tb_Class 表中插入记录，代码如下：

```sql
USE db_09
GO
Create proc InsertClass
(@ClassName varchar(50))
as
insert into tb_Class(ClassName) values(@ClassName)
go
```

> **说明**
>
> ① 用户在 SQL Server 查询分析器中输入以上创建存储过程的 SQL 语句可以创建相应的存储过程，但是必须保证要创建的数据库中并不存在以上存储过程。
>
> ② 在创建存储过程时，可以使用 "if object_id('InsertClass') is not null drop proc InsertClass go" SQL 语句避免创建相同的存储过程。

（2）新建一个网站，默认主页为 Default.aspx，在 Default.aspx 页面上分别添加一个 GridView 控件、一个 TextBox 控件和一个 Button 控件，并把 Button 控件的 Text 属性值设为"添加"。

（3）在 Web.config 文件中配置连接字符串，并在 Default.aspx 页中读取配置节的连接字符串，其具体过程可参见例 9.1。

（4）在"添加"按钮的 Click 事件下，使用 Command 对象调用存储过程，将文本框中的值添加到数据库中，并将其显示出来，代码如下：

```csharp
protected void btnAdd_Click(object sender, EventArgs e)
{
    if (this.txtClassName.Text!= "")
    {
        SqlConnection myConn = GetConnection();
        myConn.Open();
        SqlCommand myCmd = new SqlCommand("InsertClass", myConn);
        myCmd.CommandType = CommandType.StoredProcedure;
        myCmd.Parameters.Add("@ClassName", SqlDbType.VarChar, 50).Value = this.txtClassName.Text.Trim();
        myCmd.ExecuteNonQuery();
        myConn.Close();
        this.bind();
    }
    else
        this.bind();
}
```

调用存储过程，并给其参数赋值

第 9 章 使用 ADO.NET 操作数据库

> **注意**
> 调用存储过程时，需要设置 Command 对象的 CommandType 属性值为 CommandType.StoredProcedure。

9.3.6 使用 Command 对象实现数据库的事务处理

事务是一组由相关任务组成的单元，该单元中的任务要么全部成功，要么全部失败。事务最终执行的结果只能是两种状态，即提交或终止。

在事务执行的过程中，如果某一步失败，则需要将事务范围内所涉及的数据更改恢复到事务执行前设置的特定点，这个操作称为回滚。例如，用户如果要给一个表中插入 10 条记录，在执行过程中，插入到第 5 条时发生错误，这时便执行事务回滚操作，将已经插入的 4 条记录从数据表中删除。

> **说明**
> 为了保证数据的一致性和准确性，在编写应用程序时应使用事务对数据进行维护和操作。

【例 9.6】 使用 Command 对象实现数据库事务处理。（示例位置：光盘\mr\sl\09\06）

本示例讲解在 ASP.NET 4.0 应用程序中如何进行事务处理。执行程序，示例运行结果如图 9.12 所示，当插入数据失败时，将会弹出如图 9.13 所示的事务回滚消息提示框。

图 9.12 示例运行结果

图 9.13 事务回滚消息提示框

程序实现的主要步骤如下。

（1）新建一个网站，默认主页为 Default.aspx，在 Default.aspx 页面上分别添加一个 GridView 控件、一个 TextBox 控件和一个 Button 控件，并把 Button 控件的 Text 属性值设为"添加"。

（2）在 Web.config 文件中配置连接字符串，并在 Default.aspx 页中读取配置节的连接字符串，其具体过程可参见例 9.1。

（3）在"添加"按钮的 Click 事件下编写如下代码，向数据库中添加记录，并使用 try…catch 语句捕捉异常，当出现异常时，执行事务回滚操作。

```csharp
protected void btnAdd_Click(object sender, EventArgs e)
{
    SqlConnection myConn = GetConnection();
    myConn.Open();
    string sqlStr = "insert into tb_Class(ClassName) values('"
        + this.txtClassName.Text.Trim() + "')";
    SqlTransaction sqlTrans = myConn.BeginTransaction();
    SqlCommand myCmd = new SqlCommand(sqlStr, myConn);
    myCmd.Transaction = sqlTrans;
    try
    {
        myCmd.ExecuteNonQuery();
        sqlTrans.Commit();
        myConn.Close();
        this.bind();
    }
    catch
    {
        Response.Write("<script>alert('插入失败,执行事务回滚')</script>");
        sqlTrans.Rollback();
    }
}
```

- 调用 SqlConnection 对象的 BeginTransaction 方法创建一个 Transaction 对象
- 提交事务
- 执行事务回滚操作

技巧

在某些情况下,设计人员可能只需要从数据库中读取一个数据值,例如,用户登录系统时,只需要从数据库中返回用户的密码,从而判断密码是否输入正确,或者使用 SQL 语句中的聚合函数 Count 或 Sum 等来返回一个统计结果。Command 对象提供了 ExecuteScalar 方法,用于返回查询结果数据表中的第 1 行第 1 列的数据值。下面的代码演示了如何使用 ExecuteScalar 方法返回单个数据值,用于计算 2003 班所有学生的人数:

```csharp
SqlConnection myConn = new
SqlConnection("server=TIE\\SQLEXPRESS;database=db_NetStore;UId=sa;password='"");
SqlCommand myCmd = new SqlCommand("select Sum(Cnumber) from tb_Class where ClassID='2003'", myConn);
myConn.Open();
int totalStudent = (int)myCmd.ExecuteScalar();
myCmd.Dispose();
myConn.Close();
```

9.4 结合使用 DataSet 对象和 DataAdapter 对象

9.4.1 DataSet 对象和 DataAdapter 对象概述

1. DataSet 对象

DataSet 是 ADO.NET 的中心概念，是支持 ADO.NET 断开式、分布式数据方案的核心对象。DataSet 对象是创建在内存中的集合对象，它可以包含任意数量的数据表，以及所有表的约束、索引和关系，相当于在内存中的一个小型关系数据库。一个 DataSet 对象包括一组 DataTable 对象，这些对象可以与 DataRelation 对象相关联，其中，每个 DataTable 对象是由 DataColumn 和 DataRow 对象组成的。

DataSet 对象的数据模型如图 9.14 所示。

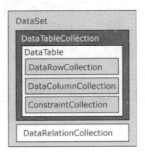

图 9.14　DataSet 数据模型

使用 DataSet 对象的方法有以下几种，这些方法可以单独应用，也可以结合应用。

- ☑ 以编程方式在 DataSet 中创建 DataTable、DataRelation 和 Constraint，并使用数据填充表。
- ☑ 通过 DataAdapter 用现有关系数据源中的数据表填充 DataSet。
- ☑ 使用 XML 加载和保持 DataSet 内容。

2. DataAdapter 对象

DataAdapter 对象是 DataSet 对象和数据源之间联系的桥梁，主要是从数据源中检索数据、填充 DataSet 对象中的表或者把用户对 DataSet 对象作出的更改写入到数据源。

> **说明**
> 在.NET Framework 中主要使用两种 DataAdapter 对象，即 OleDbDataAdapter 和 SqlDataAdapter。OleDbDataAdapter 对象适用于 OLE DB 数据源，SqlDataAdapter 对象适用于 SQL Server 7.0 或更高版本。

DataAdapter 对象的常用属性及说明如表 9.4 所示。

表 9.4 DataAdapter 对象的常用属性及说明

属 性	说 明
SelectCommand	获取或设置用于在数据源中选择记录的命令
InsertCommand	获取或设置用于将新记录插入到数据源中的命令
UpdateCommand	获取或设置用于更新数据源中记录的命令
DeleteCommand	获取或设置用于从数据集中删除记录的命令

DataAdapter 对象的常用方法及说明如表 9.5 所示。

表 9.5 DataAdapter 对象的常用方法及说明

方 法	说 明
Fill	从数据源中提取数据以填充数据集
Update	更新数据源

9.4.2 使用 DataAdapter 对象填充 DataSet 对象

创建 DataSet 之后，需要把数据导入到 DataSet 中，一般情况下使用 DataAdapter 取出数据，然后调用 DataAdapter 的 Fill 方法将取到的数据导入 DataSet 中。DataAdapter 的 Fill 方法需要两个参数：一个是被填充的 DataSet 的名字；另一个是给填充到 DataSet 中的数据的命名。在这里把填充的数据看成一张表，另一个参数就是这张表的名字。例如，从数据表 tb_Student 中检索学生数据信息，并调用 DataAdapter 的 Fill 方法填充 DataSet 数据集，其代码片段如下：

```
//创建一个 DataSet 数据集
DataSet myDs = new DataSet();
string sqlStr = "select * from tb_Student";
SqlConnection myConn=new SqlConnection(ConnectionString);
SqlDataAdapter myDa=new SqlDataAdapter(sqlStr,myConn);
//连接数据库
myConn.Open();
//使用 SqlDataAdapter 对象的 Fill 方法填充数据集
myDa.Fill(myDs ,"Student");
```

注意

DataAdapter 对象 Fill 方法中定义的表名称是可以自定义的。

9.4.3 对 DataSet 中的数据进行操作

在开发过程中经常会遇到这种情况，使用数据适配器 DataAdapter 从数据库中读取数据填充到 DataSet 数据集中，并对 DataSet 数据集中的数据做适当的修改，然后绑定到数据控件中，但数据库中的原有数据信息保持不变。

【例 9.7】 对 DataSet 中的数据进行操作。（示例位置：光盘\mr\sl\09\07）

本示例讲解如何使用数据适配器 DataAdapter 从数据库中读取"新闻内容"填充到 DataSet 数据集中，并对 DataSet 中的"新闻内容"进行截取，然后绑定到数据控件中，使其实现在界面中只显示 5 个字的"新闻内容"，其他"新闻内容"用"…"代替。示例运行结果如图 9.15 所示。

程序实现的主要步骤如下。

（1）新建一个网站，默认主页为 Default.aspx，在 Default.aspx 页面上添加一个 GridView 控件，用于显示"新闻内容"。

（2）在 Web.config 文件中配置连接字符串，并在 Default.aspx 页中读取配置节的连接字符串，其具体过程可参见例 9.1。

（3）在 Default.aspx 页中，自定义一个 SubStr 方法，用于截取字符串内容，代码如下：

图 9.15 只显示 5 个字的新闻内容

```
///<summary>
////用于截取指定长度的字符串内容
///</summary>
///<param name="sString">用于截取的字符串</param>
///<param name="nLeng">截取字符串的长度</param>
///<returns>返回截取后的字符串</returns>
public string SubStr(string sString, int nLeng)
{
    if (sString.Length <= nLeng)
    {
        return sString;
    }
    string sNewStr = sString.Substring(0, nLeng);
    sNewStr = sNewStr + "...";
    return sNewStr;
}
```

（4）当页面加载时，在 Default.aspx 页的 Page_Load 事件下编写一段代码，使用数据适配器 DataAdapter 从数据库中读取"新闻内容"填充到 DataSet 数据集中，并调用自定义方法 SubStr 对 DataSet 中的数据信息进行截取，然后绑定到数据控件 GridView 中，使其实现在界面中只显示 5 个字的"新闻内容"，其他"新闻内容"用"…"代替，代码如下：

```
protected void Page_Load(object sender, EventArgs e)
{
    if (!IsPostBack)
    {
        SqlConnection myConn = GetConnection();
        myConn.Open();
        string sqlStr = "select * from tb_News ";
        SqlDataAdapter myDa = new SqlDataAdapter(sqlStr, myConn);
        DataSet myDs = new DataSet();
        myDa.Fill(myDs);
        for (int i = 0; i <= myDs.Tables[0].Rows.Count - 1; i++)
```

（使用数据适配器 DataAdapter 从数据库中读取"新闻内容"填充到 DataSet 数据集中）

```
                {
                    myDs.Tables[0].Rows[i]["NewsContent"] =
SubStr(Convert.ToString(myDs.Tables[0].Rows[i]["NewsContent"]), 5);
                }
            GridView1.DataSource = myDs;
            GridView1.DataKeyNames = new string[] { "NewsID" };
            GridView1.DataBind();
            myDa.Dispose();
            myDs.Dispose();
            myConn.Close();
        }
    }
```

> 调用自定义方法 SubStr，对 DataSet 中的数据信息进行截取

说明

填充后的 DataSet 包含 Table 数据集合，读取 Table 集合时可以使用索引值，也可以使用表名称（填充 DataSet 时定义的表名称）。

9.4.4 使用 DataSet 中的数据更新数据库

在开发过程中经常会遇到这种情况，通过数据适配器 DataAdapter 从数据库中读取数据填充到 DataSet 数据集中，对数据集 DataSet 经过修改后，将数据更新回 SQL Server 数据库。

例如，修改例 9.7 中 Default.aspx 页的 Page_Load 事件代码，用于实现使用数据适配器 DataAdapter 从数据库中读取"新闻内容"填充到 DataSet 数据集中，并调用自定义方法 SubStr 对 DataSet 中的数据信息进行截取，然后绑定到数据控件 GridView 中，使其在界面中只显示 5 个字的"新闻内容"，其他"新闻内容"用"…"代替，同时，将对数据集 DataSet 所做的更改保存到 SQL Server 数据库中。代码如下：

```csharp
protected void Page_Load(object sender, EventArgs e)
    {
            //连接字符串及 SQL 语句
            SqlConnection myConn = GetConnection();
            myConn.Open();
            string sqlStr = "select * from tb_News ";
            SqlDataAdapter myDa = new SqlDataAdapter(sqlStr, myConn);
            //创建 DataSet 对象
            DataSet myDs = new DataSet();
            //创建 SqlCommandBuilder 对象，并和 SqlDataAdapter 关联
            SqlCommandBuilder builder = new SqlCommandBuilder(myDa);
            myDa.Fill(myDs, "News");
            for (int i = 0; i <= myDs.Tables["News"].Rows.Count - 1; i++)
            {
                myDs.Tables["News"].Rows[i]["NewsContent"] =
SubStr(Convert.ToString(myDs.Tables["News"].Rows[i]["NewsContent"]), 5);
```

> 使用 SqlCommandBuilder 类将 DataSet 的更新与 SQL Server 数据库相协调。DataSet 被更改后，SqlCommandBuilder 会自动生成更新用的 SQL 语句

```
        }
        //从 DataSet 更新 SQL Server 数据库
        myDa.Update(myDs, "News");
        GridView1.DataSource = myDs;
        GridView1.DataKeyNames = new string[] { "NewsID" };
        GridView1.DataBind();
        myDa.Dispose();
        myDs.Dispose();
        myConn.Close();
    }
```

通过 DataAdapter 对象的 Update 方法实现更新

注意

DataSet 中的数据必须至少存在一个主键列或唯一的列。如果不存在主键列或唯一列，调用 Update 方法时将会产生 InvalidOperation 异常，不会生成自动更新数据库的 INSERT、UPDATE 或 DELETE 命令。

技巧

在实际开发过程中，有时需要将 XML 文件中的数据绑定到数据控件中，其实现过程是使用 DataSet 对象的 ReadXml 读取 XML 文件的数据，然后将其绑定到 DataList 数据控件中，其主要代码如下：

```
DataSet ds = new DataSet();
ds.ReadXml(Server.MapPath("~/goodsClass.xml"));
this.DataList1.DataSource = ds;
this.DataList1.DataBind();
```

9.5 使用 DataReader 对象读取数据

DataReader 对象是一个简单的数据集，用于从数据源中检索只读数据集，常用于检索大量数据。根据.NET Framework 数据提供程序的不同，DataReader 也可以分成 SqlDataReader、OleDbDataReader 等几类。

DataReader 每次读取数据时只在内存中保留一行记录，所以开销非常小。如果将数据源比喻为水池，DataReader 对象可以形象地比喻成一根水管，水管单向地直接把水送到用户处。

可以通过 Command 对象的 ExecuteReader 方法从数据源中检索数据来创建 DataReader 对象。

DataReader 对象的常用属性及说明如表 9.6 所示。

表 9.6　DataReader 对象的常用属性及说明

属　性	说　明
FieldCount	获取当前行的列数
RecordsAffected	获取执行 SQL 语句所更改、添加或删除的行数

DataReader 对象的常用方法及说明如表 9.7 所示。

表 9.7　DataReader 对象的常用方法及说明

方　法	说　明
Read	使 DataReader 对象前进到下一条记录
Close	关闭 DataReader 对象
Get	用来读取数据集的当前行的某一列的数据

注意

使用 DataReader 是以只进、只读方式返回数据，这样可以提高应用程序的性能；使用 DataSet 可以将数据缓存到本地，进行数据动态交互，处理大量数据。在操作数据时应根据实际情况选择使用 DataReader 或 DataSet。

9.5.1　使用 DataReader 对象读取数据

DataReader 读取器以基于连接的、快速的、未缓冲的及只向前移动的方式来读取数据，一次读取一条记录，然后遍历整个结果集。

说明

调用 Command 对象的 ExecuteReader 方法将返回 DataReader 对象。例如：

SqlDataReader sdr = cmd.ExecuteReader();

其中，cmd 为 Command 对象的实例名称。

【例 9.8】　使用 DataReader 对象读取数据。（示例位置：光盘\mr\sl\09\08）

本示例主要使用 SqlDataReader 对象读取数据库中的信息，并将读取的数据信息通过 Label 控件显示出来，示例运行结果如图 9.16 所示。

程序实现的主要步骤如下。

（1）新建一个网站，默认主页为 Default.aspx，在 Default.aspx 页面上添加一个 Label 控件，用于显示读取的数据信息。

（2）在 Web.config 文件中配置连接字符串，并在

图 9.16　使用 DataReader 对象读取数据信息

Default.aspx 页中读取配置节的连接字符串,其具体过程可参见例 9.1。

（3）当页面加载时,在 Default.aspx 页的 Page_Load 事件下编写如下代码,使用 SqlDataReader 对象读取数据库中的信息,并将读取的数据信息通过 Label 控件显示出来。

```csharp
protected void Page_Load(object sender, EventArgs e)
{
    if (!IsPostBack)
    {
        SqlConnection myConn = GetConnection();
        string sqlStr = "select * from tb_News ";
        SqlCommand myCmd = new SqlCommand(sqlStr, myConn);
        myCmd.CommandType = CommandType.Text;
        try
        {
            //打开数据库连接
            myConn.Open();
            //执行 SQL 语句,并返回 DataReader 对象
            SqlDataReader myDr = myCmd.ExecuteReader();
            //以粗体显示标题
            this.labMessage.Text = "序号  新闻内容<br>";
            //循环读取结果集
            while (myDr.Read())
            {
                //读取数据库中的信息并显示在界面中
                this.labMessage.Text += myDr["NewsID"] + "     " + myDr["NewsContent"] + "<br>";
            }
            //关闭 DataReader
            myDr.Close();
        }
        catch(SqlException ex)
        {
            //异常处理
            Response.Write(ex.ToString());
        }
        finally
        {
            //关闭数据库的连接
            myConn.Close();
        }
    }
}
```

说明

调用 Reader 方法后,当前行的信息就返回到 DataReader 对象中,这时要从具体的列中访问数据。有以下 3 种访问方法。

① 使用列名索引器。语法如下:

myDr["NewsID"]; //访问 NewsID 列

② 使用序数索引器。上面程序中查询了两个列 NewsID 和 NewsContent，按照列索引顺序，myDr[0]访问 NewsID 列，myDr[1]访问 NewsContent 列。

③ 使用类型访问器。类型访问器方法都以 Get 开始，后面跟各种数据类型，参数为列的序数索引号。如访问字符串类型的 NewsContent 列，语法如下：

myDr.GetString(1)

这 3 种访问列的方法中，以类型访问器速度最快，序数访问器其次，列名访问法最慢，但列名访问法在编程中灵活性较高，直观的列名很容易记住，便于维护。

注意

① DataReader 在使用时，将以独占方式使用 Connection。也就是说，在用 DataReader 读取数据时，与 DataReader 对象关联的 Connection 对象不能再为其他对象所使用。因此，在使用完 DataReader 后，应显式调用 Close 方法断开和 Connection 的关联。

② 若程序中漏写了 DataReader 的 Close 方法，.NET 垃圾收集程序在清理过程中会自动完成断开关联的操作。但显式地关闭关联，将会确保程序结束之前它们全部得到处理和执行，并尽可能早地释放资源，而垃圾收集程序不能保证这项工作的完成。

9.5.2 DataReader 对象与 DataSet 对象的区别

ADO.NET 提供 DataSet 和 DataReader 对象用于检索关系数据，并把它们存储在内存中。DataSet 提供内存中关系数据的表现——表和次序、约束等表间的关系的完整数据集合；DataReader 提供快速、只向前、只读的来自数据库的数据流。下面从两个方面介绍 DataReader 对象与 DataSet 对象的区别。

1. 在实现应用程序功能方面的区别

使用 DataSet 时，一般使用 DataAdapter 与数据源交互，用 DataView 对 DataSet 中的数据进行排序和过滤。使用 DataSet 是为了实现应用程序的以下功能：

- ☑ 结果中的多个分离的表。
- ☑ 来自多个源（如来自多数据库、XML 文件）的数据。
- ☑ 层之间交换数据或使用 XML Web 服务。与 DataReader 不同，DataSet 能被传递到远程客户端。
- ☑ 缓冲重复使用相同的行集合以提高性能（如排序、搜索或过滤数据）。
- ☑ 对数据执行大量的处理，而不需要与数据源保持打开的连接，从而将该连接释放给其他客户端使用。
- ☑ 提供关系数据的分层 XML 视图并使用 XSL 转换或 XML 路径与（XPath）查询等工具来处理数据。

在应用程序需要以下功能时使用 DataReader。
- ☑ 需要缓冲数据。
- ☑ 正在处理的结果集太大而不能全部放入内存中。
- ☑ 需要迅速、一次性地访问数据，且采用只向前的只读方式。

2．DataSet 与 DataReader 对象在为用户查询数据时的区别

DataSet 在为用户查询数据时的过程如下：
（1）创建 DataAdapter 对象。
（2）定义 DataSet 对象。
（3）执行 DataAdapter 对象的 Fill 方法。
（4）将 DataSet 中的表绑定到数据控件中。

DataReader 在为用户查询数据时的过程如下：
（1）创建连接。
（2）打开连接。
（3）创建 Command 对象。
（4）执行 Command 的 ExecuteReader 方法。
（5）将 DataReader 绑定到数据控件中。
（6）关闭 DataReader。
（7）关闭连接。

> **技巧**
>
> （1）以类型化访问方法取回数据
>
> 如果取回数据记录各字段的数据类型为已知，可以使用类型化访问器方法。DataReader 类提供了一系列的类型化访问方法（如 GetDouble、GetInt32 等），这些访问方法将减少在检索列值时所需的类型转换量。类型化访问方法的使用如下：
>
> ```
> SqlDataReader myDr = myCmd.ExecuteReader();
> //循环读取结果集
> while (myDr.Read())
>     {
>     //以类型化访问方法取回数据，使用索引值
>     Response.Write("序号"+myDr.GetInt32(0)+",新闻内容" +myDr.GetString(1)+"<br>");
>     }
> //关闭 DataReader
> myDr.Close();
> ```
>
> （2）采用索引取值
>
> 如果指定字段的数据类型为未知时，也可以使用 GetValue 方法来取得指定字段内的记录。该方法和 Item 属性非常相似，只是它的参数只接收索引值，不能是字段名称。下面演示用 GetValue

方法来取得"新闻内容"字段的值，并添加到 DropDownList 服务器控件。

```
SqlDataReader myDr = myCmd.ExecuteReader();
    //循环读取结果集
    while (myDr.Read())
        {
            //为 DropDownList 控件绑定添加新项，Text 显示设为数据记录中的新闻内容
this.DropDownList1.Items.Add(new ListItem(myDr.GetString(1).ToString()));//采用的是索引取值
        }
//关闭 DataReader
myDr.Close();
```

（3）数据读取器 DataReader 对象的 GetValues

使用 GetValues 方法可以取得当前行的所有字段内的记录值，该方法接收一个数组，并且将所有字段的值填入数组中，使用方法如下：

```
//执行 SQL 语句，并返回 DataReader 对象
    SqlDataReader myDr = myCmd.ExecuteReader();
    while (myDr.Read())
    {
        Object[] myObj = new object[myDr.FieldCount];//创建一个数组
        myDr.GetValues(myObj);//将所有字段的值填入数组中
        for (int i = 0; i < myDr.FieldCount; i++)
        Response.Write(myObj[i] + "<br>");
    }
```

（4）获取指定字段的名称和数据类型

使用 GetName 方法可以传回指定字段的字段名称，而使用 GetDataTypeName 方法可以获取指定字段的数据类型，使用方法如下：

```
//执行 SQL 语句，并返回 DataReader 对象
SqlDataReader myDr = myCmd.ExecuteReader();
for (int i = 0; i < myDr.FieldCount; i++)
Response.Write("第"+i+"字段的字段名称为："+myDr.GetName(i) +",数据类型为："+
myDr.GetDataTypeName(i) + "<br>");
```

9.6 实践与练习

开发一个简单的管理员管理模块，当管理员通过身份验证进入管理模块后，能够对用户进行添加和删除操作，同时实现全选和全删除操作。（示例位置：光盘\mr\sl\09\09）

第10章

数据控件

（ 视频讲解：1小时24分钟）

　　ASP.NET 中提供了多种数据控件，用于在 Web 页中显示数据，这些控件具有丰富的功能，如分页、排序、编辑等。开发人员只需要简单配置一些属性，就能够在几乎不编写代码的情况下，快速、正确地完成任务。下面以 GridView、DataList、ListView 以及 DataPager 控件为例进行讲解。

10.1　GridView 控件

10.1.1　GridView 控件概述

GridView 控件以表格的形式显示数据源中的数据。每列表示一个字段，而每行表示一条记录。GridView 控件是 ASP.NET 1.x 中 DataGrid 控件的改进版本，其最大的特点是自动化程度比 DataGrid 控件高。使用 GridView 控件时，可以在不编写代码的情况下实现分页、排序等功能。GridView 控件支持以下功能：

- ☑ 绑定至数据源控件，如 SqlDataSource。
- ☑ 内置排序功能。
- ☑ 内置更新和删除功能。
- ☑ 内置分页功能。
- ☑ 内置行选择功能。
- ☑ 以编程方式访问 GridView 对象模型以动态设置属性、处理事件等。
- ☑ 多个键字段。
- ☑ 用于超链接列的多个数据字段。
- ☑ 可通过主题和样式自定义外观。

说明
通过使用 GridView 控件，可以显示和编辑多种不同的数据源（如数据库、XM 文件和公开数据的业务对象）中的数据。

10.1.2　GridView 控件的常用属性、方法和事件

若想使用 GridView 控件完成更高级的效果，那么在程序中就一定要应用 GridView 控件的事件与方法，通过它们的辅助更好地进行事件与属性的设置。

（1）GridView 控件的常用属性

GridView 控件的常用属性及说明如表 10.1 所示。

表 10.1　GridView 控件的常用属性及说明

属　性	说　明
AllowPaging	获取或设置一个值，该值指示是否启用分页功能
AllowSorting	获取或设置一个值，该值指示是否启用排序功能
AutoGenerateColumns	获取或设置一个值，该值指示是否为数据源中的每个字段自动创建绑定字段

续表

属　性	说　　明
CssClass	获取或设置由 Web 服务器控件在客户端呈现的级联样式表（CSS）类
DataKeyNames	获取或设置一个数组，该数组包含了显示在 GridView 控件中的项的主键字段的名称
DataKeys	获取一个 DataKey 对象集合，这些对象表示 GridView 控件中的每一行的数据键值
DataMember	当数据源包含多个不同的数据项列表时，获取或设置数据绑定控件绑定到的数据列表的名称
DataSource	获取或设置对象，数据绑定控件从该对象中检索其数据项列表
DataSourceID	获取或设置控件的 ID，数据绑定控件从该控件中检索其数据项列表
Enabled	获取或设置一个值，该值指示是否启用 Web 服务器控件
HorizontalAlign	获取或设置 GridView 控件在页面上的水平对齐方式
ID	获取或设置分配给服务器控件的编程标识符
Page	获取对包含服务器控件的 Page 实例的引用
PageCount	获取在 GridView 控件中显示数据源记录所需的页数
PageIndex	获取或设置当前显示页的索引
PageSize	获取或设置 GridView 控件在每页上所显示的记录的数目
SortDirection	获取正在排序的列的排序方向
SortExpression	获取与正在排序的列关联的排序表达式

下面对比较重要的属性进行详细介绍。

☑ AllowPaging 属性

AllowPaging 属性用于获取或设置一个值，该值指示是否启用分页功能。如果启用分页功能，则为 true；否则为 false，默认为 false。例如，GridView 控件的 ID 属性为 gvExample，该控件允许分页，代码如下：

```
gvExample.AllowPaging=True;
```

☑ DataSource 属性

DataSource 属性用于获取或设置对象，数据绑定控件从该对象中检索其数据项列表，默认为空引用。例如，ID 属性为 gvExample 的 GridView 控件所显示的数据源为 ds 的 DataSet 对象，代码如下：

```
gvExample. DataSource=ds;
```

（2）GridView 控件的常用方法

GridView 控件的常用方法及说明如表 10.2 所示。

表 10.2　GridView 控件的常用方法及说明

方　法	说　　明
ApplyStyleSheetSkin	将页样式表中定义的样式属性应用到控件
DataBind	将数据源绑定到 GridView 控件
DeleteRow	从数据源中删除位于指定索引位置的记录
FindControl	在当前的命名容器中搜索指定的服务器控件
Focus	为控件设置输入焦点
GetType	获取当前实例的 Type

续表

方　　法	说　　明
HasControls	确定服务器控件是否包含任何子控件
IsBindableType	确定指定的数据类型是否能绑定到 GridView 控件中的列
Sort	根据指定的排序表达式和方向对 GridView 控件进行排序
UpdateRow	使用行的字段值更新位于指定行索引位置的记录

下面对比较重要的方法进行详细介绍。

☑ DataBind 方法

DataBind 方法用于将数据源绑定到 GridView 控件。当 GridView 控件设置了数据源，使用该方法进行绑定，才能将数据源中的数据显示在控件中。

☑ Sort 方法

Sort 方法用于根据指定的排序表达式和方向对 GridView 控件进行排序。该方法包含的几个参数如下。

➢ SortExpression：对 GridView 控件进行排序时使用的排序表达式。

➢ SortDirection：Ascending（从小到大排序）或 Descending（从大到小排序）之一。

> **注意**
>
> Sort 方法的具体应用可参见 10.1.8 节。

（3）GridView 控件的常用事件

GridView 控件的常用事件及说明如表 10.3 所示。

表 10.3　GridView 控件常用事件及说明

事　　件	说　　明
DataBinding	当服务器控件绑定到数据源时发生
DataBound	在服务器控件绑定到数据源后发生
PageIndexChanged	在 GridView 控件处理分页操作之后发生
PageIndexChanging	在 GridView 控件处理分页操作之前发生
RowCancelingEdit	单击编辑模式中某一行的"取消"按钮以后，在该行退出编辑模式之前发生
RowCommand	当单击 GridView 控件中的按钮时发生
RowCreated	在 GridView 控件中创建行时发生
RowDataBound	在 GridView 控件中将数据行绑定到数据时发生
RowDeleted	单击某一行的"删除"按钮，在 GridView 控件删除该行之后发生
RowDeleting	单击某一行的"删除"按钮，在 GridView 控件删除该行之前发生
RowEditing	单击某一行的"编辑"按钮，在 GridView 控件进入编辑模式之前发生
RowUpdated	单击某一行的"更新"按钮，在 GridView 控件对该行进行更新之后发生
RowUpdating	单击某一行的"更新"按钮，在 GridView 控件对该行进行更新之前发生
SelectedIndexChanged	单击某一行的"选择"按钮，在 GridView 控件对相应的选择操作进行处理之后发生
SelectedIndexChanging	单击某一行的"选择"按钮，在 GridView 控件对相应的选择操作进行处理之前发生
Sorted	单击用于列排序的超链接时，在 GridView 控件对相应的排序操作进行处理之后发生
Sorting	单击用于列排序的超链接时，在 GridView 控件对相应的排序操作进行处理之前发生

下面对比较重要的事件进行详细介绍。

☑ PageIndexChanging 事件

单击某一页导航按钮时，在 GridView 控件处理分页操作之前发生。关于 PageIndexChanging 事件的使用可参见 10.1.7 节。

☑ RowCommand 事件

当单击 GridView 控件中的按钮时发生。在使用 GridView 控件中的 RowCommand 事件时，需要设置 GridView 控件中的按钮（如 Button 按钮）的 CommandName 属性值。CommandName 属性值及其说明如表 10.4 所示。

表 10.4 CommandName 属性值及其说明

事 件	说 明
Cancel	取消编辑操作，并将 GridView 控件返回为只读模式
Delete	删除当前记录
Edit	将当前记录置于编辑模式
Page	执行分页操作，将按钮的 CommandArgument 属性设置为 First、Last、Next、Prev 或页码，以指定要执行的分页操作类型
Select	选择当前记录
Sort	对 GridView 控件进行排序
Update	更新数据源中的当前记录

10.1.3 使用 GridView 控件绑定数据源

【例 10.1】 使用 GridView 控件绑定数据源。（示例位置：光盘\mr\sl\10\01）

本示例先利用 SqlDataSource 控件配置数据源，并连接数据库，然后使用 GridView 控件绑定该数据源。执行程序，示例运行结果如图 10.1 所示。

程序实现的主要步骤如下。

（1）新建一个网站，默认主页为 Default.aspx，添加一个 GridView 控件和一个 SqlDataSource 控件。

（2）配置 SqlDataSource 控件。首先，单击 SqlDataSource 控件的任务框，选择"配置数据源"选项，如图 10.2 所示。打开"配置数据源"对话框，如图 10.3 所示。

图 10.1 使用 GridView 控件绑定数据源　　　图 10.2 SqlDataSource 控件的任务框

图 10.3 "配置数据源"对话框

然后选择数据连接。单击"新建连接"按钮,打开"添加连接"对话框,在其中填写服务器名,这里为 LFL\MR;选择 SQL Server 身份验证,用户名为 sa,密码为空;输入要连接的数据库名称,本示例使用的数据库为 db_Student,如图 10.4 所示。如果配置信息填写正确,单击"测试连接"按钮,将弹出测试连接成功提示框,如图 10.5 所示。单击"添加连接"对话框中的"确定"按钮,返回到"配置数据源"对话框中。

图 10.4 添加连接

图 10.5 测试连接成功提示框

单击"下一步"按钮,保存连接字符串到应用程序配置文件中,如图 10.6 所示。

单击"下一步"按钮,配置 Select 语句,选择要查询的表以及所要查询的列,如图 10.7 所示。

图 10.6 保存连接字符串

图 10.7 配置 Select 语句

说明

在图 10.7 所示的对话框中，可以根据需要定义包含 WHERE、ORDER BY 等子句的 SQL 语句。

最后，单击"下一步"按钮，测试查询结果。向导将执行窗口下方的 SQL 语句，将查询结果显示在窗口中间。单击"完成"按钮，完成数据源配置及连接数据库。

（3）将获取的数据源绑定到 GridView 控件上。GridView 的属性设置及用途如表 10.5 所示。

表 10.5　GridView 控件的属性设置及用途

属性名称	属性设置	用途
AutoGenerateColumns	False	不为数据源中的每个字段自动创建绑定字段
DataSourceID	SqlDataSource1	GridView 控件从 SqlDataSource1 控件中检索其数据项列表
DataKeyNames	stuID	显示在 GridView 控件中的项的主键字段的名称

单击 GridView 控件右上方的 ▶ 按钮，在弹出的快捷菜单中选择"编辑列"命令，如图 10.8 所示。

弹出如图 10.9 所示的"字段"对话框，将每个 BoundField 控件绑定字段的 HeaderText 属性设置为该列头标题名。

图 10.8　选择"编辑列"命令

图 10.9　"字段"对话框

10.1.4　设置 GridView 控件的外观

默认状态下，GridView 控件的外观就是简单的表格。为了美化网页，丰富页面的显示效果，开发人员可以通过多种方式来设置 GridView 控件的外观。

注意

根据网站设计的需要，可以在主题的 .skin 文件中设置 GridView 控件的外观。

1．GridView 控件的常用外观属性

GridView 控件的常用外观属性及说明如表 10.6 所示。

表 10.6　GridView 控件的常用外观属性及说明

属　　性	说　　明
BackColor	用来设置 GridView 控件的背景色
BackImageUrl	用来设置要在 GridView 控件的背景中显示的图像的 URL
BorderColor	用来设置 GridView 控件的边框颜色
BorderStyle	用来设置 GridView 控件的边框样式
BorderWidth	用来设置 GridView 控件的边框宽度
Caption	用来设置 GridView 控件的标题文字
CaptionAlign	用来设置 GridView 控件标题文字的布局位置
CellPadding	用来设置单元格的内容和单元格的边框之间的空间量
CellSpacing	用来设置单元格间的空间量
CssClass	用来设置由 GridView 控件在客户端呈现的级联样式表（CSS）类
Font	用来设置 GridView 控件关联的字体属性
ForeColor	用来设置 GridView 控件的前景色
GridLines	用来设置 GridView 控件的网格线样式
Height	用来设置 GridView 控件的高度
HorizontalAlign	用来设置 GridView 控件在页面上的水平对齐方式
ShowFooter	用来设置是否显示页脚
ShowHeader	用来设置是否显示页眉
Width	用来设置 GridView 控件的宽度

【例 10.2】 使用外观属性设置 GridView 控件的外观。**（示例位置：光盘\mr\sl\10\02）**

本示例利用 GridView 控件的外观属性设计其显示外观。执行程序，示例运行结果如图 10.10 所示。

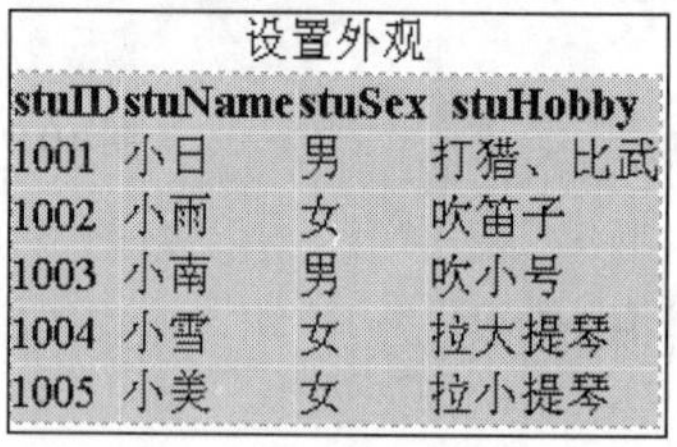

设置外观

stuID	stuName	stuSex	stuHobby
1001	小日	男	打猎、比武
1002	小雨	女	吹笛子
1003	小南	男	吹小号
1004	小雪	女	拉大提琴
1005	小美	女	拉小提琴

图 10.10　使用常见外观属性设置 GridView 控件的外观

程序实现的主要步骤如下。

（1）新建一个网站，默认主页为 Default.aspx，添加一个 SqlDataSource 控件和一个 GridView 控件。SqlDataSource 控件的具体设计步骤参见例 10.1。

（2）设计 GridView 控件的外观，GridView 的属性设置及用途如表 10.7 所示。

表 10.7　GridView 控件的属性设置及用途

属 性 名 称	属 性 设 置	用　途
BackColor	#FFC080	设置背景色
BorderColor	#FF8000	设置边框颜色
BorderStyle	Dotted	设置边框样式
Caption	设置外观	设置标题
HorizontalAlign	Center	设计对齐格式
DataSourceID	SqlDataSource1	数据源的 ID

2. GridView 控件的常用样式属性

GridView 控件的常用样式属性及说明如表 10.8 所示。

表 10.8　GridView 控件的常用样式属性及说明

属　性	说　明
AlternatingRowStyle	获取对 TableItemStyle 对象的引用，使用该对象可以设置 GridView 控件中的交替数据行的外观
EditRowStyle	获取对 TableItemStyle 对象的引用，使用该对象可以设置 GridView 控件中为进行编辑而选中的行的外观
EmplyDataRowStyle	获取或设置在 GridView 控件绑定到不包含任何记录的数据源时所呈现的空数据行的用户定义内容
FooterStyle	获取对 TableItemStyle 对象的引用，使用该对象可以设置 GridView 控件中的脚注行的外观
HeaderStyle	获取对 TableItemStyle 对象的引用，使用该对象可以设置 GridView 控件中的标题行的外观
PagerStyle	获取对 TableItemStyle 对象的引用，使用该对象可以设置 GridView 控件中的页导航行的外观
RowStyle	获取对 TableItemStyle 对象的引用，使用该对象可以设置 GridView 控件中的数据行的外观
SelectedRowStyle	获取对 TableItemStyle 对象的引用，使用该对象可以设置 GridView 控件中的选中行的外观

【例 10.3】 使用样式属性设置 GridView 控件的外观。（**示例位置：光盘\mr\sl\10\03**）

本例利用 GridView 控件的样式属性设置其显示外观。执行程序，示例运行结果如图 10.11 所示。

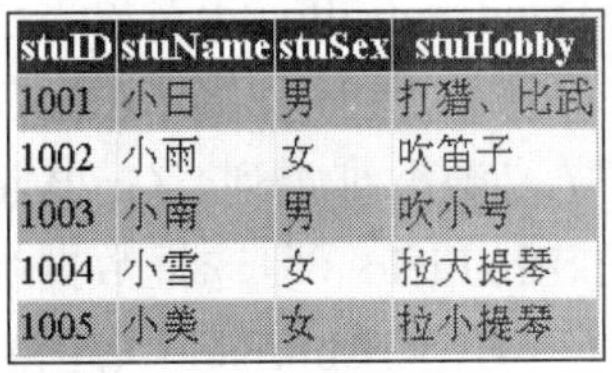

stuID	stuName	stuSex	stuHobby
1001	小日	男	打猎、比武
1002	小雨	女	吹笛子
1003	小南	男	吹小号
1004	小雪	女	拉大提琴
1005	小美	女	拉小提琴

图 10.11　使用样式属性设置 GridView 控件的外观

程序实现的主要步骤如下。

（1）新建一个网站，默认主页为 Default.aspx，添加一个 SqlDataSource 控件和一个 GridView 控件。SqlDataSource 控件的具体设计步骤可参见例 10.1。

（2）设计 GridView 控件的外观，GridView 的属性设置及用途如表 10.9 所示。

表 10.9　GridView 控件的属性设置及用途

属性名称	属性设置	用途
AutoGenerateColumns	False	不为数据源中的每个字段自动创建绑定字段
DataSourceID	SqlDataSource1	数据源的 ID
RowStyle	BackColor="#00C0C0"	设置数据行的背景色
HeaderStyle	BackColor="#0000C0"	设置标题行的背景色
	ForeColor="White"	设置标题行的前景色
AlternatingRowStyle	BackColor="#C0FFFF"	设置交替数据行的背景色

3. 自动套用格式

除了可以通过控件属性设计 GridView 控件的外观外，为了使开发人员快速地设计出外观简单、优美的显示界面，ASP.NET 中还提供了许多现成格式，开发人员可以直接套用。

单击 GridView 控件右上方的▶按钮，在弹出的快捷菜单中选择"自动套用格式"命令，如图 10.12 所示。打开"自动套用格式"对话框，如图 10.13 所示，在此选择所需的格式即可。

图 10.12　选择"自动套用格式"命令

图 10.13　"自动套用格式"对话框

10.1.5　制定 GridView 控件的列

GridView 控件中的每一列由一个 DataControlField 对象表示。默认情况下，AutoGenerateColumns 属性被设置为 true，为数据源中的每一个字段创建一个 AutoGeneratedField 对象。将 AutoGenerate-Columns 属性设置为 false 时，可以自定义数据绑定列。GridView 控件共包括 7 种类型的列，分别为 BoundField（普通数据绑定列）、CheckBoxField（复选框数据绑定列）、CommandField（命令数据绑定列）、ImageField（图片数据绑定列）、HyperLinkField（超链接数据绑定列）、ButtonField（按钮数据绑定列）、TemplateField（模板数据绑定列）。

说明

必须将 GridView 控件的 AutoGenerateColumns 属性设置为 false，才能自定义数据绑定列，如图 10.14 所示。

第 10 章　数据控件

图 10.14　设置 GridView 控件的 AutoGenerateColumns 属性

从工具箱中的"数据"类控件下拖曳一个 GridView 控件到 Web 窗体，然后单击弹出的智能标记中的"编辑列"超链接，如图 10.15 所示。

接着，在弹出的"字段"窗口中可以看到"可用字段"，如图 10.16 所示。下面分别介绍 GridView 控件编辑列时使用的字段。

图 10.15　编辑列

图 10.16　编辑列时使用的字段

- ☑ BoundField

BoundField 是默认的数据绑定类型，通常用于显示普通文本。

- ☑ CheckBoxField

使用 CheckBoxField 控件显示布尔类型的数据。绑定数据为 true 时，复选框数据绑定列为选中状态；绑定数据为 false 时，则显示未选中状态。在正常情况下，CheckBoxField 显示在表格中的复选框控件处于只读状态。只有 GridView 控件的某一行进入编辑状态后，复选框才恢复为可修改状态。

- ☑ CommandField

CommandField 显示用来执行选择、编辑或删除操作的预定义命令按钮，这些按钮可以呈现为普通按钮、超链接和图片等外观。

> **注意**
>
> 通过字段的 ButtonType 属性可变更命令按钮的外观，默认为 Link 即超链接，另外两个属性值分别为 Image（图片）和 Button（普通按钮）外观。例如，要选择以图片形式显示编辑按钮外观，一定要设置 ButtonType 属性为 Image。

211

☑ ImageField

ImageField 用于在 GridView 控件呈现的表格中显示图片列。通常 ImageField 绑定的内容是图片的路径。

☑ HyperLinkField

HyperLinkField 允许将所绑定的数据以超链接的形式显示出来。开发人员可自定义绑定超链接的显示文字、超链接的 URL 以及打开窗口的方式等。

☑ ButtonField

ButtonField 也可以为 GridView 控件创建命令按钮。开发人员可以通过按钮来操作其所在行的数据。

☑ TemplateField

TemplateField 允许以模板形式自定义数据绑定列的内容。该字段包含的常用模板如下。

> ItemTemplate：显示每一条数据的模板。
> AlternatingItemTemplate：使奇数条数据及偶数条数据以不同模板显示，该模板与 ItemTemplate 结合可产生两个模板交错显示的效果。
> EditItemTemplate：进入编辑模式时所使用的数据编辑模板。对于 EditItemTemplate 用户，可以自定义编辑界面。
> HeaderTemplate：最上方的表头（或被称为标题）。默认 GridView 都会显示表及其标题。

技巧

在 GridView 控件中，将列设置为 TemplateField 模板列时，才会出现 ItemTemplate、EditItemTemplate 等模板。

10.1.6 查看 GridView 控件中数据的详细信息

使用按钮列中的"选择"按钮，可以选择控件上的一行数据。

【例 10.4】 查看 GridView 控件中数据的详细信息。（示例位置：光盘\mr\sl\10\04）

本示例演示如何使用 GridView 控件中的"选择"按钮显示主/明细关系数据表。执行程序，示例运行结果如图 10.17 所示。

程序实现的主要步骤如下。

（1）新建一个网站，默认主页为 Default.aspx，添加一个 SqlDataSource 控件和两个 GridView 控件。SqlDataSource 控件的具体设计步骤可参见例 10.1（此例中选择的表为 tb_Deptment）。

（2）第一个 GridView 控件用来显示系信息，ID 属性为 GridView1。单击 GridView 控件右上方的 ▶ 按钮，在弹出的快捷菜单中选择数据源，这里数据源 ID 为 SqlDataSource1，并选中"启用选定内容"复选框，在 GridView 控件上启用行选择功能，如图 10.18 所示。

选择"GridView 任务"菜单中的"编辑列"命令，将"选择"按钮的 SelectText 属性设为"详细信息"，如图 10.19 所示。

图 10.17　查看 GridView 控件中数据的详细信息　　　图 10.18　"GridView 任务"快捷菜单

图 10.19　修改"选择"按钮的 SelectText 属性

（3）当用户单击"详细信息"按钮时，将引发 SelectedIndexChanging 事件，在该事件的处理程序中可以通过 NewSelectedIndex 属性获取当前行的索引值，并通过索引值执行其他操作。本例中单击"详细信息"按钮后，执行第二个 GridView 控件的数据绑定操作。具体代码如下：

```
protected void GridView1_SelectedIndexChanging(object sender, GridViewSelectEventArgs e)
{
    //获取选择行的系编号
    string deptID = GridView1.DataKeys[e.NewSelectedIndex].Value.ToString();
    string sqlStr = "select * from tb_Class where deptID='"+deptID +"'";
    SqlConnection con = new SqlConnection();
    con.ConnectionString ="server=LFL\\MR;Database=db_Student;User ID=sa;pwd=";
    SqlDataAdapter da = new SqlDataAdapter(sqlStr, con);
    DataSet ds = new DataSet();
    da.Fill(ds);
    this.GridView2.DataSource = ds;
    GridView2.DataBind();
}
```

以上代码中首先需要获取 GridView1 控件绑定数据的主键值。

10.1.7 使用 GridView 控件分页显示数据

GridView 控件有一个内置分页功能，可支持基本的分页功能。

【例 10.5】 使用 GridView 控件分页显示数据。（**示例位置：光盘\mr\sl\10\05**）

本示例利用 GridView 控件的内置分页功能进行分页显示数据。执行程序，示例运行结果如图 10.20 所示。

stuID	stuName	stuSex	stuHobby
1001	小日	男	打猎、比武
1002	小雨	女	吹笛子
1003	小南	男	吹小号
1004	小雪	女	拉大提琴
1 2			

图 10.20　使用 GridView 控件分页显示数据

程序实现的主要步骤如下。

新建一个网站，默认主页为 Default.aspx，添加一个 GridView 控件。首先，将 GridView 控件的 AllowPaging 属性设置为 true，表示允许分页；然后，将 PageSize 属性设置为一个数字，用来控制每个页面中显示的记录数，这里设置为 4；最后，在 GridView 控件的 PageIndexChanging 事件中设置 GridView 控件的 PageIndex 属性为当前页的索引值，并重新绑定 GridView 控件。具体代码如下：

```
protected void Page_Load(object sender, EventArgs e)
{
    if (!IsPostBack)
    {
        GridViewBind();
    }
}
public void GridViewBind()
{
    //实例化 SqlConnection 对象
    SqlConnection sqlCon = new SqlConnection();
    //实例化 SqlConnection 对象连接数据库的字符串
    sqlCon.ConnectionString = "server=LFL\\MR;uid=sa;pwd=;database=db_Student";
    //定义 SQL 语句
    string SqlStr = "select * from tb_StuInfo";
    //实例化 SqlDataAdapter 对象
    SqlDataAdapter da = new SqlDataAdapter(SqlStr, sqlCon);
    //实例化数据集 DataSet
    DataSet ds = new DataSet();
    da.Fill(ds, "tb_StuInfo");
    //绑定 DataList 控件
    GridView1.DataSource = ds;//设置数据源，用于填充控件中项的值列表
    GridView1.DataBind();//将控件及其所有子控件绑定到指定的数据源
}
protected void GridView1_PageIndexChanging(object sender, GridViewPageEventArgs e)
{
    GridView1.PageIndex = e.NewPageIndex;
    GridViewBind();
}
```

10.1.8 在 GridView 控件中排序数据

GridView 控件还提供了内置排序功能,无须任何编码,只要通过为列设置自定义 SortExpression 属性值,并使用 Sorting 和 Sorted 事件,进一步自定义 GridView 控件的排序功能。

【例 10.6】 使用 GridView 控件排序数据。(示例位置:光盘\mr\sl\10\06)

本示例利用 GridView 控件的内置排序功能排序显示数据。执行程序,示例运行结果如图 10.21 所示。

程序实现的主要步骤如下。

(1) 新建一个网站,默认主页为 Default.aspx,添加一个 GridView 控件。GridView 控件的设计代码如下:

编号	姓名	性别	爱好
1001	小日	男	打猎、比武
1002	小雨	女	吹笛子
1003	小南	男	吹小号
1004	小雪	女	拉大提琴
1005	小美	女	拉小提琴

图 10.21 使用 GridView 控件排序数据

```
<asp:GridView ID="GridView1" runat="server" AllowSorting="True" AutoGenerateColumns="False"
OnSorting="GridView1_Sorting">
    <Columns>
        <asp:BoundField DataField="stuID" HeaderText="编号" SortExpression="stuID" />
        <asp:BoundField DataField="stuName" HeaderText="姓名" SortExpression="stuName" />
        <asp:BoundField DataField="stuSex" HeaderText="性别" SortExpression="stuSex" />
        <asp:BoundField DataField="stuHobby" HeaderText="爱好" SortExpression="stuHobby" />
    </Columns>
</asp:GridView>
```

(2) 在 Default.aspx 页的 Page_Load 事件中,用视图状态保存默认的排序表达式和排序顺序,然后对 GridView 控件进行数据绑定。代码如下:

```
protected void Page_Load(object sender, EventArgs e)
{
    if (!IsPostBack)
    {
        ViewState["SortOrder"] = "stuID";
        ViewState["OrderDire"] = "ASC";
        GridViewBind();
    }
}
```

(3) 该页的 Page_Load 事件中调用了自定义方法 GridViewBind。该方法用来从数据库中取得要绑定的数据源,并设置数据视图的 Sort 属性,最后把该视图和 GridView 控件进行绑定。代码如下:

```
public void GridViewBind()
{
    //实例化 SqlConnection 对象
    SqlConnection sqlCon = new SqlConnection();
    //实例化 SqlConnection 对象连接数据库的字符串
    sqlCon.ConnectionString = "server=LFL\\MR;uid=sa;pwd=;database=db_Student";
    //定义 SQL 语句
```

```
    string SqlStr = "select * from tb_StuInfo";
    //实例化 SqlDataAdapter 对象
    SqlDataAdapter da = new SqlDataAdapter(SqlStr, sqlCon);
    //实例化数据集 DataSet
    DataSet ds = new DataSet();
    da.Fill(ds, "tb_StuInfo");
    DataView dv = ds.Tables[0].DefaultView;
    string sort = (string)ViewState["SortOrder"] + " " + (string)ViewState["OrderDire"];
    dv.Sort = sort;
    //绑定 DataList 控件
    GridView1.DataSource = dv;//设置数据源,用于填充控件中的项的值列表
    GridView1.DataBind();//将控件及其所有子控件绑定到指定的数据源
}
```

（4）在 GridView 控件的 Sorting 事件中，首先取得指定的表达式，然后判断是否为当前的排序方式，如果是，则改变当前的排序索引；如果不是，则设置新的排序表达式，并重新进行数据绑定。代码如下：

```
protected void GridView1_Sorting(object sender, GridViewSortEventArgs e)
{
    string sPage = e.SortExpression;
    if (ViewState["SortOrder"].ToString() == sPage)
    {
        if (ViewState["OrderDire"].ToString() == "Desc")
            ViewState["OrderDire"] = "ASC";
        else
            ViewState["OrderDire"] = "Desc";
    }
    else
    {
        ViewState["SortOrder"] = e.SortExpression;
    }
    GridViewBind();
}
```

说明

SQL 语句中 order by 子句内使用的 ASC 关键字表示升序排序，DESC 关键字表示倒序排序。

10.1.9 在 GridView 控件中实现全选和全不选功能

在 GridView 控件中添加一列 CheckBox 控件，并能通过对复选框的选择实现全选/全不选的功能。

【例 10.7】 在 GridView 控件中实现全选和全不选功能。（示例位置：光盘\mr\sl\10\07）

本示例利用 GridView 控件的模板列及 FindControl 方法实现全选/全不选的功能。执行程序，示例运行结果如图 10.22 所示。

程序实现的主要步骤如下。

(1) 新建一个网站，默认主页为 Default.aspx，添加一个 GridView 控件和一个 CheckBox 控件，CheckBox 控件的 AutoPostBack 属性设为 true。

首先为 GridView 控件添加一列模板列，然后向模板列中添加 CheckBox 控件。GridView 控件的设计代码如下：

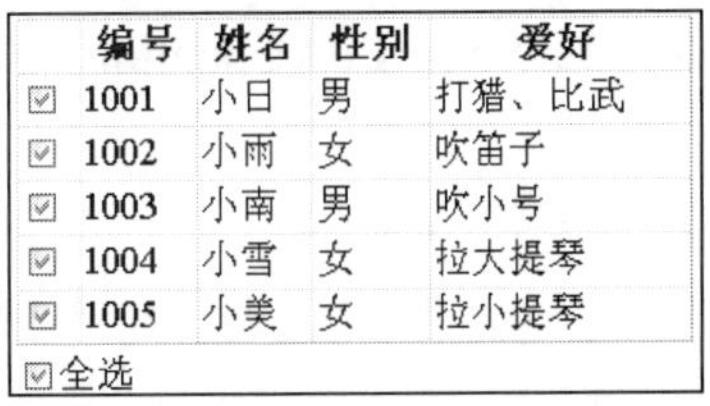

图 10.22　GridView 控件实现全选/全不选功能

```
<asp:GridView ID="GridView1" runat="server" AutoGenerateColumns="False" Width="328px">
    <Columns>
        <asp:TemplateField>
            <ItemTemplate>
                <asp:CheckBox ID="chkCheck" runat="server" />
            </ItemTemplate>
        </asp:TemplateField>
        <asp:BoundField DataField="stuID" HeaderText="编号" />
        <asp:BoundField DataField="stuName" HeaderText="姓名" />
        <asp:BoundField DataField="stuSex" HeaderText="性别" />
        <asp:BoundField DataField="stuHobby" HeaderText="爱好" />
    </Columns>
</asp:GridView>
```

(2) 改变"全选"复选框的选项状态时，将循环访问 GridView 控件中的每一项，并通过 FindControl 方法搜索 TemplateField 模板列中 ID 为 chkCheck 的 CheckBox 控件，建立该控件的引用，实现全选/全不选功能。代码如下：

```
protected void chkAll_CheckedChanged(object sender, EventArgs e)
{
    for (int i = 0; i <= GridView1.Rows.Count - 1; i++)
    {
        //建立模板列中 CheckBox 控件的引用
        CheckBox chk = (CheckBox)GridView1.Rows[i].FindControl("chkCheck");
        if (chkAll.Checked == true)
        {
            chk.Checked = true;
        }
        else
        {
            chk.Checked = false;
        }
    }
}
```

10.1.10　在 GridView 控件中对数据进行编辑操作

在 GridView 控件的按钮列中包括"编辑"、"更新"和"取消"按钮，这 3 个按钮分别触发 GridView

控件的 RowEditing、RowUpdating、RowCancelingEdit 事件，从而完成对指定项的编辑、更新和取消操作。

【例 10.8】 在 GridView 控件中对数据进行编辑操作。（**示例位置：光盘\mr\sl\10\08**）

本示例利用 GridView 控件的 RowCancelingEdit、RowEditing 和 RowUpdating 事件，对指定项的信息进行编辑操作。执行程序，示例运行结果如图 10.23 所示。

编号	姓名	性别	爱好	
1001	小日	男	打猎、比武	编辑
1002	小雨	女	吹笛子	编辑
1003	小南	男	吹小号	编辑
1004	小雪	女	拉大提琴	编辑
1005	小美	女	拉小提琴	编辑

图 10.23 在 GridView 控件中对数据进行编辑操作

程序实现的主要步骤如下。

（1）新建一个网站，默认主页为 Default.aspx，添加一个 GridView 控件，并为 GridView 控件添加一列编辑按钮列。GridView 控件的设计代码如下：

```
<asp:GridView ID="GridView1" runat="server" AutoGenerateColumns="False"
OnRowCancelingEdit="GridView1_RowCancelingEdit"
        OnRowEditing="GridView1_RowEditing" OnRowUpdating="GridView1_RowUpdating">
        <Columns>
        <asp:BoundField DataField="stuID" HeaderText="编号" ReadOnly="True" />
        <asp:BoundField DataField="stuName" HeaderText="姓名" />
        <asp:BoundField DataField="stuSex" HeaderText="性别" />
        <asp:BoundField DataField="stuHobby" HeaderText="爱好" />
        <asp:CommandField ShowEditButton="True" />
    </Columns>
</asp:GridView>
```

（2）当用户单击"编辑"按钮时，将触发 GridView 控件的 RowEditing 事件。在该事件的程序代码中将 GridView 控件编辑项索引设置为当前选择项的索引，并重新绑定数据。代码如下：

```
protected void GridView1_RowEditing(object sender, GridViewEditEventArgs e)
{
    //设置 GridView 控件的编辑项的索引为选择的当前索引
    GridView1.EditIndex = e.NewEditIndex;
    //数据绑定
    GridViewBind();
}
```

（3）当用户单击"更新"按钮时，将触发 GridView 控件的 RowUpdating 事件。在该事件的程序代码中，首先获得编辑行的关键字段的值并取得各文本框中的值，然后将数据更新至数据库，最后重新绑定数据。代码如下：

```
protected void GridView1_RowUpdating(object sender, GridViewUpdateEventArgs e)
{
    //取得编辑行的关键字段的值
    string stuID = GridView1.DataKeys[e.RowIndex].Value.ToString();
    //取得文本框中输入的内容
    string stuName = ((TextBox)(GridView1.Rows[e.RowIndex].Cells[1].Controls[0])).Text.ToString();
    string stuSex = ((TextBox)(GridView1.Rows[e.RowIndex].Cells[2].Controls[0])).Text.ToString();
    string stuHobby = ((TextBox)(GridView1.Rows[e.RowIndex].Cells[3].Controls[0])).Text.ToString();
```

```
    string sqlStr = "update tb_StuInfo set stuName='" + stuName + "',stuSex='" + stuSex + "',stuHobby='" +
stuHobby + "' where stuID=" + stuID;
    SqlConnection myConn = GetCon();
    myConn.Open();
    SqlCommand myCmd = new SqlCommand(sqlStr, myConn);
    myCmd.ExecuteNonQuery();
    myCmd.Dispose();
    myConn.Close();
    GridView1.EditIndex = -1;
    GridViewBind();
}
```

(4) 当用户单击"取消"按钮时,将触发 GridView 控件的 RowCancelingEdit 事件。在该事件的程序代码中,将编辑项的索引设为-1,并重新绑定数据,代码如下:

```
protected void GridView1_RowCancelingEdit(object sender, GridViewCancelEditEventArgs e)
{
    //设置 GridView 控件的编辑项的索引为-1,即取消编辑
    GridView1.EditIndex = -1;
    //数据绑定
    GridViewBind();
}
```

技巧

(1) 高亮显示光标所在行

在 GridView 控件上,随着光标的移动,高亮显示光标所在行,主要在 GridView 控件的 RowDataBound 事件中实现,代码如下:

```
protected void GridView1_RowDataBound(object sender, GridViewRowEventArgs e)
{
    if (e.Row.RowType == DataControlRowType.DataRow)
    {
        e.Row.Attributes.Add("onmouseover",
"currentcolor=this.style.backgroundColor;this.style.backgroundColor='#6699ff'");
        e.Row.Attributes.Add("onmouseout", "this.style.backgroundColor=currentcolor;");
    }
}
```

(2) 设置 GridView 控件的数据显示格式

设置 GridView 控件中指定列的数据显示格式,主要在 RowDataBound 事件中实现。当数据源绑定到 GridView 控件中的每行时,将触发该控件的 RowDataBound 事件。修改或设置绑定到该行的数据的显示格式,可以使用 RowDataBound 事件的 GridViewEventArgs e 参数的 Row 属性的 Cells 属性定位到指定单元格,然后通过 String 类的 Format 方法将格式化后的数据赋值给该单元格。例如,将 GridView 控件的"单价"列以人民币的格式显示。代码如下:

```csharp
protected void GridView1_RowDataBound (object sender, GridViewEditEventArgs e)
{
    if(e.Row.RowType==DataControlRowType.DataRow)
    {
        e.Row.Cells[2].Text=String.Format("{0:C2}",Convert.ToDouble(e.Row.ells[2].Text));
    }
}
```

（3）单击 GridView 控件某行的按钮，刷新页面后不会回到页面顶端

当 GridView 控件中显示的数据较多时，经常会遇到这样的问题，即单击 GridView 控件中的某个按钮时，页面就会刷新，回到网页的顶部，用户必须重新查找原来的位置，造成不必要的麻烦。为了解决这个问题，可在 ASP.NET 中添加 MaintainScrollPositionOnPostback 属性，这样在网页刷新后仍维持原位置。其语法格式如下：

```
<%@ Page Language="C#" MaintainScrollPositionOnPostback ="true" %>
```

（4）在 GridView 控件中删除数据

在 GridView 控件中删除数据，需要添加一个 CommandField 列并指明为"删除"按钮（默认为 LinkButton 按钮），单击该按钮时将触发 RowDeleting 事件。例如：

```csharp
protected void GridView1_RowDeleting(object sender, GridViewDeleteEventArgs e)
{
    string sqlstr = "delete from tb_Member where id='" + GridView1.DataKeys[e.RowIndex].Value.ToString() + "'";
    sqlcon = new SqlConnection(strCon);
    sqlcom = new SqlCommand(sqlstr,sqlcon);
    sqlcon.Open();
    sqlcom.ExecuteNonQuery();
    sqlcon.Close();
    bind();
}
```

在单击"删除"按钮时可以设置弹出一个确认提示框，例如：

```csharp
protected void GridView1_RowDataBound(object sender, GridViewRowEventArgs e)
{
    if (e.Row.RowType ==DataControlRowType.DataRow)
    {
        ((LinkButton)(e.Row.Cells[4].Controls[0])).Attributes.Add("onclick", "return confirm('确定要删除吗？')");
    }
}
```

10.2 DataList 控件

10.2.1 DataList 控件概述

DataList 控件可以使用模板与定义样式来显示数据，并可以进行数据的选择、删除以及编辑。DataList 控件的最大特点就是一定要通过模板来定义数据的显示格式。如果想要设计出美观的界面，就需要花费一番心思。正因为如此，DataList 控件显示数据时更具灵活性，开发人员个人发挥的空间也比较大。DataList 控件支持的模板如下。

- ☑ AlternatingItemTemplate：如果已定义，则为 DataList 中的交替项提供内容和布局；如果未定义，则使用 ItemTemplate。
- ☑ EditItemTemplate：如果已定义，则为 DataList 中的当前编辑项提供内容和布局；如果未定义，则使用 ItemTemplate。
- ☑ FooterTemplate：如果已定义，则为 DataList 的脚注部分提供内容和布局；如果未定义，将不显示脚注部分。
- ☑ HeaderTemplate：如果已定义，则为 DataList 的页眉节提供内容和布局；如果未定义，将不显示页眉节。
- ☑ ItemTemplate：为 DataList 中的项提供内容和布局所要求的模板。
- ☑ SelectedItemTemplate：如果已定义，则为 DataList 中的当前选定项提供内容和布局；如果未定义，则使用 ItemTemplate。
- ☑ SeparatorTemplate：如果已定义，则为 DataList 中各项之间的分隔符提供内容和布局；如果未定义，将不显示分隔符。

> **说明**
> 在 DataList 控件中可以为项、交替项、选定项和编辑项创建模板，也可以使用标题、脚注和分隔符模板自定义 DataList 控件的整体外观。

10.2.2 使用 DataList 控件绑定数据源

DataList 控件绑定数据源的方法与 GridView 控件基本相似，但要将所绑定数据源的数据显示出来，就需要通过设计 DataList 控件的模板来完成。

【例 10.9】 使用 DataList 控件绑定数据源。（示例位置：光盘\mr\sl\10\09）

本示例介绍如何使用 DataList 控件的模板显示绑定的数据源数据。执行程序，示例运行结果如图 10.24 所示。

程序实现的主要步骤如下。

（1）新建一个网站，默认主页为 Default.aspx，添加一个 DataList 控件。

（2）单击 DataList 控件右上方的▶按钮，在弹出的快捷菜单中选择"编辑模板"命令。打开"DataList 任务模板编辑模式"面板，在"显示"下拉列表框中选择 HeaderTemplate 选项，如图 10.25 所示。

图 10.24　使用 DataList 控件绑定数据源　　　　图 10.25　选择 HeaderTemplate 选项

（3）在 DataList 控件的页眉模板中添加一个表格用于布局，并设置其外观属性，如图 10.26 所示。DataList 控件页眉模板的设计代码如下：

```
<HeaderTemplate>
    <table border="1" style="width: 300px; text-align: center;" cellpadding="0" cellspacing="0">
        <tr>
            <td colspan="4" style="font-size: 16pt; color: #006600; text-align: center">
            使用 DataList 控件绑定数据源</td>
        </tr>
        <tr>
            <td style="height: 19px; width: 50px; color: #669900;">编号</td>
            <td style="height: 19px; width: 50px; color: #669900;">姓名</td>
            <td style="height: 19px; width: 50px; color: #669900;">性别</td>
            <td style="width: 150px; height: 19px; color: #669900;">爱好</td>
        </tr>
    </table>
</HeaderTemplate>
```

（4）在"DataList 任务模板编辑模式"面板中选择 ItemTemplate 选项，打开项模板。同样在项模板中添加一个用于布局的表格，并添加 4 个 Label 控件用于显示数据源中的数据记录，Label 控件的 ID 属性分别为 lblStuID、lblStuName、lblStuSex、lblStuHobby。

单击 ID 属性为 lblStuID 的 Label 控件右上角的▶按钮，打开"Label 任务"快捷菜单，选择"编辑 DataBindings"命令，打开 lblStuID DataBindings 对话框。在 Text 属性的"代码表达式"文本框中输入 "Eval("stuID")"，用于绑定数据源中的 stuID 字段，如图 10.27 所示。

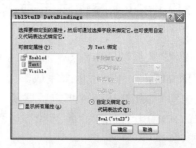

图 10.26　设计 DataList 页眉和页脚模板　　　　图 10.27　lblStuID DataBindings 对话框

其他 3 个 Label 控件绑定方法同上。ItemTemplate 模板设计代码如下：

```
<ItemTemplate>
    <table border="1" style="width: 300px; color: #000000; text-align: center;" cellpadding="0" cellspacing="0">
        <tr>
            <td style="height: 21px; width: 50px; color: #669900;">
             <asp:Label ID="lblStuID" runat="server" Text='<%# Eval("stuID") %>'></asp:Label></td>
            <td style="height: 21px; width: 50px; color: #669900;">
             <asp:Label ID="lblStuName" runat="server" Text='<%# Eval("stuName") %>'></asp:Label></td>
            <td style="height: 21px; width: 50px; color: #669900;">
             <asp:Label ID="lblStuSex" runat="server" Text='<%# Eval("stuSex") %>'></asp:Label></td>
            <td style="width: 150px; height: 21px; color: #669900;">
             <asp:Label ID="lblstuHobby" runat="server" Text='<%# Eval("stuHobby") %>'></asp:Label></td>
        </tr>
    </table>
</ItemTemplate>
```

（5）在"DataList 任务模板编辑模式"面板中选择"结束模板编辑"选项，结束模板编辑。

（6）在页面加载事件中，将控件绑定至数据源，代码如下：

```
protected void Page_Load(object sender, EventArgs e)
{
    if (!IsPostBack)
    {
        //实例化 SqlConnection 对象
        SqlConnection sqlCon = new SqlConnection();
        //实例化 SqlConnection 对象连接数据库的字符串
        sqlCon.ConnectionString = "server=LFL\\MR;uid=sa;pwd=;database=db_Student";
        //定义 SQL 语句
        string SqlStr = "select * from tb_StuInfo";
        //实例化 SqlDataAdapter 对象
        SqlDataAdapter da = new SqlDataAdapter(SqlStr, sqlCon);
        //实例化数据集 DataSet
        DataSet ds = new DataSet();
        da.Fill(ds, "tb_StuInfo");
        //绑定 DataList 控件
        DataList1.DataSource = ds;//设置数据源，用于填充控件中的项的值列表
        DataList1.DataBind();//将控件及其所有子控件绑定到指定的数据源
    }
}
```

> **注意**
> 读者可以参考 10.1.3 节，尝试使用 DataList 控件绑定 SqlDataSource 数据源控件。

10.2.3 分页显示 DataList 控件中的数据

DataList 控件并没有类似 GridView 控件中与分页相关的属性，那么 DataList 控件是通过什么方法

实现分页显示的呢？其实也很简单，只要借助 PagedDataSource 类来实现即可，该类封装数据绑定控件与分页相关的属性，以允许该控件执行分页操作。

【例 10.10】 分页显示 DataList 控件中的数据。（示例位置：光盘\mr\sl\10\10）

本示例介绍如何使用 PagedDataSource 类实现 DataList 控件的分页功能。执行程序，示例运行结果如图 10.28 所示。

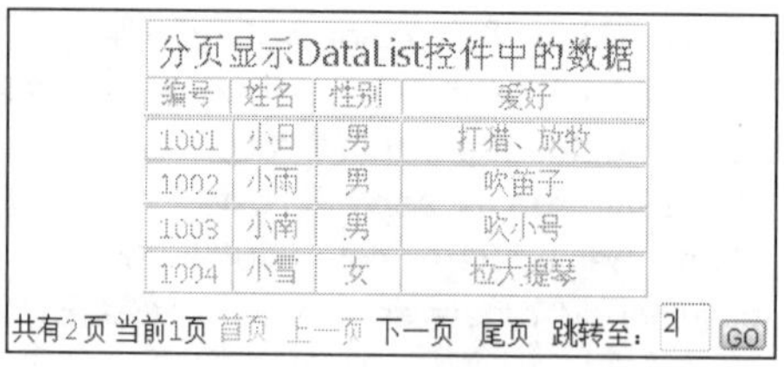

图 10.28 分页显示 DataList 控件中的数据

程序实现的主要步骤如下。

（1）新建一个网站，默认主页为 Default.aspx，添加 1 个 DataList 控件、2 个 Label 控件、4 个 LinkButton 控件、1 个 TextBox 控件和 1 个 Button 按钮。

DataList 控件的具体设计步骤参见例 10.9。Label 控件的 ID 属性分别为 labCount 和 labNowPage，主要用来显示总页数和当前页。LinkButton 控件的 ID 属性分别为 lnkbtnFirst、lnkbtnFront、lnkbtnNext、lnkbtnLast，分别用来显示"首页"、"上一页"、"下一页"、"尾页"。这里添加一个文本框用于输入跳转的页码，TextBox 控件的 ID 属性为 txtPage。

（2）页面加载时对 DataList 控件进行数据绑定，代码如下：

```
//创建一个分页数据源的对象且一定要声明为静态
protected static PagedDataSource ps = new PagedDataSource();
protected void Page_Load(object sender, EventArgs e)
{
    if (!IsPostBack)
    {
        Bind(0);//数据绑定
    }
}
//进行数据绑定的方法
public void Bind(int CurrentPage)
{
    //实例化 SqlConnection 对象
    SqlConnection sqlCon = new SqlConnection();
    //实例化 SqlConnection 对象连接数据库的字符串
    sqlCon.ConnectionString = "server=MRWXK\\MRWXK;uid=sa;pwd=;database=db_Student";
    //定义 SQL 语句
    string SqlStr = "select * from tb_StuInfo";
    //实例化 SqlDataAdapter 对象
    SqlDataAdapter da = new SqlDataAdapter(SqlStr, sqlCon);
    //实例化数据集 DataSet
    DataSet ds = new DataSet();
    da.Fill(ds, "tb_StuInfo");
```

```
ps.DataSource = ds.Tables["tb_StuInfo"].DefaultView;
ps.AllowPaging = true; //是否可以分页
ps.PageSize = 4; //显示的数量
ps.CurrentPageIndex = CurrentPage; //取得当前页的页码

this.DataList1.DataSource = ps;
this.DataList1.DataKeyField = "stuID";
this.DataList1.DataBind();
}
```

（3）编写 DataList 控件的 ItemCommand 事件，在该事件中设置单击"首页"、"上一页"、"下一页"、"尾页"按钮时当前页索引以及绑定当前页，并实现跳转到指定页码的功能，代码如下：

```
protected void DataList1_ItemCommand(object source, DataListCommandEventArgs e)
{
    switch (e.CommandName)
    {
        //以下5种情况分别为捕获用户单击首页、上一页、下一页、尾页和页面跳转页时发生的事件
        case "first"://首页
            ps.CurrentPageIndex = 0;
            Bind(ps.CurrentPageIndex);
            break;
        case "pre"://上一页
            ps.CurrentPageIndex = ps.CurrentPageIndex - 1;
            Bind(ps.CurrentPageIndex);
            break;
        case "next"://下一页
            ps.CurrentPageIndex = ps.CurrentPageIndex + 1;
            Bind(ps.CurrentPageIndex);
            break;
        case "last"://尾页
            ps.CurrentPageIndex = ps.PageCount - 1;
            Bind(ps.CurrentPageIndex);
            break;
        case "search"://页面跳转页
            if (e.Item.ItemType == ListItemType.Footer)
            {
                int PageCount = int.Parse(ps.PageCount.ToString());
                TextBox txtPage = e.Item.FindControl("txtPage") as TextBox;
                int MyPageNum = 0;
                if (!txtPage.Text.Equals(""))
                    MyPageNum = Convert.ToInt32(txtPage.Text.ToString());
                if (MyPageNum <= 0 || MyPageNum > PageCount)
                    Response.Write("<script>alert('请输入页数并确定没有超出总页数！')</script>");
                else
                    Bind(MyPageNum - 1);
            }
            break;
    }
}
```

（4）编写 DataList 控件的 ItemDataBound 事件，在该事件中处理各按钮的显示状态以及 Label 控件的显示内容，代码如下：

```
protected void DataList1_ItemDataBound(object sender, DataListItemEventArgs e)
{
    if (e.Item.ItemType == ListItemType.Footer)
    {
        //得到脚模板中的控件，并创建变量
        Label CurrentPage = e.Item.FindControl("labNowPage") as Label;
        Label PageCount = e.Item.FindControl("labCount") as Label;
        LinkButton FirstPage = e.Item.FindControl("lnkbtnFirst") as LinkButton;
        LinkButton PrePage = e.Item.FindControl("lnkbtnFront") as LinkButton;
        LinkButton NextPage = e.Item.FindControl("lnkbtnNext") as LinkButton;
        LinkButton LastPage = e.Item.FindControl("lnkbtnLast") as LinkButton;
        CurrentPage.Text = (ps.CurrentPageIndex + 1).ToString();//绑定显示当前页
        PageCount.Text = ps.PageCount.ToString();//绑定显示总页数
        if (ps.IsFirstPage)//如果是第一页，"首页"和"上一页"按钮不能用
        {
            FirstPage.Enabled = false;
            PrePage.Enabled = false;
        }
        if (ps.IsLastPage)//如果是最后一页，"下一页"和"尾页"按钮不能用
        {
            NextPage.Enabled = false;
            LastPage.Enabled = false;
        }
    }
}
```

> **说明**
> 由于篇幅限制，这里不给出 DataList 控件内的 HTML 代码，具体请参考光盘。"首页"、"上一页"、"下一页"、"尾页"按钮等分页控件放置在 DataList 控件的 FooterTemplate 模板中。

10.2.4 查看 DataList 控件中数据的详细信息

显示被选择记录的详细信息可以通过 SelectedItemTemplate 模板来完成。使用 SelectedItemTemplate 模板显示信息时，需要有一个控件激发 DataList 控件的 ItemCommand 事件。

【例 10.11】 查看 DataList 控件中数据的详细信息。（示例位置：光盘\mr\sl\10\11）

本示例介绍如何使用 SelectedItemTemplate 模板显示 DataList 控件中数据的详细信息。执行程序，示例运行结果如图 10.29 所示。

程序实现的主要步骤如下：

（1）新建一个网站，默认主页为 Default.aspx，在 Default.aspx 页中添加一个 DataList 控件。

打开 DataList 控件的项模板编辑模式。在 ItemTemplate 模板中添加一个 LinkButton 控件，用于显示用户选择的数据项；在 SelectedItemTemplate 模板中添加一个 LinkButton 控件和 4 个 Label 控件，分别用来取消对该数据项的选择和显示该数据项的详细信息。设计效果如图 10.30 所示。

图 10.29　查看 DataList 控件中数据的详细信息　　图 10.30　DataList 控件项模板设计效果

各控件的属性设置如表 10.10 所示。

表 10.10　Default.aspx 页控件的属性设置及用途

控 件 类 型	控 件 名 称	主要属性设置	用　　途
数据/DataList 控件	DataList1		输入姓名
标准/LinkButton 控件	lnkbtnName	Text 属性设置为"<%DataBinder.Eval(Container.DataItem, "stuName")%>"	用于数据绑定
		CommandName 属性设置为 select	设置命令名称
	lnkbtnBack	CommandName 属性设置为 back	设置命令名称
标准/ Label 控件	lblID	Text 属性设置为"<%DataBinder.Eval(Container.DataItem, "stuID")%>"	用于数据绑定
	lblName	Text 属性设置为"<%DataBinder.Eval(Container.DataItem, "stuName")%>"	用于数据绑定
	lblSex	Text 属性设置为"<%DataBinder.Eval(Container.DataItem, "stuSex")%>"	用于数据绑定
	lblHobby	Text 属性设置为"<%DataBinder.Eval(Container.DataItem, "stuHobby")%>"	用于数据绑定

（2）当用户单击模板中的按钮时，会引发 DataList 控件的 ItemCommand 事件，在该事件的程序代码中根据不同按钮的 CommandName 属性设置 DataList 控件的 SelectedIndex 属性的值，决定显示或者取消显示详细信息。最后，重新将控件绑定到数据源。代码如下：

```
protected void DataList1_ItemCommand(object source, DataListCommandEventArgs e)
{
    if (e.CommandName == "select")
    {
        //设置选中行的索引为当前选择行的索引
```

```
            DataList1.SelectedIndex = e.Item.ItemIndex;
            //数据绑定
            Bind();
        }
        if (e.CommandName == "back")
        {
            //设置选中行的索引为-1, 取消该数据项的选择
            DataList1.SelectedIndex = -1;
            //数据绑定
            Bind();
        }
}
```

> **注意**
> DataList 控件的 ItemCommand 事件是在单击 DataList 控件内任一按钮时被触发的。

10.2.5 在 DataList 控件中对数据进行编辑操作

在 DataList 控件中，也可以像 GridView 控件一样，对特定项进行编辑操作。这一功能是使用 EditItemTemplate 模板实现的。

【例 10.12】 在 DataList 控件中对数据进行编辑操作。（示例位置：光盘\mr\sl\10\12）

本示例介绍如何使用 EditItemTemplate 模板对 DataList 控件中的数据项进行编辑。执行程序，示例运行结果如图 10.31 所示。

程序实现的主要步骤如下。

（1）新建一个网站，默认主页为 Default.aspx，在 Default.aspx 页中添加一个 DataList 控件。

打开 DataList 控件的项模板编辑模式。在 ItemTemplate 模板中添加 1 个 Label 控件和 1 个 Button 控件；在 EditItemTemplate 模板中添加 2 个 Button 控件、1 个 Label 控件和 3 个 TextBox 控件。DataList 控件及各模板内控件的设计代码如下：

```
<asp:DataList ID="DataList1" runat="server" OnCancelCommand="DataList1_CancelCommand"
OnEditCommand="DataList1_EditCommand" OnUpdateCommand="DataList1_UpdateCommand"
CellPadding="0" GridLines="Both" RepeatColumns="2" RepeatDirection="Horizontal">
    <ItemTemplate>
    <table>
    <tr>
        <td style="width: 58px">
        姓名：</td>
        <td style="width: 100px">
        <asp:Label ID="lblName" runat="server" Text='<%# Eval("stuName")%>'></asp:Label></td>
    </tr>
    <tr>
        <td style="width: 58px"></td>
        <td style="width: 100px"> <asp:Button ID="btnEdit" runat="server" CommandName="edit" Text="编辑"
/></td>
```

```
            </tr>
        </table>
    </ItemTemplate>
    <EditItemTemplate>
    <table>
        <tr>
            <td style="width: 57px">编号：</td>
            <td style="width: 100px"><asp:Label ID="lblID" runat="server" Text='<%#Eval("stuID")%>'></asp:Label></td>
        </tr>
        <tr>
            <td style="width: 57px">姓名：</td>
            <td style="width: 100px"><asp:TextBox ID="txtName" runat="server" Text='<%#Eval("stuName")%>' Width="90px"></asp:TextBox></td>
        </tr>
        <tr>
            <td style="width: 57px">性别：</td>
            <td style="width: 100px"><asp:TextBox ID="txtSex" runat="server" Text='<%#Eval("stuSex")%>' Width="90px"></asp:TextBox></td>
        </tr>
        <tr>
            <td style="width: 57px">爱好：</td>
            <td style="width: 100px"><asp:TextBox ID="txtHobby" runat="server" Text='<%#Eval("stuHobby")%>' Width="90px"></asp:TextBox></td>
        </tr>
        <tr>
            <td style="width: 57px"></td>
            <td style="width: 100px"><asp:Button ID="btnUpdate" runat="server" CommandName="update" Text="更新" />
            <asp:ButtonID="btnCancel" runat="server" CommandName="cancel" Text="取消" /></td>
        </tr>
    </table>
    </EditItemTemplate>
    <EditItemStyle BackColor="Teal" ForeColor="White" />
</asp:DataList>
```

设计效果如图 10.32 所示。

图 10.31　在 DataList 控件中对数据进行编辑操作

图 10.32　DataList 控件中各个模板内控件的设计

（2）当用户单击"编辑"按钮时，将触发 DataList 控件的 EditCommand 事件。在该事件的处理程序中，将用户选中的项设置为编辑模式，代码如下：

```
protected void DataList1_EditCommand(object source, DataListCommandEventArgs e)
{
    //设置 DataList1 控件的编辑项的索引为选择的当前索引
    DataList1.EditItemIndex = e.Item.ItemIndex;
    //数据绑定
    Bind();
}
```

（3）在编辑模式下，当用户单击"更改"按钮时，将触发 DataList 控件的 UpdataCommand 事件。在该事件的处理程序中，将用户的更改更新至数据库，并取消编辑状态，代码如下：

```
protected void DataList1_UpdateCommand(object source, DataListCommandEventArgs e)
{
    //取得编辑行的关键字段的值
    string stuID = DataList1.DataKeys[e.Item.ItemIndex].ToString();
    //取得文本框中输入的内容
    string stuName = ((TextBox)e.Item.FindControl("txtName")).Text;
    string stuSex = ((TextBox)e.Item.FindControl("txtSex")).Text;
    string stuHobby = ((TextBox)e.Item.FindControl("txtHobby")).Text;
    string sqlStr = "update tb_StuInfo set stuName='" + stuName + "',stuSex='" + stuSex + "',stuHobby='" + stuHobby + "' where stuID=" + stuID;
    //更新数据库
    SqlConnection myConn = GetCon();
    myConn.Open();
    SqlCommand myCmd = new SqlCommand(sqlStr, myConn);
    myCmd.ExecuteNonQuery();
    myCmd.Dispose();
    myConn.Close();
    //取消编辑状态
    DataList1.EditItemIndex = -1;
    Bind();
}
```

（4）当用户单击"取消"按钮时，将触发 DataList 控件的 CancelCommand 事件。在该事件的处理程序中，取消处于编辑状态的项，并重新绑定数据，代码如下：

```
protected void DataList1_CancelCommand(object source, DataListCommandEventArgs e)
{
    //设置 DataList1 控件的编辑项的索引为-1，即取消编辑
    DataList1.EditItemIndex = -1;
    //数据绑定
    Bind();
}
```

> **注意**
>
> DataList 控件在绑定数据时，应先将 DataKeyField 属性设置为数据表的主键。在程序中，可以由 DataKeys 集合利用索引值取得各数据的索引值。

> **技巧**
>
> （1）获取 DataList 控件中控件数据的方法
>
> 获取 DataList 控件中控件数据的方法通常有两种：一是通过 e.Item.Controls[0] 索引直接访问 Item 中的控件；二是使用 FindControl 方法查找。
>
> （2）为 DataList 控件添加自动编号的功能
>
> 在 DataList 控件中实现添加自动编号的功能，首先要使控件与数据源绑定，当绑定 DataList 控件时会触发 ItemDataBound 事件，在 ItemDataBound 事件中动态设置 labOrder 控件的 Text 值，该值为当前项的索引值加 1。关键代码如下：
>
> ```
> protected void DataList1_ItemDataBound(object sender, DataListItemEventArgs e)
> {
>     //判断当前项不为空
>     if (e.Item.ItemIndex != -1)
>     {
>         //取得当前项索引值加 1，因为项的索引是从 0 开始
>         int orderID = e.Item.ItemIndex + 1;
>         //设置显示序列的 Label 控件的值为当前索引值加 1
>         ((Label)e.Item.FindControl("labOrder")).Text = orderID.ToString();
>     }
> }
> ```
>
> （3）如何在 DataList 控件中创建重复列
>
> 在 DataList 控件中创建重复列，只要将 DataList 控件的 RepeatColumns 属性设置为需要显示的列数即可。例如，将同一字段显示为 3 列（如每行显示 3 张图片），代码如下：
>
> DataList1. RepeatColumns=3;

10.3　ListView 控件与 DataPager 控件

10.3.1　ListView 控件与 DataPager 控件概述

在 ASP.NET 4.0 中，提供了全新的 ListView 控件和 DataPager 控件，结合使用这两种控件可以实现分页显示数据的功能。

ListView 控件用于显示数据，它提供了编辑、删除、插入、分页与排序等功能，其分页功能是通过 DataPager 控件来实现的。DataPager 控件的 PagedControlID 属性指定 ListView 控件 ID，它可以摆放在两个位置：一是内嵌在 ListView 控件的<LayoutTemplate>标签内；二是独立于 ListView 控件。

> **说明**
>
> ListView 控件可以理解为 GridView 控件与 DataList 控件的融合，它具有 GridView 控件编辑数据的功能，同时又具有 DataList 控件灵活布局的功能。ListView 控件的分页功能必须通过 DataPager 控件来实现。

10.3.2　使用 ListView 控件与 DataPager 控件分页显示数据

通过下面的示例演示如何在 ListView 控件中创建组模板，并结合 DataPager 控件分页显示数据。

【例 10.13】 使用 ListView 控件与 DataPager 控件分页显示数据。（示例位置：光盘\mr\sl\10\13）

本示例在页面上显示照片名称，设定每 3 个照片名称为一行，并设定分页按钮，运行结果如图 10.33 和图 10.34 所示。

图 10.33　显示第一页

图 10.34　显示第二页

程序实现的主要步骤如下。

（1）新建 ASP.NET 网站，默认主页为 Default.aspx。

（2）在 Default.aspx 页面上添加一个 ScriptManager 控件用于管理脚本，添加一个 UpdatePanel 控件用于局部更新；在 UpdatePanel 控件中添加 ListView 控件及 SqlDataSource 控件，并设置相关数据。代码如下：

```
<asp:ListView runat="server" ID="ListView1"
    DataSourceID="SqlDataSource1"
    GroupItemCount="3">
  <LayoutTemplate>
    <table runat="server" id="table1">
      <tr runat="server" id="groupPlaceholder">
      </tr>
```

```
    </table>
  </LayoutTemplate>
  <GroupTemplate>
    <tr runat="server" id="tableRow">
      <td runat="server" id="itemPlaceholder" />
    </tr>
  </GroupTemplate>
  <ItemTemplate>
    <td runat="server">
      <%-- Data-bound content. --%>
      <asp:Label ID="NameLabel" runat="server"
        Text='<%#Eval("Title") %>' />
    </td>
  </ItemTemplate>
</asp:ListView>
```

上面代码中设置 ListView 控件的 GroupItemCount 为 3；<LayoutTemplate>标签中使用 groupPlaceholder 作为占位符；<GroupTemplate>标签中使用 itemPlaceholder 作为占位符；DataSourceID 属性定义为 SqlDataSource1，对应的 SqlDataSource 控件代码如下：

```
<asp:SqlDataSource ID="SqlDataSource1" runat="server"
      ConnectionString="<%$ ConnectionStrings:db_ajaxConnectionString %>"
      SelectCommand="SELECT [Title] FROM [Photo]">
</asp:SqlDataSource>
```

在页面上添加 SqlDataSource 控件并配置数据源后，将在 Web.config 文件<connectionStrings>元素中生成连接数据库的字符串，代码如下：

```
<configuration>
<connectionStrings>
    <add name="db_ajaxConnectionString" connectionString="Data Source=MRPYJ;Initial Catalog=db_ajax;Integrated Security=True"  providerName="System.Data.SqlClient" />
 </connectionStrings>
 ...
</configuration>
```

（3）在 UpdatePanel 控件中添加 DataPager 控件，设置其相关属性，代码如下：

```
<asp:DataPager ID="DataPager1" runat="server" PagedControlID="ListView1" PageSize="3">
   <Fields>
      <asp:NextPreviousPagerField ShowFirstPageButton="True"
         ShowNextPageButton="False" ShowPreviousPageButton="False" />
      <asp:NumericPagerField ButtonType="Button" />
      <asp:NextPreviousPagerField ShowLastPageButton="True"
         ShowPreviousPageButton="False" ShowNextPageButton="False" />
   </Fields>
</asp:DataPager>
```

> **注意**
>
> 以上代码中，DataPager 控件的 PageSize 设置为 3，表示一页显示 3 条数据；NumericPagerField 标签内的 ButtonType 属性设为 Button，表示以按钮形式显示页码。

10.4 实践与练习

1. 设置 DataList 控件中数据的显示格式。（示例位置：光盘\mr\sl\10\14）
2. 在 GridView 控件中通过 CheckBox 删除选中记录。（示例位置：光盘\mr\sl\10\15）

第 11 章

站点导航控件

（ 视频讲解：45 分钟 ）

网站导航是指当用户浏览网站时，网站所提供的指引标志，可以使用户清楚地知道目前所在网站中的位置。ASP.NET 中主要提供 3 个控件设置网站导航结构，即 TreeView、Menu 和 SiteMapPath 控件。

11.1 站点地图概述

站点地图是一个以.sitemap为扩展名的文件，默认名为Web.sitemap，并且存储在应用程序的根目录下。.sitemap文件是以XML描述的树状结构文件，其中包括站点结构信息。TreeView、Menu和SiteMapPath控件的网站导航信息和超链接的数据都是由.sitemap文件提供的。

右击"解决方案资源管理器"中的Web站点，在弹出的快捷菜单中选择"添加新项"命令，弹出"添加新项"对话框，在"模板"列表框中选择"站点地图"选项，即可创建站点地图文件，如图11.1所示。

图11.1　创建站点地图文件

创建成功后会得到一个空白的结构描述内容：

```xml
<?xml version="1.0" encoding="utf-8" ?>
<siteMap xmlns="http://schemas.microsoft.com/AspNet/SiteMap-File-1.0" >
    <siteMapNode url="" title=""  description="">
        <siteMapNode url="" title=""  description="" />
        <siteMapNode url="" title=""  description="" />
    </siteMapNode>
</siteMap>
```

Web.sitemap文件严格遵循XML文档结构。该文件中包括一个根节点siteMap，在根节点下包括多个siteMapNode子节点，其中设置了title、url等属性。如表11.1所示列出了siteMapNode节点的常用属性及说明。

表 11.1　siteMapNode 节点的常用属性及说明

属　　性	说　　明
url	设置用于节点导航的 URL 地址。在整个站点地图文件中，该属性必须唯一
title	设置节点名称
description	设置节点说明文字
key	定义表示当前节点的关键字
roles	定义允许查看该站点地图文件的角色集合。多个角色可使用";"和","进行分隔
Provider	定义处理其他站点地图文件的站点导航提供程序名称，默认值为 XmlSiteMapProvider
siteMapFile	设置包含其他相关 SiteMapNode 元素的站点地图文件

注意

创建 Web.sitemap 文件后，需要根据文件架构来填写站点结构信息。如果 siteMapNode 节点的 URL 所指定的网页名称重复，则会造成导航控件无法正常显示，最后运行时会产生错误。

站点导航控件位于工具箱的"导航"选项中，如图 11.2 所示。

图 11.2　导航控件

11.2　TreeView 控件

11.2.1　TreeView 控件概述

TreeView 控件由一个或多个节点构成。树中的每个项都被称为一个节点，由 TreeNode 对象表示。TreeView 控件的组成如图 11.3 所示。位于图中最上层的为根节点（RootNode），再下一层的称为父节点（ParentNode），父节点下面的几个节点则称为子节点（ChildNode），而子节点下面没有任何节点，则称为叶节点（LeafNode）。

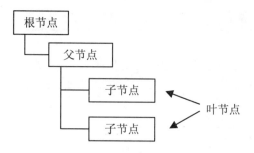

图 11.3 TreeView 控件的组成

TreeView 控件主要支持以下功能。
- ☑ 支持数据绑定。允许将控件的节点绑定到分层数据（如 XML、表格等）。
- ☑ 与 SiteMapDataSource 控件集成，实现站点导航功能。
- ☑ 节点文字可显示为普通文本或超链接文本。
- ☑ 可自定义树形和节点的样式、主题等外观特征。
- ☑ 可通过编程方式访问 TreeView 对象模型，完成动态创建树形结构、构造节点和设置属性等任务。
- ☑ 在客户端浏览器支持的情况下，通过客户端到服务器的回调填充节点。
- ☑ 具有在节点显示复选框的功能。

11.2.2　TreeView 控件的常用属性和事件

TreeView 控件的常用属性及说明如表 11.2 所示。

表 11.2　TreeView 控件的常用属性及说明

属　　性	说　　明
AutoGenerateDataBindings	获取或设置 TreeView 控件是否自动生成树节点绑定
CheckedNodes	用于获取 TreeView 控件中被用户选中 CheckBox 的节点集合
CollapseImageToolTip	获取或设置可折叠节点的指示符所显示图像的提示文字
CollapseImageUrl	获取或设置节点在折叠状态下，所显示图像的 URL 地址
DataSource	获取或设置绑定到 TreeView 控件的数据源对象
DataSourceID	获取或设置绑定到 TreeView 控件的数据源控件的 ID
EnableClientScript	获取或设置 TreeView 控件是否呈现客户端脚本以处理展开和折叠事件
ExpandDepth	获取或设置默认情况下 TreeView 控件展开的层次数
ExpandImageToolTip	获取或设置可展开节点的指示符所显示图像的提示文字
ExpandImageUrl	获取或设置用作可展开节点的指示符的自定义图像的 URL
ImageSet	获取或设置 TreeView 控件的图像组，是 TreeViewImageSet 枚举值之一
LineImagesFolder	获取或设置用于连接子节点和父节点的线条图像的文件夹的路径
MaxDataBindDepth	获取或设置要绑定到 TreeView 控件的最大树级别数
NodeIndent	获取或设置 TreeView 控件的子节点的缩进量，单位是像素

续表

属　性	说　明
Nodes	用于获取 TreeView 控件中的 TreeNode 对象集合。可通过特定方法，对树形结构中的节点进行添加、删除、修改等操作
NodeWrap	获取或设置空间不足时节点中的文本是否换行
NoExpandImageUrl	获取或设置不可展开节点指示符的自定义图像的 URL
PathSeparator	获取或设置用于分隔由 ValuePath 属性指定的节点值的字符，为防止冲突和得到错误的数据，节点的 Value 属性中不应当包含分隔符字符
PopulateNodesFromClient	获取或设置是否启用由客户端构建节点的功能
SelectedNode	获取 TreeView 控件中选定节点的 TreeNode 对象
SelectedValue	获取 TreeView 控件中选定节点的值
ShowCheckBoxes	获取或设置哪些节点类型将在 TreeView 控件中显示复选框
ShowExpandCollapse	获取或设置是否显示展开节点指示符
ShowLines	获取或设置是否显示连接子节点和父节点的线条
Target	获取或设置单击节点时网页内容的目标窗口或框架名字

下面对比较重要的属性进行详细介绍。

☑ ExpandDepth 属性

获取或设置默认情况下 TreeView 控件展开的层次数。例如，若将该属性设置为 2，则将展开根节点及根节点下方紧邻的所有父节点。默认值为-1，表示将所有节点完全展开。

☑ Nodes 属性

使用 Nodes 属性可以获取一个包含树中所有根节点的 TreeNodeCollection 对象。Nodes 属性通常用于快速循环访问所有根节点，或者访问树中的某个特定根节点，同时还可以使用 Nodes 属性以编程方式管理树中的根节点，即可以在集合中添加、插入、移除和检索 TreeNode 对象。

例如，在使用 Nodes 属性遍历树时，添加如下代码判断根节点数：

```
if (TreeView1.Nodes.Count > 0)
{
    for (int i = 0; i < TreeView1.Nodes.Count; i++)
    {
            …//其他操作
    }
}
```

☑ SelectedNode 属性

SelectedNode 属性用于获取用户选中节点的 TreeNode 对象。当节点显示为超链接文本时，该属性返回值为 null，即不可用。

例如，从 TreeView 控件中将选择的节点值赋给 Label 控件，代码如下：

Label1.Text += "<li>被选择的节点为："+TreeView1.SelectedNode.Text;

TreeView 控件的常用事件及说明如表 11.3 所示。

表 11.3 TreeView 控件的常用事件及说明

事件	说明
SelectedNodeChanged	在 TreeView 控件中选定某个节点时发生
TreeNodeCheckChanged	当 TreeView 控件的复选框在向服务器的两次发送过程之间状态有所更改时发生
TreeNodeExpanded	当展开 TreeView 控件中的节点时发生
TreeNodeCollapsed	当折叠 TreeView 控件中的节点时发生
TreeNodePopulate	当 PopulateOnDemand 属性设置为 true 的节点在 TreeView 控件中展开时发生
TreeNodeDataBound	当数据项绑定到 TreeView 控件中的节点时发生

下面对比较重要的事件进行详细介绍。

☑ SelectedNodeChanged 事件

TreeView 控件的节点文字有选择模式和导航模式两种。默认情况下，节点文字处于选择模式，如果节点的 NavigateUrl 属性设置不为空，则该节点处于导航模式。

若 TreeView 控件处于选择模式，当用户单击 TreeView 控件的不同节点的文字时，将触发 SelectedNodeChanged 事件，在该事件下可以获得所选择的节点对象。

☑ TreeNodePopulate 事件

在 TreeNodePopulate 事件下，可以用编程方式动态地填充 TreeView 控件的节点。

若要动态填充某个节点，首先将该节点的 PopulateOnDemand 属性设置为 true，然后从数据源中检索节点数据，将该数据放入一个节点结构中，最后将该节点结构添加到正在被填充节点的 ChildNodes 集合中。

注意

当节点的 PopulateOnDemand 属性设置为 true 时，必须动态填充该节点。不能以声明方式将另一节点嵌套在该节点的下方，否则将会在页面上出现错误。

11.2.3 TreeView 控件的基本应用

TreeView 控件的基本功能可以总结为：将有序的层次化结构数据显示为树形结构。创建 Web 窗体后，可通过拖放的方法将 TreeView 控件添加到 Web 页的适当位置。在 Web 页上将会出现如图 11.4 所示的 TreeView 控件和 TreeView 任务快捷菜单。

TreeView 任务快捷菜单中显示了设置 TreeView 控件常用的任务：自动套用格式（用于设置控件外观）、选择数据源（用于连接一个现有数据源或创建一个数据源）、编辑节点（用于编辑在 TreeView 中显示的节点）和显示行（用于显示 TreeView 上的行）。

图 11.4 添加 TreeView 控件

添加 TreeView 控件后，通常先添加节点，然后为 TreeView 控件设置外观。

添加节点时，可以选择"编辑节点"命令，弹出如图 11.5 所示的对话框，在其中可以定义 TreeView

控件的节点和相关属性。对话框的左侧是操作节点的命令按钮和控件预览窗口，命令按钮包括添加根节点、添加子节点、删除节点和调整节点相对位置；对话框右侧是当前选中节点的属性列表，可根据需要设置节点属性。

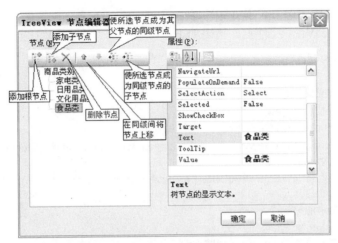

图 11.5 "TreeView 节点编辑器"对话框

TreeView 控件的外观属性可以通过属性面板进行设置，也可以通过 Visual Studio 2010 内置的 TreeView 控件外观样式进行设置。

选择"自动套用格式"命令，将弹出如图 11.6 所示的"自动套用格式"对话框，对话框左侧列出的是 TreeView 控件外观样式的名称，右侧是对应外观样式的预览窗口。

编辑节点并设置外观样式后的 TreeView 控件的运行结果如图 11.7 所示。

图 11.6 "自动套用格式"对话框

图 11.7 TreeView 控件运行结果

11.2.4 TreeView 控件绑定数据库

TreeView 控件支持绑定多种数据源，如数据库、XML 文件等。本节主要介绍如何使用 TreeView 控件绑定数据库。

【例 11.1】 TreeView 控件绑定数据库。（示例位置：光盘\mr\sl\11\01）

本示例将数据库中对应的字段绑定到 TreeView 控件上。执行程序，示例运行结果如图 11.8 所示。

程序实现的主要步骤如下。

（1）新建一个网站，默认主页为 Default.aspx，在 Default.aspx 页上添加一个 TreeView 控件。

（2）在后台代码页中定义一个 BindDataBase 方法，用于将数据库中的数据绑定到 TreeView 控件上，代码如下：

图 11.8　TreeView 控件绑定数据库

```
public void BindDataBase()
{
    //实例化 SqlConnection 对象
    SqlConnection sqlCon = new SqlConnection();
    //实例化 SqlConnection 对象连接数据库的字符串
    sqlCon.ConnectionString = "server=LFL\\MR;uid=sa;pwd=;database=db_Student";
    //实例化 SqlDataAdapter 对象
    SqlDataAdapter da = new SqlDataAdapter("select * from tb_StuInfo", sqlCon);
    //实例化数据集 DataSet
    DataSet ds = new DataSet();
    da.Fill(ds, "tb_StuInfo");
    //下面的方法动态添加了 TreeView 的根节点和子节点
    //设置 TreeView 的根节点
    TreeNode tree1 = new TreeNode("学生信息");
    this.TreeView1.Nodes.Add(tree1);
    for (int i = 0; i < ds.Tables["tb_StuInfo"].Rows.Count; i++)
    {
        TreeNode tree2 = new TreeNode(ds.Tables["tb_StuInfo"].Rows[i][1].ToString(), ds.Tables["tb_StuInfo"].Rows[i][1].ToString());
        tree1.ChildNodes.Add(tree2);
        //显示 TreeView 根节点下的子节点
        for (int j = 0; j < ds.Tables["tb_StuInfo"].Columns.Count; j++)
        {
            TreeNode tree3 = new TreeNode(ds.Tables["tb_StuInfo"].Rows[i][j].ToString(), ds.Tables["tb_StuInfo"].Rows[i][j].ToString());
            tree2.ChildNodes.Add(tree3);
        }
    }
}
```

说明

通过 TreeNode 对象实例的 ChildNodes 属性可以获取 TreeNodeCollection 集合，调用该集合的 Add 方法可以将指定的 TreeNode 对象追加到 TreeNodeCollection 对象的结尾，即添加一个子节点。

在页面的 Page_Load 事件中调用 BindDataBase 方法，设置父节点与子节点间的连线并展开树控件的第一层，代码如下：

```
protected void Page_Load(object sender, EventArgs e)
{
    BindDataBase();
    TreeView1.ShowLines = true;//显示连接父节点与子节点间的线条
    TreeView1.ExpandDepth = 1;//控件显示时所展开的层数
}
```

11.2.5 TreeView 控件绑定 XML 文件

在程序开发中，某些信息会存储在 XML 文件中，下面介绍 TreeView 控件如何绑定到 XML 文件。

【例 11.2】 TreeView 控件绑定 XML 文件。（**示例位置：光盘\mr\sl\11\02**）

本示例将 XML 文件绑定到 TreeView 控件上。执行程序，示例运行结果如图 11.9 所示。

程序实现的主要步骤如下。

（1）新建一个网站，默认主页为 Default.aspx，在 Default.aspx 页上添加一个 TreeView 控件和一个 XmlDataSource 控件。

（2）设置 XmlDataSource 控件的数据源。在 XmlDataSource 控件的"XmlDataSource 任务"快捷菜单中选择"配置数据源"命令，然后在弹出的对话框中单击"浏览"按钮，指定 XML 文件的名称为 XMLFile.xml，最后单击"确定"按钮完成设置，如图 11.10 所示。

图 11.9　TreeView 控件绑定 XML 文件

图 11.10　指定 XMLFile.xml 文件

XMLFile.xml 文件的源代码如下：

```xml
<?xml version="1.0" encoding="utf-8" ?>
<Root url="Default.aspx" name="学生信息" describe="studentInfo">
  <Parent url="class1.aspx" name="一班" describe="classOne">
    <Child url="stu11.aspx" name="小明" describe="xiaoming"></Child>
    <Child url="stu12.aspx" name="小亮" describe="xiaoliang"></Child>
  </Parent>
  <Parent url="class2.aspx" name="二班" describe="classTwo">
    <Child url="stu21.aspx" name="小红" describe="xiaohong"></Child>
    <Child url="stu22.aspx" name="小白" describe="xiaobai"></Child>
  </Parent>
</Root>
```

（3）为 TreeView 控件指定数据源，将 TreeView 控件的 DataSourceID 属性设为 XmlDataSource1，完成后如图 11.11 所示。从图中可以看出，TreeView 控件中显示的不是实际学生的信息，而是只显示节点，因为还没有设置 XML 节点对应的字段。

（4）设置 XML 节点对应的字段。在"TreeView 任务"快捷菜单中选择"编辑 TreeNode 数据绑定"命令，打开"TreeView DataBindings 编辑器"对话框，添加 Root、Parent 和 Child 3 个节点，然后分别选取 Root、Parent 和 Child 节点，并在属性面板中设置相关对应字段。选中 Root 节点将 NavigateUrlField 属性设置为 url、TextField 属性设置为 name、ValueField 属性设置为 describe，如图 11.12 所示。Parent 和 Child 节点的设置同 Root 节点，单击"确定"按钮关闭对话框。这时 TreeView 控件就已经绑定了 XML 文件。

图 11.11　指定数据源后的显示结果　　　　图 11.12　设置 XML 节点对应的字段

11.2.6　使用 TreeView 控件实现站点导航

Web.sitemap 文件用于存储站点导航信息，其数据采用 XML 格式，将站点逻辑结构层次化地列出。Web.sitemap 与 TreeView 控件集成的实质是以 Web.sitemap 文件为数据基础，以 TreeView 控件的树形结构为表现形式，将站点的逻辑结构表现出来，实现站点导航的功能。

【例 11.3】　使用 TreeView 控件实现站点导航。（示例位置：光盘\mr\sl\11\03）

本示例将 Web.sitemap 与 TreeView 控件集成，实现站点导航。执行程序，示例运行结果如图 11.13 所示。

程序实现的主要步骤如下。

（1）新建一个网站，默认主页为 Default.aspx，在 Default.aspx 页上添加一个 TreeView 控件和一个 SiteMapDataSource 控件。

（2）添加一个 Web.sitemap 文件，该文件包括一个根节点和多个嵌套节点，并且每个节点都添加了 URL（超链接）、title（显示节点名称）、description（节点说明文字）属性。文件源代码如下：

图 11.13　TreeView 控件绑定 Web.sitemap 文件

```
<?xml version="1.0" encoding="utf-8" ?>
<siteMap xmlns="http://schemas.microsoft.com/AspNet/SiteMap-File-1.0" >
    <siteMapNode url="Default.aspx" title="学生信息" description ="studentInfo">
```

```
      <siteMapNode url="class1.aspx" title="一班"  description="classOne">
        <siteMapNode url="stu11.aspx" title="小明"  description="xiaoming" />
        <siteMapNode url="stu12.aspx" title="小亮"  description="xiaoliang" />
      </siteMapNode>
      <siteMapNode url="class2.aspx" title="二班"  description="classTwo">
        <siteMapNode url="stu21.aspx" title="小红"  description="xiaohong" />
        <siteMapNode url="stu22.aspx" title="小白"  description="xiaobai" />
      </siteMapNode>
    </siteMapNode>
</siteMap>
```

（3）指定 TreeView 控件的 DataSourceID 属性值为 SiteMapDataSource1。

> **注意**
> SiteMapDataSource 控件默认处理 Web.sitemap 文件，所以不需要相关设置。

> **技巧**
> （1）TreeView 控件中的节点名称不能全部显示
> 当 Web.sitemap 文件中的节点数超过 11 个时，则 TreeView 控件不会显示所有节点的真正名称，而是象征性地显示几个节点，并不是设置错误。
> （2）怎样避免在客户端上处理 TreeView 控件展开节点事件
> 动态填充 TreeView 控件的节点时，将 TreeView 控件的 EnableClientScript 属性值设置为 false，可以防止在客户端上处理展开节点事件。

11.3 Menu 控件

11.3.1 Menu 控件概述

Menu 控件能够构建与 Windows 应用程序类似的菜单栏。

Menu 控件具有静态和动态两种显示模式。静态显示意味着 Menu 控件始终是完全展开的，整个结构都是可视的，用户可以单击任何部位；而动态显示的菜单中，只有指定的部分是静态的，用户将鼠标指针放置在父节点上时才会显示其子菜单项。

Menu 控件的基本功能是实现站点导航，具体功能如下。

☑ 与 SiteMapDataSource 控件搭配使用，将 Web.sitemap 文件中的网站导航数据绑定到 Menu 控件。
☑ 允许以编程方式访问 Menu 对象模型。
☑ 可使用主题、样式属性和模板等自定义控件外观。

说明
SiteMapDataSource 控件位于工具箱的"数据"选项中，如图 11.14 所示。

图 11.14 SiteMapDataSource 控件

11.3.2 Menu 控件的常用属性和事件

Menu 控件的常用属性及说明如表 11.4 所示。

表 11.4 Menu 控件的常用属性及说明

属　　性	说　　明
DataSource	获取或设置对象，数据绑定控件从该对象中检索其数据项列表
DisappearAfter	获取或设置鼠标指针不再置于菜单上后显示动态菜单的持续时间
DynamicHorizontalOffset	获取或设置动态菜单相对于其父菜单项的水平移动像素数
DynamicPopOutImageUrl	获取或设置自定义图像的 URL，如果动态菜单项包含子菜单，则该图像显示在动态菜单项中
Items	获取 MenuItemCollection 对象，该对象包含 Menu 控件中的所有菜单项
ItemWrap	获取或设置一个值，该值指示菜单项的文本是否换行
MaximumDynamicDisplayLevels	获取或设置动态菜单的菜单呈现级别数
Orientation	获取或设置 Menu 控件的呈现方向
SelectedItem	获取选定的菜单项
SelectedValue	获取选定菜单项的值

下面对比较重要的属性进行详细介绍。

☑ DisappearAfter 属性

DisappearAfter 属性用来获取或设置当鼠标指针离开 Meun 控件后菜单的延迟显示时间，默认值为 500，单位为毫秒。在默认情况下，当鼠标指针离开 Menu 控件后，菜单将在一定时间内自动消失。如果希望菜单立刻消失，可单击 Meun 控件以外的空白区域。当设置该属性值为-1 时，菜单将不会自动消失，在这种情况下，只有用户在菜单外部单击时，动态菜单项才会消失。

☑ Orientation 属性

使用 Orientation 属性指定 Menu 控件的显示方向，如果 Orientation 的属性值为 Horizontal，则水平显示 Menu 控件；如果 Orientation 的属性值为 Vertical，则垂直显示 Menu 控件。

例如，将 Menu 控件的 Orientation 属性值设置为 Horizontal，则水平显示菜单，如图 11.15 所示。Menu 控件的 Orientation 属性默认值为 Vertical，为垂直显示动态菜单，如图 11.16 所示。

图 11.15　水平显示动态菜单　　　　　　　图 11.16　垂直显示动态菜单

Menu 控件的常用事件及说明如表 11.5 所示。

表 11.5　Menu 控件的常用事件及说明

事件	说明
MenuItemClick	单击 Menu 控件中某个菜单项时激发
MenuItemDataBound	Menu 控件中某个菜单项绑定数据时激发

11.3.3　Menu 控件的基本应用

Menu 控件也可以通过拖放的方式添加到 Web 页面上，添加到页面上的效果如图 11.17 所示。

Menu 控件也有自己的任务快捷菜单，该菜单显示了设置 Menu 控件常用的任务，即自动套用格式、选择数据源、视图、编辑菜单项、转换为 DynamicItemTemplate、转换为 StaticItemTemplate 和编辑模板。

可以通过"菜单项编辑器"对话框添加菜单项。选择"编辑菜单项"命令，打开"菜单项编辑器"对话框，如图 11.18 所示。在该对话框中可以自定义 Menu 控件菜单项的内容及相关属性，对话框左侧是操作菜单项的命令按钮和控件预览窗口。命令按钮包括 Menu 控件菜单项的添加、删除和调整位置等操作。对话框右侧是当前选中菜单项的属性列表，可根据需要设置菜单项属性。

图 11.17　添加 Menu 控件　　　　　　　　图 11.18　"菜单项编辑器"对话框

Menu 控件也可以通过自动套用格式设置外观，选择"自动套用格式"命令，打开"自动套用格式"对话框，如图 11.19 所示。对话框左侧列出的是内置的多种 Menu 控件外观样式的名称，右侧是对应外观样式的预览窗口。

编辑菜单项并设置外观样式后的 Menu 控件的运行结果如图 11.20 所示。

图 11.19 "自动套用格式"对话框

图 11.20 Menu 控件运行结果

11.3.4 Menu 控件绑定 XML 文件

Menu 控件也可以绑定到 XML 文件，显示层次结构的数据。

【例 11.4】 Menu 控件绑定 XML 文件。（示例位置：光盘\mr\sl\11\04）

本示例将 XML 文件绑定到 Menu 控件上。执行程序，示例运行结果如图 11.21 所示。

程序实现的主要步骤如下。

（1）新建一个网站，默认主页为 Default.aspx，在 Default.aspx 页上添加一个 Menu 控件和一个 XmlDataSource 控件。

（2）设置 XmlDataSource 控件的数据源，指定 XML 文件的名称为 XMLFile.xml，如图 11.22 所示，具体步骤参见例 11.2。

图 11.21 Menu 控件绑定 XML 文件

图 11.22 设置 XmlDataSource 控件的数据源

> **说明**
>
> Xpath 表达式用于在 XML 文件数据中查询具体元素。此处将 Xpath 表达式设置为 "/*/*"，表示查询范围是根节点下的所有子节点，但不包括根节点。

XMLFile.xml 文件的源代码如下：

```
<?xml version="1.0" encoding="utf-8" ?>
<Root>
  <Item url="Default.aspx" name="首页">
```

```
      <Item url="News.aspx" name="新闻">
        <Option url="News1.aspx" name="时事新闻"></Option>
        <Option url="News2.aspx" name="娱乐新闻"></Option>
      </Item>
    </Root>
```

（3）为 Menu 控件指定数据源，将 Menu 控件的 DataSourceID 属性设为 XmlDataSource1。

（4）设置 XML 节点对应的字段。在"Menu 任务"快捷菜单中选择"编辑 MenuItem DataBindings"命令，打开"菜单 DataBindings 编辑器"对话框，添加 Item、Option 菜单项，然后分别选取 Item 和 Option，并在属性面板中设置相关对应字段。NavigateUrlField 属性设置为 url、TextField 属性设置为 name。单击"确定"按钮，这时 Menu 控件就已经绑定了 XML 文件。

（5）设置 Menu 控件的外观，在"自动套用格式"对话框中选择"传统型"样式，并将 Menu 控件的 Orientation 属性设置为 Horizontal，即设置为水平菜单。

11.3.5 使用 Menu 控件实现站点导航

Menu 控件也可以通过绑定 Web.sitemap 文件实现站点导航。

【例 11.5】 使用 Menu 控件实现站点导航。（**示例位置：光盘\mr\sl\11\05**）

本示例将 Web.sitemap 与 Menu 控件集成，实现站点导航。执行程序，示例运行结果如图 11.23 所示。

程序实现的主要步骤如下。

（1）新建一个网站，默认主页为 Default.aspx，在 Default.aspx 页上添加一个 Menu 控件和一个 SiteMapDataSource 控件。

图 11.23　Menu 控件绑定 Web.sitemap 文件

（2）添加一个 Web.sitemap 文件，该文件包括一个根节点和多个嵌套节点，并且每个节点都添加了 url、title 属性。文件源代码如下：

```
<?xml version="1.0" encoding="utf-8" ?>
<siteMap>
  <siteMapNode title="Root">
    <siteMapNode url="Default.aspx" title="首页"/>
    <siteMapNode url="News.aspx" title="新闻"  description="classTwo">
      <siteMapNode url="News1.aspx" title="时事新闻"/>
      <siteMapNode url="News2.aspx" title="娱乐新闻"/>
    </siteMapNode>
  </siteMapNode>
</siteMap>
```

（3）指定 Menu 控件的 DataSourceID 属性值为 SiteMapDataSource1。现在已经实现 Menu 控件绑定 Web.sitemap 文件，但是，Web.sitemap 文件的根节点 Root 将自动显示在 Menu 控件中，不是多根菜单。为了隐藏 Web.sitemap 文件中有且公有的根节点，必须将 SiteMapDataSource 控件的 ShowStartingNode 属性设置为 false（该属性的默认值为 true）。

注意

SiteMapDataSource 控件默认处理 Web.sitemap 文件,所以不需要进行相关设置。

(4)设置 Menu 控件的外观,在"自动套用格式"对话框中选择"传统型"样式,并将 Menu 控件的 Orientation 属性设置为 Horizontal 选项,水平显示菜单栏。

技巧

1. 如何在 Menu 控件上显示图片

使用 Menu 控件时,如果为 MenuItem 添加图片,需要将 MenuItem 的 Text 和 Value 属性设为"",才能只显示图片。

2. 如何设置 Menu 控件显示的节点数

Menu 控件绑定 Web.sitemap 时,显示的节点数与 Web.sitemap 中的节点数不符,这是因为 Menu 控件默认的最大弹出数为 3,只要将 MaximumDynamicDisplayLevels 属性设为最大弹出层数即可解决该问题。

11.4 SiteMapPath 控件

11.4.1 SiteMapPath 控件概述

SiteMapPath 控件用于显示一组文本或图像超链接,以便在使用最少页面空间的同时更加轻松地定位当前所在网站中的位置。该控件会显示一条导航路径,此路径为用户显示当前页的位置,并显示返回到主页的路径链接。它包含来自站点地图的导航数据,只有在站点地图中列出的页才能在 SiteMapPath 控件中显示导航数据。如果将 SiteMapPath 控件放置在站点地图中未列出的页上,该控件将不会向客户端显示任何信息。

说明

SiteMapPath 控件会自动读取 .sitemap 站点地图文件中的信息。

11.4.2 SiteMapPath 控件的常用属性和事件

SiteMapPath 控件的常用属性及说明如表 11.6 所示。

表 11.6 SiteMapPath 控件的常用属性及说明

属性	说明
CurrentNodeTemplate	获取或设置一个控件模板，用于代表当前显示页的站点导航路径的节点
NodeStyle	获取用于站点导航路径中所有节点的显示文本的样式
NodeTemplate	获取或设置一个控件模板，用于站点导航路径的所有功能节点
ParentLevelsDisplayed	获取或设置 SiteMapPath 控件显示相对于当前显示节点的父节点级别数
PathDirection	获取或设置导航路径节点的呈现顺序
PathSeparator	获取或设置一个字符串，该字符串在呈现的导航路径中分隔 SiteMapPath 节点
PathSeparatorTemplate	获取或设置一个控件模板，用于站点导航路径的路径分隔符
RootNodeTemplate	获取或设置一个控件模板，用于站点导航路径的根节点
SiteMapProvider	获取或设置用于呈现站点导航控件的 SiteMapProvider 的名称

下面对比较重要的属性进行详细介绍。

☑ ParentLevelsDisplayed 属性

ParentLevelsDisplayed 属性用于获取或设置 SiteMapPath 控件显示相对于当前显示节点的父节点级别数。默认值为-1，表示将所有节点完全展开。例如，设置 SiteMapPath 控件在当前节点之前还要显示 3 级父节点，代码如下：

```
SiteMapPath1. ParentLevelsDisplayed=3;
```

☑ PathDirection 属性

PathDirection 属性用来获取或设置节点显示的方向，有两种显示方向可供选择，即 CurrentToRoot 和 RootToCurrent，默认值为 RootToCurrent。例如，当设置 PathDirection 属性值为 RootToCurrent 时，显示方式为从最顶部的节点到当前节点（如新闻>时事新闻）；当设置 PathDirection 值为 CurrentToRoot 时，显示方式为从当前节点到最顶部节点（如时事新闻>新闻）。

☑ SiteMapProvider 属性

SiteMapProvider 属性设置 SiteMapPath 控件用来获取站点地图数据的数据源。如果未设置 SiteMapProvider 属性，SiteMapPath 控件会使用 SiteMap 类的 Provider 属性获取当前站点地图的默认 SiteMapProvider 对象。其中 SiteMap 类是站点导航结构在内存中的表示形式，导航结构由一个或多个站点地图组成。

SiteMapPath 控件的常用事件及说明如表 11.7 所示。

表 11.7 SiteMapPath 控件的常用事件及说明

事件	说明
ItemCreated	当 SiteMapPath 控件创建一个 SiteMapNodeItem 对象，并将其与 SiteMapNode 关联时发生（主要涉及创建节点过程）。该事件由 OnItemCreated 方法引发
ItemDataBound	当 SiteMapNodeItem 对象绑定到 SiteMapNode 包含的站点地图数据时发生（主要涉及数据绑定过程）。该事件由 OnItemDataBound 方法引发

说明

在 SiteMapPath 控件中，比较重要的事件有 ItemCreated 和 ItemDataBound 两个，前者涉及创建节点过程，后者涉及数据绑定过程。

11.4.3 使用 SiteMapPath 控件实现站点导航

使用 SiteMapPath 控件无须代码和绑定数据就能创建站点导航，此控件可自动读取和呈现站点地图信息。

【例 11.6】 使用 SiteMapPath 控件实现站点导航。（示例位置：光盘\mr\sl\11\06）

本示例使用 SiteMapPath 控件实现站点导航。执行程序，示例运行结果如图 11.24 所示。

程序实现的主要步骤如下：

（1）新建一个网站，由于 SiteMapPath 控件会使用到 Web.sitemap 文件，所以先添加一个 Web.sitemap 文件。文件源代码如下：

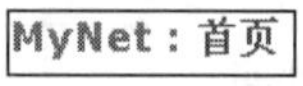

MyNet：首页

图 11.24 SiteMapPath 控件实现站点导航

```xml
<?xml version="1.0" encoding="utf-8" ?>
<siteMap>
  <siteMapNode title="MyNet">
    <siteMapNode url="Default.aspx" title="首页"/>
    <siteMapNode url="News.aspx" title="新闻"   description="classTwo">
      <siteMapNode url="News1.aspx" title="时事新闻"/>
      <siteMapNode url="News2.aspx" title="娱乐新闻"/>
    </siteMapNode>
  </siteMapNode>
</siteMap>
```

（2）根据 Web.sitemap 文件中 URL 节点所定义的网页名称添加网页。

（3）在每个页中拖放一个 SiteMapPath 控件，SiteMapPath 控件就会直接将路径呈现在页面上。

（4）通过"自动套用格式"对话框设置控件的外观。

> **技巧**
>
> SiteMapPath 控件在 Web 页上不显示的原因
>
> SiteMapPath 控件可以直接使用网站的站点地图数据，并将站点地图数据显示在客户端。如果将 SiteMapPath 控件用在未在站点地图中表示的页面上，则该控件不会向客户端显示任何信息。

11.5 实践与练习

使用 Menu 控件实现 BBS 导航条。（示例位置：光盘\mr\sl\11\07）

第12章

Web 用户控件

（ 视频讲解：24 分钟 ）

在 ASP.NET 网页中，除了使用 Web 服务器控件外，还可以用创建 ASP.NET 网页的技术来创建可重复使用的自定义控件，这些控件被称为用户控件。通过本章的学习，读者可以对 Web 用户控件有进一步的了解。

12.1 Web用户控件概述

用户控件是一种复合控件，其工作原理类似于 ASP.NET 网页，可以向用户控件添加现有的 Web 服务器控件和标记，并定义控件的属性和方法，然后可以将控件嵌入 ASP.NET 网页中充当一个单元。

12.1.1 用户控件与普通 Web 页的比较

ASP.NET Web 用户控件（.ascx 文件）与完整的 ASP.NET 网页（.aspx 文件）相似，同样具有用户界面和代码，开发人员可以采取与创建 ASP.NET 页相似的方法创建用户控件，然后向其中添加所需的标记和子控件。用户控件可以像 ASP.NET 页一样对包含的内容进行操作（包括执行数据绑定等任务）。

用户控件与 ASP.NET 网页有以下区别：

- ☑ 用户控件的文件扩展名为.ascx。
- ☑ 用户控件中没有@Page 指令，而是包含@Control 指令，该指令对配置及其他属性进行定义。
- ☑ 用户控件不能作为独立文件运行，而必须像处理其他控件一样，将它们添加到 ASP.NET 页中。
- ☑ 用户控件中没有 html、body 或 form 元素。

12.1.2 用户控件的优点

用户控件提供了一个面向对象的编程模型，在一定程度上取代了服务器端文件包含（<!--#include-->）指令，并且提供的功能比服务器端包含文件多。使用用户控件的优点如下：

- ☑ 可以将常用的内容或者控件以及控件的运行程序逻辑设计为用户控件，然后便可以在多个网页中重复使用该用户控件，从而省去许多重复性的工作。如网页中的导航栏，几乎每个页都需要相同的导航栏，可以将其设计为一个用户控件，在多个页中使用。
- ☑ 如果网页内容需要改变，只需修改用户控件中的内容，其他添加、使用该用户控件的网页会自动随之改变，因此网页的设计以及维护变得简单易行。

注意

与 Web 页面一样，用户控件可以在第一次请求时被编译并存储在服务器内存中，这样就缩短了以后请求的响应时间。但是，不能独立请求用户控件，用户控件必须被包含在 Web 网页内才能使用。

12.2 创建及使用 Web 用户控件

尽管 ASP.NET 提供的服务器控件具有十分强大的功能，但在实际应用中，遇到的问题总是复杂多样的（例如，使用服务器控件不能完成复杂的、能在多处使用的导航控件）。为了满足不同的特殊功能需求，ASP.NET 允许程序开发人员根据实际需要制作适用的控件。通过本节的学习，读者将了解到如何创建 Web 用户控件、如何将制作好的 Web 用户控件添加到网页中以及 Web 用户控件在实际开发中的应用。

12.2.1 创建 Web 用户控件

创建用户控件的方法与创建 Web 网页大致相同，其主要操作步骤如下。

（1）打开解决方案资源管理器，在项目名称中右击，然后在弹出的快捷菜单中选择"添加新项"命令，将会弹出如图 12.1 所示的"添加新项"对话框。在该对话框中选择"Web 用户控件"选项，并为其命名，单击"添加"按钮将 Web 用户控件添加到项目中。

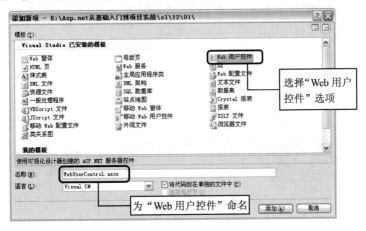

图 12.1 "添加新项"对话框

（2）打开已创建好的 Web 用户控件（用户控件的文件扩展名为.ascx），在.ascx 文件中可以直接向页面中添加各种服务器控件及静态文本、图片等。

（3）双击页面上的任何位置，或者直接按 F7 键，可以将视图切换到后台代码文件，程序开发人员可以直接在文件中编写程序控制逻辑，包括定义各种成员变量、方法以及事件处理程序等。

> **注意**
> 创建好用户控件后，必须添加到其他 Web 页中才能显示出来，不能直接作为一个网页来显示，因此也就不能设置用户控件为"起始页"。

12.2.2 将 Web 用户控件添加至网页

如果已经设计好了 Web 用户控件，可以将其添加到一个或者多个网页中。在同一个网页中也可以重复使用多次，各个用户控件会以不同 ID 来标识。将用户控件添加到网页可以使用 Web 窗体设计器。

使用 Web 窗体设计器可以在设计视图下将用户控件以拖放的方式直接添加到网页上，其操作与将内置控件从工具箱中拖放到网页上一样。在网页中添加用户控件的步骤如下。

（1）在解决方案资源管理器中单击要添加至网页的用户控件。

（2）按住鼠标左键，拖动鼠标到网页上，然后释放鼠标即可，如图 12.2 所示。

图 12.2　将 Web 用户控件添加至网页

（3）在已添加的用户控件上右击，在弹出的快捷菜单中选择"属性"命令，打开属性面板，如图 12.3 所示，可以在属性面板中修改用户控件的属性。

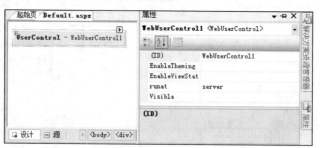

图 12.3　用户控件的"属性"面板

在用户控件中添加用户控件。

用户控件的使用可以减少开发人员的工作量，在设计用户控件时，可以将已创建好的控件添加到某个用户控件中。例如，在开发博客网站时，可以将博客网站的导航条设计为用户控件，由于浏览博客网站的用户身份有两种，即访客（还没有登录的用户）和博客（已登录的用户），对于不同身份的用户都需要在导航条中添加导航按钮。除此之外，访客用户还需要显示登录模块以便其登录，而对于博客用户可以显示欢迎模块。因此，在设计博客网站导航条时可以设计 3 个用户控件，然后将访客的登录模块用户控件（如 Login.ascx）和博客的欢迎模块用户控件（如 Welcome.ascx）添加到导航按钮用户控件（如 menu.ascx）中，这样可以根据用户的身份来显示不同的导航控件。

第 12 章 Web 用户控件

说明
具体用法读者可参见第 25 章。

12.2.3 使用 Web 用户控件制作博客导航条

【例 12.1】 使用 Web 用户控件制作博客导航条。（示例位置：光盘\mr\sl\12\01）
本示例主要利用 Web 用户控件制作一个博客导航条，示例运行结果如图 12.4 所示。

图 12.4 使用 Web 用户控件制作导航条

程序实现的主要步骤如下。
（1）新建一个网站，默认主页为 Default.aspx。
（2）在该网站中添加 1 个 Web 用户控件，默认名为 WebUserControl.ascx。在该 Web 用户控件中添加 6 个 HyperLink 控件，分别设置其 ImageUrl（要显示图像的 URL）和 NavigateUrl（超链接页的 URL）属性值。将 Web 用户控件切换到源视图中。其完整的代码如下：

```
<%@ Control Language="C#" AutoEventWireup="true" CodeFile="WebUserControl.ascx.cs"
Inherits="WebUserControl" %>
<table height="157" width="759" align =center background="images/1.jpg" >
    <tr> <td colspan =7 style="height: 116px">
        </td> </tr> <tr> <td style="width: 185px; height: 23px"></td>
        <td style="width: 80px; height: 23px">
            <asp:HyperLink ID="HyperLink1" runat="server" Font-Underline="False"
ImageUrl="~/images/3.jpg" NavigateUrl="~/Default.aspx"></asp:HyperLink></td>
        <td style="height: 23px; width: 83px;">
            <asp:HyperLink ID="HyperLink2" runat="server" Font-Underline="False"
ImageUrl="~/images/4.jpg" NavigateUrl="~/Default.aspx"></asp:HyperLink></td>
        <td style="height: 23px; width: 66px;">
            <asp:HyperLink ID="HyperLink3" runat="server" Font-Underline="False" ImageUrl="~/images/5.jpg"
NavigateUrl="~/Default.aspx"></asp:HyperLink></td>
        <td style="height: 23px; width: 83px;">
            <asp:HyperLink ID="HyperLink4" runat="server" Font-Underline="False" ImageUrl="~/images/6.jpg"
NavigateUrl="~/Default.aspx"></asp:HyperLink></td>
        <td style="height: 23px; width: 70px;">
```

> HyperLink1 控件显示图像的 URL 为"~/images/3.jpg"，超链接页的 URL 为"~/Default.aspx"

```
            <asp:HyperLink ID="HyperLink5" runat="server" Font-Underline="False" ImageUrl="~/images/7.jpg"
NavigateUrl="~/Default.aspx"></asp:HyperLink></td>
        <td style=" height: 23px">
            <asp:HyperLink ID="HyperLink6" runat="server" Font-Underline="False" ImageUrl="~/images/8.jpg"
NavigateUrl="~/Default.aspx"></asp:HyperLink></td>
    </tr>
</table>
```

（3）将制作好的 Web 用户控件拖放到 Default.aspx 页中，切换到源视图，其完整的代码如下：

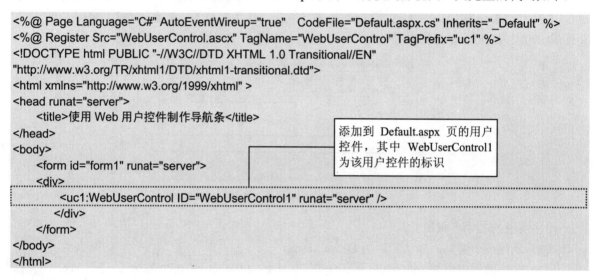

添加到 Default.aspx 页的用户控件，其中 WebUserControl1 为该用户控件的标识

```
<%@ Page Language="C#" AutoEventWireup="true"    CodeFile="Default.aspx.cs" Inherits="_Default" %>
<%@ Register Src="WebUserControl.ascx" TagName="WebUserControl" TagPrefix="uc1" %>
<!DOCTYPE html PUBLIC "-//W3C//DTD XHTML 1.0 Transitional//EN"
"http://www.w3.org/TR/xhtml1/DTD/xhtml1-transitional.dtd">
<html xmlns="http://www.w3.org/1999/xhtml" >
<head runat="server">
    <title>使用 Web 用户控件制作导航条</title>
</head>
<body>
    <form id="form1" runat="server">
    <div>
        <uc1:WebUserControl ID="WebUserControl1" runat="server" />
    </div>
    </form>
</body>
</html>
```

说明

当将用户控件拖曳到 Default.aspx 页后，在 HTML 视图顶端将会自动生成如下所示的一行代码。

`<%@ Register Src="WebUserControl.ascx" TagName="WebUserControl" TagPrefix="uc1" %>`

参数说明如下。

☑ Src：该属性用来定义包括用户控件文件的虚拟路径。
☑ TagName：该属性将名称与用户控件相关联。此名称将包括在用户控件元素的开始标记中。
☑ TagPrefix：该属性将前缀与用户控件相关联。此前缀将包括在用户控件元素的开始标记中。

12.3 设置用户控件

程序开发人员可以在用户控件中添加各种服务器控件，并设置用户控件的各种属性，从而灵活地使用用户控件；还可以将现有的网页直接转化成用户控件。

12.3.1　访问用户控件的属性

ASP.NET 提供的各种服务器控件都有其自身的属性和方法，程序开发人员可以灵活地使用服务器控件中的属性和方法开发程序。在用户控件中，程序开发人员也可以自行定义各种属性和方法，从而灵活地应用用户控件。

【例 12.2】 访问用户控件的属性。（示例位置：光盘\mr\sl\12\02）

本示例主要介绍如何访问用户控件中的属性，并将用户控件的属性值（Hello World！）显示在界面上，示例运行结果如图 12.5 所示。

图 12.5　访问用户控件的属性

程序实现的主要步骤如下。

（1）新建一个网站，默认主页为 Default.aspx，并在该页中添加一个 Label 控件，用于显示从用户控件中获取的属性值。

（2）在该网站中添加一个用户控件，默认名为 WebUserControl.ascx。

（3）首先在该用户控件中定义一个私有变量 userName，并为其赋值，然后再定义一个公有变量，用来读取并返回私有变量的值，其代码如下：

```
private string userName="Hello World！ ";   //私有变量，外部无法访问
    public string str_userName              //定义公有变量来读取私有变量
    {
        get { return userName; }
        set { userName = value; }
    }
```

（4）将用户控件添加至 Default.aspx 页中，并在 Default.aspx 页的 Page_Load 事件下添加如下代码，获取用户控件的属性值，并将其显示出来。

```
protected void Page_Load(object sender, EventArgs e)     // WebUserControl1 为用户控件的标识
    {
        this.Label1.Text = this.WebUserControl1.str_userName.ToString();
    }
```

12.3.2　访问用户控件中的服务器控件

程序开发人员可以在用户控件中添加各种控件，如 Label 控件、TextBox 控件等，但当用户控件创建完成并添加到网页后，在网页的后台代码中不能直接访问用户控件中的服务器控件的属性。为了实现对用户控件中的服务器控件的访问，必须在用户控件中定义公有属性，并且利用 get 访问器与 set 访问器来读取、设置控件的属性。

【例 12.3】 访问用户控件中的服务器控件。（示例位置：光盘\mr\sl\12\03）

本示例主要介绍如何访问用户控件中的服务器控件。执行程序，示例运行结果如图 12.6 所示，当用户单击网页中的"登录"按钮时，首先获取用户控件中用户名和密码文本框的值，然后判断输入的

值是否合法，如果是合法用户，则弹出如图 12.7 所示的对话框。

图 12.6　判断访问用户控件的属性　　　　　　　图 12.7　合法用户提示框

程序实现的主要步骤如下。

（1）新建一个网站，默认主页为 Default.aspx，并在该页中添加一个 Button 控件，用于判断用户输入的信息是否合法。

（2）在该网站中添加一个 Web 用户控件，默认名为 WebUserControl.ascx，并在该用户控件中添加两个文本框，分别用于输入用户名和密码。

（3）在该 Web 用户控件中定义两个公有属性，分别用于设置或读取各个文本框中的 Text 属性，代码如下：

```
public string str_Name //公有属性，访问"用户名"文本框
{
    get { return this.TextBox1.Text; }//返回"用户名"文本框的值
    set { this.TextBox1.Text = value; }//设置"用户名"文本框的值
}
public string str_Pwd//公有属性，访问"密码"文本框
{
    get { return this.TextBox2.Text; }//返回"密码"文本框的值
    set { this.TextBox2.Text = value; }//设置"密码"文本框的值
}
```

（4）将用户控件添加至 Default.aspx 页中，并在 Default.aspx 页的"登录"按钮的 Click 事件下添加一段代码，用于获取用户控件的文本框值，并判断用户输入是否合法。代码如下：

```
protected void Button1_Click(object sender, EventArgs e)
{
    if (this.WebUserControl1.str_Name == "" || this.WebUserControl1.str_Pwd == "")
    {
        Response.Write("<script>alert('请输入必要的信息！')</script>");
    }
    else
    {
        if (this.WebUserControl1.str_Name == "mr" && this.WebUserControl1.str_Pwd == "mrsoft")
        {
            Response.Write("<script>alert('您是合法用户，欢迎您的光临！')</script>");
        }
        else
        {
```

```
            Response.Write("<script>alert('您的输入有误，请核对后重新输入！')</script>");
        }
    }
}
```

12.3.3 将 Web 网页转化为用户控件

用户控件与 Web 网页的设计几乎完全相同，因此，如果某个 Web 网页完成的功能可以在其他 Web 页中重复使用，可以直接将 Web 网页转化成用户控件，而无须再重新设计。

将 Web 网页转化成用户控件，需要进行以下操作。

（1）在.aspx（Web 网页的扩展名）文件的 HTML 视图中，删除<html>、<head>、<body>以及<form>等标记。

（2）将@Page 指令修改为@Control，并将 Codebehind 属性修改成以.ascx.cs 为扩展名的文件。例如，原 Web 网页中的代码如下：

<%@ Page Language="C#" AutoEventWireup="true" CodeFile="Default.aspx.cs" Inherits="_Default" %>

需要修改为：

<%@ Control Language="C#" AutoEventWireup="true" CodeFile="Default.ascx.cs" Inherits=" WebUserControl " %>

（3）在后台代码中，将 public class 声明的页类删除，改为用户控件的名称，并且将 System.Web.UI.Page 改为 System.Web.UI.UserControl。例如：

public partial class _Default : System.Web.UI.Page

需要修改为：

public partial class WebUserControl : System.Web.UI.UserControl

（4）最后，在解决方案资源管理器中将文件的扩展名.aspx 修改为.ascx，其代码后置文件会随之改变，即由.aspx.cs 改变为.ascx.cs。

> **注意**
>
> 不能将用户控件放入网站的 App_Code 文件夹中，如果放入其中，则运行包含该用户控件的网页时将发生分析错误。另外，用户控件属于 System.web.UI.UserControl 类型，它直接继承于 System.web.UI.Control。

12.4 实践与练习

使用用户控件为"新闻发布系统"添加一个站内搜索功能。（*示例位置：光盘\mr\sl\12\04*）

第3篇

高级应用

- ▶▶ 第13章 ASP.NET 缓存技术
- ▶▶ 第14章 调试与错误处理
- ▶▶ 第15章 GDI+图形图像
- ▶▶ 第16章 水晶报表
- ▶▶ 第17章 E-mail 邮件发送
- ▶▶ 第18章 Web Services
- ▶▶ 第19章 ASP.NET Ajax 技术
- ▶▶ 第20章 LINQ 数据访问技术
- ▶▶ 第21章 安全策略
- ▶▶ 第22章 ASP.NET 网站发布

　　本篇介绍了 ASP.NET 缓存技术、调试与错误处理、GDI+图形图像、水晶报表、E-mail 邮件发送、Web Services、ASP.NET Ajax 技术、LINQ 数据访问技术、安全策略和 ASP.NET 网站发布等内容。学习完本篇，读者在实际开发过程中能够提高 Web 应用程序的安全性与性能，能够使用 Ajax 技术提供更好的用户体验，能够使用 LINQ 技术实现数据访问，能够进行多媒体程序开发和水晶报表的开发与打印等。

第13章

ASP.NET 缓存技术

（ 视频讲解：44分钟 ）

缓存是系统或应用程序将频繁使用的数据保存到内存中，当系统或应用程序再次使用时，能够快速地获取数据。缓存技术是提高 Web 应用程序开发效率最常用的技术。在 ASP.NET 中，有3种 Web 应用程序可以使用缓存技术，即页面输出缓存、页面部分缓存和页面数据缓存，本章将分别进行介绍。

13.1　ASP.NET 缓存概述

缓存是 ASP.NET 中非常重要的一个特性，可以生成高性能的 Web 应用程序。生成高性能的 Web 应用程序最重要的因素之一，就是将那些频繁访问而且不需要经常更新的数据存储在内存中，当客户端再一次访问这些数据时，可以避免重复获取满足先前请求的信息，快速显示请求的 Web 页面。

ASP.NET 中有 3 种 Web 应用程序可以使用缓存技术，即页面输出缓存、页面部分缓存和页面数据缓存。ASP.NET 的缓存功能具有以下优点：

- ☑ 支持更为广泛和灵活的可开发特征。ASP.NET 2.0 及以上版本包含一些新增的缓存控件和 API，如自定义缓存依赖、Substitution 控件、页面输出缓存 API 等，这些特征能够明显改善开发人员对于缓存功能的控制。
- ☑ 增强可管理性。使用 ASP.NET 提供的配置和管理功能，可以更加轻松地管理缓存。
- ☑ 提供更高的性能和可伸缩性。ASP.NET 提供了一些新的功能，如 SQL 数据缓存依赖等，这些功能将帮助开发人员创建高性能、伸缩性强的 Web 应用程序。

> **注意**
> 缓存功能也有其不足。例如，显示的内容可能不是最新、最准确的，为此必须设置合适的缓存策略。又如，缓存增加了系统的复杂性，并使其难于测试和调试。因此，建议在没有缓存的情况下开发和测试应用程序，然后在性能优化阶段启用缓存选项。

13.2　页面输出缓存

13.2.1　页面输出缓存概述

页面输出缓存是最为简单的缓存机制，该机制将整个 ASP.NET 页面内容保存在服务器内存中。当用户请求该页面时，系统从内存中输出相关数据，直到缓存数据过期。在这个过程中，缓存内容直接发送给用户，而不必再次经过页面处理生命周期。通常情况下，页面输出缓存对于那些包含不需要经常修改内容，但需要大量处理才能编译完成的页面特别有用。另外，页面输出缓存是将页面全部内容都保存在内存中，并用于完成客户端请求。

页面输出缓存需要利用有效期来对缓存区中的页面进行管理。设置缓存的有效期可以使用 @OutputCache 指令。@OutputCache 指令的格式如下：

```
<%@ OutputCache Duration="#ofseconds"
Location="Any | Client | Downstream | Server | None | ServerAndClient "
Shared="True | False"
```

```
VaryByControl="controlname"
VaryByCustom="browser | customstring"
VaryByHeader="headers"
VaryByParam="parametername"
%>
```

@OutputCache指令中的各个属性及说明如表13.1所示。

表13.1 @OutputCache指令中的各个属性及说明

属　　性	说　　明
Duration	页或用户控件进行缓存的时间（以秒为单位）。该属性是必需的，在@OutPutCache指令中至少要包含该属性
Location	指定输出缓存可以使用的场所，默认值为Any。在用户控件中的@OutPutCache指令不支持此属性
Shared	确定用户控件输出是否可以由多个页共享，默认值为false
VaryByControl	该属性使用一个用分号分隔的字符串列表来改变用户控件的部分输出缓存，这些字符串代表用户控件中声明的ASP.NET服务器控件的ID属性值。值得注意的是，除非已经包含了VaryByParam属性，否则在用户控件@OutputCache指令中必须包括该属性。页面输出缓冲不支持此属性
VaryByCustom	根据自定义的文本来改变缓存内容。如果赋予该属性的值为browser，缓存将随浏览器名称和主要版本信息的不同而不同；如果值是customstring，还必须重写Global.asax中的GetVaryByCustomString方法
VaryByHeader	根据HTTP头信息来改变缓冲区内容，当有多重头信息时，输出缓冲中会为每个指定的HTTP头信息保存不同的页面文档，该属性可以应用于缓冲所有HTTP 1.1的缓冲内容，而不仅限于ASP.NET缓存。页面部分缓存不支持此属性
VaryByParam	该属性使用一个用分号分隔的字符串列表使输出缓存发生变化。默认情况下，这些字符串与用GET或POST方法发送的查询字符串值对应。当将该属性设置为多个参数时，对于每个指定参数组合，输出缓存都包含一个不同版本的请求文档，可能的值包括none、星号（*）以及任何有效的查询字符串或POST参数名称

13.2.2　设置页面缓存的过期时间为当前时间加上60秒

【例13.1】 设置页面缓存的过期时间为当前时间加上60秒。（示例位置：光盘\mr\sl\13\01）

本示例主要通过设置缓存的有效期指令@OutputCache中的Duration属性值，实现程序运行60秒内刷新页面，页面中的数据不发生变化，在60秒后刷新页面，页面中的数据发生变化，如图13.1和图13.2所示。

图13.1　60秒以内的页面缓存

图13.2　60秒后的页面缓存

程序实现的主要步骤如下。

（1）新建一个网站，默认主页为 Default.aspx。

（2）将 Default.aspx 页面切换到 HTML 视图中，在<%@ Page%>指令的下方添加如下代码，实现页面缓存的过期时间为当前时间加上 60 秒。

```
<%@ OutputCache Duration ="60" VaryByParam ="none"%>
```

（3）在节点<head>和<body>之间，添加如下代码，输出当前系统时间，用于比较程序在 60 秒内和 60 秒后的运行状态。

```
<script language="C#" runat="server">
    void Page_Load(object sender, EventArgs e)
    {
        Response.Write("页面缓存设置示例：    <br> 设置缓存时间为 60 秒，当前时间为：    " + DateTime.Now.ToString());
    }
</script>
```

技巧

（1）通过 Response.Cache 以编程的方式设置网页输出缓存时间

设置网页输出缓存的持续时间，可以采用编程的方式通过 Response.Cache 方法来实现。其使用方法如下：

```
Response.Cache.SetExpires(DateTime.Now.AddMinutes(10));//10 秒后移除
Response.Cache.SetExpires(DateTime.Parse("3:00:00PM"));//有效至下午 3 点
Response.Cache.SetMaxAge(new TimeSpan(0,0,10,0));//有效 10 分钟
```

（2）设置网页缓存的位置

网页缓存位置可以根据缓存的内容来决定，如对于包含用户个人资料信息、安全性要求比较高的网页，最好缓存在 Web 服务器上，以保证数据无安全性问题；而对于普通的网页，最好是允许它缓存在任何具备缓存功能的装置上，以充分使用资源来提高网页效率。

如果使用@OutputCache 指令进行网页输出缓存位置的设置，可以使用 Location 属性。例如，设置网页只能缓存在服务器的代码如下：

```
<%@ OutputCache Duration ="60" VaryByParam ="none" Location ="Server"%>
```

使用 HttpCachePolicy 类以程序控制方式来进行网页输出缓存设置，代码如下：

```
Response.Cache.SetCacheability(HttpCacheability.Private);//指定响应能存放在客户端，而不能由共享缓存
```
（代理服务器）进行缓存

13.3 页面部分缓存

13.3.1 页面部分缓存概述

通常情况下，缓存整个页是不合理的，因为页的某些部分可能在每一次请求时都进行更改，这种情况下，只能缓存页的一部分，即页面部分缓存。页面部分缓存是将页面部分内容保存在内存中以便响应用户请求，而页面其他部分内容则为动态内容。

页面部分缓存的实现包括控件缓存和缓存后替换两种方式。前者也可称为片段缓存，这种方式允许将需要缓存的信息包含在一个用户控件内，然后将该用户控件标记为可缓存的，以此来缓存页面输出的部分内容。例如，要开发一个股票交易的网页，每支股票价格是实时变动的，因此，整个页面必须是动态生成且不能缓存的，但其中有一小块用于放置过去一周的趋势图或成交量，它存储的是历史数据，这些数据是固定的事实，或者需要很长一段时间后才重新统计变动，将这部分缓存下来有很高的效益，可以不必为相同的内容做重复计算而浪费时间，这时就可以使用控件缓存。缓存后替换与用户控件缓存正好相反。这种方式缓存整个页，但页中的各段可以是动态的。

设置控件缓存的实质是对用户控件进行缓存配置，主要包括以下3种方法：

- ☑ 使用@OutputCache 指令以声明方式为用户控件设置缓存功能。
- ☑ 在代码隐藏文件中使用 PartialCachingAttribute 类设置用户控件援存。
- ☑ 使用 ControlCachePolicy 类以编程方式指定用户控件缓存设置。

说明

页面部分缓存可以分为控件缓存和缓存后替换，如图 13.3 所示。缓存后替换是通过 AdRotator 控件或 Substitution 控件实现的，它是指在控件区域内的数据不缓存而区域外的数据缓存。

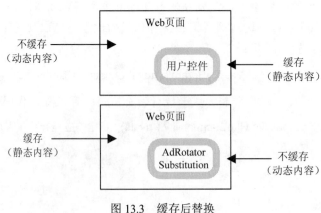

图 13.3　缓存后替换

13.3.2 使用@OutputCache 指令设置用户控件缓存功能

@OutputCache 指令以声明方式为用户控件设置缓存功能，用户控件缓存与页面输出缓存的@OutputCache 指令设置方法基本相同，都在文件顶部进行设置，不同点包括如下两方面：

- 用户控件缓存的@OutputCache 指令设置在用户控件文件中，而页面输出缓存的@OutputCache 指令设置在普通 ASP.NET 文件中。
- 用户控件缓存的@OutputCache 指令只能设置 6 个属性，即 Duration、Shared、SqlDependency、VaryByControl、VaryByCustom 和 VaryByParam，而在页面输出缓存的@OutputCache 指令字符串中设置的属性多达 10 个。

用户控件中的@OutputCache 指令设置源代码如下：

```
<%@ OutputCache Duration="60" VaryByParam="none" VaryByControl="ControlID" %>
```

以上代码为用户控件中的服务器控件设置缓存，其中缓存时间为 60 秒，ControlID 是服务器控件 ID 属性值。

> **注意**
> ASP.NET 页面和其中包含的用户控件都通过@OutputCache 指令设置了缓存，应注意以下 3 点：
> ① ASP.NET 允许在页面和页面的用户控件中同时使用@OutputCache 指令设置缓存，并且允许设置不同的缓存过期时间值。
> ② 如果页面输出缓存过期时间长于用户控件的输出缓存过期时间，则页面的输出缓存持续时间优先。例如，如果页面输出缓存设置为 100 秒，而用户控件的输出缓存设置为 50 秒，则包括用户控件在内的整个页将在输出缓存中存储 100 秒，而与用户控件较短的时间设置无关。
> ③ 如果页面输出缓存过期时间比用户控件的输出缓存过期时间短，则即使已为某个请求重新生成该页面的其余部分，也将一直缓存用户控件直到其过期时间到期为止。例如，如果页面输出缓存设置为 50 秒，而用户控件输出缓存设置为 100 秒，则页面其余部分每到期两次，用户控件才到期一次。

13.3.3 使用 PartialCachingAttribute 类设置用户控件缓存功能

使用 PartialCachingAttribute 类可以在用户控件（.ascx 文件）中设置有关控件缓存的配置内容。PartialCachingAttribute 类包含 6 个常用属性和 4 种构造函数，其中 6 个常用属性是 Duration、Shared、SqlDependency、VaryByControl、VaryByCustom 和 VaryByParam，与 13.3.2 节中的@OutputCache 指令设置的 6 个属性完全相同，只是使用方式不同，此处不再赘述。下面重点介绍 PartialCachingAttribute 类中的构造函数。PartialCachingAttribute 类中的 4 种构造函数及说明如表 13.2 所示。

表 13.2　PartialCachingAttribute 类的构造函数及说明

构造函数	说明
PartialCachingAttribute (Int32)	使用分配给要缓存的用户控件的指定持续时间初始化 PartialCachingAttribute 类的新实例
PartialCachingAttribute (Int32, String, String, String)	初始化 PartialCachingAttribute 类的新实例，指定缓存持续时间、所有 GET 和 POST 值、控件名和用于改变缓存的自定义输出缓存要求
PartialCachingAttribute (Int32, String, String, String, Boolean)	初始化 PartialCachingAttribute 类的新实例，指定缓存持续时间、所有 GET 和 POST 值、控件名、用于改变缓存的自定义输出缓存要求以及用户控件输出是否可在多页间共享
PartialCachingAttribute (Int32, String, String, String, String, Boolean)	初始化 PartialCachingAttribute 类的新实例，指定缓存持续时间、所有 GET 和 POST 值、控件名、用于改变缓存的自定义输出缓存要求、数据库依赖项以及用户控件输出是否可在多页间共享

以上介绍了 PartialCachingAttribute 类的 6 个属性和 4 种构造函数，下面通过一个典型示例说明该类的具体应用方法。

【例 13.2】　使用 PartialCachingAttribute 类设置用户控件缓存。（示例位置：光盘\mr\sl\13\02）

本示例主要通过使用 PartialCachingAttribute 类设置用户控件（WebUserControl.ascx 文件）的缓存有效期时间为 20 秒。执行程序，示例运行结果如图 13.4 所示；示例运行 10 秒刷新页面，运行结果如图 13.5 所示；示例运行 20 秒后刷新页面，运行结果如图 13.6 所示。

图 13.4　示例运行初期

图 13.5　示例运行 10 秒后刷新页面

图 13.6　示例运行 20 秒后刷新页面

程序实现的主要步骤如下。

（1）新建一个网站，默认主页为 Default.aspx，并在该页中添加一个 Label 控件用于显示当前系统时间。

（2）在该网站中添加一个用户控件，默认名为 WebUserControl.ascx，并在该用户控件中添加一个 Label 控件用于显示当前系统时间。

（3）为了使用 PartialCachingAttribute 类设置用户控件（WebUserControl.ascx 文件）的缓存有效期时间为 20 秒，必须在用户控件类声明前设置"[PartialCaching(20)]"。代码如下：

```csharp
using System;
using System.Collections;
using System.Configuration;
using System.Data;
using System.Linq;
using System.Web;
using System.Web.Security;
using System.Web.UI;
using System.Web.UI.HtmlControls;
using System.Web.UI.WebControls;
using System.Web.UI.WebControls.WebParts;
using System.Xml.Linq;
[PartialCaching(20)]              //设置用户控件的缓存时间为 20 秒
public partial class WebUserControl : System.Web.UI.UserControl
{
    protected void Page_Load(object sender, EventArgs e)
    {
        if (!IsPostBack)
        {
            this.Label1.Text = "用户控件中的系统时间：" + DateTime.Now.ToString();
        }
    }
}
```

> **注意**
>
> 以上代码设置了缓存有效期时间为 20 秒，这与在 WebUserControl.ascx 文件顶部设置 @OutputCache 指令的 Duration 属性值为 20 是完全一致的。

13.3.4 使用 ControlCachePolicy 类

ControlCachePolicy 是 .NET Framework 中的类，主要用于提供对用户控件的输出缓存设置的编程访问。ControlCachePolicy 类包含 6 个属性，分别是 Cached、Dependency、Duration、SupportsCaching、VaryByControl 和 VaryByParams。ControlCachePolicy 类中的 6 个属性及说明如表 13.3 所示。

表 13.3　ControlCachePolicy 类的 6 个属性及说明

属　　性	说　　明
Cached	用于获取或设置一个布尔值，该值指示是否为用户控件启用片段缓存
Dependency	获取或设置与缓存的用户控件输出关联的 CacheDependency 类的实例
Duration	获取或设置缓存的项将在输出缓存中保留的时间
SupportsCaching	获取一个值，该值指示用户控件是否支持缓存
VaryByControl	获取或设置要用来改变缓存输出的控件标识符列表
VaryByParams	获取或设置要用来改变缓存输出的 GET 或 POST 参数名称列表

下面通过一个典型示例说明该类的具体应用方法。

【例 13.3】 使用 ControlCachePolicy 类设置用户控件缓存。（示例位置：光盘\mr\sl\13\03）

本示例主要演示如何在运行时动态加载用户控件、如何以编程方式设置用户控件缓存过期时间为 10 秒以及如何使用绝对过期策略。执行程序，示例运行结果如图 13.7 所示；示例运行 5 秒后刷新页面，运行结果如图 13.8 所示；示例运行 10 秒后刷新页面，运行结果如图 13.9 所示。

图 13.7　示例运行初期　　　　图 13.8　示例运行 5 秒后刷新页面　　　　图 13.9　示例运行 10 秒后刷新页面

程序实现的主要步骤如下。

（1）新建一个网站，默认主页为 Default.aspx，并在该页中添加一个 Label 控件用于显示当前系统时间。

（2）在该网站中添加一个用户控件，默认名为 WebUserControl.ascx，并在该用户控件中添加一个 Label 控件用于显示当前系统时间。

（3）在用户控件（WebUserControl.ascx 文件）中，使用 PartialCachingAttribute 类设置用户控件的默认缓存有效期时间为 100 秒，代码如下：

```
using System;
using System.Collections;
using System.Configuration;
using System.Data;
using System.Linq;
using System.Web;
using System.Web.Security;
using System.Web.UI;
using System.Web.UI.HtmlControls;
using System.Web.UI.WebControls;
using System.Web.UI.WebControls.WebParts;
using System.Xml.Linq;
//引入命名空间
using System.Data.SqlClient;
[PartialCaching(100)]
public partial class WebUserControl : System.Web.UI.UserControl
{
    protected void Page_Load (object sender, EventArgs e)
    {
        Label1.Text = DateTime.Now.ToLongTimeString();
    }
```

> **注意**
> 使用 PartialCachingAttribute 类设置用户控件缓存过期时间的目的是实现使用 PartialCachingAttribute 类对用户控件类的包装，否则，在 ASP.NET 页中调用 CachePolicy 属性获取的 ControlCatchPolicy 实例是无效的。

（4）在 Default.aspx 页面的 Page_Init 事件下动态加载用户控件，并使用 SetSlidingExpiration 和 SetExpires 方法更改用户控件的缓存过期时间为 10 秒。Page_Init 事件的代码如下：

```
protected void Page_Init(object sender, EventArgs e)
    {
        this.Label1.Text = DateTime.Now.ToLongTimeString();
        //动态加载用户控件，并返回 PartialCachingControl 的实例对象
        PartialCachingControl pcc = LoadControl("WebUserControl.ascx") as PartialCachingControl;
        //如果用户控件的缓存时间大于 60 秒，那么重新设置缓存时间为 10 秒
        if (pcc.CachePolicy.Duration > TimeSpan.FromSeconds(60))
        {
            //设置用户控件过期时间
            pcc.CachePolicy.SetExpires(DateTime.Now.Add(TimeSpan.FromSeconds(10)));
            //设置缓存绝对过期
            pcc.CachePolicy.SetSlidingExpiration(false);
        }
        Controls.Add(pcc);    //将用户控件添加到页面中
    }
```

> **说明**
> ① 使用 TemplateControl.LoadControl 方法动态加载 WebUserControl.ascx 文件。由于用户控件 WebUserControl.ascx 已经为 PartialCachingAttribute 类包装，因此，LoadControl 方法的返回对象不是空引用，而是 PartialCachingControl 实例。
> ② 使用 PartialCachingControl 实例对象的 CachePolicy 属性获取 ControlCachePolicy 实例对象。该对象主要用于用户控件输出缓存的设置，并且使用 SetExpires 方法和参数为 false 的 SetSlidingExpiration 方法，设置用户控件输出缓存有效期为 10 秒，并且设置缓存为绝对过期策略。
> ③ 利用 Controls 类的 Add 方法将设置好的用户控件添加到页面控件层次结构中。

13.4 页面数据缓存

13.4.1 页面数据缓存概述

页面数据缓存即应用程序数据缓存，它提供了一种编程方式，可通过键/值将任意数据存储在内存

中。使用应用程序缓存与使用应用程序状态类似，但是与应用程序状态不同的是，应用程序数据缓存中的数据是容易丢失的，即数据并不是在整个应用程序生命周期中都存储在内存中的。应用程序数据缓存的优点是由ASP.NET管理缓存，它会在项过期、无效或内存不足时移除缓存中的项，还可以配置应用程序缓存，以便在移除项时通知应用程序。

ASP.NET中提供了类似于Session的缓存机制，即页面数据缓存。利用数据缓存，可以在内存中存储各种与应用程序相关的对象。对于各个应用程序来说，数据缓存只是在应用程序内共享，并不能在应用程序间进行共享。Cache类用于实现Web应用程序的缓存，在Cache中存储数据的最简单方法如下：

```
Cache["Key"]=Value;
```

从缓存中取数据时，需要先判断缓存中是否有内容，方法如下：

```
Value=(string)Cache["key"];
If(Value!=null)
    {
    …//其他操作
    }
```

注意

从Cache中得到的对象是一个object类型的对象，因此，在通常情况下，需要进行强制类型转换。

Cache类有两个很重要的方法，即Add和Insert方法，其语法格式如下：

```
public Object Add[Insert] (
    string key,
    Object value,
    CacheDependency dependencies,
    DateTime absoluteExpiration,
    TimeSpan slidingExpiration,
    CacheItemPriority priority,
    CacheItemRemovedCallback onRemoveCallback
)
```

参数说明如下。
- ☑ key：用于引用该项的缓存键。
- ☑ value：要添加到缓存的项。
- ☑ dependencies：该项的文件依赖项或缓存键依赖项，当任何依赖项更改时，该对象即无效，并从缓存中移除，如果没有依赖项，则此参数可以设为null。
- ☑ absoluteExpiration：过期的绝对时间。
- ☑ slidingExpiration：最后一次访问所添加对象时与该对象过期时之间的时间间隔。
- ☑ priority：缓存的优先级，由CacheItemPriority枚举表示。缓存的优先级共有6种，从大到小依次是NotRemoveable、High、AboveNormal、Normal、BelowNormal和Low。

☑ onRemoveCallback：从缓存中移除对象时所调用的委托（如果没有，可以为 null）。当从缓存中删除应用程序的对象时被调用。

Insert 方法声明与 Add 方法类似，但 Insert 方法为可重载方法。Insert 重载方法及说明如表 13.4 所示。

表 13.4　Insert 重载方法及说明

重载方法	说明
Cache.Insert (String, Object)	向 Cache 对象插入项，该项带有一个缓存键引用其位置，并使用 CacheItemPriority 枚举提供的默认值
Cache.Insert (String, Object, CacheDependency)	向 Cache 中插入具有文件依赖项或键依赖项的对象
Cache.Insert (String, Object, CacheDependency, DateTime, TimeSpan)	向 Cache 中插入具有依赖项和过期策略的对象
Cache.Insert (String, Object, CacheDependency, DateTime, TimeSpan, CacheItemPriority, CacheItemRemovedCallback)	向 Cache 对象中插入对象，后者具有依赖项、过期和优先级策略以及一个委托（可用于在从 Cache 移除插入项时通知应用程序）

在 Insert 方法中，CacheDependency 指依赖关系；DateTime 指有效时间；TimeSpan 指创建对象的时间间隔。

下面通过示例来讲解 Insert 方法的使用。

例如，将文件中的 XML 数据插入缓存，无须在以后请求时从文件读取。CacheDependency 的作用是确保缓存在文件更改后立即到期，以便可以从文件中提取最新数据，重新进行缓存。如果缓存的数据来自若干个文件，还可以指定一个文件名的数组。代码如下：

```
Cache.Insert("key", myXMLFileData, new
System.Web.Caching.CacheDependency(Server.MapPath("users.xml")));
```

例如，插入键值为 key 的第 2 个数据块（取决于是否存在第 1 个数据块）。如果缓存中不存在名为 key 的键，或者与该键相关联的项已到期或被更新，那么 dependentkey 的缓存条目将到期。代码如下：

```
Cache.Insert("dependentkey", myDependentData, new
System.Web.Caching.CacheDependency(new string[] {}, new string[]
{"key"}));
```

下面是一个绝对到期的示例，此示例将对受时间影响的数据缓存一分钟，一分钟过后，缓存到期。

注意

绝对到期和滑动到期不能一起使用。

```
Cache.Insert("key", myTimeSensitiveData, null,
DateTime.Now.AddMinutes(1), TimeSpan.Zero);
```

下面是一个滑动到期的示例，此示例将缓存一些频繁使用的数据。数据将在缓存中一直保留下去，除非数据未被引用的时间达到了一分钟。

```
Cache.Insert("key", myFrequentlyAccessedData, null,
System.Web.Caching.Cache.NoAbsoluteExpiration,
```

TimeSpan.FromMinutes(1));

13.4.2 页面数据缓存的应用

【例 13.4】 页面数据缓存的应用。（示例位置：光盘\mr\sl\13\04）

本示例主要演示如何利用 Cache 类实现应用程序数据缓存管理，包括添加、检索和删除应用程序数据缓存对象的方法。执行程序，依次单击"添加"和"检索"按钮，示例运行结果如图 13.10 所示。

图 13.10　页面数据缓存的应用

程序实现的主要步骤如下。

（1）新建一个网站，默认主页为 Default.aspx。首先在该页中添加 3 个 Button 按钮，分别用于执行添加数据缓存信息、检索数据缓存信息和移除数据缓存信息；然后添加 1 个 GridView 控件用于显示数据信息；最后添加 2 个 Label 控件，分别用于显示缓存对象的个数和对缓存对象操作的信息。

（2）在 Default.aspx 页的 Page_Load 事件中，实现的主要功能是读取数据信息，并将其绑定到 GridIView 控件。代码如下：

```
//页面加载时，首先判断缓存中是否包含关键字为 key 的数据
//如果在缓存中存在该数据，读取缓存中的数据；否则，读取 XML 文件中的数据
protected void Page_Load(object sender, EventArgs e)
{
    DataSet ds = new DataSet();
    if (Cache["key"] == null)
    {
        ds.ReadXml(Server.MapPath("~/XMLFile.xml"));
        this.GridView1.DataSource = ds;
        this.GridView1.DataBind();
    }
    else
    {
        ds = (DataSet)Cache["key"];
        this.GridView1.DataSource = ds;
        this.GridView1.DataBind();
    }
}
```

（3）当用户单击"添加"按钮时，首先判断缓存中是否存在该数据，如果不存在，则将数据信息添加到缓存中。"添加"按钮的 Click 事件代码如下：

```csharp
//"添加"按钮，用于将数据信息保存在缓存中
protected void Button3_Click(object sender, EventArgs e)
{
    //判断缓存中是否存在该数据，如果不存在，则将数据信息添加到缓存中
    if (Cache["key"] == null)
    {
        DataSet ds = new DataSet();
        ds.ReadXml(Server.MapPath("~/XMLFile.xml"));
        Cache.Insert("key", ds, new System.Web.Caching.CacheDependency(Server.MapPath("XMLFile.xml")));

    }
    this.Label2.Text = "";
    DisplayCacheInfo();
}
```

（4）当用户单击"检索"按钮时，从缓存中检索指定的数据信息是否存在，并将检索的结果显示在界面中。"检索"按钮的 Click 事件代码如下：

```csharp
//"检索"按钮，用于从缓存中检索指定的数据信息是否存在
protected void Button2_Click(object sender, EventArgs e)
{
    if (Cache["key"] != null)
    {
    this.Label2.Text ="已检索到缓存中包括该数据！";
    }
    else
    {
        this.Label2.Text = "未检索到缓存中包括该数据！";
    }
    DisplayCacheInfo();
}
```

（5）当用户单击"移除"按钮时，首先从缓存中判断指定的数据信息是否存在，如果存在，则从缓存中将指定的数据信息删除。"移除"按钮的 Click 事件代码如下：

```csharp
//"移除"按钮，用于从缓存中删除指定的数据信息
protected void Button1_Click(object sender, EventArgs e)
{
    if (Cache["key"] == null)
    {
        this.Label2.Text = "未缓存该数据，无法删除！";
    }
    else
    {
        Cache.Remove("key");
        this.Label2.Text = "删除成功！";
    }
    DisplayCacheInfo();
}
```

13.5 实践与练习

尝试开发一个 ASP.NET 程序，要求缓存网页的不同版本，如缓存上海地区的客户信息、北京地区的客户信息等。（示例位置：光盘\mr\sl\13\05）

第14章

调试与错误处理

（视频讲解：30分钟）

　　在编写程序的过程中，难免会遇到一些错误，为了消除这些错误，开发人员需要对应用程序进行调试，查出错误的原因。这些错误可能是非常隐蔽而且难以发现的，因此，开发人员需要进行大量故障排查才能发现错误的根源。应用程序开发完成且消除错误之后，必须使用各种数据对它们进行测试，才能确保应用程序能够成功运行。本章主要介绍如何对程序进行调试以及错误处理。

14.1 错误类型

错误的类型可以分为语法错误、语义错误或逻辑错误，下面分别进行介绍。

14.1.1 语法错误

语法错误是一种程序错误，会影响编译器完成工作，它也是最简单的错误，几乎所有语法错误都能被编译器或解释器发现，并将错误消息显示出来提醒程序开发人员。

在 Visual Studio 中遇到语法错误时，错误消息将显示在"错误列表"窗口中。这些消息会告诉程序开发人员语法错误的位置（行、列和文件），并给出错误的简要说明，如图 14.1 所示。

图 14.1 语法错误

说明

在 Visual Studio 开发环境中，如果出现语法错误，会在错误处以波浪线的形式标记，便于查找和更正。

14.1.2 语义错误

程序源代码的语法正确而语义或意思与程序开发人员本意不同时，就是语义错误。此类错误比较难以察觉，通常在程序运行过程中出现，会导致程序非正常终止。例如，在将数据信息绑定到表格控件时，经常会出现"未将对象引用设置到对象的实例"错误，此类语义错误在程序运行时将会被调试器以异常的形式告诉程序开发人员，如图 14.2 所示。

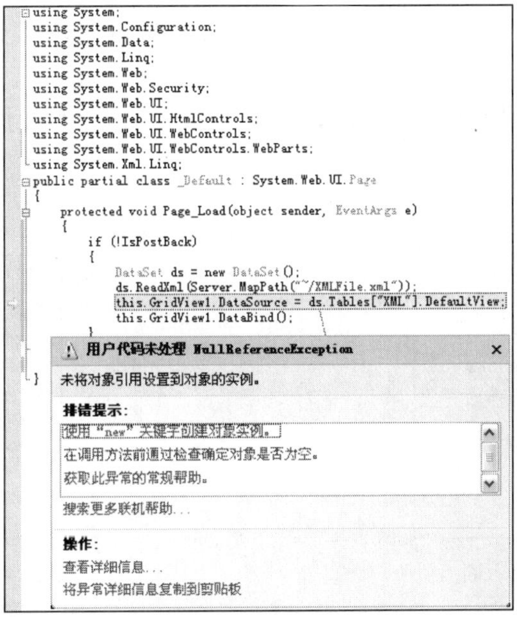

图 14.2　语义错误

14.1.3 逻辑错误

不是所有的语义错误都容易发现，它们可能隐藏得很深。在某些语义错误下，程序仍可以继续执行，但执行结果却不是程序开发人员想要的，此类错误就是逻辑错误。例如，在程序中需要计算表达式 c=a+b 的值，但在编程的过程中将表达式中的"+"写成了"-"，这样的错误调试器不能以异常的形式告诉程序开发人员，像这种错误就是逻辑错误。程序开发人员可以通过调试解决此类错误。

14.2　程序调试

在 Visual Studio.NET 环境中提供了 Visual Studio 调试器，该调试器提供了功能强大的命令来控制应用程序的执行。下面介绍几种对应用程序进行调试的方法。

14.2.1 断点

断点通知调试器，应用程序在某点上（暂停执行）或某情况发生时中断。发生中断时，称程序和调试器处于中断模式。进入中断模式并不会终止或结束程序的执行，所有元素（如函数、变量和对象）都保留在内存中，执行可以在任何时候继续。

插入断点有 3 种方式：在要设置断点行旁边的灰色空白处单击；右击设置断点的代码行，在弹出的快捷菜单中选择"断点"/"插入断点"命令，如图 14.3 所示；单击要设置断点的代码行，选择菜单中的"调试"/"切换断点"命令，如图 14.4 所示。

插入断点后，就会在设置断点的行旁边的灰色空白处出现一个红色圆点，并且该行代码也呈高亮显示，如图 14.5 所示。

图 14.3　右击插入断点

图 14.4　菜单栏插入断点

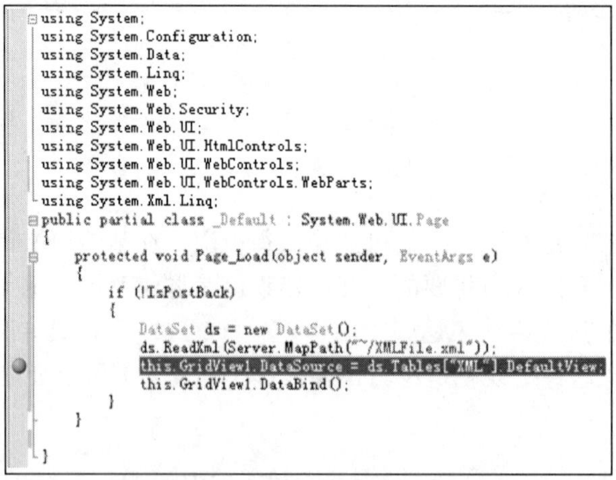

图 14.5　插入断点后的效果

删除断点有 4 种方式：单击设置断点的行旁边的灰色空白处的红色圆点；单击设置断点的行旁边的灰色空白处的红色圆点，在弹出的菜单中选择"删除断点"命令，如图 14.6 所示；右击设置断点的代码行，在弹出的快捷菜单中选择"断点"/"删除断点"命令，如图 14.7 所示；单击设置断点的代码行，选择菜单栏中的"调试"/"切换断点"命令。

第 14 章　调试与错误处理

图 14.6　右击删除断点　　　　　　图 14.7　菜单栏删除断点

14.2.2　开始执行

在 Visual Studio 开发环境中，单击"调试"工具栏中的按钮可以运行程序。Visual Studio 中的"调试"工具栏如图 14.8 所示。

注意

"调试"工具栏中左起第 1 个按钮是"启用调试"按钮，该按钮与标准工具栏中的"启用调试"按钮功能相同；接着的 3 个呈灰色的按钮只有在启用调试后才能正常使用，如图 14.9 所示。

图 14.8　"调试"工具栏　　　　　　图 14.9　启用调试后的"调试"工具栏

"调试"工具栏中各按钮的功能及说明如表 14.1 所示。

表 14.1　"调试"工具栏中各按钮的功能及说明

工具栏按钮	图标文本	快 捷 键	说　　明
▶	启用调试	F5	在程序执行过程中启动或继续
▌▌	全部中断	Ctrl+Alt+Break	停止当前正在运行的应用程序
■	停止调试	Shift+F5	停止调试
⟳	重新启动	Ctrl+Shift+F5	停止当前正在调试的程序，然后重新启动应用程序
⇨	显示下一语句	Alt+数字键	显示下一语句
⇲	逐语句	F11	如果当前行包括一个方法或函数的调用，则单击该按钮可以使调试单步执行当前行中的方法或函数
⇱	逐过程	F10	如果当前行包括一个方法或函数的调用，则单击该按钮不会逐语句执行当前行中的方法或函数，而是执行到调用的一行

工具栏按钮	图标文本	快捷键	说 明
	跳出	Shift+F11	如果当前行在一个方法或函数内，则将执行完该方法或者函数，然后调试器停止在调用行之后的一行
十六进制	十六进制显示	无	十六进制显示
	在源中显示线程	无	在源中显示线程
	断点	（Ctrl+D，B）	普通断点。实心的标志符号指示断点已启用，空心的标志符号指示断点已禁用

  单击"调试"工具栏中的（启用调试）、（逐语句）或（逐过程）按钮或者在"调试"菜单中选择"启用调试"、"逐语句"或"逐过程"命令，都可以执行程序并进行调试。另外，还可以通过右击可执行代码中的某行，然后从快捷菜单中选择"运行到光标处"命令来运行程序。

> **说明**
>
>   网站第一次调试时，会弹出如图 14.10 所示的询问对话框，这里选中"修改 Web.config 文件以启用调试"单选按钮。

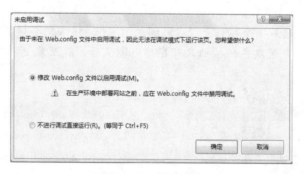

图 14.10　启用调试

  如果选择"启用调试"、"逐语句"或"逐过程"命令来执行程序，则应用程序启动并一直运行到断点，如图 14.11 所示。可以在任何时刻中断执行，以检查值、修改变量或检查程序状态。

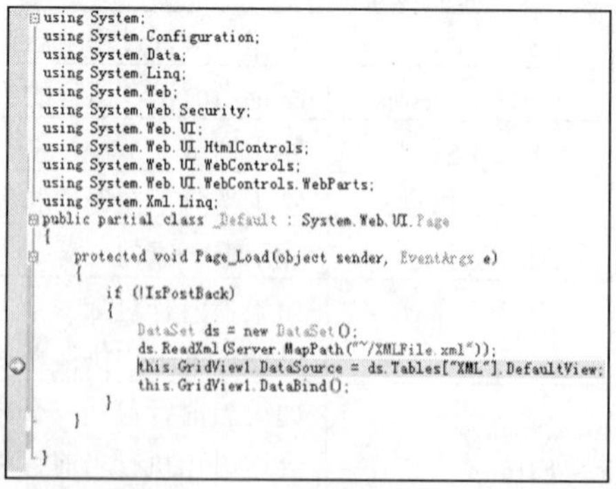

图 14.11　"启用调试"、"逐语句"或"逐过程"运行结果

如果右击可执行代码中的某行，然后从弹出的快捷菜单中选择"运行到光标处"命令，则应用程序启动并一直运行到断点或光标位置。

> **注意**
> 程序运行到断点还是光标位置，是由断点和光标的先后位置决定的。如果光标在断点前，程序运行到光标处，如图 14.12 所示；如果光标在断点后，则运行到断点处。

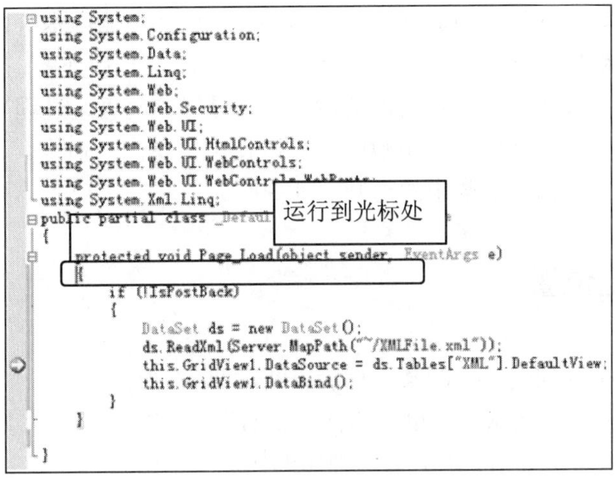

图 14.12　光标在断点前运行结果

14.2.3　中断执行

当应用程序执行到一个断点或发生异常时，调试器就会中断程序的执行。也可以通过在"调试"菜单中选择"全部中断"命令手动中断执行，这时调试器将停止所有在调试器下运行的程序的执行，但程序并不退出，而且可以随时恢复执行。调试器和应用程序处于中断模式。

启用调试后再单击█按钮，"调试"工具栏上的按钮显示如图 14.13 所示。

图 14.13　中断执行

14.2.4　停止执行

停止调试意味着终止当前正在调试的程序并结束调试会话。这与中断执行不同，中断执行意味着暂停正在调试的进程的执行，但调试会话仍处于活动状态。

可以通过选择菜单栏中的"调试"/"停止调试"命令或单击"调试"工具栏中的█按钮来结束运

行和调试，也可以退出正在调试的应用程序，调试将自动停止。

14.2.5　单步执行

　　单步执行是最常见的调试过程之一，即每次执行一行代码。"调试"菜单中提供了 3 个逐句通过代码的命令，即"逐语句"、"逐过程"和"跳出"。

　　"逐语句"和"逐过程"的差异仅在于它们处理函数调用的方式不同，这两个命令都指示调试器执行下一行的代码。如果某一行包含函数调用，"逐语句"仅执行调用本身，然后在函数内的第 1 个代码行处停止，而"逐过程"执行整个函数，然后在函数外的第 1 行处停止。如果要查看函数调用的内容，则使用"逐语句"；若要避免单步执行函数，那么最好使用"逐过程"。

　　位于函数调用的内部并想返回到调用函数时，可以使用"跳出"命令。"跳出"命令将一直执行代码，直到函数返回，然后在调用函数中的返回点处中断。

14.2.6　运行到指定位置

　　如果在调试过程中想执行到代码中的某一行后中断，可以在要中断的位置设置断点，接着在"调试"菜单中选择"启动"或"继续"命令；也可以在代码窗口中右击某行，并从弹出的快捷菜单中选择"运行到光标处"命令，如图 14.14 所示，程序将会运行到光标所在行中断；同样，也可以在"反汇编"窗口中右击某行，并从弹出的快捷菜单中选择"运行到光标处"命令，如果"反汇编"窗口没有显示，可以从"调试"菜单中选择"窗口"/"反汇编"命令使其显示。"反汇编"窗口只能在中断模式下才能进行查看。

图 14.14　选择"运行到光标处"命令

14.3　错 误 处 理

14.3.1　服务器故障排除

　　在 Visual Studio 中测试文件系统网站时，ASP.NET Development Server 将自动运行。某些情况下，使用 ASP.NET Development Server 会产生错误。本节介绍 Web 服务器可能产生的错误，并提供相应的解决办法。

1．Web 服务器配置不正确

　　Web 服务器配置不正确的显示如下：

The web server is not configured correctly. See help for common configuration errors. Running the web page outside of the debugger may provide further information.

可能引起该错误的原因包括以下几点：
- ☑ 尝试调试一个已复制到不同的计算机上、经过手动重命名或移动过的.NET Web 应用程序。
- ☑ 没有足够的 IIS 连接。
- ☑ Debug 谓词没有与.aspx 关联。
- ☑ 在 IIS 中该网站没有配置为应用程序。
- ☑ 在尝试调试 Web 应用程序时，Debug 谓词没有与 ISAPI 扩展名关联。

2．IIS 管理服务没有响应

当 IIS 管理服务没有响应时，会发生"安全检查失败，因为 IIS 管理服务没有响应"错误，这通常表示 IIS 的安装有问题。

解决此问题的方法如下：
- ☑ 使用"管理工具"中的"服务工具"验证该服务是否正在运行。
- ☑ 按照以下方法进行操作。
    - ➢ 使用控制面板中的"添加/删除程序"重新安装 IIS。
    - ➢ 使用控制面板中的"添加/删除程序"从计算机中删除 IIS 并重新安装 IIS。

注意

执行这两个步骤中的任一步骤后，需要重新启动计算机。

3．未安装 ASP.NET

当用户尝试调试的计算机上未正确安装 ASP.NET 时，会发生"未安装 ASP.NET"错误。此错误可能意味着从未安装过 ASP.NET，或者先安装 ASP.NET，然后又安装了 IIS。

解决此问题的方法如下：

选择"开始"菜单中的"运行"命令，打开"运行"窗口，在"运行"文本框中输入下列命令卸载 IIS。

\WINNT\Microsoft.NET\Framework\version\aspnet_regiis -i

其中，version 表示安装在用户计算机上的.NET Framework 的版本号（如 v1.0.370）。

说明

对于 Windows Server 2003，可以使用控制面板中的"添加/删除程序"来安装 ASP.NET。

4．连接被拒绝

连接被拒绝时，服务器报告以下错误：

10061-Connection Refused
Internet Security and Acceleration Server

如果计算机在受 Internet Security and Acceleration Server（SA Server）保护的网络上运行，并且满足以下条件之一，就会发生此错误：

- ☑ 客户端未安装防火墙。
- ☑ Internet Explorer 中的 Web 代理配置不正确。

避免产生此问题的方法如下：

- ☑ 安装防火墙客户端软件，如 ISA 客户端。
- ☑ 修改 Internet Explorer 中的 Web 代理连接设置，以跳过用于本地地址的代理服务器。

5．不能使用静态文件

在文件系统网站中，静态文件（如图像和样式表）受到 ASP.NET 授权规则的影响。例如，如果禁用了对静态文件的匿名访问，匿名用户则不能使用文件系统网站中的静态文件。但是，将网站部署到运行 IIS 的服务器时，IIS 将提供静态文件而不使用授权规则。

14.3.2　ASP.NET 中的异常处理

上面已经排除了服务器中存在的一些故障，接下来要处理程序中存在的一些错误，通常把代码中存在的错误称为异常。本节主要介绍如何处理 ASP.NET 程序中的异常。

调试异常是开发功能强健的 ASP.NET 应用程序的重要一步。若要调试未处理的 ASP.NET 异常，需要确保调试器能够在发生这些异常时停止。ASP.NET 运行库具有一个顶级异常处理程序，因此，在默认情况下，调试器从不在发生未处理的异常时中断。若要通知调试器在发生异常时中断，必须转到"异常"对话框，然后在该对话框中选中发生异常名称后的复选框，如图 14.15 所示。

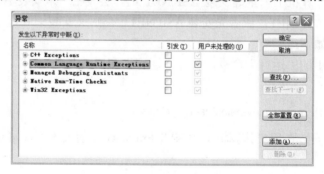

图 14.15　"异常"对话框

如果已在"选项"对话框中选中"启用'仅我的代码'"复选框，则在系统代码（如 .NET Framework 方法）中发生异常时，"发生以下异常时中断：引发"选项不会导致调试器立即中断，执行将继续，直至运行至用户的代码后调试器中断。这意味着不必在发生异常后逐句通过系统代码。

"启用'仅我的代码'"向用户提供了另一个可能更有用的选项"发生以下异常时中断：用户未处理的"。如果为异常选择此设置，则调试器会中断执行用户代码，但是仅当异常没有被用户代码捕获和处理时才这样做。此设置实际上使顶级 ASP.NET 异常处理程序不起作用，因为该处理程序在非用户代码中。

1．启用 ASP.NET 异常调试和"启用'仅我的代码'"

如果要使用"用户未处理的"设置，必须选中"启用'仅我的代码'"复选框，如图 14.16 所示（从"工具"菜单中选择"选项"命令打开"选项"对话框）。

图 14.16　选中"启用'仅我的代码'"复选框

（1）从"调试"菜单中选择"异常"命令，打开"异常"对话框。
（2）在"公共语言运行库异常"行上选中"引发"或"用户未处理的"复选框，如图 14.17 所示。

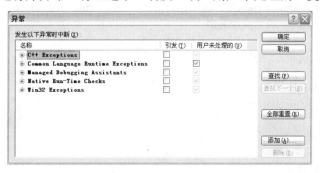

图 14.17　设置"用户未处理"的异常

2．ASP.NET 异常处理的最佳做法

ASP.NET 异常处理的最佳做法是在可能引发异常的代码周围使用 try…catch…finally 块。例如，如果应用程序调用 XML Web Services 或直接调用 SQL Server，则应该将该代码置于 try…catch 块中，因为此过程中可能会发生大量异常。

try…catch 和 finally 一起使用的常见方式是：在 try 块中获取并使用资源，在 catch 块中处理异常情况，并在 finally 块中释放资源。

下面的示例演示如何捕捉异常，并作出相应处理。

【例 14.1】　使用 try…catch…finally 捕捉异常。（示例位置：光盘\mr\sl\14\01）

代码如下：

```
using System;
using System.Configuration;
```

```csharp
using System.Data;
using System.Linq;
using System.Web;
using System.Web.Security;
using System.Web.UI;
using System.Web.UI.HtmlControls;
using System.Web.UI.WebControls;
using System.Web.UI.WebControls.WebParts;
using System.Xml.Linq;
//引入命名空间
using System.Data.SqlClient;
public partial class _Default : System.Web.UI.Page
{
    protected void Page_Load(object sender, EventArgs e)
    {
        if (!IsPostBack)
        {
            DataSet ds= new DataSet();
            try
            {
                //读取 XMLFile 文件中的数据，并将数据信息绑定到表格控件中
                ds.ReadXml(Server.MapPath("~/XMLFile.xml"));
                this.GridView1.DataSource = ds.Tables["XML"].DefaultView;
                this.GridView1.DataBind();
            }
            catch( Exception   ex)
            {
                //抛出异常
                Response.Write(ex);
            }
            finally
            {
                //释放资源
                ds.Dispose();
            }
        }
    }
}
```

输出结果如下：

System.NullReferenceException: 未将对象引用设置到对象的实例。 在 _Default.Page_Load(Object sender, EventArgs e) 位置 e:\Asp.net 从基础入门到项目实战\sl\14\01\Default.aspx.cs:行号 22

第15章

GDI+图形图像

（视频讲解：60分钟）

在 ASP.NET Web 网站中，经常使用图形或图像来描绘一些对象，以便更形象、直观，如绘制图形验证码、柱形图分析网站访问流量等。本章将详细介绍如何在 Visual Studio 2010 开发环境中使用 GDI+图形图像。

15.1 GDI+绘图基础

15.1.1 GDI+概述

GDI+是图形设备接口（GDI）的高级版本，提供了各种丰富的图形图像处理功能，主要由二维矢量图形、图像处理和版式 3 部分组成。GDI+为使用各种字体、字号和样式来显示文本这种复杂任务提供了大量的支持。

GDI+存在于 System.Drawing.dll 程序集中。图形图像处理中常调用的命名空间及说明如表 15.1 所示。

表 15.1 GDI+基类的主要命名空间及说明

命 名 空 间	说　　明
System.Drawing	提供对 GDI+基本图形功能的访问
System.Drawing.Drawing2D	提供高级的二维和矢量图形功能
System.Drawing.Imaging	提供高级 GDI+图像处理功能
System.Drawing.Printing	把打印机或打印预览窗口作为输出设备时使用的类
System.Drawing.Design	一些预定义的对话框、属性表和其他用户界面元素，与在设计期间扩展用户界面相关
System.Drawing.Text	提供高级 GDI+字体和文本排版功能

说明

使用 GDI+需要引入命名空间 using System.Drawing。

15.1.2 创建 Graphics 对象

Graphics 类包含在 System.Drawing 命名空间下。要进行图形处理，首先必须创建 Graphics 对象，然后才能利用它进行各种画图操作，即先创建 Graphics 对象再使用该对象的方法绘图、显示文本或处理图像。也就是说，Graphics 类相当于绘图前准备的画布。

在 ASP.NET 中可以从任何由 Image 类派生的对象创建 Graphics 对象。通过调用 System.Drawing.Graphics.FromImage(System.Drawing.Image)方法，提供要从其创建 Graphics 对象的 Image 变量的名称。例如：

```
Bitmap bitmap = new Bitmap(80, 80);
Graphics g = Graphics.FromImage(bitmap);
```

获得图形对象引用之后，即可绘制对象、给对象着色并显示对象。由于图像对象占用资源较多，所以在不使用这些对象时用 Dispose 方法及时释放资源。

> **注意**
> 在 ASP.NET 中使用 GDI+进行图像处理，首先必须创建 Graphics 对象。可以这样理解，绘图总是需要一个表面、一个平台的，Graphics 对象就是 GDI+绘图的表面。

> **说明**
> 如果直接建立了一个 Graphics 对象，那么在结束操作后要立即调用该对象的 Dispose 方法释放资源。

15.1.3 创建 Pen 对象

Pen 对象是用于绘制直线和曲线的对象。可以使用 DashStyle 属性绘制虚线，还可以使用各种填充样式（包括纯色和纹理）来填充 Pen 绘制的直线。填充模式取决于画笔或用作填充对象的纹理。

创建 Pen 对象的语法如下：

```
public Pen( Color color );
public Pen( Color color, float width );
public Pen( Brush brush );
public Pen( Brush brush, float width );
```

例如：

```
Pen pen = new Pen( Color.Black );
Pen pen = new Pen( Color.Black, 5 );
SolidBrush brush = new SolidBrush( Color.Red );
Pen pen = new Pen(brush);
Pen pen = new Pen(brush, 5 );
```

画笔对象的属性用于返回或设置画笔对象的颜色、画线样式、画线始点及终点的样式等，其常用属性及说明如表 15.2 所示。

表 15.2　Pen 对象的常用属性及说明

属　　性	说　　明
Color	获取或设置此 Pen 对象的颜色
DashCap	获取或设置用在短划线终点的线帽样式，这些短划线构成通过 Pen 对象绘制的虚线
DashStyle	获取或设置用于通过 Pen 对象绘制的虚线的样式
EndCap	获取或设置要在通过 Pen 对象绘制的直线终点使用的线帽样式
PenType	获取用 Pen 对象绘制的直线的样式
StartCap	获取或设置在通过 Pen 对象绘制的直线起点使用的线帽样式
Width	获取或设置 Pen 对象的宽度

> **注意**
> 如果指定 Pen 对象的 Width 属性为 0,那么绘图效果将呈现为宽度为 1 的形式。

15.1.4 创建 Brush 对象

画刷(Brush)是可与 Graphics 对象一起使用来创建实心形状和呈现文本的对象。可以用画刷填充各种图形形状,如矩形、椭圆、扇形、多边形和封闭路径等。

> **说明**
> Brush 类是一个抽象基类,不能进行实例化。若要创建一个画笔对象,需要从 Brush 派生出类,如 SolidBrush 等。

几种不同类型的画刷介绍如下。
- ☑ SolidBrush:画刷最简单的形式,用纯色进行绘制。
- ☑ HatchBrush:类似于 SolidBrush,但是可以利用该类从大量预设的图案中选择绘制时要使用的图案,而不是纯色。
- ☑ TextureBrush:使用纹理(如图像)进行绘制。
- ☑ LinearGradientBrush:使用沿渐变混合的两种颜色进行绘制。
- ☑ PathGradientBrush:基于编程者定义的唯一路径,使用复杂的混合色渐变进行绘制。

1. 使用 SolidBrush 类定义单色画笔

SolidBrush 类用于定义单色画笔。该类只有一个构造函数,带有一个 Color 类型的参数,如下所示:

`Public SolidBrush (Color);`

其中,Color 用于指定画笔的颜色。

【例 15.1】 单色画笔的使用。(示例位置:光盘\mr\sl\15\01)

本示例实现的是当程序运行时,在页面上绘制一个使用指定颜色填充的椭圆。执行程序,示例运行结果如图 15.1 所示。

程序实现的主要步骤如下。

新建一个网站,默认主页为 Default.aspx。在 Default.aspx 的 Page_Load 事件中先定义一个画布,然后定义一个黄色的画刷,调用 Graphics 对象的 FillEllipse 方法在画布中绘制一个使用指定颜色填充的椭圆,最后将填充的椭圆显示在页面上。代码如下:

图 15.1 单色画笔的使用

```
protected void Page_Load(object sender, EventArgs e)
{
    Bitmap bitmap = new Bitmap(800, 600);
    Graphics graphics = Graphics.FromImage(bitmap);
```

```
graphics.Clear(Color.White);//清空背景
SolidBrush mySolidBrush = new SolidBrush(Color.Yellow);
graphics.FillEllipse(mySolidBrush, 70, 20, 100, 50);
System.IO.MemoryStream ms = new System.IO.MemoryStream();
bitmap.Save(ms, System.Drawing.Imaging.ImageFormat.Gif);
Response.ClearContent();
Response.ContentType = "image/Gif";
Response.BinaryWrite(ms.ToArray());
}
```

注意

已命名的颜色（如 Red、Yellow、Green 等）可以使用 Color 结构的属性来表示。

2．使用 HatchBrush 类绘制简单图案

HatchBrush 类主要使用阴影样式、前景色和背景色定义矩形画笔，而不是纯色。该类提供了两个重载的构造函数，分别如下：

Public HatchBrush (HatchStyle,ForeColor)
Public HatchBrush (HatchStyle, ForeColor,BackColor)

其中，HatchStyle 为 HatchBrush 的枚举成员，用于指定画笔的填充图案；ForeColor 用于指定前景色；BackColor 用于指定背景色。

说明

前景色是指定义线条的颜色，背景色是指定义各线条之间间隙的颜色。

【例 15.2】 绘制简单图案。（示例位置：光盘\mr\sl\15\02）

本示例实现的是当程序运行时，在页面上绘制一个使用简单图案填充的椭圆。执行程序，示例运行结果如图 15.2 所示。

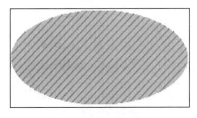

图 15.2　绘制简单图案

程序实现的主要步骤如下。

新建一个网站，默认主页为 Default.aspx。在 Default.aspx 的 Page_Load 事件中先定义 Graphics 和 HatchBrush 对象，然后调用 Graphics 对象的 FillEllipse 方法在画布中绘制一个以橙色为背景色、绿色为前景色并使用斜纹填充的椭圆。代码如下：

```
protected void Page_Load(object sender, EventArgs e)
{
    Bitmap bitmap = new Bitmap(200, 100);
    Graphics graphics = Graphics.FromImage(bitmap);
    graphics.Clear(Color.White);//清空背景
    HatchBrush myhatchBrush = new HatchBrush(HatchStyle.BackwardDiagonal, Color.Green,Color.Orange);
    graphics.FillEllipse(myhatchBrush, 0, 0, 200, 100);
    System.IO.MemoryStream ms = new System.IO.MemoryStream();
    bitmap.Save(ms, System.Drawing.Imaging.ImageFormat.Jpeg);
    Response.ClearContent();
    Response.ContentType = "image/Jpeg";
    Response.BinaryWrite(ms.ToArray());
}
```

3. 使用 TextureBrush 类绘制复杂图案

TextureBrush 类允许使用一幅图像作为填充的样式。该类提供了 5 个重载的构造函数，分别如下：

```
Public TextureBrush( Image )
Public TextureBrush( Image, Rectangle )
Public TextureBrush( Image, WrapMode )
Public TextureBrush( Image, Rectangle, ImageAttributes)
Public TextureBrush( Image, WrapMode, Rectangle)
```

其中，Image 用于指定画笔的填充图案；Rectangle 用于指定图像上用于画笔的矩形区域，其位置不能超越图像的范围；WrapMode 枚举成员用于指定如何排布图像；ImageAttributes 用于指定图像的附加特性参数。

TextureBrush 类的常用属性及说明如表 15.3 所示。

表 15.3 TextureBrush 类的常用属性及说明

属　　性	说　　明
Image	Image 类型，与画笔关联的图像对象
Transform	Matrix 类型，画笔的变换矩阵
WrapMode	WrapMode 枚举成员，指定图像的排布方式

【例 15.3】 绘制复杂图案。（示例位置：光盘\mr\sl\15\03）

本示例实现的是当程序运行时，在页面上绘制一个使用图片填充的椭圆。执行程序，示例运行结果如图 15.3 所示。

图 15.3 绘制复杂图案

程序实现的主要步骤如下。

新建一个网站，默认主页为 Default.aspx。在 Default.aspx 的 Page_Load 事件中先定义 Graphics 和 TextureBrush 对象，然后调用 Graphics 对象的 FillEllipse 方法在画布中绘制一个使用图片填充的椭圆。代码如下：

```
protected void Page_Load(object sender, EventArgs e)
{
    Bitmap bitmap = new Bitmap(400, 200);
    Graphics graphics = Graphics.FromImage(bitmap);
    graphics.Clear(Color.White);//清空背景
     TextureBrush myTextureBrush = new TextureBrush(System.Drawing.Image.FromFile (Server.MapPath
("~/4.jpg")));
     graphics.FillEllipse(myTextureBrush, 0, 0, 400, 200);
    System.IO.MemoryStream ms = new System.IO.MemoryStream();
    bitmap.Save(ms, System.Drawing.Imaging.ImageFormat. Jpeg);
    Response.ClearContent();
    Response.ContentType = "image/Jpeg";
    Response.BinaryWrite(ms.ToArray());
}
```

4．使用 LinearGradientBrush 类定义线性渐变

LinearGradientBrush 类用于定义线性渐变画笔，可以是双色渐变，也可以是多色渐变。默认情况下，渐变由起始颜色沿着水平方向平均过渡到终止颜色。

> **注意**
>
> 要定义多色渐变，需要使用 InterpolationColors 属性。

【例 15.4】 绘制渐变图案。（示例位置：光盘\mr\sl\15\04）

本示例实现的是当程序运行时，在页面上绘制一个使用渐变图案填充的矩形。执行程序，示例运行结果如图 15.4 所示。

程序实现的主要步骤如下。

新建一个网站，默认主页为 Default.aspx。在 Default.aspx 的 Page_Load 事件中先定义 Graphics 和 Rectangle 对象，根据 Rectangle 对象创建 LinearGradientBrush 对象，然后调用 Graphics 对象的 FillRectangle 方法在画布中绘制一个使用渐变图案填充的矩形。代码如下：

图 15.4 绘制渐变图案

```
protected void Page_Load(object sender, EventArgs e)
{
    Bitmap bitmap = new Bitmap(200, 100);
    Graphics graphics = Graphics.FromImage(bitmap);
    graphics.Clear(Color.White);//清空背景
    Rectangle rectangle = new Rectangle(0, 0, 200, 100);
    LinearGradientBrush myLinearGradientBrush = new LinearGradientBrush(rectangle, Color.White,
```

```
Color.Green, LinearGradientMode.ForwardDiagonal);
    graphics.FillRectangle(myLinearGradientBrush, 0, 0, 200, 100);
    System.IO.MemoryStream ms = new System.IO.MemoryStream();
    bitmap.Save(ms, System.Drawing.Imaging.ImageFormat.Jpeg);
    Response.ClearContent();
    Response.ContentType = "image/Jpeg";
    Response.BinaryWrite(ms.ToArray());
}
```

5. 使用 PathGradientBrush 类实现彩色渐变

在 GDI+中，把一个或多个图形组成的形体称为路径。可以使用 GraphicsPath 类定义路径，使用 PathGradientBrush 类定义路径内部的渐变色画笔。渐变色从路径内部的中心点逐渐过渡到路径的外边界边缘，它由若干个定义路径的外围边缘的点、一个中心点以及若干个针对每个点的颜色定义组成。

【例 15.5】 实现彩色渐变。（示例位置：光盘\mr\sl\15\05）

本示例实现的是当程序运行时，在页面上使用两种不同方法绘制由彩色渐变填充的圆形。执行程序，示例运行结果如图 15.5 所示。

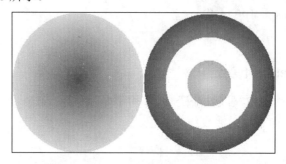

图 15.5　实现彩色渐变

程序实现的主要步骤如下。

新建一个网站，默认主页为 Default.aspx。在 Default.aspx 的 Page_Load 事件中根据已经声明的 PathGradientBrush 类对象，绘制路径渐变图形。代码如下：

```
protected void Page_Load(object sender, EventArgs e)
{
    Bitmap bit = new Bitmap(400,200);
    Graphics g = Graphics.FromImage(bit);
    g.Clear(Color.White);
    Point centerPoint = new Point(100, 100);
    int R = 100;
    GraphicsPath path = new GraphicsPath();
    path.AddEllipse(centerPoint.X - R, centerPoint.Y - R, 2* R, 2 * R);
    PathGradientBrush myPathGradientBrush = new PathGradientBrush(path);
    //指定路径中心点
    myPathGradientBrush.CenterPoint = centerPoint;
    //指定路径中心点的颜色
    myPathGradientBrush.CenterColor = Color.DarkGreen;
    //Color 类型的数组指定与路径上每个顶点对应的颜色
```

```
myPathGradientBrush.SurroundColors = new Color[] { Color.Gold };
g.FillEllipse(myPathGradientBrush, centerPoint.X - R, centerPoint.Y - R,2 * R, 2 * R);
centerPoint = new Point(300, 100);
R = 33;
path = new GraphicsPath();
path.AddEllipse(centerPoint.X - R, centerPoint.Y - R, 2 * R, 2 * R);
path.AddEllipse(centerPoint.X - 2 * R, centerPoint.Y - 2 * R, 4 * R, 4 * R);
path.AddEllipse(centerPoint.X - 3 * R, centerPoint.Y - 3 * R, 6 * R, 6 * R);
myPathGradientBrush = new PathGradientBrush(path);
myPathGradientBrush.CenterPoint = centerPoint;
myPathGradientBrush.CenterColor = Color.Gold;
myPathGradientBrush.SurroundColors = new Color[ ]{Color.Black, Color.Blue, Color.DarkGreen};
g.FillPath(myPathGradientBrush, path);
System.IO.MemoryStream ms = new System.IO.MemoryStream();
bit.Save(ms, System.Drawing.Imaging.ImageFormat.Jpeg );
Response.ClearContent();
Response.ContentType = "image/Jpeg";
Response.BinaryWrite(ms.ToArray());
}
```

> **注意**
>
> SurroundColors 属性是一个颜色数组，其中每个颜色对应于渐变路径上的一个点。如果路径上的点多于数组中的颜色值，那么数组中的最后一种颜色将被应用到其余所有的点。

> **技巧**
>
> （1）使用 FillPath 方法填充多个重叠图形时的注意事项
>
> 当使用 FillPath 方法填充路径时，如果多个图形互相重叠，则重叠部分的数目为偶数时不会被填充。
>
> （2）绘制的图片失真的原因
>
> 当图片显示在页面时，若出现失真现象，不是因为绘图时出现了问题，而是保存图片格式时出现了问题。例如：
>
> bit.Save(ms, System.Drawing.Imaging.ImageFormat.Gif);
> Response.ContentType = "image/Gif";
>
> 这时显示的图片就会失真，应将代码改为：
>
> bit.Save(ms, System.Drawing.Imaging.ImageFormat. Jpeg);
> Response.ContentType = "image/ Jpeg ";

15.2 基本图形绘制

15.2.1 GDI+中的直线和矩形

1. 绘制直线

绘制直线时,可以调用 Graphics 类中的 DrawLine 方法。该方法为可重载方法,主要用来绘制一条连接由坐标对指定的两个点的线条,其常用格式有以下两种。

(1) 绘制一条连接两个 Point 结构的线,语法如下:

public void DrawLine (Pen pen,Point pt1,Point pt2)

其中,pen 为 Pen 对象,确定线条的颜色、宽度和样式;pt1 为 Point 结构,表示要连接的第 1 个点;pt2 为 Point 结构,表示要连接的第 2 个点。

 说明

Point 结构用于定义平面上的一个点,可以由 x 坐标和 y 坐标确定,定义格式为:
Point p=new Point (int x,int y);

(2) 绘制一条连接由坐标对指定的两个点的线条,语法如下:

public void DrawLine (Pen pen,int x1,int y1,int x2,int y2)

其中,pen 为 Pen 对象,确定线条的颜色、宽度和样式;x1 为第 1 个点的 x 坐标;y1 为第 1 个点的 y 坐标;x2 为第 2 个点的 x 坐标;y2 为第 2 个点的 y 坐标。

还可以使用 DrawLines 方法绘制连接一组 Point 结构的线段。数组中的前两个点指定第 1 条线。每个附加点指定一条线段的终结点,该线段的起始点是前一条线段的结束点。

语法如下:

public void DrawLines (Pen pen,Point[] pts)

其中,pen 为 Pen 对象,确定线条的颜色、宽度和样式;pts 为 Point 结构数组,表示要连接的点。

【例 15.6】 绘制折线。(示例位置:光盘\mr\sl\15\06)

本示例实现的是当程序运行时,使用 DrawLines 方法在页面上绘制一条折线。执行程序,示例运行结果如图 15.6 所示。

程序实现的主要步骤如下。

新建一个网站,默认主页为 Default.aspx。在 Default.aspx 的 Page_Load 事件中绘制一条起点为(10,10),终点为(260,120)的折线,中间的两个端点的坐标为(10,100)和(200,50)。代码如下:

图 15.6 绘制折线

```
protected void Page_Load(object sender, EventArgs e)
{
    Bitmap bit = new Bitmap(260, 120);
    Graphics g = Graphics.FromImage(bit);
    g.Clear(Color.White);
    Pen pen = new Pen(Color.Black, 3);
    Point[] points = { new Point( 10,10),new Point( 10, 100),new Point(200, 50),new Point(260, 120)};
    g.DrawLines(pen, points);
    System.IO.MemoryStream ms = new System.IO.MemoryStream();
    bit.Save(ms, System.Drawing.Imaging.ImageFormat.Jpeg);
    Response.ClearContent();
    Response.ContentType = "image/Jpeg";
    Response.BinaryWrite(ms.ToArray());
}
```

2．绘制矩形

绘制矩形时，可以调用 Graphics 类中的 DrawRectangle 方法。该方法为可重载方法，主要用来绘制由坐标对、宽度和高度指定的矩形，其常用格式有以下两种。

> **注意**
>
> GDI+绘制矩形类似于绘制直线，需要创建 Graphics 对象和 Pen 对象。Graphics 对象提供进行实际绘制的方法，Pen 对象用于存储属性（如宽度和颜色）。

（1）绘制由 Rectangle 结构指定的矩形，语法如下：

public void DrawRectangle (Pen pen,Rectangle rect)

其中，pen 为 Pen 对象，确定矩形的颜色、宽度和样式；rect 为要绘制矩形的 Rectangle 结构。例如，下面的代码用来声明一个 Rectangle 结构：

Rectangle rect = new Rectangle(0, 0, 80, 50);

（2）绘制由坐标对、宽度和高度指定的矩形，语法如下：

public void DrawRectangle (Pen pen,int x,int y,int width,int height)

其中，pen 为 Pen 对象，确定线条的颜色、宽度和样式；x 为要绘制矩形左上角的 x 坐标；y 为要绘制矩形的左上角 y 坐标；width 为要绘制矩形的宽度；height 为要绘制矩形的高度。

（3）绘制由 Rectangle 结构指定的多个矩形，语法如下：

public void DrawRectangles(Pen pen, Rectangle[] rects)

其中，pen 为 Pen 对象，确定矩形的颜色、宽度和样式；rects 为要绘制矩形的 Rectangle 结构数组。

【例 15.7】 绘制多个矩形。（示例位置：光盘\mr\sl\15\07）

本示例实现的是当程序运行时，使用 DrawRectangles 方法在页面上绘制多个矩形。执行程序，示例运行结果如图 15.7 所示。

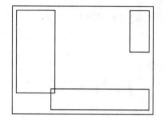

图 15.7 绘制多个矩形

程序实现的主要步骤如下。

新建一个网站，默认主页为 Default.aspx。在 Default.aspx 的 Page_Load 事件中绘制 3 个矩形，首先定义一个包括 3 个矩形的 Rectangle 数组，并调用 DrawRectangles 方法进行绘制。代码如下：

```
protected void Page_Load(object sender, EventArgs e)
{
    Bitmap bit = new Bitmap(360, 260);
    Graphics g = Graphics.FromImage(bit);
    g.Clear(Color.White);
    Pen pen = new Pen(Color.Blue,2);
    Rectangle[] rects ={new Rectangle(10, 10, 100, 200),new Rectangle(100, 200, 250, 50),new Rectangle(300, 10, 50, 100)};
    g.DrawRectangles(pen, rects);
    System.IO.MemoryStream ms = new System.IO.MemoryStream();
    bit.Save(ms, System.Drawing.Imaging.ImageFormat.Jpeg);
    Response.ClearContent();
    Response.ContentType = "image/Jpeg";
    Response.BinaryWrite(ms.ToArray());
}
```

说明

Rectangle 对象具有用于处理和收集矩形相关信息的方法和属性。

15.2.2 GDI+中的椭圆、弧和扇形

1．绘制椭圆

绘制椭圆时，可以调用 Graphics 类中的 DrawEllipse 方法。该方法为可重载方法，主要用来绘制边界由 Rectangle 结构指定的椭圆，其常用格式有以下两种。

（1）绘制边界由 Rectangle 结构指定的椭圆，语法如下：

```
public void DrawEllipse (Pen pen,Rectangle rect)
```

其中，pen 为 Pen 对象，确定曲线的颜色、宽度和样式；rect 为 Rectangle 结构，定义椭圆的外接矩形。

(2) 绘制一个由边框（该边框由一对坐标、高度和宽度指定）定义的椭圆，语法如下：

public void DrawEllipse (Pen pen,int x,int y,int width,int height)

其中，pen 为 Pen 对象，确定线条的颜色、宽度和样式；x 为定义椭圆外接矩形左上角的 x 坐标；y 为定义椭圆外接矩形左上角的 y 坐标；width 为定义椭圆外接矩形的宽度；height 为定义椭圆外接矩形的高度。

注意

绘制椭圆，需要同时使用 Graphics 对象和 Pen 对象。Graphics 对象提供 DrawEllipse 方法，Pen 对象用于存储呈现椭圆的线条属性（如宽度和颜色）。

2．绘制圆弧

绘制圆弧时，可以调用 Graphics 类中的 DrawArc 方法。该方法为可重载方法，主要用来绘制一段弧线，其常用格式有以下两种。

(1) 绘制一段弧线，该弧线表示由 Rectangle 结构指定的椭圆的一部分，语法如下：

public void DrawArc (Pen pen,Rectangle rect,float startAngle, float sweepAngle)

其中，pen 为 Pen 对象，确定线条的颜色、宽度和样式；rect 为 Rectangle 结构，定义椭圆的边界；startAngle 为从 x 轴到弧线的起始点沿顺时针方向度量的角（以度为单位）；sweepAngle 为从 startAngle 参数到弧线的结束点沿顺时针方向度量的角（以度为单位）。

(2) 绘制一段弧线，该弧线表示由一对坐标、宽度和高度指定的椭圆部分，语法如下：

public void DrawArc (Pen pen,int x,int y,int width,int height,int startAngle, int sweepAngle)

其中，pen 为 Pen 对象，确定线条的颜色、宽度和样式；x 为椭圆边框左上角的 x 坐标；y 为椭圆边框左上角的 y 坐标；width 为椭圆边框的宽度；height 为椭圆边框的高度；startAngle 为从 x 轴到弧线的起始点沿顺时针方向度量的角（以度为单位）；sweepAngle 为从 startAngle 参数到弧线的结束点沿顺时针方向度量的角（以度为单位）。

说明

圆弧就是椭圆的一部分。

3．绘制扇形

绘制扇形时，可以调用 Graphics 类中的 DrawPie 方法。该方法为可重载方法，主要用来绘制一段弧线，其常用格式有以下两种。

(1) 绘制一个扇形，该扇形由椭圆的一段弧线和两条与该弧线的终结点相交的射线定义，该椭圆由边框定义，即扇形由两条射线（由 startAngle 和 sweepAngle 参数定义）和这些射线与椭圆的交点之间的弧线组成。语法如下：

public void DrawPie (Pen pen,Rectangle rect,float startAngle,float sweepAngle)

其中，pen 为 Pen 对象，确定线条的颜色、宽度和样式；rect 为 Rectangle 结构，表示定义该扇形所属的椭圆的边框；startAngle 为从 x 轴到扇形的第 1 条边沿顺时针方向度量的角（以度为单位）；sweepAngle 为从 startAngle 参数到扇形的第 2 条边沿顺时针方向度量的角（以度为单位）。

（2）绘制一个扇形，该扇形由椭圆的一段弧线和两条与该弧线的终结点相交的射线定义，该椭圆由 x、y、width 和 height 参数所描述的边框定义，即扇形由两条射线（由 startAngle 和 sweepAngle 参数定义）和这些射线与椭圆的交点之间的弧线组成。语法如下：

```
public void DrawPie (Pen pen,int x,int y,int width,int height,int startAngle,  int sweepAngle)
```

其中，pen 为 Pen 对象，确定线条的颜色、宽度和样式；x 为边框左上角的 x 坐标，该边框定义扇形所属的椭圆；y 为边框左上角的 y 坐标，该边框定义扇形所属的椭圆；width 为边框的宽度，该边框定义扇形所属的椭圆；height 为边框的高度，该边框定义扇形所属的椭圆；startAngle 为从 x 轴到扇形的第 1 条边沿顺时针方向度量的角（以度为单位）；sweepAngle 为从 startAngle 参数到扇形的第 2 条边沿顺时针方向度量的角（以度为单位）。

说明

如果 sweepAngle 参数大于 360°或小于-360°，则将其分别视为 360°或-360°。

【例 15.8】 绘制椭圆、弧和扇形。（示例位置：光盘\mr\sl\15\08）

本示例实现的是当程序运行时，使用 DrawEllipse、DrawArc 和 DrawPie 方法在页面上分别绘制一个椭圆、一个弧线和一个扇形。执行程序，示例运行结果如图 15.8 所示。

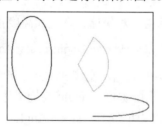

图 15.8　绘制椭圆、弧和扇形

程序实现的主要步骤如下。

新建一个网站，默认主页为 Default.aspx。在 Default.aspx 的 Page_Load 事件中绘制一个椭圆、一个弧线和一个扇形，首先定义一个包括 3 个矩形的 Rectangle 数组，并调用 DrawEllipse、DrawArc 和 DrawPie 方法进行绘制。代码如下：

```
protected void Page_Load(object sender, EventArgs e)
{
    Bitmap bit = new Bitmap(360, 260);
    Graphics g = Graphics.FromImage(bit);
    g.Clear(Color.White);
    Pen pen = new Pen(Color.Blue, 2);
    Rectangle[] rects ={ new Rectangle(10, 10, 100, 200), new Rectangle(100, 200, 250, 50), new Rectangle(100, 50, 150, 150) };
    g.DrawEllipse (pen, rects[0]);
```

```
    pen.Color = Color.Red;
    g.DrawArc(pen, rects[1], -60, 180);
    pen.Color = Color.Turquoise;
    g.DrawPie(pen, rects[2], 60, -120);
    System.IO.MemoryStream ms = new System.IO.MemoryStream();
    bit.Save(ms, System.Drawing.Imaging.ImageFormat.Jpeg);
    Response.ClearContent();
    Response.ContentType = "image/Jpeg";
    Response.BinaryWrite(ms.ToArray());
}
```

15.2.3 GDI+中的多边形

Graphics 对象提供 DrawPolygon 方法绘制多边形。该方法为可重载方法，其常用格式有以下两种。
（1）绘制由一组 Point 结构定义的多边形，语法如下：

public void DrawPolygon (Pen pen,Point[] points)

其中，pen 为 Pen 对象，确定多边形的颜色、宽度和样式；points 为 Point 结构数组，这些结构表示多边形的顶点。
（2）绘制由一组 PointF 结构定义的多边形，语法如下：

public void DrawPolygon (Pen pen,PointF[] points)

其中，pen 为 Pen 对象，确定多边形的颜色、宽度和样式；points 为 PointF 结构数组，这些结构表示多边形的顶点。

【例 15.9】 绘制五边形。（示例位置：光盘\mr\sl\15\09）

本示例实现的是当程序运行时，使用 DrawPolygon 方法在页面上绘制一个五边形。执行程序，示例运行结果如图 15.9 所示。

程序实现的主要步骤如下。

新建一个网站，默认主页为 Default.aspx。在 Default.aspx 的 Page_Load 事件中绘制一个五边形，首先定义一个包括 5 个点的 Point 数组，并调用 DrawPolygon 方法绘制五边形。代码如下：

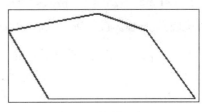

图 15.9 绘制五边形

```
protected void Page_Load(object sender, EventArgs e)
{
    Bitmap bit = new Bitmap(240, 200);
    Graphics g = Graphics.FromImage(bit);
    g.Clear(Color.White);
    Pen pen = new Pen(Color.Blue, 2);
    Point[] pts = new Point[]{   new Point( 10, 120 ),
                                 new Point( 120, 100),
                                 new Point( 180,120),
```

```
                    new Point( 240, 200),
                    new Point( 60, 200)};
    g.DrawPolygon(pen, pts);
    System.IO.MemoryStream ms = new System.IO.MemoryStream();
    bit.Save(ms, System.Drawing.Imaging.ImageFormat.Jpeg);
    Response.ClearContent();
    Response.ContentType = "image/Jpeg";
    Response.BinaryWrite(ms.ToArray());
}
```

> **注意**
> 绘制多边形需要 Graphics 对象、Pen 对象和 Point（或 PointF）对象数组。

15.3　GDI+绘图的应用

在一些网站中，通常要对一些数据进行统计，如网站流量、投票结果以及销售量等。为了能够更直观地查看这些数据，很多网站都采用图表显示数据。本节将对几种图表的绘制进行介绍。

15.3.1　绘制柱形图

绘制图形之前，首先要从数据库中检索出相应的数据，然后根据数据比例绘制图形。绘制柱形图主要使用 System.Drawing 命令空间中的 Graphics 类的 DrawLine 和 FillRectangle 方法。

DrawLine 方法的语法格式如下：

`public void DrawLine(Pen pen,int x1,int y1,int x2,int y2)`

其中，pen 确定线条的颜色、宽度和样式；x1 为第 1 个点的 x 坐标；y1 为第 1 个点的 y 坐标；x2 为第 2 个点的 x 坐标；y2 为第 2 个点的 y 坐标。

FillRectangle 方法的语法格式如下：

`public void FillRectangle(Brush brush,int x,int y,int width,int height)`

其中，brush 为确定填充特性的 Brush；x 为要填充的矩形左上角的 x 坐标；y 为要填充的矩形左上角的 y 坐标；width 为要填充的矩形的宽度；height 为要填充的矩形的高度。

下面以 2007 年某网站每月份流量的统计分析为例制作一个柱形图。

【例 15.10】 网站月流量统计。（示例位置：光盘\mr\sl\15\10）

本示例依据 2007 年每月网站流量统计数据，使用柱形图显示每月访问量占总访问量的百分比。执行程序，示例运行结果如图 15.10 所示。

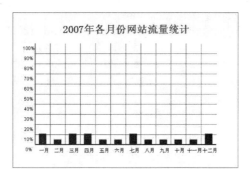

图 15.10　网站流量统计

程序实现的主要步骤如下。

（1）新建一个网站，默认主页为 Default.aspx。该页主要用来显示网站流量统计的柱形图。

（2）在 Default.aspx 中定义两个方法，即 Total 和 CreateImage 方法。Total 方法用来计算该网站 2007 年总的访问量。代码如下：

```
//访问人数统计
public int Total()
{
    SqlConnection Con = new SqlConnection(ConfigurationManager.AppSettings["ConSql"]);
    Con.Open();
    string cmdtxt1 = "select * from tb_10 where Year(LoginTime)=2007";
    SqlDataAdapter dap = new SqlDataAdapter(cmdtxt1, Con);
    DataSet ds = new DataSet();
    dap.Fill(ds);
    int P_Int_total = ds.Tables[0].Rows.Count;//访问人数统计
    return P_Int_total;
}
```

（3）CreateImage 方法是根据具体数据绘制柱形图。在自定义的 CreateImage 方法中绘制柱形图表，共分为以下 5 个步骤。

① 画图之前，必须先建立一个 Bitmap 对象和一个 Graphics 对象，以便能够完成图形绘制，代码如下：

```
int height = 400, width = 600;
Bitmap image = new Bitmap(width, height);
//创建 Graphics 类对象
Graphics g = Graphics.FromImage(image);
```

② 绘制背景墙、网络线及坐标轴，代码如下：

```
//清空图片背景色
g.Clear(Color.White);
Font font = new Font("Arial", 9, FontStyle.Regular);
Font font1 = new Font("宋体", 20, FontStyle.Bold);
LinearGradientBrush brush = new LinearGradientBrush(new Rectangle(0, 0, image.Width, image.Height), Color.Blue , Color.BlueViolet, 1.2f, true);
```

```
g.FillRectangle(Brushes.WhiteSmoke, 0, 0, width, height);
g.DrawString("2007年各月份网站流量统计", font1, brush, new PointF(130, 30));
//画图片的边框线
g.DrawRectangle(new Pen(Color.Blue), 0, 0, image.Width - 1, image.Height - 1);
Pen mypen = new Pen(brush, 1);
//绘制线条
//绘制横向线条
int x = 100;
for (int i = 0; i < 11; i++)
{
    g.DrawLine(mypen, x, 80, x, 340);
    x = x + 40;
}
Pen mypen1 = new Pen(Color.Blue, 2);
g.DrawLine(mypen1, x - 480, 80, x - 480, 340);
//绘制纵向线条
int y = 106;
for (int i = 0; i < 9; i++)
{
    g.DrawLine(mypen, 60, y, 540, y);
    y = y + 26;
}
g.DrawLine(mypen1, 60, y, 540, y);
```

③ 为已经绘制的坐标轴绘制数据标记。x轴显示月份，y轴显示百分比刻度。代码如下：

```
//x 轴
String[] n = {" 一月", " 二月", " 三月", " 四月", " 五月", " 六月", " 七月",
              " 八月", " 九月", " 十月", "十一月", "十二月"};
x = 62;
for (int i = 0; i < 12; i++)
{
    g.DrawString(n[i].ToString(), font, Brushes.Black, x, 348); //设置文字内容及输出位置
    x = x + 40;
}
//y 轴
String[] m = {"100%", " 90%", " 80%", " 70%", " 60%", " 50%", " 40%", " 30%", " 20%", " 10%", " 0%"};
y = 85;
for (int i = 0; i < 11; i++)
{
    g.DrawString(m[i].ToString(), font, Brushes.Black, 25, y); //设置文字内容及输出位置
    y = y + 26;
}
```

④ 将检索出的数据按一定比例绘制到图像中，代码如下：

```
int[] Count = new int[12];
string cmdtxt2 = "";
SqlConnection Con = new SqlConnection(ConfigurationManager.AppSettings["ConSql"]);
Con.Open();
```

```
SqlDataAdapter da;
DataSet ds=new DataSet();
for (int i = 0; i < 12; i++)
{
    cmdtxt2 = "select COUNT(*) AS count, Month( LoginTime) AS month from tb_10 where Year(LoginTime)=
2007 and Month(LoginTime)=" + (i + 1) + "Group By Month(LoginTime)";
    da = new SqlDataAdapter(cmdtxt2, Con);
    da.Fill(ds,i.ToString ());
    if (ds.Tables[i].Rows.Count == 0)
    {
        Count[i] = 0;
    }
    else
    {
        Count[i] = Convert.ToInt32(ds.Tables[i].Rows[0][0].ToString()) * 100 / Total();
    }
}
//显示柱状效果
x = 70;
for (int i = 0; i < 12; i++)
{
    SolidBrush mybrush = new SolidBrush(Color.Blue);
    g.FillRectangle(mybrush, x, 340 - Count[i] * 26 / 10, 20, Count[i] * 26 / 10);
    x = x + 40;
}
```

> **注意**
>
> 从以上代码中可以发现，柱形图是由基本线条绘制的，而其比例是根据从数据库中读取的字段值而定的。

⑤ 将绘制好的柱形图表显示在页面上，代码如下：

```
System.IO.MemoryStream ms = new System.IO.MemoryStream();
image.Save(ms, System.Drawing.Imaging.ImageFormat.Jpeg);
Response.ClearContent();
Response.ContentType = "image/Jpeg";
Response.BinaryWrite(ms.ToArray());
```

15.3.2 绘制折线图

网站中使用折线图能够直观地反映出相关数据的变化趋势。绘制折线图主要使用 System.Drawing 命名空间中的 Graphics 类的 DrawLines 方法来实现。DrawLines 方法是绘制一系列连接一组 Point 结构的线段，其语法格式如下：

```
public void DrawLines(Pen pen,Point[] points)
```

其中，pen 用于确定线段的颜色、宽度和样式；points 为结构数组，这些结构表示要连接的点。

> **注意**
> 此方法用来绘制一系列连接一组终结点的线条。数组中的前两个点指定第一条线。每个附加点指定一条线段的终结点，该线段的起始点是前一条线段的结束点。

下面以统计1997—2006年每年出生人口的男女比例为例，介绍折线图的使用方法。

【例 15.11】 出生人口比例图。（示例位置：光盘\mr\sl\15\11）

本示例以1997—2006年每年出生的男女比例为数据，使用折线图显示男女比例。执行程序，示例运行结果如图15.11所示。

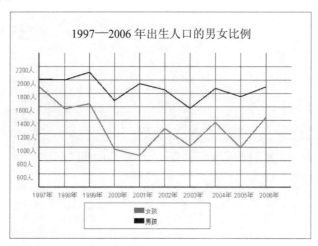

图 15.11 出生人口比例图

程序实现的主要步骤如下。

（1）新建一个网站，默认主页为Default.aspx。该页主要用来显示1997—2006年出生人口比例的折线形图表。

（2）在Default.aspx中定义一个CreateImage方法，用来绘制折线形图表。绘制折线形图表，共分为6个步骤。

① 在绘图之前，建立一个Bitmap对象和一个Graphics对象，代码如下：

```
int height = 440, width = 600;
Bitmap image = new Bitmap(width, height);
Graphics g = Graphics.FromImage(image);
```

② 绘制背景墙、网络线及坐标轴，代码如下：

```
//清空图片背景色
g.Clear(Color.White);
Font font = new System.Drawing.Font("Arial", 9, FontStyle.Regular);
Font font1 = new System.Drawing.Font("宋体", 20, FontStyle.Regular);
Font font2 = new System.Drawing.Font("Arial", 8, FontStyle.Regular);
```

```csharp
LinearGradientBrush brush = new LinearGradientBrush(new Rectangle(0, 0, image.Width, image.Height),
Color.Blue, Color.Blue, 1.2f, true);
g.FillRectangle(Brushes.AliceBlue, 0, 0, width, height);
Brush brush1 = new SolidBrush(Color.Blue);
Brush brush2 = new SolidBrush(Color.SaddleBrown);
g.DrawString("1997—2006 年出生人口的男女比例", font1, brush1, new PointF(100, 30));
//画图片的边框线
g.DrawRectangle(new Pen(Color.Blue), 0, 0, image.Width - 1, image.Height - 1);
Pen mypen = new Pen(brush, 1);
Pen mypen2 = new Pen(Color.Red, 2);
//绘制线条
//绘制纵向线条
int x = 60;
for (int i = 0; i < 10; i++)
{
    g.DrawLine(mypen, x, 80, x, 340);
    x = x + 50;
}
Pen mypen1 = new Pen(Color.Blue, 2);
g.DrawLine(mypen1, x - 500, 80, x - 500, 340);
//绘制横向线条
int y = 106;
for (int i = 0; i < 9; i++)
{
    g.DrawLine(mypen, 60, y, 560, y);
    y = y + 26;
}
g.DrawLine(mypen1, 60, y, 560, y);
```

③ 为已经绘制的坐标轴绘制数据标记，x 轴显示年份，y 轴显示出生人数。代码如下：

```csharp
//x 轴
String[] n = {"1997年", "1998年", "1999年", "2000年", "2001年", "2002年", "2003年", "2004年", "2005年", "2006年"};
x = 45;
for (int i = 0; i < 10; i++)
{
    g.DrawString(n[i].ToString(), font, Brushes.Red, x, 348); //设置文字内容及输出位置
    x = x + 50;
}
//y 轴
String[] m = {"2200 人", " 2000 人", " 1800 人", " 1600 人", " 1400 人", " 1200 人", " 1000 人", " 800 人"," 600 人"};
y = 106;
for (int i = 0; i < 9; i++)
{
    g.DrawString(m[i].ToString(), font, Brushes.Red, 10, y); //设置文字内容及输出位置
    y = y + 26;
}
```

④ 框架添加后，即可将检索出的数据按一定比例绘制到图像中，代码如下：

```csharp
int[] Count1 = new int[10];
int[] Count2 = new int[10];
SqlConnection Con = new SqlConnection(ConfigurationManager.AppSettings["ConSql"]);
Con.Open();
string cmdtxt2 = "SELECT * FROM tb_11 WHERE Year<=2006 and Year>=1997";
SqlDataAdapter da = new SqlDataAdapter(cmdtxt2 ,Con);
DataSet ds = new DataSet();
da.Fill(ds);
for (int j = 0; j < 10; j++)
{
    if (ds.Tables[0].Rows.Count == 0)
    {
        Count1[j] = 0;
    }
    else
    {
        Count1[j] = Convert.ToInt32(ds.Tables [0].Rows [j][0].ToString ()) * 13 / 100;
    }
}
for (int k = 0; k < 10; k++)
{
    if (ds.Tables[0].Rows.Count == 0)
    {
        Count2[k] = 0;
    }
    else
    {
        Count2[k] = Convert.ToInt32(ds.Tables[0].Rows[k][1].ToString()) * 13 / 100;
    }
}
//显示折线效果
SolidBrush mybrush = new SolidBrush(Color.Red);
Point[] points1 = new Point[10];
points1[0].X = 60; points1[0].Y = 390 - Count1[0];
points1[1].X = 110; points1[1].Y = 390 - Count1[1];
points1[2].X = 160; points1[2].Y = 390 - Count1[2];
points1[3].X = 210; points1[3].Y = 390 - Count1[3];
points1[4].X = 260; points1[4].Y = 390 - Count1[4];
points1[5].X = 310; points1[5].Y = 390 - Count1[5];
points1[6].X = 360; points1[6].Y = 390 - Count1[6];
points1[7].X = 410; points1[7].Y = 390 - Count1[7];
points1[8].X = 460; points1[8].Y = 390 - Count1[8];
points1[9].X = 510; points1[9].Y = 390 - Count1[9];
g.DrawLines(mypen2, points1);    //绘制折线
Pen mypen3 = new Pen(Color.Black, 2);
Point[] points2 = new Point[10];
points2[0].X = 60; points2[0].Y = 390 - Count2[0];
points2[1].X = 110; points2[1].Y = 390 - Count2[1];
```

```
points2[2].X = 160; points2[2].Y = 390 - Count2[2];
points2[3].X = 210; points2[3].Y = 390 - Count2[3];
points2[4].X = 260; points2[4].Y = 390 - Count2[4];
points2[5].X = 310; points2[5].Y = 390 - Count2[5];
points2[6].X = 360; points2[6].Y = 390 - Count2[6];
points2[7].X = 410; points2[7].Y = 390 - Count2[7];
points2[8].X = 460; points2[8].Y = 390 - Count2[8];
points2[9].X = 510; points2[9].Y = 390 - Count2[9];
g.DrawLines(mypen3, points2);    //绘制折线
```

⑤ 为了使用户明确图形中线条所代表的含义，需要绘制标识来进行说明，代码如下：

```
//绘制标识
g.DrawRectangle(new Pen(Brushes.Red), 150, 370, 250, 50);    //绘制范围框
g.FillRectangle(Brushes.Red, 250, 380, 20, 10);    //绘制小矩形
g.DrawString("女孩", font2, Brushes.Red, 270, 380);
g.FillRectangle(Brushes.Black, 250, 400, 20, 10);
g.DrawString("男孩", font2, Brushes.Black, 270, 400);
```

⑥ 将绘制好的柱形图表显示在页面上，代码如下：

```
System.IO.MemoryStream ms = new System.IO.MemoryStream();
image.Save(ms, System.Drawing.Imaging.ImageFormat.Jpeg);
Response.ClearContent();
Response.ContentType = "image/Jpeg";
Response.BinaryWrite(ms.ToArray());
```

15.3.3 绘制饼形图

利用饼形图显示数据也是图表技术中较常使用的。饼形图能够显示一个数据系列，在需要突出某一重要系列时比较有用。

在绘制图形时，先计算出相应数据在饼形图中分配的角度数据，然后利用 Graphics 类中的 FillPie 方法完成图形绘制。FillPie 方法的语法格式如下：

FillPie(Brush brush,float x,float y,float width,float height,float startAngle,float sweepAngle)

其中，brush 为确定填充特性的 Brush；x 为边框左上角的 x 坐标，该边框定义扇形区所属的椭圆；y 为边框左上角的 y 坐标，该边框定义扇形区所属的椭圆；width 为边框的宽度，该边框定义扇形区所属的椭圆；height 为边框的高度，该边框定义扇形区所属的椭圆；startAngle 为从 x 轴沿顺时针方向旋转到扇形区第 1 个边所测得的角度（以度为单位）；sweepAngle 为从 startAngle 参数沿顺时针方向旋转到扇形区第 2 个边所测得的角度（以度为单位）。

> **注意**
> 此方法填充由椭圆的一段弧线和与该弧线端点相交的两条射线定义的扇形区的内部。该椭圆由边框定义。扇形区由 startAngle 和 sweepAngle 参数定义的两条射线以及这两条射线与椭圆交点之间的弧线组成。如果 sweepAngle 参数大于 360° 或小于-360°，则将其分别视为 360° 或-360°。

下面以全国图书市场各类图书销售比例为数据介绍如何绘制一个饼形图。

【例 15.12】 全国图书市场各类图书销售比例。

（示例位置：光盘\mr\sl\15\12）

本示例以全国图书市场各类图书销售比例为数据，使用饼形图显示各类图书的销售量占总图书销售量的百分比。执行程序，示例运行结果如图 15.12 所示。

程序实现的主要步骤如下。

（1）新建一个网站，默认主页为 Default.aspx。该页主要用来显示全国图书市场各类图书销售比例的饼形图。

（2）在 Default.aspx 中，定义一个 CreateImage 方法，用来绘制饼形图，代码如下：

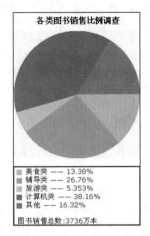

图 15.12 全国图书市场各类图书销售比例

```
private void CreateImage()
{
    //把连接字串指定为一个常量
    SqlConnection Con = new SqlConnection("Server=MRLFL\\MRLFL;Database=db_A;Uid=sa;Pwd=");
    Con.Open();
    string cmdtxt = "select * from tb_12";
    //SqlCommand Com = new SqlCommand(cmdtxt, Con);
    DataSet ds = new DataSet();
    SqlDataAdapter Da = new SqlDataAdapter(cmdtxt, Con);
    Da.Fill(ds);
    Con.Close();
    float Total = 0.0f, Tmp;
    for (int i = 0; i < ds.Tables[0].Rows.Count; i++)
    {
        //转换成单精度，也可写成 Convert.ToInt32
        Tmp = Convert.ToSingle(ds.Tables[0].Rows[i]["Quantity"]);
        Total += Tmp;
    }
    //设置字体，fonttitle 为主标题的字体
    Font fontlegend = new Font("verdana", 9);
    Font fonttitle = new Font("verdana", 10, FontStyle.Bold);
    //背景宽
    int width = 230;
    int bufferspace = 15;
    int legendheight = fontlegend.Height * (ds.Tables[0].Rows.Count + 1) + bufferspace;
    int titleheight = fonttitle.Height + bufferspace;
    int height = width + legendheight + titleheight + bufferspace;//白色背景高
    int pieheight = width;
    Rectangle pierect = new Rectangle(0, titleheight, width, pieheight);
    //加上各种随机色
```

```csharp
ArrayList colors = new ArrayList();
Random rnd = new Random();
for (int i = 0; i < ds.Tables[0].Rows.Count; i++)
    colors.Add(new SolidBrush(Color.FromArgb(rnd.Next(255), rnd.Next(255), rnd.Next(255))));
//创建一个 bitmap 实例
Bitmap objbitmap = new Bitmap(width, height);
Graphics objgraphics = Graphics.FromImage(objbitmap);
//画一个白色背景
objgraphics.FillRectangle(new SolidBrush(Color.White), 0, 0, width, height);
//画一个亮黄色背景
objgraphics.FillRectangle(new SolidBrush(Color.Beige), pierect);
//以下为画饼图（有几行 row 画几个）
float currentdegree = 0.0f;
for (int i = 0; i < ds.Tables[0].Rows.Count; i++)
{
    objgraphics.FillPie((SolidBrush)colors[i], pierect, currentdegree,
        Convert.ToSingle(ds.Tables[0].Rows[i]["Quantity"]) / Total * 360);
    currentdegree += Convert.ToSingle(ds.Tables[0].Rows[i]["Quantity"]) / Total * 360;
}
//以下为生成主标题
SolidBrush blackbrush = new SolidBrush(Color.Black);
string title = " 各类图书销售比例调查";
StringFormat stringFormat = new StringFormat();
stringFormat.Alignment = StringAlignment.Center;
stringFormat.LineAlignment = StringAlignment.Center;
objgraphics.DrawString(title, fonttitle, blackbrush,
    new Rectangle(0, 0, width, titleheight), stringFormat);
//列出各字段及所占百分比
objgraphics.DrawRectangle(new Pen(Color.Black, 2), 0, height - legendheight, width, legendheight);
for (int i = 0; i < ds.Tables[0].Rows.Count; i++)
{
    objgraphics.FillRectangle((SolidBrush)colors[i], 5, height - legendheight + fontlegend.Height * i + 5, 10, 10);
    objgraphics.DrawString(((String)ds.Tables[0].Rows[i]["BookKind"]) + " —— " + Convert.ToString
(Convert.ToSingle(ds.Tables[0].Rows[i]["Quantity"]) * 100 / Total).Substring(0, 5) + "%", fontlegend, blackbrush,
20, height - legendheight + fontlegend.Height * i + 1);
}
//图像总的高度-一行字体的高度，即最底行的一行字体高度（height-fontlegend.Height）
objgraphics.DrawString("图书销售总数:" + Convert.ToString(Total) + "万本", fontlegend, blackbrush, 5,
height - fontlegend.Height);
Response.ContentType = "image/Jpeg";
objbitmap.Save(Response.OutputStream, System.Drawing.Imaging.ImageFormat.Jpeg);
objgraphics.Dispose();
objbitmap.Dispose();
}
```

第16章 水晶报表

（视频讲解：52分钟）

Crystal Reports（水晶报表）是内置于Visual Studio.NET开发环境中的一种报表设计工具，能够帮助程序员在.NET平台上创建高复杂度且专业级的互动式报表。本章将对Crystal Reports进行详细介绍。

16.1 水晶报表简介

Crystal Reports（水晶报表）是世界领先的用于创建交互式报表的软件包，为开发人员提供了丰富的工具。

使用 Crystal Reports 可以创建简单的报表，也可以创建复杂的、专业的报表，它可以从任何数据源生成所需要的报表，就像绘图工具（如 Microsoft Office Visio）一样，可以用于绘制不同行业（如电气、工艺和建筑等）的图形（如工程图、流程图和业务逻辑图等）。内置报表专家在生成报表和完成一般报表的过程中，会一步一步地指导开发人员如何进行操作，它可以用公式、交叉表、子报表和设置条件格式等帮助表现数据的实际意义，揭示可能被隐藏的重要关系。

Crystal Reports 支持大多数流行的开发语言，可以用各种形式发布，如 Word、Excel、电子邮件和 Web 等。高级的 Web 水晶报表还允许工作组中的其他成员在自己的 Web 浏览器中查看或共享。

将 Crystal Reports 整合到数据库应用程序中，不仅可以使开发人员节省开发时间，还可以更大程度地满足用户需求。

16.2 .NET 平台下的 CryStal 报表

16.2.1 CryStal Reports.Net 简介

Crystal Reports 自 1993 年开始就已经成为 Visual Studio 的一部分，在 Visual Studio 2010 之前的 Visual Studio 版本中都自带水晶报表，但在 Visual Studio 2010 开发环境中默认没有水晶报表，开发人员在使用时，首先需要到 SAP 官方网站下载 Crystal Reports for Visual Studio 2010 安装文件进行安装，才可以在 Visual Studio 2010 开发环境中创建水晶报表。

> **说明**
> 在 Visual Studio 2010 开发环境中安装完水晶报表后，左侧的工具箱中默认不显示 CrystalReportViewer 控件，这时需要将项目的目标框架由 ".NET Framework 4 Client Profile" 修改为 ".NET Framework 4"，该操作可以通过 "选中项目右键属性" 的方式进行修改。

16.2.2 Crystal 报表设计器的环境介绍

在 Visual Studio 2010 开发环境中打开一个报表文件（.rpt），这里打开 Visual Studio 2010 开发环境自带的一个报表文件 World Sales Report.rpt，该文件位于 Visual Studio 2010 安装目录中的 Microsoft

Visual Studio 9.0\Crystal Reports\Samples\chs\Reports\General Business 文件夹中。

Crystal 报表设计器环境如图 16.1 所示，设计器左边是"字段资源管理器"窗口，该窗口中显示的树形图中包含了可以添加到报表中的数据库字段、公式字段、参数字段、组名字段、运行总计字段、SQL 表达式字段、特殊字段和未绑定字段，已经被引用的字段旁边会显示一个选中标记。

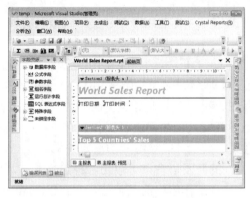

图 16.1　Crystal 报表设计器环境

> **注意**
> 如果 Visual Studio 2010 开发环境中没有显示"字段资源管理器"窗口，可以通过选择菜单栏中的"视图"/"文档大纲"命令将其显示出来。

Crystal 报表（.rpt 文件）的"主报表"视图是报表设计区，在该区域中用户可以根据需要设计各种样式的报表。通过"主报表 预览"视图可以预览设计好的报表。

16.2.3　Crystal 报表区域介绍

对于一张新的 Crystal 报表，报表设计区被分成 5 部分，分别为报表头、页眉、详细资料、报表尾和页脚，如图 16.2 所示。用户在设计过程中，可以选择创建其他区域，也可以隐藏已有区域。下面对 Crystal 报表的区域进行详细介绍。

图 16.2　Crystal 报表区域

1．报表头

- ☑ 该区域中的信息和对象只在 Crystal 报表的开头显示一次。
- ☑ 该区域通常包含 Crystal 报表的标题和其他只在 Crystal 报表开始位置出现的信息。
- ☑ 放在该区域中的图表和交叉表包含整个 Crystal 报表的数据。
- ☑ 放在该区域中的公式只在 Crystal 报表开始进行一次求值。

2．页眉

- ☑ 该区域中的信息和对象显示在每个新页的开始位置。
- ☑ 该区域通常包含只出现在每页顶部的信息，如可以包含文本字段，也可以包含字段标题等。
- ☑ 图表或交叉表不能放在该区域。
- ☑ 放在该区域中的公式在每个新页的开始进行一次求值。

3．详细资料

- ☑ 该区域中的信息和对象随每条新记录显示。
- ☑ 该区域包含 Crystal 报表正文数据，如批量报表数据通常出现在该区域。
- ☑ 图表或交叉表不能放置在该区域中。
- ☑ 放在该区域中的公式对每条记录进行一次求值。

4．报表尾

- ☑ 该区域中的信息和对象只在 Crystal 报表的结束位置显示一次。
- ☑ 该区域可用来输出只在 Crystal 报表的末尾出现一次的信息（如统计）。
- ☑ 放在该区域中的图表和交叉表包含整个 Crystal 报表的数据。
- ☑ 放在该区域中的公式只在 Crystal 报表的结束位置进行一次求值。

5．页脚

- ☑ 该区域中的信息和对象显示在每页的底部。
- ☑ 该区域通常包含页码和任何其他希望出现在每页底部的信息。
- ☑ 图表和交叉表不能放置在该区域中。
- ☑ 放在该区域中的公式在每个新页的结束位置进行一次求值。

> **说明**
> 如果将组、摘要或小计添加到 Crystal 报表，则程序会自动创建组页眉和组页脚两个区域。其中，"组页眉"区域出现在"详细资料"区域的正上方，而"组页脚"区域出现在"详细资料"区域的正下方。和原始报表区域一样，每个新添加的区域也可以包含一个或多个子区域，默认情况下，它们都只包含一个区域。

6．组页眉

- ☑ 放在该区域中的对象显示在每个新组的开始位置。

- ☑ 该区域通常保存组名字段，也可以用来显示包括特定数据的图表或交叉表。
- ☑ 放在该区域中的图表和交叉表仅包含本组数据。
- ☑ 放在该区域中的公式在每组的开始位置对本组进行一次求值。

7. 组页脚

- ☑ 放在该区域中的对象显示在每个新组的结束位置。
- ☑ 该区域通常保存汇总数据，也可以用来显示图表或交叉表。
- ☑ 放在该区域中的图表和交叉表仅包含本组数据。
- ☑ 放在该区域中的公式在每组的结束位置对本组进行一次求值。

16.3　Crystal 报表数据源和数据访问模式

16.3.1　Visual Studio 2010 中 Crystal 报表数据源列举

Crystal 报表通过数据库驱动程序与数据库进行连接，用户可以根据下列数据源中的数据进行报表设计。

- ☑ 使用 ODBC 驱动程序的任何数据库（RDO）。
- ☑ 使用 OLE DB 驱动程序的任何数据库（ADO）。
- ☑ Microsoft Access 数据库或 Excel 工作簿（DAO）。
- ☑ ADO.NET 记录集。

16.3.2　报表的数据访问模式

CryStal 报表的数据访问模式可以分为提取模式（Pull Model）与推入模式（Push Model）两种，下面分别进行介绍。

- ☑ 提取模式

提取模式也就是驱动程序会自动连接至数据库并根据需要来提取数据。当采用提取模式时，Crystal 报表本身将自行连接至数据库并执行用来提取数据的 SQL 命令，开发人员不需要另外编写代码。但只能访问 ODBC、OLE DB 与 Access/Excel 数据源。

- ☑ 推入模式

若采用推入模式，开发人员必须自行编写代码来连接到数据库，执行 SQL 命令来创建数据集或数据记录集，并将该对象传递给报表。采用推入模式的好处是开发人员对数据源拥有更大的自主权与控制权，同时可以使用 ADO.NET、CDO、DAO 与 RDO 来访问各种类型的数据源。

下面通过几个典型的示例详细介绍报表的数据访问模式。

1．以提取模式来使用 SQL Server 数据库

【例 16.1】 使用报表专家设计并显示学生基本信息。（示例位置：光盘\mr\sl\16\01）

本示例以 OLE DB 驱动程序为例，介绍如何使用报表专家来设计报表并查看报表中的学生基本信息。示例运行结果如图 16.3 所示。

图 16.3　使用报表专家设计并显示学生基本信息

程序实现的主要步骤为：

（1）新建一个网站，默认主页为 Default.aspx。

（2）在"解决方案资源管理器"面板中选中当前网站并右击，在弹出的快捷菜单中选择"添加新项"命令，在打开的如图 16.4 所示的对话框中选择"Crystal 报表"选项，并在"名称"文本框中输入名称。

（3）单击"添加"按钮，弹出"Crystal Reports 库"对话框，如图 16.5 所示。选中"使用报表向导"单选按钮，并选择"选择专家"列表框中的"标准"选项。

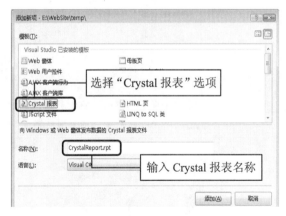

图 16.4　"添加新项"对话框

图 16.5　"Crystal Reports 库"对话框

> **说明**
>
> "作为空白报表"单选按钮用来打开 Crystal Reports 设计器，以便手动设计报表；"来自于现有的报表"单选按钮用来根据已经存在的报表创建一张相同的报表。

（4）单击"确定"按钮，打开"标准报表创建向导"对话框，如图 16.6 所示。该对话框用来选择和配置数据源，如果项目中存在数据源，则在"可用数据源"列表框中选择"项目数据"选项，并从

中选择合适的数据源;如果没有数据源,可以新建一个数据源。

本示例以 SQL Server 2008 为例。

(5)选择"可用数据源"/"创建新连接"/OLE DB(ADO)命令,打开如图 16.7 所示的对话框。选定数据源后(这里选择 SQL Native Client)单击"下一步"按钮,在界面中填写正确的数据库连接信息,单击"下一步"按钮,进入高级信息编辑界面,可以通过双击或选择需要编辑的选项,单击"编辑值"按钮进行适当的编辑,编辑完成后,单击"完成"按钮即可完成新连接的创建,如图 16.8 所示。

(6)从已创建连接的"标准报表创建向导"对话框中选择合适的数据表作为数据源。选择数据表,通过 > 和 < 按钮,对选定的数据表进行单一添加或删除,如图 16.9 所示。

也可以利用 Ctrl+鼠标单击数据表选择多个数据表进行添加和删除。

图 16.6 "标准报表创建向导"对话框

图 16.7 OLE DB(ADO)对话框

图 16.8 创建新连接完成后的窗口

图 16.9 选择数据表

(7)选定数据表后,单击"下一步"按钮,出现报表字段选择界面,如图 16.10 所示。在此界面中选择需要在报表中显示的字段,单击"下一步"按钮,进入报表分组界面,用户可以选择合适的字段对数据进行分组,也可以不对字段分组。本示例无分组字段,如图 16.11 所示。

图 16.10　选择数据表中需要在报表中显示的字段　　　图 16.11　选择报表中分组依据

（8）选择完成后，单击"下一步"按钮，即可出现记录选定界面，用户可以通过设置筛选字段来控制输出结果，如图 16.12 所示。

（9）完成以上步骤后，进入报表样式选择界面。报表专家提供了 10 种可选样式供用户选择，用户可以选择自己喜欢的样式来显示报表数据。本示例选择"红/蓝边框"样式，如图 16.13 所示。单击"完成"按钮，完成报表设计。

图 16.12　筛选符合条件的数据　　　　　　　　　图 16.13　选择报表样式

（10）在 Default.aspx 页面中，从"工具箱/Crystal Reports"中拖放一个 CrystalReportViewer 控件，并单击该控件右上角的▶按钮，出现如图 16.14 所示的快捷菜单。为了能够在 CrystalReportViewer 中显示数据，需要配置数据源。在弹出的快捷菜单的"选择报表源"下拉列表框中选择"新建报表源"选项，弹出如图 16.15 所示的"创建报表源"对话框，在其中为 CrystalReportSource 控件指定名称和报表（CrystalReport.rpt），然后单击"确定"按钮即可。

图 16.14　CrystalReportViewer 快捷菜单　　　　　图 16.15　"创建报表源"对话框

注意
在页面上添加 CrystalReportViewer 控件以及新建报表源的过程请参考以上步骤，以后不再赘述。

2．以提取模式实现跨数据源查询

【例 16.2】 跨数据源查询。（示例位置：光盘\mr\sl\16\02）

水晶报表允许同时连接至一个以上的数据源，此举使得开发人员能够进行跨数据源查询（即跨服务器或数据库查询），以便取得存放于不同位置但是彼此相关联的数据记录。通过这种做法，不仅可以提取不同数据源中的数据，还可以将不同数据源中的数据加以连接以便进行关系式查询。例如，用户可以连接位于不同 SQL Server 数据库中的数据表，或者连接 Access 与 SQL Server 数据库中的数据。本示例通过连接 Excel、Access 和 SQL Server 实现数据源查询显示，示例运行效果如图 16.16 所示。

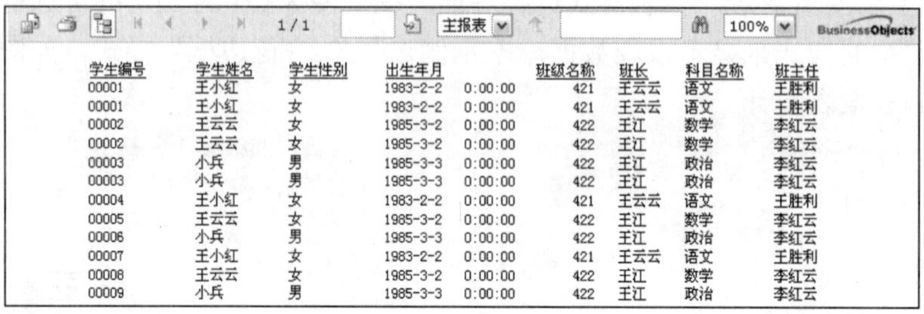

图 16.16　跨数据源查询

程序实现的主要步骤如下。

（1）新建一个网站，默认主页为 Default.aspx。

（2）在当前的网站中，首先创建一个名为 CrystalReport.rpt 的空白 Crystal 报表，并将其在报表设计器中打开，然后在设计器中任何空白位置右击，在弹出的快捷菜单中依次选择"数据库"/"数据库专家"命令，弹出"数据库专家"对话框。在其中单击"创建新连接"中 OLE DB（ADO）选项左侧的加号，弹出 OLE DB（ADO）对话框，并从列表中选择 SQL Netive Client 选项，设置连接信息，单击"完成"按钮。然后在如图 16.17 所示的对话框中，将 tb_11 数据表添加至右侧的列表框中。

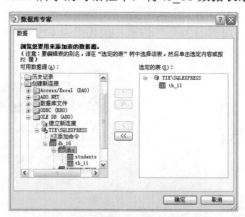

图 16.17　向数据源中添加数据表

（3）接下来将数据源连接至 Access 的 tb_09_1.mdb 数据库。双击 OLE DB（ADO）选项下的"建立新连接"选项或右击"建立新连接"选项，在弹出的快捷菜单中选择"建立新连接"命令，选择弹出对话框中的 Microsoft Jet 4.0 OLE DB Provider 选项，单击"下一步"按钮，在弹出的如图 16.18 所示的对话框中设置连接信息，最后单击"完成"按钮。由于示例中使用了 tb_09_1.mdb 数据库中的 tb_09_1 数据表，因此在如图 16.19 所示的对话框中，将 tb_09_1 数据表添加至右侧的列表框中。

图 16.18　配置连接信息　　　　图 16.19　将 Access 数据库中的数据表添加至数据源

（4）示例中还将连接至 Excel 的 db_09_2.xls 工作簿。双击 OLE DB（ADO）选项下的"建立新连接"选项或右击"建立新连接"选项，在弹出的快捷菜单中选择"建立新连接"命令，选取弹出对话框中的 Microsoft Jet 4.0 OLE DB Provider 选项，单击"下一步"按钮，在弹出的如图 16.20 所示的对话框中设置连接信息，最后单击"完成"按钮。由于示例中使用了 db_09_2.xls 工作簿中的 Sheet1$ 数据表，因此在如图 16.21 所示的对话框中，将 Sheet1$ 数据表添加至右侧的列表框中。

图 16.20　配置连接信息　　　　图 16.21　将 Excel 工作簿添加至数据源中

（5）以上操作完成后，选择"链接"选项卡，创建来自 3 个数据源的数据表之间的关系。由于 tb_11 和 tb_09_1 在其所属的数据库中皆已创建所需要的索引键，因此会自动创建正确的关系链接。下面需要做的就是为 Access 的 tb_09_1 数据表与 Excel 的 Sheet1$ 数据表创建关联。操作方法非常简单，只需要将 tb_09_1 数据表中的"班级编号"字段拖放至 Sheet1$ 数据表中的"班级编号"字段上即可，如图 16.22 所示。单击"确定"按钮,当看到如图 16.23 所示的警告信息时,单击"确定"按钮。

图 16.22　创建 3 个数据表之间的关联　　　　图 16.23　"数据库警告"对话框

（6）打开字段资源管理器,如图 16.24 所示,将所需要的字段从各个数据表拖放至报表节中。

> **说明**
>
> 　　将字段拖放到"详细资料"区域时,将自动在"页眉"区域显示字段名称。另外,字段的宽度可以调整。

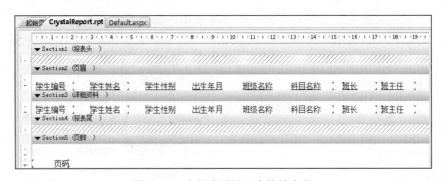

图 16.24　向报表设计器中拖放字段

（7）tb_09_1 中使用了整数对班级进行编号,报表设计器中默认数字格式是在数字后面添加两位小数（如数字 4 在报表中默认显示为 4.00）,为了能正常显示数据,需要设置数字显示格式。在报表设计器中右击需要设置格式的字段,弹出如图 16.25 所示的快捷菜单,选择"设置对象格式"命令,弹出"格式化编辑器"对话框,如图 16.26 所示。选择"数字"选项卡,从中挑选合适的数据格式即可。

> **注意**
>
> 　　在格式化文本、日期时间和货币等数据时,都可以通过此方法来进行。

（8）在 Default.aspx 页面中,从"工具箱/Crystal Reports"中拖放一个 CrystalReportViewer 控件,并为该控件指定名称和报表（CrystalReport.rpt）,然后单击"确定"按钮。

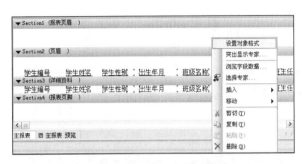
图 16.25　设置对象格式快捷菜单

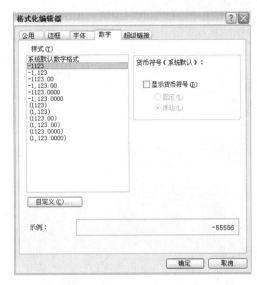
图 16.26　"格式化编辑器"对话框

3．以推入模式使用 ADO.NET 数据集

【例 16.3】　使用 ADO.NET 数据集作为报表的数据源。（示例位置：光盘\mr\sl\16\03）

本示例介绍如何使用 ADO.NET 数据集 DataSet 作为报表的数据源，示例运行结果如图 16.27 所示。程序实现的主要步骤如下。

（1）新建一个网站，默认主页为 Default.aspx。

（2）在"解决方案资源管理器"面板中选中当前网站后右击，在弹出的快捷菜单中选择"添加新项"命令，在弹出的如图 16.28 所示的对话框中选择"数据集"选项，并在"名称"文本框中输入数据集名称。

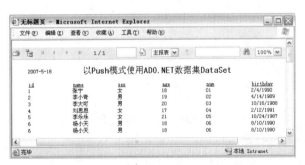
图 16.27　以 Push 模式使用 ADO.NET 数据集

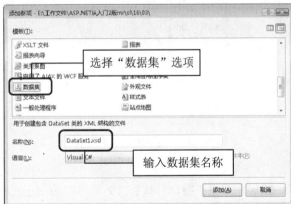
图 16.28　"添加新项"对话框

（3）单击"添加"按钮，在当前网站中添加一个 DataSet.xsd 文件。在打开的页面上右击，在弹出的快捷菜单中选择"添加"/TableAdapter 命令，弹出如图 16.29 所示的"TableAdapter 配置向导"对话框。

图 16.29 "TableAdapter 配置向导"对话框

 说明

添加.xsd 文件时，会弹出对话框提示是否将文件保存在 App_Code 文件夹下，单击"是"按钮。

（4）单击"新建连接"按钮，弹出"添加连接"对话框，如图 16.30 所示。

（5）单击"更改"按钮，弹出如图 16.31 所示的"更改数据源"对话框，在其中选择 Microsoft SQL Server 选项。

图 16.30 "添加连接"对话框　　　　　　　图 16.31 "更改数据源"对话框

（6）单击"确定"按钮，返回"添加连接"对话框。在其中选择相关的数据库名，如图 16.32 所示。然后，单击"确定"按钮，返回"TableAdapter 配置向导"对话框，连续单击"下一步"按钮，出现如图 16.33 所示的"选择命令类型"界面，在其中选中"使用 SQL 语句"单选按钮。

（7）单击"下一步"按钮，出现如图 16.34 所示的"输入 SQL 语句"界面。

（8）单击"查询生成器"按钮，弹出"添加表"对话框，如图 16.35 所示，选中要添加的表，单击"添加"按钮，然后单击"关闭"按钮，返回到"查询生成器"对话框，如图 16.36 所示。根据需要选中要生成的列，单击"确定"按钮，再单击"下一步"按钮，最后单击"完成"按钮。

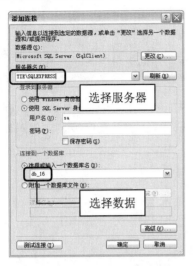

图 16.32 "添加连接"对话框

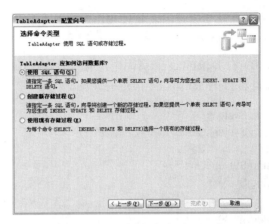

图 16.33 "选择命令类型"界面

图 16.34 "输入 SQL 语句"界面

图 16.35 "添加表"对话框

（9）创建一个名为 myReport.rpt 的报表文件，在"字段资源管理器"窗口中右击"数据库字段"，在弹出的快捷菜单中选择"数据库专家"命令，弹出"数据库专家"对话框，如图 16.37 所示。在"可用数据源"列表框中的"项目数据"/"ADO.NET 数据集"树目录下选中要添加的表，单击">"按钮，然后单击"确定"按钮，数据源设置操作即可完成。

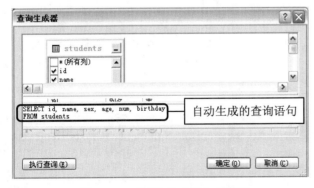

图 16.36 "查询生成器"对话框

图 16.37 "数据库专家"对话框

注意

此处省略了设计报表的过程,即将数据表字段拖放到报表的"详细资料"区域。

(10)在 Default.aspx 页面中,从"工具箱/Crystal Reports"中拖放一个 CrystalReportViewer 控件,并在编辑器 Default.aspx.cs 的 Page_Load 事件中,为 CrystalReportViewer 控件指定报表。代码如下:

```
using System;
using System.Configuration;
using System.Data;
using System.Linq;
using System.Web;
using System.Web.Security;
using System.Web.UI;
using System.Web.UI.HtmlControls;
using System.Web.UI.WebControls;
using System.Web.UI.WebControls.WebParts;
using System.Xml.Linq;
//引入命名空间
using System.Data.SqlClient;
using CrystalDecisions.CrystalReports.Engine;
using CrystalDecisions.Shared;

protected void Page_Load(object sender, EventArgs e)
    {
        string strProvider = "Server=TIE\\SQLEXPRESS;DataBase=db_16;UID=sa;PWD="";
        SqlConnection myConn = new SqlConnection(strProvider);
        myConn.Open();
        string strSql = "select * from students";
        SqlDataAdapter myAdapter = new SqlDataAdapter(strSql, myConn);
        DataSet1 ds = new DataSet1();
        myAdapter.Fill(ds, "students");
        ReportDocument studentsReport = new ReportDocument();//定义 ReportDocument 类对象
        studentsReport.Load(Server.MapPath("myReport.rpt"));//加载报表
        studentsReport.SetDataSource(ds);
    this.CrystalReportViewer1.ReportSource = studentsReport;//为 CrystalReportViewer 控件指定报表
    }
```

说明

运行以上代码,需要引入 3 个命名空间,分别为 System.Data.SqlClient、CrystalDecisions.CrystalReports.Engine 和 CrystalDecisions.Shared。

> **技巧**
>
> 如果因为系统设计或执行环境变动等不可抗拒因素，而导致报表的数据源有所变更，则必须重新设置报表数据源的位置，否则报表将因为无法顺利访问所需的数据源而无法打印出数据记录。重新设置报表数据源的位置，可以在报表设计器中任何空白位置右击，从弹出的快捷菜单中选择"数据库"/"设置数据源位置"命令，此时将会打开"设置数据源位置"对话框，用户可以在该对话框中重新设置报表数据源的位置。

16.4 Crystal 报表数据的相关操作

16.4.1 水晶报表中数据的分组与排序

1. 升序排序与降序排序的规则

升序排序与降序排序的规则说明如下。

- ☑ "文本"升序排序
  - ➢ 空白
  - ➢ 标点符号
  - ➢ 0~9
  - ➢ A~Z（相同字母者，大写排序在前，小写排序在后）
  - ➢ 中文字符按其拼音字母 A~Z 的顺序来排序
- ☑ "日期/时间"升序排序

空日期时间排在最前面，较早的日期时间排列在前，较晚的日期时间排列在后。

- ☑ "数字/货币"升序排序

较小的数值排列在前，较大的数值排列在后。

- ☑ "布尔值"升序排序

true 排列在前，false 排列在后。

需要注意的是，在排序"文本"类型字段时，可能会出现意想不到的结果。例如，在以升序的方式排序一个文本类型的字段时，数字 19 将会排在 1159 的后面。这是因为系统读取"文本"类型字段时，是由左至右一个字符接着一个字符地读取。当读完前两个字符时，1159 中的 11 比 19 小，因此，1159 便排在 19 的前面。可以通过如下方法解决。

- ➢ 在数字的前面加上前置 0，如 0011。
- ➢ 采用"数字"类型字段。

注意

不能根据"备注"与 BLOB 类型的字段来排序。

2. 水晶报表中数据分组与排序的应用

【例 16.4】 按库存图书类别进行分组并以库存数量降序排列。（示例位置：光盘\mr\sl\16\04）

本示例实现的主要功能是以库存图书类别进行分组，并以库存数量的降序排列，示例运行结果如图 16.38 所示。

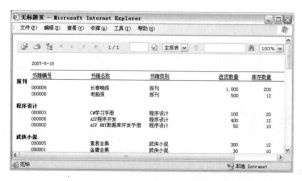

图 16.38 分组统计图书库存并以库存数量降序排列

程序实现的主要步骤如下。

（1）新建一个网站，默认主页为 Default.aspx。

（2）在当前的网站中，创建一个名为 CrystalReport.rpt 的报表，并为其添加数据源。

说明

创建 CrystalReport.rpt 报表并为其配置数据源的过程可参见例 16.1。

（3）在报表设计器中的空白位置右击，在弹出的快捷菜单中选择"报表"/"组专家"命令，弹出"组专家"对话框，如图 16.39 所示。在该对话框左侧的"可用字段"中选择合适的字段作为分组依据，本示例中以"书籍类别"作为分组依据。

图 16.39 "组专家"对话框

（4）分组字段选择完成后，可以单击"组专家"对话框中的 选项(P)... 按钮，弹出如图 16.40 所示的"更改组选项"对话框，在其中可以设置或更改分组字段。

（5）设置完成后，单击"组专家"对话框中的"确定"按钮，完成分组。

（6）右击报表设计器中的空白位置，在弹出的快捷菜单中选择"报表"/"记录排序专家"命令，弹出如图 16.41 所示的"记录排序专家"对话框，在该对话框左侧的"可用字段"中选择需要进行排序的字段，将其拖入该对话框右侧的"排序字段"列表框中，在"排序字段"列表框的下方选中"排序方向"栏中的"升序"或"降序"单选按钮来对数据进行排序。

图 16.40　"更改组选项"对话框

图 16.41　"记录排序专家"对话框

（7）在 Default.aspx 页面中，从"工具箱/Crystal Reports"中拖放一个 CrystalReportViewer 控件，并为 CrystalReportViewer 控件设置报表源。

16.4.2　水晶报表中数据的筛选

1．数据筛选方式

默认情况下，数据源中的每条记录都将显示在报表中，但在实际应用中，可能只需要显示其中一些符合条件的记录，这时就需要程序员对数据源中的记录进行筛选。一般情况下，可以用"选择专家"和自定义公式两种方式来筛选记录。下面分别进行介绍。

（1）利用"选择专家"筛选记录

利用"选择专家"筛选记录的步骤如下。

在报表设计环境中的空白处右击，在弹出的快捷菜单中选择"报表"/"选择专家"命令，弹出"选择字段"对话框，在其中选择要设置条件限制的表字段（如 tb_Wage.FactWage 字段）并单击"确定"按钮，弹出"选择专家"对话框，如图 16.42 所示。

该对话框的设置简单灵活，对于一些字符型的字段，其过滤条件还包括"起始为"字段，如图 16.43 所示。例如，在"起始为"后面的文本框中输入"张"，单击"添加"按钮，报表便会显示出 tb_Wage.EmployeeName 字段中以"张"开头的所有记录。

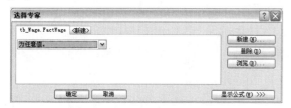
图 16.42　"选择专家"对话框

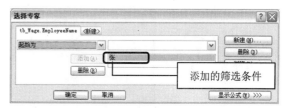
图 16.43　在"选择专家"对话框中添加过滤条件

在数据筛选和查询时，对于字符型数据一般是不区分大小写的，但有时根据需要可能要求区分大小写，这时可以把报表的CaseInsensitiveSQLData属性设置为false，如图16.44所示。

另外，开发人员还可以对报表中的打印日期进行设置。在报表设计环境中的空白处右击，在弹出的快捷菜单中选择"报表"/"设置打印日期和时间"命令，弹出"设置打印日期和时间"对话框，如图16.45所示。在该对话框中可以设置当前打印的日期和时间，也可以设置打印指定日期和时间的内容。

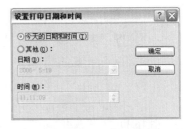

图16.44　设置报表的CaseInsensitiveSQLData属性　　　　图16.45　"设置打印日期和时间"对话框

（2）开发人员自定义公式筛选记录

开发人员自定义公式筛选记录的步骤如下。

在报表设计环境中的空白处右击，在弹出的快捷菜单中选择"报表"/"选定公式"/"记录"命令，弹出"公式工作室-记录选定公式编辑器"窗口，如图16.46所示。

在此窗口中输入具有限制条件的公式并单击"检查"按钮，检查公式是否存在错误，在确认无误后单击"保存并关闭"按钮，完成记录的筛选操作。

注意

"公式工作室-记录选定公式编辑器"对话框中输入的公式必须是布尔型的返回结果，即"真"或"假"。

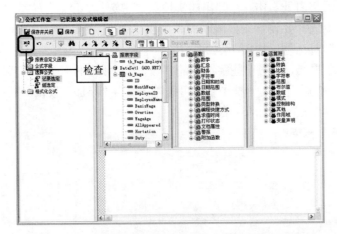

图16.46　"公式工作室-记录选定公式编辑器"窗口

下面列举了一些公式模板，供读者参考。

☑ 使用数字选择记录
  ➢ {文件.字段}>10：选择{文件.字段}值大于 10 的记录。
  ➢ {文件.字段}<10：选择{文件.字段}值小于 10 的记录。
  ➢ {文件.字段}>10 and {文件.字段}<100：选择{文件.字段}值大于 10 并且小于 100 的记录（不包括 10 和 100）。
  ➢ {文件.字段}>=10 and {文件.字段}<=100：选择{文件.字段}值大于等于 10 并且小于等于 100 的记录。

☑ 用字符串选择记录
  ➢ {文件.字段} startswich "a"：选择{文件.字段}值以字符 a 开始的记录。
  ➢ not（{文件.字段}）：选择{文件.字段}值不以字符 a 开始的记录。
  ➢ "528" in {文件.字段}[3 to 5]：选择{文件.字段}值中的第 3 位～第 5 位数字为 528 的记录。
  ➢ "cp" in {文件.字段}：选择{文件.字段}值包含字符串 cp 的记录。

☑ 使用日期选择记录
  ➢ Year（{文件.日期}）<2006：选择{文件.日期}字段中的年份小于 2006 年的记录。
  ➢ Year（{文件.日期}）>2000 and Year（{文件.日期}）<2006：选择{文件.日期}字段中的年份在 2000—2006 年之间的记录（不包括 2000 年和 2006 年）。
  ➢ Year（{文件.日期}）>=2000 and Year（{文件.日期}）<=2006：选择{文件.日期}字段中的年份在 2000—2006 年之间的记录（包括 2000 年和 2006 年）。
  ➢ Month（{文件.日期}）in 1 to 3：选择{文件.日期}字段中月份为一年中前 3 个月的记录（包括 1 月、2 月和 3 月）。
  ➢ Month（{文件.日期}）in [1,3]：选择{文件.日期}字段中月份为一年中的第 1 个月和第 3 个月的记录（不包括 2 月）。

☑ 使用预置数据范围选择记录
  ➢ {文件.日期} in LastFullMonth：选择{文件.日期}字段中的日期在上个月整月范围内的记录（如果本月是 3 月，则选择 2 月的所有记录）。
  ➢ not {文件.日期} in LastFullMonth：选择{文件.日期}字段中日期在上个月整月范围之外的记录（如果本月是 3 月，那么选除 2 月以外日期的所有记录）。
  ➢ {文件.日期}<CurrentDate：选择{文件.日期}字段中日期在今日之前的所有记录。

☑ 使用日期/数字/字符组合选择记录
  ➢ "a" in {文件.字段}[1] and Month（{文件.日期}）in [1,3]：选择{文件.日期}字段值以 a 开头并且月份是 1 月和 3 月的记录。
  ➢ "TS" in {文件.编号}[3 to 4] and {文件.数量}>100：选择{文件.编号}字段中的第 3 和第 4 个字符分别为 T 和 S，并且{文件.数量}字段值大于 100 的记录。

☑ 为用户创建参数进行筛选

对于报表中数据的筛选，也可以通过传递参数的方法来实现。参数用来提示报表用户输入信息，可以将参数看做报表生成之前需要用户回答的问题，用户输入的信息决定了报表输出的内容。

> **注意**
> ① 如果要通过参数提示用户输入内容,并根据用户输入的内容在报表中显示结果,必须将该参数包含在报表中的某个位置或者直接将该参数作为报表中的字段。
> ② 如果要在记录或组选项公式中使用参数,必须创建参数字段,然后像插入其他字段一样将其输入到公式中。
> ③ 参数字段必须与所要比较字段的数据类型相同。参数字段的数据类型如表16.1所示。

表 16.1　参数字段的数据类型

数 据 类 型	说　　明
布尔值	是/否或真/假
货币	要求是一个美元金额
日期	日期格式
日期和时间	日期和时间格式
数字	一个数值
字符串	文本格式
时间	时间格式

为用户创建参数选择列表的步骤如下。

(1) 在"字段资源管理器"窗口中选择"参数字段"并右击,在弹出的快捷菜单中选择"新建"命令,弹出"创建参数字段"对话框,如图16.47所示。

图 16.47　"创建参数字段"对话框

(2) 在"名称"文本框中输入参数的名称,在"提示文本"文本框中输入想要提示的文本,此文本将在刷新报表时出现在"输入参数值"对话框中,在"值类型"下拉列表框中选择一个值类型。若选中"选项"栏中的"允许多个值"复选框,则使用者可以输入一个以上的参数值(如查询条件为"张"和"王"的用户,"张"和"王"就是两个参数值)或者从默认值清单中选择一个以上的值。

"选项"栏中有一个"离散值"单选按钮,"离散值"即只有一个参数值,如每个参数值只代表一个产品编号或者客户等;如果选中"选项"栏中的"区域值"单选按钮,则要求用户输入一个值的范围,如日期为 2007/1/1 到 2007/4/1 等。

根据需要可能要限制用户的输入或者为用户指定选项,在"选项"栏中单击"默认值"按钮,弹出"设置默认值"对话框，如图16.48所示。在"选择或输入值"文本框中输入要添加选项的名称，然后单击">"按钮。

图 16.48　"设置默认值"对话框

说明

如果要修改默认值，在"默认值"列表框中选中要修改的值，单击"<"按钮，将其添加到"选择或输入值"列表框中，此时可以对其进行修改，然后单击">"按钮，再将其添加到"默认值"列表框中即可。

另外，在"创建参数字段"对话框中有一个"有多个值时允许编辑默认值"复选框，其作用是使当前用户既可以输入一个新的参数，也可以选择设定好的默认值。

如果创建了一个"数字、货币或日期"类型的参数，在"设置默认值"对话框的"选项"栏中会出现一个"长度限制"复选框，如图16.49所示，用户可以在此设置"最小长度"和"最大长度"。

图 16.49　"设置默认值"对话框中的"长度限制"复选框

对于要为其设置默认值的字符串参数字段，可以在"编辑掩码"文本框中输入编辑掩码，而不是指定范围。编辑掩码可以是下列任意屏蔽字符或这些字符的任意组合，主要用于限制输入的参数值。
- ☑ A：允许字母、数字和字符，并要求在参数值中输入字符。
- ☑ a：允许字母、数字和字符，不要求在参数值中输入字符。
- ☑ 0：允许数字 0~9，并要求在参数值中输入字符。
- ☑ 9：允许数字和空格，不要求在参数值中输入字符。
- ☑ #：允许数字、空格和加/减号，不要求在参数值中输入字符。
- ☑ L：允许字母 A~Z，并要求在参数值中输入字符。
- ☑ ?：允许字母，不要求在参数值中输入字符。
- ☑ &：允许任何字符和空格，并要求在参数值中输入字符。
- ☑ C：允许任何字符或空格，不要求在参数值中输入字符。
- ☑ .、,、:、;、-、/：分隔字符。
- ☑ <：使随后的字符转换成小写字母。
- ☑ >：使随后的字符转换成大写字母。
- ☑ \：使随后的字符显示为字面值。例如，编辑掩码"\A"将显示参数值 A。
- ☑ Password：允许将编辑掩码设置成密码，以创建条件公式，指定报表的某些节只有在输入特定的用户密码后才可见。

一些编辑掩码字符要求在它们的位置输入字符，而另一些允许在需要时保留空格。例如，如果编辑掩码是 000099，由于编辑掩码字符 9 不要求输入字符，因此，可输入 4 位数字、5 位数字或 6 位数字的参数值，但是，由于 0 要求输入字符，因此输入的参数值不能少于 4 位数字。

2. 报表中"抑制显示"功能的应用

【例 16.5】 筛选薪金大于 2000 元的男员工。（**示例位置：光盘\mr\sl\16\05**）

本示例主要介绍如何使用报表中的"抑制显示"功能，通过多条件格式化，筛选数据库中符合条件的数据，并将其显示到报表中。示例运行结果如图 16.50 所示。

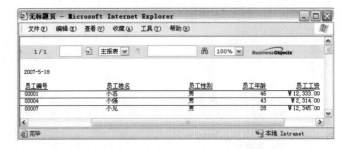

图 16.50　筛选薪金大于 2000 元的男员工

程序实现的主要步骤如下。

（1）新建一个网站，默认主页为 Default.aspx。

（2）在当前的网站中，创建一个名为 CrystalReport.rpt 的报表，并为其添加数据源，具体步骤参见例 16.1。

注意

本示例选择的是数据库 db_16 中的表 tb_15。

(3) 在报表设计器中选择"详细资料"区域中的所有字段并右击,在弹出的快捷菜单中选择"格式化多个对象"命令,弹出如图 16.51 所示的"格式化编辑器"对话框,选中"公用"选项卡中的"抑制显示"复选框,并单击该复选框右侧的 _{x-2} 按钮,弹出如图 16.52 所示的对话框。在工具栏的下拉列表框中选择"Basic 语法"选项,并在该对话框的右下空白部分编写如下代码。

```
formula = true
if{tb_15.员工性别}="男" AND {tb_15.员工工资}>2000.00 then
formula = false
end if
```

图 16.51 "格式化编辑器"对话框

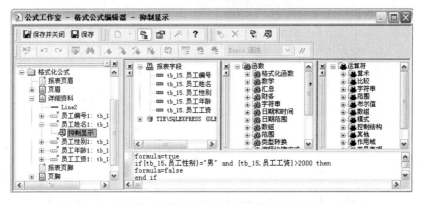

图 16.52 "公式工作室-格式公式编辑器-抑制显示"对话框

(4) 以上操作完成后,单击"确定"按钮,完成筛选条件配置。

(5) 在 Default.aspx 页面中,从"工具箱/Crystal Reports"中拖放一个 CrystalReportViewer 控件,并为 CrystalReportViewer 控件设置报表源。

3. 在"选择专家"中使用参数字段

【例 16.6】 筛选库存中指定书籍类别名的数据信息。（**示例位置：光盘\mr\sl\16\06**）

本示例主要介绍如何在"选择专家"中使用参数字段，筛选库存中指定书籍类别名（如书籍类别名为"程序设计"）的数据信息。执行程序，示例运行结果如图 16.53 所示。

图 16.53 筛选库存中指定书籍类别名的数据信息

程序实现的主要步骤如下。

（1）新建一个网站，默认主页为 Default.aspx。

（2）在当前的网站中，创建一个名为 CrystalReport.rpt 的报表并为其添加数据源，具体步骤参见例 16.1。

> **说明**
>
> 本示例选择的是数据库 db_16 中的表 tb_16。另外，为报表配置好数据源后，将数据表所有字段拖放到"详细资料"区域。

（3）在"字段资源管理器"窗口中右击"参数字段"选项，并从弹出的快捷菜单中选择"新建"命令，打开如图 16.54 所示的"创建参数字段"对话框，在其中输入"名称"、"提示文本"并选择"值类型"，并在"选项"栏中选中"离散值"单选按钮，然后单击"默认值"按钮，打开如图 16.55 所示的"设置默认值"对话框，设置参数默认值。

图 16.54 "创建参数字段"对话框

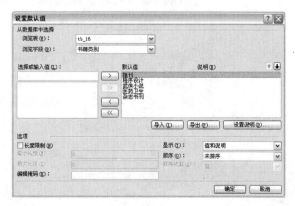

图 16.55 "设置默认值"对话框

（4）在"字段资源管理器"窗口中选择"参数字段"选项并将其打开，然后将"书籍类别名"参数拖放在报表设计器中的适当位置（这里拖放在"页眉"区域）。

（5）在设计器中空白位置右击，在弹出的快捷菜单中选择"报表"/"选择专家"命令，弹出"选择字段"对话框，在其中选择要设置条件限制的表字段（如 tb_16.书籍类别字段）并单击"确定"按钮，弹出"选择专家"对话框，如图 16.56 所示。在该对话框中为参数设计条件限制，如在本示例中，设置参数书籍类别名与"tb_16.书籍类别"字段相同。

图 16.56　选择专家

（6）在 Default.aspx 页面中，首先从"工具箱/Crystal Reports"中拖放一个 CrystalReportViewer 控件，然后在 Default.aspx 页的 Page_Load 事件中编写如下代码，指定 CrystalReportViewer 控件的报表源及其筛选库存书籍的类别名。

```
protected void Page_Load(object sender, EventArgs e)
{
    //加载报表源
    ReportDocument myReportDoc = new ReportDocument();
    ParameterValues currentParameterValues = new ParameterValues();
    ParameterDiscreteValue myDiscreteValue = new ParameterDiscreteValue();
    myReportDoc.Load(Server.MapPath("CrystalReport.rpt"));
    //指定书籍类别名
    myDiscreteValue = new ParameterDiscreteValue();
    myDiscreteValue.Value = "程序设计";
    currentParameterValues.Add(myDiscreteValue);
    myReportDoc.DataDefinition.ParameterFields["书籍类别名"].ApplyCurrentValues(currentParameterValues);
    //绑定报表源
    this.CrystalReportViewer1.ReportSource = myReportDoc;
}
```

> **注意**
> 运行以上代码，需要引入 3 个命名空间，分别为 System.Data.SqlClient、CrystalDecisions.CrystalReports.Engine 和 CrystalDecisions.Shared。

16.4.3　图表的使用

图表能够让各项统计数据所蕴含的趋势、走向与彼此间的对比及差异一目了然。下面通过一个典型示例讲解如何使用图表分析数据信息。

【例 16.7】　使用图表分析商品的销售情况。（示例位置：光盘\mr\sl\16\07）

本示例主要介绍如何使用图表分析商品的销售情况，示例运行结果如图 16.57 所示。

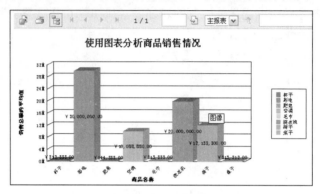

图 16.57　使用图表分析商品的销售情况

程序实现的主要步骤如下。

（1）新建一个网站，默认主页为 Default.aspx。

（2）在当前的网站中，创建一个名为 CrystalReport.rpt 的报表并为其添加数据源，具体步骤参见例 16.1。

　说明

本示例选择的是数据库 db_16 中的表 tb_14。

（3）在报表设计器中的空白位置右击，在弹出的快捷菜单中选择"插入"/"图表"命令，弹出"图表专家"对话框，如图 16.58 所示。

图 16.58　"图表专家"对话框

（4）打开"图表专家"对话框后，首先要决定是否选中"自动设置图表选项"复选框。该复选框默认处于选中状态，表示图表的坐标轴、颜色、数据点、数据标记、图例与条形图大小等设置均采用默认值，如果希望自定义这些设置，则取消选中该复选框。此时将会立即显示出"坐标轴"与"选项"两个选项卡，以便自定义相关设置。

（5）在"图表专家"对话框中，首先在"类别"选项卡中选择图表类型，然后切换到"数据"选项卡，如图 16.59 所示。在该选项卡中进行如下设置：
- 从"放置图表"下拉列表框中选择"每个报表一次"选项，用于分析整份报表的数据。
- 将可用字段"tb_14.商品名称"拖放在"变更主体"列表框中。
- 将可用字段"tb_14.销售总额"拖放在"显示值"列表框中，并选中该字段，然后单击"设置汇总运算"按钮，弹出如图 16.60 所示的对话框。在该对话框中选择"计算此汇总"下拉列表框中的"平均"选项，获取销售总额的平均值。

图 16.59 "数据"选项卡

图 16.60 "编辑汇总"对话框

> **注意**
> 图表只能摆放在报表的页眉、报表的页脚、组页眉与组页脚节中。其中，位于报表页眉或报表页脚中的图表会分析整份报表的数据；位于组页眉或组页脚中的图表则会分析该组的数据。

（6）在"图表专家"对话框的"选项"和"文本"选项卡中设置图表的外观，然后单击"确定"按钮即可。

（7）在 Default.aspx 页面中，从"工具箱/Crystal Reports"中拖放一个 CrystalReportViewer 控件，并为 CrystalReportViewer 控件设置报表源。

16.4.4 子报表的应用

所谓子报表是指内含于报表中的报表，内含子报表的报表则称为主报表（或父报表）。在此类报表中，主报表与子报表会彼此链接，使得子报表仅显示出与主报表相关联的数据记录。不过子报表也不一定要直接内嵌于主报表中，它可以通过类似超链接的方式来打开。下面通过几个典型的示例讲解如何使用子报表。

1. 内嵌式链接型子报表

【例 16.8】 内嵌式链接型子报表。（示例位置：光盘\mr\sl\16\08）
本示例主要介绍如何使用"插入"/"子报表"命令在主报表中以内嵌的链接形式使用子报表，示例运行结果如图 16.61 所示。

图 16.61 以内嵌的链接形式使用子报表

程序实现的主要步骤如下。

（1）新建一个网站，默认主页为 Default.aspx。

（2）在当前的网站中，创建一个名为 studentReport.rpt 的报表并为其添加数据源，具体步骤参见例 16.1。

 说明

本示例选择的是数据库 db_16 中的表 tb_20_1。

（3）在 studentReport.rpt 报表设计器中的空白位置右击，在弹出的快捷菜单中选择"插入"/"子报表"命令，此时将会出现一个矩形框，将其放置在希望子报表出现的位置（如在本示例中，在"详细资料"区域中单击，将子报表加至该处），同时弹出如图 16.62 所示的"插入子报表"对话框。

（4）在"插入子报表"对话框中，可以从项目中或特定的磁盘位置选取子报表，或者创建一个新的子报表。在本示例中是通过选中"使用报表向导创建报表"单选按钮创建一个新的子报表，首先在"新建报表名称"文本框中输入报表名 ClassReport.rpt，然后单击"报表向导"按钮，为子报表添加数据源，本示例中选择的是数据库 db_16 中的表 tb_20_2。

（5）在"插入子报表"对话框中选择"链接"选项卡，将其切换到如图 16.63 所示的页面，使用"班级编号"来链接主报表与子报表，单击"确定"按钮即可。

图 16.62 "插入子报表"对话框

图 16.63 "链接"选项卡

（6）在 Default.aspx 页面中，从"工具箱/Crystal Reports"中拖放一个 CrystalReportViewer 控件，并为 CrystalReportViewer 控件设置报表源。

> **注意**
> 插入子报表后，可以在子报表上右击，选择"编辑子报表"命令，编辑后在设计器上右击，选择"关闭子报表"命令，返回到主报表设计器。

2．依需要显示子报表

【例 16.9】 依需要显示子报表。（示例位置：光盘\mr\sl\16\09）

在报表显示过程中，为了使数据更清晰、明了地表达出来，通常使用主细报表的形式，这就需要在主报表中以链接的形式让用户选择，以便动态打开子报表，为了达到这一效果，应该依需要显示子报表。本示例将详细讲解如何根据需要显示子报表，示例运行效果如图 16.64 所示。单击"班级编号"为 001 的 PartInfo 子报表，页面将会跳转到如图 16.65 所示的界面。

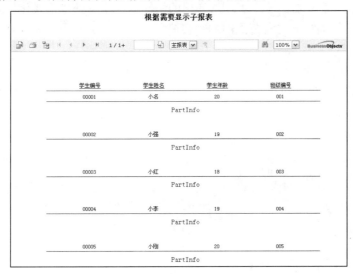

图 16.64　根据需要显示子报表

图 16.65　主报表中对应子报表信息

程序实现的主要步骤如下。

（1）新建一个网站，默认主页为 Default.aspx。

（2）在当前的网站中，创建名为 StudentReport.rpt 和 ClassReport.rpt 的报表，并为其添加数据源，具体步骤参见例 16.1。

（3）在 studentReport.rpt 报表设计器中的空白位置右击，在弹出的快捷菜单中选择"插入"/"子报表"命令,此时会出现一个跟随光标的虚框,单击设计器中需要插入子报表的位置,弹出如图 16.66 所示的"插入子报表"对话框,从项目中选择子表名 ClassReport.rpt,并选中"按需要显示子报表"复选框,然后选择"链接"选项卡进行设置,如图 16.67 所示。

图 16.66 "插入子报表"对话框　　　　　图 16.67 设置主从报表关系字段

(4) 以上步骤完成之后,单击"确定"按钮,此时会发现一个外观类似文本超链接的子报表被添加至主报表中。根据实际需要右击子报表,从弹出的快捷菜单中选择"格式化"命令,选择"子报表"选项卡,然后单击 按钮编写公式。公式的编写很简单,只需要将标题文本赋给 formula 变量即可。

> **注意**
> 创建根据需要显示子报表的另一种方法是,右击任意报表的空白处,从弹出的快捷菜单中选择"插入"/"超链接"指令,然后再根据上述方式进行各项设置。

(5) 在 Default.aspx 页面中,从"工具箱/Crystal Reports"中拖放一个 CrystalReportViewer 控件,并为 CrystalReportViewer 控件设置报表源。

> **技巧**
> (1) 如何动态修改水晶报表中的文本值
> 在 Push 模式下,可以通过如下代码动态修改水晶报表中的文本值:
>
> ReportDocument ReportDoc = new ReportDocument();
> ReportDoc.Load(Server.MapPath("CrystalReport.rpt"));//加载报表
> TextObject tb = (TextObject)ReportDoc.ReportDefinition.ReportObjects["Text1"];//修改报表中的 Text1 文本值
> tb.Text="代号";
>
> (2) 如何动态设置水晶报表中记录选定公式
> 可以通过设置 DataDefinition 类的 RecordSelectionFormula 属性值,将指定 SQL 查询语句的执行结果绑定到水晶报表上,从而实现动态设置水晶报表中的记录公式。其代码如下:
>
>   protected void Button1_Click(object sender, EventArgs e)
>   {

```
        string P_str_sql = " {students.sex} like '" + this.DropDownList1.SelectedItem.Text.Trim() + "'";
        ReportDocument reportDocument = new ReportDocument();
        reportDocument.Load(Server.MapPath("CrystalReport.rpt"));//加载报表
        reportDocument.DataDefinition.RecordSelectionFormula = P_str_sql;
        this.CrystalReportViewer1.ReportSource = reportDocument;
    }
```

16.5 实践与练习

使用水晶报表显示学生信息,实现的主要功能包括:
- ☑ 使用图表显示学生中男女比例。
- ☑ 以学生性别分组统计学生人数。
- ☑ 以学生编号进行升序排序。
- ☑ 在水晶报表中动态使用记录公式。(示例位置:光盘\mr\sl\16\10)

第17章

E-mail 邮件发送

（视频讲解：34分钟）

电子邮件已经成为当今最普遍的联系方式之一，在网站程序中往往要使用电子邮件与用户取得联系，因此邮件发送也就成了网站的重要组成部分。本章将详细介绍发送邮件的相关知识，其中主要包括 SMTP 服务器和 Jmail 组件。

17.1 SMTP 服务器发送电子邮件

在 IIS 中，有一个 SMTP（简单邮件传输协议）服务器，该服务器是 Windows 2003 系统自带的邮件服务器，可用于发送邮件。SMTP 是一个简单的邮件系统，它就像是邮局的一个部门，专门负责邮件的发送。在 ASP.NET 中可以通过 System.Web.Mail 类创建邮件。

在一般的网站设计过程中，往往只需要用到邮件发送功能，如果发送量不是很大，SMTP 是完全能够胜任的。不过需要注意的是，使用 SMTP 邮件服务器之前，首先需要安装并配置好该 SMTP 服务器，然后在 ASP.NET 程序中通过调用 MailMessage 对象来创建邮件，并设定好发件人和收件人信息。ASP.NET 产生的邮件会被 SMTP 所接收，正常情况下，SMTP 会将接收的邮件加入到发送队列中，进行相关的操作。

17.1.1 安装与配置 SMTP 服务

使用 System.Web.Mail 命名空间中的 SmtpMail 类发送电子邮件时，要求存在可用的 SMTP 服务器，最方便的就是使用 Windows 2000 内置的 SMTP 服务组件。下面分别介绍 SMTP 服务组件的安装与配置。

1. 安装 SMTP 服务

在默认情况下，不随 IIS 安装 SMTP 服务，必须使用控制面板来安装。安装 SMTP 服务时将创建一个默认的 SMTP 配置，用户随后可以使用 IIS 管理器自定义该配置。SMTP 服务的安装步骤如下：

（1）选择"开始"/"设置"/"控制面板"/"添加或删除程序"命令，弹出"添加或删除程序"窗口，如图 17.1 所示。

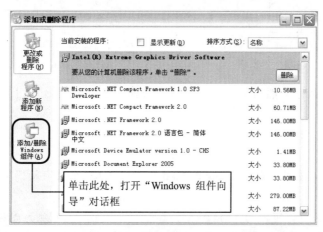

图 17.1 "添加或删除程序"窗口

（2）单击窗口左侧的"添加/删除 Windows 组件"图标，弹出"Windows 组件向导"对话框，如图 17.2 所示。

图 17.2 "Windows 组件向导"对话框

（3）选中"应用程序服务器"复选框，单击"详细信息"按钮，弹出"应用程序服务器"对话框，如图 17.3 所示。选中"Internet 信息服务（IIS）"复选框，单击"详细信息"按钮。

（4）在弹出的"Internet 信息服务（IIS）"对话框中选中 SMTP Service 复选框，准备安装 SMTP 服务，如图 17.4 所示。

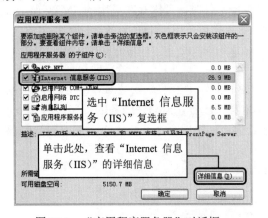 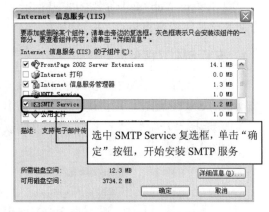

图 17.3　"应用程序服务器"对话框　　　　　　图 17.4　安装 SMTP 服务

（5）单击"确定"按钮，然后单击"下一步"按钮，安装完成后单击"完成"按钮，从而完成 SMTP 服务的安装。

注意

① 安装 SMTP 服务时，将在 C:\Inetpub\Mailroot 中创建一个具有消息存储区的默认 SMTP 服务器配置。

② 设置 SMTP 服务时，可以为 SMTP 服务配置全局设置，还可以为虚拟服务器的单个组件配置设置。IIS SMTP 服务只是一个中继代理，电子邮件将转发到 SMTP 服务器进行传递。

2. 配置 SMTP 虚拟计算机

安装完 SMTP 以后，需要对 SMTP 进行一些必要的配置，这样才能保证 SMTP 服务的安全，并防止服务器出现资源浪费，具体操作步骤如下。

（1）选择"控制面板"/"管理工具"/"IIS 管理器"命令，打开如图 17.5 所示的对话框，然后选择"默认 SMTP 虚拟服务器"选项，打开其属性对话框，如图 17.6 所示。

图 17.5　IIS 中的 SMTP 管理面板　　　　　图 17.6　SMTP 的配置

（2）配置 SMTP。一般安装 SMTP 后的默认选项就可以提供 SMTP 服务，不过考虑到服务器的安全与性能，最好进行如下设置：

- ☑ 在访问设置下设定连接与中继许可权限，一般情况下需要设定有连接权限的计算机的 IP 地址，并取消允许中继选项。
- ☑ 在邮件设置下设定邮件大小、会话大小、连接数和收件人数等项目，可以根据自己的需要设定。
- ☑ 在传递设置下设定时间间隔，如果需要发送大量邮件，需要把重试时间间隔改短，这样对服务器的空间、资源比较有利。

17.1.2　System.Net.Mail 命名空间介绍

System.Net.Mail 命名空间中包含用于将电子邮件发送到邮件服务器进行传送的类。该命名空间提供的发送电子邮件功能是通过 Windows 操作系统中的 SMTP 邮件服务或者其他 SMTP 服务器来实现的。下面简单介绍此命名空间中的类。

- ☑ MailMessage：用于构造电子邮件。
- ☑ Attachment：用于构造电子邮件附件。
- ☑ SmtpClient：用于发送电子邮件及其附件。

说明

内置 SMTP 邮件服务的 Windows 操作系统包括 Windows 2000、Windows XP Professional、Windows 2003、Windows Vista 及 Windows 7。

17.1.3 使用 MailMessage 类创建电子邮件

MailMessage 类用于构造电子邮件，其常用属性及说明如表 17.1 所示。

表 17.1 MailMessage 类的常用属性及说明

属 性	说 明
From	发件人的电子邮件地址
To	以分号分隔的收件人电子邮件地址列表
Cc	以分号分隔的、抄送的收件人电子邮件地址列表
Subject	电子邮件的主题
Body	电子邮件的正文
BodyFormat	电子邮件正文的内容类型由 MailFormat 枚举值指定，可以是 Html 或者 Text
Attachments	随电子邮件一起传送的附件集合
Priority	电子邮件的优先级，由 MailPriority 枚举值指定，可以是 Low、Normal 及 High 三者之一

例如，在下面的代码中说明如何使用 MailMessage 类构造一封电子邮件。

```
using System.Web.Mail;
MailMessage myEmailMessage = new MailMessage();
myEmailMessage.From = "dispatcher@abc.com";
myEmailMessage.To = "embracer1@abc.com;embracer2@abc.com";
myEmailMessage.Subject = "Email Example";
myEmailMessage.Body = "Eamil Content";
myEmailMessage.BodyFormat = MailFormat.Text;
myEmailMessage.Priority = MailPriority.High;
```

17.1.4 使用 Attachment 类添加附件

Attachment 类表示向电子邮件中添加附件。在 Attachment 类的构造函数中可以指定附件中的内容。例如，在下面的代码中说明如何使用 Attachment 类来添加邮件附件。

```
MailMessage myEmailMessage = new MailMessage();
myEmailMessage.From = "dispatcher@abc.com";
myEmailMessage.To = "embracer1@abc.com;embracer2@abc.com";
myEmailMessage.Subject = "Email Example";
myEmailMessage.Body = "Eamil Content";
myEmailMessage.BodyFormat = MailFormat.Text;
myEmailMessage.Priority = MailPriority.High;
string sFileAttach = @"E:\Emal.doc";
//创建附件对象
Attachment myAttachment = new Attachment(sFileAttach,
System.Net.Mime.MediaTypeNames.Application.Octet);
//电子邮件里添加附件
myEmailMessage.Attachments.Add(myAttachment);
```

17.1.5 使用 SmtpClient 发送电子邮件

电子邮件可以通过 Windows 系统中内置的 SMTP 邮件服务或者其他 SMTP 服务器来发送。发送电子邮件首先需要设置 SmtpClient 类的 Credentials 属性，然后使用 Send 方法将电子邮件送到指定的 SMTP 服务器上等待发送。

例如，在下面的代码中说明如何使用 SmtpClient 类来发送电子邮件。

```
MailMessage myEmailMessage = new MailMessage();
myEmailMessage.From = "dispatcher@abc.com";
myEmailMessage.To = "embracer1@abc.com;embracer2@abc.com";
myEmailMessage.Subject = "Email Example";
myEmailMessage.Body = "Eamil Content";
myEmailMessage.BodyFormat = MailFormat.Text;
myEmailMessage.Priority = MailPriority.High;
string sFileAttach = @"E:\Emal.doc";
//创建附件对象
Attachment myAttachment = new Attachment(sFileAttach,
System.Net.Mime.MediaTypeNames.Application.Octet);
//电子邮件里添加附件
myEmailMessage.Attachments.Add(myAttachment);
SmtpClient client = new SmtpClient("smtp.163.com", 25);
client.Credentials = new System.Net.NetworkCredential(用户名,口令);
//发送邮件
client.Send(myMail);
```

17.1.6 在 ASP.NET 程序中发送电子邮件

【例 17.1】 使用 SMTP 服务发送电子邮件。（示例位置：光盘\mr\sl\17\01）

本示例主要使用命名空间 System.Net.Mail 中的 MailMessage 类来编写邮件传送程序，示例运行结果如图 17.7 所示。

图 17.7 使用 SMTP 服务发送电子邮件

程序实现的主要步骤如下。

（1）新建一个网站，默认主页为 Default.aspx。

（2）在 Default.aspx 页中添加一个 Table 表格控件，用于布局页面，然后在该表格控件中添加 6 个 TextBox 控件、一个 FileUpload 控件和一个 Button 按钮控件，各个控件的属性设置及用途如表 17.2 所示。

表 17.2　Default.aspx 页面中控件的属性设置及用途

控 件 类 型	控 件 名 称	主要属性设置	用　　途
标准/TextBox 控件	txtReceiver	TextMode 属性设置为 SingleLine	用于输入收件人的 E-mail 地址
	txtSender	TextMode 属性设置为 SingleLine	用于输入发件人的 E-mail 地址
	txtSUser	TextMode 属性设置为 SingleLine	用于输入发件人的姓名
	txtEPwd	TextMode 属性设置为 Password	用于输入发送邮件用户密码
	txtSubject	TextMode 属性设置为 SingleLine	用于输入发送邮件主题
	txtContent	TextMode 属性设置为 MultiLine	用于输入发送邮件的内容
标准/FileUpload 控件	upFile	Type 属性设置为 file	用于上传附件
标准/Button 控件	btnSent	Text 属性设置为 "发送"	用于发送邮件

（3）在 Button 按钮的 Click 事件下，使用命名空间 System.Net.Mail 中的 MailMessage 类编写邮件传送程序，代码如下：

```csharp
protected void btnSend_Click(object sender, EventArgs e)
{
    if (this.txtReceiver.Text != string.Empty && this.txtSender.Text != string.Empty)
    {
        //创建邮件
        MailMessage myMail = new MailMessage(this.txtSender.Text.Trim(), this.txtReceiver.Text.Trim(), this.txtSubject.Text.Trim(), this.txtContent.Text.Trim());
        myMail.Priority = System.Net.Mail.MailPriority.High;
        //创建附件对象
        string sFilePath = this.upFile.PostedFile.FileName;
        FileInfo fi = new FileInfo(sFilePath);
        if(fi.Exists)
        {
            System.Net.Mail.Attachment myAttachment = new System.Net.Mail.Attachment(sFilePath, System.Net.Mime.MediaTypeNames.Application.Octet);
            System.Net.Mime.ContentDisposition disposition = myAttachment.ContentDisposition;
            disposition.CreationDate = System.IO.File.GetCreationTime(sFilePath);
            disposition.ModificationDate = System.IO.File.GetLastWriteTime(sFilePath);
            disposition.ReadDate = System.IO.File.GetLastAccessTime(sFilePath);
            myMail.Attachments.Add(myAttachment);
        }
        //发送邮件
        System.Net.Mail.SmtpClient client = new System.Net.Mail.SmtpClient("smtp.163.com", 25);
        client.Credentials = new System.Net.NetworkCredential(this.txtSUser.Text.Trim(),this. txtEPwd.Text- Trim());
        client.Send(myMail);
    }
}
```

> **注意**
> 以上代码中，在 MailMessage 类构造函数中指定了发送的电子邮件，在 Attachment 类构造函数中指定了邮件的附件。

17.2 Jmail 组件发送电子邮件

17.2.1 Jmail 组件概述

Jmail 组件是由 Dimac 公司开发的用来完成邮件的发送、接收、加密和集群传输等工作的组件。它支持从 POP3 邮件服务器收取邮件，支持加密邮件的传输，而且工作效率非常高。

1．Jmail 组件的常用属性与方法

Jmail 组件的常用属性及说明如表 17.3 所示。

表 17.3　Jmail 组件的常用属性及说明

属　　性	字　段　类　型	说　　明
Charset	string	字符集
Encoding	string	设置附件的编码方式
ContentType	string	邮件的内容类型
ISOEncodeHeaders	string	是否将信头编码成 ISO 8859-1 字符集
Priority	int	邮件的优先级
From	string	发件人的 E-mail 地址
FromName	string	发件人姓名
Subject	string	邮件主题
MailServerUserName	string	登录邮件服务器的用户名
MailServerPassWord	string	登录邮件服务器的用户密码

Jmail 组件的常用方法及说明如表 17.4 所示。

表 17.4　Jmail 组件的常用方法及说明

方　　法	说　　明
AddHeader(XHeader,Value)	添加用户定义的信件标头
AddRecipient(emailAddress,recipientName,PGPKey)	添加收件人 E-mail 地址、姓名并对其加密
AddRecipientCC(emailAddress,recipientName,PGPKey)	添加抄送人 E-mail 地址、姓名并对其加密
AddRecipientBCC(emailAddress, PGPKey)	添加密送人 E-mail 地址并对其加密
AddAttachment(URL,附件名)	添加附件
Send()	发送邮件
Connect()	和邮件服务器建立连接，并接收邮件
DeleteMessages()	清空邮件服务器中的邮件
Disconnect()	断开和邮件服务器的连接

2. Jmail 组件的引用

在使用 Jmail 组件发送电子邮件之前，首先需要添加对 Jmail 组件的引用，其具体操作步骤如下。

（1）在"解决方案资源管理器"面板中找到要添加引用的网站项目并右击，在弹出的快捷菜单中选择"添加引用"命令。

（2）在打开的"添加引用"对话框中选择"浏览"选项卡，并选择要添加的 jmail.dll 文件，单击"确定"按钮，将 Jmail 组件添加到网站项目的引用中，然后即可直接在后台代码中使用其属性和方法。"添加引用"对话框如图 17.8 所示。

> **技巧**
>
> Jmail 组件不是 ASP.NET 4.0 中自带的组件，使用时需要安装，并且要在本地计算机上注册该组件。例如，该组件放在 C:\Jmail\Jmail.dll 下，注册时只需在"运行"对话框中运行 Regsvr32 C:\Jmail\Jmail.dll 命令即可，注册 Jmail 组件运行效果如图 17.9 所示。

图 17.8 "添加引用"对话框

图 17.9 注册 Jmail 组件运行效果

17.2.2 使用 Jmail 组件实现给单用户发送电子邮件

【例 17.2】 使用 Jmail 组件实现给单用户发送电子邮件。（示例位置：光盘\mr\sl\17\02）

本示例主要使用 Jmail 组件实现给单用户发送电子邮件，示例运行结果如图 17.10 所示。

图 17.10 使用 Jmail 组件实现给单用户发送电子邮件

第17章 E-mail 邮件发送

程序实现的主要步骤如下。

（1）新建一个网站，默认主页为 Default.aspx。

（2）在 Default.aspx 页中添加一个 Table 表格控件用于布局页面，然后在该表格控件中添加 8 个 TextBox 控件、一个 FileUpload 控件和一个 Button 按钮控件。各个控件的属性设置及用途如表 17.5 所示。

表 17.5　Default.aspx 页面中控件的属性设置及用途

控 件 类 型	控 件 名 称	主要属性设置	用　　途
标准/TextBox 控件	txtReceiver	TextMode 属性设置为 SingleLine	用于输入收件人的 E-mail 地址
	txtSender	TextMode 属性设置为 SingleLine	用于输入发件人的 E-mail 地址
	txtSUser	TextMode 属性设置为 SingleLine	用于输入发件人姓名
	txtEServer	TextMode 属性设置为 SingleLine	用于输入发送邮件服务器
	txtEUser	TextMode 属性设置为 SingleLine	用于输入发送邮件用户
	txtEPwd	TextMode 属性设置为 Password	用于输入发送邮件用户密码
	txtSubject	TextMode 属性设置为 SingleLine	用于输入发送邮件主题
	txtContent	TextMode 属性设置为 MultiLine	用于输入发送邮件的内容
标准/FileUpload 控件	upFile	Type 属性设置为 file	用于上传附件
标准/Button 控件	btnSent	Text 属性设置为"发送"	用于发送邮件

（3）用户设置完邮件服务器及邮件的所有信息后，单击"发送"按钮即可完成邮件的发送。实现该功能时，用户可以自定义一个发送邮件的方法，这样既可以提高代码的重用率，也方便代码的管理，然后在"发送"按钮的 Click 事件中直接调用该方法即可。"发送"按钮的 Click 事件代码如下：

```
protected void btnSend_Click(object sender, EventArgs e)
    {
        try
        {
            sendEmail(txtSender.Text.Trim(), txtSUser.Text.Trim(), txtEUser.Text.Trim(), txtEPwd.Text.Trim(), txtReceiver.Text.Trim(), txtSubject.Text.Trim(), txtContent.Text.Trim(), txtEServer.Text.Trim());
        }
        catch (Exception ex)
        {
            Response.Write("<script>alert('" + ex.Message.ToString() + "')</script>");
        }
    }
```

发送邮件的自定义方法 sendEmail 如下：

```
/*说明：sendEmail 方法用来执行发送邮件功能，该方法无返回值。
参数：sender 表示发件人；senderuser 表示发件人姓名；euser 表示发件人的邮箱登录名；epwd 表示发件人的邮箱密码；receiver 表示收件人；subject 表示邮件主题；body 表示邮件内容；eserver 表示发送邮件服务器。*/
    public void sendEmail(string sender, string senderuser, string euser, string epwd, string receiver, string subject, string body, string eserver)
    {
        jmail.MessageClass jmMessage = new jmail.MessageClass();
        jmMessage.Charset = "GB2312";
        jmMessage.ISOEncodeHeaders = false;
        jmMessage.From = sender;
        jmMessage.FromName = senderuser;
```

```
            jmMessage.Subject = subject;
            jmMessage.MailServerUserName = euser;
            jmMessage.MailServerPassWord = epwd;
            jmMessage.AddRecipient(receiver, "", "");
            if (this.upFile.PostedFile.ContentLength != 0)
            {
                string sFilePath = this.upFile.PostedFile.FileName;
                jmMessage.AddAttachment(@sFilePath, true, "");
            }
            jmMessage.Body = body;
            if (jmMessage.Send(eserver, false))
            {
                Page.RegisterClientScriptBlock("ok", "<script language=javascript>alert('发送成功')</script>");
            }
            else
                Page.RegisterClientScriptBlock("ok", "<script language=javascript>alert('发送失败,请仔细检查邮件服务器的设置是否正确!')</script>");
            jmMessage = null;
        }
```

说明

运行以上代码前,必须注册 Jmail 组件并在解决方案管理器中添加该组件的引用。

17.2.3 使用 Jmail 组件实现邮件的群发

【例 17.3】 使用 Jmail 组件实现邮件的群发。(示例位置:光盘\mr\sl\17\03)
本示例主要使用 Jmail 组件实现给一组人(即群)发送电子邮件,示例运行结果如图 17.11 所示。

图 17.11 使用 Jmail 组件实现群发功能

程序实现的主要步骤如下。
(1)新建一个网站,默认主页为 Default.aspx。
(2)在 Default.aspx 页中添加一个 Table 表格控件用于布局页面,然后在该表格控件中添加 8 个 TextBox 控件、一个 FileUpload 控件和一个 Button 按钮控件。各个控件的属性设置及用途见表 17.5。

（3）当用户设置完邮件服务器及邮件的所有信息后，单击"发送"按钮，调用自定义方法 sendEmail 即可完成邮件的群发功能。"发送"按钮的 Click 事件代码如下：

```csharp
protected void btnSend_Click(object sender, EventArgs e)
{
    try
    {
        string strEmails = this.txtSender.Text.Trim();
        string[] strEmail = strEmails.Split(',');
        string sumEmail = "";
        for (int i = 0; i < strEmail.Length; i++)
        {
            sumEmail = strEmail[i];
            sendEmail(txtSender.Text.Trim(), txtSUser.Text.Trim(), txtEUser.Text.Trim(), txtEPwd.Text.Trim(), sumEmail, txtSubject.Text.Trim(), txtContent.Text.Trim(), txtEServer.Text.Trim());
        }
    }
    catch (Exception ex)
    {
        Response.Write("<script>alert('" + ex.Message.ToString() + "')</script>");
    }
}
```

注意

邮件群发是根据多个电子邮件接收地址，执行多次发送邮件的命令。

发送邮件的自定义方法 sendEmail 见例 17.2。

说明

使用 POP3 协议和 Jmail 组件可以接收电子邮件，主要应用到 Jmail 组件中 POP3Class 类的 Connect 方法、DownloadSingleMessage 方法以及 MessageClass 类。

第18章

Web Services

（视频讲解：32分钟）

Web Services 是一种新的 Web 应用程序分支，是自包含、自描述和模块化的应用，可以发布、定位和通过 Web 调用。

Web 服务的工作方式就像能够跨 Web 调用的组件。ASP.NET 允许创建 Web 服务。本章主要讲解如何创建 Web 服务以及如何使用 Web 服务作为 Web 应用程序中的组件。

18.1　Web Services 基础

Web Services 即 Web 服务。所谓服务就是系统提供一组接口，并通过接口使用系统提供的功能。与在 Windows 系统中应用程序通过 API 接口函数使用系统提供的服务一样，在 Web 站点之间，如果想要使用其他站点的资源，就需要其他站点提供服务，这个服务就是 Web 服务。Web 服务就像是一个资源共享站，Web 站点可以在一个或多个资源站上获取信息来实现系统功能。

Web 服务是建立可互操作的分布式应用程序的新平台，它是一套标准，定义了应用程序如何在 Web 上实现互操作。在这个新平台上，开发人员可以使用任何语言，还可以在任何操作系统平台上进行编程，只要保证遵循 Web 服务标准，就能够对服务进行查询和访问。Web 服务的服务器端和客户端都要支持行业标准协议 HTTP、SOAP 和 XML。

Web 服务中表示数据和交换数据的基本格式是可扩展标记语言（XML）。Web 服务以 XML 作为基本的数据通信方式，来消除使用不同组件模型、操作系统和编程语言的系统之间存在的差异。开发人员可以使用与使用组件创建分布式应用程序一样的方法，创建不同来源的 Web 服务所组合在一起的应用程序。

网络是多样性的，要在 Web 的多样性中取得成功，Web 服务在涉及操作系统、对象模型和编程语言的选择时不能有任何倾向性。并且，要使 Web 服务像其他基于 Web 的技术一样被广泛采用，还必须满足以下特性。

- ☑ 服务器端和客户端的系统都是松耦合的。也就是说，Web 服务与服务器端和客户端所使用的操作系统、编程语言都无关。
- ☑ Web 服务的服务器端和客户端应用程序具有连接到 Internet 的能力。
- ☑ 用于进行通信的数据格式必须是开放式标准，而不是封闭通信方式。在采用自我描述的文本消息时，Web 服务及其客户端无须知道每个基础系统的构成即可共享消息，这使得不同的系统之间能够进行通信。Web 服务使用 XML 实现此功能。

18.2　创建 Web 服务

在 ASP.NET 中创建一个 Web 服务与创建一个网页相似，但是 Web 服务没有用户界面，也没有可视化组件，并且 Web 服务仅包含方法。Web 服务可以在一个扩展名为.asmx 的文件中编写代码，也可以放在代码隐藏文件中。

> **注意**
> 在 Visual Studio 2010 中，.asmx 文件的隐藏文件创建在 App_Code 目录下。

18.2.1 Web 服务文件

在 Web 服务文件中包括一个 WebService 指令，该指令在所有 Web 服务中都是必需的。其代码如下：
`<%@ WebService Language="C#" CodeBehind="~/App_Code/Service.cs" Class="Service" %>`

- ☑ Language 属性：指定在 Web Services 中使用的语言。可以为 .NET 支持的任何语言，包括 C#、Visual Basic 和 JScript。该属性是可选的，如果没有设置该属性，编译器将根据类文件使用的扩展名推导出所使用的语言。
- ☑ Class 属性：指定实现 Web Services 的类名，该服务在更改后第一次访问 Web Services 时被自动编译。该值可以是任何有效的类名。该属性指定的类可以存储在单独的代码隐藏文件中，也可以存储在与 Web Services 指令相同的文件中。该属性是 Web Services 必需的。
- ☑ CodeBehind 属性：指定 Web Services 类的源文件的名称。
- ☑ Debug 属性：指示是否使用调试方式编译 Web Services。如果启用调试方式编译 Web Services，Debug 属性为 true；否则为 false。默认为 false。在 Visual Studio 2010 中，Debug 属性是由 Web.config 文件中的一个输入值决定的，所以开发 Web Services 时，该属性会被忽略。

18.2.2 Web 服务代码隐藏文件

在代码隐藏文件中包含一个类，该类是根据 Web 服务的文件名命名的，具有两个特性标签，即 Web Service 和 Web Service Binding。在该类中还有一个名为 Hello World 的模板方法，它将返回一个字符串。该方法使用 Web Method 特性修饰，特性表示方法对于 Web 服务使用程序可用。

1. Web Service 特性

对于将要发布和执行的 Web 服务来说，Web Service 特性是可选的。可以使用 Web Service 特性为 Web 服务指定不受公共语言运行库标识符规则限制的名称。

Web 服务在成为公共服务之前，应该更改其默认的 XML 命名空间。每个 XML Web Services 都需要唯一的 XML 命名空间来标识它，以便客户端应用程序能够将它与网络上的其他服务区分开来。http://tempuri.org/可用于正在开发中的 Web 服务，已发布的 Web 服务应该使用更具永久性的命名空间。例如，可以将公司的 Internet 域名作为 XML 命名空间的一部分。虽然很多 Web 服务的 XML 命名空间与 URL 很相似，但是，它们无须指向 Web 上的某一实际资源（Web 服务的 XML 命名空间是 URI）。

对于使用 ASP.NET 创建的 Web 服务，可以使用 Namespace 属性更改默认的 XML 命名空间。

例如，将 Web Service 特性的 XML 命名空间设置为 http://www.microsoft.com，代码如下：

```
using System;
using System.Linq;
using System.Web;
using System.Web.Services;
using System.Web.Services.Protocols;
using System.Xml.Linq;
[WebService(Namespace = "http:// microsoft. com /")]
[WebService(Namespace = "http://contoso.org/")]
[WebServiceBinding(ConformsTo = WsiProfiles.BasicProfile1_1)]
//若要允许使用 ASP.NET Ajax 从脚本中调用此 Web 服务，请取消对下行的注释
//[System.Web.Script.Services.ScriptService]
public class Service : System.Web.Services.WebService
{
    public Service () {

        //如果使用设计的组件，请取消注释以下行
        //InitializeComponent();
    }

    [WebMethod]
    public string HelloWorld() {
        return "Hello World";
    }
}
```

2．Web Service Binding 特性

按 Web 服务描述语言（WSDL）的定义，绑定类似于一个接口，原因是它定义一组具体的操作。每个 Web Service 方法都是特定绑定中的一项操作。Web Service 方法是 Web Service 的默认绑定成员，或者是在应用于实现 Web Service 类的 Web Service Binding 特性中指定的绑定成员。Web 服务可以通过将多个 Web Service Binding 特性应用于 Web Service 来实现多个绑定。

> **注意**
> 在解决方案中添加 Web 引用后，将自动生成.wsdl 文件。

3．Web Method 特性

Web Service 类包含一个或多个可在 Web 服务中公开的公共方法，这些 Web Service 方法以 Web Method 特性开头。使用 ASP.NET 创建的 Web 服务中的某个方法添加此 Web Method 特性后，就可以从远程 Web 客户端调用该方法。

Web Method 特性包括一些属性，这些属性可以用于设置特定 Web 方法的行为。语法如下：

[WebMethod(PropertyName=value)]

Web Method 特性提供以下属性。

☑ Buffer Response 属性

Buffer Response 属性启用对 Web Service 方法响应的缓冲。当设置为 true 时，ASP.NET 在将响应

从服务器向客户端发送之前,对整个响应进行缓冲。当设置为 false 时,ASP.NET 以 16KB 的块区缓冲响应。默认值为 true。

☑ Cache Duration 属性

Cache Duration 属性启用对 Web Service 方法结果的缓存。ASP.NET 将缓存每个唯一参数集的结果。该属性的值指定 ASP.NET 应该对结果进行多少秒的缓存处理。值为 0,则禁用对结果进行缓存。默认值为 0。

☑ Description 属性

Description 属性提供 Web Service 方法的说明字符串。当在浏览器上测试 Web 服务时,该说明将显示在 Web 服务帮助页上。默认值为空字符串。

☑ Enable Session 属性

Enable Session 属性设置为 true,启用 Web Service 方法的会话状态。一旦启用,Web Service 就可以从 HttpContext.Current.Session 中直接访问会话状态集合,如果它是从 Web Service 基类继承的,则可以使用 Web Service.Session 属性来访问会话状态集合。默认值为 false。

☑ Message Name 属性

Web 服务中禁止使用方法重载。但是,可以通过使用 Message Name 属性消除由多个相同名称的方法造成的无法识别问题。

Message Name 属性使 Web 服务能够唯一确定使用别名的重载方法。默认值是方法名称。当指定 Message Name 时,结果 SOAP 消息将反映该名称,而不是实际的方法名称。

18.2.3　创建一个简单的 Web 服务

下面通过一个示例具体介绍如何创建 Web 服务。

【例 18.1】　创建简单的 Web 服务。(示例位置:光盘\mr\sl\18\01)

本示例将介绍如何创建一个具有查询功能的 Web 服务。

程序实现的主要步骤如下。

(1)打开 Visual Studio 2010 开发环境,选中网站项目,单击右键,在弹出的快捷菜单中选择"添加新项"选项,弹出"添加新项"对话框,在该对话框中选择"Web 服务",如图 18.1 所示。

图 18.1　新建 ASP.NET Web 服务

（2）单击"确定"按钮，将显示如图 18.2 所示的页面。

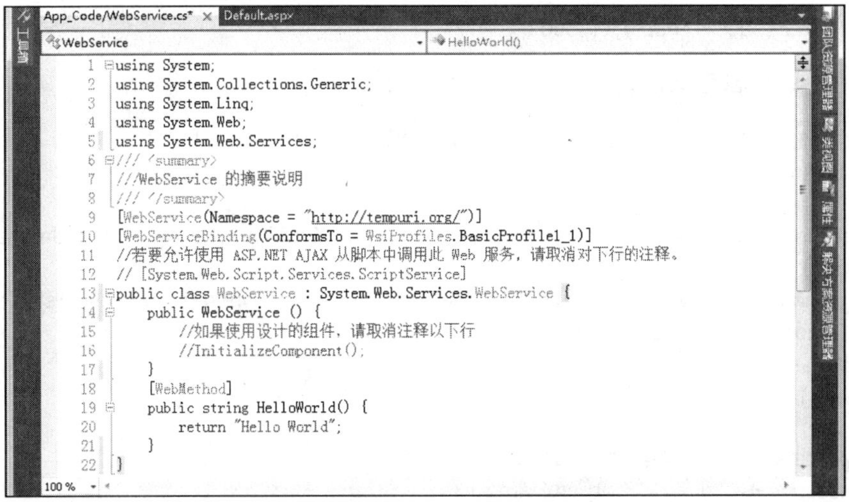

图 18.2 Web 服务的代码隐藏文件

该页为 Web 服务的代码隐藏文件，它包含了自动生成的一个类，并生成一个名为 Hello World 的模板方法，该方法返回一个字符串。代码如下：

```
using System;
using System.Linq;
using System.Web;
using System.Web.Services;
using System.Web.Services.Protocols;
using System.Xml.Linq;

[WebService(Namespace = "http://tempuri.org/")]
[WebServiceBinding(ConformsTo = WsiProfiles.BasicProfile1_1)]
//若要允许使用 ASP.NET Ajax 从脚本中调用此 Web 服务，请取消对下行的注释
// [System.Web.Script.Services.ScriptService]
public class Service : System.Web.Services.WebService
{
    public Service () {

        //如果使用设计的组件，请取消注释以下行
        //InitializeComponent();
    }

    [WebMethod]
    public string HelloWorld() {
        return "Hello World";
    }

}
```

（3）通过将可用的 Web Service 特性应用到实现一个 Web 服务的类上，开发者可以使用一个描述

Web 服务的字符串来设置该 Web 服务的默认 XML 命名空间，代码如下：

```
[WebService(Namespace = "http://contoso.org/")]
```

（4）在代码中添加自定义的方法 Select，代码如下：

```csharp
[WebMethod(Description="第一个测试方法，输入学生姓名，返回学生信息")]
public string Select(string stuName)
{
    SqlConnection conn = new SqlConnection("server=MRWXK\\MRWXK;uid=sa;pwd=;database=db_18");
    conn.Open();
    SqlCommand cmd = new SqlCommand("select * from tb_StuInfo where stuName='"+stuName+"'", conn);
    SqlDataReader dr = cmd.ExecuteReader();
    string txtMessage = "";
    if (dr.Read())
    {
        txtMessage = "学生编号：" + dr["stuID"] + "  ,";
        txtMessage += "姓名：" + dr["stuName"] + "  ,";
        txtMessage += "性别：" + dr["stuSex"] + "  ,";
        txtMessage += "爱好：" + dr["stuHobby"] + "  ,";
    }
    else
    {
        if (String.IsNullOrEmpty(stuName))
        {
            txtMessage = "<Font Color='Blue'>请输入姓名</Font>";
        }
        else
        {
            txtMessage = "<Font Color='Red'>查无此人！</Font>";
        }
    }
    cmd.Dispose();
    dr.Dispose();
    conn.Dispose();
    return txtMessage;    //返回用户详细信息
}
```

说明

运行以上代码，需要引入命名空间 System.Data.SqlClient。

（5）在"生成"菜单中选择"生成网站"命令，生成 Web 服务。

（6）为了测试生成的 Web 服务，直接单击按钮，将显示 Web 服务帮助页面，如图 18.3 所示。

（7）在图 18.3 中看到，Web 服务包含两个方法：HelloWorld 模板方法和自定义的 Select 查询方法。单击 Select 超链接将显示其测试页面，如图 18.4 所示。

图 18.3　Web 服务帮助页面

图 18.4　Select 方法的测试页面

（8）在测试页中输入要查询的学生姓名，单击"调用"按钮即可调用 Web 服务的相应方法并显示方法的返回结果，如图 18.5 所示。

图 18.5　Select 方法返回的结果页面

从上面的测试结果可以看出，Web 服务的方法的返回结果是使用 XML 进行编码的。

18.3　Web 服务的典型应用

18.3.1　使用 Web 服务

创建完 Web 服务，并对 Internet 上的使用者开放时，开发人员应该创建一个客户端应用程序来查找 Web 服务，发现哪些方法可用，还要创建客户端代理，并将代理合并到客户端中。这样，客户端就可以如同实现本地调用一样使用 Web 服务远程。实际上，客户端应用程序通过代理实现本地方法调用，就好像它通过 Internet 直接调用 Web 服务是一样的。

下面通过示例演示如何创建一个 Web 应用程序来调用 Web 服务。该示例将调用例 18.1 中创建的 Web 服务。

【例 18.2】　使用 Web 服务。（示例位置：光盘\mr\sl\18\02）

本示例将介绍如何使用已存在的 Web 服务。执行程序，示例运行结果如图 18.6 所示。

程序实现的主要步骤如下。

（1）打开 Visual Studio 2010 开发环境，依次选择"文件"/"新建"/"网站"命令，弹出"新建网站"对话框，如图 18.7 所示。在其中选择"ASP.NET 网站"模板，并命名为 02。

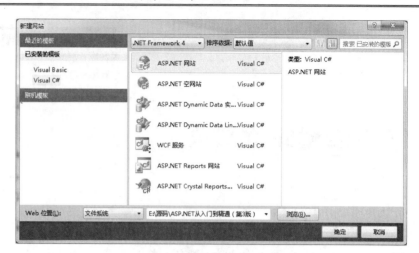

图 18.6　使用 Web 服务　　　　　图 18.7　新建 ASP.NET 网站

（2）该网站的默认主页为 Default.aspx，在 Default.aspx 页面上添加一个 TextBox 控件、一个 Button 控件和一个 Label 控件，它们的属性设置及用途如表 18.1 所示。

表 18.1　Default.aspx 页面中控件的属性设置及用途

控件类型	控件名称	主要属性设置	用途
标准/TextBox 控件	TextBox1		输入姓名
标准/Button 控件	btnSelect	Text 属性设置为"查询"	查询学生信息
标准/Label 控件	labMessage		显示学生详细信息

（3）在"解决方案资源管理器"面板中右击项目，在弹出的快捷菜单中选择"添加 Web 引用"命令，打开"添加 Web 引用"对话框，如图 18.8 所示。用户可以通过该对话框查找本解决方案中的 Web 服务，也可以查找本地计算机上的 Web 服务，还可以浏览网络上的 UDDI 服务。

将一个 Web 引用添加到客户端程序中。只要服务是从虚拟目录中获得的，Visual Studio 2010 就会添加 Web 服务的 Web 引用。

注意

在引用 Web 服务之前必须启动 Web 服务，也就是说，要在 IIS 上创建一个虚拟目录指向要引用的 Web 服务。

（4）本示例主要实现调用本地计算机上的 Web 服务，所以单击"本地计算机上的 Web 服务"超链接，将在"添加 Web 引用"对话框中显示本地计算机上可用的 Web 服务和发现文档，如图 18.9 所示。

说明

如果需要引用的 Web 服务位于另外一台计算机上，则应该输入 Web 服务文件（.asmx）、.wsdl 文件或者发现文件（.disco）中的任何一个 URL，然后单击"转到"按钮，即可显示所查询的 Web 服务的帮助页面。

第 18 章　Web Services

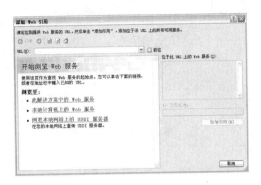

图 18.8　"添加 Web 引用"对话框

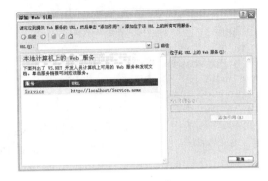

图 18.9　本地计算机上的 Web 服务

（5）选择需要引用的 Web 服务的超链接，本示例中将引用名为 Service 的 Web 服务，它将显示该 Web 服务的测试页。默认的 Web 引用名为 WebReference，如图 18.10 所示。

（6）单击"添加引用"按钮，将在"解决方案资源管理器"面板中添加一个名为 App_WebReferences 的目录，在该目录中将显示添加的 WebReference 目录，如图 18.11 所示。

图 18.10　Web 服务测试页

图 18.11　解决方案资源管理器

添加引用后，将在 Web.config 文件中添加一个 appSetting 节，它有一个 key 属性，该属性的值由服务器名和 Web 服务名称共同组成。代码如下：

```
<appSettings>
    <add key="WebReference.Service" value="http://localhost/Service.asmx"/>
</appSettings>
```

此时，即可访问 Web 服务，就像它是本地计算机上的一个类一样。

（7）在 Default.aspx 页的 ID 属性为 btnSelect 的按钮控件的 Click 事件中输入如下代码：

```
protected void btnSelect_Click(object sender, EventArgs e)
{
    //声明 Web 服务的实例
    WebReference.Service service = new WebReference.Service();
    //调用 Web 服务的 Select 方法
    string strMessage = service.Select(TextBox1.Text);
    string[] strMessages = strMessage.Split(new Char[] { ',' });
```

```
        labMessage.Text = "详细信息：</br>";
        foreach (string str in strMessages)
        {
            labMessage.Text += str + "</br>";
        }
}
```

（8）单击 ▶ 按钮，在页面的文本框中输入要查询的学生姓名，单击"查询"按钮调用 Web 服务进行查询，查询结果显示在 Label 控件中，如图 18.12 所示。

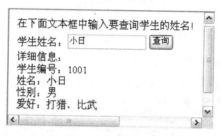

图 18.12 调用 Web 服务进行查询的结果

18.3.2 利用 Web Service 获取手机号码所在地

前面的几节讲解了如何创建 Web 服务以及使用 Web 服务的知识和步骤。下面利用新浪网提供的可供用户直接调用的发送短消息的 Web 服务，实现利用 Web Service 获取手机号码所在地功能。

【例 18.3】 利用 Web Service 获取手机号码所在地。（示例位置：光盘\mr\sl\18\03）

本示例介绍如何使用网络上提供的 Web 服务进行编程。执行程序，示例运行结果如图 18.13 所示。

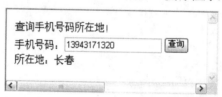

图 18.13 使用 Web 服务

获取手机号码所在地的 Web Service 的地址为 http://webserver.wzilin.com/webserver/WS_BIG5/qq.asmx。该 Web Service 提供了一个获取手机号码所在地的方法 Mobile，该方法的语法如下：

string Mobile(string mobile1)

Mobile 方法的参数为 string 类型，表示用户输入的手机号码，并将手机所在地以 string 类型返回。程序实现的主要步骤如下。

（1）新建一个网站，将其命名为 03，默认主页为 Default.aspx。

（2）在 Default.aspx 页中添加一个 TextBox 控件、一个 Button 控件和一个 Label 控件，它们的属性设置及用途如表 18.2 所示。

表 18.2　Default.aspx 页面中控件的属性设置及用途

控 件 类 型	控 件 名 称	主要属性设置	用　　途
标准/TextBox 控件	TextBox1		输入手机号码
标准/Button 控件	btnSelect	Text 属性设置为"查询"	查询手机号码所在地
标准/Label 控件	labMessage		显示手机号码所在地信息

（3）添加 Web Service 引用。直接在"添加 Web Service 引用"对话框中输入 Web Service 地址，并将其 Web 引用名改为 webserver.Mobile。

（4）在"查询"按钮的 Click 事件中实现查询，代码如下：

```
protected void btnSelect_Click(object sender, EventArgs e)
{
    webserver.Mobile.QQ mobile = new webserver.Mobile.QQ();
    labMessage.Text ="所在地："+mobile.Mobile(TextBox1.Text);
}
```

18.4　实践与练习

通过 Web Services 实现万年历功能。（示例位置：光盘\mr\sl\18\04）

第19章

ASP.NET Ajax 技术

（ 视频讲解：60分钟 ）

Ajax 是基于标准 Web 技术创建的、能够以更少的响应时间带来更加丰富的用户体验的一类 Web 应用程序所使用的技术集合。它可以实现异步传输和无刷新功能。Microsoft 公司在 ASP.NET 框架基础上创建了 ASP.NET Ajax 技术，能够实现 Ajax 功能。

19.1　ASP.NET Ajax 简介

19.1.1　ASP.NET Ajax 概述

　　Ajax 是 Asynchronous JavaScript and XML（异步 JavaScript 和 XML 技术）的缩写，它是由 JavaScript 脚本语言、CSS 样式表、XMLHttpRequest 数据交换对象和 DOM 文档对象（或 XMLDOM 文档对象）等多种技术组成的。

　　Microsoft 公司在 ASP.NET 框架基础上创建了 ASP.NET Ajax 技术，能够实现 Ajax 功能。ASP.NET Ajax 技术被整合在 ASP.NET 2.0 及以上版本中，是 ASP.NET 的一种扩展技术。

19.1.2　Ajax 开发模式

　　在传统的 Web 应用模式中，页面中用户的每一次操作都将触发一次返回 Web 服务器的 HTTP 请求，服务器进行相应的处理（获得数据、运行与不同的系统会话）后，返回一个 HTML 页面给客户端。Web 应用的传统模型如图 19.1 所示。

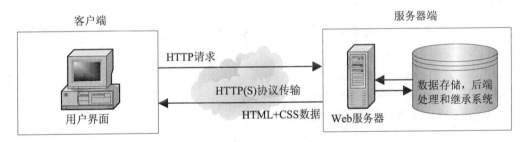

图 19.1　Web 应用的传统模型

　　而在 Ajax 应用中，页面中用户的操作将通过 Ajax 引擎与服务器端进行通信，然后将返回结果提交给客户端页面的 Ajax 引擎，再由 Ajax 引擎来决定将这些数据插入到页面的指定位置。Web 应用的 Ajax 模型如图 19.2 所示。

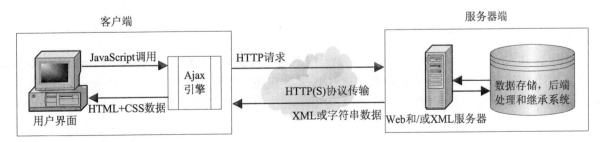

图 19.2　Web 应用的 Ajax 模型

从图 19.1 和图 19.2 中可以看出，对于每个用户的行为，在传统的 Web 应用模型中，将生成一次 HTTP 请求，而在 Ajax 应用开发模型中，将变成对 Ajax 引擎的一次 JavaScript 调用。在 Ajax 应用开发模型中可以通过 JavaScript 实现在不刷新整个页面的情况下，对部分数据进行更新，从而降低网络流量，给用户带来更好的体验。

19.1.3　ASP.NET Ajax 优点

ASP.NET Ajax Web 应用程序的优点如下：
- ☑ 可实现 Web 页面的局部刷新。
- ☑ 异步处理。Web 页面对服务器端的请求将使用异步处理，也就是说，服务器端的处理不会打断用户的操作，从而提高了响应能力，给予用户更好的体验。
- ☑ 提供跨浏览器的兼容性支持。
- ☑ 大量内建的客户端控件，更方便实现 JavaScript 功能以及特效。

19.1.4　ASP.NET Ajax 架构

ASP.NET Ajax 架构分为服务器端架构和客户端架构。

1. ASP.NET Ajax 服务器端架构

ASP.NET Ajax 是建立在 ASP.NET 框架之上的，ASP.NET Ajax 服务器端架构主要包括以下 4 部分：
- ☑ ASP.NET Ajax 服务器端控件。
- ☑ ASP.NET Ajax 服务器端扩展控件。
- ☑ ASP.NET Ajax 服务器端远程 Web Service 桥。
- ☑ ASP.NET Web 程序的客户端代理。

说明

> ASP.NET Ajax 服务器端控件主要是为开发者提供一种熟悉的、与 ASP.NET 一致的服务器端编程模型。事实上，这些服务器端控件在运行时会自动生成 ASP.NET Ajax 客户端组件，并发送给客户端浏览器执行。

2. ASP.NET Ajax 客户端架构

ASP.NET Ajax 客户端架构主要包括应用程序接口、API 函数、基础类库、封装的 XMLHttpRequest 对象、ASP.NET Ajax XML 引擎和 ASP.NET Ajax 的客户端控件等。

ASP.NET Ajax 的客户端控件在浏览器上运行，提供管理界面元素和调用服务器端方法获取数据等功能。

19.2 ASP.NET Ajax 服务器控件

19.2.1 ScriptManager 脚本管理控件

ScriptManager 控件负责管理 Page 页面中所有的 Ajax 服务器控件，是 Ajax 的核心，有了 ScriptManager 控件才能够让 Page 局部更新起作用，所需要的 JavaScript 才会自动管理。因此，开发 Ajax 网站时，每个页面中必须添加 ScriptManager 控件用于管理。ScriptManager 控件如图 19.3 所示。

图 19.3　ScriptManager 控件

> **说明**
> 要实现 Ajax 功能，在 ASP.NET 页面中需要包含一个且只有一个 ScriptManager 控件的声明。ScriptManager 控件必须放置在依赖于 ASP.NET Ajax 控件或脚本的前面，否则页面将发生脚本错误。因此，ScriptManager 控件一般放置在 Web 窗体页的 Form 元素之后。

ScriptManager 控件的常用属性及说明如表 19.1 所示。

表 19.1　ScriptManager 控件的常用属性及说明

属　性	说　　明
EnablePageMethods	返回或设置一个 bool 值，默认值为 false，表示在客户端 JavaScript 代码中是否以一种简单、直观的形式直接调用服务器端的某个静态 Web Method
EnablePartialRendering	返回或设置一个 bool 值，默认值为 true，表示 Ajax 允许改变原有的 ASP.NET 回送模式，不再是整个页面的回送，而是只回送页面中的一部分
EnableScriptComponents	用于设置是否传送除 Ajax 核心以外的其他组件，包括客户端控件、数据绑定、XML 声明式 Script 和用户接口组件
Scripts	用于取得 ScriptReference 对象的集合，该集合通过 Ajax 将用户的 Script 文件送到客户端进行对象引用
Services	用于取得一个 ServiceReference 对象的集合，该集合通过 Ajax 为每个 Web Service 在客户端公开一个 Proxy 对象引用

下面分别介绍如何在 ScriptManager 控件中使用其<Scripts>和<Services>标记。

1. 使用<Scripts>标记引入脚本资源

在 ScriptManager 控件中使用<Scripts>标记可以以声明的方式引入脚本资源。例如，引入编写的自定义脚本文件，代码如下：

```
<asp:ScriptManager ID="ScriptManager1" runat="server">
    <Scripts>
        <asp:ScriptReference Path="~/Script/MyScript.js" />
    </Scripts>
</asp:ScriptManager>
```

上述代码在<asp:ScriptManager>标记中定义了一个子标记<Scripts>，其中还定义了一个<asp:ScriptReference>标记，并设定了该标记的 Path 属性（即给出引入的脚本资源的路径）。<asp:ScriptReference>标记对应着 ScriptReference 类，该类的常用属性及说明如表 19.2 所示。

表 19.2　ScriptReference 类的常用属性及说明

属　　性	说　　明
Assembly	指定引用的脚本被包含的程序集名称
IgnoreScriptPath	是否在引用脚本时包含脚本的路径
Name	指定引用程序集中某个脚本的名称
NotifyScriptLoaded	是否在加载脚本资源完成之后发出一个通知
Path	指定引用脚本的路径，一般为相对路径
ResourceUICultures	指定一系列的本地化脚本的区域名称
ScriptMode	引用脚本的模式，可以为 Auto、Debug 或 Release 模式，默认值为 Auto

注意

在 ScriptManager 控件中可以使用多个<Scripts>标记引入多个 JS 文件。

下面给出一个通过 ScriptManager 控件引用自定义脚本文件的示例。

【例 19.1】使用<Scripts>标记引入脚本资源以检测输入是否为汉字。(**示例位置：光盘\mr\sl\19\01**)

在"输入姓名"文本框中输入内容，单击"确定"按钮，将检测用户输入的是否为汉字，如果不是汉字，则弹出提示对话框。页面运行结果如图 19.4 所示。

图 19.4　验证是否为汉字

程序实现的主要步骤如下。

（1）新建 ASP.NET 网站，默认主页为 Default.aspx。

（2）在网站中新建 Script 文件夹，在"解决方案资源管理器"面板中右击该文件夹名称，在弹出的快捷菜单中选择"添加新项"命令，在打开的"添加新项"对话框中选择"AJAX 客户端库"选项，在"名称"文本框中输入 MyScript.js，如图 19.5 所示，单击"添加"按钮完成操作。

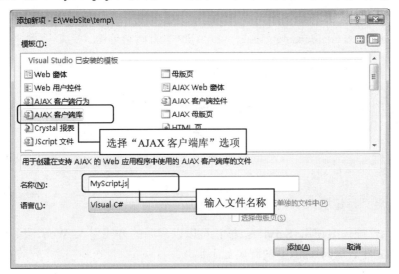

图 19.5　添加"AJAX 客户端库"

（3）在 MyScript.js 页面中编写自定义的 JavaScript 脚本函数 validateName()。代码如下：

```
/// <reference name="MicrosoftAjax.js"/>
function validateName(Name)
{
    var regex = new RegExp("^[u4E00-\U9fa5]{0,}$");//创建 RegExp 正则表达式对象
    return regex.test(Name);//检测字符串是否与给出正则表达式匹配
}
```

（4）在 Default.aspx 页面上首先添加 ScriptManager 控件用于管理脚本，并通过 ScriptReference 元素指定引用脚本的路径"~/Script/MyScript.js"，然后依次添加一个 Input(Text)控件用于输入姓名、一个 Input(Button)控件用于验证用户的输入。代码如下：

```
<body>
    <form id="form1" runat="server">
    <asp:ScriptManager ID="ScriptManager1" runat="server">
        <Scripts>
            <asp:ScriptReference Path="~/Script/MyScript.js" />
        </Scripts>
    </asp:ScriptManager>
    输入姓名：<input id="Text1" type="text" />
 <input id="Button1" type="button" value="确定" onclick="Button1_onclick()"/><br/>
    </form>
</body>
```

（5）在 Default.aspx 页面中编写自定义的 JavaScript 脚本函数 Button1_onclick()，在按钮的 onclick 事件中调用此函数。关键代码如下：

```
<head runat="server">
    <title>无标题页</title>
    <script type="text/javascript">
        function Button1_onclick()
        {
            if(!validateName(document.getElementById("Text1").value))
            {
                alert("输入不是汉字，请重新输入");
                document.getElementById("Text1").value = "";
                document.getElementById("Text1").focus();
            }
        }
    </script>
</head>
```

2. 使用<Services>标记引入 Web Service

在 ScriptManager 控件中使用<Services>标记可以以声明的方式引入 Web 服务资源。例如，引入 Web Service 文件（文件后缀为.asmx）的代码如下：

```
<asp:ScriptManager ID="ScriptManager1" runat="server">
    <Services>
        <asp:ServiceReference Path="WebService.asmx" />
    </Services>
</asp:ScriptManager>
```

上述代码在<asp:ScriptManager>标记中定义了一个子标记<Services>，其中还定义了一个<asp:ServiceReference>标记，并设定了该标记的 Path 属性（即给出引入的 Web 服务资源的路径）。<asp:ServiceReference>标记对应着 ServiceReference 类，该类的常用属性及说明如表 19.3 所示。

表 19.3　ServiceReference 类的常用属性及说明

属　　性	说　　明
InlineScript	是否把引入的 Web 服务资源嵌入到页面的 HTML 代码中，默认为 false。若将其设置为 true，则表示直接嵌入
Path	引入 Web 服务资源的路径，一般为相对路径

下面给出一个通过 ScriptManager 控件引用 Web Service 文件的示例。

【例 19.2】　使用<Services>标记引入 Web Service 以返回随机数。
（示例位置：光盘\mr\sl\19\02）

单击页面上的"返回随机数"按钮，页面将返回范围在 12~17（大于等于 12 小于 17）之间的一个随机数，如图 19.6 所示。

程序实现的主要步骤如下。

（1）新建 ASP.NET 网站，默认主页为 Default.aspx。

图 19.6　返回随机数

（2）在"解决方案资源管理器"面板中右击方案名称，在弹出的快捷菜单中选择"添加新项"命令，在打开的"添加新项"对话框中选择"Web 服务"选项，在"名称"文本框中输入 RandomService.asmx，如图 19.7 所示，单击"添加"按钮完成添加操作。

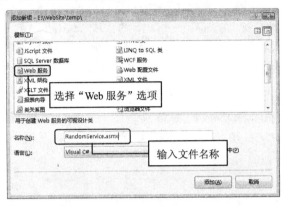

图 19.7　添加"Web 服务"文件

（3）在打开的 RandomService.cs 文件中（此文件将自动存放在 App_Code 文件夹下）定义一个静态方法 GetRandom，用于返回 12~17 之间的一个随机数，代码如下：

```
using System;
using System.Collections;
using System.Linq;
using System.Web;
using System.Web.Services;
using System.Web.Services.Protocols;
using System.Xml.Linq;

/// <summary>
///RandomService 的摘要说明
/// </summary>
[WebService(Namespace = "http://tempuri.org/")]
[WebServiceBinding(ConformsTo = WsiProfiles.BasicProfile1_1)]
//若要允许使用 ASP.NET Ajax 从脚本中调用此 Web 服务，请取消对下行的注释
[System.Web.Script.Services.ScriptService]
public class RandomService : System.Web.Services.WebService {
    public RandomService () {
        //如果使用设计的组件，请取消注释以下行
        //InitializeComponent();
    }
    [WebMethod]
    public static int GetRandom()
    {
        Random ran = new Random();          //创建 Random 对象实例
        int getNum = ran.Next(12, 17);      //返回指定范围内的随机数
        return getNum;
    }
}
```

说明

① 在 RandomService.cs 文件中应用了[System.Web.Script.Services.ScriptService]属性,该属性是 ASP.NET Ajax 能够从客户端访问到定义的 Web Service 所必须使用的属性。

② 在 RandomService.cs 文件中定义了一个静态的方法 GetRandom,注意使用了 static 修饰符。

③ Random 表示伪随机数生成器,它能够产生随机的数字序列。

(4) 在 Default.aspx 页面上添加一个 ScriptManager 控件用于管理脚本,并通过 ScriptReference 元素指定引用的 Web 服务文件 RandomService.asmx;添加一个 UpdatePanel 控件用于实现局部刷新。在 UpdatePanel 控件内添加一个 Label 控件用于显示获取到的随机数;添加一个 Button 控件用于获取随机数。代码如下:

```
<body>
    <form id="form1" runat="server">
    <div>
        <asp:ScriptManager ID="ScriptManager1" runat="server">
            <Services>
                <asp:ServiceReference Path="RandomService.asmx" />
            </Services>
        </asp:ScriptManager>
        <asp:UpdatePanel ID="UpdatePanel1" runat="server">
            <ContentTemplate>
                随机数为:
                <br/>
                <div align="center" style=" width:123px; height:60px; line-height:60px; background-image: url('bg.jpg')">
                    <asp:Label ID="Label1" runat="server" Font-Bold="True" Font-Size="18px"></asp:Label>
                </div>
                <asp:Button ID="Button1" runat="server" onclick="Button1_Click" Text="返回随机数" />
            </ContentTemplate>
        </asp:UpdatePanel>
    </div>
    </form>
</body>
```

(5) 双击 Default.aspx 页面上的 Button 控件,进入后台页面 Default.aspx.cs,在该页面中编写 Button1_Click 事件,将获取到的随机数作为 Label 控件的文本,代码如下:

```
protected void Button1_Click(object sender, EventArgs e)
{
    Label1.Text = RandomService.GetRandom().ToString();
}
```

注意

以上代码中,使用了[类名].[方法名]的格式,以调用 Web 服务文件中的方法。

19.2.2 UpdatePanel 局部更新控件

利用早期版本的 Ajax 开发出了很多的 Ajax 服务器控件，如 TextBox、Button 等，随着.NET 服务器控件的更新，发现开发出的这些 Ajax 服务器控件并不能完全满足实际需要，最后 Microsoft 公司开发了 Ajax 的 UpdatePanel 控件，由程序人员将 ASP.NET 服务器控件拖放到 UpdatePanel 控件中，使原本不具备 Ajax 能力的 ASP.NET 服务器控件都具有 Ajax 异步的功能。

UpdatePanel 控件的常用属性及说明如表 19.4 所示。

表 19.4 UpdatePanel 控件的常用属性及说明

属　性	说　　明
ContentTemplate	内容模板，在该模板内放置控件、HTML 代码等
UpdateMode	UpdateMode 属性共有两种模式：Always 与 Conditional，Always 是每次 Postback 后，UpdatePanel 会被连带更新；而 Conditional 只针对特定情况才被更新
RenderMode	若 RenderMode 的属性值为 Block，则以<DIV>标签来定义程序段；若为 Inline，则以<Span>标签来定义程序段
Triggers	用于设置 UpdatePanel 的触发事件

说明

UpdatePanel 控件的 Triggers 包含两种触发器：一种是 AsyncPostBackTrigger，用于引发局部更新；另一种是 PostBackTrigger，用于引发整页回送。Triggers 的属性值设置如图 19.8 所示。

图 19.8 Triggers 的属性值设置

注意

页面中使用多个 UpdatePanel 控件时，通过设置其 UpdateMode 属性为 Conditional，可以避免相互间的影响。

在 UpdatePanel 控件内的控件可以实现局部更新，那么在 UpdatePanel 控件之外的控件能否控制或者引发局部更新呢？答案是肯定的。

通过 Triggers 属性包含的 AsyncPostBackTrigger 触发器可以引发 UpdatePanel 控件的局部更新。在该触发器中指定控件名称、该控件的某个服务器端事件，就可以使 UpdatePanel 控件外的控件引发局部更新，而避免不必要的整页更新。

下面给出使用 UpdatePanel 控件实现局部更新的示例。

【例 19.3】 AsyncPostBackTrigger 触发器引发 UpdatePanel 控件实现局部更新。（**示例位置：光盘\mr\sl\19\03**）

在如图 19.9 所示的页面上单击"显示时间"按钮，则在"时间 2"处将无刷新显示当前系统日期和时间，如图 19.10 所示，可以与页面上的"时间 1"进行对比。在本示例中，无须整页更新，其执行过程是对用户友好的 Ajax 方式的页面局部更新。

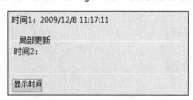
图 19.9　运行页面

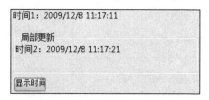
图 19.10　无刷新显示

程序实现的主要步骤如下。

（1）新建 ASP.NET 网站，默认主页为 Default.aspx。

（2）在 Default.aspx 页面上，添加 1 个 ScriptManager 控件，用于管理脚本；添加 1 个 Label 控件，ID 值为 Label1，用于显示时间 1；添加 1 个 UpdatePanel 控件，用于实现局部更新；在 UpdatePanel 控件内添加 1 个 Label 控件，ID 值为 Label2，用于显示时间 2；在 UpdatePanel 控件外添加 1 个 Button 控件。代码如下：

```
<body style="font-size:14px">
    <form id="form1" runat="server">
    <asp:ScriptManager ID="ScriptManager1" runat="server">
    </asp:ScriptManager>
    <div style=" width:500px; height:150px; background-color:#FFDFEF; padding:5px 0px 0px 8px;">
    时间 1：<asp:Label ID="Label1" runat="server"></asp:Label>
    <br/>
    <br/>
    <fieldset style="width:300px; height:60px">
        <legend>局部更新</legend>
        <asp:UpdatePanel ID="UpdatePanel1" runat="server">
            <ContentTemplate>
                时间 2：<asp:Label ID="Label2" runat="server"></asp:Label>
            </ContentTemplate>
        </asp:UpdatePanel>
    </fieldset>
    <br/>
    <br/>
    <asp:Button ID="Button1" runat="server" onclick="Button1_Click" Text="显示时间"
```

```
                Width="55px" />
        </div>
    </form>
</body>
```

（3）双击页面上的 Button 控件，编写其 Click 事件对应的 Button1_Click()函数，在该函数中将当前系统日期和时间作为 Label2 的文本。在 Page_Load 事件中设置当前时间为 Label1 的文本。代码如下：

```
protected void Page_Load(object sender, EventArgs e)
    {
        Label1.Text = DateTime.Now.ToString();
    }
    protected void Button1_Click(object sender, EventArgs e)
    {
        Label2.Text = DateTime.Now.ToString();
    }
```

（4）在 Default.aspx 页面上右击 UpdatePanel 控件，在弹出的快捷菜单中选择"属性"命令，在打开的属性面板中可以看到 Triggers 属性。

（5）单击 Triggers 属性中的 按钮，打开"UpdatePanelTrigger 集合编辑器"对话框，单击"添加"按钮右侧的 ，在弹出的下拉菜单中选择 AsyncPostBackTrigger 触发器，如图 19.11 所示。

（6）在"UpdatePanelTrigger 集合编辑器"对话框中，设置"行为"选项的 ControlID 属性和 EventName 属性，在对应的下拉列表框中分别选择 Button1 和 Click，如图 19.12 所示。

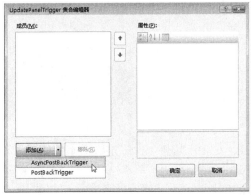

图 19.11　添加 AsyncPostBackTrigger 触发器　　　图 19.12　设置 AsyncPostBackTrigger 触发器

（7）切换到源视图，可以看到自动生成的<Triggers>和其中的<asp:AsyncPostBackTrigger>标签。代码如下：

```
<asp:UpdatePanel ID="UpdatePanel1" runat="server">
    <ContentTemplate>
        时间 2：<asp:Label ID="Label2" runat="server"></asp:Label>
    </ContentTemplate>
    <Triggers>
        <asp:AsyncPostBackTrigger ControlID="Button1" EventName="Click" />
    </Triggers>
</asp:UpdatePanel>
```

> **技巧**
>
> 使用 Response.Write 方法可以直接输出 JavaScript 脚本的 alert 语句以在客户端弹出对话框，代码如下：
>
> Response.Write("<script>alert('操作成功!');</script>");
>
> 但是，在 ASP.NET Ajax 应用程序中，如果使用上述代码弹出一个对话框是会发生错误的，如图 19.13 所示。
>
>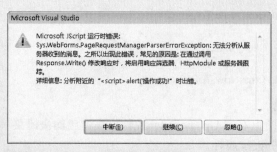
>
> 图 19.13 错误提示
>
> 解决方法是使用 ScriptManager 类的 RegisterStartupScript 方法来输出当 UpdatePanel 控件更新时需要弹出的对话框，代码如下：
>
> ScriptManager.RegisterStartupScript(UpdatePanel1, typeof(UpdatePanel),"scriptname","alert('操作成功');", true);

19.2.3 Timer 定时器控件

Timer 定时器用 JavaScript 构建非常容易，但在 ASP.NET 中实现 Timer 定时器不但困难，而且运作起来非常麻烦，还会损耗计算机资源。但 Ajax Framework 直接构建了一个 Ajax Timer 服务器控件，让程序开发人员可以通过设置时间间隔来触发特定事件的操作。

下面对 Timer 控件的相关属性和事件进行介绍。

1．Interval 属性

Interval 属性用于设置 Timer 时间控件的 Tick 事件间隔时间，单位为毫秒（1000 毫秒等于 1 秒）。

例如，如果要设置触发 Tick 事件的时间间隔为 3 秒，将 Interval 属性设置为 3000 即可，如图 19.14 所示。

2．Tick 事件

Tick 事件为在指定的时间间隔进行触发的事件。

图 19.14 设置 Interval 属性为 3 秒

【例 19.4】 实时显示当前系统时间。（**示例位置：光盘\mr\sl\19\04**）

在页面上显示当前系统时间，可以看到时间是以秒为单位实时变化的，示例运行结果如图 19.15 和图 19.16 所示。

图 19.15　时间每隔 1 秒实时显示 　　　　图 19.16　时间实时显示

程序实现的主要步骤如下。

（1）新建一个网站，默认主页为 Default.aspx。

（2）在 Default.aspx 页面上添加一个 ScriptManager 控件，用于管理脚本；添加一个 UpdatePanel 控件，用于局部刷新。在 UpdatePanel 控件中添加一个 Label 控件，用于显示当前系统时间；添加一个 Timer 控件，设置 Timer 控件的 Interval 属性为 1000 毫秒（即 1 秒），如图 19.17 所示。

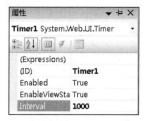

图 19.17　设置 Timer 控件

（3）在 Timer 控件的 Tick 事件中编写以下代码：

```
protected void Timer1_Tick(object sender, EventArgs e)
{
    Label1.Text = DateTime.Now.ToString();
}
```

注意

本示例是无刷新效果实时显示当前系统时间的。

19.3　Ajax 实现无刷新聊天室

聊天室是网络上最初的聊天方式之一，在现在众多的聊天工具中，仍然备受年轻人追捧。一些老牌的门户网站，如 sohu、163 等，聊天室更是它们的一大特色。就连国内的 IM 霸主——QQ 都来分一杯羹，这些足以说明聊天室的魅力。

Ajax 无刷新聊天室实现了在用户交互过程中整个页面不刷新而只是聊天内容局部更新的效果。ASP.NET 框架支持 Ajax 技术，结合使用 UpdatePanel 和 Timer 控件就可以实现 Ajax 无刷新聊天室。

【例 19.5】　Ajax 实现无刷新聊天室。（**示例位置：光盘\mr\sl\19\05**）

用户在登录界面（如图 19.18 所示）输入用户昵称即可进入聊天室。在聊天室页面（如图 19.19 所示）可以看到在线用户列表、聊天内容，可以选择聊天对象，然后在页面下方文本框中输入聊天信息，单击"发送"按钮，聊天信息会随即在页面中无刷新显示。

图 19.18　用户登录

图 19.19　聊天室页面

程序实现的主要步骤如下。

（1）新建一个网站，默认主页为 Default.aspx。

（2）创建一个"全局应用程序类"Global.asax 文件，在其 Application_Start 事件中初始化 Application 变量，代码如下：

```
void Application_Start(object sender, EventArgs e)
{
    //在应用程序启动时运行的代码
    Application["UserName"] = "所有人";//用户昵称
    Application["Msg"] = string.Empty;//留言信息
    Application["Count"] = 0;//在线人数
}
```

Application 变量的作用域为应用程序的运行区间。

第19章 ASP.NET Ajax 技术

在 Session_Start 事件中使 Application["Count"]变量值累加 1，即表示在线人数增加 1 个。代码如下：

```
void Session_Start(object sender, EventArgs e)
    {
        //在新会话启动时运行的代码
        Application.Lock();
        Application["Count"] = int.Parse(Application["Count"].ToString()) + 1;//在线人数累加 1
        Application.UnLock();
    }
```

在 Session_End 事件中使 Application["Count"]变量值减 1，即表示在线人数减少 1 个，并移除当前用户，重新记录在线用户昵称。代码如下：

```
void Session_End(object sender, EventArgs e)
    {
        Application.Lock();
        Application["Count"] = int.Parse(Application["Count"].ToString()) - 1;//在线人数减 1
        //提示离开信息
        Application.Set("Msg", Application["Msg"].ToString() + "<br/><span style='color:#666666; font-size=12px'>☆" + Session["UserName"].ToString() + "离开了聊天室☆</span>");
        string[] arr = Application["UserName"].ToString().Split(new char[] { '/' });//分裂字符串
        //Application["UserName"]赋初始值"所有人"
        Application["UserName"] = string.Empty;
        Application["UserName"] = arr[0].ToString();
        //遍历数组 arr，移除当前用户
        for (int i = 1 ; i < arr.Length; i++)
        {
            if (arr[i].ToString() != Session["UserName"].ToString())
            {
                //重新记录在线用户
                Application.Set("UserName", Application["UserName"] + "/" + arr[i].ToString());
            }
        }
        Application.UnLock();
    }
```

> **注意**
> 在 Session_Start 或 Session_End 事件中，操作 Application 变量前后分别调用 Application 对象的 Lock 方法锁定和 UnLock 方法解锁，以防止发生死锁现象。

（3）创建一个 Web 窗体，命名为 Login.aspx。在该页面中添加一个 TextBox 控件，用于输入用户昵称。添加一个 Button 控件，在 Button 控件的 Click 事件中编写代码判断用户昵称是否重复，如果不重复，则给出用户登录的提示信息，并跳转到聊天室首页面。代码如下：

```
protected void Button1_Click(object sender, EventArgs e)
    {
        //记录用户昵称
```

```
            Session["UserName"] = tb_User.Text.ToString();
            //遍历存储用户昵称的数组
            string[] arr = Application["UserName"].ToString().Split(new char[]{'/'});//分裂字符串
            Boolean flag = false;
            foreach (string s in arr)
            {
                if (s.ToString() == Session["UserName"].ToString())
                {
                    lb_msg.Text = "用户昵称已经存在,请重新输入!";
                    flag = true;
                    return;
                }
            }
            if (!flag)
            {
                //存储当前用户昵称
                Application.Set("UserName", Application["UserName"] + "/" + Session["UserName"]);
                //提示登录信息
                Application.Set("Msg", Application["Msg"] + "<br><span style='color:#666666;size=2'><<欢迎 " + Session["UserName"] + " 进入聊天室>></span>");
                //跳转到聊天室首页面
                Response.Redirect("Default.aspx");
            }
        }
```

（4）创建一个 Web 窗体,命名为 MsgContent.aspx。MsgContent.aspx 页面中的控件属性设置及用途如表 19.5 所示。

表 19.5 MsgContent.aspx 页面中的控件属性设置及用途

控 件 类 型	控件 ID	主要属性设置	用　　途
ScriptManager	ScriptManager1	runat 属性为 server	用于管理脚本
UpdatePanel	UpdatePanel1	runat 属性为 server	实现局部更新
Label	lblMsg	Text 属性为 "加载聊天信息中…"	显示聊天信息
Label	lblcount	Text 属性为 "正在统计在线人数…"	显示统计的在线人数
Timer	Timer1	Interval 属性为 2000	每隔 2 秒局部刷新一次

在 Timer 控件的 Tick 事件中编写代码,显示聊天信息及在线人数,代码如下:

```
protected void Timer1_Tick(object sender, EventArgs e)
    {
        try
        {
            //获取聊天信息
            lblMsg.Text = Application["Msg"].ToString();
            //统计在线人数
            lblcount.Text = "聊天室在线人数:    " + Application["count"].ToString() + "人    郑重声明:禁止发送一些不健康话题,否则后果自负!";
        }
```

```
        catch (Exception ex)
        {
            throw new Exception(ex.Message, ex);
        }
    }
```

（5）在 Default.aspx 页面中添加一个<iframe>标记，用于引入 MsgContent.aspx 页面，代码如下：

```
<iframe id="mainFrame" width="100%" style="HEIGHT: 100%; VISIBILITY: inherit; Z-INDEX: 1;
border-style:groove;" src="MsgContent.aspx" scrolling="no" frameborder="0"></iframe>
```

Default.aspx 页面中控件的属性设置及用途如表 19.6 所示。

表 19.6 Default.aspx 页面中控件的属性设置及用途

控件类型	控件 ID	主要属性设置	用　途
ScriptManager	ScriptManager1	runat 属性为 server	管理脚本
UpdatePanel	UpdatePanel1	UpdateMode 属性为 Conditional	发送聊天信息
	UpdatePanel2	UpdateMode 属性为 Conditional	更新在线用户列表
TextBox	tb_user	Text 属性为"所有人"	显示聊天对象
	tb_msg	runat 属性为 server	输入聊天信息
Button	Button1	Text 属性值为"发送"	发送命令
ListBox	Ltb_use	Onselectedindexchanged 属性值为 Ltb_user_SelectedIndexChanged	在线用户列表
Timer	Timer1	Interval 属性为 2000	在 UpdatePanel2 中刷新

说明

Default.aspx 页面中的两个 UpdatePanel 控件的 UpdateMode 属性均设置为 Conditional，这样更新才不会相互影响。

在 Button 按钮的 Click 事件中编写代码，将用户发送的聊天信息保存到 Application["Msg"]变量中，代码如下：

```
protected void Button1_Click(object sender, EventArgs e)
    {
        //聊天信息中包括发送用户、聊天对象、发送时间、发送内容
        Application.Set("Msg", Application["Msg"] + "<br/><span style='color:#666666;font-size=12px'>【<span style='font-weight:bold'>" + Session["UserName"] + "</span>】 在「" + DateTime.Now.ToString() + "」 对
【<span style='font-weight:bold'>" + tb_user.Text.ToString() + "</span>】 说：</span><br/><span style='text-indent:20px'>" + tb_msg.Text.ToString() + "</span>");
        tb_msg.Text = string.Empty;
    }
```

> **注意**
> ID 为 tb_user、tb_msg、Button1 的控件包含在 UpdatePanel1 中。

Timer 控件的 Tick 事件调用自定义的 LtbBind 方法,该方法用于更新 ListBox 控件中显示的在线用户列表,代码如下:

```
protected void LtbBind()
{
    string[] arr = Application["UserName"].ToString().Split(new char[] { '/' });//分裂字符串
    Ltb_user.Items.Clear();              //清除 ListBox 控件中的列表项
    foreach (string s in arr)
    {
        ListItem li = new ListItem(s, s);
        Ltb_user.Items.Add(li);          //为 ListBox 控件添加列表项
    }
}
protected void Timer1_Tick(object sender, EventArgs e)
{
    LtbBind();
}
```

> **注意**
> Timer 及 ListBox 控件位于 UpdatePanel2 中。

19.4 引入 ASP.NET Ajax Control Toolkit 中的控件

ASP.NET Ajax Control Toolkit 是基于 ASP.NET Ajax 构建的一个免费的、开源的 ASP.NET 服务器端控件包,其中包含数十种组件化的、提供某种专一功能的 ASP.NET 服务器端控件和 ASP. NET Ajax 扩展控件。

1. 下载 ASP.NET Ajax Control Toolkit

下载 ASP.NET Ajax Control Toolkit 的地址为 http://ajax.asp.net(这里以下载 AjaxControlToolkit-Framework 4.0 为例),在下载的文件目录中包含一个名为 AjaxControlToolkit.sln 的 Visual Studio 解决方案,如图 19.20 所示。

选择 AjaxControlToolkit.sln 选项,启动 Visual Studio 并打开解决方案。在解决方案中包含一个名为 AjaxControlToolkit 的项目,右击该项目名称,在弹出的快捷菜单中选择"生成"命令,如图 19.21 所示。

第 19 章　ASP.NET Ajax 技术

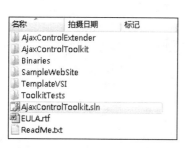

图 19.20　AjaxControlToolkit.sln 解决方案

图 19.21　生成 AjaxControlToolkit 项目

> **注意**
> 成功生成 AjaxControlToolkit 项目后，在文件目录\AjaxControlToolkit\bin\Debug 下可以看到 AjaxControlToolkit.dll 程序集。

2．将控件添加到 Visual Studio 的 Toolbox 中

将控件添加到 Visual Studio 的 Toolbox 中，具体步骤如下。

（1）新建或打开一个 ASP.NET 网站，右击工具箱，在弹出的快捷菜单中选择"添加选项卡"命令，如图 19.22 所示。

（2）将选项卡命名为 Ajax Control Toolkit，然后右击该选项卡，在弹出的快捷菜单中选择"选择项"命令，打开"选择工具箱项"对话框，如图 19.23 所示。

图 19.22　选择"添加选项卡"命令　　　　图 19.23　"选择工具箱项"对话框

（3）单击"浏览"按钮查找到 AjaxControlToolkit.dll 程序集，然后单击"确定"按钮将控件添加到 Visual Studio 的 Toolbox 中，如图 19.24 所示。

图 19.24　将控件添加到 Visual Studio 的 Toolbox 中

19.5　ASP.NET Ajax Control Toolkit 中的扩展控件

19.5.1　TextBoxWatermarkExtender：添加水印提示

TextBoxWatermarkExtender 控件可以为 TextBox 服务器端控件添加水印效果。打开网页，文本框内将显示水印提示内容，当在文本框内单击时水印文字将立即消失，即变成空白文本框，用户随即可以输入数据。

TextBoxWatermarkExtender 控件在工具箱中的图标如图 19.25 所示。

图 19.25　TextBoxWatermarkExtender 控件

在文本框中出现的水印文字只起到提示的作用，不作为文本内容。

TextBoxWatermarkExtender 控件的常用属性及说明如表 19.7 所示。

表 19.7　TextBoxWatermarkExtender 控件的常用属性及说明

属　　性	说　　明
TargetControlID	目标 TextBox 控件 ID
WatermarkText	设定显示的水印文字
WatermarkCssClass	水印文字应用的 CssClass

下面通过一个示例来演示 TextBoxWatermarkExtender 控件的使用方法。

【例 19.6】　在文本框中显示水印提示。（示例位置：光盘\mr\sl\19\06）

在网页中可以看到带有水印文字提示的文本框，如图 19.26 所示，在文本框内单击鼠标，水印文字消失，如图 19.27 所示，可以在文本框内输入数据，如图 19.28 所示。

图 19.26 水印提示

图 19.27 水印文字消失

图 19.28 输入数据

程序实现的主要步骤如下。

（1）新建 ASP.NET 网站，默认主页为 Default.aspx。

（2）在 Default.aspx 页面上添加一个 ScriptManager 控件，用于管理脚本。添加两个 TextBox 控件，ID 分别为 TextBox1 和 TextBox2，设置 TextBox2 的 TextMode 属性为 MultiLine；设置 TextBox 控件的 CssClass 属性均为 txt，BackColor 属性值为#daeeee。代码如下：

```
<asp:ScriptManager ID="ScriptManager1" runat="server">
</asp:ScriptManager>
标 题： <asp:TextBox ID="TextBox1" runat="server" Width="260px" CssClass="txt" BackColor="#daeeee"></asp:TextBox>
<br/>
备 注： <asp:TextBox ID="TextBox2"
 runat="server" Rows="4" TextMode="MultiLine" Width="260px" CssClass="txt" BackColor="#daeeee"></asp:TextBox>
```

（3）在 Default.aspx 页面的源视图下添加两个 TextBoxWatermarkExtender 控件，为两个 TextBox 控件添加水印提示，分别设置其 TargetControlID 为 TextBox1、TextBox2，设置 WatermarkText 为"请输入标题"、"请输入备注"，WatermarkCssClass 均设置为 watermark。代码如下：

```
<cc1:TextBoxWatermarkExtender ID="TextBoxWatermarkExtender1" runat="server"
  TargetControlID="TextBox1"
  WatermarkText="请输入标题"
  WatermarkCssClass="watermark" >
</cc1:TextBoxWatermarkExtender>
<cc1:TextBoxWatermarkExtender ID="TextBoxWatermarkExtender2" runat="server"
  TargetControlID="TextBox2"
  WatermarkText="请输入备注"
  WatermarkCssClass="watermark" >
</cc1:TextBoxWatermarkExtender>
```

其中，在<head>标记内使用<style>标记定义 CSS 样式 txt 和 watermark，代码如下：

```
<head runat="server">
    <title>无标题页</title>
    <style>
    .txt
    {
        border-style:solid;
        border-color:#666666;
        border-width:1px 2px 2px 1px;
        margin:2px;
    }
    .watermark
    {
        color:#666666;
    }
    </style>
</head>
```

19.5.2 PasswordStrength：智能密码强度提示

在一些网页中可以看到，当用户输入密码的同时，会显示密码的强度，以提示和检测用户输入密码的安全级别。使用 ASP.NET Ajax Control Toolkit 中的 PasswordStrength 控件可以为设置密码的 TextBox 服务器控件添加即时的密码强度检测功能，并将检测的密码强度以及安全提醒返回给客户端。当输入完成（即 TextBox 控件失去焦点时），提示信息会自动消失。

> **注意**
> 使用 PasswordStrength 控件时，返回给客户端的信息仅起到提示的作用，它不会验证或阻止用户的输入。

PasswordStrength 控件在工具箱中的图标如图 19.29 所示。

图 19.29 PasswordStrength 控件

PasswordStrength 控件的常用属性及说明如表 19.8 所示。

表 19.8 PasswordStrength 控件的常用属性及说明

属 性	说 明
TargetControlID	目标 TextBox 控件 ID
HelpStatusLabelID	目标 Label 控件 ID，在此控件内显示填写合乎安全标准的密码提示信息，此信息即时更新

续表

属性	说明
StrengthIndicatorType	指定密码强度的方式,值为 Text 或 BarIndicator,即文本方式或者进度条方式
DisplayPosition	密码强度相对于文本框的显示位置
PreferredPasswordLength	安全密码的最少长度
MinimumNumericCharacters	安全密码包含的数字个数
MinimumSymbolCharacters	安全密码包含的特殊字符个数
RequiresUpperAndLowerCaseCharacters	安全密码是否包含大小写字母,true 代表包含,false 代表不包含
PrefixText	强度级别的前缀文字

下面通过一个示例来演示 PasswordStrength 控件的使用方法。

【例 19.7】 智能检测密码强度。(**示例位置**:光盘\mr\sl\19\07)

当在页面的文本框中输入密码时(为了达到演示效果,TextBox 控件未使用 Password 模式),在文本框的右侧将显示密码安全强度,在文本框的下方将显示安全密码的输入提示。这里设置安全密码的长度最少为 8 位,其中要包含 1 个数字、1 个符号,如图 19.30 和图 19.31 所示。

图 19.30 密码强度提示 1 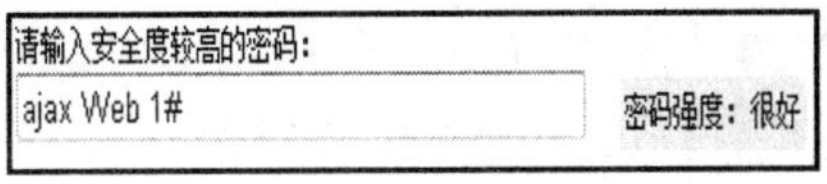　　　　　　　图 19.31 密码强度提示 2

程序实现的主要步骤如下。

(1)新建 ASP.NET 网站,默认主页为 Default.aspx。

(2)在 Default.aspx 页面上,添加一个 ScriptManager 控件,用于管理脚本;添加一个 TextBox 控件,用于输入密码。在源视图中添加一个 PasswordStrength 控件,并设置其对应的属性。代码如下:

```
<body style="font-size:12px">
    <form id="form1" runat="server">
    <div>
        <asp:ScriptManager ID="ScriptManager1" runat="server">
        </asp:ScriptManager>
            请输入安全度较高的密码:<br/>
        <asp:TextBox ID="TextBox1" runat="server" Width="260px"></asp:TextBox>
        <br/>
        <asp:Label ID="Label1" runat="server"></asp:Label>
        <cc1:PasswordStrength ID="PasswordStrength1" runat="server"
            TargetControlID="TextBox1"
            HelpStatusLabelID="Label1"
            PreferredPasswordLength="8"
            MinimumNumericCharacters="1"
            MinimumSymbolCharacters="1"
            RequiresUpperAndLowerCaseCharacters="true"
            DisplayPosition="RightSide"
            PrefixText=" 密码强度: "
            StrengthIndicatorType="Text"
            TextStrengthDescriptions="差;一般;好;很好"
```

```
            TextCssClass="text" >
        </cc1:PasswordStrength>
    </div>
  </form>
</body>
```

以上代码中，PasswordStrength 控件的 TargetControlID 设定为 TextBox1；HelpStatusLabelID 设定为 Label1，即在此 Label 控件内显示提示信息；PreferredPasswordLength 设定为 8，表示安全密码的长度至少为 8 位；MinimumNumericCharacters 设定为 1，表示安全密码中要包含 1 个数字；MinimumSymbolCharacters 设定为 1，表示安全密码中要包含 1 个特殊字符；RequiresUpperAndLowerCaseCharacters 设定为 true，表示安全密码中要有大小写混合字母；DisplayPosition 设定为 RightSide，表示密码强度级别显示在文本框的右侧；PrefixText 表示强度级别的前缀文字；StrengthIndicatorType 设定为 Text，表示以文本方式指示密码强度；TextStrengthDescriptions 设定用分号连接起来的、用来描述不同强度级别的字符串。

19.5.3 SlideShow：播放照片

ASP.NET Ajax Control Toolkit 中的 SlideShowExtender 控件可以实现自动播放照片的功能，能够仿照幻灯片自动播放、上下翻动观赏照片，在制作电子相册等程序中经常使用 SlideShowExtender。

SlideShowExtender 控件在工具箱中的图标如图 19.32 所示。

图 19.32　SlideShowExtender 控件

SlideShowExtender 控件的常用属性及说明如表 19.9 所示。

表 19.9　SlideShowExtender 控件的常用属性及说明

属　　性	说　　明
TargetControlID	目标 Image 服务器端控件 ID
AutoPlay	是否自动播放
Loop	是否循环播放
PreviousButtonID	"上一张"按钮 ID
NextButtonID	"下一张"按钮 ID
PlayButtonID	"播放"按钮 ID
PlayInterval	两张画面播放的时间间隔，单位为毫秒
PlayButtonText	播放时按钮显示的文本
StopButtonText	停止自动播放时按钮显示的文本
SlideShowServicePath	调用的 Web Service
SlideShowServiceMethod	指定 Web Service 中的方法
ContextKey	该值传递给 Web Service 中方法的 ContextKey 参数
UseContexKey	是否启用 ContextKey 属性

【例 19.8】 幻灯片播放照片。（**示例位置：光盘\mr\sl\19\08**）

运行页面可以看到循环播放的 3 张图片，单击"停止播放"按钮，图片暂停播放，按钮上的文本将显示为"开始播放"；再次单击此按钮，可以恢复自动播放，按钮上的文本将显示为"停止播放"。单击"上一张"或"下一张"按钮，可以按照指定顺序查看图片。运行结果如图 19.33 和图 19.34 所示。

图 19.33　自动播放　　　　　　　　　　图 19.34　暂停播放

程序实现的主要步骤如下。

（1）新建 ASP.NET 网站，默认主页为 Default.aspx。

（2）在 Default.aspx 页面上，添加 1 个 ScriptManager 控件，用于管理脚本；添加 1 个 Image 控件，用于显示图片，ID 为 Image1，设置其宽度和高度分别为 300px 和 200px；添加 1 个 Label 控件，用于显示图片的名称，ID 为 Label1；添加 3 个 Button 控件，ID 分别为 Button1、Button2 和 Button3，其上的文本分别设置为"上一张"、"开始播放"和"下一张"。在源视图下，添加一个 SlideShowExtender 控件，设置其相关属性。代码如下：

```
<body style="font-size:16px">
    <form id="form1" runat="server">
    <div align="center">
        <asp:ScriptManager ID="ScriptManager1" runat="server">
        </asp:ScriptManager>
        <br/>
        <asp:Image ID="Image1" runat="server" Height="200px" Width="300px" />
        <br/>
        <asp:Label ID="Label1" runat="server"></asp:Label>
        <br/>
        <asp:Button ID="Button1" runat="server" Text="上一张" CssClass="Button" />
         
        <asp:Button ID="Button2" runat="server" Text="开始播放" CssClass="Button" />
         
        <asp:Button ID="Button3" runat="server" Text="下一张" CssClass="Button" />
        <cc1:SlideShowExtender ID="SlideShowExtender1" runat="server"
            TargetControlID="Image1"
            AutoPlay="true"
```

```
                ImageTitleLabelID="Label1"
                Loop="true"
                NextButtonID="Button3"
                PreviousButtonID="Button1"
                PlayButtonID="Button2"
                PlayInterval="3000"
                PlayButtonText="开始播放"
                StopButtonText="停止播放"
                SlideShowServicePath="Photo_Service.asmx"
                SlideShowServiceMethod="GetSlide" >
            </cc1:SlideShowExtender>
    </div>
    </form>
</body>
```

（3）在"解决方案管理器"面板中右击方案名称，在弹出的快捷菜单中选择"添加新项"命令，打开"添加新项"对话框。在"模板"列表框中选择"Web 服务"选项，在"名称"文本框中输入 Photo_Service.asmx，如图 19.35 所示，单击"添加"按钮完成添加操作。

图 19.35　添加 Web 服务

（4）在打开的 Photo_Service.cs 文件（此文件自动存储在 App_Code 文件夹）中启用[System.Web.Script.Services.ScriptService]，自定义 GetSlide 方法，返回值类型为 AjaxControlToolkit.Slide[]，代码如下：

```
using System;
using System.Collections;
using System.Linq;
using System.Web;
using System.Web.Services;
using System.Web.Services.Protocols;
using System.Xml.Linq;

/// <summary>
///Photo_Service 的摘要说明
/// </summary>
[WebService(Namespace = "http://tempuri.org/")]
[WebServiceBinding(ConformsTo = WsiProfiles.BasicProfile1_1)]
```

```
//若要允许使用 ASP.NET Ajax 从脚本中调用此 Web 服务，请取消对下行的注释
 [System.Web.Script.Services.ScriptService]
public class Photo_Service : System.Web.Services.WebService {
    public Photo_Service () {
        //如果使用设计的组件，请取消注释以下行
        //InitializeComponent();
    }
    [WebMethod]
    //public string HelloWorld() {
    //    return "Hello World";
    //}
    public AjaxControlToolkit.Slide[] GetSlide()
    {
        //定义幻灯片数组
        AjaxControlToolkit.Slide[] photos = new AjaxControlToolkit.Slide[3];
        //定义幻灯片对象
        AjaxControlToolkit.Slide photo = new AjaxControlToolkit.Slide();
        //以下分别定义 3 个幻灯片，其中包含图片路径、图片名称、图片描述，然后将其分别添加到 photos
        photo = new AjaxControlToolkit.Slide("Images/1.bmp", "Tree", "图片 1");
        photos[0] = photo;
        photo = new AjaxControlToolkit.Slide("Images/2.bmp", "fungus", "图片 2");
        photos[1] = photo;
        photo = new AjaxControlToolkit.Slide("Images/3.jpg", "flower", "图片 3");
        photos[2] = photo;
        return photos;
    }
}
```

19.6 实践与练习

设计一个用户注册页面，在该页面中为文本框添加文字水印效果、智能密码提示、多样式验证提示框及图形验证码。（示例位置：光盘\mr\sl\19\09）

第20章

LINQ 数据访问技术

（ 视频讲解：50分钟 ）

LINQ 是 Microsoft 公司推出的新一代数据查询语言，它伴随着.NET Framework 4.0 以及 Visual Studio 2010 开发工具得到广泛应用。LINQ 不但具有查询功能，还与编程语言（如 C#或 VB.NET 等）相互整合。

20.1　LINQ 技术概述

LINQ（Language-Integrated Query，语言集成查询）是 Microsoft 公司提供的一项新技术，它能够将查询直接引入到.Net Framework 4.0 所支持的编程语言（如 C#和 VB.NET 等）中。LINQ 查询操作可以通过编程语言自身传达，而不是以字符串形式嵌入到应用程序代码中。

LINQ 是.Net Framework 中一项突破性的创新，在对象领域和数据领域之间架起了一座桥梁。LINQ 主要由 3 部分组成，分别为 LINQ to Objects、LINQ to ADO.NET 和 LINQ to XML。其中，LINQ to ADO.NET 可以分为两部分，分别为 LINQ to SQL 和 LINQ to DataSet。LINQ 的组成说明如下。

- ☑ **LINQ to SQL 组件**：可以查询基于关系数据库的数据，并对这些数据进行检索、插入、修改、删除、排序、聚合和分区等操作。
- ☑ **LINQ to DataSet 组件**：可以查询 DataSet 对象中的数据，并对这些数据进行检索、过滤和排序等操作。
- ☑ **LINQ to Objects 组件**：可以查询 Ienumerable 或 Ienumerable<T>集合，也就是说，可以查询任何可枚举的集合，如数据（Array 和 ArrayList）、泛型列表（List<T>）、泛型字典（Dictionary<T>）以及用户自定义的集合，而不需要使用 LINQ 提供程序或 API。
- ☑ **LINQ to XML 组件**：可以查询或操作 XML 结构的数据（如 XML 文档、XML 片段和 XML 格式的字符串等），并提供了修改文档对象模型的内存文档和支持 LINQ 查询表达式等功能，是处理 XML 文档的全新编程接口。

LINQ 可以查询或操作任何存储形式的数据，如对象（集合、数组、字符串等）、关系（关系数据库、ADO.NET 数据集等）以及 XML。LINQ 架构如图 20.1 所示。

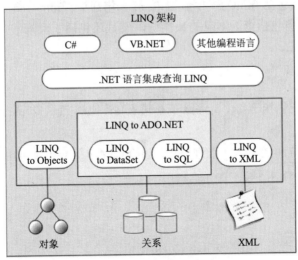

图 20.1　LINQ 架构

20.2 LINQ 查询常用子句

LINQ 查询表达式是 LINQ 中非常重要的内容，它可以从一个或多个给定的数据源中检索数据，并指定检索结果的数据类型和表现形式。LINQ 查询表达式由一个或多个 LINQ 查询子句按照一定的规则组成，包括 from 子句、where 子句、select 子句、orderby 子句、group 子句、into 子句、join 子句和 let 子句，这些子句的具体说明如表 20.1 所示。

表 20.1 LINQ 查询子句说明

子句	说明
from	指定查询操作的数据源和范围变量
where	筛选元素的逻辑条件，一般由逻辑运算符组成
select	指定查询结果的类型和表现形式
orderby	对查询结果进行排序（降序或升序）
group	对查询结果进行分组
into	提供一个临时的标识符，该标识符可以引用 join、group 和 select 子句的结果
join	连接多个查询操作的数据源
let	引入用于存储查询表达式中子表达式结果的范围变量

下面对一些常用的 LINQ 子句进行介绍。

20.2.1 from 子句

LINQ 查询表达式必须包括 from 子句，且以 from 子句开头。from 子句指定查询操作的数据源和范围变量。其中，数据源不但包括查询本身的数据源，而且还包括子查询的数据源。范围变量一般用来表示源序列中的每一个元素。

说明

> 如果该查询表达式还包括子查询，那么子查询表达式也必须以 from 子句开头。

下面的代码演示一个简单的 LINQ 查询操作，该查询操作从 values 数组中查询能被 2 整除的元素，其中，v 为范围变量；values 是数据源。代码如下：

```
using System;
using System.Configuration;
using System.Data;
using System.Linq;
using System.Web;
using System.Web.Security;
using System.Web.UI;
using System.Web.UI.HtmlControls;
```

```
using System.Web.UI.WebControls;
using System.Web.UI.WebControls.WebParts;
using System.Xml.Linq;

protected void Page_Load(object sender, EventArgs e)
{
    int[] values = { 1, 2, 3, 4, 5, 6, 7, 8, 9, 0 };
    var value = from v in values
                where v % 2 == 0
                select v;
    Response.Write("查询结果：<br>");
    foreach (var v in value)
    {
        Response.Write(v.ToString() + "<br>");
    }
}
```

程序运行结果如图 20.2 所示。

图 20.2 from 子句查询结果

20.2.2 where 子句

在 LINQ 查询表达式中，where 子句指定筛选元素的逻辑条件，一般由逻辑运算符（如逻辑与和逻辑或）组成。一个查询表达式可以不包含 where 子句，也可以包含一个或多个 where 子句，每一个 where 子句可以包含一个或多个布尔条件表达式。

注意

对于一个 LINQ 查询表达式而言，where 子句不是必需的。如果 where 子句在查询表达式中出现，那么 where 子句不能作为查询表达式的第一个子句或最后一个子句。

下面的代码演示，在查询表达式中使用 where 子句，并且 where 子句由两个布尔表达式和逻辑与（&&）组成。代码如下：

```
using System;
using System.Configuration;
```

```
using System.Data;
using System.Linq;
using System.Web;
using System.Web.Security;
using System.Web.UI;
using System.Web.UI.HtmlControls;
using System.Web.UI.WebControls;
using System.Web.UI.WebControls.WebParts;
using System.Xml.Linq;

protected void Page_Load(object sender, EventArgs e)
{
    int[] values = { 1, 2, 3, 4, 5, 6, 7, 8, 9, 0 };
    var value = from v in values
                where v % 2 == 0 && v > 2
                select v;
    Response.Write("查询结果：<br>");
    foreach (var v in value)
    {
        Response.Write(v.ToString() + "<br>");
    }
}
```

> **注意**
> 以上代码是查询数组中能被 2 整除并且数值大于 2 的元素。

程序运行结果如图 20.3 所示。

图 20.3　where 子句查询结果

20.2.3　select 子句

在 LINQ 查询表达式中，select 子句指定查询结果的类型和表现形式。LINQ 查询表达式必须以 select 子句或 group 子句结束。

下面的代码演示了包含最简单 select 子句的查询操作。代码如下：

```
using System;
using System.Configuration;
```

```
using System.Data;
using System.Linq;
using System.Web;
using System.Web.Security;
using System.Web.UI;
using System.Web.UI.HtmlControls;
using System.Web.UI.WebControls;
using System.Web.UI.WebControls.WebParts;
using System.Xml.Linq;

protected void Page_Load(object sender, EventArgs e)
{
    int[] values = { 1, 2, 3, 4, 5, 6, 7, 8, 9, 0 };
    var value = from v in values
                where v > 5
                select v;
    Response.Write("查询结果：<br>");
    foreach (var v in value)
    {
        Response.Write(v.ToString() + "<br>");
    }
}
```

程序运行结果如图 20.4 所示。

图 20.4 select 子句查询结果

20.2.4 orderby 子句

在 LINQ 查询表达式中，利用 orderby 子句可以对查询结果进行排序，排序方式可以为升序或降序，且排序的主键可以是一个或多个。值得注意的是，LINQ 查询表达式对查询结果的默认排序方式为升序。

> **说明**
> 在 LINQ 查询表达式中，orderby 子句升序使用 ascending 关键字，降序使用 descending 关键字。

下面的代码演示利用 orderby 子句对查询的结果进行排序，其实现的是将数据源中的数字按降序排序，然后使用 foreach 输出查询结果。代码如下：

```
using System;
using System.Configuration;
using System.Data;
using System.Linq;
using System.Web;
using System.Web.Security;
using System.Web.UI;
using System.Web.UI.HtmlControls;
using System.Web.UI.WebControls;
using System.Web.UI.WebControls.WebParts;
using System.Xml.Linq;

protected void Page_Load(object sender, EventArgs e)
{
    int[] values = { 3, 8, 6, 4, 1, 5, 7, 0, 9, 2 };
    var value = from v in values
                where v < 3 || v > 7
                orderby v descending
                select v;
    //输出查询结果
    Response.Write("查询结果：<br>");
    foreach (var i in value)
    {
        Response.Write(i + "<br>");
    }
}
```

程序运行结果如图 20.5 所示。

图 20.5 orderby 子句查询结果排序

20.3 使用 LINQ 操作 SQL Server 数据库

本节主要针对 LINQ to SQL 介绍如何使用 LINQ 操作关系数据库(这里主要为 SQL Server 数据库)。

20.3.1 建立 LINQ 数据源

使用 LINQ 查询或操作数据库，需要建立 LINQ 数据源，LINQ 数据源专门使用 DBML 文件作为数据源。下面以 SQL Server 2005 数据库为例，建立一个 LINQ 数据源，详细步骤如下：

（1）启动 Visual Studio 2010 开发环境，建立一个目标框架为 Framework SDK v4.0 的 ASP.NET 空网站。

（2）右击"解决方案资源管理器"面板中的 App_Code 文件夹，在弹出的快捷菜单中选择"添加新项"命令，弹出"添加新项"对话框，如图 20.6 所示。

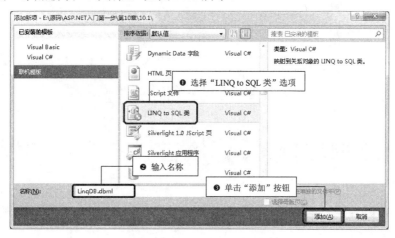

图 20.6 "添加新项"对话框

（3）在"模板"列表框中选择"LINQ to SQL 类"选项，并将其命名为 LinqDB.dbml，单击"添加"按钮。

（4）在"服务器资源管理器"面板中连接 SQL Server 2005 数据库，然后将指定数据库中的表映射到 LinqDB.dbml 中（可以将表拖曳到设计视图中），如图 20.7 所示。

图 20.7 数据表映射到 .dbml 文件

（5）LinqDB.dbml 文件创建一个名称为 LinqDBDataContext 的数据上下文类，为数据库提供查询或操作数据库的方法，LINQ 数据源创建完毕。LinqDBDataContext 类中的程序代码均自动生成，如图 20.8 所示。

图 20.8　LinqDBDataContext 类中自动生成程序代码

说明

根据以上操作，在 App_Code 文件夹下自动生成 LinqDB.dbml 对应的 LinqDB.designer.cs 文件。

20.3.2　执行数据的添加、修改、删除和查询操作

使用 LINQ 对数据库进行操作，如数据的添加、修改、删除和查询，主要通过 LINQ 技术中的 DataContext 上下文类来实现。

1．查询数据库中的数据

使用 LINQ to SQL 查询数据库中的数据与传统的 SQL 语句或存储过程相比更加简捷。

【例 20.1】　利用 LINQ 查询数据库中的数据。（示例位置：光盘\mr\sl\20\01）

首先根据 20.3.1 节的介绍建立 LINQ 数据源连接数据库，然后通过生成的 DataContext 数据上下文类访问数据库中的数据，并将数据绑定到 GridView 控件显示留言信息。运行结果如图 20.9 所示。

图 20.9　LINQ 查询数据库中的数据

程序实现的主要步骤如下。

（1）创建 ASP.NET 网站，默认主页为 Default.aspx。

（2）根据 20.3.1 节的介绍建立 LINQ 数据源。

（3）在 Default.aspx 页面上添加 GridView 控件。

（4）在 Default.aspx.cs 页面的 Page_Load 事件下编写如下 LINQ 查询代码：

第20章　LINQ数据访问技术

```
protected void Page_Load(object sender, EventArgs e)
{
    LinqDBDataContext lqDB = new
    LinqDBDataContext(ConfigurationManager.ConnectionStrings["db_22ConnectionString"].ConnectionString.ToString());
    var result = from r in lqDB.Leaveword
                 where r.id > 0
                 select r;
    GridView1.DataSource = result;
    GridView1.DataBind();
}
```

> **说明**
> 建立 LINQ 数据源后，在 Web.config 文件中可以找到自动生成的连接字符串，如上述代码中的字符串 db_22ConnectionString。

以上代码中，声明 LinqDBDataContext 类对象 lqDB，使用 LINQ 查询表达式查询 id 大于 0 的查询结果，并将查询结果保存到 result 变量中，然后将 result 变量中存储的结果设置为 GridView 控件的数据源，并且绑定数据显示查询结果。

> **注意**
> 在 LINQ 查询中，要区分数据表中字段名称的字母大小写。例如，字段 id 不能写为 ID。

2．向数据库中添加数据

使用 LINQ to SQL 不仅可以查询数据库中的数据，而且还能够向数据库中添加数据。该功能主要通过 Tabel<T>泛型类的 InsertOnSubmit 方法和 DataContext 类的 SubmitChanges 方法实现，其中，InsertOnSubmit 方法将单个实体的集合添加到 Tabel<T>类的实例中，SubmitChanges 方法计算要插入、更新或删除的已修改对象的集，并执行相应命令以实现对数据库的更改。

【例 20.2】 利用 LINQ 向数据库中添加数据。（示例位置：光盘\mr\sl\20\02）

在留言页面上，输入留言标题、E-mail 地址以及留言内容，可以将留言信息保存到数据库中。运行结果如图 20.10 所示。

图 20.10　LINQ 向数据库中添加数据

程序实现的主要步骤如下。
(1) 创建 ASP.NET 网站，默认主页为 Default.aspx。
(2) 根据 20.3.1 节的介绍建立 LINQ 数据源。
(3) 在 Default.aspx 页面上添加 3 个 TextBox 控件以及相应的验证控件和 2 个 Button 控件。
(4) 在 Default.aspx.cs 页面中"发表"按钮的 Click 事件下编写如下代码：

```
protected void btnSend_Click(object sender, EventArgs e)
{
    LinqDBDataContext lqDB = new
    LinqDBDataContext(ConfigurationManager.ConnectionStrings["db_22ConnectionString"].ConnectionString
.ToString());
    Leaveword info = new Leaveword();
    //要添加的内容
    info.Title = tbTitle.Text;
    info.Email = tbEmail.Text;
    info.Message = tbMessage.Text;
    //执行添加
    lqDB.Leaveword.InsertOnSubmit(info);
    lqDB.SubmitChanges();
    Page.ClientScript.RegisterStartupScript(GetType(), "", "alert('留言成功!');location.href='Default.aspx';", true);
}
```

以上代码中，首先声明 LinqDBDataContext 类对象 lqDB，声明实体类对象 info，并设置该类对象中的实体属性，为实体属性赋值。然后调用 InsertOnSubmit 方法将实体类对象 info 添加到 lqDB 对象的 tb_Info 表中。再调用 SubmitChanges 方法将实体类中数据添加到数据库中。

> 如果修改了数据表的定义，可以重新建立 LINQ 数据源，以确保操作数据的准确性。

3．修改数据库中的数据

使用 LINQ 修改数据库中的数据，首先要找到需要编辑的记录，然后直接将要修改的值赋予相应字段，最后调用 DataContext 类的 SubmitChanges 方法执行对数据库的更改操作。

例如，修改留言信息表中 id 值为 1 的留言标题为指定的信息，代码如下：

```
protected void Page_Load(object sender, EventArgs e)
{
    LinqDBDataContext lqDB = new
    LinqDBDataContext(ConfigurationManager.ConnectionStrings["db_22ConnectionString"].ConnectionString
.ToString());
    var result = from r in lqDB.Leaveword
                 where r.id == 1
                 select r;
    //设置修改该数据
    foreach (Leaveword info in result)
```

```
    {
        info.Title = "没有做不到的事情";
    }
    //将修改的数据保存到数据库中
    lqDB.SubmitChanges();
}
```

修改前数据表中的数据如图 20.11 所示。

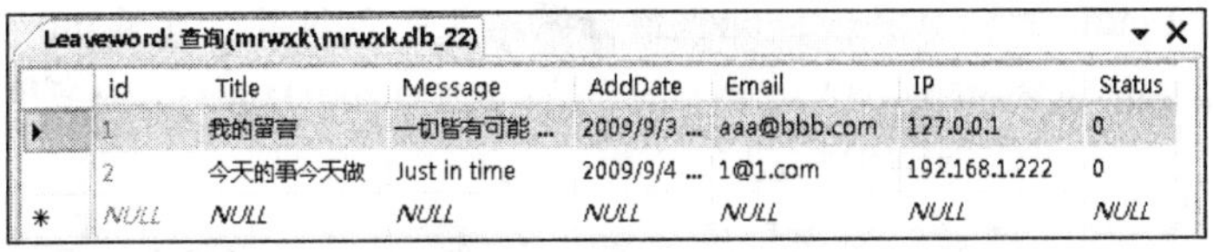

图 20.11 修改前数据

修改后数据表中的数据如图 20.12 所示。

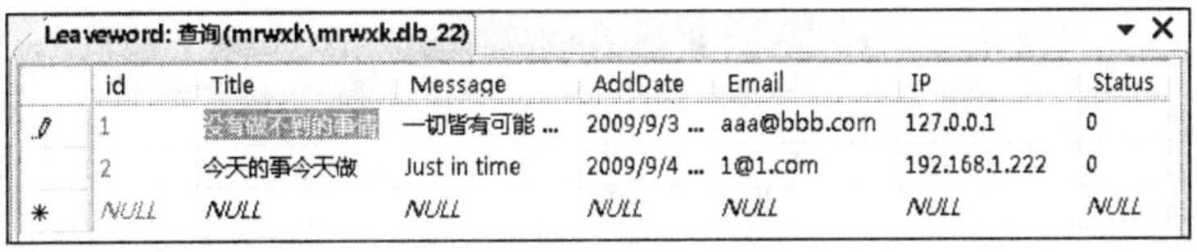

图 20.12 修改后数据

4．删除数据库中的数据

使用 LINQ 删除数据库中的数据，主要通过 Tabel<T>泛型类的 DeleteAllOnSubmit 方法和 DataContext 类的 SubmitChanges 方法实现。

例如，删除留言信息表中 id 值为 1 的记录，代码如下：

```
protected void Page_Load(object sender, EventArgs e)
{
    LinqDBDataContext lqDB = new
    LinqDBDataContext(ConfigurationManager.ConnectionStrings["db_22ConnectionString"].ConnectionString
.ToString());
    //查询要删除的记录
    var result = from r in lqDB.Leaveword
                 where r.id == 1
                 select r;
    //删除数据，并提交到数据库中
    lqDB.Leaveword.DeleteAllOnSubmit(result);
    lqDB.SubmitChanges();
}
```

20.3.3 灵活运用 LinqDataSource 控件

LinqDataSource 是一个新的数据源绑定控件。通过该控件可以直接插入、更新和删除 DataContext

实体类下的数据，从而实现操作数据库数据的功能。

说明

.NET 下的所有数据绑定控件都可以通过 LinqDataSource 控件进行数据绑定。

下面介绍如何使用 LinqDataSource 控件配置数据源，从而通过数据绑定控件来查询或操作数据。

【例 20.3】 运用 LinqDataSource 控件配置数据源。（示例位置：光盘\mr\sl\20\03）

在 ASP.NET 网站中首先建立 LINQ 数据源，然后使用 LinqDataSource 控件配置数据源，并作为 GridView 控件的绑定数据源。运行结果如图 20.13 所示。

id	Title	Message	AddDate	Email	IP	Status
1	没有做不到的事情	一切皆有可能 我的地盘我做主	2009/9/3 15:16:59	aaa@bbb.com	127.0.0.1	0
2	今天的事今天做	Just in time	2009/9/4 10:43:14	1@1.com	192.168.1.222	0

图 20.13　运用 LinqDataSource 控件配置数据源

程序实现的主要步骤如下。

（1）创建 ASP.NET 网站，默认主页为 Default.aspx。

（2）根据 20.3.1 节的介绍建立 LINQ 数据源。

（3）在 Default.aspx 页面上添加一个 LinqDataSource 控件，单击该控件右上角的"<"按钮，选择"配置数据源"命令。

（4）在打开的"选择上下文对象"界面中，选择 20.3.1 节中创建的上下文对象，如图 20.14 所示。

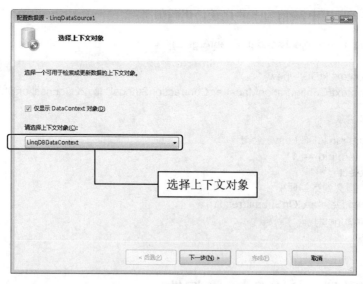

图 20.14　"选择上下文对象"界面

（5）单击"下一步"按钮，在"配置数据选择"界面中选择数据表和字段（这里选择"*"），如图 20.15 所示。

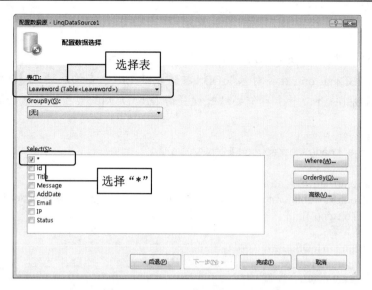

图 20.15 "配置数据选择"界面

注意

在 Select 列表框中必须选择"*",或者选择所有字段,这样才能正常使用 LinqDataSource 控件。也就是说,不能选择部分字段,否则 LinqDataSource 控件将不支持自动插入、更新、删除等功能。

(6)单击"高级"按钮,在"高级选项"对话框中选中所有复选框,如图 20.16 所示,单击"确定"按钮,返回到"配置数据选择"界面。

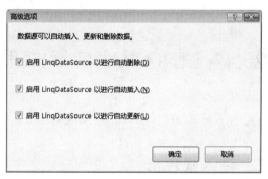

图 20.16 "高级选项"对话框

说明

在"配置数据选择"界面中单击 Where(W)按钮或 OrderBy(O)按钮可以自定义查询语句。

(7)在"配置数据选择"界面中单击"完成"按钮完成配置数据源。
(8)在 Default.aspx 页面上添加一个 GridView 控件,设置绑定的数据源为 LinqDataSource1。

将 LINQ 查询结果绑定到 DropDownList 控件。

首先声明 LinqDBDataContext 类对象 lqDB；接着创建 LINQ 查询表达式，并将查询结果保存到 result 变量中；然后将 result 变量中存储的结果设置为 DropDownList 控件的数据源。

代码如下：

```
protected void Page_Load(object sender, EventArgs e)
{
    LinqDBDataContext lqDB = new
    LinqDBDataContext(ConfigurationManager.ConnectionStrings["db_22ConnectionString"].ConnectionString.ToString());
    //查询要删除的记录
    var result = from r in lqDB.Leaveword
                 where r.id > 0
                 select new
                 {
                     Title = r.Title,
                 };
    //设置绑定字段
    DropDownList1.DataTextField = "Title";
    //绑定查询结果
    DropDownList1.DataSource = result;
    DropDownList1.DataBind();
}
```

20.4 LINQ 技术实际应用

本节将介绍 LINQ 防止 SQL 注入式攻击和使用 LINQ 实现数据分页等 LINQ 技术的实际应用。

20.4.1 LINQ 防止 SQL 注入式攻击

下面首先介绍什么是 SQL 注入式攻击，接着介绍 LINQ 如何防止 SQL 注入式攻击，最后给出用 LINQ 实现的用户登录程序。

1. SQL 注入式攻击

SQL 注入式攻击是 Web 应用程序中的一种安全漏洞，可以将不安全的数据提交给应用程序，使应用程序在服务器上执行不安全的 SQL 命令。使用该攻击可以很轻松地登录应用程序。例如，开发一个管理员登录功能，假如该管理员的登录名为 mrsoft，正确的 SQL 语句应该如下：

```
Select   count(*) from LoginInfo where Name=' mrsoft '
```

如果在"登录名"文本框中输入"mr'or'1'='1",单击"登录"按钮,此时的 SQL 语句将会被转换,如下所示:

```
Select   count(*) from LoginInfo where Name='mr' or '1'='1'
```

通过上面的 SQL 语句可以看出,此 SQL 语句将会查询出表中的所有信息,所以程序就会认为登录成功。

2. LINQ 防止 SQL 注入式攻击

LINQ to SQL 用于数据存储时,消除 SQL 注入式攻击的威胁。当 LINQ 执行每次查询时都加上了具体的参数。在 LINQ 查询语句中构建 SQL 查询时,提交给查询的任何输入都被当做字面值。例如,开发一个管理员登录功能,假如该管理员的登录名为 mrsoft。在文本框中输入"mr'or'1'='1"后登录,LINQ 将会产生如下 SQL 语句:

```
Select [t0].[Name], [t0].[Pass],
from [dbo].[ LoginInfo] AS [t0]
where [t0].[Name] = @p0
```

可以看出,where 子句自动被加上了参数,因此,SQL 注入式攻击是无法造成破坏的。

3. LINQ 实现用户登录

系统入侵者往往选择登录模块作为攻击的入口,所以登录模块的安全性非常重要。如果在开发登录模块时未考虑防止 SQL 注入式攻击,将会引发严重的后果。下面介绍如何使用 LINQ 实现用户登录,以有效防止 SQL 注入式攻击。

【例 20.4】 使用 LINQ 实现用户登录,以防止 SQL 注入式攻击。(示例位置:光盘\mr\sl\20\04)

在登录页面上输入用户名和密码即可登录系统。如果输入 SQL 注入式攻击代码,程序会自动提示登录失败,这样就可达到防止 SQL 注入式攻击的目的。运行结果如图 20.17 所示。

图 20.17　防止 SQL 注入式攻击

程序实现的主要步骤如下。

(1) 创建 Web 窗体,命名为 Default.aspx。

(2) 在 Default.aspx 页面中添加控件,主要控件属性及用途如表 20.2 所示。

表 20.2 Default.aspx 页面的主要控件属性及用途

控件类型	控件 ID	主要属性设置	用途
TextBox	txtLName	无	用来输入登录名
	txtLPass	TextMode 属性设置为 Password	用来输入登录密码
Button	btnLEnter	无	用来实现登录操作
	btnClear	无	用来实现取消操作

（3）建立 LINQ 数据源，连接数据库 db_22 操作数据表 UserInfo，具体可参见 20.3.1 节。

（4）在页面加载事件中，首先获取文本框中的用户名及密码，再通过 LINQ 来查询满足用户名和密码条件的记录。判断是否有满足的记录，如果有，说明登录成功；否则说明登录失败。代码如下：

```
protected void btnLEnter_Click(object sender, EventArgs e)
    {
        //获取登录名
        string name = txtLName.Text;
        //获取密码
        string pass = txtLPass.Text;
        //创建 LINQ 对象
        LinqDataDataContext ldc=new LinqDataDataContext();
        //创建 LINQ 查询语句，查询到满足指定登录名和密码的用户
        var result = from v in ldc.userManage
                     where v.userName == name && v.userPwd == pass
                     select v;
        if (result.Count() > 0)
        {
            //输出相应信息
            Page.ClientScript.RegisterStartupScript(GetType(),"", "alert('登录成功！')",true);
        }
        else
        {
            Page.ClientScript.RegisterStartupScript(GetType(), "", "alert('登录失败！')",true);
        }
    }
```

注意

与一般的情况相比，使用 LINQ 防止 SQL 注入式攻击，省去了很多代码，操作性更强。其实，只要按照 LINQ 的语法操作数据库，就能防止 SQL 注入式攻击。

20.4.2 使用 LINQ 实现数据分页

使用 LINQ 可以很容易地实现数据分页功能，这主要通过应用两个泛型方法来实现。下面对这两个方法进行介绍。

（1）IEnumerable.Skip<TSource> 泛型方法

IEnumerable.Skip<TSource>方法用来跳过序列中指定数量的元素，然后返回剩余的元素。语法如下：

```
public static IEnumerable<TSource> Skip<TSource>(
    this IEnumerable<TSource> source,
    int count
)
```

参数说明如下。

- ☑ source：一个 IEnumerable<T>，用于从中返回元素。
- ☑ count：返回剩余元素前要跳过的元素数量。
- ☑ 返回值：一个 IEnumerable<T>，包含输入序列中指定索引后出现的元素。

（2）IEnumerable.Take<TSource> 泛型方法

IEnumerable.Take<TSource>方法用来从序列的开头返回指定数量的连续元素。语法如下：

```
public static IEnumerable<TSource> Take<TSource>(
    this IEnumerable<TSource> source,
    int count
)
```

参数说明如下。

- ☑ source：要从其返回元素的序列。
- ☑ count：要返回的元素数量。
- ☑ 返回值：一个 IEnumerable<T>，包含输入序列开头的指定数量的元素。

下面给出使用 LINQ 实现数据分页的示例。

【例 20.5】 使用 LINQ 实现数据分页。（示例位置：光盘\mr\sl\20\05）

本示例查询商品信息表并实现分页功能，每 3 条数据为一页。通过单击"首页"、"上一页"、"下一页"或"尾页"超链接可以跳转到相应的分页，如图 20.18 所示。

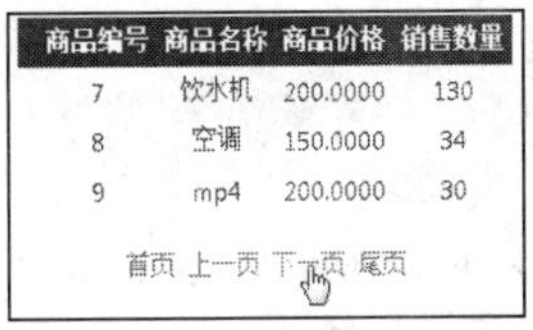

图 20.18 使用 LINQ 进行分页

程序实现的主要步骤如下。

（1）创建 Web 窗体，命名为 Default.aspx。
（2）在 Default.aspx 页面中添加控件，主要控件的属性及用途如表 20.3 所示。

表 20.3 Default.aspx 页面主要控件及说明

控 件 类 型	控件 ID	主要属性设置	用　　途
GridView	gvGoods	无	用来显示商品信息
LinkButton	lnkbtnFirst	Font-Underline 属性为 false	用来实现跳转到首页操作
	lnkbtnUp	Font-Underline 属性为 false	用来实现跳转到上一页操作
	lnkbtnDown	Font-Underline 属性为 false	用来实现跳转到下一页操作
	lnkbtnBottom	Font-Underline 属性为 false	用来实现跳转到尾页操作

（3）建立 LINQ 数据源，连接数据库 db_22 操作数据表 Goods，具体可参见 20.3.1 节。
（4）在页面加载事件中，首先设置当前的页数，再调用自定义 bindGrid 方法来实现分页操作。代码如下：

```csharp
//创建 LINQ 对象
    LinqDBDataContext ldc = new LinqDBDataContext();
    //设置每页显示 3 行记录
    int pageSize = 3;
    protected void Page_Load(object sender, EventArgs e)
    {
        if (!IsPostBack)
        {
            //设置当前页面
            ViewState["pageIndex"] = 0;
            //调用自定义 bindGrid 方法绑定 GridView 控件
            bindGrid();
        }
    }
```

说明
在 ASP.NET 中，ViewState 是用来在往返行程之间保留页和控件属性值的默认方法。

自定义 bindGrid 方法用来实现对数据表中的数据进行分页操作，并将分页后的结果绑定到 GridView 控件上。代码如下：

```csharp
protected void bindGrid()
    {
        //获取当前页数
        int pageIndex = Convert.ToInt32(ViewState["pageIndex"]);
        //使用 LINQ 查询，并对查询的数据进行分页
        var result = (from v in ldc.Goods
                     select new
                     {
                         商品编号 = v.goodsID,
                         商品名称 = v.goodsName,
                         商品价格 = v.goodsPrice,
                         销售数量 = v.sumSell
                     }).Skip(pageSize * pageIndex).Take(pageSize);
        //设置 GridView 控件的数据源
        gvGoods.DataSource = result;
        //绑定 GridView 控件
        gvGoods.DataBind();
        lnkbtnBottom.Enabled = true;
        lnkbtnFirst.Enabled = true;
        lnkbtnUp.Enabled = true;
```

```
        lnkbtnDown.Enabled = true;
        //判断是否为第一页,如果为第一页,则隐藏"首页"和"上一页"超链接
        if (Convert.ToInt32(ViewState["pageIndex"])==0)
        {
            lnkbtnFirst.Enabled = false;
            lnkbtnUp.Enabled = false;
        }
        //判断是否为最后一页,如果为最后一页,则隐藏"尾页"和"下一页"超链接
        if (Convert.ToInt32(ViewState["pageIndex"]) == getCount()-1)
        {
            lnkbtnBottom.Enabled=false;
            lnkbtnDown.Enabled = false;
        }
    }
```

> **注意**
>
> 在 LINQ 的 select 子句中,可以通过映射重新定义字段名称。

（5）自定义 getCount 方法,该方法用来计算表中的数据一共可以分为多少页。在该方法中首先将获取总数据行数,然后通过总数据行数除以每页显示的行数获取可分的页数,再计算出总数据行数对每页显示的行数求余,如果求余大于 0 将获取 1;否则获取 0。最后将两个数相加并返回。代码如下:

```
protected int getCount()
    {
        //设置总数据行数
        int sum=ldc.Goods.Count();
        //获取可分的页数
        int s1 = sum / pageSize;
        //总行数对页数求余后是否大于 0,如果大于 0 将获取 1,否则获取 0
        int s2=sum%pageSize>0?1:0;
        //计算出总页数
        int count=s1+s2;
        return count;
    }
```

（6）在"首页"、"上一页"、"下一页"、"尾页"超链接的单击事件中,通过设置当前的页数来控制所要跳转到的页数。设置当前的页数后再调用自定义 bindGrid 方法,来重新获取查询的结果。代码如下:

```
protected void lnkbtnFirst_Click(object sender, EventArgs e)
    {
        //设置当前页面为首页
        ViewState["pageIndex"] = 0;
        //调用自定义 bindGrid 方法绑定 GridView 控件
        bindGrid();
    }
```

```csharp
protected void lnkbtnUp_Click(object sender, EventArgs e)
{
    //设置当前页数为当前页数减 1
    ViewState["pageIndex"] = Convert.ToInt32(ViewState["pageIndex"]) - 1;
    //调用自定义 bindGrid 方法绑定 GridView 控件
    bindGrid();
}
protected void lnkbtnDown_Click(object sender, EventArgs e)
{
    //设置当前页数为当前页数加 1
    ViewState["pageIndex"] = Convert.ToInt32(ViewState["pageIndex"]) + 1;
    //调用自定义 bindGrid 方法绑定 GridView 控件
    bindGrid();
}
protected void lnkbtnBottom_Click(object sender, EventArgs e)
{
    //设置当前页数为总页数减 1
    ViewState["pageIndex"] =getCount()-1 ;
    //调用自定义 bindGrid 方法绑定 GridView 控件
    bindGrid();
}
```

说明

当前页码是记录在 ViewState["pageIndex"] 中的。

第21章

安全策略

（ 视频讲解：20分钟）

在默认情况下，大多数网站都允许匿名访问，Internet上的任何用户都可以进入网站并查看网站中的信息。但是如果想创建一个只对已注册会员开放的网站，则可以通过设置Web安全性来限制用户的访问权限。

正确辨别用户身份并严格控制用户对资源的访问，是Web应用程序安全性中最重要也是最基本的一环。安全机制提供了两项主要功能，即验证和授权。

21.1 验证

Web 安全处理的第一步便是验证（Authentication），即验证请求信息的用户的身份，用户使用其证件来表明身份。证件的种类繁多，最常用的是用户名和密码。验证能够辨别用户身份是否真实，如果证件有效，则用户将被允许进入系统，并被赋予一个合法的已知身份（Identity）。如银行系统的工作人员必须进行刷卡，验证身份后方可进入银行工作室。

ASP.NET 验证是通过验证提供程序（Authentication Provider）来实现的，此提供程序通过 Web.config 配置文件使用<authentication>进行控制。其基本的语法如下：

```
<configuration>
    <system.web>
        <authentication mode="Windows/Forms/Passport" />
    </system.web>
</configuration>
```

ASP.NET 提供了 3 种验证用户的模式，每一种验证方法都是通过一个独立的验证提供程序来实现的。3 种验证模式分别为 Windows、Forms 和 Passport。Windows 验证是通过 IIS 实现的；Forms 验证是在开发人员自己的服务器上实现的；Passport 验证则是通过 Microsoft 公司的订阅服务实现的。

21.1.1 Windows 验证

在 Windows 身份验证模式下，ASP.NET 依靠 IIS 对用户进行身份验证，并创建 Windows 访问令牌来表示经过身份验证的标识。IIS 提供下列身份验证机制。

1. 基本身份验证

基本身份验证要求用户以用户名和密码的形式提供证书以证明其标识，它是基于 RFC 2617 提出的 Internet 标准。Netscape Navigator 和 Microsoft Internet Explorer 都支持基本身份验证。用户证书以不加密的 Base64 编码格式从浏览器传送到 Web 服务器。由于 Web 服务器得到的用户证书是不加密格式，因此 Web 服务器可以使用用户证书发出远程调用。

> **注意**
> 基本身份验证只应与安全信道（通常是使用 SSL 建立的）一起使用，否则，用户名和密码很容易被网络监视软件窃取。如果使用基本身份验证，应在所有页（而不仅仅是登录页）上使用 SSL（安全套接字层），因为在发出所有后续请求时都传递证书。

进行基本身份验证的流程如下：

（1）客户向服务器请求被限制的资源。

（2）Web 服务器以 401 Unauthoried 进行响应。

（3）客户端浏览器接收到这条信息后，要求用户输入证件，通常是用户名和密码。

（4）Web 服务器使用这些用户证件来访问服务器上的资源。

（5）如果验证失败，用户证件无效，则返回步骤（2），重新以 401 Unauthoried 响应；如果验证成功，则客户浏览器通过身份验证，可以访问资源。

使用基本身份验证方法来确保某些资源的安全，可以按照下列步骤来操作。

（1）在"控制面板"窗口中打开"管理工具"窗口，选择"Internet 信息服务（IIS）"选项。在打开的窗口中展开节点。在"默认网站"节点下，选择一个要确保其安全的目录，右击该目录（该目录为"默认网站"节点下的虚拟目录），从弹出的快捷菜单中选择"属性"命令，如图 21.1 所示。

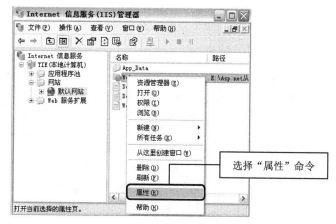

图 21.1　访问要确保安全的目录属性

（2）打开"Web 属性"对话框，选择"目录安全性"选项卡，如图 21.2 所示。单击"身份验证和访问控制"栏中的"编辑"按钮。

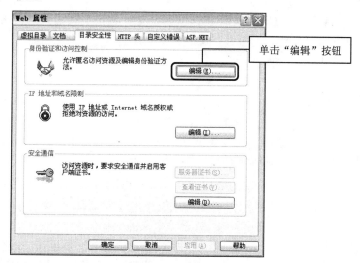

图 21.2　编辑目录安全性

（3）打开如图 21.3 所示的"身份验证方法"对话框，取消选中"启用匿名访问"复选框，用户必须通过验证才能访问该目录，然后选中"基本身份验证"复选框。

（4）单击"确定"按钮，结束身份验证的设置。然后打开浏览器窗口，在地址栏中输入 URL，访问刚刚设置安全性的资源，将看到如图 21.4 所示的对话框，要求用户输入证件信息。

图 21.3　设置验证属性

图 21.4　要求用户输入证件信息

（5）输入 Windows 操作系统某个用户账户对应的证件，如登录计算机时使用的用户名和密码。IIS 将这些证件数据信息与 Windows 操作系统的用户列表进行比较，从而决定允许或拒绝该请求。如果验证成功，则将批准用户对资源的请求，网页会正常显示；如果验证失败，则将一直弹出如图 21.4 所示的对话框，要求用户输入正确的证件。

2．摘要式身份验证

与 IIS 5.0 一起推出的摘要式身份验证与基本身份验证类似，但它从浏览器向 Web 服务器传送用户证书时采用 MD5 哈希算法加密，因此该身份验证更安全，不过它要求使用 Internet Explorer 5.0 或更高版本的客户端浏览器以及特定的服务器配置。

摘要式身份验证的流程如下：

（1）用户向服务器请求被限制的资源。

（2）Web 服务器将发送一个验证请求，它使用 401 Unauthoried 进行响应。

（3）客户端浏览器在接收到该响应后，弹出对话框来询问用户的证件资料。当用户输入证件资料后，浏览器会在提供的数据中加入一些唯一性的信息并对其进行加密。这些唯一性的数据可确保以后任何人都无法通过复制这些加密后的信息来访问服务器。

（4）客户端浏览器将加密后的证件以及未经加密的唯一性信息发送给服务器。

（5）Web 服务器使用未经加密的唯一性信息来对 Windows 操作系统用户列表中的用户证件进行加密，然后逐一比较加密后的证件与浏览器发送来的数据。

（6）如果证件无效（即加密后的证件与浏览器发送来的数据无一相同），则回到步骤（2）继续请求用户证件资料；如果证件通过了身份验证，浏览器可以访问请求的资源。

要启用摘要式身份验证，可以在如图 21.3 所示的"身份验证方法"对话框中选中"Windows 域服务器的摘要式身份验证"复选框。如果服务器没有连接到某个域中，则该选项不可用。

> **注意**
> 使用摘要式验证时，在"身份验证方法"对话框中要确保"启用匿名访问"复选框没有被选中。

3．集成的 Windows 身份验证

进行集成 Windows 身份验证时，将不会要求用户输入证件，相反，当浏览器连接到服务器后，需将加密后的、用户登录计算机时使用的用户名和密码信息发送给服务器。服务器将对这些信息进行检查，以确定用户是否有权访问。验证过程对用户是不可见的。

要启用集成的 Windows 身份验证，可以在如图 21.3 所示的"身份验证方法"对话框中选中"集成 Windows 身份验证"复选框。

> **注意**
> 只有当服务器和客户端机器都使用 Windows 操作系统时，集成的 Windows 身份验证才有效。如果选择了多种验证方法，则最严格的方法将优先，如 Windows 验证方法将覆盖匿名访问。

4．证书身份验证

证书身份验证使用客户端证书明确地识别用户。客户端证书由用户的浏览器（或客户端应用程序）传递到 Web 服务器（如果是 Web 服务，则由 Web 服务客户端通过 HttpWebRequest 对象的 ClientCertificates 属性传递证书），Web 服务器从证书中提取用户标识。该方法依赖于用户计算机上安装的客户端证书，所以它一般在 Intranet 或 Extranet 方案中使用，因为用户熟悉并能控制 Intranet 和 Extranet 中的用户群。IIS 在收到客户端证书后，可以将证书映射到 Windows 账户。

5．匿名身份验证

如果不需要对客户端进行身份验证（或者用户实施自定义的身份验证方案），则可以配置 IIS 进行匿名身份验证。在这种情况下，Web 服务器创建 Windows 访问令牌来表示使用同一个匿名（或 guest）账户的所有匿名用户。默认匿名账户是 IUSR_MACHINENAME，其中，MACHINENAME 是在安装时为计算机指定的 NetBIOS 名称。

21.1.2 Forms 验证

在 ASP.NET 中，可以选择由 ASP.NET 应用程序通过窗体验证（Form authentication）进行身份验证，而不是通过 IIS。窗体验证是 ASP.NET 验证服务，它能够让应用程序拥有自己的登录界面，当用户试图访问被限制的资源时便会重定向到该登录界面，而不是弹出登录对话框。在登录页面中，可以自行编写代码来验证用户的证件资料。

1．安全处理流程

如果在 ASP.NET 中采用窗体验证模式，则其安全处理流程如图 21.5 所示。

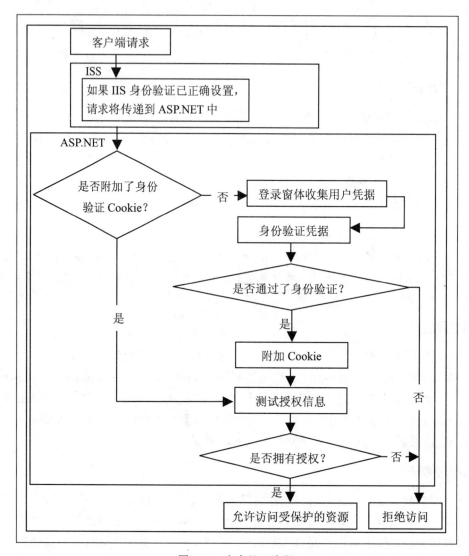

图 21.5 安全处理流程

安全处理流程的说明如下：

（1）客户端向站点请求被保护的页面。

（2）服务器接收请求，如果请求没有包含有效的验证 Cookie，Web 服务器把用户重定向到在 Web.config 文件中 authentication 元素的 loginURL 属性指定的 URL，该 URL 包含一个供用户登录的页面。

（3）用户在登录界面中输入用户证件资料，并且提交窗体。如果证件有效，则 ASP.NET 将在客户端创建一个验证 Cookie。验证 Cookie 被设置后，以后的请求都将自动验证，直到用户关闭浏览器为止，也可以将 Cookie 设置为永不过期，这样用户将总是能通过验证。

（4）通过验证后，便检查用户是否有访问所请求资源的权限，如果允许访问，则将该用户重新定向至所请求的网页。

2．验证用户证件资料

在登录界面的提交按钮的 Click 事件处理程序中，可以对用户输入的证件资料进行检查，从而判断证件资料是否正确，也就是身份验证的过程。根据正确证件资料存放位置的不同，可以将验证方式划分为以下 3 种，即在代码中直接验证、利用数据库实现验证和利用配置文件实现验证。

1）在代码中直接验证

开发人员可以将正确的用户证件资料直接写入代码中，然后与用户输入的证件资料一一对比，从而判断用户证件资料是否正确。下面通过一个典型的示例来说明如何在代码中直接验证。

【例 21.1】 在代码中直接验证。（**示例位置：光盘\mr\sl\21\01**）

执行程序并输入用户名和密码，示例运行结果如图 21.6 所示，当单击"登录"按钮时，首先判断用户输入的信息是否与代码中的资料相符。如果相符则跳转到另一页，如图 21.7 所示；否则，将会弹出消息对话框，提示用户重新输入，如图 21.8 所示。

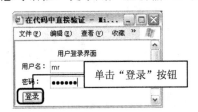
图 21.6　示例运行结果

图 21.7　合法用户登录

图 21.8　非法用户登录

程序实现的主要步骤为：

（1）新建一个网站，默认主页为 Default.aspx，在 Default.aspx 页面上添加两个 TextBox 控件和一个 Button 控件，分别用于输入用户名、密码及执行登录操作。

（2）在该网站中再创建一个 Default2.aspx 页，当用户输入正确的信息时，跳转到该页。

（3）在 Web.config 文件中，将其配置为使用基本窗体身份验证。首先将<authentication>节设置为 Forms 模式，并在<authentication>节下的<forms>节中配置要使用的 Cookie 名称和登录页的 URL；然后在<authorization>节下的<deny>节中设置为拒绝匿名用户访问资源。主要代码如下：

```
<configuration>
    <system.web>
        <authentication mode="Forms">
            <!--设置验证属性-->
            <forms name="AuthCookie" loginUrl="Default.aspx"/>
        </authentication>
        <authorization>
            <!--设置资源为受保护，匿名不允许访问-->
            <deny users="?"/>
        </authorization>
    </system.web>
</configuration>
```

（4）在 Default.aspx 页中，需要在"登录"按钮的 Click 事件下编写代码对用户证件进行验证。首先将正确的用户证件资料直接写入代码中，用来进行身份验证。当用户身份验证成功时，会调用 FormsAuthentication 对象的 SetAuthCookie 方法来创建存储用户证件资料的 Cookie。其中，SetAuthCookie

方法的第 1 个参数为用户名，第 2 个参数指定用户关闭该浏览器后是否保留 Cookie，如果为 true，则当用户再次启动浏览器来访问该站点上受保护的网页资源时，可以使用 Cookie 中保留的证件资料直接自动登录。"登录"按钮的 Click 事件代码如下：

```
protected void btnLogin_Click(object sender, EventArgs e)
    {
        //逐一比较，判断用户输入的信息是否与代码中的用户信息相同
        if ((txtUserName.Text == "mr" && txtUserPwd.Text == "mrsoft") || (txtUserName.Text == "明日" && txtUserPwd.Text == "明日软件"))
        {
            FormsAuthentication.SetAuthCookie(txtUserName.Text, false);
            Response.Redirect("Default2.aspx");
        }
        else
        {
            Response.Write("<script>alert('您的输入有误，请核对后重新登录！')</script>");
        }
    }
```

2）利用数据库实现验证

在代码中直接对比用户验证的证件资料，不仅麻烦而且缺乏弹性，代码也难以维护。一般情况下，都需要在数据库中存储用户的用户名和密码。例如，修改例 21.1 中的"登录"按钮的 Click 事件，对用户输入的密码做散列变换，并与数据库中的用户密码（数据库中存放的密码已做散列变换）进行对比，从而判断验证是否通过。代码如下：

```
protected void btnLogin_Click(object sender, EventArgs e)
    {
        //确保用户输入必要的信息
        if (txtUserName.Text == "" || txtUserPwd.Text == "")
        {
            Response.Write("<script>alert('请输入必要的信息！')</script>");
        }
        else
        {
            //获取数据库中的用户密码（在数据库中存储的用户密码已进行了 SHA1 加密）
            string strSql = "select userPwd from tb_UserInfo where userName='"+txtUserName.Text.Trim()+"'";
            SqlConnection myConn = new SqlConnection("server=TIE\\SQLEXPRESS;database=db_15;UId=sa;password=''");
            myConn.Open();
            SqlDataReader rd = new SqlCommand(strSql, myConn).ExecuteReader();
            if (rd.Read())
            {
                //对用户输入的密码进行 SHA1 加密
                string hashed = FormsAuthentication.HashPasswordForStoringInConfigFile(txtUserPwd.Text, "SHA1");
                //判断用户密码是否存在
                if (hashed == rd["userPwd"].ToString())
```

```
            {
                //如果存在，创建存储用户证件资料的 Cookie，并跳转到 Default2.aspx 页
                FormsAuthentication.SetAuthCookie(txtUserName.Text, false);
                Response.Redirect("Default2.aspx");
            }
            else
            {
                Response.Write("<script>alert('密码输入有误，请核对后重新登录！')</script>");
            }
        }
        else
        {
            Response.Write("<script>alert('该用户不存在！')</script>");
        }
        rd.Dispose();
        myConn.Close();
    }
}
```

> **说明**
>
> 如果将用户名和密码保存到数据库中，可以考虑加密密码，这样密码就不会以明文出现在数据库的字段中，从而确保其安全性。在.NET 的 Forms 验证中使用 FormsAuthentication 类的一个静态方法 HashPasswordForStoringInConfigFile 将明文密码转换为一串毫无意义的字符串。HashPasswordForStoringInConfigFile 方法的声明如下：
>
> ```
> public static string HashPasswordForStoringInConfigFile (
>     string password,
>     string passwordFormat
> )
> ```
>
> 参数说明如下。
> - ☑ password：要使用哈希运算的密码。
> - ☑ passwordFormat：要使用的哈希算法。passwordFormat 是一个 String，表示 FormsAuthPasswordFormat 的枚举值之一。

FormsAuthPasswordFormat 的枚举值如表 21.1 所示。

表 21.1 FormsAuthPasswordFormat 的枚举值

成 员 名 称	说　　明
Clear	指定不加密密码
MD5	指定使用 MD5 哈希算法加密密码
SHA1	指定使用 SHA1 哈希算法加密密码

passwordFormat 支持 SHA1 和 MD5 两种散列算法，如下面的代码：

```
string hashed = FormsAuthentication.HashPasswordForStoringInConfigFile("mrsoft", "SHA1");
```

字符串 mrsoft 经过 SHA1 散列变换之后，值等于如下字符串：

42AD2A83B8C3FCA8F47E4E7D523609D6931CBE06

3）利用配置文件实现验证

在配置文件中，使用<forms>子元素的<credentials>项来定义用户名和密码。当用户登录时，单击"登录"按钮，在"登录"按钮的 Click 事件处理程序中调用 FormsAuthentication.Authenticate 方法，系统便会自动将用户输入的证件资料与<credentials>项中的用户名与密码相比较，如果相符，则通过验证。

例如，下面通过对例 21.1 中的 Web.config 文件中的配置和"登录"按钮的 Click 事件做相应的修改，完成利用配置文件实现验证功能。

（1）通过配置文件来实现验证时，需要对例 21.1 中的 Web.config 配置文件作如下设置：

```
<configuration>
    <system.web>
        <authentication mode="Forms">
            <!--设置验证属性-->
        <forms name="AuthCookie" loginUrl="Default.aspx">
            <credentials passwordFormat ="SHA1">
                <user name ="mr" password ="42AD2A83B8C3FCA8F47E4E7D523609D6931CBE06"/>
            </credentials>
        </forms>
        </authentication>
        <authorization>
                <!--设置资源为受保护，匿名不允许访问-->
                <deny users="?"/>
        </authorization>
    </system.web>
</configuration>
```

说明

① <credentials>配置中包含验证 ASP.NET 用户的有效身份信息。passwordFormat 指定了客户端浏览器在发送证件资料给服务器时采用的加密方法，该属性有 Clear（密码存储在明文中）、SHA1（密码以 SHA1 摘要形式存储）和 MD5（密码以 MD5 摘要形式存储）3 种取值。

② 在<credentials>标记中可以利用<user>元素来加入有效用户证件资料，它包含 name 和 password 两个属性，分别用于指定有效的用户名和密码，这里可以包含任意数目的<user>元素。

（2）对例 21.1 中的"登录"按钮的 Click 事件代码进行修改。代码如下：

```
protected void btnLogin_Click(object sender, EventArgs e)
    {
        if(FormsAuthentication.Authenticate(txtUserName.Text,txtUserPwd.Text))
        {
            //如果存在，创建存储用户证件资料的 Cookie，并跳转到 Default2.aspx 页
            FormsAuthentication.SetAuthCookie(txtUserName.Text, false);
```

```
                Response.Redirect("Default2.aspx");
        }
        else
        {
                Response.Write("<script>alert('该用户不存在！')</script>");
        }
}
```

> **说明**
> 程序中调用 FormsAuthentication 对象的 Authenticate 方法，系统便会自动将用户输入的证件资料与<credentials>项中的用户名与密码相比较，如果用户提供的证件资料与<credentials>中的任何一个<user>元素匹配，则 Authenticate 方法返回 true，通过验证。

3．使用 FormsAuthentication 类

使用 FormsAuthentication 类提供的一些静态方法，可以操纵身份验证凭证和执行基本的身份验证操作。其常用的方法及说明如表 21.2 所示。

表 21.2　FormsAuthentication 类常用的方法及说明

名称	说明
Authenticate	对照存储在应用程序配置文件中的凭据来验证用户名和密码
GetAuthCookie	为给定的用户名创建身份验证 Cookie
GetRedirectUrl	返回重定向到登录页的原始请求的 URL
HashPasswordForStoringInConfigFile	根据指定的密码和哈希算法生成一个适合于存储在配置文件中的哈希密码
RedirectFromLoginPage	将经过身份验证的用户重定向回最初请求的 URL 或默认 URL
SetAuthCookie	为提供的用户名创建一个身份验证票证，并将其添加到响应的 Cookie 集合或 URL
SignOut	从浏览器删除 Forms 身份验证票证

前面已经介绍了 Authenticate、SetAuthCookie 和 HashPasswordForStoringInConfigFile 方法，下面将详细介绍其他几个常用的方法。

（1）RedirectFromLoginPage 方法

RedirectFromLoginPage 方法是将经过身份验证的用户重定向回最初请求的 URL 或默认 URL，其语法结构有以下两种。

语法一：

```
public static void RedirectFromLoginPage (
    string userName,
    bool createPersistentCookie
)
```

参数说明如下。

- ☑ userName：经过身份验证的用户名。
- ☑ createPersistentCookie：若要创建持久 Cookie（跨浏览器会话保存的 Cookie），则为 true；否

则为 false。

语法二：

```
public static void RedirectFromLoginPage (
    string userName,
    bool createPersistentCookie,
    string strCookiePath
)
```

参数说明如下。

- ☑ userName：经过身份验证的用户名。
- ☑ createPersistentCookie：若要创建持久 Cookie（跨浏览器会话保存的 Cookie），则为 true；否则为 false。
- ☑ strCookiePath：Forms 身份验证票证的 Cookie 路径。

例如，在"登录"按钮的 Click 事件中，使用 FormsAuthentication 类的 RedirectFromLoginPage 方法将经过身份验证的用户重定向回最初请求的网页，代码如下：

```
protected void btnLogin_Click(object sender, EventArgs e)
{
    if(FormsAuthentication.Authenticate(txtUserName.Text,txtUserPwd.Text))
    {
        //如果用户身份有效，则创建存储证件的 Cookie，并重定向至最初请求的网页
        FormsAuthentication.RedirectFromLoginPage(txtUserName.Text, false);
    }
    else
    {
        Response.Write("<script>alert('该用户不存在！')</script>");
    }
}
```

（2）GetRedirectUrl 方法

GetRedirectUrl 方法是将用户重定向至原来请求的网页，它允许在建立验证 Cookie 后执行其他功能。其语法结构如下：

```
public static string GetRedirectUrl (
    string userName,
    bool createPersistentCookie
)
```

参数说明如下。

- ☑ userName：经过身份验证的用户名。
- ☑ createPersistentCookie：若要创建持久 Cookie（跨浏览器会话保存的 Cookie），则为 true；否则为 false。

例如，在"登录"按钮的 Click 事件下，使用 FormsAuthentication 类的 GetRedirectUrl 方法取得原来请求的 URL，在执行完其他操作后，使用 Response.Redirect 方法重定向网页。代码如下：

```
protected void btnLogin_Click(object sender, EventArgs e)
```

```
{
    //如果用户身份有效，则创建存储证件的 Cookie
    if(FormsAuthentication.Authenticate(txtUserName.Text,txtUserPwd.Text))
    {
        //获取原先的 URL
        string redirectURL = FormsAuthentication.GetRedirectUrl(txtUserName.Text, false);
        //执行其他操作
            …
        //重定向网页
        Response.Redirect(redirectURL);
    }
    else
    {
        Response.Write("<script>alert('该用户不存在！')</script>");
    }
}
```

> **注意**
> 在应用程序代码中执行重定向时应使用 GetRedirectUrl 方法，而不是使用 RedirectFromLoginPage 方法。

（3）GetAuthCookie 方法

GetAuthCookie 方法为给定的用户名创建身份验证 Cookie，其语法结构有以下两种。

语法一：

```
public static HttpCookie GetAuthCookie (
    string userName,
    bool createPersistentCookie
)
```

参数说明如下。

- ☑ userName：经过身份验证的用户名。
- ☑ createPersistentCookie：若要创建持久 Cookie（跨浏览器会话保存的 Cookie），则为 true；否则为 false。

语法二：

```
public static HttpCookie GetAuthCookie (
    string userName,
    bool createPersistentCookie,
    string strCookiePath
)
```

参数说明如下。

- ☑ userName：经过身份验证的用户名。
- ☑ createPersistentCookie：若要创建持久 Cookie（跨浏览器会话保存的 Cookie），则为 true；否则为 false。

☑ strCookiePath：Forms 身份验证票证的 Cookie 路径。

例如，在"登录"按钮的 Click 事件下，使用 FormsAuthentication 类的 GetAuthCookie 方法创建一个 HttpCookie 对象，设置其相关属性并保存到客户端中。代码如下：

```
protected void btnLogin_Click(object sender, EventArgs e)
{
    //如果用户身份有效，则创建存储证件的 Cookie
    if(FormsAuthentication.Authenticate(txtUserName.Text,txtUserPwd.Text))
    {
        //获取原先的 URL
        string redirectURL = FormsAuthentication.GetRedirectUrl(txtUserName.Text, false);
        //创建 Cookie
        HttpCookie myCookie = FormsAuthentication.GetAuthCookie(txtUserName.Text, false);
        //设置 Cookie 的有效期为当前系统时间加上 24 个小时
        myCookie.Equals = DateTime.Now.AddDays(1);
        //将 Cookie 保存到客户端
        Response.Cookies.Add(myCookie);
        //重定向网页
        Response.Redirect(redirectURL);
    }
    else
    {
        Response.Write("<script>alert('该用户不存在！')</script>");
    }
}
```

（4）SignOut 方法

SignOut 方法用于将用户注销。SignOut 方法会删除验证 Cookie，并且在客户端浏览器再次访问受保护的资源时强制其再次登录。SignOut 方法的语法结构如下：

```
public static void SignOut ()
```

例如，在"注销"按钮的 Click 事件下添加如下代码，将用户注销。

```
protected void btnOut_Click(object sender, EventArgs e)
{
    FormsAuthentication.SignOut();
}
```

21.1.3 Passport 验证

Passport 验证是 Microsoft 公司提供的一种集中式验证服务，其工作原理与窗体验证类似，都是在客户端创建验证 Cookie，用于授权。使用 Passport 验证时，用户将被重定向至 Passport 登录网页，该页面提供了一个非常简单的窗体让用户填写验证资料，该窗体将通过 Microsoft 公司的 Passport 服务来检查用户的证件，以确定用户的身份是否有效。

> **说明**
> 使用 Passport 验证服务必须下载 Passport 软件开发的工具包 SDK，并配置相应的应用程序，而且必须是 Microsoft 公司的 Passport 服务的成员才能使用该服务。

21.2 授　　权

ASP.NET 开发的 Web 应用程序的安全性主要依赖验证和授权（Authorization）两项功能。正如前面所介绍的，验证指的是根据用户的验证信息识别其身份，而授权旨在确定通过验证的用户可以访问哪些资源。ASP.NET 提供了两种授权方式：文件授权（File Authorization）和 URL 授权。

- ☑ 文件授权由 FileAuthorizationModule 类（验证远程用户是否具有访问所请求文件的权限）执行。它通过检查.aspx 或.asmx 处理程序文件的访问控制列表（ACL），来确定用户是否具有对文件的访问权限。
- ☑ URL 授权由 UrlAuthorizationModule 类（验证用户是否具有访问所请求 URL 的权限）执行，它将用户和角色映射到 ASP.NET 应用程序的 URL 中。

下面将主要介绍 URL 授权。

URL 授权可以显式允许或拒绝某个用户名或角色对特定目录的访问权限。要启用 URL 授权，必须在 Web.config 配置文件中设置<authorization>配置节，其使用语法如下：

```
<authorization>
  <allow   users="逗号分割的用户列表"
     roles="逗号分割的角色列表"
     verbs="逗号分割的 HTTP 请求列表"/>
<deny   users="逗号分割的用户列表"
     roles="逗号分割的角色列表"
     verbs="逗号分割的 HTTP 请求列表"/>
</authorization>
```

allow 和 deny 元素分别用于授予访问权限和撤销访问权限。每个元素都支持表 21.3 所示的属性。

表 21.3　allow 和 deny 元素的属性

属　性	说　　　明
users	标识此元素的目标身份（用户账户）。用问号（?）标识匿名用户，用星号（*）指定所有经过身份验证的用户
roles	为被允许或被拒绝访问资源的当前请求标识一个角色（RolePrincipal 对象）
verbs	定义操作所要应用到的 HTTP 谓词，如 GET、HEAD 和 POST。默认值为"*"，它指定了所有谓词

例如，允许 Admins 角色的 Kim 用户访问页面，对 John 标识（除非 Admins 角色中包含 John 标识）和所有匿名用户拒绝访问，代码如下：

```
<authorization>
```

```
    <allow users="Kim"/>
    <allow roles="Admins"/>
    <deny users="John"/>
    <deny users="?"/>
</authorization>
```

可以使用逗号分隔的列表定义多个用户被授权或禁止，代码如下：

```
<authorization>
    <allow users="Kim,Sun"/>
</authorization>
```

下面的代码允许所有用户对某个资源执行 HTTP GET 操作，但是只允许 Kim 标识执行 POST 操作。

```
<authorization>
    <allow verbs="GET" users="*"/>
    <allow verbs="POST" users="Kim"/>
    <deny verbs="POST" users="*"/>
</authorization>
```

第22章

ASP.NET 网站发布

（ 视频讲解：10分钟 ）

　　网站发布是指将开发完成的网站发布到 Web 服务器上，以让用户浏览。由于开发网站的最终目的就是为了让更多的人可以通过互联网浏览，因此，网站发布也就成了一个非常重要的环节。本章将详细介绍如何使用 Visual Studio 2010 自带的工具对网站进行发布。

22.1 使用 IIS 浏览 ASP.NET 网站

使用 IIS 浏览 ASP.NET 网站的步骤如下：

（1）依次选择"控制面板"/"系统和安全"/"管理工具"/"Internet 信息服务（IIS）管理器"选项，弹出"Internet 信息服务（IIS）管理器"窗口，如图 22.1 所示。

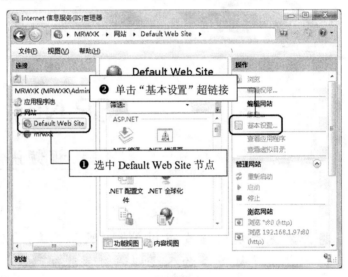

图 22.1 "Internet 信息服务（IIS）管理器"窗口

（2）展开网站节点，选中 Default Web Site 节点，在右侧"属性"列表中单击"基本设置"超链接，弹出"编辑网站"对话框，如图 22.2 所示。

（3）单击"…"按钮，选择网站文件夹所在路径；单击"选择"按钮，弹出"选择应用程序池"对话框，如图 22.3 所示，在该对话框中选择 DefaultAppPool 选项，单击"确定"按钮，返回"编辑网站"对话框，再单击"确定"按钮，即可完成网站路径的选择。

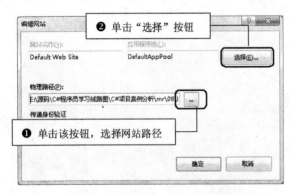

图 22.2 "编辑网站"对话框　　　　　图 22.3 "选择应用程序池"对话框

第22章 ASP.NET 网站发布

> **注意**
> 使用 IIS 浏览 ASP.NET 网站时，首先需要保证 .NET Framework 框架已经安装并配置到 IIS 上，如果没有安装，则需要在"开始"菜单中打开"Visual Studio 命令提示（2010）"工具，然后在其中执行系统目录中的 Windows\Microsoft.NET\Framework\v4.0.30319 文件夹下的 aspnet_regiis.exe 文件，执行方法如图 22.4 所示。

图 22.4 将 .NET Framework 框架安装到 IIS 上

（4）在"Internet 信息服务（IIS）管理器"窗口中单击"内容视图"按钮，切换到"内容视图"页面，如图 22.5 所示，在该页面中间的列表中选中要浏览的 ASP.NET 网页（例如，这里选择 Login.aspx），单击右键，在弹出的快捷菜单中选择"浏览"命令，即可浏览选中的 ASP.NET 网页。

图 22.5 "内容视图"页面

22.2 使用"发布网站"功能发布 ASP.NET 网站

使用"发布网站"功能发布 ASP.NET 网站的步骤如下：
（1）在 Visual Studio 2010 开发环境的"解决方案资源管理器"面板中选中当前网站，单击右键，在弹出的快捷菜单中选择"发布网站"命令，如图 22.6 所示。

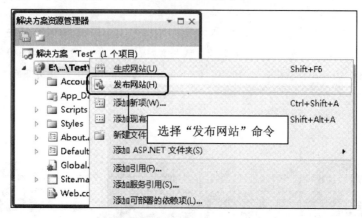

图 22.6　选择"发布网站"命令

（2）弹出如图 22.7 所示的"发布网站"对话框，可以在该对话框中选择网站发布的目标位置等信息。

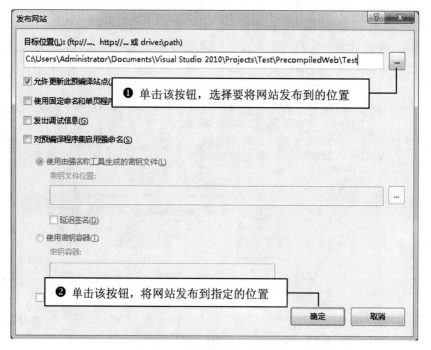

图 22.7　"发布网站"对话框

（3）单击"…"按钮，弹出如图22.8所示的"发布网站—文件系统"对话框，该对话框中提供了4个网站发布的目标位置，分别是"文件系统"、"本地 IIS"、"FTP 站点"和"远程站点"，默认为"文件系统"。

（4）选择"本地 IIS"选项，切换到"发布网站—本地 Internet Information Server"对话框，如图 22.9 所示，可以在该对话框中选择要发布到的本地 IIS 站点。

第 22 章 ASP.NET 网站发布

图 22.8 "发布网站—文件系统"对话框

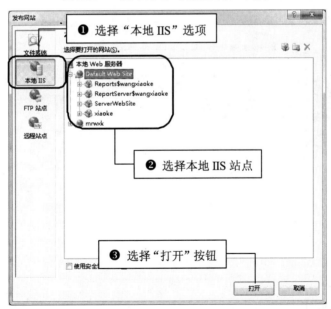

图 22.9 "发布网站—本地 Internet Information Server"对话框

（5）选择"FTP 站点"选项，切换到"发布网站—FTP 站点"对话框，如图 22.10 所示，可以在该对话框中选择要发布到的 FTP 站点。

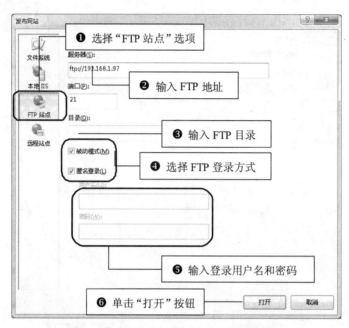

图 22.10 "发布网站—FTP 站点"对话框

（6）选择"远程站点"选项，切换到"发布网站—远程站点"对话框，如图 22.11 所示，可以在该对话框中选择要发布到的远程 Internet 站点。

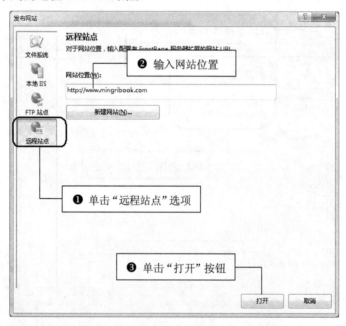

图 22.11 "发布网站—远程站点"对话框

（7）选择完网站发布的位置后，单击"打开"按钮，返回如图 22.7 所示的"发布网站"对话框，单击"确定"按钮，即可将 ASP.NET 网站发布到指定的位置，发布完成的 ASP.NET 网站文件如图 22.12 所示。

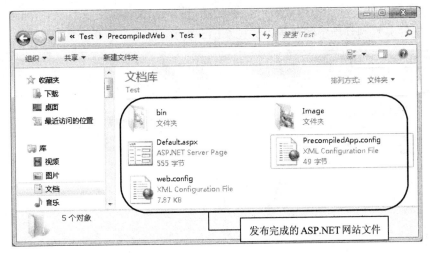

图 22.12　发布完成的 ASP.NET 网站文件

22.3　使用"复制网站"功能发布 ASP.NET 网站

使用"复制网站"功能发布 ASP.NET 网站的步骤如下：

（1）在 Visual Studio 2010 开发环境的"解决方案资源管理器"面板中选中当前网站，单击右键，在弹出的快捷菜单中选择"复制网站"命令，如图 22.13 所示。

图 22.13　选择"复制网站"命令

（2）在 Visual Studio 2010 开发环境中出现如图 22.14 所示的"复制网站"选项卡，在该选项卡中单击"连接"按钮，选择要将网站复制到的位置。

> **说明**
> 单击"连接"按钮后，会出现与图 22.7 类似的对话框，读者可以参考 22.2 节中的步骤（3）～步骤（6）来设置要将网站复制到的位置。

（3）选择完要将网站复制到的位置后，选中要复制的网站文件或者文件夹，单击 按钮，将选中的网站文件或者文件夹复制到指定的位置，如图 22.15 所示。

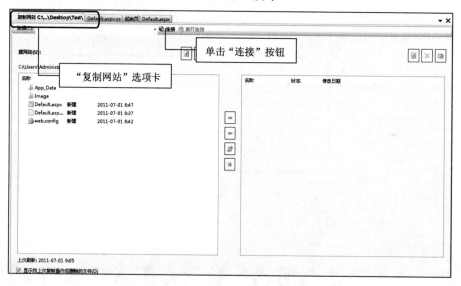

图 22.14　"复制网站"选项卡

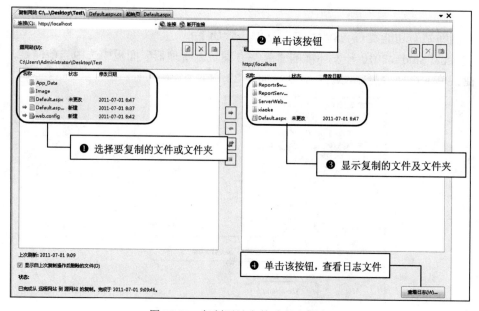

图 22.15　复制网站文件或者文件夹

> **说明**
>
> 使用"发布网站"功能发布 ASP.NET 网站时，代码文件都被编译成了 .dll 文件，保证了网站的安全性；而使用"复制网站"功能发布 ASP.NET 网站时，只是把网站文件简单复制到了指定的站点。因此，在实际发布网站时，推荐使用"发布网站"功能。

项目实战

▶▶ 第 23 章　注册及登录验证模块设计

▶▶ 第 24 章　新闻发布系统

▶▶ 第 25 章　在线投票系统

▶▶ 第 26 章　网站流量统计

▶▶ 第 27 章　文件上传与管理

▶▶ 第 28 章　购物车

▶▶ 第 29 章　Blog

▶▶ 第 30 章　BBS 论坛

▶▶ 第 31 章　B2C 电子商务网站

本篇包括注册及登录验证模块设计、新闻发布系统、在线投票系统、网站流量统计、文件上传与管理、购物车、Blog、BBS 论坛和 B2C 电子商务网站等内容，这些项目由浅入深，带领读者一步一步亲身体验开发 Web 项目的全过程。

第23章

注册及登录验证模块设计

（视频讲解：44分钟）

用户登录及管理是任何功能网站应用程序中都不可缺少的功能，是保障系统安全性的第一个环节。本章将介绍用户登录、用户管理及权限设置是如何实现的。

第 23 章 注册及登录验证模块设计

23.1 实例说明

注册及登录验证模块设计实现了一个 Web 网站中最为普遍的登录及用户管理功能。本实例实现的具体功能如下：

- ☑ 用户登录。
- ☑ 用户注册。
- ☑ 修改用户基本信息。
- ☑ 修改用户密码。
- ☑ 删除用户。
- ☑ 设置用户权限。
- ☑ 利用验证码对用户进行验证。
- ☑ 退出登录。

程序运行结果如图 23.1 所示。

图 23.1 注册及登录验证模块设计运行结果

23.2 技术要点

实现用户登录及管理时还应注意预防用户进行恶意攻击等安全问题，为了进一步保证网站的安全，还需要一些辅助手段，如加密等。下面将详细介绍本章使用的关键技术的具体实现。

23.2.1 避免 SQL 注入式攻击

SQL 注入式攻击是指攻击者将 SQL 语句传递到应用程序的过程，使程序中的 SQL 代码不按程序设计人员的预定方式运行。特别是在登录时，用户常利用 SQL 语句中的特定字符创建一个恒等条件，从而不需要任何用户名和密码就可以访问网站。

例如，如果用户的查询语句是"select* from tbUser where name='"&user&"'and password= '"&pwd&"'"，用户名为"1' or '1'='1"，则查询语句将会变成：

```
select * from admin where tbUser= 1'or'1'='1 and password='"&pwd&"'
```

这样一来查询语句就通过了，别人就可以进入程序的管理界面，所以防范时需要对用户的输入进行检查。

SQL 注入式攻击的方法有多种，为了有效地预防，可以采用以下几种方法：
- ☑ 使用存储过程传参的方式操作数据库。
- ☑ 对用户通过网址提交的变量参数进行检查，当发现 SQL 中有危险字符，如 "'"、exec 和 insert 等时，应给出警告或进行处理。
- ☑ 对用户密码进行加密。

23.2.2 图形码生成技术

为了防止攻击者编写程序重复登录破解密码，为其他用户和网站制造麻烦，越来越多的网站开始采用动态生成的图形码或附加码进行验证。因为图形验证码是攻击程序很难识别的。在生成图形验证码时主要应用到两方面的技术：一是生成随机数；二是将生成的随机数转化成图片格式并显示出来。

> **注意**
> 验证码还可以防止机器人程序重复提交数据，例如，防止不间断地填写注册信息，造成服务器负重等。

在本实例的用户登录页中就使用了图形验证码技术。在"验证码"文本框的右侧添加了一个 Image 控件，该控件中的图片由 ValidateNum.aspx 页动态生成。代码如下：

```
<asp:TextBox ID="txtValidateNum" runat="server" Width="98px"></asp:TextBox>
<asp:Image ID="Image1" runat="server" Height="22px" Width="58px" ImageUrl="~/ValidateNum.aspx" />请输入图片中验证码！
```

那么 ValidateNum.aspx 页是如何进行处理的呢？通常生成一个图形验证码主要包含以下 3 个步骤：

（1）随机产生一个长度为 N 的字符串，N 的值可由开发人员自行设置。该字符串可以包含数字、字母等。

（2）将随机生成的字符串创建成图片并显示。

（3）保存验证码。

利用 CreateRandomNum(int NumCount)方法随机生成一个长度为 NumCount 的验证字符串。为了避免生成重复的随机数，这里通过变量记录随机数结果，如果出现与上次随机数相同的数值则调用函数本身，以保证生成不同的随机数。代码如下：

```
//生成随机字符串
private string CreateRandomNum(int NumCount)
{
    string allChar = "0,1,2,3,4,5,6,7,8,9,A,B,C,D,E,F,G,H,I,J,K,L,M,N,O,P,Q,R,S,T,U,W,X,Y,Z";
    string[] allCharArray = allChar.Split(',');//拆分成数组
```

```
string randomNum = "";
int temp = -1; //记录上次随机数的数值，尽量避免产生几个相同的随机数
Random rand = new Random();
for (int i = 0; i < NumCount; i++)
{
    if (temp != -1)
    {
        rand = new Random(i * temp * ((int)DateTime.Now.Ticks));
    }
    int t = rand.Next(35);
    if (temp == t)
    {
        return CreateRandomNum(NumCount);
    }
    temp = t;
    randomNum += allCharArray[t];
}
return randomNum;
}
```

CreateImage (string validateNum)方法基于随机产生的字符串 validateNum 进一步生成图形验证码，为了进一步保证安全性，这里为图形验证码加了一些干扰色，如随机背景花纹、文字等。代码如下：

```
//生成图片
private void CreateImage(string validateNum)
{
    if (validateNum == null || validateNum.Trim() == String.Empty)
        return;
    //生成 Bitmap 图像
    System.Drawing.Bitmap image = new System.Drawing.Bitmap(validateNum.Length * 12 + 10, 22);
    Graphics g = Graphics.FromImage(image);
    try
    {
        //生成随机生成器
        Random random = new Random();
        //清空图片背景色
        g.Clear(Color.White);
        //绘制图片的背景噪音线
        for (int i = 0; i < 25; i++)
        {
            int x1 = random.Next(image.Width);
            int x2 = random.Next(image.Width);
            int y1 = random.Next(image.Height);
            int y2 = random.Next(image.Height);
            g.DrawLine(new Pen(Color.Silver), x1, y1, x2, y2);
        }
        Font font = new System.Drawing.Font("Arial", 12, (System.Drawing.FontStyle.Bold | System.Drawing.FontStyle.Italic));
        System.Drawing.Drawing2D.LinearGradientBrush brush = new
System.Drawing.Drawing2D.LinearGradientBrush(new Rectangle(0, 0, image.Width, image.Height), Color.Blue,
```

```
Color.DarkRed, 1.2f, true);
        g.DrawString(validateNum, font, brush, 2, 2);
        //绘制图片的前景噪音点
        for (int i = 0; i < 100; i++)
        {
            int x = random.Next(image.Width);
            int y = random.Next(image.Height);
            image.SetPixel(x, y, Color.FromArgb(random.Next()));
        }
        //绘制图片的边框线
        g.DrawRectangle(new Pen(Color.Silver), 0, 0, image.Width - 1, image.Height - 1);
        System.IO.MemoryStream ms = new System.IO.MemoryStream();
        //将图像保存到指定的流
        image.Save(ms, System.Drawing.Imaging.ImageFormat.Gif);
        Response.ClearContent();
        Response.ContentType = "image/Gif";
        Response.BinaryWrite(ms.ToArray());
    }
    finally
    {
        g.Dispose();
        image.Dispose();
    }
}
```

ValidateNum.aspx 页在页面加载事件 Page_Load 中，创建并显示验证码字符串的图片，最后保存验证字符串。代码如下：

```
protected void Page_Load(object sender, EventArgs e)
{
    if (!IsPostBack)
    {
        string validateNum = CreateRandomNum(4);       //生成 4 位随机字符串
        CreateImage(validateNum);                       //将生成的随机字符串绘成图片
        Session["ValidateNum"] = validateNum;           //保存验证码
    }
}
```

23.2.3 MD5 加密算法

大多数情况下，用户的密码是存储在数据库中的。如果不采取任何保密措施，以明文的形式保存密码，查找数据库的人员就可以轻松获取用户的信息。所以，为了增加安全性，对数据库进行加密是必要的。下面介绍一种加密方法——MD5 加密。

MD5 是一种用于产生数字签名的单项散列算法，它以 512 位分组来处理输入的信息，且每一分组又被划分为 16 个 32 位子分组，经过一系列处理，算法的输出由 4 个 32 位分组级联后生成一个 128

位散列值。

说明

虽然 MD5 加密是单项加密，但其结构还是可以被破解的。所以，这里首先给加密的字符串加上前缀和后缀，然后进行 MD5 加密并从字符型数组中取出指定范围的部分字符生成加密字符串。这样，攻击者就无法判断加密字符串的加密规则了。

具体的加密代码如下：

```csharp
using System.Security.Cryptography;//MD5 加密需引入的命名空间
public string GetMD5(string strPwd)
{
    //将要加密的字符串加上前缀与后缀后再加密
    string cl = DateTime.Now.Month + strPwd + DateTime.Now.Day;
    string pwd = "";
    //实例化一个 md5 对象
    MD5 md5 = MD5.Create();
    //加密后是一个字节类型的数组，这里要注意编码 UTF8/Unicode 等的选择
    byte[] s = md5.ComputeHash(Encoding.UTF8.GetBytes(cl));
    //翻转生成的 MD5 码
    s.Reverse();
    //通过使用循环，将字节类型的数组转换为字符串，此字符串是常规字符格式化所得
    //只取 MD5 码的一部分，这样恶意访问者无法知道取的是哪几位
    for (int i = 3; i < s.Length - 1; i++)
    {
        //将得到的字符串使用十六进制类型格式化。格式化后的字符是小写的字母，如果使用大写（X），则格式化后的字符是大写字母
        //进一步对生成的 MD5 码做一些改造
        pwd = pwd + (s[i] < 198 ? s[i] + 28 : s[i]).ToString("X");
    }
    return pwd;
}
```

23.3 开发过程

23.3.1 数据库设计

本实例采用 SQL Server 2005 数据库系统，在该系统中新建一个数据库，将其命名为 db_Student。创建用户信息表（tb_User），用于保存用户基本信息，表结构如表 23.1 所示。

表 23.1　用户信息表 tb_User 的结构

字 段 名 称	类　　型	是否主键	描　　述
UserID	int	是	用户编号
UserName	nvarchar		用户名
PassWord	nvarchar		密码
Email	nvarchar		电子邮箱
Role	bit		管理员权限（true 为管理员，false 为非管理员）

23.3.2　配置 Web.config

由于 Web.config 文件对于访问站点的用户来说是不可见的，也是不可访问的，所以为了系统数据的安全和易操作，可以在配置文件（Web.config）中配置一些参数。本实例将在 Web.config 文件中配置数据库连接字符串。代码如下：

```
<configuration>
    <appSettings>
    <add key="ConnectionString" value="server=LFL\MR;Uid=sa;pwd=;database=db_Student;" />
    </appSettings>
    …
</configuration>
```

23.3.3　公共类编写

在项目开发中，良好的类设计能够使系统结构更加清晰，并且可以加强代码的重用性和易维护性。在本实例中建立了一个公共类 DB.cs，用来执行各种数据库操作及公共方法。

公共类 DB.cs 中包含 5 个方法，分别为 GetCon、sqlEx、reDt、reDr 和 GetMD5 方法，它们的功能说明及设计如下。

（1）GetCon 方法

GetCon 方法主要用来连接数据库，使用 ConfigurationManager 对象的 AppSettings 属性值获取配置节中连接数据库的字符串实例化 SqlConnection 对象，并返回该对象。代码如下：

```
///<summary>
///连接数据库
///</summary>
///<returns>返回 SqlConnection 对象</returns>
public SqlConnection GetCon()
{
    return new SqlConnection(ConfigurationManager.AppSettings["ConnectionString"].ToString());
}
```

(2) sqlEx(string cmdstr)方法

sqlEx 方法主要使用 SqlCommand 对象执行数据库操作，如添加、修改、删除等，包括一个 string 字符型参数，用来接收具体执行的 SQL 语句。执行该方法后，成功则返回 1；失败则返回 0。代码如下：

```csharp
///<summary>
///执行 SQL 语句
///</summary>
///<param name="cmdstr">SQL 语句</param>
///<returns>返回值为 int 型：成功返回 1,失败返回 0</returns>
public int sqlEx(string cmdstr)
{
    SqlConnection con = GetCon();        //连接数据库
    con.Open();                          //打开连接
    SqlCommand cmd = new SqlCommand(cmdstr, con);
    try
    {
        cmd.ExecuteNonQuery();           //执行 SQL 语句并返回受影响的行数
        return 1;                        //成功返回 1
    }
    catch (Exception e)
    {
        return 0;                        //失败返回 0
    }
    finally
    {
        con.Dispose();                   //释放连接对象资源
    }
}
```

(3) reDt(string cmdstr)方法

reDt 方法通过 SQL 语句查询数据库中的数据，并将查询结果存储在 DataSet 数据集中，最终将该数据集中存储查询结果的数据表返回。该方法的详细代码如下：

```csharp
///<summary>
///执行 SQL 查询语句
///</summary>
///<param name="cmdstr">查询语句</param>
///<returns>返回 DataTable 数据表</returns>
public DataTable reDt(string cmdstr)
{
    SqlConnection con = GetCon();
    SqlDataAdapter da = new SqlDataAdapter(cmdstr, con);
    DataSet ds = new DataSet();
    da.Fill(ds);
    return (ds.Tables[0]);
}
```

注意

返回的 DataSet 对象可以作为数据绑定控件的数据源，可以对其中的数据进行编辑操作。

（4）reDr(string str)方法

reDr 方法将执行此语句的结果存储在一个 SqlDataReader 对象中，最后将这个 SqlDataReader 对象返回到调用处。代码如下：

```
///<summary>
///执行 SQL 查询语句
///</summary>
///<param name="str">查询语句</param>
///<returns>返回 SqlDataReader 对象 dr</returns>
public SqlDataReader reDr(string str)
{
    SqlConnection conn = GetCon();//连接数据库
    conn.Open();//打开连接
    SqlCommand com = new SqlCommand(str, conn);
    SqlDataReader dr = com.ExecuteReader(CommandBehavior.CloseConnection);
    return dr;//返回 SqlDataReader 对象 dr
}
```

说明

返回的 SqlDataReader 对象中的数据是只读的。

（5）GetMD5(string strPwd)方法

GetMD5 方法使用 GetMD5 加密技术对传值进行加密，并将加密后形成的字符串返回到调用处。代码如下：

```
///<summary>
///MD5 加密
///</summary>
///<param name="strPwd">被加密的字符串</param>
///<returns>返回加密后的字符串</returns>
public string GetMD5(string strPwd)
{
    MD5 md5 = new MD5CryptoServiceProvider();
    byte[] data = System.Text.Encoding.Default.GetBytes(strPwd);//将字符编码为一个字节序列
    byte[] md5data = md5.ComputeHash(data);//计算 data 字节数组的哈希值
    md5.Clear();
    string str = "";
    for (int i = 0; i <md5data.Length-1; i++)
    {
        str += md5data[i].ToString("x").PadLeft(2,'0');
    }
    return str;
}
```

23.3.4 模块设计说明

1. 登录页面实现过程

> 数据表：tb_User   技术：数据查询

登录页面（Login.aspx）实现了用户登录的功能，是整个 Web 应用程序的起始页，还为未注册的用户提供了注册功能。登录页面运行结果如图 23.2 所示。

图 23.2 登录页面

实现登录页面的步骤如下：

（1）界面设计

在该页面中添加 3 个 TextBox 控件、2 个 Button 控件和 1 个 Image 控件，它们的 ID 属性分别为 txtUserName、txtPwd、txtValidateNum、btnLogin、btnRegister 和 Image1，具体属性设置及用途如表 23.2 所示。

表 23.2 Login.aspx 页面中控件的属性设置及用途

控件类型	控件名称	主要属性设置	用途
标准/TextBox 控件	txtUserName		输入用户名
	txtPwd	TextMode 属性设置为 Password	输入密码
	txtValidateNum		输入验证码
标准/Button 控件	btnLogin	Text 属性设置为 "登录"	实现用户登录
	btnRegister	Text 属性设置为 "注册"	实现用户注册
标准/Image 控件	Image1	ImageUrl 属性设置为 "~/ValidateNum.aspx"	用来显示验证码图片

（2）登录功能的实现

单击"登录"按钮，将触发按钮的 btnLogin_Click 事件。在该事件的代码处理程序中，首先对密码进行加密，然后判断用户输入的验证码是否正确。如果输入不正确，则给出验证码输入错误的提示信息并刷新页面；如果输入正确，则通过数据库验证用户输入的用户名和密码是否正确。

验证用户名和密码时，调用 DB 类的 reDr 方法获取用户的信息。验证成功，则使用 Session 对象保存用户的登录信息，然后跳转到 UserManagement.aspx 用户管理页；验证失败，将给出登录失败的提示信息并刷新页。代码如下：

```
//登录按钮
protected void btnLogin_Click(object sender, EventArgs e)
{
    //实例化公共类对象
    DB db = new DB();
    string userName = this.txtUserName.Text.Trim();
    string passWord = db.GetMD5(this.txtPwd.Text.Trim());//对密码进行加密处理
    string num = this.txtValidateNum.Text.Trim();
    if (Session["ValidateNum"].ToString() == num.ToUpper())
    {
        //获取用户信息
        SqlDataReader dr = db.reDr("select * from tb_User where UserName='" + userName + "' and PassWord='" + passWord + "'");
        dr.Read();
        if (dr.HasRows)    //通过 dr 中是否包含行判断用户是否通过身份验证
        {
            Session["UserID"] = dr.GetValue(0);//将该用户的 ID 存入 Session["UserID"]中
            Session["Role"] = dr.GetValue(4);//将该用户的权限存入 Session["Role"]中
            Response.Redirect("~/UserManagement.aspx");    //跳转到主页
        }
        else
        {
            Response.Write("<script>alert('登录失败！请返回查找原因');location='Login.aspx'</script>");
        }
        dr.Close();
    }
    else
    {
        Response.Write("<script>alert('验证码输入错误！');location='Login.aspx'</script>");
    }
}
```

（3）注册新用户

单击"注册"按钮，将跳转到 Register.aspx 用户注册页，未注册的用户即可进行注册。代码如下：

```
//注册按钮
protected void btnRegister_Click(object sender, EventArgs e)
{
    Response.Redirect("~/Register.aspx");//跳转到用户注册页面
}
```

> **注意**
> 在编码前该页还需添加 using System.Data.SqlClient 命名空间，这样才可以对数据库进行操作。

2. 用户注册页面实现过程

🖐 数据表：tb_User　　　技术：验证控件

用户注册页（Register.apsx）主要实现添加用户的功能。用户添加成功后，系统默认设置用户权限为普通用户。页面的运行结果如图 23.3 所示。

图 23.3　用户注册页面

实现注册页面的步骤如下：
（1）界面设计

在该页面添加 4 个 TextBox 控件、2 个 Button 控件、1 个 LinkButton 控件、4 个 RequiredFieldValidator 控件、1 个 CompareValidator 控件和 1 个 RegularExpressionValidator 控件，它们的 ID 属性分别为 txtUserName、txtPwd、txtRepwd、txtEmail、btnOk、btnBack、lnkbtnCheck、RequiredFieldValidator1、RequiredFieldValidator2、RequiredFieldValidator3、RequiredFieldValidator4、CompareValidator1 和 RegularExpressionValidator1。具体属性设置及用途如表 23.3 所示。

表 23.3　Register.aspx 页面中控件的属性设置及用途

控 件 类 型	控 件 名 称	主要属性设置	用　　途
标准/TextBox 控件	txtUserName		输入用户名
	txtPwd	TextMode 属性设置为 Password	输入密码
	txtRepwd	TextMode 属性设置为 Password	输入确认密码
	txtEmail		输入电子邮箱
标准/Button 控件	btnOk	Text 属性设置为"注册"	实现用户注册
	btnBack	Text 属性设置为"返回"	实现返回到登录页
标准/LinkButton 控件	lnkbtnCheck	CausesValidation 属性设置为 false	检测用户名是否存在
		Text 属性设置为"检测用户名是否存在"	
验证/RequiredFieldValidator 控件	RequiredFieldValidator1	ControlToValidate 属性设置为 txtUserName	用来验证"用户名"文本框不能为空
		ErrorMessage 属性设置为"*"	
	RequiredFieldValidator2	ControlToValidate 属性设置为 txtPwd	用来验证"密码"文本框不能为空
		ErrorMessage 属性设置为"*"	
	RequiredFieldValidator3	ControlToValidate 属性设置为 txtRepwd	用来验证"确认密码"文本框不能为空
		ErrorMessage 属性设置为"*"	
	RequiredFieldValidator4	ControlToValidate 属性设置为 txtEmail	用来验证 Email 文本不能为空
		ErrorMessage 属性设置为"*"	

续表

控件类型	控件名称	主要属性设置	用途
验证/CompareValidator控件	CompareValidator1	ControlToValidate 属性设置为 txtRepwd ControlToCompare 属性设置为 txtPwd ErrorMessage 属性设置为 "确认密码不符!"	比较用户输入的密码与确认密码是否相同
验证/RegularExpressionValid-ator 控件	RegularExpressionValidator1	ControlToValidate 属性设置为 txtEmail ValidationExpression 属性设置为 "\w+([-+.']\w+)*@\w+([-.]\w+)*\.\w+([-.]\w+)*" ErrorMessage 属性设置为 "E-mail 格式不正确!"	验证 E-mail 输入格式

（2）检测用户名是否存在

在注册新用户前，提供了一个对用户希望注册的用户名进行检查的功能，以帮助检查哪些用户名还未被使用。可以通过单击"检测用户名是否存在"超链接来实现这一功能，此时触发了按钮的 lnkbtnCheck_Click 事件。代码如下：

```
//检测用户名是否存在
protected void lnkbtnCheck_Click(object sender, EventArgs e)
{
    //查找用户名是否存在，已经存在则返回-1；不存在则返回 2
    reValue = CheckName();
    if (reValue == -1)
    {
        Response.Write("<script>alert('用户名存在！');</script>");
        this.txtUserName.Focus();
    }
    else if (reValue == 2)
    {
        Response.Write("<script>alert('恭喜您！该用户名尚未注册！');</script>");
        this.txtUserName.Focus();
    }
}
```

在该事件中，主要通过调用 CheckName 方法来判断用户名是否存在。将 CheckName 方法的返回值存在 int 型全局变量 reValue 中。如果存在则返回-1；不存在则返回 2。根据变量 reValue 的值给出相应的提示信息。CheckName 方法的代码如下：

```
//验证用户名是否存在
public int CheckName()
{
    //实例化公共类对象
    DB db = new DB();
    string str = "select count(*) from tb_User where UserName='" + this.txtUserName.Text + "'";
    try
    {
        DataTable dt =db.reDt(str);
        if (dt.Rows[0][0].ToString() != "0")
```

```
            {
                return -1;//该用户名已经存在
            }
            else
            {
                return 2;//该用户名尚未注册
            }
        }
        .catch (Exception ee)
        {
            return 0;
        }
}
```

（3）注册新用户

单击"注册"按钮可以完成注册新用户功能。单击该按钮时，将触发按钮的 btnOk_Click 事件。在该事件中首先调用 CheckName 方法检验用户名是否已经存在。如果用户名已经存在，将给出"用户名存在！"的提示消息；如果用户名不存在，就对用户输入的密码进行 MD5 加密，然后把用户信息存储到数据库中。如果添加成功，则弹出"注册成功！"提示信息并调用 Clear 方法清空输入框中的内容；否则弹出"注册失败！"提示信息。具体代码如下：

```
…//系统提供的默认命名空间
using System.Data.SqlClient;//需引入的命名空间
public partial class Register : System.Web.UI.Page
{
    int reValue;//用于保存返回值。返回值为-1（用户名存在）、0（失败）、1（成功）、2（用户名不存在）
    …//省略 Page_Load 事件
    //注册新用户
    protected void btnOk_Click(object sender, EventArgs e)
    {
        reValue = CheckName();
        if (reValue == -1)
        {
            Response.Write("<script>alert('用户名存在！');</script>");
        }
        else
        {
            DB db = new DB();
            string UserName = this.txtUserName.Text;
            string PassWord = db.GetMD5 (this.txtPwd.Text.ToString ());//MD5 加密
            string Email = this.txtEmail.Text;
            string cmdstr = "insert into tb_User(UserName,PassWord,Email) values('" + UserName + "','" + PassWord + "','" + Email + "')";
            try
            {
                reValue = db.sqlEx(cmdstr);
                if (reValue == 1)
```

```
                {
                    Response.Write("<script>alert('注册成功！');</script>");
                    Clear();//清空文本框
                }
                else if (reValue == 0)
                {
                    Response.Write("<script>alert('注册失败！');</script>");
                }
            }
            catch (Exception ee)
            {
                Response.Write("<script>alert('注册失败！');</script>");
            }
        }
    }
…//其他事件和方法
}
```

"注册"按钮中清空文本框的 Clear 方法的代码如下：

```
//清空文本框
public void Clear()
{
    this.txtUserName.Text = "";
    this.txtPwd.Text = "";
    this.txtRepwd.Text = "";
    this.txtEmail.Text = "";
}
```

单击"返回"按钮，将跳转到用户登录页（Login.aspx），具体代码如下：

```
//返回登录页
protected void btnBack_Click(object sender, EventArgs e)
{
    Response.Redirect("~/Login.aspx");
}
```

读者可以仿照登录页面，设计一个带有图形验证码的注册页面。

3．用户管理页面的实现过程

数据表：tb_User　　　　技术：DataList控件的使用

用户管理页（UserManagement.aspx）用于根据相应权限显示用户信息，同时，可完成修改用户信息、修改密码和删除等操作。权限为管理员的用户还具有设置用户权限和对其他用户信息进行管理的功能，普通用户只具有管理自己的信息的功能。用户管理页的运行结果如图 23.4 所示。

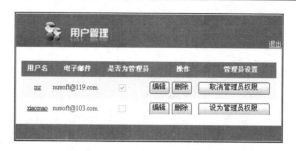

图 23.4 用户管理页的运行结果

实现管理页面的步骤如下：

（1）界面设计

在用户管理页面上添加一个 LinkButton 控件和一个 DataList 控件，它们的 ID 属性分别为 lnkbtnUserName 和 DataList1。LinkButton 控件用来退出登录，其 Text 属性设置为"退出"；DataList 控件用于显示用户信息，并能进行相应的操作，其相应属性及模板的设置源代码如下：

```
<asp:DataList ID="DataList1" runat="server" CellPadding="4" ForeColor="#333333"
OnEditCommand="DataList1_EditCommand" OnCancelCommand="DataList1_CancelCommand"
OnUpdateCommand="DataList1_UpdateCommand" OnDeleteCommand="DataList1_DeleteCommand"
OnItemCommand="DataList1_ItemCommand" OnItemDataBound="DataList1_ItemDataBound"
Font-Size="9pt">
<FooterStyle BackColor="#5D7B9D" Font-Bold="True" ForeColor="White" />
<SelectedItemStyle BackColor="#E2DED6" Font-Bold="True" ForeColor="#333333" />
<%--***************ItemTemplate 模板设计代码****************--%>
<ItemTemplate>
<table style="width: 470px; font-size: 9pt;">
<tr>
<td style="width: 47px">
<asp:LinkButton ID="lnkbtnUserName" runat="server" CommandName="select" Text='<%#
DataBinder.Eval(Container.DataItem,"UserName") %>'></asp:LinkButton></td>
<td style="width: 74px">
<asp:Label ID="Label2" runat="server"
Text='<%#DataBinder.Eval(Container.DataItem,"Email")%>'></asp:Label></td>
<td style="width: 81px">
<asp:CheckBox ID="chkRole" Checked ='<%#DataBinder.Eval(Container.DataItem,"Role")%>' runat="server"
Enabled="False" /></td>
<td style="width: 90px">
<asp:Button ID="btnEdit" runat="server" CommandName="edit" Text="编辑" />
<asp:Button ID="btnDelete" runat="server" CommandName="delete" Text="删除" CommandArgument='<%#
DataBinder.Eval(Container.DataItem,"UserID") %>' OnLoad="btnDelete_Load" /></td>
<td style="width: 86px">
<asp:Button ID="btnSetRole" runat="server" CommandName="setRole" Text='<%# (bool)
DataBinder.Eval(Container.DataItem,"Role")==true?"取消管理员权限":"设为管理员权限" %>'
CommandArgument = '<%# DataBinder.Eval(Container.DataItem,"UserID") %>'/></td>
</tr>
</table>
</ItemTemplate>
<%--***************EditItemTemplate 模板设计代码****************--%>
```

```
<EditItemTemplate>
<table style="width: 297px; height: 59px; font-size: 9pt;">
<tr>
<td style="width: 75px; height: 19px;">
用户名：</td>
<td style="width: 131px; height: 19px;">
<asp:Label ID="lblUserName" runat="server" Text='<%# DataBinder.Eval(Container.DataItem,"UserName")
%>'></asp:Label></td>
<td style="width: 95px; height: 19px;">
</td>
</tr>
<tr>
<td style="width: 75px">旧密码：</td>
<td style="width: 131px">
<asp:TextBox ID="txtOldpwd" runat="server" TextMode="Password" Width="98px"></asp:TextBox>
<asp:RequiredFieldValidator ID="RequiredFieldValidator1" runat="server" ControlToValidate="txtOldpwd"
ErrorMessage="*"></asp:RequiredFieldValidator></td>
<td style="width: 95px"/>
</tr>
<tr>
<td style="width: 75px"> 新密码： </td>
<td style="width: 131px">
<asp:TextBox ID="txtNewpwd" runat="server" TextMode="Password" Width="98px"></asp:TextBox>
<asp:RequiredFieldValidator ID="RequiredFieldValidator2" runat="server" ControlToValidate="txtNewpwd"
ErrorMessage="*"></asp:RequiredFieldValidator></td>
<td style="width: 95px"/ >
</tr>
<tr>
<td style="width: 75px"> 确认密码： </td>
<td style="width: 131px">
<asp:TextBox ID="txtRepwd" runat="server" TextMode="Password" Width="98px"></asp:TextBox>
<asp:RequiredFieldValidator ID="RequiredFieldValidator3" runat="server" ControlToValidate="txtRepwd"
ErrorMessage="*"></asp:RequiredFieldValidator></td>
<td style="width: 95px">
<asp:CompareValidator ID="CompareValidator1" runat="server" ControlToCompare="txtNewpwd"
ControlToValidate="txtRepwd" ErrorMessage="与密码不符！" Width="73px"/ ></td>
</tr>
<tr>
<td style="width: 75px"/>
<td style="width: 131px">
<asp:Button ID="btnUpdate" runat="server" CommandName="update" CommandArgument =
'<%#DataBinder.Eval(Container.DataItem,"PassWord")%>' Text="修改密码" />
<asp:Button ID="btnCancel" runat="server" CommandName="cancel" Text="取消" CausesValidation="False"
/></td>
<td style="width: 95px"/ >
</td>
</tr>
</table>
</EditItemTemplate>
```

```
<AlternatingItemStyle BackColor="White" ForeColor="#284775" />
<ItemStyle BackColor="#F7F6F3" ForeColor="#333333" />
<%--**************** HeaderTemplate 模板设计代码****************--%>
<HeaderTemplate>
<table style="width: 471px; font-size: 9pt;">
<tr>
<td style="width: 47px">用户名</td>
<td style="width: 77px">电子邮件</td>
<td style="width: 81px">是否为管理员</td>
<td style="width: 89px;">操作</td>
<td style="width: 89px">管理员设置</td>
</tr>
</table>
</HeaderTemplate>
<HeaderStyle BackColor="#5D7B9D" Font-Bold="True" ForeColor="White" />
<%--**************** SelectedItemTemplate 模板设计代码****************--%>
<SelectedItemTemplate>
<table style="width: 297px; height: 59px; font-size: 9pt;">
<tr>
<td style="width: 58px; height: 19px;">用户名：</td>
<td style="width: 131px; height: 19px;">
<asp:TextBox ID="txtUserName" runat="server" Text='<%# DataBinder.Eval(Container.DataItem,"UserName") %>' Width="98px"></asp:TextBox>
<asp:RequiredFieldValidator ID="RequiredFieldValidator4" runat="server" ControlToValidate="txtUserName" ErrorMessage="*"></asp:RequiredFieldValidator></td>
</tr>
<tr>
<td style="width: 58px">Email：</td>
<td style="width: 131px">
<asp:TextBox ID="txtEmail" runat="server" Text='<%# DataBinder.Eval(Container.DataItem,"Email") %>'Width="98px"></asp:TextBox>
<asp:RequiredFieldValidator ID="RequiredFieldValidator1" runat="server" ControlToValidate="txtEmail" ErrorMessage="*"></asp:RequiredFieldValidator></td>
</tr>
<tr>
<td style="width: 58px"/ >
<td style="width: 131px">
<asp:Button ID="btnUpdateName" runat="server" CommandName="updateName" CommandArgument = '<%# DataBinder.Eval(Container.DataItem,"UserID") %>' Text="修改用户信息" Width="84px" />
<asp:Button ID="btnCancel" runat="server" CommandName="cancel" Text="取消" CausesValidation="False" /></td>
</tr>
</table>
</SelectedItemTemplate>
</asp:DataList>
```

> **注意**
> 使用 DataBinder.Eval 方法确定数据绑定表达式。

在页面的初始化事件 Page_Load 中，主要实现根据用户的权限设置相应的查询条件，并调用 DataListBind 方法显示用户信息，代码如下：

```
public static string selVal;//设置查询条件
protected void Page_Load(object sender, EventArgs e)
{
    if (!IsPostBack)
    {
        if (Convert.ToBoolean (Session["Role"]))
            selVal = "";
        else
        {
            selVal = "where UserID="+Session["UserID"].ToString();
        }
        DataListBind();
    }
}
```

说明

以上代码中，Session["Role"]用于保存用户的权限，在 Login.aspx 页面中定义了此 Session 变量。在数据表中用户权限字段 Role 为 bit 类型，即此类型可以转换为 Boolean 类型。

DataListBind 方法从数据库中获取用户信息，并显示在 DataList 控件上，代码如下：

```
//绑定 DataList 控件
public void DataListBind()
{
    //实例化公共类的对象
    DB db = new DB();
    //定义 SQL 语句
    string sqlstr = "select * from tb_User "+selVal ;
    //实例化数据集 DataTable 用于存储查询结果
    DataTable dt =db.reDt(sqlstr);
    //绑定 DataList 控件
    DataList1.DataSource = dt;//设置数据源，用于填充控件中的项的值列表
    DataList1.DataBind();//将控件及其所有子控件绑定到指定的数据源
}
```

（2）修改用户信息

单击用户信息列表中显示用户名的按钮时，将显示该用户的用户名和 E-mail 信息，如图 23.5 所示，用户可以在此对用户名和 E-mail 进行修改。用户名按钮的 CommandName 属性为 select。

打开 DataList 控件的项模板编辑模式。当单击 ItemTemplate 模板中 ID 属性为 lnkbtnUserName 的

图 23.5 SelectedItemTemplate 模板

LinkButton 控件时，将显示该用户的用户名和 E-mail 信息。在 SelectedItemTemplate 模板中添加 2 个 TextBox 控件、2 个 Button 控件和 2 个 RequiredFieldValidator 控件，设计效果如图 23.5 所示。它们的属性设置及用途如表 23.4 所示。

表 23.4 SelectedItemTemplate 模板中控件的属性设置及用途

控件类型	控件名称	主要属性设置	用途
标准/TextBox 控件	txtUserName	Text 属性设置为 "<%#DataBinder.Eval (Container.DataItem,"UserName") %>"	与用户名绑定
	txtEmail	Text 属性设置为 "<%#DataBinder.Eval (Container.DataItem,"Email") %>"	与 E-mail 绑定
标准/Button 控件	btnUpdateName	CommandName 属性设置为 updateName	与按钮关联的命令名
		CommandArgument 属性设置为 "<%# DataBinder.Eval(Container.DataItem,"UserID") %>"	与按钮关联的命令参数
		Text 属性设置为 "修改用户信息"	按钮显示的文本
	btnCancel	CommandName 属性设置为 cancel	与按钮关联的命令名
		CausesValidation 属性设置为 false	该按钮是否激发验证
		Text 属性设置为 "取消"	用于数据绑定
验证/RequiredFieldValidator 控件	RequiredFieldValidator4	ControlToValidate 属性设置为 txtUserName	用来验证"用户名"文本框不能为空
		ErrorMessage 属性设置为 "*"	
	RequiredFieldValidator1	ControlToValidate 属性设置为 txtEmail	用来验证 Email 文本框不能为空
		ErrorMessage 属性设置为 "*"	

单击 ItemTemplate 模板中 ID 属性为 lnkbtnUserName 的 LinkButton 控件时，将触发 DataList 控件的 ItemCommand 事件，显示 SelectedItemTemplate 模板中用户的详细信息，该 LinkButton 控件的 CommandName 属性设为 select。代码如下：

```
protected void DataList1_ItemCommand(object source, DataListCommandEventArgs e)
{
…//其他代码
    //显示 SelectedItemTemplate 模板
    if (e.CommandName == "select")
    {
        //设置选中行的索引为当前选择行的索引
        DataList1.SelectedIndex = e.Item.ItemIndex;
        //数据绑定
        DataListBind();
    }
…//其他代码
}
```

注意
ItemCommand 事件是在选择与绑定项关联的命令时发生。

单击SelectedItemTemplate模板中的"修改用户信息"按钮，也会触发DataList控件的ItemCommand事件，该按钮的CommandName属性为updateName，CommandArgument属性与数据库中的UserID绑定。在事件处理程序中，首先判断触发该事件的按钮，然后对数据库进行更改，操作完成后取消选择状态。代码如下：

```csharp
protected void DataList1_ItemCommand(object source, DataListCommandEventArgs e)
{
…//其他代码
    //对SelectedItemTemplate模板中的用户名及E-mail信息进行更改
    if (e.CommandName == "updateName")
    {
        string userName = ((TextBox)e.Item.FindControl("txtUserName")).Text;
        string email = ((TextBox)e.Item.FindControl("txtEmail")).Text;
        string userID = e.CommandArgument.ToString ();
        string sqlStr = "update tb_User set UserName='" + userName + "',Email='"+email+"' where UserID="+ userID;
        //更新数据库，变量reValue用于保存执行SQL语句的返回值，成功为1；失败为0
        int reValue = db.sqlEx(sqlStr);
        if (reValue == 0)
            Response.Write("<script>alert('用户信息修改失败！');</script>");
        //取消选择状态
        DataList1.SelectedIndex = -1;
        DataListBind();
    }
…//其他代码
}
```

单击SelectedItemTemplate模板中的"取消"按钮，仍然触发DataList控件的ItemCommand事件。该按钮的CommandName属性为Cancel。在事件处理程序中，对CommandName进行判断，如果为Cancel，则执行取消显示选择模板。代码如下：

```csharp
protected void DataList1_ItemCommand(object source, DataListCommandEventArgs e)
{
…//其他代码
    //取消显示SelectedItemTemplate模板
    if (e.CommandName == "cancel")
    {
        //设置选中行的索引为-1，取消该数据项的选择
        DataList1.SelectedIndex = -1;
        //数据绑定
        DataListBind();
    }
…//其他代码
}
```

（3）修改用户密码

单击用户信息页中的"编辑"按钮时，将显示要修改的用户密码信息，如图23.6所示。"编辑"按钮的CommandName属性为edit。

在完成此功能前，应先设置 EditItemTemplate 模板，在该模板中添加 1 个 Label 控件、3 个 TextBox 控件、2 个 Button 控件、3 个 RequiredFieldValidator 控件和 1 个 CompareValidator 控件，设计效果如图 23.6 所示。

图 23.6　EditItemTemplate 模板

各控件的属性设置及用途如表 23.5 所示。

表 23.5　EditItemTemplate 模板中控件属性设置及用途

控件类型	控件名称	主要属性设置	用途
标准/Label 控件	lblUserName	Text 属性设置为 "<%# DataBinder.Eval(Container.DataItem,"UserName") %>"	绑定用户名
标准/TextBox 控件	txtOldpwd	TextMode 属性设置为 password	输入旧密码
	txtNewpwd	TextMode 属性设置为 password	输入新密码
	txtRepwd	TextMode 属性设置为 password	输入验证码
标准/Button 控件	btnUpdate	CommandName 属性设置为 updateName	与按钮关联的命令名
		CommandArgument 属性设置为 "<%# DataBinder.Eval(Container.DataItem,"UserID") %>"	与按钮关联的命令参数
		Text 属性设置为 "修改密码"	按钮显示的文本
	btnCancel	CommandName 属性设置为 cancel	与按钮关联的命令名
		CausesValidation 属性设置为 false	该按钮是否激发验证
		Text 属性设置为 "取消"	用于数据绑定
验证/RequiredFieldValidator 控件	RequiredFieldValidator1	ControlToValidate 属性设置为 txtOldpwd	用来验证 "旧密码" 文本框不能为空
		ErrorMessage 属性设置为 "*"	
	RequiredFieldValidator2	ControlToValidate 属性设置为 txtNewpwd	用来验证 "新密码" 文本框不能为空
		ErrorMessage 属性设置为 "*"	
	RequiredFieldValidator3	ControlToValidate 属性设置为 txtRepwd	用来验证 "确认密码" 文本框不能为空
		ErrorMessage 属性设置为 "*"	
验证/CompareValidator 控件	CompareValidator1	ControlToValidate 属性设置为 txtRepwd	用来验证新密码与确认密码是否相同
		ControlToCompare 属性设置为 txtNewpwd	
		ErrorMessage 属性设置为 "*"	

单击"编辑"按钮，将触发 DataList 控件的 EditCommand 事件，在该事件中设置该控件编辑项的索引为当前选择行的索引，并重新绑定数据库。代码如下：

```
//显示 EditItemTemplate 模板
protected void DataList1_EditCommand(object source, DataListCommandEventArgs e)
{
    //设置 DataList1 控件的编辑项的索引为选择的当前索引
    DataList1.EditItemIndex = e.Item.ItemIndex;
    //数据绑定
    DataListBind();
}
```

单击"修改密码"按钮和"取消"按钮,分别触发 UpdateCommand 和 CancelCommand 事件。事件处理代码如下:

```
//修改用户密码
protected void DataList1_UpdateCommand(object source, DataListCommandEventArgs e)
{
    //实例化公共类的对象
    DB db = new DB();
    //取得文本框中输入的内容
    string userName = ((Label)e.Item.FindControl("lblUserName")).Text;
    string oldpassWord = ((TextBox)e.Item.FindControl("txtOldpwd")).Text;
    string newpassWord = ((TextBox)e.Item.FindControl("txtNewpwd")).Text;
    if (db.GetMD5(oldpassWord) == e.CommandArgument.ToString())
    {
        string sqlStr = "update tb_User set PassWord='" + db.MD5(newpassWord) + "'where UserName='" + userName + "'";
        //更新数据库,变量 reValue 用于保存执行 SQL 语句的返回值,成功为 1;失败为 0
        int reValue = db.sqlEx(sqlStr);

        if (reValue == 0)
            Response.Write("<script>alert('密码修改失败!');</script>");
        else
            Response.Write("<script>alert('您的密码已经成功修改!');</script>");
        //取消编辑状态
        DataList1.EditItemIndex = -1;
        DataListBind();
    }
    else
    {
        Response.Write("<script>alert('您输入的旧密码不正确。您的密码没有被更改。');</script>");
    }
}
```

在 CancelCommand 事件下主要实现编辑模板的取消,代码如下:

```
//取消显示 EditItemTemplate 模板
protected void DataList1_CancelCommand(object source, DataListCommandEventArgs e)
{
    //设置 DataList1 控件的编辑项的索引为-1,即取消编辑
    DataList1.EditItemIndex = -1;
```

```
        //数据绑定
        DataListBind();
}
```

（4）删除用户

"删除"按钮的 CommandName 属性为 delete。当单击"删除"按钮时，触发 DeleteCommand 事件，用于删除所选用户。变量 userID 用于保存 CommandArgument 的值。构造删除记录的 SQL 语句执行删除操作，代码如下：

```
//删除该条记录
protected void DataList1_DeleteCommand(object source, DataListCommandEventArgs e)
{
    //实例化公共类的对象
    DB db = new DB();
    string userID = e.CommandArgument.ToString();
    string sqlStr = "delete from tb_User where UserID=" + userID;
    //更新数据库，变量 reValue 用于保存执行 SQL 语句的返回值，成功为 1；失败为 0
    int reValue = db.sqlEx(sqlStr);
    if (reValue == 0)
        Response.Write("<script>alert('删除失败！');</script>");
    //重新绑定
    DataListBind();
}
```

技巧

单击"删除"按钮弹出确认对话框

DataList 控件中"删除"按钮的代码如下：

```
<asp:Button ID="btnDelete" runat="server" CommandName="delete" Text="删除"
CommandArgument='<%# DataBinder.Eval(Container.DataItem,"UserID") %>'
OnLoad="btnDelete_Load" />
```

在 Button 控件的 btnDelete_Load 事件中编写代码以弹出确认对话框，代码如下：

```
protected void btnDelete_Load(object sender, EventArgs e)
    {
            ((Button)sender).Attributes["onclick"] = "javascript:return confirm('你确认要删除该条记录吗？')";
    }
```

（5）设置用户权限

单击"设为管理员权限"按钮或"取消管理员权限"按钮可实现用户权限管理功能。当用户是管理员时，按钮显示为"取消管理员权限"；当用户不是管理员时，按钮显示为"设为管理员权限"。

设置用户权限的功能在 DataList 控件的 ItemCommand 事件中编写。在该事件中首先判断触发该事件的按钮的 CommandName 属性值是否为"设为管理员权限"按钮或"取消管理员权限"按钮的 CommandName 属性值，如果是该按钮，则获取 CommandArgument 的值，并保存在变量 userID 中。变量 roleText 中保存按钮显示的文本,如果变量 roleText 的值为"取消管理员权限",则变量 role 的值存为 false;否则存为 true。然后,构造 SQL 语句执行修改用户权限的操作。如果操作失败,则显示提示信息。代码如下:

```csharp
protected void DataList1_ItemCommand(object source, DataListCommandEventArgs e)
{
    …//其他代码
    //设置用户的管理员权限
    if (e.CommandName == "setRole")
    {
        string userID = e.CommandArgument.ToString();
        string roleText = ((Button)e.Item.FindControl("btnSetRole")).Text;
        bool role = (roleText == "取消管理员权限" ? false : true);
        string sqlStr = "update tb_User set Role='" + role + "'where UserID=" + userID;
        //更新数据库,变量 reValue 用于保存执行 SQL 语句的返回值,成功为 1;失败为 0
        int reValue = db.sqlEx(sqlStr);
        if (reValue == 0)
            Response.Write("<script>alert('管理员设置失败!');</script>");
        //重新绑定
        DataListBind();
    }
}
```

第 24 章

新闻发布系统

（视频讲解：50分钟）

随着互联网的蓬勃发展，新闻网也迅速发展起来，它内容丰富、涉及面广，不仅有实事新闻，还有相关的行业信息，同时，新闻网具有互联网所具备的一切特性。在全球网络化、信息化的今天，新闻网的迅速发展大大丰富了人们的生活，已成为人们生活中不可缺少的重要组成部分。通过对本章的学习，读者可以独立实现一个功能较为完善的新闻发布和管理模块，了解新闻发布系统中用户管理、新闻显示、新闻发布和新闻管理等常见功能的设计方法。

24.1 实例说明

新闻发布系统由后台管理和前台新闻浏览两部分组成，其中，后台管理对新闻作了详细的分类，前台以分类形式显示新闻的详细信息，满足了人们浏览新闻时分类查看的要求，同时前台还提供查询新闻信息的功能，方便浏览者查找相关的新闻信息。

本实例实现的具体功能如下：
- ☑ 通过网络浏览各行业新闻及相关信息。
- ☑ 新闻分类显示相关信息。
- ☑ 提供站内新闻全面搜索功能。
- ☑ 设置本站为首页和收藏本站。
- ☑ 为后台管理提供管理入口。
- ☑ 后台编辑各行业新闻并管理新闻信息。

其中，新闻发布系统前台首页运行结果如图 24.1 所示。

图 24.1　新闻发布系统前台首页

24.2 技术要点

对于一个新闻发布系统而言,其功能要足够灵活和完整,在开发本系统时,涉及以下几种关键技术。

24.2.1 站内全面搜索

站内搜索有很多种,网站开发人员可以根据站内信息的多少来设置搜索范围的大小。本系统实现的搜索功能,主要是应用 SQL 语句中的 Like 运算符进行模糊查询。下面对 Like 运算符进行详细介绍。

Like 运算符用于确定给定的字符串是否与指定模式匹配。模式可以包含常规字符和通配符字符,其中常规字符必须与字符串中指定的字符完全匹配,而通配符字符只需与字符串中的部分字符匹配即可。例如,要查询 tb_Info 表中信息名称含有 C 的记录,可以使用如下代码:

```
select * from tb_Info where InfoName like '%C%'
```

上面代码中的"%"为通配符,SQL 语句中的通配符及说明如表 24.1 所示。

表 24.1 SQL 中的通配符及说明

通配符	说　　明
%	包含 0 个或更多字符的任意字符串。例如,like '%a%'表示查找在字符串的任何位置包含 a 的值
_	任何单个字符。例如,like 'a_b'表示查找分别以值 a 和 b 开头、结尾的值,并且在这两个字符之间有任意一个字符
[]	属于指定范围或集合中的任何单个字符。例如,[af]表示属于指定范围 ([a-f]) 或集合 ([abcdef])的任何单个字符
[^]	不属于指定范围或集合的任何单个字符。例如,[^af]表示不属于指定范围 ([a-f]) 或集合 ([abcdef]) 的任何单个字符

24.2.2 代码封装技术

在开发网站时,如果实现某个功能的代码段需要在不同的网页中多次应用,可以考虑将该代码段封装到公共类中,当使用该功能时在网页中直接调用即可,这样可以避免编写重复代码。

例如,在本系统中,将弹出提示框的代码段封装到公共类 CommonClass 中,代码如下:

```
///<summary>
///说明:MessageBox 用来在客户端弹出对话框
///参数 TxtMessage 表示对话框中显示的内容
///参数 Url 表示对话框关闭后跳转到的页
///</summary>
public string MessageBox(string TxtMessage,string Url)
```

```
{
    string str;
    str = "<script language=javascript>alert('" + TxtMessage + "');location='" + Url + "'</script>";
    return str;
}
```

在登录页（Login.aspx）中，当用户输入不合法的用户名和密码时，可以调用 MessageBox 方法，弹出对话框，提示用户输入不正确。代码如下：

```
Response.Write(CC.MessageBox("您输入的用户名或密码错误，请重新输入！", "~/Manage/Login.aspx"));
```

说明

代码中的 CC 为公共类 CommonClass 实例化对象，其代码如下：

CommonClass CC = new CommonClass();

24.2.3 使用 DataList 控件绑定数据并实现分页

DataList 控件是一种数据绑定控件，其与绑定有关的属性及说明如表 24.2 所示。

表 24.2　DataList 控件的常用属性及说明

属　　性	说　　明
DataKeyField	获取或设置由 DataSource 属性指定的数据源中的键字段
DataKeys	获取存储在数据列表控件中的每个记录的键值
DataSource	获取或设置数据源，该数据源中包含用于填充控件中的项的值列表

DataList 控件的分页功能是借助 PagedDataSource 类实现的，该类封装了数据控件的分页属性，其常用属性及说明如表 24.3 所示。

表 24.3　PagedDataSource 类的常用属性及说明

属　　性	说　　明
AllowPaging	获取或设置是否启用分页
AllowCustomPaging	获取或设置是否启用自定义分页
CurrentPageIndex	获取或设置当前显示页的索引
DataSource	获取或设置用于填充控件中项的源数据
PageSize	获取或设置要在数据绑定控件的每页上显示的项数
PageCount	获取显示数据绑定控件中各项所需的总页数
FirstIndexPage	获取页中的第一个索引
IsFirstPage	获取一个值，该值指示当前页是否为首页
IsLastPage	获取一个值，该值指示当前页是否为最后一页

例如，使用 DataList 控件绑定数据并实现分页功能的主要代码如下：

```csharp
//取得当前页的页码
int curpage = Convert.ToInt32(this.labPage.Text);
//使用 PagedDataSource 类实现 DataList 控件的分页功能
PagedDataSource ps = new PagedDataSource();
//获取数据集
DataSet ds = CC.GetDataSet("select * from tb_News where style='" + strStyle + "'and issueDate='" +
DateTime.Today.ToString() + "'", "tbNews");
ps.DataSource = ds.Tables["tbNews"].DefaultView;
//是否可以分页
ps.AllowPaging = true;
//显示的数量
ps.PageSize = 2;
//取得当前页的页码
ps.CurrentPageIndex = curpage - 1;
this.lnkbtnUp.Enabled = true;
this.lnkbtnNext.Enabled = true;
this.lnkbtnBack.Enabled = true;
this.lnkbtnOne.Enabled = true;
//如果当前页为第一页
if (curpage == 1)
{
    //不显示"第一页"超链接
    this.lnkbtnOne.Enabled = false;
    //不显示"上一页"超链接
    this.lnkbtnUp.Enabled = false;
}
//如果当前页为最后一页
if (curpage == ps.PageCount)
{
    //不显示"下一页"超链接
    this.lnkbtnNext.Enabled = false;
    //不显示"最后一页"超链接
    this.lnkbtnBack.Enabled = false;
}
//显示分页数量
this.labBackPage.Text = Convert.ToString(ps.PageCount);
//绑定 DataList 控件
this.dlNews.DataSource = ps;
this.dlNews.DataKeyField = "id";
this.dlNews.DataBind();
```

24.2.4 向页面中添加 CSS 样式

定义某个外部层叠样式表（CSS）之后，可以将该样式表链接到单个 ASP.NET 网页，以便将这些样式应用于该页上的元素。使用样式表可以指定 HTML 元素的格式设置样式，将层叠样式表链接到 ASP.NET 网页的方法有以下两种：

- ☑ 在"设计"视图中,将样式表文件(.css 文件)从解决方案资源管理器拖曳到网页上任何位置。
- ☑ 在"源"视图中,将样式表文件(.css 文件)从解决方案资源管理器拖曳到网页的<head></head>标记中。<head>标记中即插入一个新的 link 元素,如下面的代码所示:

```
<link href="MyStyles.css" rel="stylesheet" type="text/css" />
```

24.2.5 使用 FrameSet 框架布局页面

FrameSet 框架主要用于分割视窗,使每个小视窗能显示不同的页面,不同框架之间可以交换信息和资料。在使用 FrameSet 框架布局页面时,首先在<frameset></frameset>节中添加<frame>元素,以链接框架页,然后为<frame>元素设置以下属性。
- ☑ src:要在框架中显示的页的 URL。
- ☑ name:用来设置框架中显示的页面的 URL。

除此之外,在<frame>元素中还可以设置其他一些属性,例如,scrolling 属性用来设置在框架中是否显示滚动条,frameborder 属性用来设置框架的边框等。

> **注意**
> 在一个页面中不能同时使用多个<frameset></frameset>节,但可以在<frameset></frameset>中嵌套<frameset></frameset>。

例如,在本系统中,使用 FrameSet 框架设计后台管理模块首页,其代码如下:

```
<frameset id="frame" framespacing="0" border="false" cols="180,*" frameborder="0" scrolling="yes">
<frame name="left"    scrolling="auto" marginwidth="0" marginheight="0" src="Left.aspx" noresize >
    <frameset framespacing="0" border="false" rows="35,*" frameborder="0" scrolling="yes">
        <frame name="top" scrolling="no" src="Top.aspx">
        <frame name="right" scrolling="auto" src="Main.aspx">
    </frameset>
</frameset>
```

24.2.6 转化 GridView 控件中绑定数据的格式

在实际开发中,有时希望将绑定到数据控件中的数据先转化成某种格式,再将其显示出来。例如,在将绑定到数据控件 GridView 中的日期列转化为短日期后将其显示出来。该功能可以在 GridView 控件的 RowDataBound 事件下实现,代码如下:

```
protected void gvNewsList_RowDataBound(object sender, GridViewRowEventArgs e)
{
    if (e.Row.RowType == DataControlRowType.DataRow)
    {        //GridView 控件的第 3 列为日期列
        e.Row.Cells[3].Text =Convert.ToDateTime(e.Row.Cells[3].Text).ToShortDateString();
    }
}
```

说明
GridView 控件的 RowDataBound 事件在 GridView 控件将数据行绑定到数据时发生。

24.3 开发过程

24.3.1 数据库设计

本实例采用 SQL Server 2005 数据库系统。在该系统中新建一个数据库，将其命名为 db_news，然后在该数据库中创建两个数据表，分别为用户信息表（tb_User）和新闻信息表（tb_News）。

- ☑ tb_User（用户信息表）

用户信息表主要用于保存管理员的基本信息，其结构如表 24.4 所示。

表 24.4 用户信息表（tb_User）结构

字段名称	类型	长度	是否可为空	说明
ID	int	4	否	主键（自动编号）
Name	varchar	20	否	用户姓名
PassWord	varchar	50	否	用户密码
addDate	datetime	8	否	添加时间（默认值为系统时间）

- ☑ tb_News（新闻信息表）

新闻信息表主要用于保存新闻的基本信息，其结构如表 24.5 所示。

表 24.5 新闻信息表（tb_News）结构

字段名称	类型	长度	是否可为空	说明
ID	int	4	否	主键（自动编号）
Title	varchar	50	否	新闻标题
Content	text	16	否	新闻内容
Style	varchar	50	否	新闻类别
Type	varchar	50	否	新闻范围
IssueDate	smalldatetime	8	否	新闻发布时间

24.3.2 配置 Web.config

为了方便数据操作和网页维护，可以将一些配置参数放在 Web.config 文件中。本实例主要在 Web.config 文件中配置连接数据库的字符串，代码如下：

```
<configuration>
    <appSettings>
        <add key="ConnectionString"
value="server=TIE\SQLEXPRESS;database=db_news;UId=sa;password=""/>
    </appSettings>
</configuration>
```

24.3.3 公共类编写

创建类文件时，用户可以直接在项目中的 App_Code 文件夹上右击，选择快捷菜单中的"添加新项"命令，将会弹出如图 24.2 所示的"添加新项"对话框。在其中选择"类"选项，并将其命名为 CommonClass.cs，然后单击"添加"按钮，将会在 App_Code 文件夹下创建一个名为 CommonClass 的类文件。

图 24.2 "添加新项"对话框

> **注意**
> 在 ASP.NET 4.0 中，App_Code 文件夹专门用来存放一些应用于全局的代码（如公共类），如果没有，可以在该项目上右击，在弹出的快捷菜单中选择"添加 ASP.NET 文件夹"/App_Code 命令，添加一个 App_Code 文件夹。

公共类 CommonClass 中包含 6 个方法，分别为 GetConnection、MessageBox、ExecSQL、GetDataSet、checkLogin 和 RandomNum 方法，它们的功能说明及设计如下。

1. GetConnection 方法

GetConnection 方法主要用来连接数据库，首先定义一个字符串，使用 ConfigurationManager 对象的 AppSettings 属性值获取配置节中连接数据库的字符串，然后实例化一个 sqlConnection 对象，并返回该对象。代码如下：

```
///<summary>
///连接数据库
///</summary>
///<returns>返回 SqlConnection 对象</returns>
public SqlConnection GetConnection()
{
    string myStr = ConfigurationManager.AppSettings["ConnectionString"].ToString();
    SqlConnection myConn = new SqlConnection(myStr);
    return myConn;
}
```

2. MessageBox(string TxtMessage,string Url)方法

MessageBox 方法主要使用脚本语言弹出提示框,其中包含 TxtMessage 和 Url 两个参数,参数 TxtMessage 用来接收提示信息;参数 Url 是当用户单击提示框中的"关闭"按钮时,接收跳转页的地址。代码如下:

```
///<summary>
///说明:MessageBox 用来在客户端弹出对话框
///参数 TxtMessage 表示对话框中显示的内容
///参数 Url 表示对话框关闭后,跳转到的页
///</summary>
public string MessageBox(string TxtMessage,string Url)
{
    string str;
    str = "<script language=javascript>alert('" + TxtMessage + "');location='" + Url + "'</script>";
    return str;
}
```

3. ExecSQL(string sqlStr)方法

ExecSQL 方法用于执行 SQL 语句,返回值为 Boolean 类型,主要实现对数据库中的数据进行添加、修改和删除等功能,相应功能执行成功后返回 true;否则返回 false。代码如下:

```
///<summary>
///说明:ExecSQL 用来执行 SQL 语句
///返回值:操作是否成功(true\false)
///参数:sqlStr SQL 为字符串
///</summary>
public Boolean ExecSQL(string sqlStr)
{
    SqlConnection myConn = GetConnection();
    myConn.Open();
    SqlCommand myCmd = new SqlCommand(sqlStr, myConn);
    try
    {
        myCmd.ExecuteNonQuery();
        myConn.Close();
```

```
        }
        catch
        {
            myConn.Close();
            return false;
        }
        return true;
}
```

4. GetDataSet(string sqlStr, string TableName)方法

GetDataSet 方法用于执行 SQL 语句并返回数据集,主要对数据库中的数据进行查询,执行成功后返回数据集 DataSet。代码如下:

```
///<summary>
///说明:GetDataSet 用于执行 SQL 语句,返回数据源的数据集
///返回值:数据集 DataSet
///参数:sqlStr SQL 为字符串;TableName 为数据表名称
///</summary>
public System.Data.DataSet GetDataSet(string sqlStr, string TableName)
{
    SqlConnection myConn =GetConnection();
    myConn.Open();
    SqlDataAdapter adapt = new SqlDataAdapter(sqlStr, myConn);
    DataSet ds = new DataSet();
    adapt.Fill(ds, TableName);
    myConn.Close();
    return ds;
}
```

5. checkLogin(string loginName, string loginPwd)方法

checkLogin 方法主要用来判断用户是否为合法用户,并使用 SqlCommand 对象的 Parameters 属性为 SQL 语句传递参数,防止恶意用户的 SQL 注入式攻击,确保系统的安全。代码如下:

```
///<summary>
///防止 SQL 注入式攻击
///</summary>
///<param name="loginName">用户登录名称</param>
///<param name="loginPwd">用户登录密码</param>
public int checkLogin(string loginName, string loginPwd)
{
    SqlConnection myConn = GetConnection();
    SqlCommand myCmd = new SqlCommand("select count(*) from tb_User where Name=@loginName and PassWord=@loginPwd", myConn);
    myCmd.Parameters.Add(new SqlParameter("@loginName", SqlDbType.VarChar, 20));
    myCmd.Parameters["@loginName"].Value = loginName;
    myCmd.Parameters.Add(new SqlParameter("@loginPwd", SqlDbType.VarChar, 50));
    myCmd.Parameters["@loginPwd"].Value = loginPwd;
    myConn.Open();
```

```
        int i = (int)myCmd.ExecuteScalar();
        myCmd.Dispose();
        myConn.Close();
        return i;
}
```

说明 对比直接在 SQL 语句中写入匹配字符串，使用以上方式可以有效防止 SQL 注入式攻击。

6．RandomNum(int n)方法

RandomNum 方法可生成由英文字母和数字组合成的 4 位验证码，用于防止用户利用注册机自动注册、登录或灌水。代码如下：

```
///<summary>
///实现随机验证码
///</summary>
///<param name="n">显示验证码的个数</param>
///<returns>返回生成的随机数</returns>
public string RandomNum(int n) //
{
    //定义一个包括数字、大写英文字母和小写英文字母的字符串
    string strchar = "0,1,2,3,4,5,6,7,8,9,A,B,C,D,E,F,G,H,I,J,K,L,M,N,O,P,Q,R,S,T,U,V,W,X,Y,Z,a,b,c,d,e,f,g,h,i,j,k,l,m,n,o,p,q,r,s,t,u,v,w,x,y,z";
    //将 strchar 字符串转化为数组
    //String.Split 方法返回包含此实例中的子字符串（由指定 Char 数组的元素分隔）的 string 数组
    string[] VcArray = strchar.Split(',');
    string VNum = "";
    //记录上次随机数值，尽量避免产生几个一样的随机数
    int temp = -1;
    //采用一个简单的算法以保证生成随机数的不同
    Random rand = new Random();
    for (int i = 1; i < n + 1; i++)
    {
        if (temp != -1)
        {
            //unchecked 关键字用于取消整型算术运算和转换的溢出检查
            //DateTime.Ticks 属性获取表示此实例的日期和时间的刻度数
            rand = new Random(i * temp * unchecked((int)DateTime.Now.Ticks));
        }
        //Random.Next 方法返回一个小于所指定最大值的非负随机数
        int t = rand.Next(61);
        if (temp != -1 && temp == t)
        {
            return RandomNum(n);
        }
        temp = t;
```

```
            VNum += VcArray[t];
        }
        return VNum;//返回生成的随机数
}
```

24.3.4 后台登录模块设计

☞ 数据表：tb_User　　　技术：数据表信息的检索

网站前台任何页面底部都设置了进入后台登录页的"后台入口"超链接。后台登录页面（Login.aspx）中使用了验证码技术，可以防止用户使用非法手段恶意登录本站后台。后台登录模块的运行结果如图24.3所示。

图 24.3　后台登录模块

1. 页面设计

将一个4行3列的表格（Table）置于登录页面（Login.aspx）的设计窗体中，为整个页面进行布局，然后从"工具箱"/"标准"选项卡中拖曳3个TextBox控件、1个Label控件和2个Button按钮控件置于表格中。各个控件的属性设置及用途如表24.6所示。

表 24.6　Login.aspx 页面中控件的属性设置及用途

控 件 类 型	控 件 名 称	主要属性设置	用　　途
标准/TextBox 控件	txtAdminName	SelectionMode 属性设置为 SingleLine	输入管理员姓名
	txtAdminPwd	SelectionMode 属性设置为 Password	输入管理员密码
	txtAdminCode	SelectionMode 属性设置为 SingleLine	输入验证码
标准/Label 控件	labCode	Text 属性设置为 8888	显示随机验证码
标准/Button 控件	btnLogin	Text 属性设置为 "登录"	执行登录功能
	btnCancel	Text 属性设置为 "取消"	执行取消功能

2. 功能代码

用户登录模块主要用于验证用户登录系统时输入的登录名和密码是否合法，只有合法的用户才可以进入本系统。在编辑器页（Login.aspx.cs）中编写代码前，首先需要定义一个CommonClass类对象，以便在编写代码时调用该类中的方法。代码如下：

```
CommonClass CC = new CommonClass();
```

程序主要代码如下：

（1）在 Page_Load 事件中编写如下代码，用于当页面初始化时，调用 CommonClass 类中的 RandomNum(int n) 方法，显示随机验证码。

```
protected void Page_Load(object sender, EventArgs e)
{
    if (!IsPostBack)
    {
        this.labCode.Text =CC.RandomNum(4);//产生验证码
    }
}
```

（2）单击"登录"按钮时，将会触发该按钮的 Click 事件，在该事件下主要调用 CommonClass 类的 checkLogin 方法判断是否为合法用户。如果是，则跳转到后台首页（AdminIndex.aspx）中；否则调用 CommonClass 类的 MessageBox 方法弹出提示框，提示用户。代码如下：

```
protected void btnLogin_Click(object sender, EventArgs e)
{
    if (txtAdminName.Text.Trim() == "" || txtAdminPwd.Text.Trim() == "")
    {
        Response.Write(CC.MessageBox("登录名和密码不能为空！", "Login.aspx"));
    }
    else
    {
        //判断用户输入的验证码是否正确
        if (txtAdminCode.Text.Trim() == labCode.Text.Trim())
        {
            //调用 CommonClass 类中的 checkLogin 方法，判断用户是否为合法用户
            int IntUserIn = CC.checkLogin(txtAdminName.Text.Trim(), txtAdminPwd.Text.Trim());
            if (IntUserIn > 0)
            {
                //该用户为合法用户，则跳转到后台首页（AdminIndex.aspx）
                Response.Write("<script language=javascript>window.open('AdminIndex.aspx');window.close();</script>");
            }
            else
            {
                //该用户不是合法用户，则调用 CommonClass 类中的 MassageBox 方法，弹出提示框
                Response.Write(CC.MessageBox("您输入的用户名或密码错误,请重新输入！", "Login.aspx"));
            }
        }
        else
        {
            Response.Write(CC.MessageBox("验证码输入有误，请重新输入！", "Login.aspx"));
        }
    }
}
```

（3）单击"取消"按钮时，将会关闭登录窗口，该按钮的 Click 事件代码如下：

```
protected void btnCancel_Click(object sender, EventArgs e)
    {
    Response.Write("<script>window.close();location='javascript:history.go(-1)';</script>");
    }
```

24.3.5 后台新闻管理模块设计

新闻管理在新闻发布系统的后台管理中非常重要，包括新闻添加、新闻查询、新闻修改和新闻删除功能。

1. 新闻添加功能

数据表：tb_News　　技术：数据表信息的添加

用户进入如图 24.4 所示的后台管理首页后，单击菜单栏中任一新闻类别（如时政要闻）下的"添加"按钮，都会进入如图 24.5 所示的新闻添加界面，在该界面中可以添加新闻的详细信息。

（1）页面设计

将一个 5 行 3 列的表格（Table）置于新闻添加页面（Add.aspx）的设计窗体中，为整个页面进行布局，然后从"工具箱"/"标准"选项卡中拖放 1 个 Label 控件、1 个 DropDownList 控件、2 个 TextBox 控件、2 个 Button 控件和 1 个 RequredFieldValidator 控件，置于表格中。各个控件的属性设置及用途如表 24.7 所示。

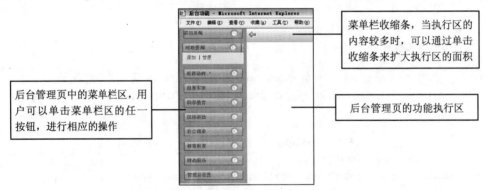

图 24.4　后台管理首页

图 24.5　新闻添加界面

表 24.7　Add.aspx 页面中控件的属性设置及用途

控 件 类 型	控 件 名 称	主要属性设置	用　　途
标准/TextBox 控件	txtNewsTitle	SelectionMode 属性设置为 SingleLine CssClass 属性设置为 txt	输入新闻标题
	txtNewsContent	SelectionMode 属性设置为 MultiLine CssClass 属性设置为 txt	输入新闻内容
标准/Label 控件	labTitle	Text 属性设置为 ""	显示新闻类别
标准/Button 控件	btnAdd	Text 属性设置为 "添加"	执行添加功能
	btnReset	Text 属性设置为 "重置"	执行重写功能
标准/DropDownList 控件	ddlNewsType	AutoPostBack 属性设置为 true CssClass 属性设置为 css	显示新闻类型（国际新闻/国内新闻）
验证/RequiredFieldValidator 控件	RequiredFieldValidator1	ControlToValidate 属性设置为 txtNewsTitle ErrorMessage 属性设置为 "**"	验证新闻标题是否为空
	RequiredFieldValidator2	ControlToValidate 属性设置为 txtNewsContent ErrorMessage 属性设置为 "**"	验证新闻内容是否为空

（2）功能代码

在编辑器页（Add.aspx.cs）中编写代码前，首先需要定义一个 CommonClass 类对象，以便在编写代码时调用该类中的方法。代码如下：

```
CommonClass CC = new CommonClass();
```

程序主要代码如下。

① 在 Page_Load 事件中编写如下代码，用于实现当页面初始化时，显示添加的新闻类别名。

```
protected void Page_Load(object sender, EventArgs e)
    {
        //使用 Request 对象获取页面传递的值
        //使用 switch 语句获取添加的新闻类别名
        switch (Convert.ToInt32(Request["id"].ToString()))
        {
            case 1:
                this.labTitle.Text = "时政要闻";
                break;
            case 2:
                this.labTitle.Text = "经济动向";
                break;
            case 3:
                this.labTitle.Text = "世界军事";
                break;
            case 4:
                this.labTitle.Text = "科学教育";
                break;
            case 5:
                this.labTitle.Text = "法治道德";
                break;
```

```
            case 6:
                this.labTitle.Text = "社会现象";
                break;
            case 7:
                this.labTitle.Text = "体育世界";
                break;
            case 8:
                this.labTitle.Text = "时尚娱乐";
                break;
            default:
                this.labTitle.Text = "";
                break;
        }
}
```

> **注意** 以上代码的作用是在页面显示导航文字。

② 当在"新闻添加"界面中填写完必要的信息后，单击"添加"按钮，在该按钮的 Click 事件下调用 CommonClass 类的 ExecSQL 方法，将填写的新闻信息添加到数据库中。代码如下：

```
protected void btnAdd_Click(object sender, EventArgs e)
    {
        //调用 CommonClass 类的 ExecSQL 方法，将填写的新闻信息添加到数据库中
        CC.ExecSQL("INSERT INTO tb_News( Title, Content, Style, Type, IssueDate)VALUES ('" +
this.txtNewsTitle.Text.Trim() + "', '" + this.txtNewsContent.Text.Trim() + "', '" + this.labTitle.Text.Trim()+ "', '" +
this.ddlNewsType.SelectedValue.ToString() + "', '" + DateTime.Now.ToString("yyyy-MM-dd") + "')");
        //调用 CommonClass 类的 MessageBox 方法，弹出提示框，提示用户添加成功
        Response.Write(CC.MessageBox("添加成功！"));
    }
```

③ 当需要重新填写信息时，可以单击"重置"按钮，该按钮的 Click 事件代码如下：

```
protected void btnReset_Click(object sender, EventArgs e)
    {
        this.txtNewsContent.Text = "";
        this.txtNewsTitle.Text = "";
    }
```

2．新闻搜索、删除功能

数据表：tb_News　　　技术：数据表信息的检索、删除和修改以及GridView控件的应用

在后台管理首页中，单击菜单栏中任一新闻类别（如时政要闻）下的"管理"按钮，都会进入如图 24.6 所示的新闻管理界面，在该界面中用户可以对新闻信息进行站内搜索、删除以及编辑操作。

图 24.6 新闻管理界面

（1）页面设计

首先，将一个 2 行 3 列的表格（Table）置于新闻管理界面（list.aspx）的设计窗体中，为整个页面进行布局。

然后，从"工具箱"/"标准"选项卡中拖放 1 个 TextBox 控件、1 个 DropDownList 控件、1 个 Button 控件和 1 个 GridView 控件置于表格中，并在各个控件中右击，打开"属性"面板，设置控件的属性。各个控件的属性设置及用途如表 24.8 所示。

表 24.8　list.aspx 页面中控件的属性设置及用途

控 件 类 型	控 件 名 称	主要属性设置	用　　途
标准/TextBox 控件	txtKey	SelectionMode 属性设置为 SingleLine CssClass 属性设置为 txt	输入查询的关键字
标准/Button 控件	btnSearch	Text 属性设置为"站内搜索"	执行站内搜索功能
标准/DropDownList 控件	ddlNewsStyle	CssClass 属性设置为 css	显示新闻类别下拉菜单
标准/GridView 控件	gvNewsList	CssClass 属性设置为 txt AllowPageing 属性设置为 true AutoGenerateColumns 属性设置为 false PageSize 属性设置为 26 ShowDeleteButton 属性设置为 true	显示新闻信息

最后，为 DropDownList 控件添加列表项，显示新闻类别下拉菜单，其实现方法有两种：一种是通过"属性"面板为 DropDownList 控件添加列表项；另一种是将页面切换到 HTML 源码中，编写代码。

- ☑ 方法一：在该控件上右击，打开"属性"面板，选择 Item 选项，单击其后的 ⋯ 按钮，打开"ItemList 编辑器"窗口，为 DropDownList 控件添加列表项。其实现的具体步骤可参见 4.3 节，此处不再赘述。
- ☑ 方法二：将页面切换到 HTML 源码中，添加如下代码，为 DropDownList 控件添加列表项，显示新闻类别。

```
<asp:DropDownList ID="ddlNewsStyle" runat="server" CssClass="css" Width="78px"
CausesValidation="True">
  <asp:ListItem>时政要闻</asp:ListItem>
  <asp:ListItem>经济动向</asp:ListItem>
  <asp:ListItem>世界军事</asp:ListItem>
  <asp:ListItem>科学教育</asp:ListItem>
  <asp:ListItem>法治道德</asp:ListItem>
  <asp:ListItem>社会现象</asp:ListItem>
  <asp:ListItem>体育世界</asp:ListItem>
  <asp:ListItem>时尚娱乐</asp:ListItem>
</asp:DropDownList>
```

为 GridView 控件添加显示字段 ID、"新闻标题"、"新闻类别"、"发布日期"和"编辑"，其实现方法有两种，下面分别加以介绍。

☑ 方法一：单击 GridView 控件右上角的按钮，打开 GridView 任务列表，然后选择"编辑列"选项，在弹出的窗口中为 GridView 控件添加 4 个 BoundField 字段和 1 个 HyperLinkField 字段，各个字段的属性设置如表 24.9 所示。

表 24.9 GridView 控件添加显示字段的属性设置

添加的字段	主要属性设置
BoundField	DataField 属性设置为 ID
	HeaderText 属性设置为 ID
	DataField 属性设置为 title
	HeaderText 属性设置为"新闻标题"
	DataField 属性设置为 Type
	HeaderText 属性设置为"新闻类别"
	DataField 属性设置为 IssueDate
	HeaderText 属性设置为"发布日期"
HyperLinkField	HeaderText 属性设置为"编辑"
	Text 属性设置为"编辑"
	DataNavigateUrlFields 属性设置为 id
	DataNavigateUrlFormatString 属性设置为 Edit.aspx?id={0}
	Target 属性设置为 right

说明

为 GridView 控件添加字段的具体步骤可参见第 10 章。

☑ 方法二：将页面切换到 HTML 源码中，添加如下代码，为 GridView 控件添加显示字段。

```
<asp:GridView ID="gvNewsList" runat="server" AllowPaging="True" AutoGenerateColumns="False"
  CellSpacing="1" Height="1px" PageSize="26" Width="500px" CssClass="txt" OnPageIndexChanging=
"gvNewsList_PageIndexChanging" OnRowDeleting="gvNewsList_RowDeleting"
OnRowDataBound="gvNewsList_RowDataBound">
```

```
<Columns>
    <asp:BoundField DataField="ID" HeaderText="ID" />
    <asp:BoundField DataField="title" HeaderText="新闻标题" />
    <asp:BoundField DataField="Type" HeaderText="新闻类别" />
    <asp:BoundField DataField="IssueDate" HeaderText="发布日期" />
    <asp:HyperLinkField  HeaderText="编辑"  Text="编辑"  DataNavigateUrlFields="id"  DataNavigateUrl-
FormatString="Edit.aspx?id={0}" Target="right" />
    <asp:CommandField ShowDeleteButton="True" />
</Columns>
</asp:GridView>
```

（2）功能代码

在编辑器页（list.aspx.cs）中编写代码前，首先需要定义一个 CommonClass 类对象，以便在编写代码时调用该类中的方法。代码如下。

```
CommonClass CC = new CommonClass();
```

程序主要代码如下。

① 在 Page_Load 事件中，调用自定义方法 bind，用于实现当页面初始化时，显示需要管理的新闻信息。代码如下：

```
//定义一个静态的全局变量，用于标识是否已单击"站内搜索"按钮
public static int IntSearch;
protected void Page_Load(object sender, EventArgs e)
    {
        if (!IsPostBack)
        {
            //页面初始化时，指定 IntSearch=0
            IntSearch = 0;
            //使用 Request 对象获取页面传递的值
            int n = Convert.ToInt32(Request.QueryString["id"]);
            //指定新闻类别名
            this.ddlNewsStyle.SelectedIndex = (n - 1);
            this.bind();
        }
}
```

自定义方法 bind，首先调用 CommonClass 类的 GetDataSet 方法，从数据库中获取需要管理的新闻信息，然后将获取的新闻信息绑定到数据控件 GridView 中。代码如下：

```
protected void bind()
    {
        //调用 CommonClass 类的 GetDataSet 方法，查询需要管理的新闻信息，并绑定到 GridView 控件上
        this.gvNewsList.DataSource = CC.GetDataSet("select * from tb_News where style='" + this.ddlNewsStyle
.SelectedValue.Trim() + "' order by id", "tbNews");
        this.gvNewsList.DataKeyNames = new string[] { "id" };
        this.gvNewsList.DataBind();
}
```

② 当用户输入一个搜索关键字后，单击"站内搜索"按钮，将会触发该按钮的 Click 事件，在该事件下调用自定义方法 searchBind，将搜索的信息显示出来。代码如下：

```
protected void btnSearch_Click(object sender, EventArgs e)
{
    //单击"站内搜索"按钮时，IntSearch=1
    IntSearch = 1;
    this.searchBind();
}
```

说明

以上代码中，IntSearch 是定义的一个静态的全局变量，用于标识是否已单击"站内搜索"控钮。

自定义方法 searchBind，首先使用 Like 运算符定义一个 SQL 语句，然后调用 CommonClass 类的 GetDataSet 方法，从数据库中查询符合条件的新闻信息，并将其绑定到 GridView 控件中。代码如下：

```
protected void searchBind()
{
    //使用 like 运算符定义一个查询字符串
    string strSql = "select * from tb_News where style='" + this.ddlNewsStyle.SelectedValue.ToString() + "'";
    strSql += " and (( content like '%" + this.txtKey.Text + "%')";
    strSql += " or (Title like '%" + this.txtKey.Text + "%'))";
    //调用 CommonClass 类的 GetDataSet 方法，获取符合条件的新闻信息
    //将获取的新闻信息绑定到数据控件 GridView 中
    gvNewsList.DataSource = CC.GetDataSet(strSql, "tbNews");
    gvNewsList.DataKeyNames = new string[] { "id" };
    gvNewsList.DataBind();
}
```

③ 当用户单击新闻显示框中的"删除"按钮时，将会触发 GridView 控件的 RowDeleting 事件，在该事件下调用 CommonClass 类的 ExecSQL 方法，删除指定的新闻信息。代码如下：

```
protected void gvNewsList_RowDeleting(object sender, GridViewDeleteEventArgs e)
{
    //调用 CommonClass 类的 ExecSQL 方法，删除指定的新闻
    CC.ExecSQL("delete from tb_News where id='" + this.gvNewsList.DataKeys[e.RowIndex].Value.ToString() + "'");
    if (IntSearch == 1)
    {
        this.searchBind();
    }
    else
    {
        bind();
    }
}
```

④ 在 GridView 控件的 PageIndexChanging 事件下编写代码，实现分页功能。代码如下：

```
protected void gvNewsList_PageIndexChanging(object sender, GridViewPageEventArgs e)
{
    gvNewsList.PageIndex = e.NewPageIndex;
    if (IntSearch == 1)
    {
        this.searchBind();
    }
    else
    {
        bind();
    }
}
```

3．新闻编辑功能

数据表：tb_News   技术：数据表修改和 DataSet、DataRow 对象的应用

在新闻管理界面（list.aspx）中，单击新闻显示框中的任一"编辑"按钮，都会跳转到如图 24.7 所示的新闻编辑页（Edit.aspx），在该页中，用户可以对指定的新闻进行编辑。

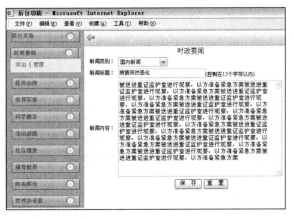

图 24.7　新闻编辑页

（1）页面设计

首先，将一个 5 行 3 列的表格（Table）置于新闻编辑页（Edit.aspx）的设计窗体中，为整个页面进行布局。

然后，从"工具箱"/"标准"选项卡中拖放 1 个 Label 控件、1 个 DropDownList 控件、2 个 TextBox 控件、2 个 Button 控件和 1 个 RequiredFieldValidatsr 控件置于表格中，并在各个控件中右击，打开"属性"面板，设置控件的属性。各个控件的属性设置及用途如表 24.10 所示。

表 24.10　Edit.aspx 页面中控件的属性设置及其用途

控　件　类　型	控　件　名　称	主要属性设置	用　　　途
标准/Label 控件	labTitle	Text 属性设置为""	显示编辑的新闻类别名

控件类型	控件名称	主要属性设置	用途
标准/DropDownList 控件	ddlNewsType	CssClass 属性设置为 css AutoPostBack 属性设置为 true	显示新闻类型（国际新闻/国内新闻）
标准/TextBox 控件	txtNewsTitle	MaxLength 属性设置为 15 CssClass 属性设置为 txt	输入新闻标题
	txtNewsContent	TextMode 属性设置为 MultiLine	输入新闻内容
标准/Button 控件	btnSave	Text 属性设置为 "保存"	保存修改的新闻信息
	btnReset	Text 属性设置为 "重置"	重新填写新闻信息
验证/RequiredFieldValidator 控件	RequiredFieldValidator1	ControlToValidate 属性设置为 txtNewsTitle ErrorMessage 属性设置为 "**"	验证新闻标题是否为空
	RequiredFieldValidator2	ControlToValidate 属性设置为 txtNewsContent ErrorMessage 属性设置为 "**"	验证新闻内容是否为空

最后，切换到该页的 HTML 源码中，对"新闻类别"下拉菜单的 Items 列表项进行设置，代码如下：

```
<asp:DropDownList ID="ddlNewsType" runat="server" Width="116px" AutoPostBack="True" CssClass="css">
<asp:ListItem>国际新闻</asp:ListItem>
<asp:ListItem>国内新闻</asp:ListItem>
</asp:DropDownList>
```

（2）功能代码

在编辑器页（Edit.aspx.cs）中编写代码前，首先需要定义一个 CommonClass 类对象，以便在编写代码时调用该类中的方法，代码如下：

```
CommonClass CC = new CommonClass();
```

程序主要代码如下。

① 在 Page_Load 事件中，调用 CommonClass 类的 GetDataSet 方法，获取需要编辑的新闻信息，并将其显示出来，代码如下：

```
protected void Page_Load(object sender, EventArgs e)
    {
        if (!IsPostBack)
        {
            //调用 CommonClass 类中的 GetDataSet 方法获取数据集
            DataSet ds = CC.GetDataSet("select * from tb_News where id=" + Request.QueryString["id"] + "", "tbNews");
            DataRow[] row = ds.Tables["tbNews"].Select();
            foreach (DataRow rs in row)
            {
                //显示编辑的新闻类别名
                this.txtNewsTitle.Text = rs["title"].ToString();
                //显示编辑的新闻内容
                this.txtNewsContent.Text = rs["content"].ToString();
                //显示编辑的新闻标题
                this.labTitle.Text = rs["Style"].ToString();
```

```
            //显示编辑的新闻类型
            switch (rs["type"].ToString())
            {
                case "国内新闻":
                    this.ddlNewsType.SelectedIndex =1;
                    break;
                case "国际新闻":
                    this.ddlNewsType.SelectedIndex =0;
                    break;
                default:
                    break;
            }
        }
    }
}
```

② 当修改完新闻信息后，单击"保存"按钮，将会触发该按钮的 Click 事件，在该事件下调用 CommonClass 类的 ExecSQL 方法，将修改的新闻信息保存到数据库中，代码如下：

```
protected void btnSave_Click(object sender, EventArgs e)
{
        CC.ExecSQL("UPDATE tb_News SET Title = '"+this.txtNewsTitle.Text+"', Content = '"+this.txtNewsContent.Text+"', Style = '"+this.labTitle.Text.Trim()+"', Type = '"+this.ddlNewsType.SelectedValue.ToString()+"' WHERE (ID = '"+Request.QueryString["id"]+"')");
        Response.Write(CC.MessageBox("数据修改成功！ ","list.aspx"));
}
```

③ 当需要重新填写新闻信息时，可以单击"重置"按钮，清空原有的新闻信息，代码如下：

```
protected void btnReset_Click(object sender, EventArgs e)
{
    this.txtNewsTitle.Text = "";
    this.txtNewsContent.Text = "";
}
```

24.3.6 前台主要功能模块设计

1. 用户自定义控件设计

☛ 数据表：tb_News　　　技术：用户控件的设计、Session对象的应用

在开发网站时，如果每个 Web 页都包含相同的内容（如站内导航、站内搜索等），开发人员可以将这些相同的内容设计成用户控件，直接在网页中引用，这样可以避免重复编码的过程，而且便于网站维护。

在本网站中，设计的用户控件如图 24.8 所示，主要实现站内搜索和站内导航功能。

图 24.8 实现站内搜索和站内导航功能的用户控件

（1）页面设计

首先，将一个 4 行 10 列的表格（Table）置于用户控件（menu.ascx）中，为整个页面进行布局。

然后，从"工具箱"/"标准"选项卡中拖放 1 个 Label 控件、1 个 DropDownList 控件、1 个 TextBox 控件、1 个 Button 控件和 9 个 HyperLink 控件，置于表格中，并在各个控件中右击，打开属性面板，设置控件的属性。其中 Label 控件、TextBox 控件、Button 控件和 HyperLink 控件的属性设置及用途如表 24.11 所示。

表 24.11 menu.ascx 中各个控件的属性设置及用途

控件类型	控件名称	主要属性设置	用 途
标准/Label 控件	labDate	Text 属性设置为 ""	用于显示当前系统时间
标准/TextBox 控件	txtKey	SelectionMode 属性设置为 SingleLine	输入查询的关键字
标准/Button 控件	btnSearch	Text 属性设置为 "站内搜索"	执行站内搜索功能
标准/HyperLink 控件	HyperLink1	NavigateUrl 属性设置为 "~/Default.aspx" Font-Underline 属性设置为 false ForeColor 属性设置为#333333	用户显示导航条的"主页"
	HyperLink2	NavigateUrl 属性设置为 "~/newsList.aspx?id=1" Font-Underline 属性设置为 false ForeColor 属性设置为#333333	用户显示导航条的"时政"
	HyperLink3	NavigateUrl 属性设置为 "~/newsList.aspx?id=2" Font-Underline 属性设置为 false ForeColor 属性设置为#333333	用户显示导航条的"经济"
	HyperLink4	NavigateUrl 属性设置为 "~/newsList.aspx?id=3" Font-Underline 属性设置为 false ForeColor 属性设置为#333333	用户显示导航条的"军事"
	HyperLink5	NavigateUrl 属性设置为 "~/newsList.aspx?id=4" Font-Underline 属性设置为 false ForeColor 属性设置为#333333	用户显示导航条的"科教"
	HyperLink6	NavigateUrl 属性设置为 "~/newsList.aspx?id=5" Font-Underline 属性设置为 false ForeColor 属性设置为#333333	用户显示导航条的"法制"
	HyperLink7	NavigateUrl 属性设置为 "~/newsList.aspx?id=6" Font-Underline 属性设置为 false ForeColor 属性设置为#333333	用户显示导航条的"社会"

控件类型	控件名称	主要属性设置	用途
标准/HyperLink 控件	HyperLink8	NavigateUrl 属性设置为 "~/newsList.aspx?id=7" Font-Underline 属性设置为 false ForeColor 属性设置为#333333	用户显示导航条的"体育"
	HyperLink9	NavigateUrl 属性设置为 "~/newsList.aspx?id=8" Font-Underline 属性设置为 false ForeColor 属性设置为#333333	用户显示导航条的"娱乐"

最后，为 DropDownList 控件添加列表项，显示"新闻类别"下拉菜单，其实现方法可参见 24.3.5 节。

（2）功能代码

该用户控件中"显示系统当前日期"和"站内搜索"功能是通过后台代码实现的，其他功能都是通过前台代码实现的。

程序主要代码如下。

① 在 Page_Load 事件中编写代码，使用 DateTime.Now 属性显示系统的当前日期，并通过可重载 ToString 方法将日期转换成指定的日期格式。代码如下：

```
protected void Page_Load(object sender, EventArgs e)
{
        this.labDate.Text = System.DateTime.Now.ToString("yyyy 年 MM 月 dd 日") + "   " + System.DateTime.Now.DayOfWeek.ToString();
}
```

② 在"站内搜索"按钮的 Click 事件下，将查询的关键语句存储到 Session 变量中，然后在 search.aspx 页中执行 SQL 语句，并将查询结果显示出来。代码如下：

```
protected void btnSearch_Click(object sender, EventArgs e)
{
        Session["tool"] = "新闻－>站内查询(" + this.ddlStyle.SelectedValue.Trim() + ")---输入关键字为 " " + this.txtKey.Text.Trim() + " " ";
        string strSql = "select * from tb_News where style='" + this.ddlStyle.SelectedValue.ToString() + "'";
        strSql += " and (( content like '%" + this.txtKey.Text + "%')";
        strSql += " or (Title like '%" + this.txtKey.Text + "%'))";
        strSql += "and issueDate='" + DateTime.Today.ToString() + "'";
        Session["search"] = strSql;
        Response.Redirect("search.aspx");
}
```

2．母版页的设计

🖐 技术：母版页的应用

为了给访问者以网站风格一致的感觉，每个网站都需要具有统一的风格和布局，如整个网站具有相同的网页头尾、导航栏等。本网站使用母版页功能快速创建风格一致的应用程序，其设计布局如图 24.9 所示，主要包括页头（menu.ascx 用户控件）、页尾（bottom.ascx 用户控件）和内容区（包括前后网站首页 Default.aspx、站内搜索显示结果页 search.aspx 和新闻类别页 newsList.aspx）。

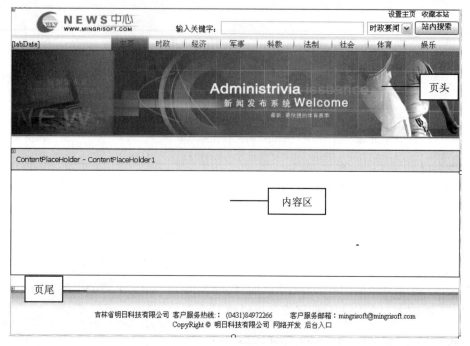

图 24.9 母版页的布局

> **注意**
> 母版页的使用可参见第 6 章的介绍。

设计母版页的 HTML 源代码如下：

```html
<table style=" width :778px" align =center cellpadding =0 cellspacing =0 >
    <tr style="height: 214px; width :778px"   align =center>
        <td   valign =top   >
            <uc1:menu id="Menu1" runat="server">
            </uc1:menu></td>
    </tr>
    <tr>
        <td valign =top >
        <asp:contentplaceholder id="ContentPlaceHolder1" runat="server">
        </asp:contentplaceholder>
        </td>
    </tr>
    <tr style="height: 81px; width :778px" align =center >
        <td style="height: 81px; width :778px" align =center >
            <uc2:bottom ID="Bottom1" runat="server" />
        </td>
    </tr>
</table>
```

3．站内搜索显示结果页

☞ 数据表：tb_News　　　技术：DataList控件的应用

当用户需要查看特定新闻时，可以在前台页面中的搜索区输入关键信息，然后单击"搜索"按钮搜索相关信息，其运行结果如图24.10所示。

图24.10　站内搜索显示结果页

（1）页面设计

首先，将一个3行2列的表格（Table）置于搜索结果页（search.aspx）中，为整个页面进行布局。

然后，从"工具箱"/"标准"选项卡中拖放1个Label控件，用于显示搜索的条件，再拖放1个DataList控件，用于显示搜索的内容。

最后，为DataList控件绑定"新闻类别"和"新闻标题"字段，其实现的具体步骤如下：

① 单击DataList控件右上角的▶按钮，打开DataList任务列表。

② 选择DataList任务列表中的"编辑模板"选项，在弹出的窗口中选择ItemTemplate模板编辑模式。

③ 在该编辑模式下，添加一个1行2列的Table控件，然后将页面切换到HTML源码中，将如下代码添加到Table表格中。

```
<table border="0" cellspacing="0"  style="width: 100%; height: 100%; margin-top: 0px; padding-top: 0px; font-size :9pt" align =center>
    <tr>
```

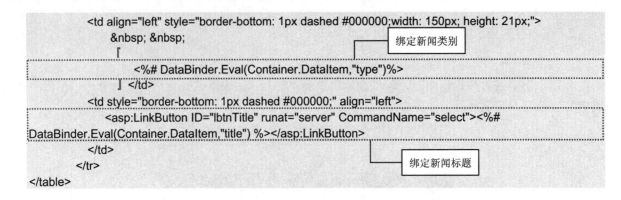

```
            <td align="left" style="border-bottom: 1px dashed #000000;width: 150px; height: 21px;">
                   
                    <%# DataBinder.Eval(Container.DataItem,"type")%>
            </td>
            <td style="border-bottom: 1px dashed #000000;" align="left">
                <asp:LinkButton ID="lbtnTitle" runat="server" CommandName="select"><%#
DataBinder.Eval(Container.DataItem,"title") %></asp:LinkButton>
            </td>
        </tr>
</table>
```

说明

编辑 DataList 控件的模块项可参见第 10 章的介绍。

（2）功能代码

在编辑器页（Edit.aspx.cs）中编写代码前，首先需要定义一个 CommonClass 类对象，以便在编写代码时调用该类中的方法。代码如下：

```
CommonClass CC = new CommonClass();
```

程序主要代码如下。

① 在 Page_Load 事件中，首先调用 CommonClass 类的 GetDataSet 方法，获取符合条件的新闻信息，然后将获取的新闻信息绑定到 DataList 控件中，并将其显示出来。代码如下：

```
protected void Page_Load(object sender, EventArgs e)
{
    //获取符合条件的新闻信息
    this.dlNews.DataSource = CC.GetDataSet(Convert.ToString(Session["search"]), "tbNews");
    this.dlNews.DataKeyField = "id";
    this.dlNews.DataBind();
    //显示查询条件
    this.labSC.Text = Convert.ToString(Session["tool"]);
}
```

注意

必须设置 DataList 控件的 DatakeyField 属性以指定数据源中的主键字段（DataList1.DataKeyField="id"），否则查看新闻内容时，由于无法获取唯一主键字段而不能正常浏览新闻内容。

② 在 DataList 控件的 ItemCommand 事件中编写如下代码，实现单击新闻标题，打开一个窗体，显示新闻的详细信息。代码如下：

```
protected void dlNews_ItemCommand(object source, DataListCommandEventArgs e)
{
```

```
        int id = Convert.ToInt32(dlNews.DataKeys[e.Item.ItemIndex].ToString());
        Response.Write("<script language=javascript>window.open('showNews.aspx?id=" + id +
"','','width=520,height=260')</script>");
    }
```

> **说明**
> 站内搜索结果页面中显示的都是新闻标题,新闻标题显示嵌套在 DataList 模板中的 LinkButton 控件,必须设置与此按钮关联的命令的 CommandName 属性为 select,才能在 DataList1 控件的 ItemCommand 事件中实现单击 LinkButton 控件链接,打开显示新闻详细内容页(showNews.aspx)。

4．新闻类别页

　　数据表:tb_News　　技术:DataList控件的应用

当用户单击站内导航条中的任一新闻类别时,都会跳转到新闻类别页(newsList.aspx),该页的运行结果如图 24.11 所示。

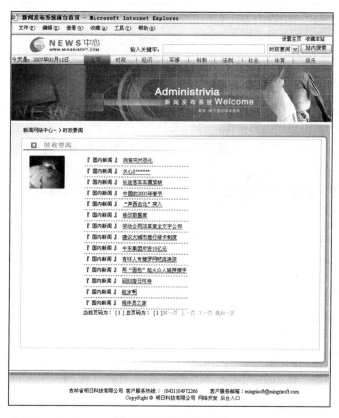

图 24.11　新闻类别页

（1）页面设计

首先,将一个 3 行 2 列的表格(Table)置于新闻类别页(newsList.aspx)中,为整个页面进行布局。

然后，从"工具箱"/"标准"选项卡中拖放 3 个 Label 控件、1 个 Image 控件和 4 个 LinkButton 控件，置于表格中，并在各个控件中右击，打开"属性"面板，设置控件的属性。各控件的属性设置及用途如表 24.12 所示。

表 24.12 newsList.aspx 页面中各个控件的属性设置及用途

控件类型	控件名称	主要属性设置	用途
标准/Label 控件	labTitle	Text 属性设置为 " "	显示新闻当前所在位置
	labPage	Text 属性设置为 1	显示当前页数
	labBackPage	Text 属性设置为 " "	显示分页总数
标准/LinkButton 控件	lnkbtnOne	ForeColor 设置为 Red Font-UnderLine 设置为 false	跳转到第一页
	lnkbtnUp	ForeColor 设置为 Red Font-UnderLine 设置为 false	跳转到上一页
	lnkbtnNext	ForeColor 设置为 Red Font-UnderLine 设置为 false	跳转到下一页
	lnkbtnBack	ForeColor 设置为 Red Font-UnderLine 设置为 false	跳转到最后一页
标准/Image 控件	imageTitle	ImageUrl 属性设置为 "~/Images/二级页时政要闻.jpg"	显示新闻类别名
	imageLag	ImageUrl 属性设置为 "~/Images/图片时政要闻.jpg"	显示新闻标志

最后，为 DataList 控件绑定"新闻类别"和"新闻标题"字段。其实现的具体步骤如下：

① 单击 DataList 控件右上角的▶按钮，打开 DataList 任务列表。

② 选择 DataList 任务列表中的"编辑模板"选项，在弹出的窗口中选择 ItemTemplate 模板编辑模式。

③ 在该编辑模式下，添加一个 1 行 2 列的 Table 表格，然后将页面切换到 HTML 源码中，将如下代码添加到 Table 表格中。

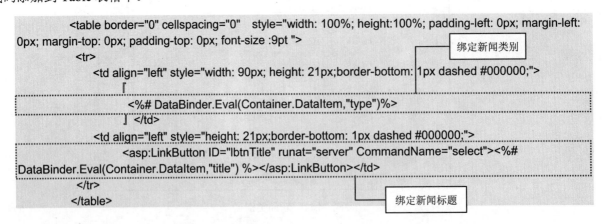

（2）功能代码

在编辑器页（Edit.aspx.cs）中编写代码前，首先需要定义一个 CommonClass 类对象，以便在编写代码时调用该类中的方法，代码如下：

```
CommonClass CC = new CommonClass();
```

程序主要代码如下。

① 在 Page_Load 事件中，当页面初始化时调用自定义方法 bind，显示新闻信息。代码如下：

```
protected void Page_Load(object sender, EventArgs e)
 {
     bind();
 }
```

自定义方法 bind，首先使用 switch 语句获取新闻类别名，然后调用 CommonClass 类的 GetDataSet 方法查询新闻信息，并将其绑定到 DataList 控件上，再使用 PagedDataSource 类实现 DataList 控件的分页功能。代码如下：

```
string strStyle;
protected void bind()
 {
         int n = Convert.ToInt32(Request.QueryString["id"]);
         switch (n)
         {
             case 1: strStyle = "时政要闻";
                 this.labTitle.Text = "新闻网络中心－＞时政要闻";
                 this.imageLag.ImageUrl = "~/Images/图片时政要闻.jpg";
                 this.imageTitle.ImageUrl = "~/Images/二级页时政要闻.jpg";
                 break;
             case 2: strStyle = "经济动向";
                 this.labTitle.Text = "新闻网络中心－＞经济动向";
                 this.imageLag.ImageUrl = "~/Images/经济动向图片.jpg";
                 this.imageTitle.ImageUrl = "~/Images/二级页经济动向.jpg";
                 break;
             case 3: strStyle = "世界军事";
                 this.labTitle.Text = "新闻网络中心－＞世界军事";
                 this.imageLag.ImageUrl = "~/Images/世界军事图片.jpg";
                 this.imageTitle.ImageUrl = "~/Images/二级页世界军事.jpg";
                 break;
             case 4: strStyle = "科学教育";
                 this.labTitle.Text = "新闻网络中心－＞科学教育";
                 this.imageLag.ImageUrl = "~/Images/图片科学教育.jpg";
                 this.imageTitle.ImageUrl = "~/Images/二级页科学教育.jpg";
                 break;
             case 5: strStyle = "法治道德";
                 this.labTitle.Text = "新闻网络中心－＞法治道德";
                 this.imageLag.ImageUrl = "~/Images/法制道德图片.jpg";
                 this.imageTitle.ImageUrl = "~/Images/二级页法制道德.jpg";
                 break;
             case 6: strStyle = "社会现象";
                 this.labTitle.Text = "新闻网络中心－＞社会现象";
                 this.imageLag.ImageUrl = "~/Images/社会现象图片.jpg";
```

```
                    this.imageTitle.ImageUrl = "~/Images/二级页社会现象.jpg";
                    break;
                case 7: strStyle = "体育世界";
                    this.labTitle.Text = "新闻网络中心-＞体育世界";
                    this.imageLag.ImageUrl = "~/Images/体育世界图片.jpg";
                    this.imageTitle.ImageUrl = "~/Images/二级页体育世界.jpg";
                    break;
                case 8: strStyle = "时尚娱乐";
                    this.labTitle.Text = "新闻网络中心-＞时尚娱乐";
                    this.imageLag.ImageUrl = "~/Images/时尚娱乐图片.jpg";
                    this.imageTitle.ImageUrl = "~/Images/二级页时尚娱乐.jpg";
                    break;
            }
            //取得当前页的页码
            int curpage = Convert.ToInt32(this.labPage.Text);
            //使用 PagedDataSource 类实现 DataList 控件的分页功能
            PagedDataSource ps = new PagedDataSource();
            //获取数据集
            DataSet ds = CC.GetDataSet("select * from tb_News where style='" + strStyle + "' order by issueDate Desc", "tbNews");
            ps.DataSource = ds.Tables["tbNews"].DefaultView;
            //是否可以分页
            ps.AllowPaging = true;
            //显示的数量
            ps.PageSize =16;
            //取得当前页的页码
            ps.CurrentPageIndex = curpage - 1;
            this.lnkbtnUp.Enabled = true;
            this.lnkbtnNext.Enabled = true;
            this.lnkbtnBack.Enabled = true;
            this.lnkbtnOne.Enabled = true;
            if (curpage == 1)
            {
                //不显示"第一页"超链接
                this.lnkbtnOne.Enabled = false;
                //不显示"上一页"超链接
                this.lnkbtnUp.Enabled = false;
            }
            if (curpage == ps.PageCount)
            {
                //不显示"下一页"超链接
                this.lnkbtnNext.Enabled = false;
                //不显示"最后一页"超链接
                this.lnkbtnBack.Enabled = false;
            }
            //显示分页数量
            this.labBackPage.Text = Convert.ToString(ps.PageCount);
            //绑定 DataList 控件
            this.dlNews.DataSource = ps;
```

```
        this.dlNews.DataKeyField = "id";
        this.dlNews.DataBind();
    }
```

② 当用户单击用于操作分页的 LinkButton 控件时，程序根据当前页码执行指定操作。用于控制分页的 LinkButton 控件的 Click 事件代码如下：

```
//第一页
protected void lnkbtnOne_Click(object sender, EventArgs e)
{
    this.labPage.Text = "1";
    this.bind();
}
//上一页
protected void lnkbtnUp_Click(object sender, EventArgs e)
{
    this.labPage.Text = Convert.ToString(Convert.ToInt32(this.labPage.Text) - 1);
    this.bind();
}
//下一页
protected void lnkbtnNext_Click(object sender, EventArgs e)
{
    this.labPage.Text = Convert.ToString(Convert.ToInt32(this.labPage.Text) + 1);
    this.bind();
}
//最后一页
protected void lnkbtnBack_Click(object sender, EventArgs e)
{
    this.labPage.Text = this.labBackPage.Text;
    this.bind();
}
```

第25章

在线投票系统

（ 视频讲解：36分钟 ）

在线投票是网站应用程序中使用非常频繁的功能之一。在一些网站上，经常会见到各种各样的在线投票系统，如一些购物网站会根据用户的投票评选用户最喜欢的商品、最信任的商家等。本章将通过实例介绍开发在线投票系统的详细过程。

第 25 章 在线投票系统

25.1 实例说明

目前，很多网站都具有网上调查功能，为了使在线投票网站制作得更精致，通常情况下，在显示投票结果时将采用百分比形式，如果网站的调查结果以饼状图或表格的形式显示，则可使结果更加直观。另外，本实例还限制每个用户的投票次数（即每个用户只能对系统中的一个主题进行一次投票）。本实例实现的具体功能如下：

- ☑ 添加投票项目。
- ☑ 管理投票项目。
- ☑ 对项目进行投票。
- ☑ 查看投票结果。

程序运行结果如图 25.1 所示。

图 25.1 查看在线投票系统运行结果

25.2 技术要点

实现本在线投票系统主要涉及两大功能：一是防止用户对同一主题重复投票；二是以图形的方式显示投票的结果。下面将详细介绍这两个功能的具体实现。

25.2.1 防止用户重复投票

在线投票系统中最重要的一个功能就是禁止用户对某一投票主题进行重复投票，即一个用户对一个主题只能投票一次,投票后将不能继续投票。实现这一功能通常有两种方法:一是当用户进行投票时,系统首先获取该用户的本地 IP 地址,然后将它与数据库中存在的 IP 地址比较,如果能检索出相同的 IP 地址,就弹出错误信息,如果没有,则会完成用户投票,执行票数增加的操作,并将该用户的本地 IP 地址存入数据库;另一种方法是使用 Cookie 对象确认用户的行为。

本实例采用第二种方法。由于系统中存在多个投票主题,为了区别各个 Cookie 项,可以使用每个主题的 ID 作为 Cookie 的值。例如,用户为 ID 为 1 的投票主题投票时,则该用户的 Cookies 中会多一个新项("VoteItem", "1")。实现这一功能的代码如下:

```
HttpCookie makecookie = new HttpCookie("Vote"+ M_Str_voteID);    //制造 cookie
makecookie.Values.Add("VoteItem", readcookie.Values["VoteItem"] + "<" + M_Str_voteID + ">");
```

在用户投票之前对该用户的 Cookie 进行判断。首先读出 Cookie 的值,然后对该值进行判断。如果读出的 Cookie 值为 null,则表示该用户从未使用过该投票系统,那么就对新创建的 Cookie 对象添加新值,并设置过期时间;如果该用户已经使用过该投票系统,就判断该用户是否对该主题投过票,若对该主题投过票,就给出错误提示并不执行投票操作,否则设置 Cookie 对象的值。代码如下:

```
//投票防作弊
HttpCookie makecookie= new HttpCookie("Vote" + M_Str_voteID);//制造 cookie
HttpCookie readcookie = Request.Cookies["Vote"+M_Str_voteID];//读出 cookie
if (readcookie == null)//从未投过票
{
    makecookie.Values.Add("VoteItem", "<" + M_Str_voteID + ">");//设置其值
    makecookie.Expires = DateTime.MaxValue;//设置过期时间
}
else//已经投过票
{
    string P_Str_AllItem = readcookie.Values["VoteItem"].ToString();//读取已投票的项
    if (P_Str_AllItem.IndexOf("<" + M_Str_voteID + ">") == -1)//未对该主题投过票
    {
        makecookie.Values.Add("VoteItem", readcookie.Values["VoteItem"] + "<" + M_Str_voteID + ">");
    }
    else//已对该主题投过票
    {
        Response.Write("<script language=javascript>alert('该主题你已经成功投过票,不能重新投票!');</script>");
        return;
    }
}
```

25.2.2 图形方式显示投票结果

以图形方式显示投票结果更加直观、形象,是投票系统人性化的表现。本实例以数据库中检索出的数据为依据,以饼状图形显示投票结果。在绘制图形时,按投票的选项将饼形图划分成相应的几部分,通过投票选项的票数计算出相应选项在饼形图中所分配的角度数据,然后利用 Graphics 类中的

FillPie 方法完成图形绘制。FillPie 方法的语法格式如下：

```
FillPie(Brush brush,float x,float y,float width,float height,float startAngle,float sweepAngle)
```

参数说明如下。
- brush：确定填充特性的 Brush。
- x：边框左上角的 x 坐标，该边框定义扇形区所属的椭圆。
- y：边框左上角的 y 坐标，该边框定义扇形区所属的椭圆。
- width：边框的宽度，该边框定义扇形区所属的椭圆。
- height：边框的高度，该边框定义扇形区所属的椭圆。
- startAngle：从 x 轴沿顺时针方向旋转到扇形区第一个边所测得的角度（以度为单位）。
- sweepAngle：从 startAngle 参数沿顺时针方向旋转到扇形区第二个边所测得的角度(以度为单位)。

注意
此方法填充由椭圆的一段弧线和与该弧线端点相交的两条射线定义的扇形区的内部。该椭圆由边框定义。扇形区由 startAngle 和 sweepAngle 参数定义的两条射线以及这两条射线与椭圆交点之间的弧线组成。如果 sweepAngle 参数大于 360°或小于-360°，则将其分别视为 360°或-360°。

绘制完成后，利用 Bitmap 类的 Save 方法将图形输出到页面中。Save 方法的语法格式如下：

```
public void Save(Stream stream,ImageFormat format)
```

参数说明如下。
- stream：将在其中保存图像的 Stream。
- format：指定保存的图像的格式。

注意
绘图过程中需要引用命名空间 using System.Drawing 和 using System.IO。

显示投票结果的饼形图是由 ResultImage.aspx 页生成的，在该页的页面加载事件中接收页面间传值，并调用生成饼图的方法。代码如下：

```
protected void Page_Load(object sender, EventArgs e)
{
    string P_Str_voteID = Request["voteID"];
    string P_Str_title = Server.UrlDecode (Request["title"]);
    img(P_Str_voteID, P_Str_title);
}
```

生成饼图的方法具有两个 string 类型的参数 P_Str_voteID 和 P_Str_title，分别表示投票主题的 ID 和名称。代码如下：

```csharp
public void img(string P_Str_voteID, string P_Str_title)
{
    #region
    DataSet myds1 = DB.reDs("select *   from tb_VoteItem where voteID=" + P_Str_voteID);
    //计算总票数
    DataSet myds2 = DB.reDs("select sum(voteTotal) as total FROM tb_VoteItem where voteID=" + P_Str_voteID);
    int P_Int_sum = Convert.ToInt32(myds2.Tables[0].Rows[0][0].ToString());
    int P_Int_ItemCount = myds1.Tables[0].Rows.Count;          //获取该投票主题的选项个数
    string[] P_Str_voteContent = new string[P_Int_ItemCount];  //存储每个选项的投票名称
    string[] P_Str_voteTotal = new string[P_Int_ItemCount];    //存储每个选项的投票数
    int P_Int_val = 0;                                         //变量，用于设置数组的下标
    foreach (DataRow dr in myds1.Tables[0].Rows)
    {
        P_Str_voteContent[P_Int_val] = dr[2].ToString();       //获取每个选项的投票名称
        P_Str_voteTotal[P_Int_val] = dr[3].ToString();         //获取每个选项的投票数
        P_Int_val++;
    }
    Bitmap bitmap = new Bitmap(600, 800);
    Graphics graphics = Graphics.FromImage(bitmap);
    try
    {
        graphics.Clear(Color.White);
        Pen pen1 = new Pen(Color.Red);
        Brush[] brush = new Brush[P_Int_ItemCount + 1];
        Brush brush1 = new SolidBrush(Color.White);
        for (int i = 0; i < P_Int_ItemCount; i++)
        {
            int red = RandomNum(i);
            int green = RandomNum(i + 100);
            int blue = RandomNum(i + 500);
            brush[i] = new SolidBrush(Color.FromArgb(red, green, blue));
        }
        Font font1 = new Font("Courier New", 16, FontStyle.Bold);
        Font font2 = new Font("Courier New", 8);
        graphics.FillRectangle(brush1, 0, 0, 370, 350);        //绘制背景
           //书写标题
        graphics.DrawString(P_Str_title + "投票比例分析", font1, brush[1], new Point(60, 20));
        float[] P_Fl_angle = new float[P_Int_ItemCount];       //保存各投票项在圆中分配的角度
        for (int i = 0; i < P_Int_ItemCount; i++)
        {
            //获取各投票项在圆中所占角度
            P_Fl_angle[i] = Convert.ToSingle((360 * (Convert.ToSingle(P_Str_voteTotal[i]) / Convert.ToSingle(P_Int_sum))));
        }
        float P_Int_angle = 0;
        for (int i = 0; i < P_Int_ItemCount; i++)
        {   //绘制各投票项所占比例
            graphics.FillPie(brush[i], 100, 60, 180, 180, P_Int_angle, P_Fl_angle[i]);
```

```
                P_Int_angle += P_Fl_angle[i];
            }
            //绘制标识
            graphics.DrawRectangle(pen1, 50, 255, 260, 50 + P_Int_ItemCount * 10);        //绘制范围框
            for (int i = 0; i < P_Int_ItemCount; i++)
            {
                graphics.FillRectangle(brush[i], 85, 265 + i * 20, 20, 10);               //绘制小矩形
                graphics.DrawString(P_Str_voteContent[i] +
Convert.ToString(Convert.ToSingle(P_Str_voteTotal[i]) * 100 / Convert.ToSingle(P_Int_sum)) + "%", font2,
brush[i], 120, 265 + i * 20);
            }
        }
        catch (Exception ex)
        {
            Response.Write("<script>alert('" + ex.Message + "');<script>");
        }
        MemoryStream ms = new MemoryStream();
        bitmap.Save(ms, System.Drawing.Imaging.ImageFormat.Gif);
        Response.ClearContent();
        Response.ContentType = "image/Gif";
        Response.BinaryWrite(ms.ToArray());
        graphics.Dispose();
        #endregion
}
```

RandomNum 方法用于生成一个小于 255 的非负随机数,利用这个随机数来生成 Brush 对象的填充色。代码如下:

```
public int RandomNum(int i)                                    //产生 0~255 之间的随机数
{
    Random rnd = new Random(i*unchecked((int)DateTime.Now.Ticks));    //初始化一个 Random 实例
    int rndNum = rnd.Next(255);                                //返回小于 255 的非负随机数
    return rndNum;
}
```

25.3 开发过程

25.3.1 数据库设计

本实例采用 SQL Server 2005 数据库系统,在该系统中新建一个数据库并将其命名为 db_Vote。创建投票项信息表(tb_Vote),用于保存投票项的基本信息,表结构如表 25.1 所示。

表 25.1　投票项信息表（tb_Vote）的结构

字 段 名 称	类　　型	描　　述
voteID	int	投票项编号
voteTitle	varchar	投票项名称

创建投票选项信息表（tb_VoteItem），用于保存投票选项的基本信息，表结构如表 25.2 所示。

表 25.2　投票选项信息表（tb_VoteItem）的结构

字 段 名 称	类　　型	描　　述
voteItemID	int	投票选项编号
voteID	int	投票项编号
voteContent	varchar	选项内容
voteTotal	varchar	票数

25.3.2　配置 Web.config

由于 Web.config 文件对于访问站点的用户来说是不可见的，也是不可访问的。所以为了系统数据的安全和易操作，可以在配置文件（Web.config）中配置一些参数，本实例在 Web.config 文件中配置数据库连接字符串。代码如下：

```
<configuration>
    <appSettings>
    <add key="Con" value="server=LFL\MR;Uid=sa;pwd=;database=db_Vote;" />
    </appSettings>
    …
</configuration>
```

25.3.3　公共类编写

在项目开发中，良好的类设计能够使系统结构更加清晰，并且可以加强代码的重用性和易维护性。在本实例中建立了一个公共类 DB.cs，用来执行各种数据库操作及公共方法。

公共类 DB.cs 中包含 3 个方法，分别为 GetCon、sqlEx 和 reDs 方法，它们的功能说明及设计如下：

（1）GetCon 方法

GetCon 方法主要用来连接数据库，使用 ConfigurationManager 对象的 AppSettings 属性值获取配置节中连接数据库的字符串实例化 SqlConnection 对象，并返回该对象。代码如下：

```
///<summary>
///配置连接字符串
///</summary>
///<returns>返回 SqlConnection 对象</returns>
public static SqlConnection GetCon()
```

```
{
    return new SqlConnection(ConfigurationManager.AppSettings["GetCon"]);//配置连接字符串
}
```

（2）sqlEx (string cmdstr)方法

sqlEx 方法主要使用 SqlCommand 对象执行数据库操作，如添加、修改、删除等，它包括一个 string 字符型参数，用来接收具体执行的 SQL 语句。执行该方法后，成功返回 1；失败返回 0。代码如下：

```
///<summary>
///执行 SQL 语句
///</summary>
///<param name="P_str_cmdtxt">用来执行的 SQL 语句</param>
///<returns>返回是否成功，成功返回 true；否则返回 false</returns>
public static bool sqlEx(string P_str_cmdtxt)
{
    SqlConnection con = DB.GetCon();//连接数据库
    con.Open();//打开连接
    SqlCommand cmd = new SqlCommand(P_str_cmdtxt, con);
    try
    {
        cmd.ExecuteNonQuery();//执行 SQL 语句并返回受影响的行数
        return true;
    }
    catch (Exception e)
    {
        return false;
    }
    finally
    {
        con.Dispose();//释放连接对象资源
    }
}
```

（3）reDs (string cmdstr)方法

reDs 方法主要使用 SqlDataAdapter 对象的 Fill 方法填充 DataSet 数据集，它包括一个 string 字符型参数，用来接收具体查询的 SQL 语句。执行该方法后，将返回保存查询结果的 DataSet 对象。代码如下：

```
///<summary>
///返回 DataSet 结果集
///</summary>
///<param name="P_str_cmdtxt">用来查询的 SQL 语句</param>
///<returns>结果集</returns>
public static DataSet reDs(string P_Str_Cmdtxt)
{
    SqlConnection con = DB.GetCon();//连接数据库
    SqlDataAdapter da = new SqlDataAdapter(P_str_cmdtxt, con);
    DataSet ds = new DataSet();
    da.Fill(ds);
```

```
        return ds;//返回 DataSet 对象
    }
```

说明

返回的是 DataSet 对象，可以对其中的数据进行编辑。

25.3.4 模块设计说明

1．系统主页面实现过程

系统主页面（Default.aspx）实现了系统导航功能，是整个应用程序的起始页。该页运行结果如图 25.2 所示。

图 25.2　在线投票系统主页面

实现系统主页面的步骤如下：

（1）界面设计

在该页面添加 3 个 ImageButton 控件，具体属性设置及用途如表 25.3 所示。

表 25.3　Default.aspx 页面中控件的属性设置及用途

控件类型	控件名称	主要属性设置	用　　途
标准/ImageButton 控件	imgbtnAdd	ImageUrl 属性设置为 "~/Image/主页切/主页按钮---添加投票项.jpg"	跳转到添加投票项页面
	imgbtnAll	ImageUrl 属性设置为 "~/Image/主页切/主页按钮---所有投票.jpg"	跳转到所有投票页面
	imgbtnManage	ImageUrl 属性设置为 "~/Image/主页切/主页按钮---投票项管理.jpg"	跳转到投票项管理页面

（2）跳转到其他页面功能的实现

页面之间的跳转功能是通过 Response 对象的 Redirect 方法实现的。当用户单击"添加投票项"、"所有投票"、"投票项管理"按钮时，分别将页面跳转到添加投票项页面（AddVote.aspx）、所有投票页面（AllVote.aspx）和投票项管理页面（ManageVote.aspx）。代码如下：

```
protected void imgbtnAdd_Click(object sender, ImageClickEventArgs e)
{
    Response.Redirect("~/AddVote.aspx");//跳转到添加投票页
}
protected void imgbtnAll_Click(object sender, ImageClickEventArgs e)
{
    Response.Redirect("~/AllVote.aspx");//跳转到所有投票页
}
protected void imgbtnManage_Click(object sender, ImageClickEventArgs e)
{
    Response.Redirect("~/ManageVote.aspx");//跳转到投票项管理页
}
```

2．添加投票项页面实现过程

数据表：tb_Vote、tb_VoteItem   技术：数据库操作

添加投票项页面（AddVote.aspx）主要实现添加投票主题以及添加或删除投票选项的功能。在页面初始化时，只显示添加投票标题。当用户添加投票标题后，才显示添加投票选项面板，用户可以添加或删除该主题的投票选项，可以单击✖按钮结束投票选项的编辑。单击"返回"按钮，跳转到系统主页面。添加投票项页面的运行结果如图 25.3 所示。

图 25.3　添加投票项页面

实现添加投票项页面的步骤如下：

（1）界面设计

在该页面添加 2 个 TextBox 控件、2 个 LinkButton 控件、2 个 RequiredFieldValidator 控件、1 个 ListBox 控件和 3 个 ImageButton 控件，具体属性设置及用途如表 25.4 所示。

表 25.4　AddVote.aspx 页面中控件的属性设置及用途

控 件 类 型	控 件 名 称	主要属性设置	用　　途
标准/TextBox 控件	txtVoteTitle		输入投票的标题
	txtItem		输入投票选项
标准/LinkButton 控件	lnkbtnAddItem	Text 属性设置为"插入"	添加投票选项名称
	lnkbtnRemove	Text 属性设置为"移除"	删除投票选项
		CausesValidation 属性设置为 false	

控件类型	控件名称	主要属性设置	用途
验证/RequiredFieldValidator 控件	RequiredFieldValidator1	ControlToValidate 属性设置为 txtVoteTitle	投票标题文本框不能为空
		ErrorMessage 属性设置为 "*"	
	RequiredFieldValidator2	ControlToValidate 属性设置为 txtItem	投票选项文本框不能为空
		ErrorMessage 属性设置为 "*"	
		Enabled 属性设置为 false	
标准/ListBox 控件	lbItem		用于显示投票选项
标准/ImageButton 控件	imgbtnAdd	ImageUrl 属性设置为 "~/Image/子页切/添加按钮.jpg"	添加投票标题
	imgbtnBack	CausesValidation 属性设置为 false	实现返回到主页
		ImageUrl 属性设置为 "~/Image/子页切/返回按钮.jpg"	
	imgbtnClose	CausesValidation 属性设置为 false	结束投票选项的编辑
		ImageUrl 属性设置为 "~/Image/关闭.bmp"	
		ToolTip 属性设置为 "关闭"	

（2）初始化页面

在页面初始化时，首先定义一个静态的 string 类型的变量，用于存储投票主题的编号，代码如下：

```
public static string M_Str_voteID= null;//投票主题的编号
```

然后，创建一个 set 方法用于设置页面中控件的状态，代码如下：

```
//页面设置
#region
public void set(bool P_Bl_value)
{
    txtTitle.Enabled = P_Bl_value;//输入标题的文本框是否可用
    RequiredFieldValidator1.Enabled = P_Bl_value;//验证标题文本框的验证控件是否可用
    imgbtnAdd.Enabled = P_Bl_value;//添加按钮是否可用
    panelItem.Visible = !P_Bl_value;//Panel 控件是否显示
    RequiredFieldValidator2.Enabled = !P_Bl_value;//验证投票选项文本框的验证控件是否可用
}
#endregion
```

在页面加载事件中调用 set 方法设置页面，代码如下：

```
protected void Page_Load(object sender, EventArgs e)
{
    if (!IsPostBack)
    {
        set(true);
    }
}
```

（3）添加投票项

单击"添加"按钮可以完成添加新投票项功能。单击该按钮时，将触发按钮的 imgbtnAdd_Click

事件。在该事件中首先调用 AutoID 方法自动获得投票项的编号，保存在 M_Str_voteID 变量中，然后判断自动编号是否为 null 值，如果不为空值，则执行添加操作，并返回一个布尔值，如果成功则返回 true，否则返回 false。代码如下：

```csharp
//添加投票
#region
protected void imgbtnAdd_Click(object sender, EventArgs e)
{
    M_Str_voteID = AutoID("tb_Vote", "voteID");
    string P_Str_Title = this.txtTitle.Text.Trim();
    if (M_Str_voteID != null)
    {
        bool P_Bl_reVal = DB.ExSql("insert into tb_Vote values(" + M_Str_voteID + ",'" + P_Str_Title + "')");
        if (P_Bl_reVal)
            set(false);//设置页面
        else
            Response.Write("<script>alert('添加失败，请查找原因!');</script>");
    }
}
#endregion
```

其中，生成自动编号的方法为 AutoID，该方法有两个 string 类型的参数 P_Str_tbName 和 P_Str_colName，分别用来传递产生自动编号的表名和列名。代码如下：

```csharp
//自动编号
#region
public string AutoID(string P_Str_tbName, string P_Str_colName)
{
    string P_Str_ID = null;
    try
    {
        DataSet ds = DB.reDs("select Max(" + P_Str_colName + ") from " + P_Str_tbName);
        string P_Str_value = ds.Tables[0].Rows[0][0].ToString();
        if (P_Str_value != "")
        {
            P_Str_ID = Convert.ToString(Convert.ToInt32(P_Str_value) + 1);
        }
        else
        {
            P_Str_ID = "1";
        }
    }
    catch (Exception ee)
    {
        Response.Write("<script>alert('" + ee.Message + "');</script>");
    }
    return P_Str_ID;
}
#endregion
```

注意 自定义自动编号，可以保证数据库中的编号是连续的。

（4）添加投票选项

添加操作成功后，将显示添加投票选项模板，对投票选项进行操作。

单击"插入"按钮将触发 LinkButton 控件的 Click 事件，在该事件中将数据添加到数据库，并显示在 ListBox 控件中。代码如下：

```
//添加投票选项
#region
protected void lnkbtnAddItem_Click(object sender, EventArgs e)
{
    string P_Str_itemID = AutoID("tb_VoteItem", "voteItemID");
    string P_Str_voteID = M_Str_voteID;
    string P_Str_voteContent = this.txtItem.Text.Trim();
    string P_Str_cmdtxt = "insert into tb_VoteItem(voteItemID,voteID,voteContent) values(" + P_Str_itemID + ", " + P_Str_voteID + ",'" + P_Str_voteContent + "')";
    if(P_Str_itemID !=null)
    {
        bool P_Bl_reVal = DB.sqlEx(P_Str_cmdtxt);
        if (P_Bl_reVal)
        {
            Bind(P_Str_voteID);//绑定 ListBox
            this.txtItem.Text = "";
        }
        else
            Response.Write("<script>alert('添加失败，请查找原因!');</script>");
    }
}
#endregion
```

将该主题的投票选项显示在 ListBox 控件中是通过调用 Bind 方法实现的，该方法的参数为投票选项的投票主题编号。代码如下：

```
//绑定 ListBox 控件
#region
public void Bind(string P_Str_voteID)
{
    DataSet ds = DB.reDs("select * from tb_VoteItem where voteID=" + P_Str_voteID);
    lbItem.DataSource = ds;
    lbItem.DataTextField = "voteContent";//设置为列表项提供文本内容的字段
    lbItem.DataValueField = "voteItemID";//设置为列表项提供值的字段
    lbItem.DataBind();//将数据源绑定到 ListBox 控件
}
#endregion
```

说明 添加一个投票选项后，在投票选项列表框中会立即显现选项名称。

（5）删除选中的投票选项

单击"移除"按钮，将删除在 ListBox 控件中选中的投票选项。如果操作成功，则重新绑定 ListBox 控件；否则，弹出"移除失败，请查找原因！"提示信息。代码如下：

```
//删除投票选项
#region
protected void lnkbtnRemove_Click(object sender, EventArgs e)
{
    string P_Str_itemID = this.lbItem.SelectedValue;
    bool P_Bl_reVal = DB.sqlEx("delete from tb_VoteItem where voteItemID=" + P_Str_itemID);
    if (P_Bl_reVal)
        Bind(M_Str_voteID);//重新绑定
    else
        Response.Write("<script>alert('移除失败，请查找原因！');</script>");
}
#endregion
```

（6）关闭编辑投票选项面板

投票选项编辑完成后，单击✖按钮，将隐藏编辑投票选项面板。代码如下：

```
//结束投票选项的编辑
#region
protected void imgbtnClose_Click(object sender, ImageClickEventArgs e)
{
    set(true);
    this.txtTitle.Text = "";
}
#endregion
```

（7）返回主页

完成投票主题及投票选项的操作后可以通过单击"返回"按钮结束添加投票选项的编辑，并跳转到主页面（Default.aspx）。代码如下：

```
//返回
#region
protected void imgbtnBack_Click(object sender, ImageClickEventArgs e)
{
    Response.Redirect("~/Default.aspx");//跳转到主页
}
#endregion
```

3. 查看所有投票页面的实现过程

☞ 数据表：tb_Vote、tb_VoteItem　　　技术：DataList控件绑定

查看所有投票页面（AllVote.aspx）用于显示在线投票系统中所有投票的名称。用户可以通过单击投票名称超链接对该名称的投票项进行投票。查看所有投票页的运行结果如图25.4所示。

图25.4　查看所有投票页运行结果

实现查看所有投票页面的步骤如下：

（1）界面设计

在查看所有投票页面上添加一个 HyperLink 控件和一个 DataList 控件，并在 DataList 控件的 ItemTemplate 模板中添加一个 HyperLink 控件，具体属性设置及用途如表25.5所示。

表25.5　AllVote.aspx 页面中控件的属性设置及用途

控件类型	控件名称	主要属性设置	用　　途
标准/HyperLink 控件	hpLinkBack	Text 属性设置为"返回"	返回主页
		NavigateUrl 属性设置为"~/Default.aspx"	
标准/DataList 控件	dlVote		显示投票主题
标准/HyperLink 控件	HplinkVoteTitle	Text 属性设置为"DataBinder.Eval(Container.DataItem,"voteTitle")"	显示投票的标题,用户单击某主题时跳转到投票页面
		Text 属性设置为""~/Vote.aspx?voteID="+DataBinder.Eval (Container.DataItem,"voteID")"	

（2）初始化页面

在页的初始化事件 Page_Load 中实现对 DataList 控件的绑定，将投票主题绑定到 DataList 控件上。代码如下：

```
protected void Page_Load(object sender, EventArgs e)
{
    if (!IsPostBack)
    {
        Bind();
    }
}
//绑定 DataList 控件
```

```
public void Bind()
{
    DataSet ds = DB.reDs("select * from tb_Vote");
    dlVote.DataSource = ds;
    dlVote.DataBind();
}
```

4．投票页面的实现过程

👉 数据表：tb_Vote、tb_VoteItem　　　技术：Cookie 的应用

投票页面（Vote.aspx）用于用户对某一主题进行投票。用户选择任何一个投票选项名称后单击"我要投票"按钮，即可对该主题进行投票，投票后将显示投票结果页。投票页面的运行结果如图 25.5 所示。

图 25.5　投票页面运行结果

实现投票页面的步骤如下：

（1）界面设计

在投票页面上添加一个 HyperLink 控件、一个 Label 控件、一个 RadioButtonList 控件和两个 Button 控件，具体属性设置如表 25.6 所示。

表 25.6　Vote.aspx 页面中控件的属性设置及用途

控 件 类 型	控 件 名 称	主要属性设置	用　　途
标准/HyperLink 控件	hpLinkBack	ImageUrl 属性设置为"~/Image/子页切/返回按钮.jpg"	返回主页
		NavigateUrl 属性设置为"~/Default.aspx"	
标准/Label 控件	labVoteTitle		显示投票主题
标准/RadioButtonList 控件	rblVoteItem		显示投票选项
标准/Button 控件	btnVote	Text 属性设置为"我要投票"	投票操作
	btnResult	Text 属性设置为"查看结果"	显示投票结果页

（2）初始化页面

在 Vote.aspx 页的初始化事件 Page_Load 中实现投票信息的显示。首先获得投票的主题 ID，然后调用显示该投票的标题及投票选项。代码如下：

```
public static string M_Str_voteID;//用于存储投票主题的 ID
protected void Page_Load(object sender, EventArgs e)
{
    if (!IsPostBack)
    {
        M_Str_voteID = Request["voteID"];//获得投票主题的 ID
        labBind();//显示投票标题
        rblBind();//显示投票选项
    }
}
```

显示投票标题的 labBind 方法就是将数据从数据库中读出来，然后在 Label 控件中显示出来。代码如下：

```
//绑定 Label 控件
public void labBind()
{
    DataSet ds = DB.reDs("select voteTitle from tb_Vote where voteID="+M_Str_voteID);
    labVoteTitle.Text = ds.Tables[0].Rows[0][0].ToString();
}
```

显示投票选项的方法为 rblBind，它是将数据库中的数据存储在 DataSet 数据集中，并以 DataSet 为数据源，显示在 RadioButtonList 控件中。代码如下：

```
//绑定 RadioButtonList 控件
public void rblBind()
{
    DataSet ds = DB.reDs("select * from tb_VoteItem where voteID=" + M_Str_voteID);
    rblVoteItem.DataSource = ds;
    rblVoteItem.DataTextField = "voteContent";
    rblVoteItem.DataValueField = "voteItemID";
    rblVoteItem.DataBind();
}
```

（3）投票功能

单击"我要投票"按钮时，将触发 btnVote_Click 事件，实现用户投票的功能。在投票事件中，首先判断该用户是否使用该系统投过票，是否对该投票主题投过票，即避免用户进行重复投票，因为每位用户只能对一个投票主题投一次票。

注意

防止投票作弊的方法已经在技术要点中详细介绍过，这里不再赘述，具体可参见 25.2.1 节。

如果该用户没有对该主题投过票，那么对选中的投票选项的票数加 1，并添加 Cookie，然后显示投票结果页；如果该用户已经对该主题投过票，将跳出事件，不执行投票操作。代码如下：

```
protected void btnVote_Click(object sender, EventArgs e)
{
    //投票防作弊
    HttpCookie makecookie= new HttpCookie("Vote" + M_Str_voteID);//制造 cookie
    HttpCookie readcookie = Request.Cookies["Vote"+M_Str_voteID];//读出 cookie
    if (readcookie == null)//从未投过票
    {
        makecookie.Values.Add("VoteItem", "<" + M_Str_voteID + ">");//设置其值
        makecookie.Expires = DateTime.MaxValue;//设置过期时间
    }
    else//已经投过票
    {
        string P_Str_AllItem = readcookie.Values["VoteItem"].ToString();//读取已投票的项
        if (P_Str_AllItem.IndexOf("<" + M_Str_voteID + ">") == -1)//未对该主题投过票
        {
            makecookie.Values.Add("VoteItem", readcookie.Values["VoteItem"] + "<" + M_Str_voteID + ">");
        }
        else//已对该主题投过票
        {
            Response.Write("<script language=javascript>alert('该主题你已经成功投过票，不能重新投票！');</script>");
            return;
        }
    }
    //执行投票操作，票数加 1
    string P_Str_voteItemID = this.rblVoteItem.SelectedValue;
    string P_Str_cmdtxt = "update tb_VoteItem set voteTotal=voteTotal+1 where voteItemID=" + P_Str_voteItemID + " and voteID=" + M_Str_voteID;
    bool P_Bl_reVal = DB.sqlEx(P_Str_cmdtxt);
    if (P_Bl_reVal)
    {
        Response.AppendCookie(makecookie);//写入 Cookie
        Response.Write("<script>alert('投票成功，感谢您的支持！');window.open('VoteResult.aspx?voteID=" + M_Str_voteID + "&title=" + Server.UrlEncode (labVoteTitle.Text) + "','new');</script>");
    }
    else
        Response.Write("<script>alert('投票失败！');</script>");
}
```

（4）查看投票结果

单击"查看结果"按钮，通过在 Response 对象的 Write 方法中的 JavaScript 脚本将 VoteResult.aspx 页面在一个新 Web 窗口中打开，在该页面中显示该主题的投票结果。代码如下：

```
protected void btnResult_Click(object sender, EventArgs e)
{
    Response.Write("<script>window.open('VoteResult.aspx?voteID=" + M_Str_voteID + "&title=" + Server.UrlEncode (labVoteTitle.Text) + "','new');</script>");
}
```

5. 投票结果页面的实现过程

数据表：tb_VoteItem　　　　技术：饼状图显示投票结果

投票结果页面（VoteResult.aspx）以饼图的方式显示某一主题的投票结果。投票结果页面的运行结果如图 25.6 所示。

图 25.6　投票结果页面运行结果

实现投票结果页面的步骤如下：

（1）界面设计

在投票结果页面上添加一个 ImageButton 控件和一个 Image 控件，具体属性设置及用途如表 25.7 所示。

表 25.7　VoteResult.aspx 页面中控件的属性设置及用途

控件类型	控件名称	主要属性设置	用途
标准/ImageButton 控件	imgbtnBack	ImageUrl 属性设置为 "~/Image/子页切/关闭按钮.jpg"	关闭投票结果页
标准/Image 控件	imgVoteImage		显示投票结果

（2）初始化页面

在 VoteResult.aspx 页的初始化事件 Page_Load 中实现显示某主题的投票结果。首先获得投票的主题 ID 和标题，然后设置 Image 控件显示图像的位置。代码如下：

```
protected void Page_Load(object sender, EventArgs e)
{
    string P_Str_voteID = Request["voteID"];
    string P_Str_title = Server.UrlDecode(Request["title"]);
    imgVoteImage.ImageUrl = "~/ResultImage.aspx?voteID=" + P_Str_voteID + " &title=" + Server.UrlEncode
(P_Str_title);
}
```

 说明

　　ResultImage.aspx 页是自动生成投票结果图的页面，实现的方法在技术要点中已经介绍过，具体实现步骤可参见 25.2.2 节。

（3）关闭投票结果页

单击"关闭"按钮，将触发 imgbtnClose_Click 事件，在该事件中使用 Response 对象的 Write 方法执行 JavaScript 脚本，关闭当前窗口。代码如下：

```
protected void imgbtnClose_Click(object sender, EventArgs e)
{
    Response.Write("<script>window.close();</script>");
}
```

6．投票管理页面的实现过程

　　数据表：tb_Vote、tb_VoteItem　　　技术：数据库操作

投票管理页面（ManageVote.aspx）是用来删除投票主题的，在删除投票主题的同时删除投票的所有选项。投票管理页面的运行结果如图 25.7 所示。

图 25.7　投票管理页面运行结果

实现投票管理页面的步骤如下：

（1）界面设计

在该页面中添加一个 DataList 控件，DataList 控件的设计在 10.2 节中已详细讲解，这里不再赘述。下面具体介绍 DataList 控件的 ItemTemplate 模板的控件属性，具体属性设置及用途如表 25.8 所示。

表 25.8　DataList 控件的 ItemTemplate 模板控件的属性设置及用途

控件类型	控件名称	主要属性设置	用途
标准/Label 控件	labTitle	Text 属性设置为"DataBinder.Eval(Container.DataItem, "voteTitle")"	显示投票主题
标准/ImageButton 控件	imgbtnBack	ImageUrl 属性设置为"~/Image/子页切/返回按钮.jpg"	实现返回到主页
标准/Button 控件	btnDelete	CommandArgument 属性设置为"DataBinder.Eval(Container.DataItem, " voteID ")" CommandName 属性设置为 delete Text 属性设置为"删除"	删除投票主题

（2）初始化页面

在 ManageVote.aspx 页的初始化事件 Page_Load 中，调用 Bind 方法实现显示所有投票的标题。代码如下：

```
protected void Page_Load(object sender, EventArgs e)
{
    if (!IsPostBack)
    {
        Bind();
    }
}
public void Bind()
{
    DataSet ds = DB.reDs("select * from tb_Vote");
    dlVoteManage.DataSource = ds;
    dlVoteManage.DataKeyField = "voteID";
    dlVoteManage.DataBind();
}
```

(3) 删除投票

当单击"删除"按钮时,首先触发按钮的 btnDelete_Load 事件,由于"删除"按钮的 CommandName 属性设置为 delete,所以在触发 Load 事件后会触发 dlVoteManage_DeleteCommand 事件。

在 btnDelete_Load 事件中,将弹出确认是否删除的提示框,如果单击"确定"按钮,将触发 dlVoteManage_DeleteCommand 事件,执行删除操作;否则,取消删除操作。代码如下:

```
protected void btnDelete_Load(object sender, EventArgs e)
{
    //删除前给出提示信息
    ((Button)sender).Attributes["onclick"] = "javascript:return confirm('你确认要删除该条记录吗？')";
}
```

在 dlVoteManage_DeleteCommand 事件中删除所选投票项,如果删除成功,将该投票页中的所有投票选项删除;否则,弹出"删除失败！"的错误提示。代码如下:

```
protected void dlVoteManage_DeleteCommand(object source, DataListCommandEventArgs e)
{
    string P_Str_voteID = e.CommandArgument.ToString();
    bool P_Bl_reVal = DB.sqlEx("delete from tb_Vote where voteID=" + P_Str_voteID);
    if (P_Bl_reVal)
        DB.sqlEx("delete from tb_VoteItem where voteID=" + P_Str_voteID);
    else
        Response.Write("<script>alert('删除失败！');</script>");
    Bind();
}
```

第26章

网站流量统计

（ 视频讲解：28分钟 ）

　　一个功能完善的统计系统，可以帮助系统管理者通过统计信息了解网络的系统性能、网站效率等，进而设法增加系统的访问量，完善网络系统的运营。本章将介绍网络应用程序中访问统计的基本方法及实现。

26.1 实例说明

网站流量统计可以根据不同目标对用户访问情况进行统计。不同的统计目标决定了统计的过程与结果。本实例主要实现以下统计模块：
- ☑ 概况统计模块。
- ☑ 本日流量统计模块。
- ☑ 本月流量统计模块。
- ☑ 本年流量统计模块。
- ☑ IP 统计模块。
- ☑ 浏览器信息统计模块。
- ☑ 操作系统信息统计模块。

程序运行结果如图 26.1 所示。

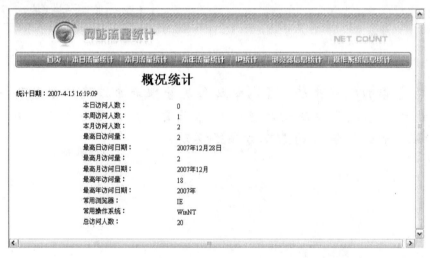

图 26.1　网站流量统计运行结果

26.2 技术要点

26.2.1 获取并记录流量统计所需数据

网站流量统计中很重要的一个环节就是获取并记录流量统计中需要的信息，通常包括访问者的 IP、访问时间、浏览器信息和操作系统信息等，同时还要避免用户通过刷新来增加浏览次数。

在 3.4.1 节中曾经讲过，Session 对象是可以进行用户识别的，当用户打开网页时，就会得到一个

Session，当用户关闭浏览器或 Session 超过有效时间时，Session 就会结束。这里可以借助 Session 对象来完成设计。

在 Global.asax 文件中的 Session_Start 事件中使用 Request 对象获得客户端相关的信息。这里设置 Session 的有效时间为 1 分钟，默认为 20 分钟。代码如下：

```
void Session_Start(object sender, EventArgs e)
{
    Session.Timeout = 1;
    //在新会话启动时运行的代码
    Session["IP"] = Request.UserHostAddress ;//获取客户端 IP
    Session["LoginTime"] = DateTime.Now;//获取用户访问时间，即当前时间
    Session["Browser"] = Request.Browser.Browser;//获取用户使用的浏览器信息
    Session["OS"] = Request.Browser.Platform;//获取用户使用的操作系统信息
}
```

在 Session_End 事件中获得用户离开的时间，并将访问者的信息存入数据库。代码如下：

```
void Session_End(object sender, EventArgs e)
{
    //在会话结束时运行的代码
    //注意：只有在 Web.config 文件中的 sessionstate 模式设置为 InProc 时，才会引发 Session_End 事件
    //如果会话模式设置为 StateServer 或 SQLServer，则不会引发该事件
    Session["LeaveTime"] = DateTime.Now;
    DB.ExSql("insert into tb_CounterInfo   (IP, LoginTime, LeaveTime, Browser, OS) values('" + Session["IP"].ToString() + "','" + Session["LoginTime"].ToString() + "','" + Session["LeaveTime"].ToString() + "','" + Session["Browser"].ToString() + "','" + Session["OS"].ToString() + "')");
}
```

26.2.2 使用 Request 对象获取客户端信息

不同的浏览器或者相同浏览器的不同版本支持的功能都不同。在应用程序中，可能需要知道当前正在使用哪种浏览器浏览网页，并且可能需要知道该浏览器是否支持某些特定功能。Request 对象的 Browser 属性可以访问浏览器的相关信息。代码如下：

```
HttpBrowserCapabilities bc = Request.Browser;
Response.Write("浏览器的相关规格与信息：");
Response.Write("<hr>");
Response.Write("类型：" + bc.Type + "<br>");
Response.Write("名称：" + bc.Browser + "<br>");
Response.Write("版本：" + bc.Version + "<br>");
Response.Write("操作平台：" + bc.Platform + "<br>");
Response.Write("是否支持框架：" + bc.Frames + "<br>");
Response.Write("是否支持表格：" + bc.Tables + "<br>");
Response.Write("是否支持 Cookies：" + bc.Cookies + "<br>");
```

26.3 开发过程

26.3.1 数据库设计

本实例采用 SQL Server 2005 数据库系统，在该系统中新建一个数据库，将其命名为 db_Counter。创建网站流量统计信息表（tb_CounterInfo），用于保存访问者的 IP 及访问时间等基本信息，表结构如表 26.1 所示。

表 26.1 网站流量统计信息表（tb_CounterInfo）的结构

字 段 名 称	类 型	是否为空	描 述
ID	int	否	用来存储信息编号，标志为自动增量，增量为 1
IP	varchar	否	用来存储访问者 IP
LoginTime	datetime	否	用来存储访问者登录时间
LeaveTime	datetime	否	用来存储访问者离开的时间
Browser	varchar	否	用来存储访问者使用浏览器的信息
OS	varchar	否	用来存储访问者使用操作系统的信息

说明

访问者登录和离开时间，分别为 Session 开始和关闭的时间。

创建用户信息表（tb_UserInfo），用于保存用户名及密码信息，表结构如表 26.2 所示。

表 26.2 用户信息表（tb_UserInfo）的结构

字 段 名 称	类 型	是否为空	描 述
UserID	int	否	用户编号
UserName	int	否	用户名
UserPassword	varchar	否	用户密码

26.3.2 配置 Web.config

本实例主要在 Web.config 文件中配置连接数据库的字符串，配置完成后，可省去在其他页面重复编写连接数据库的字符串的麻烦。设置时，只要在<add>标记中编写如下代码：

```
<configuration>
    <appSettings>
    <add key="Con" value="server=LFL\MR;Uid=sa;pwd=;database=db_Counter;" />
  </appSettings>
      …
</configuration>
```

26.3.3 公共类编写

编写公共类可以减少重复代码的编写,并且有利于代码维护。在本实例中建立一个公共类 DB.cs,用来执行各种数据库操作。

公共类 DB.cs 中包含 3 个方法,分别为 GetCon、sqlEx 和 reDs 方法,它们的功能说明及设计如下。

(1) GetCon 方法

GetCon 方法主要是用来连接数据库,使用 ConfigurationManager 对象的 AppSettings 属性值获取配置节中连接数据库的字符串实例化 SqlConnection 对象,并返回该对象。代码如下:

```
///<summary>
///配置连接字符串
///</summary>
///<returns>返回 SqlConnection 对象</returns>
public static SqlConnection GetCon()
{
    return new SqlConnection(ConfigurationManager.AppSettings["GetCon"]);//配置连接字符串
}
```

(2) sqlEx(string P_str_cmdtxt)方法

sqlEx 方法主要是使用 SqlCommand 对象执行数据库操作,如添加、修改、删除等,它包括一个 string 字符型参数,用来接收具体执行的 SQL 语句。执行该方法后,成功返回 1;失败返回 0。代码如下:

```
///<summary>
///执行 SQL 语句
///</summary>
///<param name="P_str_cmdtxt">用来执行的 SQL 语句</param>
///<returns>返回是否成功,成功返回 true;否则返回 false</returns>
public static bool sqlEx(string P_str_cmdtxt)
{
    SqlConnection con = DB.GetCon();//连接数据库
    con.Open();//打开连接
    SqlCommand cmd = new SqlCommand(P_str_cmdtxt, con);
    try
    {
        cmd.ExecuteNonQuery();//执行 SQL 语句并返回受影响的行数
        return true;
    }
    catch (Exception e)
    {
        return false;
    }
    finally
    {
```

```
            con.Dispose();//释放连接对象资源
    }
}
```

（3）reDs (string P_Str_Cmdtxt)方法

reDs 方法主要是使用 SqlDataAdapter 对象的 Fill 方法填充 DataSet 数据集，它包括一个 string 字符型参数，用来接收具体查询的 SQL 语句。执行该方法后，将返回保存查询结果的 DataSet 对象。代码如下：

```
///<summary>
///返回 DataSet 结果集
///</summary>
///<param name="P_Str_Cmdtxt">用来查询的 SQL 语句</param>
///<returns>结果集</returns>
public static DataSet reDs(string P_str_cmdtxt)
{
    SqlConnection con = DB.GetCon();//连接数据库
    SqlDataAdapter da = new SqlDataAdapter(P_str_cmdtxt, con);
    DataSet ds = new DataSet();
    da.Fill(ds);
    return ds;//返回 DataSet 对象
}
```

26.3.4 模块设计说明

1．母版页实现过程

母版页（Counter.master）实现了系统的统一布局和导航功能。该页运行结果如图 26.2 所示。

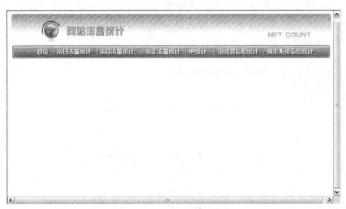

图 26.2 母版页

实现母版页的步骤如下。

新建一个母版页，在该页上添加一个 2 行 1 列的表格用于布局，在表格的第 1 行添加 1 个 Menu 控件，将 contentplaceholder 控件放在第 2 行中。

Menu 控件主要用于显示不同的功能页面。实现此功能，只需将 MenuItem 项的 NavigateUrl 属性设置为要显示的页面即可。具体源代码如下：

```
<asp:Menu ID="Menu1" runat="server" BackColor="#E3EAEB" DynamicHorizontalOffset="2"
Font-Names="Verdana" Font-Size="0.8em" ForeColor="#666666" Orientation="Horizontal"
StaticSubMenuIndent="10px">
<StaticMenuItemStyle HorizontalPadding="5px" VerticalPadding="2px" />
<DynamicHoverStyle BackColor="#666666" ForeColor="White" />
<DynamicMenuStyle BackColor="#E3EAEB" />
<StaticSelectedStyle BackColor="#1C5E55" />
<DynamicSelectedStyle BackColor="#1C5E55" />
<DynamicMenuItemStyle HorizontalPadding="5px" VerticalPadding="2px" />
<Items>
    <asp:MenuItem NavigateUrl="~/Default.aspx" Text="首页" ></asp:MenuItem>
    <asp:MenuItem Text="本日流量统计" NavigateUrl ="~/DayCount.aspx" ></asp:MenuItem>
    <asp:MenuItem Text="本月流量统计" NavigateUrl ="~/MonthCount.aspx"></asp:MenuItem>
    <asp:MenuItem Text="本年流量统计" NavigateUrl ="~/YearCount.aspx"></asp:MenuItem>
    <asp:MenuItem Text="IP 统计" NavigateUrl="~/IPCount.aspx"></asp:MenuItem>
    <asp:MenuItem Text="浏览器信息统计" NavigateUrl ="~/BrowserCount.aspx"></asp:MenuItem>
    <asp:MenuItem Text="操作系统信息统计" NavigateUrl ="~/OSCount.aspx"></asp:MenuItem>
</Items>
<StaticHoverStyle BackColor="#666666" ForeColor="White" />
</asp:Menu>
```

2．概况统计页面实现过程

数据表：tb_CounterInfo　　　　技术：数据库查询

概况统计页面（Default.aspx）主要显示常用的统计数据，通过对数据库中信息的查询结果来计算所需要显示的结果。该页是 Counter.master 页的内容页，页面的运行结果如图 26.3 所示。

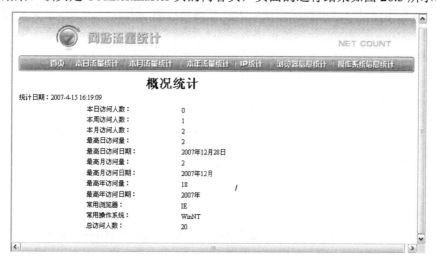

图 26.3　概况统计页面

实现概况统计页面的步骤如下。

（1）界面设计

在该页面添加 13 个 Label 控件，用来显示统计数据，具体属性设置及用途如表 26.3 所示。

表 26.3　Default.aspx 页面中控件的属性设置及用途

Label 控件名称	用　　途
labCountDate	显示统计日期
labCountDay	显示本日访问人数
labCountWeek	显示本周访问人数
labCountMonth	显示本月访问人数
labMaxCountDay	显示最高日访问量
labMaxCountDayDate	显示最高日访问日期
labMaxCountMonth	显示最高月访问量
labMaxCountMonthDate	显示最高月访问日期
labMaxCountYear	显示最高年访问量
labMaxCountYearDate	显示最高年访问日期
labBrowser	显示访问者常用浏览器
labOS	显示访问者常用操作系统
labTotalCount	显示网站总访问人数

（2）统计日期

统计日期就是对网站进行查看的日期，这里使用 DateTime.Now 语句表示。代码如下：

```
//显示统计时间
labCountDate.Text = DateTime.Now.ToString();
```

（3）本日访问人数

由于网站访问者的访问时间可精确到秒，所以查询当日访问人数时，查询的时间段应该在当天零点到第二天的零点。在这期间所记录的数据条数即本日访问量。其中 M_Str_mindate 和 M_Str_maxdate 为两个 string 类型的变量，用来存储最小日期和最大日期。代码如下：

```
//本日访问人数的计算
M_Str_mindate = DateTime.Now.ToShortDateString() + " 0:00:00";
M_Str_maxdate = DateTime.Now.AddDays(1).ToShortDateString() + " 0:00:00";
DataSet ds = DB.reDs("select * from tb_CounterInfo where LoginTime>='" + M_Str_mindate + "'and LoginTime<'" + M_Str_maxdate + "'");
labCountDay.Text = ds.Tables[0].Rows.Count.ToString();
```

（4）本周访问人数

计算本周访问人数时，首先要获得当天是星期几，然后计算出星期一到星期日分别表示的日期，根据时间段查询出所有访问者的记录，并存储在 DataSet 数据集中，DataSet 中记录的行数即为本周的访问人数。代码如下：

```
//本周访问人数
switch (DateTime.Now.DayOfWeek)
```

```
{
    case DayOfWeek.Monday:
        M_Str_mindate = DateTime.Now.AddDays(0).ToShortDateString() + " 0:00:00";
        M_Str_maxdate = DateTime.Now.AddDays(6).ToShortDateString() + " 0:00:00";
        break;
    case DayOfWeek.Tuesday:
        M_Str_mindate = DateTime.Now.AddDays(-1).ToShortDateString() + " 0:00:00";
        M_Str_maxdate = DateTime.Now.AddDays(5).ToShortDateString() + " 0:00:00";
        break;
    case DayOfWeek.Wednesday:
        M_Str_mindate = DateTime.Now.AddDays(-2).ToShortDateString() + " 0:00:00";
        M_Str_maxdate = DateTime.Now.AddDays(4).ToShortDateString() + " 0:00:00";
        break;
    case DayOfWeek.Thursday:
        M_Str_mindate = DateTime.Now.AddDays(-3).ToShortDateString() + " 0:00:00";
        M_Str_maxdate = DateTime.Now.AddDays(3).ToShortDateString() + " 0:00:00";
        break;
    case DayOfWeek.Friday:
        M_Str_mindate = DateTime.Now.AddDays(-4).ToShortDateString() + " 0:00:00";
        M_Str_maxdate = DateTime.Now.AddDays(2).ToShortDateString() + " 0:00:00";
        break;
    case DayOfWeek.Saturday:
        M_Str_mindate = DateTime.Now.AddDays(-5).ToShortDateString() + " 0:00:00";
        M_Str_maxdate = DateTime.Now.AddDays(1).ToShortDateString() + " 0:00:00";
        break;
    case DayOfWeek.Sunday:
        M_Str_mindate = DateTime.Now.AddDays(-6).ToShortDateString() + " 0:00:00";
        M_Str_maxdate = DateTime.Now.AddDays(0).ToShortDateString() + " 0:00:00";
        break;
}
ds = DB.reDs("select * from tb_CounterInfo where LoginTime>='" + M_Str_mindate + "'and LoginTime<'" + M_Str_maxdate + "'");
labCountWeek.Text = ds.Tables[0].Rows.Count.ToString();
```

注意

DateTime 类的 ToShortDateString 方法返回短日期形式的时间字符串，如 2009/11/26。

（5）本月访问人数

对本月访问人数的计算，是查出访问者登录时间的年份和月份与当前日期的年份和月份一致的记录，记录数即为所求结果。代码如下：

```
//本月访问人数
ds = DB.reDs("select * from tb_CounterInfo where Year(LoginTime)="+DateTime.Now.Year+" and Month(LoginTime)=" + DateTime.Now.Month.ToString());
this.labCountMonth.Text = ds.Tables[0].Rows.Count.ToString();
```

（6）最高日访问量和最高日访问日期

计算最高日访问量需要对每一日的访问量进行统计。查询的方法是按年、月、日进行分组，并统计每日的访问人数和访问的日期,将查询的结果保存在 DataSet 中。设置一个存储最高访问量的变量 P_Int_max,初始值为 0,再设置一个变量 P_Str_date 来记录最高访问量的日期。每一天的访问量都与 P_Int_max 中的值进行比较,如果大于或等于,则将这一天的访问量赋给 P_Int_max,同时设置 P_Str_date 为这一天的日期;如果小于,则不进行任何操作。代码如下:

```csharp
//最高日访问量
ds = DB.reDs("SELECT COUNT(*) AS count, MAX(LoginTime) AS date FROM tb_CounterInfo GROUP BY YEAR(LoginTime), MONTH(LoginTime), DAY(LoginTime)");
int P_Int_max = 0;//最大值
string P_Str_date = "";
foreach (DataRow dr in ds.Tables[0].Rows)
{
    if (!dr.IsNull(0))
    {
        if (P_Int_max <= Convert.ToInt32(dr[0]))
        {
            P_Int_max = Convert.ToInt32(dr[0]);
            P_Str_date = Convert.ToDateTime(dr[1]).ToShortDateString();
        }
    }
}
labMaxCountDay.Text = P_Int_max.ToString ();
//最高日访问日期
DateTime P_Date_date=Convert.ToDateTime (P_Str_date);
labMaxCountDayDate.Text = P_Date_date.Year + "年" + P_Date_date.Month + "月" + P_Date_date.Day + "日";
```

(7)最高月访问量和最高月访问日期

计算最高月访问量和最高月访问日期时,首先对访问者登录的年份进行分组求出年份,以求出的年份为条件按访问者登录的月份分组,求出每月的访问量,通过比较求出该年中最高月访问量和最高月访问日期,存储在 P_Int_max 和 P_Str_date 中。然后将所求的其他年份查询的结果与 P_Int_max 比较,如果小于,则将 P_Int_max 设置为该月的访问量,将 P_Str_date 设置为该月的月份。代码如下:

```csharp
//最高月访问量
P_Int_max = 0;//最大值
P_Str_date = "";
ds=DB.reDs ("SELECT YEAR(LoginTime) FROM tb_CounterInfo GROUP BY YEAR(LoginTime)");
foreach (DataRow drYear in ds.Tables[0].Rows)
{
    drYear[0].ToString();
    DataSet dsMonth = DB.reDs("SELECT COUNT(*) as count, MAX(Month(LoginTime)) as month FROM tb_CounterInfo where YEAR(LoginTime)=" + drYear[0].ToString() + " GROUP BY Month(LoginTime)");
    foreach (DataRow drMonth in dsMonth.Tables[0].Rows)
    {
        if (!drMonth.IsNull(0))
        {
            if (P_Int_max <=Convert.ToInt32(drMonth[0]))
            {
                P_Int_max = Convert.ToInt32(drMonth[0]);
```

```
                P_Str_date =drYear[0].ToString() + "年" + drMonth[1].ToString() + "月";
            }
        }
    }
}
labMaxCountMonth.Text = P_Int_max.ToString();
//最高月访问日期
labMaxCountMonthDate.Text = P_Str_date;
```

(8) 最高年访问量和最高年访问日期

最高年访问量和最高年访问日期的计算只要根据访问者登录的年份进行分组，求出每年的访问量，再通过循环、比较求出最大的访问量并记录年份即可。代码如下：

```
//最高年访问量
ds = DB.reDs("SELECT COUNT(*), MAX(Year(LoginTime)) FROM tb_CounterInfo GROUP BY Year(LoginTime)");
P_Int_max = 0;//最大值
P_Str_date = "";
foreach (DataRow dr in ds.Tables[0].Rows)
{
    if (!dr.IsNull(0))
    {
        if (P_Int_max <= Convert.ToInt32(dr[0]))
        {
            P_Int_max = Convert.ToInt32(dr[0]);
            P_Str_date = dr[1].ToString() + "年";
        }
    }
}
labMaxCountYear.Text = P_Int_max.ToString();
//最高年访问日期
labMaxCountYearDate.Text = P_Str_date;
```

> **说明**
>
> 在 SQL 语句中使用 GROUP BY 子句时，在前面的 select 子句中只能包含 GROUP BY 子句中列出的字段或者聚合函数。

(9) 常用浏览器

获得最常用的浏览器信息是按浏览器信息进行分组，并查出每种浏览器使用的次数和浏览器的名称，存储在 DataSet 数据集中，通过对 DataSet 数据集中表的遍历求出使用次数最高的浏览器名称。代码如下：

```
//常用浏览器
ds = DB.reDs("SELECT COUNT(*) AS count, Browser FROM tb_CounterInfo GROUP BY Browser");
P_Int_max = 0;//最大值
string P_Str_Browser = "";
```

```
foreach (DataRow dr in ds.Tables[0].Rows)
{
    if (!dr.IsNull(0))
    {
        if (P_Int_max <= Convert.ToInt32(dr[0]))
        {
            P_Int_max = Convert.ToInt32(dr[0]);
            P_Str_Browser = dr[1].ToString();
        }
    }
}
this.labBrowser.Text = P_Str_Browser;
```

（10）常用操作系统

获得常用操作系统的方法与获得常用浏览器的方法相同，只是分组和查询的字段为 OS，代码如下：

```
//常用操作系统
ds = DB.reDs("SELECT COUNT(*) AS count, OS FROM tb_CounterInfo GROUP BY OS");
P_Int_max = 0;//最大值
string P_Str_OS = "";
foreach (DataRow dr in ds.Tables[0].Rows)
{
    if (!dr.IsNull(0))
    {
        if (P_Int_max <= Convert.ToInt32(dr[0]))
        {
            P_Int_max = Convert.ToInt32(dr[0]);
            P_Str_OS = dr[1].ToString();
        }
    }
}
this.labOS.Text = P_Str_OS;
```

（11）总访问人数

总访问人数的计算就是获得数据库中记录的条数。代码如下：

```
//总访问人数
ds = DB.reDs("select count(*) from tb_CounterInfo");
this.labTotalCount.Text = ds.Tables[0].Rows[0][0].ToString();
```

3．本日流量统计页面实现过程

数据表：tb_CounterInfo　　　　技术：数据库查询

本日流量统计页面（DayCount.aspx）是 Counter.master 页的内容页，主要实现对当日流量的统计，将一天划分为 24 个时间段，对每个时间段的访问量分别进行统计，并以图形方式显示所占比例。页面的运行结果如图 26.4 所示。

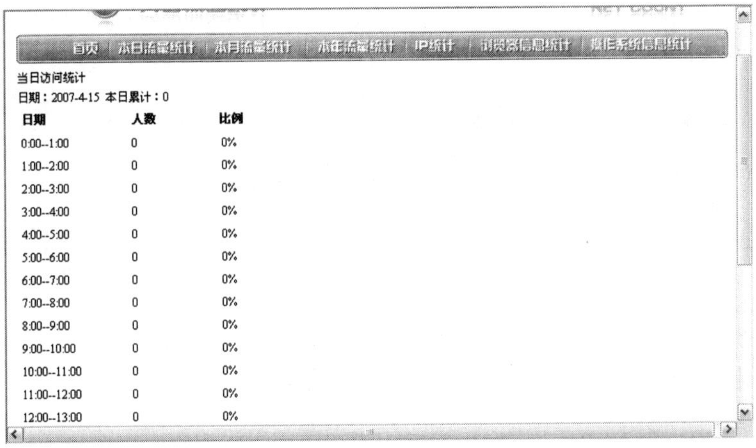

图 26.4 本日流量统计页面

实现本日流量统计页面的步骤如下。

（1）界面设计

在该页面添加两个 Label 控件和一个 DataList 控件，Label 控件分别用于显示统计的日期和当日累计的访问人数。

DataList 控件主要用于显示时间段、每个时间段的访问量和该时间段的访问量所占当日访问量的百分比。在 ItemTemplate 模板添加两个 Label 控件和一个 Image 控件，控件的属性设置及用途如表 26.4 所示。

表 26.4 DataList 控件的 ItemTemplate 模板中控件的属性设置及用途

控件类型	控件名称	主要属性设置	用途
标准/Label 控件	labTime	Text 属性设置为 "<%# Time(Container.ItemIndex)%>"	绑定时间段
	labCount	Text 属性设置为 "<%# Count(Container.ItemIndex)%>"	绑定各时间段的访问量
标准/Image 控件	imgPercent	Width 属性设置为 "<%# Percent(Container.ItemIndex) *150 %>"	绑定各时间段的访问量占当日访问量的百分比

（2）初始化页面

在页面初始化之前，首先定义两个 string 类型的变量 M_Str_mindate 和 M_Str_maxdate，用来存储这一天开始的时间和这一天结束的时间。代码如下：

```
string M_Str_mindate = DateTime.Now.ToShortDateString() + " 0:00:00";
string M_Str_maxdate = DateTime.Now.AddDays(1).ToShortDateString() + " 0:00:00";
```

然后，在页面的 Page_Load 事件中定义一个整型数组，用来存放时间，并将 DataList 控件的数据源设置为该数组。DateTime.Now 用于获得当前日期，调用 Total 方法计算当日的总访问量。代码如下：

```
protected void Page_Load(object sender, EventArgs e)
{
    if (!IsPostBack)
    {
        int[] P_Int_hour = new int[24];
        for (int i = 0; i < 24; i++)
```

```
        {
            P_Int_hour[i] = i;
        }
        DataList1.DataSource = P_Int_hour;
        DataList1.DataBind();
        labDay.Text = DateTime.Now.ToShortDateString();//当日日期
        this.labTotal.Text = Total().ToString();//本日累计
    }
}
```

（3）访问人数统计

Total 方法用于计算当天的总访问人数，具体代码如下：

```
//访问人数统计
public int Total()
{
    DataSet ds = DB.reDs("select * from tb_CounterInfo where LoginTime>='" + M_Str_mindate + "'and LoginTime<'" + M_Str_maxdate + "'");
    int P_Int_total = ds.Tables[0].Rows.Count;//访问人数统计
    return P_Int_total;
}
```

（4）时间列

Time 方法用于绑定时间列的值，整型参数用来计算显示的时间并将其返回。DataList 控件绑定在一个含有 24 个元素的数组上，当绑定第 1 行时，DataList 控件的项的索引值为 0，这时所返回的值为"0:00--1:00"。代码如下：

```
//设置时间列的值
public string Time(int i)
{
    string P_Str_time="";
    if (i < 24 & i >= 0)
    {
        P_Str_time = i.ToString() + ":00--" + Convert.ToString(i + 1) + ":00";
    }
    return P_Str_time;
}
```

> **注意**
>
> 此方法是在 DataList 控件的第 1 列上显示时间段，每段为 1 小时。

（5）各时间段的访问人数

Count 方法用于计算每小时的访问人数，整型参数的作用与 Time 方法的参数相同，即通过查询计算该时间段的访问人数。代码如下：

```
//各时间段的访问人数
public int Count(int i)
{
    int P_Int_count = 0;
    DataSet ds = DB.reDs("select COUNT(*) AS count, DATEPART(hh, LoginTime) AS hour from
tb_CounterInfo where LoginTime>='" + M_Str_mindate + "'and LoginTime<'" + M_Str_maxdate + "' and
DATEPART(hh,LoginTime)="+i+" GROUP BY DATEPART(hh, LoginTime)");
    if(ds.Tables[0].Rows.Count !=0)
        P_Int_count =Convert .ToInt32 (ds.Tables [0].Rows [0]["count"]);
    return P_Int_count;
}
```

（6）各时间段的访问量占当日访问量的百分比

Percent 方法用于计算某时间段的访问量占当日访问量的百分比，即"某时间段的访问量/总的日访问量"，整型参数的作用与 Time 方法的参数相同。代码如下：

```
//所占百分比
public float Percent(int i)
{
    float P_Fl_percent = 0;
    if (Total() != 0)
    {
        P_Fl_percent = Convert.ToSingle(Count(i)) / Convert.ToSingle(Total());
    }
    return P_Fl_percent;
}
```

4．本月流量统计页面的实现过程

数据表：tb_CounterInfo　　　　技术：数据库查询

本月流量统计页面（MonthCount.aspx）也是由 Counter.master 页创建的内容页，主要实现对当月流量进行统计，显示每一天的访问量。页面的运行结果如图 26.5 所示。

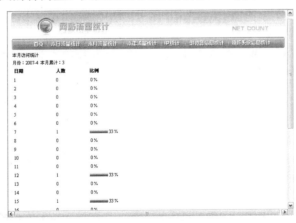

图 26.5　本月流量统计页面

实现本月流量统计页面的步骤如下。

（1）界面设计

页面设计与本日流量统计页面的设计相同。

（2）初始化页面

在页面初始化之前，首先定义两个 string 类型的变量 M_Str_mindate 和 M_Str_maxdate，用来存储这个月开始的时间和这个月结束的时间。代码如下：

```
string M_Str_mindate;
string M_Str_maxdate;
```

在页面的初始化事件中，DataList 控件需要与存储天数的数组绑定，所以应该确定需要统计的月共有多少天。计算某月的天数可以通过 DaysInMonth 方法实现。代码如下：

```
protected void Page_Load(object sender, EventArgs e)
{
    if (!IsPostBack)
    {
        //指定年和月中的天数
        int P_Int_DaysInMonth = DateTime.DaysInMonth(DateTime.Now.Year, DateTime.Now.Month);
        int[] P_Int_Day = new int[P_Int_DaysInMonth];
        for (int i = 0; i < P_Int_DaysInMonth; i++)
        {
            P_Int_Day[i] = i+1;
        }
        DataList1.DataSource = P_Int_Day;
        DataList1.DataBind();
        labMonth.Text = DateTime.Now.Year + "-" + DateTime.Now.Month;
        M_Str_mindate = labMonth.Text + "-1 0:00:00";
        M_Str_maxdate = labMonth.Text + "-" + P_Int_DaysInMonth + " 23:59:59";
        this.labTotal.Text = Total().ToString();//本月累计访问人数
    }
}
```

说明

DateTime 类的 DaysInMonth 方法用于返回指定年和月的天数。如 DateTime.DaysInMonth(2009,2)返回 28，表示 2009 年 2 月共有 28 天。

（3）访问人数统计

Total 方法用于计算当月的总访问人数，具体代码如下：

```
//访问人数统计
public int Total()
{
    DataSet ds = DB.reDs("select * from tb_CounterInfo where LoginTime>='" + M_Str_mindate + "'and LoginTime<'" + M_Str_maxdate + "'");
```

```
        int P_Int_total = ds.Tables[0].Rows.Count;//访问人数统计
        return P_Int_total;
}
```

（4）日期列

Month 方法用于绑定日期列的值，整型参数用来计算显示的日期并将其返回，显示在 DataList 控件中。代码如下：

```
public string Month(int i)
{
    //指定年和月中的天数
    int P_Int_DaysInMonth = DateTime.DaysInMonth(DateTime.Now.Year, DateTime.Now.Month);
    string P_Str_day = "";
    if (i < P_Int_DaysInMonth & i >=0)
    {
        P_Str_day = (i + 1).ToString();
    }
    return P_Str_day;
}
```

（5）每一天的访问人数

Count 方法通过查询计算每天的访问人数。代码如下：

```
//每日访问人数
public int Count(int i)
{
    int P_Int_count = 0;
    DataSet ds = DB.reDs("select COUNT(*) AS count, DATEPART(dd, LoginTime) AS day from tb_CounterInfo where LoginTime>='" + M_Str_mindate + "'and LoginTime<'" + M_Str_maxdate + "' and DATEPART(dd,LoginTime)=" + (i+1) + " GROUP BY DATEPART(dd, LoginTime)");
    if (ds.Tables[0].Rows.Count != 0)
        P_Int_count = Convert.ToInt32(ds.Tables[0].Rows[0]["count"]);
    return P_Int_count;
}
```

（6）每天的访问量占当月访问量的百分比

Percent 方法在当月访问量不为 0 时，计算每天的访问量占当月访问量的百分比。代码如下：

```
//所占百分比
public float Percent(int i)
{
    float P_Fl_percent = 0;
    if (Total() != 0)
    {
        P_Fl_percent = Convert.ToSingle(Count(i)) / Convert.ToSingle(Total());
    }
    return P_Fl_percent;
}
```

5. 本年流量统计页面的实现过程

☞ 数据表：tb_CounterInfo　　　　技术：数据库查询

本年流量统计页面（YearCount.aspx）也是 Counter.master 页的内容页，主要实现对当年流量进行统计，显示每个月的访问量。页面的运行结果如图 26.6 所示。

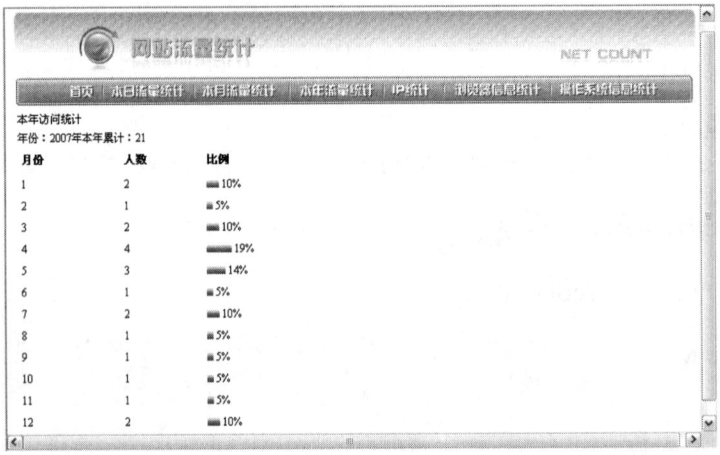

图 26.6　本年流量统计页面

实现本年流量统计页面的步骤如下。

（1）界面设计

页面设计与本日流量统计页面的设计相同。

（2）初始化页面

在页面的初始化事件中，DataList 控件与存储月份的数组绑定，并显示年和本年访问人数信息。代码如下：

```
protected void Page_Load(object sender, EventArgs e)
{
    if (!IsPostBack)
    {
        int[] P_Int_month = new int[12];
        for (int i = 0; i < 12; i++)
        {
            P_Int_month[i] = i+1;
        }
        DataList1.DataSource = P_Int_month;
        DataList1.DataBind();
        this.labYear.Text = DateTime.Now.Year +"年";//年份
        this.labTotal.Text = Total().ToString();//本年累计
    }
}
```

（3）年访问人数统计

Total 方法用于对当年流量进行统计，具体代码如下：

```csharp
//访问人数统计
public int Total()
{
    DataSet ds = DB.reDs("select * from tb_CounterInfo where Year(LoginTime)="+ DateTime.Now.Year);
    int P_Int_total = ds.Tables[0].Rows.Count;//访问人数统计
    return P_Int_total;
}
```

（4）月份列

Year 方法用于绑定月份列的值，整型参数用来计算显示的月份并将其返回，显示在 DataList 控件中。代码如下：

```csharp
public string Year(int i)
{
    string P_Str_time = "";
    if (i < 12 & i >= 0)
    {
        P_Str_time =Convert.ToString(i+1);
    }
    return P_Str_time;
}
```

（5）每月的访问人数

Count 方法通过查询计算每月的访问人数。代码如下：

```csharp
//各月份的访问人数
public int Count(int i)
{
    int P_Int_count = 0;
    DataSet ds = DB.reDs("select COUNT(*) AS count, Month( LoginTime) AS month from tb_CounterInfo where Year(LoginTime)="+DateTime.Now.Year +"and Month(LoginTime)="+(i+1)+"Group By Month(LoginTime)");
    if (ds.Tables[0].Rows.Count != 0)
        P_Int_count = Convert.ToInt32(ds.Tables[0].Rows[0]["count"]);
    return P_Int_count;
}
```

> **注意**
> ds.Tables[0].Rows[0]["count"]中的 count 为 SQL 语句中定义的列别名。

（6）每月的访问量占当年访问量的百分比

Percent 方法在当年访问量不为 0 时计算每月的访问量占当年访问量的百分比。代码如下：

```csharp
//所占百分比
public float Percent(int i)
{
    float P_Fl_percent = 0;
```

```
        if (Total() != 0)
        {
            P_Fl_percent = Convert.ToSingle(Count(i)) / Convert.ToSingle(Total());
        }
        return P_Fl_percent;
}
```

6．IP 统计页面的实现过程

数据表：tb_CounterInfo　　　　技术：数据库查询

IP 统计页面（IPCount.aspx）也是 Counter.master 页的内容页，主要实现统计网站访问者的 IP、每个 IP 的访问次数及所占的百分比。页面的运行结果如图 26.7 所示。

图 26.7　IP 统计页面

实现 IP 统计页面的步骤如下。

（1）界面设计

页面设计与本日流量统计页面的设计相同。

（2）初始化页面

在页面的初始化事件中，按 IP 分组查询每个 IP 登录的次数。代码如下：

```
protected void Page_Load(object sender, EventArgs e)
{
    if (!IsPostBack)
    {
        //IP 统计
        DataSet ds = DB.reDs("SELECT COUNT(*) AS count, IP FROM tb_CounterInfo GROUP BY IP");
        DataList1.DataSource = ds;
        DataList1.DataBind();
        labTotal.Text = Total().ToString ();
    }
}
```

（3）总访问量

Total 方法用于统计数据库中记录的条数，具体代码如下：

```
//总访问量
public int Total()
{
    DataSet ds = DB.reDs("select count(*) from tb_CounterInfo");
    int P_Int_total = Convert.ToInt32(ds.Tables[0].Rows[0][0]);
    return P_Int_total;
}
```

（4）每个 IP 占总 IP 的百分比

Percent 方法在总 IP 数不为 0 时计算每个 IP 占总 IP 的百分比。代码如下：

```
//所占百分比
public float Percent(string P_str_count)
{
    float P_Fl_percent = 0;
    if (Total() != 0)
    {
        P_Fl_percent = Convert.ToSingle(P_str_count) / Convert.ToSingle(Total());
    }
    return P_Fl_percent;
}
```

> **说明**
>
> 访问量的百分比进度条可以通过定义图片的宽度来实现。例如：
> ```
> <asp:Image ID="imgPercent" runat="server" Height="9px" ImageUrl="~/Image/bar1.gif"
>     Width='<%# Percent(Convert.ToString(Eval("count")))*150 %>' />
> ```

7．浏览器信息统计页面的实现过程

数据表：tb_CounterInfo　　　技术：数据库查询

浏览器信息统计页面（BrowserCount.aspx）也是 Counter.master 页的内容页，主要实现统计网站访问者的浏览器信息、每种浏览器的使用次数及所占的百分比。页面的运行结果如图 26.8 所示。

图 26.8　浏览器信息统计页面

实现浏览器信息统计页面的步骤如下。

（1）界面设计

页面设计与本日流量统计页面的设计相同。

（2）初始化页面

代码的设计思想与 IP 统计页面相似，但是按照 Browser 字段进行分组并查询每个浏览器使用的次数。代码如下：

```
protected void Page_Load(object sender, EventArgs e)
{
    if (!IsPostBack)
    {
        //浏览器统计
        DataSet ds = DB.reDs("SELECT COUNT(*) AS count, Browser FROM tb_CounterInfo GROUP BY Browser");
        DataList1.DataSource = ds;
        DataList1.DataBind();
        this.labBrowser.Text = Total().ToString();
    }
}
```

（3）总访问量

Total 方法统计浏览器的总数量，具体代码如下：

```
//使用浏览器统计
public int Total()
{
    DataSet ds = DB.reDs("select count(*) from tb_CounterInfo");
    int P_Int_total = Convert.ToInt32(ds.Tables[0].Rows[0][0]);
    return P_Int_total;
}
```

（4）每种浏览器占总浏览器使用次数的百分比

Percent 方法在总浏览器使用次数不为 0 时计算每种浏览器占总浏览器使用次数的百分比。代码如下：

```
//所占百分比
public float Percent(string P_str_count)
{
    float P_Fl_percent = 0;
    if (Total() != 0)
    {
        P_Fl_percent = Convert.ToSingle(P_str_count) / Convert.ToSingle(Total());
    }
    return P_Fl_percent;
}
```

8. 操作系统信息统计页的实现过程

☝ 数据表：tb_CounterInfo　　　　技术：数据库查询

操作系统信息统计页面（OSCount.aspx）也是 Counter.master 页的内容页，主要实现统计网站访问者使用操作系统的种类、每种操作系统的使用次数及所占的百分比。页面的运行结果如图 26.9 所示。

图 26.9　操作系统信息统计页面

实现操作系统信息统计页面的步骤如下。

（1）界面设计

页面设计与本日流量统计页面的设计相同。

（2）初始化页面

在页面的初始化事件中按 OS 字段分组，查询每种 OS 的使用次数。代码如下：

```
protected void Page_Load(object sender, EventArgs e)
{
    if (!IsPostBack)
    {
        //操作系统
        DataSet ds = DB.reDs("SELECT COUNT(*) AS count, OS FROM tb_CounterInfo GROUP BY OS");
        DataList1.DataSource = ds;
        DataList1.DataBind();
        labOS.Text = Total().ToString ();//操作系统累计
    }
}
```

（3）访客操作系统统计

Total 方法统计所有操作系统的总数，具体代码如下：

```
//访客操作系统统计
public int Total()
{
    DataSet ds = DB.reDs("select count(*) from tb_CounterInfo");
    int P_Int_total = Convert.ToInt32 (ds.Tables[0].Rows[0][0]);
    return P_Int_total;
}
```

（4）每种操作系统占操作系统总量的百分比

Percent 方法在操作系统使用次数不为 0 时计算每种操作系统占操作系统总量的百分比，代码如下：

```csharp
//所占百分比
public float Percent(string P_str_count)
{
    float P_Fl_percent = 0;
    if (Total() != 0)
    {
        P_Fl_percent = Convert.ToSingle(P_str_count) / Convert.ToSingle(Total());
    }
    return P_Fl_percent;
}
```

第27章

文件上传与管理

（ 视频讲解：44分钟 ）

在网站开发中，经常涉及对文件的操作。本章将介绍如何实现多文件的上传、文件的永久删除以及对文件的搜索、下载和查看等多方面的操作。

27.1 实例说明

以前在 Web 应用程序中实现文件上传是件很麻烦的事，但这一操作在 Web 应用程序中又会经常用到，因此令开发人员非常头痛。而在 ASP.NET 4.0 中，则可容易地实现文件上传。

本实例实现的具体功能如下：

- ☑ 多文件上传功能。该功能不仅可以动态添加上传文件，而且上传文件的数量不受任何限制。
- ☑ 区分上传的同名文件。
- ☑ 为上传的文件动态添加文件编号。
- ☑ 文件的搜索功能。
- ☑ 查看文件是否存在。
- ☑ 查询已上传的文件信息。
- ☑ 删除文件信息。
- ☑ 下载文件。

多文件上传运行结果如图 27.1 所示。文件管理页面运行结果如图 27.2 所示。

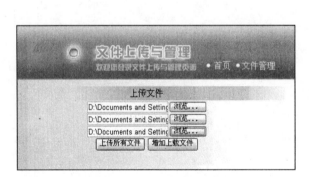

图 27.1 多文件上传运行结果

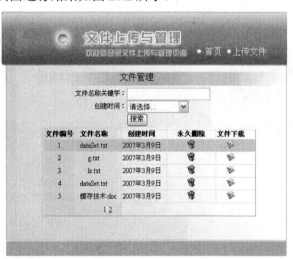

图 27.2 文件管理页面

27.2 技术要点

文件上传的实现过程为：首先利用 FileUpload 控件找到文件所在的客户端路径，通过 FileUpload 类中的 SaveAs 将上传文件保存到服务器指定的文件夹中，在保存文件的同时执行对数据库的操作，将上传的文件信息添加到指定的数据表中。

27.2.1 上传文件

上传文件的代码如下：

```
string filePath = FileUpload1.PostedFile.FileName;//获取上传文件的路径
string fileName = filePath.Substring(filePath.LastIndexOf("\\") + 1);//获取文件名称
string fileSize = Convert.ToString(FileUpload1.PostedFile.ContentLength);//获取文件大小
string fileExtend = filePath.Substring(filePath.LastIndexOf(".")+1);//获取文件扩展名
string fileType = FileUpload1.PostedFile.ContentType;//获取文件类型
string serverPath = Server.MapPath("指定文件夹名称") + fileName;//保存到服务器的路径
FileUpload1.PostedFile.SaveAs(serverPath);//确定上传文件
…//省略将上传的文件信息添加到数据库中的操作
```

说明

FileUpload1 为 FileUpload 控件的 ID 属性值。

27.2.2 文件的基本操作

文件的基本操作包括判断指定的文件是否存在、创建文件、复制文件、移动文件、删除文件以及获取文件基本信息等，可以使用 File 类和 FileInfo 类来实现这些操作。

File 类是对文件的典型操作，如创建、复制、删除、移动、打开文件提供静态的方法，同时也可用于获取和设置文件的基本信息，如文件的创建时间、最近访问时间等。

FileInfo 类是对文件的典型操作，如创建、复制、删除、移动、打开文件提供实例的方法。如果需要多次重用某个对象，则应该使用 FileInfo 类提供的实例方法，而不是 File 类对应的静态方法。

1. 检查文件是否存在

检查文件是否存在是进行一般的文件操作之前的一道必要工序，可以使用 File 类的 Exist 方法来实现。Exist 方法只需要输入一个参数，即文件的路径，可以用绝对路径，也可以用相对路径。如果被检查的文件存在而且用户编写的可执行程序对该文件有访问权限，那么 Exist 方法返回 true；否则返回 false。

例如，在本实例中，当对指定的文件进行下载时，首先使用 File 类的 Exist 方法判断该文件是否存在，如果存在，则下载该文件。代码如下：

```
//获取文件的绝对路径
string strFilePath = Server.MapPath("Files//" + ds.Tables["files"].Rows[0][0].ToString());
if (File.Exist (strFilePath))
{//下载文件
    Response.AddHeader("Content-Disposition", "attachment;filename=" +
    ds.Tables["files"].Rows[0][0].ToString());
}
```

2. 创建文件

在使用 File 类创建文件时，可以通过 File 类的 Create 方法为指定路径创建文件，也可以通过 File 类的 CreateText 方法创建一个文件，用于写入 UTF-8 编码的文本。

（1）File 类的 Create 方法

使用 Create 方法创建的文件是一个空文件，创建成功后返回的结果是一个 FileStream 对象，可以使用 FileStream 对象对新创建的文件进行读、写等操作。

例如，在 E 盘中创建一个 CFName.txt 文件，并将（0,1）写入该文件中。代码如下：

```
if (!File.Exist("E://CFName.txt"))
    {
//File 类的 Create 方法创建一个文件，该文件返回一个 FileStream 对象，用于对刚创建的文件进行读写访问
        FileStream fs = File.Create("E://CFName.txt");
        Byte[] info = {0,1};
        fs.Write(info, 0, info.Length);      //通过 FileStream 对象向文件中写入一些内容
        fs.Close();                          //关闭 FileStream 对象
    }
```

注意

FileStream 类的 Write 方法用于将读取到的数据写入到当前流。例如，fs.Write(info,0, info.Length)，其中，参数分别表示 Byte[]数组、开始读取 Byte[]数组的字节偏移量、写入当前流的字节数。

（2）File 类的 CreateText 方法

使用 CreateText 方法创建的文件是一个空文件，创建成功后返回的结果是一个 StreamWriter 对象，可以使用 StreamWriter 对象直接将字符和字符串写入文件。

例如，在 E 盘中创建一个 test.txt 文件，并将"Hello World!"字符串写入文件中，然后使用 StreamReader 对象将文件中的字符串读出来。代码如下：

```
if (!File.Exist("E://test.txt"))
    {
//File 类的 CreateText 方法创建一个文件，返回一个 StreamWriter 对象，用于对创建的文件进行读写访问
        StreamWriter sw = File.CreateText("E://test.txt");
        sw.WriteLine("Hello World!");
        sw.Close();
        StreamReader sr = File.OpenText("E://test.txt");
        Response.Write(sr.ReadToEnd().ToString());
        sr.Close();
    }
```

3. 删除文件

删除文件可以使用 File 类的 Delete 方法，该方法只有一个参数，即要删除的文件的路径。例如，在本实例中使用 File 类的 Delete 方法，将文件从指定的文件夹中删除。代码如下：

```
//获取文件的绝对路径
string strFilePath = Server.MapPath("Files/") + ds.Tables["files"].Rows[0][0].ToString();
File.Delete(strFilePath);
```

4．获取文件的基本信息

文件的基本信息包括文件类型、文件所在位置、文件大小、创建时间、最近修改时间及属性等。例如，下面的代码用来获取文件的相关信息。

```
//获取文件的路径
string strFilePath = Server.MapPath("Files//" + ds.Tables["files"].Rows[0][0].ToString());
FileInfo fi = new FileInfo("strFilePath");
if (fi.Exist)
{
    Response.Write("文件的相关信息");
    Response.Write("<hr>");
    Response.Write("文件所在位置：" + fi.DirectoryName + "<br>");
    Response.Write("文件大小：" + fi.Length + "<br>" + "字节");
    Response.Write("创建时间：" + fi.CreationTime + "<br>");
    Response.Write("最近修改时间：" + fi.LastWriteTime + "<br>");
    Response.Write("文件属性：" + fi.Attributes + "<br>");
    Response.Write("<hr>");
}
```

27.2.3 文件下载

文件下载功能主要是通过 Response 对象的 AddHeader 方法设置 HTTP 标头名称和值实现的。例如，在本实例中，使用下面的代码实现文件下载操作。

```
Response.AddHeader("Content-Disposition","attachment;filename="+fi.Name);
```

AddHeader 方法用来将指定的标头和值添加到此响应的 HTTP 标头中。语法格式如下：

```
public void AddHeader(string name,string value)
```

参数说明如下。

- ☑ name：要设置的 HTTP 标头的名称。
- ☑ value：name 标头的值。

27.2.4 鼠标移动表格行变色功能

鼠标移动表格行变色功能用于控制当光标移动到 GridView 控件的任意行时，该行自动变成指定颜色。实现代码编写于 GridView 控件的 RowDataBound 事件中。代码如下：

```
protected void GridView1_RowDataBound(object sender, GridViewRowEventArgs e)
{
    if (e.Row.RowType == DataControlRowType.DataRow)
    {
        e.Row.Attributes.Add("onmouseover", "this.style.backgroundColor='# 00ff7f;this.style.color='buttontext';this.style.cursor='default';");
        e.Row.Attributes.Add("onmouseout", "this.style.backgroundColor='';this.style.color='';");
    }
}
```

27.2.5 双击 GridView 控件中的数据弹出新页功能

双击 GridView 控件中数据弹出新页功能用于实现当用户双击 GridView 控件中某行数据信息时，会打开一个新页面（ParticularInfo.aspx）来显示该行数据的所有信息，实现代码编写于 GridView 控件的 RowDataBound 事件中。代码如下：

```
protected void GridView1_RowDataBound(object sender, GridViewRowEventArgs e)
{
    if (e.Row.RowType == DataControlRowType.DataRow)
    {
        //双击行打开新页
        e.Row.Attributes.Add("ondblclick", "window.open('FileInfo.aspx?id="+e.Row.Cells[0].Text+"')");
    }
}
```

27.3 开发过程

27.3.1 数据库设计

本实例采用 SQL Server 2005 数据库系统，在该系统中新建一个数据库，将其命名为 db_FMUP。创建上传文件信息表（tb_files），用于保存上传文件的名称、服务器路径、上传文件的时间以及文件在文件夹中的真实名。上传文件信息表的结构如表 27.1 所示。

表 27.1 上传文件信息表（tb_files）的结构

字段名称	类型	长度	是否为空	说明
fileID	int	4	否	文件编号
fileName	varchar	50	否	文件名称
fileUpDate	varchar	30	否	上传时间
fileload	varchar	200	否	保存路径
fileTrueName	varchar	50	否	文件在文件夹中的真实名（避免同名文件的存在）

27.3.2 配置 Web.config

为了方便数据操作和网页维护，可以将一些配置参数放在 Web.config 文件中。本实例主要在 Web.config 文件中配置连接数据库的字符串。代码如下：

```
<configuration>
    <appSettings>
        <add key="ConnectionString"
value="server=TIE\SQLEXPRESS;database=db_FMUP;UId=sa;password=""/>
    </appSettings>
</configuration>
```

27.3.3 公共类编写

创建类文件时，用户可以直接在项目中的 App_Code 文件夹上右击，选择快捷菜单中的"添加新项"命令，在弹出的"添加新项"对话框中选择"类"选项，并将其命名为 CommonClass.cs，如图 27.3 所示。

图 27.3 "添加新项"对话框

公共类 CommonClass 中包含 3 个方法，分别为 GetConnection、MessageBox 和 GetAutoID，它们的功能说明及设计如下。

1．GetConnection 方法

GetConnection 方法主要用来连接数据库，首先定义一个字符串，使用 ConfigurationManager 对象的 AppSettings 属性值获取配置节中连接数据库的字符串，然后实例化一个 SqlConnection 对象，并返回该对象。代码如下：

```
///<summary>
///连接数据库
///</summary>
///<returns>返回 SqlConnection 对象</returns>
public SqlConnection GetConnection()
{
    string myStr = ConfigurationManager.AppSettings["ConnectionString"].ToString();
    SqlConnection myConn = new SqlConnection(myStr);
    return myConn;
}
```

2. MessageBox(string TxtMessage,string Url)方法

MessageBox 方法主要使用脚本语言，弹出提示框。其中包含 TxtMessage 和 Url 两个参数，参数 TxtMessage 用来接收提示信息；参数 Url 是当用户单击提示框中的关闭按钮时，接收跳转页的地址。代码如下：

```
///<summary>
///说明：MessageBox 用来在客户端弹出对话框
///参数 TxtMessage 表示对话框中显示的内容
///参数 Url 表示对话框关闭后跳转到的页
///</summary>
public string MessageBox(string TxtMessage,string Url)
{
    string str;
    str = "<script language=javascript>alert('" + TxtMessage + "');location='" + Url + "'</script>";
    return str;
}
```

3. GetAutoID(string FieldName, string TableName)方法

GetAutoID 方法可用来为上传文件添加文件编号。首先调用 GetConnection 方法，打开与数据库的连接，然后获取存储在数据库中的文件编号最大的值，最后判断该值是否为 0。如果该值为 0，则返回 1；否则，返回该值加 1 的数。代码如下：

```
///<summary>
///实现自动编号
///</summary>
///<param name="FieldName">自动编号的字段名</param>
///<param name="TableName">表名</param>
///<returns>返回编号</returns>
public int GetAutoID(string FieldName, string TableName)
{
    SqlConnection myConn =GetConnection();
    SqlCommand myCmd = new SqlCommand("select Max(" + FieldName + ") as MaxID from " + TableName, myConn);
    SqlDataAdapter dapt = new SqlDataAdapter(myCmd);
    DataSet ds = new DataSet();
    dapt.Fill(ds);
```

```
        if (ds.Tables[0].Rows[0][0].ToString() == "")
        {
            return 1;
        }
        else
        {
            int IntFieldID = Convert.ToInt32(ds.Tables[0].Rows[0][0].ToString()) + 1;
            return (Convert.ToInt32(ds.Tables[0].Rows[0][0].ToString()) + 1);
        }
}
```

说明
自定义文件编号，可以保证数据库中记录的编号是连续的。

27.3.4 模块设计说明

1．文件上传页面的实现过程

数据表：tb_files　　　　技术：文件上传技术

文件上传页面（FileUp.aspx）实现将选定的文件上传到指定的服务器文件夹中，同时将所上传文件的文件名保存到数据库中。该页运行结果如图27.4所示。

图 27.4　文件上传页面

实现多文件上传功能的完整步骤如下。

（1）将一个 3 行 1 列的表格（Table）置于文件上传页面（FileUp.aspx）的设计窗体中，为整个页面进行布局。

（2）从"工具箱"/"标准"选项卡中拖曳两个 HyperLink 控件置于表格中，并将这两个控件的 Text 属性分别设置为"首页"和"文件管理"，NavigateUrl 属性分别设置为"~/Default.aspx"和"~/FilesManageList.aspx"。

（3）再从"工具箱"/"标准"选项卡中拖曳两个按钮控件（Button）置于表格中，并将这两个控件的 Text 属性分别设置为"上传所有文件"和"增加上载文件"。

（4）再将一个 1 行 1 列的表格（Table）置于上一个表格行中，并设置其 id 为 tabFU；从"工具箱"/"标准"选项卡中拖曳一个上传控件（FileUpload）置于 id 为 tabFU 的表格行内，然后进入文件上传页面（FileUp.aspx）的 HTML 源码中设置该表格属性。代码如下：

```
<table id="tabFU" runat ="server" enableviewstate ="true"   cellpadding ="0"    cellspacing ="0">
    <tr>
        <td >
            <asp:FileUpload ID="FileUpload1" runat="server" />
        </td>
    </tr>
</table>
```

（5）返回设计页面，进入该页的代码编辑器页面（FileUp.aspx.cs）。为了实现多文件上传功能，本实例自定义了SaveFUC、GetFUCInfo、InsertFUC 和 UpFile 方法。下面分别对这几个方法进行介绍。

☑ SaveFUC 方法用于保存当前页面上传文件控件集到缓存中。代码如下：

```
protected void SaveFUC()
{
    ArrayList AL = new ArrayList();                     //创建动态增加数组
    foreach (Control C in tabFU.Controls)
    {
        if (C.GetType().ToString() == "System.Web.UI.HtmlControls.HtmlTableRow")
        {
            HtmlTableCell HTC = (HtmlTableCell)C.Controls[0];
            foreach (Control FUC in HTC.Controls)
            {
            //判断该控件是否为上传控件（FileUpLoad），如果是，则添加到 ArrayList 中
                if (FUC.GetType().ToString() == "System.Web.UI.WebControls.FileUpload")
                {
                    FileUpload FU = (FileUpload)FUC;
                    AL.Add(FU);
                }
            }
        }
    }
    //将保存在数组 ArrayList 中的所有上传控件（FileUpLoad）添加到缓存中，命名为 FilesControls
    Session.Add("FilesControls",AL);
}
```

说明

在编写 SaveFUC 方法时用到了 ArrayList 类，该类声明于命名空间 using System.Collections 中，所以在编写该方法前应先在命名空间区域添加 using System.Collections 的命名空间。

☑ GetFUCInfo 方法用于读取缓存中存储的上传文件控件集。代码如下：

```
protected void GetFUCInfo()
{
    ArrayList AL = new ArrayList();
    if (Session["FilesControls"] != null)                //判断缓存中是否已存在上传控件
    {   //将缓存中的上传控件集存放到数据集 ArrayList 中
        AL = (System.Collections.ArrayList)Session["FilesControls"];
```

```
                for (int i = 0; i < AL.Count; i++)
                {
                    HtmlTableRow HTR = new HtmlTableRow();
                    HtmlTableCell HTC = new HtmlTableCell();
                    HTC.Controls.Add((System.Web.UI.WebControls.FileUpload)AL[i]);
                    HTR.Controls.Add(HTC);
                    tabFU.Rows.Add(HTR);                         //将上传控件添加到名为 tabFU 的表格中
                }
            }
        }
```

☑ InsertFUC 方法用于执行添加一个上传文件控件的操作。代码如下：

```
protected void InsertFUC()
        {
            ArrayList AL = new ArrayList();
            this.tabFU.Rows.Clear();                             //清空表格 tabFU 中原有的上传控件
            //调用 GetFUCInfo 方法，将存放在缓存中的上传控件添加到表格 tabFU 中
            GetFUCInfo();
            HtmlTableRow HTR = new HtmlTableRow();               //在表格 tabFU 中添加一个上传控件
            HtmlTableCell HTC = new HtmlTableCell();
            HTC.Controls.Add(new FileUpload());
            HTR.Controls.Add(HTC);
            tabFU.Rows.Add(HTR);
            //调用 SaveFUC 方法，将添加的上传控件保存到缓存中
            SaveFUC();
        }
```

☑ UpFile 方法用于执行文件上传操作，同时将上传文件的信息插入数据表 tb_files 中。代码如下：

```
//文件是否上传（1：上传成功；0：文件未被上传）
public static int IntIsUF = 0;
private void UpFile()
{
    string FilePath = Server.MapPath(".//") + "Files";           //获取文件保存的路径
    HttpFileCollection HFC = Request.Files;                      //获取由客户端上传文件的控件集合
    for (int i = 0; i < HFC.Count; i++)
    {
        HttpPostedFile UserHPF = HFC[i];                         //对客户端已上传的单独文件的访问
        try
        {
            if (UserHPF.ContentLength > 0)
            {
                //调用 GetAutoID 方法获取上传文件自动编号
                int IntFieldID =CC.GetAutoID("fileID", "tb_files");
                //文件的真实名（格式：[文件编号]上传文件名）
                //用于实现上传多个相同文件时，原有文件不被覆盖
                string strFileTName = "[" + IntFieldID + "]" + System.IO.Path.GetFileName(UserHPF.FileName);
                //定义插入字符串，将上传文件信息保存到数据库中
```

```
                string sqlStr = "insert into tb_files(fileID,fileName,fileLoad,fileUpDate,fileTrueName)";
                sqlStr += "values('" +IntFieldID + "'";
                sqlStr += ",'" + System.IO.Path.GetFileName(UserHPF.FileName) + "'";
                sqlStr += ",'" + FilePath + "'";
                sqlStr += ",'" + DateTime.Now.ToLongDateString() + "'";
                sqlStr += ",'" + strFileTName + "')";
                SqlConnection myConn = CC.GetConnection();        //打开与数据库的连接
                myConn.Open();
                SqlCommand myCmd = new SqlCommand(sqlStr, myConn);
                myCmd.ExecuteNonQuery();
                myCmd.Dispose();
                myConn.Dispose();
                //将上传的文件存放到指定的文件夹中
                UserHPF.SaveAs(FilePath + "//" + strFileTName);
                IntIsUF = 1;
            }
        }
        catch
        {        //文件上传失败，清空缓存中的上传控件集，重新加载上传页面
            if (Session["FilesControls"] != null)
            {
                Session.Remove("FilesControls");
            }
            Response.Write(CC.MessageBox("处理出错！", "FileUp.aspx"));
            return;
        }
    }
    //当文件上传成功或者没有上传文件时，都需要清空缓存中的上传控件集，重新加载上传页面
    if (Session["FilesControls"] != null)
    {
        Session.Remove("FilesControls");
    }
    if (IntIsUF == 1)
    {
        Response.Write(CC.MessageBox("上传成功！", "FileUp.aspx"));
    }
    else
    {
        Response.Write(CC.MessageBox("请选择上传文件！", "FileUp.aspx"));
    }
}
```

（6）在 Page_Load 事件中编写如下代码，用于当页面初始化时，执行一次将上传文件控件集记录到缓存中的操作。代码如下：

```
//*****系统提供的默认命名空间已省略*****
using System.Data.SqlClient;
using System.IO;
public partial class FileUp : System.Web.UI.Page
```

```
{
    CommonClass CC = new CommonClass();              //调用公共类
    protected void Page_Load(object sender, EventArgs e)
    {
        if (!IsPostBack)
        {
            SaveFUC();                               //页面执行一次将上传文件控件集记录到缓存中的操作
        }
    }
}
```

（7）双击"增加上载文件"按钮触发该按钮的 Click 事件，在该事件中调用 InsertFUC 方法执行添加上传文件控件的操作。代码如下：

```
protected void btnAddFU_Click(object sender, EventArgs e)
{
    InsertFUC();                                    //执行添加上传文件控件的操作
}
```

（8）双击"上传所有文件"按钮触发该按钮的 Click 事件，在该事件中调用 UpFile 方法执行上传文件的操作。代码如下：

```
protected void btnUp_Click(object sender, EventArgs e)
{
    UpFile();                                       //执行上传文件的操作
}
```

> **注意**
> 因为以上所有内容都在一页中完成，所以在编写上述代码前，在命名空间区域添加 using System.Collections 和 using System.Data.SqlClient 命名空间。

2．文件管理页面的实现过程

数据表：tb_files　　　技术：GridView控件的应用

文件上传成功后，单击"文件管理"超链接，将进入文件管理页面（FilesManageList.aspx）。该页主要用于显示已上传的文件信息，当双击某一行数据时，程序会弹出新页以显示这行数据的所有信息；同时，用户还可以对数据进行永久删除、下载和查询。文件管理页面的运行结果如图 27.5 所示。

实现文件管理页面的步骤如下：

（1）将一个 4 行 1 列的表格（Table）置于文件管理页面（FilesManageList.aspx）的设计窗体中，为整个页面进行布局。

（2）从"工具箱"/"数据"选项卡中拖曳两个 HyperLink 控件置于表格中，并将这两个控件的 Text 属性分别设置为"首

图 27.5　文件管理页面

页"和"上传文件",NavigateUrl 属性分别设置为"~/Default.aspx"和"~/FileUp.aspx"。

(3)从"工具箱"/"数据"选项卡中拖曳一个 GridView 控件置于表格中,用来显示已上传的文件信息,然后进入文件管理页面(FilesManageList.aspx)的 HTML 源码中设置该 GridView 控件的属性。代码如下:

```
<asp:GridView ID="gvFiles" runat="server" Width =90% AllowPaging="True" AutoGenerateColumns="False" PageSize="5" OnPageIndexChanging="gvFiles_PageIndexChanging" OnRowDataBound="gvFiles_RowDataBound"  DataKeyNames ="filesID">
        <Columns>
            <asp:BoundField DataField="fileID" HeaderText="文件编号">
                <ControlStyle Font-Size="Small" />
            </asp:BoundField>
            <asp:BoundField DataField="fileName" HeaderText="文件名称">
                <ControlStyle Font-Size="Small" />
            </asp:BoundField>
            <asp:BoundField DataField="fileUpDate" HeaderText="创建时间">
                <ControlStyle Font-Size="Small" />
            </asp:BoundField>
            <asp:TemplateField HeaderText="永久删除">
                <ItemTemplate>
                    <asp:ImageButton ID="imgbtnDelete" runat="server" ImageUrl="~/images/删除.gif" OnClick="imgbtnDelete_Click"/>
                </ItemTemplate>
                <ControlStyle Font-Size="Small" />
            </asp:TemplateField>
            <asp:TemplateField HeaderText="文件下载">
                <ItemTemplate>
                    <asp:ImageButton ID="imgbtnDF" runat="server" ImageUrl ="~/images/文件下载.gif" OnClick="imgbtnDF_Click"/>
                </ItemTemplate>
                <ControlStyle Font-Size="Small" />
            </asp:TemplateField>
        </Columns>
</asp:GridView>
```

> 在模板列中,添加两个 ImageButton 按钮,执行"永久删除"和"文件下载"操作

(4)将一个 4 行 2 列的表格(Table)置于上一个表格行中,并从"工具箱"/"标准"选项卡中拖曳一个 TextBox 控件,用于输入搜索信息的文件名称关键字;拖曳一个 DropDownList 控件,用于选择搜索文件的创建时间;拖曳一个 Button 按钮,用于执行搜索功能。

(5)进入文件管理页面的后台代码编辑器(FilesManageList.aspx.cs)中,首先定义 4 个方法,以便在搜索、管理文件信息时调用。

☑ DDLBind 方法用于绑定文件的创建时间,首先从数据库中读取文件的创建时间,然后将读取的数据信息绑定到 DropDownList 控件中。代码如下:

```
protected void DDLBind()
{
    SqlConnection myConn = CC.GetConnection();            //打开与数据库的连接
    myConn.Open();
```

```
//查询文件创建时间
SqlDataAdapter dapt=new SqlDataAdapter("select distinct fileUpDate from tb_files", myConn);
DataSet ds=new DataSet();
dapt.Fill(ds, "files");                                      //填充数据集
this.ddlUD.DataSource = ds.Tables["files"].DefaultView;      //绑定下拉菜单
this.ddlUD.DataTextField = ds.Tables["files"].Columns[0].ToString();
this.ddlUD.DataBind();
ds.Dispose();                                                //释放占用的资源
dapt.Dispose();
myConn.Close();
}
```

☑ AllGVBind 方法主要用来从数据库中查询所有文件信息并将其绑定到 GridView 控件中。代码如下：

```
protected void AllGVBind()
{
    SqlConnection myConn = CC.GetConnection();                           //打开与数据库的连接
    myConn.Open();
    SqlDataAdapter dapt = new SqlDataAdapter("select * from tb_files", myConn);  //查询字符串
    DataSet ds = new DataSet();
    dapt.Fill(ds, "files");                                              //填充数据集
    this.gvFiles.DataSource = ds.Tables["files"].DefaultView;            //绑定数据控件
    this.gvFiles.DataKeyNames = new string[] {"fileID"};
    this.DataBind();
    ds.Dispose();                                                        //释放占用的资源
    dapt.Dispose();
    myConn.Close();
}
```

注意

为 GridView 控件设置的数据源键字段应为 string 类型。

☑ PartGVBind 方法主要用来从数据库中查询符合条件的文件信息并将其绑定到 GridView 控件中。代码如下：

```
protected void PartGVBind()
{
    SqlConnection myConn = CC.GetConnection();                           //打开与数据库的连接
    myConn.Open();
    string sqlStr = "select * from tb_files";                            //查询符合搜索条件的字符串
    if (this.txtFilesName.Text.Trim() != "" || ddlUD.SelectedIndex !=0)
    {
        sqlStr += " where ";
        if (this.txtFilesName.Text.Trim() != "" && ddlUD.SelectedIndex == 0)
        {
            sqlStr += "fileName like'%" + this.txtFilesName.Text.Trim() + "%'";
        }
```

```
            else if (this.txtFilesName.Text.Trim() == "" && ddlUD.SelectedIndex != 0)
            {
                sqlStr += "fileUpDate= '"+this.ddlUD.SelectedValue.ToString()+"'";
            }
            else
            {
                sqlStr += "fileUpDate='" + this.ddlUD.SelectedValue.ToString() + "'";
                sqlStr += "  and fileName like'%" + this.txtFilesName.Text.Trim() + "%'";
            }
        }
        SqlDataAdapter dapt = new SqlDataAdapter(sqlStr, myConn);
        DataSet ds = new DataSet();
        dapt.Fill(ds, "files");                                     //填充数据集
        this.gvFiles.DataSource = ds.Tables["files"].DefaultView;   //绑定数据控件
        this.gvFiles.DataKeyNames = new string[] { "fileID" };
        this.DataBind();
        ds.Dispose();                                               //释放占用的资源
        dapt.Dispose();
        myConn.Close();
    }
```

☑ DeleteTFN 方法主要用来从文件夹下删除指定的文件。代码如下：

```
protected void DeleteTFN(string sqlStr)
    {
        SqlConnection myConn = CC.GetConnection();                  //打开数据库
        myConn.Open();
        SqlDataAdapter dapt = new SqlDataAdapter(sqlStr, myConn);
        DataSet ds = new DataSet();
        dapt.Fill(ds, "files");
        //获取指定文件的路径
        string strFilePath = Server.MapPath("Files/") + ds.Tables["files"].Rows[0][0].ToString();
        File.Delete(strFilePath);        //调用 File 类的 Delete 方法，删除指定的文件
        ds.Dispose();
        myConn.Close();
    }
```

（6）在 Page_Load 事件中编写一段代码，当页面初始化时，调用 DDLBind 和 AllGVBind 方法绑定文件的创建时间和文件的所有信息。代码如下：

```
//*****系统提供的默认命名空间已省略*****
using System.Data.SqlClient;
using System.IO;
public partial class FilesManageList : System.Web.UI.Page
{
    CommonClass CC = new CommonClass();
    protected void Page_Load(object sender, EventArgs e)
    {
        if (!IsPostBack)
        {
```

```
            DDLBind();//绑定文件的创建时间
            AllGVBind();//绑定文件的所有信息
            this.ddlUD.Items.Insert(0, "请选择...");
        }
    }
```

(7)当用户选择完搜索条件后,单击"搜索"按钮,将会触发该按钮的 Click 事件,在该事件下,调用 PartGVBind 方法将符合搜索条件的数据信息显示出来。代码如下:

```
public static int IntIsSearch;//判断是否已单击了"搜索"按钮
protected void btnSearch_Click(object sender, EventArgs e)
{
    PartGVBind();
    IntIsSearch = 1;
}
```

(8)当用户单击"永久删除"按钮时,将会触发该按钮的 Click 事件,在该事件下,将指定的文件信息从数据库中删除,同时从文件夹中将该文件删除。代码如下:

```
protected void imgbtnDelete_Click(object sender, ImageClickEventArgs e)
{
    ImageButton imgbtn = (ImageButton)sender;              //获取 imgbtnDelete 的 ImageButton 对象
    GridViewRow gvr = (GridViewRow)imgbtn.Parent.Parent;   //引用 imgbtnDelete 控件的父控件上一级控件
    //获取文件真实名称
    string sqlStr = "select fileTrueName from tb_files where fileID='" + gvFiles.DataKeys[gvr.RowIndex].Value.ToString() + "'";
    DeleteTFN(sqlStr);                                     //在文件夹 Files 下删除该文件
    SqlConnection myConn = CC.GetConnection();
    myConn.Open();
    //从数据库中删除该文件信息
    string sqlDelStr = "delete from tb_files where fileID='" + gvFiles.DataKeys[gvr.RowIndex].Value.ToString() + "'";
    SqlCommand myCmd = new SqlCommand(sqlDelStr, myConn);
    myCmd.ExecuteNonQuery();
    myCmd.Dispose();
    myConn.Close();
    if (IntIsSearch == 1)                                  //重新绑定
    {
        PartGVBind();
    }
    else
    {
        AllGVBind();
    }
}
```

说明

以上代码中的 gvFiles.DataKeys[gvr.RowIndex].Value.ToString()用于获取当前绑定行的键字段值。

（9）当用户单击"文件下载"按钮时，将会触发该按钮的 Click 事件，在该事件下，首先获取保存文件的路径，然后下载该文件。代码如下：

```csharp
protected void imgbtnDF_Click(object sender, ImageClickEventArgs e)
    {
        ImageButton imgbtn = (ImageButton)sender;           //获取 imgbtnDF 的 ImageButton 对象
        //引用 imgbtnDF 控件父控件的上一级控件
        GridViewRow gvr = (GridViewRow)imgbtn.Parent.Parent;
        //获取文件真实名称
        string sqlStr = "select fileTrueName from tb_files where fileID='" + gvFiles.DataKeys[gvr.RowIndex].Value.ToString() + "'";
        SqlConnection myConn = CC.GetConnection();          //打开数据库
        myConn.Open();
        SqlDataAdapter dapt = new SqlDataAdapter(sqlStr, myConn);
        DataSet ds = new DataSet();
        dapt.Fill(ds, "files");
        //获取文件路径
        string strFilePath = Server.MapPath("Files//" + ds.Tables["files"].Rows[0][0].ToString());
        ds.Dispose();
        myConn.Close();
        if (File.Exists(strFilePath))
        {
            Response.Clear();
            Response.ClearHeaders();
            Response.Buffer = true;
            Response.ContentType = "application/octet-stream";
            Response.AddHeader("Content-Disposition", "attachment;filename=" + HttpUtility.UrlEncode(strFilePath, System.Text.Encoding.UTF8));
            Response.AppendHeader("Content-Length", strFilePath.Length.ToString());
            Response.WriteFile(strFilePath);
            Response.Flush();
            Response.End();
        }
    }
```

> **注意**
> HttpUtility.UrlEncode 方法用于对 URL 字符串进行编码，方便进行可靠的 HTTP 传输。

（10）在 GridView 控件的 PageIndexChanging 事件下编写一段代码，实现分页功能。代码如下：

```csharp
protected void gvFiles_PageIndexChanging(object sender, GridViewPageEventArgs e)
{
    this.gvFiles.PageIndex = e.NewPageIndex;
    if (IntIsSearch == 1)
    {
        PartGVBind();
    }
    else
```

```
    {
        AllGVBind();
    }
}
```

（11）在 GridView 控件的 RowDataBound 事件下，可实现以下两种功能。
- ☑ 当用户将光标移动到表格某一行上时，该行变色。
- ☑ 当用户双击表格数据中某一行数据时，程序会弹出新页并向新页传值，同时显示这条数据的所有信息。

完成这两个功能的代码如下：

```
protected void gvFiles_RowDataBound(object sender, GridViewRowEventArgs e)
{
    if (e.Row.RowType == DataControlRowType.DataRow)
    {
        //光标移动到 GridView 控件的任意行时，该行自动变成指定颜色
        e.Row.Attributes.Add("onmouseover","this.style.backgroundColor='#00ff7f';this.style.color='buttontext';this.style.cursor='default';");
        e.Row.Attributes.Add("onmouseout", "this.style.backgroundColor='';this.style.color=''");
        //双击行打开新页
        e.Row.Attributes.Add("ondblclick", "window.open('FileInfo.aspx?id="+e.Row.Cells[0].Text+"')");
    }
}
```

3. 详细信息页面的实现过程

数据表：tb_files　　　　技术：DataSet对象的应用

当用户在文件管理页面（FilesManageList.aspx）中双击 GridView 控件中的某行数据时，程序会弹出一个新页面，该页为详细信息页面（FileInfo.aspx），用于显示上传文件保存在数据库中的所有信息。详细信息页面的运行结果如图 27.6 所示。

图 27.6　详细信息页面

详细信息页面（FileInfo.aspx）主要通过 DataSet 对象将数据库中的数据信息显示出来，完整代码如下：

```
//*****系统提供的默认命名空间已省略*****
using System.Data.SqlClient;
public partial class FileInfo : System.Web.UI.Page
```

```
{
    CommonClass CC = new CommonClass();
    protected void Page_Load(object sender, EventArgs e)
    {
        if (!IsPostBack)
        {
            SqlConnection myConn = CC.GetConnection();        //打开数据库
            myConn.Open();
            //从数据库中获取指定文件的数据信息
            string sqlStr = "select fileName,fileUpDate,fileLoad from tb_files where fileID=" + Convert.ToInt32(Request["id"].ToString());
            SqlDataAdapter dapt = new SqlDataAdapter(sqlStr, myConn);
            DataSet ds = new DataSet();
            dapt.Fill(ds, "files");
            if (ds.Tables["files"].Rows.Count > 0)
            {    //显示文件的数据信息
                Response.Write("文件的相关信息");
                Response.Write("<hr>");
                Response.Write("文件所在位置：" + ds.Tables["files"].Rows[0][2].ToString() + "<br>");
                Response.Write("文件名：" + ds.Tables["files"].Rows[0][0].ToString() + "<br>");
                Response.Write("创建时间：" + ds.Tables["files"].Rows[0][1].ToString() + "<br>");
                Response.Write("<hr>");
            }
            myConn.Close();
        }
    }
}
```

注意
在编写上述代码前，先添加命名空间 using System.Data.SqlClient。

第28章

购物车

（ 视频讲解：45分钟 ）

网上商城、网上购物等一系列电子商务网站以效率高、成本低而在 Internet 上迅速流行。在电子商务网站中，一个非常重要的功能就是"购物车"。本章将介绍如何实现购物车的具体功能。

28.1 实例说明

电子商务网站中购物车功能是否合理及安全，将直接影响网站的发展。本实例中允许游客浏览商品并查看商品信息，但不允许购物。只有登录的用户才可以进行购物。网站的主要模块如下：
- ☑ 商品浏览模块。
- ☑ 商品信息查看模块。
- ☑ 购物车模块。
- ☑ 后台管理模块。

程序运行结果如图 28.1 所示。

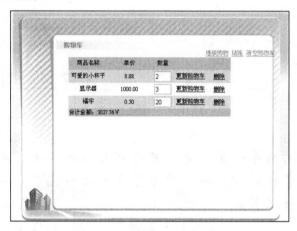

图 28.1 购物车运行结果

28.2 技术要点

28.2.1 使用 Web 服务器的 Attributes 属性运行 JavaScript 命令

Attributes 属性用于获得与控件上的属性不对应的属性集合，这样设置的属性作为 HTML 属性生成。该集合包含在 Web 服务器控件的开始标记中声明的所有属性的集合中，这样就可以通过编程方式控制与 Web 服务器控件关联的属性，可以将属性添加到此集合或从此集合中移除属性。例如，TextBox 控件文本发生改变时，使用 Attributes 属性运行 JavaScript 命令。代码如下：

```
protected void Page_Load(object sender, EventArgs e)
{
    TextBox1.Attributes["onchange"] = "javascript:alert('Text is Change!');";
}
```

28.2.2 使 DataList 控件中的 TextBox 控件允许输入数字

是否允许在 TextBox 控件中输入数字可以通过 CompareValidator 验证控件进行验证（当用户松开按键时进行验证，如果不为数字则取消操作），也可以通过该控件的 Attributes 属性，在页面加载事件 Page_Load 中进行设置。代码如下：

```
protected void Page_Load(object sender, EventArgs e)
{
    TextBox1.Attributes["onkeyup "] = "value=value.replace(/[^\\d]/g,'')";
}
```

如果该 TextBox 控件在 DataList 控件的 ItemTemplate 模板中，那么就需要在当前项被数据绑定到 DataList 控件时引发的 ItemDataBound 事件中进行设置。首先要在 DataList 控件中找到该控件，然后设置其 Attributes 属性。代码如下：

```
protected void dlShoppingCart_ItemDataBound(object sender, DataListItemEventArgs e)
{
    //用来实现在数量文本框中只能输入数字
    TextBox txtGoodsNum = (TextBox)e.Item.FindControl("txtGoodsNum");
    if (txtGoodsNum != null)
    {
        txtGoodsNum.Attributes["onkeyup"] = "value=value.replace(/[^\\d]/g,'')";
    }
}
```

28.3 开发过程

28.3.1 数据库设计

本实例采用 SQL Server 2005 数据库系统，在数据库系统中创建一个名为 db_NetShop 的数据库。在该数据库中新建 3 个表，分别为 tb_User（用户信息表）、tb_GoodsInfo（商品信息表）和 tb_Cart（购物车信息表）。

用户信息表（tb_User）用于保存用户名及密码信息，表结构如表 28.1 所示。

表 28.1 用户信息表（tb_User）的结构

字 段 名 称	类 型	是 否 为 空	描 述
UserID	int	否	用户编号，标志为自动增量，增量为 1
UserName	int	否	用户名
UserPassword	varchar	否	用户密码
Money	decimal	否	钱袋余额

商品信息表（tb_GoodsInfo）用于保存商品的基本信息，表结构如表28.2所示。

表 28.2　商品信息表（tb_GoodsInfo）的结构

字 段 名 称	类　　型	是 否 为 空	描　　述
GoodsID	int	否	用来存储商品信息编号，标志为自动增量，增量为 1
GoodsName	varchar	否	用来存储商品名称
GoodsKind	varchar	否	用来存储商品类别
GoodsPhoto	varchar	否	用来存储商品的照片
GoodsPrice	decimal	否	用来存储商品价格
GoodsIntroduce	varchar	否	用来存储商品的描述信息

购物车信息表（tb_Cart）用于保存用户购买商品的信息，表结构如表28.3所示。

表 28.3　购物车信息表（tb_Cart）的结构

字 段 名 称	类　　型	是 否 为 空	描　　述
ID	int	否	自动编号，标志为自动增量，增量为 1
CartID	int	否	用来存储购物车编号，这里的购物车编号即为用户编号
GoodsID	int	否	用来存储商品信息编号
GoodsName	varchar	否	用来存储商品名称
GoodsPrice	decimal	否	用来存储商品价格
Num	int	否	用来存储购买商品的数量

28.3.2　配置 Web.config

本实例在 Web.config 文件中主要配置连接数据库的字符串。在配置文件中设置的好处是可以省略其他页面重新编写连接数据库的字符串。设置方法如下：

```
<configuration>
    <appSettings>
    <add key="Con" value="server=LFL\MR;Uid=sa;pwd=;database=db_Counter;" />
    </appSettings>
       …
</configuration>
```

28.3.3　公共类编写

在本实例中建立了一个公共类 DB.cs，用来执行各种数据库操作，该类包括 3 个方法，分别为 GetCon、sqlEx 和 reDs 方法，它们的功能说明及设计如下。

（1）GetCon 方法

GetCon 方法主要用来连接数据库，使用 ConfigurationManager 对象的 AppSettings 属性值获取配置节中连接数据库的字符串实例化 SqlConnection 对象，并返回该对象。代码如下：

第 28 章 购 物 车

```
///<summary>
///配置连接字符串
///</summary>
///<returns>返回 SqlConnection 对象</returns>
public static SqlConnection GetCon()
{
    return new SqlConnection(ConfigurationManager.AppSettings["GetCon"]);//配置连接字符串
}
```

说明

ConfigurationManager 类的 AppSettings 属性用于获取配置文件中 AppSettings 节的内容。

（2）sqlEx (string P_str_cmdtxt)方法

sqlEx 方法主要使用 SqlCommand 对象执行数据库操作，如添加、修改、删除等。该方法包括一个 string 类型的参数，用来接收具体执行的 SQL 语句。执行该方法后，成功返回 true；失败返回 false。代码如下：

```
///<summary>
///执行 SQL 语句
///</summary>
///<param name="P_str_cmdtxt">用来执行的 SQL 语句</param>
///<returns>返回是否成功，成功返回 true；否则返回 false</returns>
public static bool sqlEx(string P_str_cmdtxt)
{
    SqlConnection con = DB.GetCon();//连接数据库
    con.Open();//打开连接
    SqlCommand cmd = new SqlCommand(P_str_cmdtxt, con);
    try
    {
        cmd.ExecuteNonQuery();//执行 SQL 语句并返回受影响的行数
        return true;
    }
    catch (Exception e)
    {
        return false;
    }
    finally
    {
        con.Dispose();//释放连接对象资源
    }
}
```

（3）reDs (string P_Str_Cmdtxt)方法

reDs 方法主要使用 SqlDataAdapter 对象的 Fill 方法填充 DataSet 数据集。该方法包括一个 string 字符型参数，用来接收具体查询的 SQL 语句。执行该方法后，将返回保存查询结果的 DataSet 对象。代码如下：

```
///<summary>
///返回 DataSet 结果集
///</summary>
///<param name="P_Str_Condition">用来查询的 SQL 语句</param>
///<returns>结果集</returns>
public static DataSet reDs(string P_Str_Cmdtxt)
{
    SqlConnection con = DB.GetCon();//连接数据库
    SqlDataAdapter da = new SqlDataAdapter(P_str_cmdtxt, con);
    DataSet ds = new DataSet();
    da.Fill(ds);
    return ds;//返回 DataSet 对象
}
```

28.3.4 模块设计说明

1．商品浏览页面的实现过程

商品浏览页面（Default.aspx）是该 Web 应用程序的起始页，主要用来实现用户登录及商品显示的功能。用户可以在该页面浏览商品信息，如果为登录用户，还可以将物品放入购物车内。该页面的运行结果如图 28.2 所示。

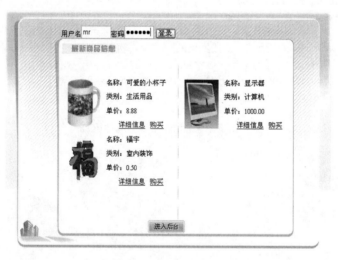

图 28.2　商品浏览页面

实现商品浏览页面的步骤如下。

（1）界面设计

在该页面中添加两个 TextBox 控件、两个 Panel 控件、一个 Button 控件、一个 Label 控件、一个 DataList 控件和一个 HyperLink 控件，具体属性设置及用途如表 28.4 所示。

表 28.4　Default.aspx 页面中控件的属性设置及用途

控件类型	控件名称	主要属性设置	用途
标准/TextBox 控件	txtUserName		用来输入用户名
	txtPwd	TextMode 属性设置为 Password	用来输入用户密码
标准/Panel 控件	pl1		用于布局
	pl2		用于布局
标准/Button 控件	btnLogin	Text 属性设置为"登录"	用于用户登录验证
标准/Label 控件	labMessage		用于显示登录用户名
数据/DataList 控件	dlGoodsInfo	RepeatColumns 属性设置为 2	以两列表格形式显示商品信息
标准/HyperLink 控件	hylinkGoback	ImageUrl 属性设置为"~/Image/购物车/进入后台按钮.jpg"	进入后台页面
		NavigateUrl 属性设置为 "~/GoodsInfo.aspx"	

DataList 控件用于显示商品信息，在其 ItemTemplate 模板中添加 1 个 Image 控件、3 个 Lable 控件和 2 个控件 LinkButton 控件，具体属性设置及用途如表 28.5 所示。

表 28.5　ItemTemplate 模板中控件的属性设置及用途

控件类型	控件名称	主要属性设置	用途
标准/Image 控件	imgGoodsPhoto	ImageUrl 属性设置为 Eval("GoodsPhoto")	用来显示绑定数据源中的 GoodsPhoto 字段
标准/Label 控件	labGoodsName	Text 属性设置为 Eval("GoodsName ")	用来显示绑定数据源中的 GoodsName 字段
	labGoodsKind	Text 属性设置为 Eval("GoodsKind ")	用来显示绑定数据源中的 GoodsKind 字段
	labGoodsPrice	Text 属性设置为 Eval("GoodsPrice ")	用来显示绑定数据源中的 GoodsPrice 字段
标准/LinkButton 控件	lnkbtnGoodsDescribe	CommandArgument 属性设置为 Eval("GoodsID")	与命令按钮相关联的命令参数为数据源中的 GoodID 字段
		CommandName 属性设置为 describe	命令按钮名称为 describe
		Text 属性设置为"详细信息"	按钮的显示文本
	lnkbtnBuy	CommandArgument 属性设置为 Eval("GoodsID")	与命令按钮相关联的命令参数为数据源中的 GoodsID 字段
		CommandName 属性设置为 buy	命令按钮名称为 buy
		Text 属性设置为"购买"	按钮的显示文本

（2）页面初始的实现

页面初始化时将触发 Page_Load 事件。在该事件中，首先调用 DB 类的 reDs 方法，返回查询结果集，作为 DataList 控件的数据源，然后通过 Session["UserID"]是否存在来判断用户是否登录。如果用户没有登录，则显示用户登录面板；如果用户已登录，则显示登录用户名。代码如下：

```csharp
protected void Page_Load(object sender, EventArgs e)
{
    DataSet ds = DB.reDs("select * from tb_GoodsInfo");
    dlGoodsInfo.DataSource = ds;          //指定数据源
    dlGoodsInfo.DataBind();
    //是否登录面板
    if (Session["UserID"] == null)
    {
        pl1.Visible = true;               //显示登录面板
        pl2.Visible = false;              //不显示登录用户名面板
    }
    else
    {
        pl1.Visible = false;              //不显示登录面板
        pl2.Visible = true;               //显示登录用户名面板
        labMessage.Text = "欢迎" + txtUserName.Text + "的光临！";
    }
}
```

（3）登录功能的实现

单击"登录"按钮，将触发按钮的 Click 事件。在该事件中，将调用 DB 类的 reDs 方法对用户输入的信息进行查询。如果查找出匹配的记录，则用户登录成功，隐藏登录面板，显示登录用户名面板；否则，弹出登录失败提示信息。代码如下：

```csharp
protected void btnLogin_Click(object sender, EventArgs e)
{
    //获取用户信息
    DataSet ds = DB.reDs("select * from tb_User where UserName='" + txtUserName.Text.Trim() + "' and PassWord='" + txtPwd.Text.Trim() + "'");
    if (ds.Tables[0].Rows.Count != 0)     //判断用户是否通过身份验证
    {
        Session["UserID"] = ds.Tables[0].Rows[0][0].ToString();
        labMessage.Text = "欢迎"+txtUserName.Text+"的光临！";
        pl1.Visible = false;
        pl2.Visible = true;
    }
    else
    {
        Response.Write("<script>alert('登录失败！请返回查找原因');</script>");
    }
}
```

> **注意**
> Session 对象是与特定用户相联系的，一个用户对应一个 Session 对象。Session 变量的名称可以自定义。

（4）查看商品信息和购物功能的实现

单击"详细信息"按钮或"购物"按钮，将触发 DataList 控件的 ItemCommand 事件。因为在设置控件属性时，将"详细信息"按钮的 CommandName 属性设置为 describe，将"购物"按钮的 CommandName 属性设置为 buy。所以在该事件中，首先判断 CommandName 的值，如果为 describe，则打开商品详细信息页面；如果为 buy，则打开购物车页面。代码如下：

```
protected void dlGoodsInfo_ItemCommand(object source, DataListCommandEventArgs e)
{
    if (e.CommandName == "describe")
    {
        string P_str_GoodsID = e.CommandArgument.ToString();
        Response.Write("<script>window.open('Describe.aspx?GoodsID=" + P_str_GoodsID + "','','width=637px,height=601px')</script>");
    }
    if (e.CommandName == "buy")
    {
        if (Session["UserID"] != null)
        {
            string P_str_GoodsID = e.CommandArgument.ToString();
            Response.Redirect("~/ShoppingCart.aspx?GoodsID=" + P_str_GoodsID);
        }
        else
        {
            Response.Write("<script>alert('您还没有登录，请先登录再购买！');</script>");
        }
    }
}
```

2. 查看商品详细信息页面的实现过程

查看商品详细信息页面（Describe.aspx）主要显示用户所选商品的详细信息。当用户在商品浏览页面单击某件商品的"详细信息"按钮后，就会打开查看商品详细信息页面。页面的运行结果如图 28.3 所示。

图 28.3　查看商品详细信息页面

实现查看商品详细信息页面的步骤如下。

（1）界面设计

在该页面添加 4 个 TextBox 控件、1 个 Image 控件和 1 个 Button 控件，具体属性设置及用途如表 28.6 所示。

表 28.6 Describe.aspx 页面中控件的属性设置及用途

控件类型	控件名称	主要属性设置	用 途
标准/TextBox 控件	txtGoodsName	Enabled 属性设置为 false	用来显示商品名称
	txtKind	Enabled 属性设置为 false	用来显示商品种类
	txtGoodsPrice	Enabled 属性设置为 false	用来显示商品单价
	txtGoodsDesc	Enabled 属性设置为 false TextMode 属性设置为 MultiLine	用来显示商品的描述信息
标准/Image 控件	imgGoodsPhoto		用于显示商品的照片
标准/Button 控件	btnClose	Text 属性设置为"关闭"	用于关闭页面

（2）页面初始的实现

页面初始化时将触发 Page_Load 事件。在该事件中，首先使用 Request 对象获得页面传递的参数 GoodsID，然后调用 DB 类的 reDs 方法查询该编号的商品，将商品信息显示在 TextBox 控件和 Image 控件中。代码如下：

```
protected void Page_Load(object sender, EventArgs e)
{
    string P_str_GoodsID=Request["GoodsID"];
    DataSet ds = DB.reDs("select * from tb_GoodsInfo where GoodsID=" + P_str_GoodsID);
    txtGoodsName.Text = ds.Tables[0].Rows[0][1].ToString();
    txtKind.Text = ds.Tables[0].Rows[0][2].ToString();
    imgGoodsPhoto.ImageUrl = ds.Tables[0].Rows[0][3].ToString();
    txtGoodsPrice.Text = ds.Tables[0].Rows[0][4].ToString();
    txtGoodsDesc.Text = ds.Tables[0].Rows[0][5].ToString();
}
```

（3）关闭窗口的实现

单击"关闭"按钮时，将触发按钮的 Click 事件。在该事件中，通过 JavaScript 脚本关闭当前窗体。代码如下：

```
//关闭窗口
protected void btnClose_Click(object sender, EventArgs e)
{
    Response.Write("<script>window.close();</script>");
}
```

3．购物车页面的实现过程

购物车页面（ShoppingCart.aspx）主要用于将用户选择的商品添加到购物车内，用户可以进行增加某件购买商品的数量、删除某件商品、到商品浏览页中继续购物、清空购物车或结账操作。页面的运行结果如图 28.4 所示。

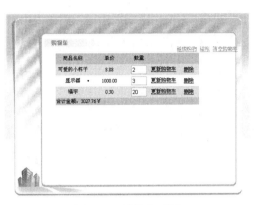

图 28.4 购物车页面

实现购物车页面的步骤如下。

（1）界面设计

在该页面添加 3 个 LinkButton 控件和 1 个 DataList 控件，具体属性设置及用途如表 28.7 所示。

表 28.7 ShoppingCart.aspx 页面中控件的属性设置及用途

控件类型	控件名称	主要属性设置	用途
标准/LinkButton 控件	lnkbtnContinue	Text 属性设置为"继续购物"	跳转到 Default.aspx 页
	lnkbtnClear	Text 属性设置为"清空购物车"	用来清空商品信息
	lnkbtnSettleAccounts	Text 属性设置为"结账"	对购物车中的商品进行支付
数据/DataList 控件	dlShoppingCart		显示购物车中的商品信息

DataList 控件用于显示用户添加到购物车的商品信息，其 ItemTemplate 模板中添加了 1 个 TextBox 控件、2 个 Label 控件和 2 个 LinkButton 控件，具体属性设置及用途如表 28.8 所示。

表 28.8 ItemTemplate 模板中控件的属性设置及用途

控件类型	控件名称	主要属性设置	用途
标准/TextBox 控件	txtGoodsNum	Text 属性设置为 Eval("Num")	用来显示绑定数据源中的 Num 字段
标准/Label 控件	labGoodsName	Text 属性设置为 Eval("GoodsName")	用来显示绑定数据源中的 Goods Name 字段
	labGoodsPrice	Text 属性设置为 Eval("GoodsPrice")	用来显示绑定数据源中的 Goods Price 字段
标准/LinkButton 控件	lnkbtnUpdateCart	CommandArgument 属性设置为 Eval("GoodsID")	与命令按钮相关联的命令参数为数据源中的 GoodsID 字段
		CommandName 属性设置为 updateNum	命令按钮名称为 updateNum
		Text 属性设置为"更新购物车"	按钮的显示文本
	lnkbtnDel	CommandArgument 属性设置为 Eval("GoodsID")	与命令按钮相关联的命令参数为数据源中的 GoodsID 字段
		CommandName 属性设置为 delete	命令按钮名称为 delete
		Text 属性设置为"删除"	按钮的显示文本

说明

关于 DataList 控件可参见第 10 章的介绍。

（2）页面初始的实现

已登录用户在 Default.aspx 页面中单击某件商品的"购买"按钮时，将打开 ShoppingCart.aspx 购物车页。在该页的 Page_Load 事件中，首先设置购物车的编号，这里以用户编号作为购物车编号，并获得页面间传递的参数商品编号，然后判断该用户的购物车内是否已经存在该商品，如果存在，则该商品的数量加 1；如果不存在，则在购物车内添加一条该商品的信息，最后调用 Bind 方法，将购物车中的信息显示在 DataList 控件中。代码如下：

```
protected void Page_Load(object sender, EventArgs e)
{
    if (!IsPostBack)
    {
        //向购物车中添加商品，如果购物车中已经存在该商品，则商品数量加1；如果是第一次购买，则向购
//物车中添加一条商品信息
        string P_str_CartID = Session["UserID"].ToString();
        string P_str_GoodsID = Request["GoodsID"];
        DataSet ds = DB.reDs("select count(*) from tb_Cart where CartID=" + P_str_CartID + "and GoodsID=" + P_str_GoodsID);
        if (ds.Tables[0].Rows[0][0].ToString() == "0")
        {
            DataSet ds1 = DB.reDs("select GoodsName,GoodsPrice from tb_GoodsInfo where GoodsID=" + P_str_GoodsID);
            string P_str_GoodsName = ds1.Tables[0].Rows[0][0].ToString();
            string P_str_GoodsPrice = ds1.Tables[0].Rows[0][1].ToString();
            string P_str_Num = "1";
            DB.sqlEx("insert into tb_Cart values(" + P_str_CartID + "," + P_str_GoodsID + ",'" + P_str_GoodsName + "'," + P_str_GoodsPrice + "," + P_str_Num + ")");
        }
        else
        {
            DB.sqlEx("update tb_Cart set Num=Num+1 where CartID=" + P_str_CartID + "and GoodsID=" + P_str_GoodsID);
        }
        //显示购物车中的商品信息
        Bind();
    }
}
```

（3）更改购买商品数量的实现

在购物车页面中，用户还可以在文本框中更改购买商品的数量，该文本框中只允许输入数字。更改数量后，单击"更新购物车"按钮，以当前数量更新数据库。

注意

关于在 DataList 控件中的 TextBox 控件内限制输入数字的方法可参见 28.2.2 节，这里不再赘述。

代码如下:

```csharp
//更新购物车
protected void dlShoppingCart_ItemCommand(object source, DataListCommandEventArgs e)
{
    if (e.CommandName == "updateNum")
    {
        string P_str_Num = ((TextBox)e.Item.FindControl("txtGoodsNum")).Text;
        bool P_bool_reVal = DB.sqlEx("update tb_Cart set Num=" + P_str_Num + "where CartID=" + Session["UserID"] + "and GoodsID=" + e.CommandArgument.ToString());
        if (P_bool_reVal)
            Bind();
    }
}
```

（4）删除购物车内某件商品的实现

如果不想购买某件商品，可以通过单击"删除"按钮来实现。该按钮的 CommandName 属性设置为 delete，用户单击该按钮将触发 DataList 控件的 DeleteCommand 事件。代码如下：

```csharp
//删除购物车中的商品
protected void dlShoppingCart_DeleteCommand(object source, DataListCommandEventArgs e)
{
    bool P_bool_reVal = DB.sqlEx("Delete from tb_Cart where CartID=" + Session["UserID"]+" and GoodsID="+e.CommandArgument.ToString ());
    if (!P_bool_reVal)
        Response.Write("<script>删除失败，请重试！</script>");
    else
        Bind();
}
```

在完成删除操作前，会弹出删除确认信息。如果选择是，则完成删除操作；否则，不执行删除操作。添加提示消息的代码如下：

```csharp
//删除购物车中的商品时的提示信息
protected void lnkbtnDel_Load(object sender, EventArgs e)
{
    ((LinkButton)sender).Attributes["onclick"] = "javascript:return confirm('你确定要删除该物品吗？')";
}
```

（5）继续购物功能的实现

单击"继续购物"按钮，页面将跳转到 Default.aspx 页面继续浏览商品。代码如下：

```csharp
//继续购物
protected void lnkbtnContinue_Click(object sender, EventArgs e)
{
    Response.Redirect("~/Default.aspx");
}
```

（6）清空购物车功能的实现

如果用户不想购买购物车中的任何一件商品，可以通过单击"清空购物车"按钮删除购物车中的所有商品。代码如下：

```csharp
//清空购物车
protected void lnkbtnClear_Click(object sender, EventArgs e)
{
    bool P_bool_reVal=DB. sqlEx("Delete from tb_Cart where CartID="+Session["UserID"]);
    if (!P_bool_reVal)
        Response.Write("<script>清空失败，请重试！</script>");
    else
        Bind();
}
```

同样，在清空购物车之前，也会弹出清空确认信息。添加提示消息的代码如下：

```csharp
//清空购物车时的提示信息
protected void lnkbtnClear_Load(object sender, EventArgs e)
{
    lnkbtnClear.Attributes["onclick"] = "javascript:return confirm('你确定要清空购物车吗？')";
}
```

（7）结账功能的实现

如果用户希望购买购物车中的商品，可以通过单击"结账"按钮来实现。单击该按钮时，将触发按钮的 Click 事件。在事件处理代码中，首先判断购物车中是否有商品。如果没有商品，则弹出提示信息；如果有商品，则判断用户的钱袋余额是否可以支付所购买商品的总价。如果余额不足，则不能进行购买，如果余额充足将弹出成功购买页 SuccessShop.aspx。代码如下：

```csharp
protected void lnkbtnSettleAccounts_Click(object sender, EventArgs e)
{
    if (M_str_Count == "")
    {
        Response.Write("<script>alert('您的购物车中没有任何物品!');</script>");
    }
    else
    {
        DataSet ds = DB.reDs("select Money from tb_User where UserID=" + Session["UserID"].ToString());
        decimal P_str_Money = Convert.ToDecimal (ds.Tables [0].Rows [0][0].ToString ());
        if (P_str_Money < Convert.ToDecimal (M_str_Count))
        {
            Response.Write("<script>alert('您的余额不足，请重新充值后再购买！');</script>");
        }
        else
        {
            bool P_bool_reVal1 = DB. sqlEx("Delete from tb_Cart where CartID=" + Session["UserID"]);
            bool P_bool_reval2 = DB. sqlEx("update tb_User set Money=Money-"+M_str_Count+" where UserID="+Session["UserID"]);
            if (!P_bool_reVal1 & !P_bool_reval2)
```

```
            {
                Response.Write("<script>结账失败，请重试！</script>");
            }
            else
            {
                Bind();
                Response.Write("<script>window.showModalDialog('SuccessShop.aspx','','dialogWidth=300px;dialogHeight=250px;status=no;help=no;scrollbars=no');</script>");
            }
        }
    }
}
```

> **说明**
> window 类的 showModalDialog 方法用于创建一个显示 HTML 内容的模态窗体。模态窗体是指当前窗体获得焦点时不能在其他窗体进行操作，只有关闭当前模态窗体后才能释放焦点。

SuccessShop.aspx 页面主要用来显示该用户的钱袋余额。代码如下：

```
protected void Page_Load(object sender, EventArgs e)
{
    DataSet ds = DB.reDs("select Money from tb_User where UserID=" + Session["UserID"].ToString());
    string P_str_Money = ds.Tables[0].Rows[0][0].ToString() ;
    labMessage.Text = "您已经成功购买了购物车中的商品，当前余额为" + P_str_Money + "￥";
}
```

4．后台管理页面的实现过程

后台管理页面（GoodsInfo.aspx）主要用来添加商品信息。该页中的每项内容都必须填写。管理员添加商品照片时，会将本地图片上传到服务器中，并显示在 Image 控件上。页面的运行结果如图 28.5 所示。

图 28.5　后台管理页面

实现后台管理页面的步骤如下。

（1）界面设计

在该页面添加 4 个 TextBox 控件、1 个 Image 控件、1 个 FileUpLoad 控件、3 个 Button 控件、3 个 RequiredFieldValidator 控件、1 个 CompareValidator 控件和 1 个 Label 控件，具体属性设置及用途如表 28.9 所示。

表 28.9 GoodsInfo.aspx 页面中控件的属性设置及用途

控件类型	控件名称	主要属性设置	用途
标准/TextBox 控件	txtGoodsName		用来显示商品名称
	txtKind		用来显示商品种类
	txtGoodsPrice	Text 属性设置为 0	用来显示商品单价
	txtGoodsDesc		用来显示商品的描述信息
标准/Image 控件	imgGoodsPhoto		用来显示商品的照片
标准/FileUpLoad 控件	fulPhoto		将商品照片保存到服务器上
标准/Button 控件	btnInsert	Text 属性设置为"添加"	将商品信息添加到数据库
	btnBack	Text 属性设置为"返回" CausesValidation 属性设置为 false	返回商品浏览页
	btnShow	Text 属性设置为"显示" CausesValidation 属性设置为 false	显示商品照片并保存在服务器上
验证/RequiredFieldValidator 控件	RequiredFieldValidator1	ControlToValidate 属性设置为 txtGoodsName ErrorMessage 属性设置为"请输入商品名称！"	验证商品名称不能为空
	RequiredFieldValidator2	ControlToValidate 属性设置为 txtKind ErrorMessage 属性设置为"请输入商品类别！"	验证商品类别不能为空
	RequiredFieldValidator3	ControlToValidate 属性设置为 txtGoodsDesc ErrorMessage 属性设置为"请输入商品介绍！"	验证商品介绍不能为空
验证/CompareValidator 控件	CompareValidator1	ControlToValidate 属性设置为 txtGoodsPrice ErrorMessage 属性设置为"格式错误！" Operator 属性设置为 DataTypeCheck Type 属性设置为 Currency	验证文本框中的内容应为货币类型
标准/Label 控件	labMessage	Text 属性设置为"请选择图片！" ForeColor 属性设置为 Red Visible 属性设置为 false	图片不能为空

（2）初始化页面

初始化页面时，将先在 Page_Load 事件中判断 Session["UserID"]是否为 null，确定用户是否登录。如果没有登录，则返回主页；如果已登录，则判断用户身份。如果用户的自动编号为 1（本实例中将编号为 1 的用户设为管理员），则允许添加商品信息；如果不为 1，那么返回到 Default.aspx 页面。代码如下：

```
protected void Page_Load(object sender, EventArgs e)
{
    if (!IsPostBack)
```

```csharp
{
    if (Session["UserID"] == null)
    {
        Response.Write("<script>alert('请先登录！');</script>");
        Response.Redirect("~/Default.aspx");
    }
    else
    {
        if (Session["UserID"].ToString() != "1")
        {
            Response.Write("<script>alert('您还没有此权限！');</script>");
            Response.Redirect("~/Default.aspx");
        }
    }
}
```

（3）加载商品照片

单击 FileUpLoad 控件的"浏览"按钮，将弹出导航对话框，用户可以通过对话框选择商品照片，或在 FileUpLoad 控件的文本框中直接输入文件的名称。单击"显示"按钮将图片上传到服务器上，并显示在 Image 控件中。在保存到服务器之前，还要判断是否选择文件、文件类型是否为图片。代码如下：

```csharp
//显示商品图片
protected void btnShow_Click(object sender, EventArgs e)
{
    string P_str_name = this.fulPhoto.FileName;//获取上传文件的名称
    bool P_bool_fileOK = false;
    if (fulPhoto.HasFile)
    {
        String fileExtension =System.IO.Path.GetExtension(fulPhoto.FileName).ToLower();
        String[] allowedExtensions = { ".gif", ".png", ".jpeg", ".jpg", ".bmp" };
        for (int i = 0; i < allowedExtensions.Length; i++)
        {
            if (fileExtension == allowedExtensions[i])
            {
                P_bool_fileOK = true;
            }
        }
    }
    if (P_bool_fileOK)
    {//将文件保存在相应的路径下
        this.fulPhoto.PostedFile.SaveAs(Server.MapPath("~/Image/") + P_str_name);
        this.imgGoodsPhoto.ImageUrl = "~/Image/" + P_str_name;//将图片显示在 Image 控件上
    }
    else
    {
        Response.Write("<script>alert('请选择.gif,.png,.jpeg,.jpg,.bmp 格式的图片文件!');</script>");
    }
}
```

注意 FileUpLoad 控件可参见第 4 章的介绍。

（4）添加商品信息

单击"添加"按钮时，将触发按钮的 Click 事件。在该事件中，首先判断是否已加载图片。如果没加载，则显示错误提示；如果已加载，则调用 DB 类的 sqlEx 方法将填写的商品信息添加到数据库中。执行 sqlEx 方法后，将返回一个布尔类型的值，如果该值为 true，则清空文本框；否则，弹出操作失败的错误提示。代码如下：

```
protected void btnInsert_Click(object sender, EventArgs e)
{
    if (imgGoodsPhoto.ImageUrl != "")
    {
        labMessage.Visible = false;
        bool P_Bool_reVal = DB.sqlEx("insert into tb_GoodsInfo values('" + txtGoodsName.Text + "','" + txtKind.Text + "','" + imgGoodsPhoto.ImageUrl + "','" + txtGoodsPrice.Text + "','" + txtGoodsDesc.Text + "')");
        if (!P_Bool_reVal)
        {
            Response.Write("<script>alert('操作失败，请重试！');</script>");
        }
        else
        {
            txtGoodsName.Text = "";
            txtKind.Text = "";
            txtGoodsPrice.Text = "0";
            txtGoodsDesc.Text = "";
            imgGoodsPhoto.ImageUrl = "";
        }
    }
    else
    {
        labMessage.Visible = true;
    }
}
```

（5）返回商品浏览页

单击"返回"按钮，将触发按钮的 Click 事件，在该事件中调用 Response 对象的 Redirect 方法跳转到 Default.aspx 页面。代码如下：

```
protected void btnBack_Click(object sender, EventArgs e)
{
    Response.Redirect("~/Default.aspx");
}
```

第29章

Blog

(视频讲解：60分钟)

  Blog（博客）作为一种新的生活、工作和学习方式，已经被越来越多的人所接受，并且正在改变着传统的网络和社会结构。网络信息不再是虚假不可验证的；交流和沟通更有明确的选择和方向性；单一的思想和群体的智慧结合变得更加有效；个人出版变成人人都可以实现的梦想。Blog正在影响和改变着人们的生活。通过对本章的学习，可以实现一个具有简单发布和管理功能的Blog平台。

29.1 实例说明

通过调查分析，一般要求博客软件具有以下功能：
- ☑ 管理员通过前台页面进入后台管理模块后，可对注册的博客用户进行管理，包括对注册用户的查找和删除。
- ☑ 管理员进入后台管理模块后，可对账户进行管理，包括添加管理员账户、修改管理员账户、删除管理员账户和对管理员进行权限设置。
- ☑ 管理员进入后台管理模块后，可对友情链接进行管理，包括对友情链接进行添加、查找和删除。
- ☑ 博客用户通过前台登录后，可对自己的博客空间进行管理，包括发布网络日志、与相关人员进行交流和沟通以及删除访客发表的评论等。
- ☑ 访客通过注册，登录进入博客空间发表评论。
- ☑ 访客不注册，通过匿名方式对博客空间发表评论。

其中，博客网站前台首页运行结果如图 29.1 所示。

图 29.1 博客网站前台首页

29.2 技术要点

本节主要介绍在开发博客网站时涉及的有关技术。

29.2.1 关于 ASP.NET 中的 3 层结构

在 ASP.NET 中，前台为 HTML 源码、.aspx 设计页面等文件，中间层为.cs 或.vb 文件编译而成的.dll 文件或组件，后台为数据库服务器。在 ASP.NET 3 层架构上，数据库层通过中间层来连接并进行相关操作，前台为中间层传递参数，并接收中间层的参数。通常情况下，主要关注的是中间层与前台的数据交互。中间层又可以称为组件，一般为.dll 文件。在.NET 中，.dll 文件不用考虑注册的问题，直接复制即可使用。

在设计模式上，3 层结构分别为表示层、业务层和数据层。

- ☑ 表示层

表示层提供应用的用户界面，通常包括 Windows 窗体和 ASP.NET 页面的使用。

- ☑ 业务层

业务层实现应用程序的业务功能。

- ☑ 数据层

数据层提供对外部系统（如数据库）的访问。该层涉及的是 ADO.NET 数据库访问技术。

29.2.2 触发器的应用

触发器是一种特殊的存储过程，它与数据表结合在一起。当数据表中的数据被更改时，触发器会被触发执行相应操作，这说明触发器是由数据库管理系统调用的。

在 SQL Server 中，触发器分为两种，即 After 触发器与 Instead of 触发器。After 触发器在数据已完成变动后才被激活，执行触发器操作，而 Instead of 触发器会在数据变动前触发，并且它会取代原来进行的操作。

1. 新建触发器

在 SQL Server 中可以使用 CREATE TRIGGER 语句创建触发器。语法格式如下：

```
CREATE TRIGGER trigger_name
ON { table | view }
{
{ { FOR | AFTER | INSTEAD OF } { [DELETE] [,] [INSERT] [,] [UPDATE] }
AS
sql_statement [ …n ]
}
}
```

> **说明**
>
> CREATE TRIGGER 是关键字；trigger_name 是要创建的触发器名称；ON 为关键字；table | view 表示在哪个表或视图上执行触发器；FOR 表示触发器为 After 触发器；AFTER 指定触发器只有在触发 SQL 语句中指定的所有操作都已成功执行后才激发，在视图上不能创建 After 触发器；INSTEAD OF 指定执行触发器而不是执行触发 SQL 语句，从而替代触发语句的操作；{ [DELETE] [,] [INSERT] [,] [UPDATE] }指定在表或视图上执行哪些数据修改语句时将激活触发器；AS 表示触发器要执行的操作；sql_statement 是触发器的条件和操作；n 表示触发器可以有多条 SQL 语句。

例如，在博客信息表（tb_Blog）中创建一个名为 updateArt 的触发器，当修改博客信息表（tb_Blog）中的博客姓名时，将触发 updateArt 触发器，修改博客文章信息表中相关的博客姓名。代码如下：

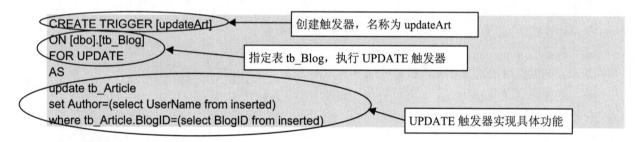

2. 修改触发器

在 SQL Server 中，提供了 ALTER TRIGGER 语句用来修改触发器。语法格式如下：

```
ALTER TRIGGER trigger_name
ON { table | view }
{
{ { FOR | AFTER | INSTEAD OF } { [DELETE] [,] [INSERT] [,] [UPDATE] }
AS
sql_statement [,…n]
}
}
```

> **说明**
>
> 修改触发器与创建触发器的语法格式基本相同，只是关键字不同而已，因此不再赘述，读者可参考创建触发器的语法格式。

例如，对创建的触发器 updateArt 进行修改。代码如下：

第 29 章 Blog

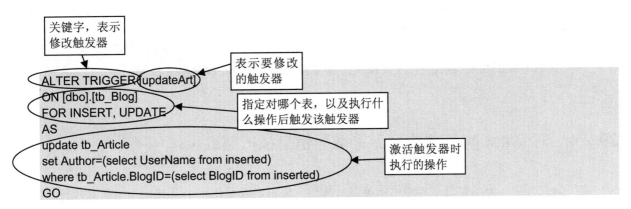

3. 删除触发器

在 SQL Server 中删除触发器需要使用 DROP TRIGGER 语句。语法格式如下：

DROP TRIGGER { trigger } [,…n]

> **说明**
> DROP TRIGGER 是关键字；trigger 表示要删除的触发器名称；n 表示可以同时删除多个触发器，触发器名称间用逗号分隔。

例如，删除已创建的触发器 updateArt。代码如下：

29.2.3 为 GridView 控件中的删除列添加确认对话框

对于一些比较重要的数据（如账务凭证等），在删除时需要操作员慎重考虑，否则会造成重大损失。因此，在开发程序时，可以在"删除"按钮下添加询问对话框，降低操作员的操作失误。在开发博客网站时，为绑定到 GridView 控件的"删除"按钮添加确认对话框，是在 GridView 控件的 RowDataBound 事件下使用 Attributes.Add 方法实现的。代码如下：

```
protected void gvArticle_RowDataBound(object sender, GridViewRowEventArgs e)
{
    if (e.Row.RowType == DataControlRowType.DataRow)
    {
        ((LinkButton)e.Row.Cells[4].Controls[0]).Attributes.Add("onclick","return confirm('确定要删除吗?')");
    }
}
```

说明
① GridView 控件的 RowDataBound 事件在 GridView 控件将数据行绑定到数据时发生。
② 代码中的 e.Row.Cells[4]是指被删除数据信息行的"删除"按钮所在位置。

29.2.4 对 DataList 控件中的某列数据信息执行截取操作

在实际开发中,为了使显示界面更加美观,需要对绑定到数据控件 DataList 中的信息执行截取操作,然后将截取后的字符显示出来。要实现该功能,可以在 DataList 控件的 ItemDataBound 事件下使用 Substring 方法对数据信息进行截取。代码如下:

```
protected void dlViewArticle_ItemDataBound(object sender, DataListItemEventArgs e)
{
        if (((Label)e.Item.Controls[0].FindControl("labContext")).Text.Length > 1000)
        {
                ((Label)e.Item.Controls[0].FindControl("labContext")).Text = ((Label)e.Item.Controls[0].FindControl("labContext")).Text.Substring(0, 1000) + "… …";
        }
}
```

说明
DataList 控件的 ItemDataBound 事件在 ItemDataBound 项被数据绑定后激发。

29.3 开 发 过 程

29.3.1 数据库设计

本实例采用 SQL Server 2005 数据库系统,在该系统中新建一个数据库,将其命名为 db_Blog,然后在该数据库中创建 6 个数据表,分别为管理员信息表(tb_Admin)、文章信息表(tb_Article)、博客信息表(tb_Blog)、友情链接表(tb_Href)、联系人信息表(tb_Message)和留言回复信息表(tb_Revert)。

☑ 管理员信息表(tb_Admin)

管理员信息表主要用于保存管理员登录系统的用户名、密码以及其他信息。表 tb_Admin 的结构如表 29.1 所示。

表 29.1 管理员信息表（tb_Admin）的结构

字段	类型	长度	是否可为空	说明
ID	int	4	否	主键（自动编号）
UserName	nvarchar	50	是	用户姓名
PassWord	nvarchar	50	是	用户密码
ReallyName	nvarchar	50	是	真实姓名
Birthday	datetime	8	是	生日
Address	nvarchar	100	是	地址
PostCode	nvarchar	10	是	邮政编码
Email	nvarchar	50	是	E-mail
HomePhone	nvarchar	50	是	家庭电话
MobilePhone	nvarchar	50	是	手机号码
QQ	nvarchar	50	是	QQ 号码
ICQ	nvarchar	50	是	ICQ 号码
RegTime	datetime	8	是	注册时间
Sex	nvarchar	4	是	性别
IP	nvarchar	20	是	IP 地址
SuperAdmin	nvarchar	4	否	是否为超级管理员

在管理员信息表中，SuperAdmin 字段为是否为超级管理员的标志，只有超级管理员才能删除其他管理员的信息。

☑ 文章信息表（tb_Article）

文章信息表主要用于保存博客人员发表的文章信息。表 tb_Article 的结构如表 29.2 所示。

表 29.2 文章信息表（tb_Article）的结构

字段	类型	长度	是否可为空	说明
ArticleID	int	4	否	主键（自动编号）
Author	nvarchar	50	是	文章作者
Subject	nvarchar	50	是	文章主题
Content	ntext	16	是	文章内容
BlogID	int	4	是	博客 ID
Time	datetime	8	是	创建时间

在文章信息表中，BlogID 字段指文章发表者的 ID 代号，它与博客信息表中的 BlogID 字段相对应。

☑ 博客信息表（tb_Blog）

博客信息表主要用于保存博客人员的基本信息。表 tb_Blog 的结构如表 29.3 所示。

表 29.3 博客信息表（tb_Blog）的结构

字 段	类 型	长 度	是否可为空	说 明
BlogID	int	4	否	主键（自动编号）
UserName	nvarchar	50	是	用户姓名
PassWord	nvarchar	50	是	密码，最少为6位
Sex	nvarchar	4	是	用户性别
ReallyName	nvarchar	50	是	真实姓名
Birthday	datetime	8	是	用户生日
Address	nvarchar	200	是	用户地址
PostCode	nvarchar	50	是	邮政编码
Email	nvarchar	100	是	邮箱
HomePhone	nvarchar	50	是	家庭电话
MobilePhone	nvarchar	50	是	手机
QQ	nvarchar	50	是	QQ 号码
ICQ	nvarchar	50	是	ICQ 号码
RegTime	datetime	8	是	系统自动添加当前时间（注册时间）
IP	nvarchar	20	是	记录注册用户 IP 地址

☑ 友情链接表（tb_Href）

友情链接表主要用于保存博客网站中友情链接网站的基本信息。表 tb_Href 的结构如表 29.4 所示。

表 29.4 友情链接表（tb_Href）的结构

字 段	类 型	长 度	是否可为空	说 明
HrefID	int	4	否	主键（自动编号）
Name	nvarchar	100	是	链接地址名字
Url	nvarchar	200	否	链接地址网址

☑ 联系人信息表（tb_Message）

联系人信息表主要用于保存博客注册用户的联系人 ID 代号。表 tb_Message 的结构如表 29.5 所示。

表 29.5 联系人信息表（tb_Message）的结构

字 段	类 型	长 度	是否可为空	说 明
MessageID	int	4	否	主键（自动编号）
BlogID	int	4	否	博客 ID
FriendID	int	4	否	联系人 ID

在联系人信息表中，BlogID 字段指博客的 ID 代号，它与博客信息表中的 BlogID 字段相对应；FriendID 字段指博客的联系人 ID 代号，它与博客信息表中的 BlogID 字段相对应。

☑ 留言回复信息表（tb_Revert）

留言回复信息表主要用于保存所有人（博客、访客和管理员）发表的回复信息。表 tb_Revert 的结构如表 29.6 所示。

表 29.6 留言回复信息表（tb_Revert）的结构

字 段	类 型	长 度	是否可为空	说 明
RevertID	int	4	否	主键（自动编号）
Subject	nvarchar	50	是	评论主题
Content	ntext	16	是	正文内容
ArticleID	int	4	是	文章 ID
BlogID	int	4	是	博客 ID
Time	datetime	8	是	系统自动添加（评论时间）
VisitorID	int	4	是	访客 ID
IP	nvarchar	20	是	IP 地址

在留言回复信息表中，ArticleID 字段指文章的 ID 代号，它与文章信息表中的 ArticleID 相对应；BlogID 字段指发表文章的博客 ID 代号，它与博客信息表中的 BlogID 字段相对应；VisitorID 字段指回复留言的博客 ID 代号，它与博客信息表中的 BlogID 字段相对应。

29.3.2 配置 Web.config

为了方便数据操作和网页维护，可以将一些配置参数放在 Web.config 文件中。本实例主要在 Web.config 文件中配置连接数据库的字符串。代码如下：

```
<configuration>
    <appSettings>
        <add key="ConnectionString" value="server=TIE\SQLEXPRESS;database=db_Blog;UId=sa;password=""/>
    </appSettings>
</configuration>
```

29.3.3 公共类编写

在网站开发项目中以类的形式来组织、封装一些常用的方法和事件，不仅可以提高代码的重用率，也大大方便了代码的管理。在本博客网站中新建了两个公共类，即 CommonClass（用于管理在项目中用到的公共方法，如弹出提示框、随机验证码等）和 DBClass（用于管理在项目中对数据库的各种操作，如连接数据库、获取数据集 DataSet 等）。下面详细讲解类的创建以及各类中用到的主要方法。

1. 类的创建

在编写类时，用户可以直接在该项目中找到 App_Code 文件夹，然后右击，在弹出的快捷菜单中选择"添加新项"命令，在弹出的"添加新项"对话框中选择"类"选项，并为其命名，如图 29.2 所示。

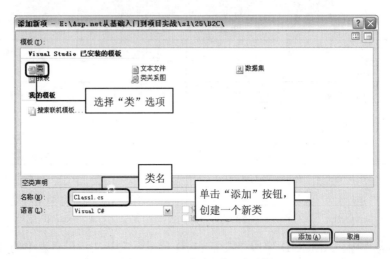

图 29.2 "添加新项"对话框

2. CommonClass 类

CommonClass 类用于管理在项目中用到的公共方法,主要包括 MessageBox、MessageBoxPage 和 RandomNum 方法,下面分别进行介绍。

☑ MessageBox(string TxtMessage)方法

MessageBox 方法是在客户端弹出对话框,提示用户执行某种操作。代码如下:

```
///<summary>
///说明:MessageBox 用来在客户端弹出对话框
///参数 TxtMessage 表示对话框中显示的内容
///</summary>
public string MessageBox(string TxtMessage)
{
    string str;
    str = "<script language=javascript>alert('" + TxtMessage + "')</script>";
    return str;
}
```

☑ MessageBox(string TxtMessage,string Url)方法

MessageBox(string TxtMessage,string Url)方法是 MessageBox(string TxtMessage)方法的重载,是在客户端弹出对话框,提示用户已完成了某种操作,并返回到指定页。代码如下:

```
///<summary>
///说明:MessageBox 用来在客户端弹出对话框,关闭对话框返回指定页
///参数 TxtMessage 表示对话框中显示的内容
///参数 Url 表示对话框关闭后跳转到的页
///</summary>
public string MessageBox(string TxtMessage,string Url)
{
    string str;
```

```
    str = "<script language=javascript>alert('" + TxtMessage + "');location='" + Url + "';</script>";
    return str;
}
```

☑ MessageBoxPage(string TxtMessage)方法

MessageBoxPage 方法是在客户端弹出对话框，提示用户执行某种操作或已完成了某种操作，并刷新页面。代码如下：

```
///<summary>
///说明：MessageBoxPage 用来在客户端弹出对话框，关闭对话框返回原页
///参数 TxtMessage 表示对话框中显示的内容
///</summary>
public string MessageBoxPage(string TxtMessage)
{
    string str;
    str = "<script language=javascript>alert('" + TxtMessage + "');location='javascript:history.go(-1)';</script>";
    return str;
}
```

☑ RandomNum(int n)方法

RandomNum 方法用来生成由英文字母和数字组成的 4 位验证码，常用在登录界面，用于防止用户利用注册机自动注册、登录或灌水。代码如下：

```
///<summary>
///实现随机验证码
///</summary>
///<param name="n">显示验证码的个数</param>
///<returns>返回生成的随机数</returns>
public string RandomNum(int n) //
{
    //定义一个包括数字、大写英文字母和小写英文字母的字符串
    string strchar = "0,1,2,3,4,5,6,7,8,9,A,B,C,D,E,F,G,H,I,J,K,L,M,N,O,P,Q,R,S,T,U,V,W,X,Y,Z,a,b,c,d,e,f,g,h,i,j,k,l,m,n,o,p,q,r,s,t,u,v,w,x,y,z";
    //将 strchar 字符串转化为数组
    //String.Split 方法返回包含此实例中的子字符串（由指定 Char 数组的元素分隔）的 string 数组
    string[] VcArray = strchar.Split(',');
    string VNum = "";
    //记录上次随机数值，尽量避免产生几个一样的随机数
    int temp = -1;
    //采用一个简单的算法以保证生成随机数的不同
    Random rand = new Random();
    for (int i = 1; i < n + 1; i++)
    {
        if (temp != -1)
        {
            //unchecked 关键字用于取消整型算术运算和转换的溢出检查
            //DateTime.Ticks 属性获取表示此实例的日期和时间的刻度数
            rand = new Random(i * temp * unchecked((int)DateTime.Now.Ticks));
```

```
        }
        //Random.Next 方法返回一个小于所指定最大值的非负随机数
        int t = rand.Next(61);
        if (temp != -1 && temp == t)
        {
            return RandomNum(n);
        }
        temp = t;
        VNum += VcArray[t];
    }
    return VNum;//返回生成的随机数
}
```

3. DBClass 类

DBClass 类用于管理在项目中对数据库进行的各种操作，主要包括 GetConnection、ExecNonQuery、ExecScalar 和 GetDataSet 方法。在编写 DBClass 类之前，首先声明 SqlConnection、SqlCommand、DataSet 和 SqlDataAdapter 4 个类对象，代码如下：

```
SqlConnection myConn;         //用于连接数据库
SqlCommand myCmd;             //用于执行 SQL 语句
DataSet ds;                   //数据集
SqlDataAdapter adapt;         //填充数据集
```

☑ GetConnection 方法

GetConnection 方法用来创建与数据库的连接，并返回 SqlConnection 类对象。代码如下：

```
///<summary>
///连接数据库
///</summary>
///<returns>返回 SqlConnection 对象</returns>
public SqlConnection GetConnection()
{
    string myStr = ConfigurationManager.AppSettings["ConnectionString"].ToString();
    myConn = new SqlConnection(myStr);
    return myConn;
}
```

☑ ExecNonQuery(string strSql)方法

ExecNonQuery 方法用来执行 SQL 语句，并返回受影响的行数。当用户对数据库进行添加、修改或删除操作时，可以调用该方法执行 SQL 语句。代码如下：

```
///<summary>
///更新数据库
///</summary>
///<param name="strSql">sqlStr 执行的 SQL 语句</param>
public void ExecNonQuery(string strSql)
{
    try
```

```csharp
{
    myConn = GetConnection();                         //与数据库连接
    myCmd = new SqlCommand();                         //初始化 SqlCommand 类对象
    myCmd.Connection = myConn;
    myCmd.CommandText = strSql;
    if (myCmd.Connection.State != ConnectionState.Open)
    {
        myCmd.Connection.Open();                      //打开与数据库的连接
    }
    myCmd.ExecuteNonQuery();                          //执行 SQL 操作,并返回受影响的行数
}
catch (Exception ex)
{
    throw new Exception(ex.Message, ex);
}
finally
{
    if (myCmd.Connection.State == ConnectionState.Open)
    {//断开连接,释放资源
        myCmd.Connection.Close();
        myConn.Dispose();
        myCmd.Dispose();
    }
}
}
```

☑　ExecScalar(string strSql)方法

ExecScalar 方法用来返回查询结果中的第一行第一列值。当用户从数据库中检索数据,并获取查询结果中的第一行第一列的值时,可以调用该方法。代码如下:

```csharp
///<summary>
///返回一个值
///</summary>
///<param name="strSql">sqlStr 执行的 SQL 语句</param>
///<returns>返回获取的值</returns>
public string ExecScalar(string strSql)
{
    try
    {
        myConn = GetConnection();                     //与数据库连接
        myCmd = new SqlCommand();                     //初始化 SqlCommand 类对象
        myCmd.Connection = myConn;
        myCmd.CommandText = strSql;
        if (myCmd.Connection.State != ConnectionState.Open)
        {
            myCmd.Connection.Open();                  //打开与数据库的连接
        }
        //使用 SqlCommand 对象的 ExecuteScalar 方法返回第一行第一列的值
        strSql=Convert.ToString(myCmd.ExecuteScalar());
```

```
            return strSql ;
    }
    catch (Exception ex)
    {
        throw new Exception(ex.Message, ex);
    }
    finally
    {
        if (myCmd.Connection.State == ConnectionState.Open)
        {//断开连接,释放资源
            myConn.Dispose();
            myCmd.Connection.Close();
            myCmd.Dispose();
        }
    }
}
```

☑ GetDataSet(string strSql, string TableName)方法

GetDataSet 方法主要用来从数据库中检索数据,并将查询的结果使用 SqlDataAdapter 对象的 Fill 方法填充到 DataSet 数据集,然后返回该数据集的表的集合。代码如下:

```
///<summary>
///说明:GetDataSet 数据集,返回数据源的数据表
///返回值:数据源的数据表
///参数:strSql 表示执行的 SQL 语句;TableName 表示数据表名称
///</summary>
public DataTable GetDataSet(string strSql, string TableName)
{
    ds= new DataSet();
    try
    {
        myConn = GetConnection();                              //与数据库连接
        adapt = new SqlDataAdapter(strSql, myConn);            //实例化 SqlDataAdapter 类对象
        adapt.Fill(ds,TableName);                              //填充数据集
        return ds.Tables[TableName];                           //返回数据集 DataSet 的表的集合
    }
    catch (Exception ex)
    {
        throw new Exception(ex.Message, ex);
    }
    finally
    {//断开连接,释放资源
        myConn.Close();
        adapt.Dispose();
        ds.Dispose();
        myConn.Dispose();
    }
}
```

第 29 章 Blog

> **注意**
> 在编写 DBClass 类之前,需要引入命名空间 System.Data.SqlClient,以便使用该命名空间中包含的类。引用该命名空间的代码为 using System.Data.SqlClient。

29.3.4 前台主要功能模块设计

本网站前台是对博客和访客两种身份的用户开放的,博客用户通过前台登录后,可对自己的博客空间进行管理,包括发布网络日志、与相关人员进行交流和沟通以及删除访客发表的评论等;访客用户可以登录或以匿名身份对博客的文章发表评论。

1. 访客主页面的实现过程

数据表:tb_Article　　　技术:DataList控件实现分页功能

通过访客主页面(Index.aspx),访客可以浏览博客的文章、对文章发表评论并查看文章发表人的所有文章。主页面的运行结果如图 29.3 所示。

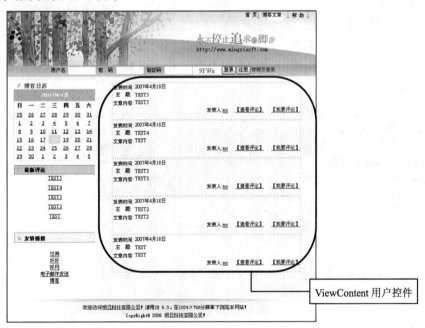

图 29.3　访客主页面

该页面的核心部分是 ViewContent.ascx 用户控件,设计该用户控件的步骤如下。

1)前台页面设计

首先,将一个表格控件(Table)置于用户控件(ViewContent.ascx)中,为整个页面进行布局。

然后,从"工具箱"选项卡中拖放 4 个 Label 控件、1 个 DataList 控件和 4 个 LinkButton 控件到用户控件中,各个控件的属性设置及用途如表 29.7 所示。

表 29.7 ViewContent 控件中各个控件的属性设置及用途

控件类型	控件名称	主要属性设置	用途
标准/Label 控件	labCP	Text 属性设置为"当前页码为:"	显示"当前页码为:"字样
	labPage	Text 属性设置为 1	显示当前页码
	labTP	Text 属性设置为"总页码为:"	显示"总页码为:"字样
	labBackPage	Text 属性设置为""	显示总页码
标准/LinkButton 控件	lnkbtnOne	Text 属性设置为"第一页"	执行返回第一页功能
	lnkbtnUp	Text 属性设置为"上一页"	执行返回上一页功能
	lnkbtnNext	Text 属性设置为"下一页"	执行跳转到下一页功能
	lnkbtnBack	Text 属性设置为"最后一页"	执行跳转到最后一页功能
标准/DataList 控件	dlViewContentList	RepeatDirection 属性设置为 Vertical	显示数据

最后,为 DataList 控件绑定博客发表文章的相关信息,具体步骤如下。

(1)单击 DataList 控件右上角的▶按钮,打开 DataList 任务列表。

(2)选择 DataList 任务列表中的"编辑模板"选项,在弹出的窗口中选择 ItemTemplate 模板编辑模式。

(3)在该编辑模式下,添加一个 Table 控件,并从"工具箱"/"标准"选项卡中拖放 3 个 Label 控件,置于该表格中。

(4)将页面切换到 HTML 源码中,在 DataList 控件中绑定博客文章的"发表时间"、"主题"和"文章内容"字段,并添加 3 个超链接按钮,用于查看博客的相关文章、查看博客的评论及以访客身份发表评论。源代码如下:

```
<table style="width: 470px; border-right: #99cc00 1px dashed; border-top: #99cc00 1px dashed; border-left: #99cc00 1px dashed; border-bottom: #99cc00 1px dashed; text-align: left;" cellpadding="0" cellspacing="0">
<tr>
<td style="width: 109px; text-align: center; height: 19px;">
<span style="font-size: 9pt">发表时间</span>:</td>
<td colspan="3" style="width: 424px; height: 19px; text-align: left;">
    <asp:Label ID="labTime" runat="server" Font-Size="9pt" Text='<%# DataBinder.Eval (Container.DataItem, "Time") %>'Width="162px"></asp:Label></td>
</tr>
<tr>
        <td style="width: 109px; text-align: center; height: 19px;">
        <span style="font-size: 9pt">主   题</span></td>
        <td colspan="3" style="width: 424px; height: 19px; text-align: left;">
    <asp:Label ID="labSubject" runat="server" Font-Size="9pt" Text='<%# DataBinder.Eval (Container.DataItem, "Subject") %>'Width="330px"></asp:Label><span style="font-size: 9pt"></span></td>
</tr>
<tr>
        <td style="width: 109px; height: 17px; text-align: center">
        <span></span><span style="font-size: 9pt">文章内容</span>:</td>
        <td colspan="3" style="height: 17px; width: 424px;">
    <asp:Label ID="labContext" runat="server" Font-Size="9pt" Height="16px" Text='<%# DataBinder.Eval (Container.DataItem, "Content") %>'Width="407px"></asp:Label></td>
```

绑定博客文章的"发表时间"

绑定博客文章的"主题"

绑定博客文章的"文章内容"

```html
</tr>
<tr>
    <td colspan="4" style="vertical-align: top; height: 31px; text-align: right">
    <span style="vertical-align: top">
        <table style="font-size: 9pt; width: 470px; vertical-align: top; text-align: right;" background="../../Images/Skin/BA3.jpg" cellpadding="0" cellspacing="0">
            <tr>
                <td colspan="2" style="height: 18px; text-align: right">
                    发表人:<a href='PersonArticle.aspx?BlogID=<%#DataBinder.Eval(Container.DataItem,"BlogID") %>'><%#DataBinder.Eval(Container.DataItem,"Author") %></a></td>
                <td style="width: 108px; height: 18px; text-align: center"><a href='ViewReply.aspx?ArticleID=<%#DataBinder.Eval(Container.DataItem,"ArticleID") %>'>【查看评论】</a></td>
                <td colspan="2" style="height: 18px; text-align: center; width: 74px;"><a href='ViewContent.aspx?ArticleID=<%#DataBinder.Eval(Container.DataItem,"ArticleID") %>'>【我要评论】</a></td></tr>
        </table>
    </span>
    </td>
</tr>
</table>
```

注释说明：
- 绑定博客文章的"发表人"，并超链接到 PersonArticle.aspx 页，同时传递博客 ID 代号
- 超链接到 ViewReply.aspx 页，并传递博客文章的 ID 代号
- 超链接到 ViewContent.aspx 页，并传递博客文章的 ID 代号

2）后台功能代码

在编辑器页（Index.aspx.cs）中编写代码前，首先需要定义一个 CommonClass 类对象和 DBClass 类对象，以便在编写代码时调用该类中的方法。代码如下：

```
CommonClass ccObj = new CommonClass();
DBClass dbObj = new DBClass();
```

程序主要代码如下。

（1）在 Page_Load 事件中，首先调用自定义方法 dlBind 显示博客文章的相关信息，代码如下：

```
protected void Page_Load(object sender, EventArgs e)
{
    if (!IsPostBack)
    {
        dlBind();        //显示博客文章的相关信息
    }
}
```

自定义方法 dlBind 实现的主要功能是分页显示博客文章的相关信息，实现该功能的具体步骤如下。

① 从文章信息表（tb_Article）中查询博客文章的相关信息并按时间降序排列。
② 调用 DBClass 类的 GetDataSet 方法填充数据集，并返回该数据集的表的集合。
③ 将获取的数据信息绑定到 DataList 控件上，并通过 PagedDataSource 类对 DataList 控件实现分页功能。

代码如下：

```
public void dlBind()
{
        int curpage = Convert.ToInt32(this.labPage.Text);
        //获取数据源的数据表
        string strSql = "select * from tb_Article order by Time Desc";
        DataTable dsTable =dbObj.GetDataSet(strSql,"tbArticle");
        PagedDataSource ps = new PagedDataSource();
        ps.DataSource = dsTable.DefaultView;
        ps.AllowPaging = true;                  //是否可以分页
        ps.PageSize = 5;                        //显示的数量
        ps.CurrentPageIndex = curpage - 1;      //取得当前页的页码
        this.lnkbtnUp.Enabled = true;
        this.lnkbtnNext.Enabled = true;
        this.lnkbtnBack.Enabled = true;
        this.lnkbtnOne.Enabled = true;
        if (curpage == 1)
        {
            this.lnkbtnOne.Enabled = false;     //不显示"第一页"超链接
            this.lnkbtnUp.Enabled = false;      //不显示"上一页"超链接
        }
        if (curpage == ps.PageCount)
        {
            this.lnkbtnNext.Enabled = false;    //不显示"下一页"超链接
            this.lnkbtnBack.Enabled = false;    //不显示"最后一页"超链接
        }
        this.labBackPage.Text = Convert.ToString(ps.PageCount);
        this.dlViewContent.DataSource = ps;
        this.dlViewContent.DataKeyField = "ArticleID";
        this.dlViewContent.DataBind();
}
```

（2）当用户单击用于操作分页的 LinkButton 控件时，程序根据当前页码执行指定操作。用于控制分页的 LinkButton 控件的 Click 事件代码如下：

```
//第一页
protected void lnkbtnOne_Click(object sender, EventArgs e)
{
        this.labPage.Text = "1";
        this.dlBind();
}
//上一页
protected void lnkbtnUp_Click(object sender, EventArgs e)
{
        this.labPage.Text = Convert.ToString(Convert.ToInt32(this.labPage.Text) - 1);
        this.dlBind();
}
//下一页
protected void lnkbtnNext_Click(object sender, EventArgs e)
{
```

```
            this.labPage.Text = Convert.ToString(Convert.ToInt32(this.labPage.Text) + 1);
            this.dlBind();
}
//最后一页
protected void lnkbtnBack_Click(object sender, EventArgs e)
{
        this.labPage.Text = this.labBackPage.Text;
        this.dlBind();
}
```

（3）为了使界面美观，在 DataList 控件的 ItemDataBound 事件下，对绑定到 DataList 控件上的内容字段执行截取操作，代码如下：

```
protected void dlViewContent_ItemDataBound(object sender, DataListItemEventArgs e)
{
        //对绑定到 DataList 控件上的内容字段执行截取操作
        if (((Label)e.Item.Controls[0].FindControl("labContext")).Text.Length>50)
        {
            ((Label)e.Item.Controls[0].FindControl("labContext")).Text=((Label)e.Item.Controls[0].FindControl
("labContext")).Text.Substring(0,50) + "...";
        }
}
```

说明

String 类的 Substring 方法用于从字符串的指定字符位置截取指定长度的子字符串。

2．浏览博客个人页面的实现过程

数据表：tb_Article   技术：DataList控件实现分页功能

在访客主页面中，单击"发表人"按钮，可以进入浏览博客个人页面（PersonArticle.aspx）查看文章发表人的所有文章。页面的运行结果如图 29.4 所示。

图 29.4　浏览文章发表人的所有文章

1）前台页面设计

浏览博客个人页面（PersonArticle.aspx）设计的具体步骤如下。

首先，将一个表格（Table）控件置于 PersonArticle.aspx 页中，为整个页面进行布局。

然后，从"工具箱"选项卡中拖放 4 个 Label 控件、1 个 DataList 控件和 4 个 LinkButton 控件，各个控件的属性设置及用途如表 29.8 所示。

表 29.8　PersonArticle.aspx 页中各个控件的属性设置及用途

控 件 类 型	控 件 名 称	主要属性设置	用　　途
标准/Label 控件	labCP	Text 属性设置为"当前页码为："	显示"当前页码为："字样
	labPage	Text 属性设置为 1	显示当前页码
	labTP	Text 属性设置为"总页码为："	显示"总页码为："字样
	labBackPage	Text 属性设置为""	显示总页码
标准/LinkButton 控件	lnkbtnOne	Text 属性设置为"第一页"	执行返回第一页功能
	lnkbtnUp	Text 属性设置为"上一页"	执行返回上一页功能
	lnkbtnNext	Text 属性设置为"下一页"	执行跳转到下一页功能
	lnkbtnBack	Text 属性设置为"最后一页"	执行跳转到最后一页功能
标准/DataList 控件	dlArticle	RepeatDirection 属性设置为 Vertical	显示数据

最后，为 DataList 控件绑定字段，具体步骤如下。

（1）单击 DataList 控件右上角的▶按钮，打开 DataList 任务列表。

（2）选择 DataList 任务列表中的"编辑模板"选项，在弹出的窗口中选择 ItemTemplate 模板编辑模式。

（3）在该编辑模式下，添加一个 Table 表格控件，为 DataList 控件布局。

（4）将页面切换到 HTML 源码中，在 DataList 控件中绑定博客文章的"主题"，并添加一个超链接按钮，用于查看博客文章的内容。源代码如下：

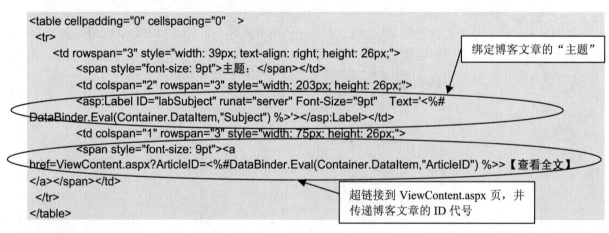

2）后台功能代码

在编辑器页（PersonArticle.aspx.cs）中编写代码前，首先需要定义一个 DBClass 类对象，以便在编写代码时调用该类中的方法。代码如下：

```
DBClass dbObj = new DBClass();
```

程序主要代码如下。

（1）在 Page_Load 事件中，首先调用自定义方法 dlBind 显示文章发表人的所有文章。代码如下：

```
protected void Page_Load(object sender, EventArgs e)
{
        if (!IsPostBack)
        {
            dlBind();           //显示文章发表人的所有文章
        }
}
```

自定义方法 dlBind 实现的主要功能是分页显示博客文章的相关信息，实现该功能的具体步骤如下。
① 从文章信息表（tb_Article）中查询指定博客的所有文章，并按时间降序排列。
② 调用 DBClass 类的 GetDataSet 方法填充数据集，并返回该数据集的表的集合。
③ 将获取的数据信息绑定到 DataList 控件上，并通过 PagedDataSource 类对 DataList 控件实现分页功能。

代码如下：

```
public void dlBind()
{
        int curpage = Convert.ToInt32(this.labPage.Text);
        //获取数据源的数据表
        string strSql = "select * from tb_Article where BlogID='" +
Convert.ToInt32(Page.Request["BlogID"].ToString()) + "' order by Time Desc";
        DataTable dsTable = dbObj.GetDataSet(strSql, "tbArticle");
        PagedDataSource ps = new PagedDataSource();
        ps.DataSource = dsTable.DefaultView;
        ps.AllowPaging = true;              //是否可以分页
        ps.PageSize = 5;                    //显示的数量
        ps.CurrentPageIndex = curpage - 1;  //取得当前页的页码
        this.lnkbtnUp.Enabled = true;
        this.lnkbtnNext.Enabled = true;
        this.lnkbtnBack.Enabled = true;
        this.lnkbtnOne.Enabled = true;
        if (curpage == 1)
        {
            this.lnkbtnOne.Enabled = false;   //不显示"第一页"超链接
            this.lnkbtnUp.Enabled = false;    //不显示"上一页"超链接
        }
        if (curpage == ps.PageCount)
        {
            this.lnkbtnNext.Enabled = false;  //不显示"下一页"超链接
            this.lnkbtnBack.Enabled = false;  //不显示"最后一页"超链接
        }
        this.labBackPage.Text = Convert.ToString(ps.PageCount);
```

> 获取指定博客的所有文章，并按发表时间的降序排列

```
            this.dlArticle.DataSource = ps;
            this.dlArticle.DataKeyField = "ArticleID";
            this.dlArticle.DataBind();
}
```

> **注意**
> PagedDataSource 类的 CurrentPageIndex 属性用于获取或设置当前页的索引值,索引值从 0 开始。

（2）当用户单击用于操作分页的 LinkButton 控件时，程序根据当前页码执行指定操作。用于控制分页的 LinkButton 控件的 Click 事件代码如下：

```
//第一页
protected void lnkbtnOne_Click(object sender, EventArgs e)
{
        this.labPage.Text = "1";
        this.dlBind();
}
//上一页
protected void lnkbtnUp_Click(object sender, EventArgs e)
{
        this.labPage.Text = Convert.ToString(Convert.ToInt32(this.labPage.Text) - 1);
        this.dlBind();
}
//下一页
protected void lnkbtnNext_Click(object sender, EventArgs e)
{
        this.labPage.Text = Convert.ToString(Convert.ToInt32(this.labPage.Text) + 1);
        this.dlBind();
}
//最后一页
protected void lnkbtnBack_Click(object sender, EventArgs e)
{
        this.labPage.Text = this.labBackPage.Text;
        this.dlBind();
}
```

3. 访客发表评论页面的实现过程

数据表：tb_Article、tb_Revert　　技术：DataList控件实现分页功能

在访客主页面（Index.aspx）中单击"我要评论"按钮，或在浏览博客的所有文章页面（PersonArticle.aspx）中单击"查看全文"按钮，都可以进入访客发表评论页面（ViewContent.aspx），在该页中访客可以查看相关文章的内容，并对文章的内容进行评论。页面运行结果如图 29.5 所示。

第 29 章　Blog

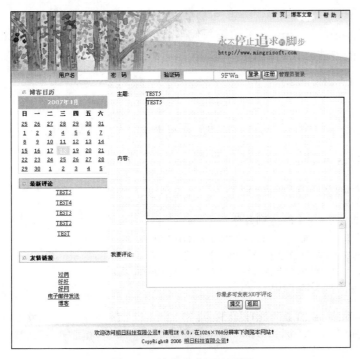

图 29.5　访客发表评论页面

1）前台页面设计

访客发表评论页面（ViewContent.aspx）设计的具体步骤如下。

首先，将一个表格（Table）控件置于 ViewContent.aspx 页中，为整个页面进行布局。

然后，从"工具箱"选项卡中拖曳两个 Label 控件置于该表格中，并分别设置 ID 属性值为 labSubject 和 labContent，用于显示文章主题和文章内容。

最后，从"解决方案资源管理器"面板中，将用户控件 FeedBack.ascx 拖曳到表格控件中，用于对博客文章发表评论。

用户控件（FeedBack.ascx）的页面设计步骤如下。

（1）将一个表格（Table）控件置于用户控件（FeedBack.ascx）中，为整个页面进行布局。

（2）从"工具箱"选项卡中拖曳一个 TextBox 控件和两个 Button 按钮控件置于该表格中，各个控件的属性设置及用途如表 29.9 所示。

表 29.9　FeedBack.ascx 中各个控件的属性设置及用途

控件类型	控件名称	主要属性设置	用途
标准/TextBox 控件	txtContent	MaxLength 属性设置为 500 TextMode 属性设置为 MultiLine	显示评论内容
标准/Button 控件	btnOK	Text 属性设置为"提交" CausesValidation 属性设置为 false	执行"提交"操作
	btnCancle	Text 属性设置为"返回" CausesValidation 属性设置为 false	执行"返回"操作

2）后台功能代码

在编辑器页（ViewContent.aspx.cs）中编写代码前，首先需要定义一个 DBClass 类对象，以便在编写代码时调用该类中的方法。代码如下：

```
DBClass dbObj = new DBClass();
```

程序主要代码如下。

（1）在 Page_Load 事件中，实现的主要功能是将浏览文章的主题和内容显示在界面上。代码如下：

```
protected void Page_Load(object sender, EventArgs e)
{
    if (Request["ArticleID"].ToString() != "")
    {
        //此处用来实现将数据绑定到前台
        string strSql = "select * from tb_Article where ArticleID='" +
int.Parse(Page.Request["ArticleID"].ToString()) + "'";
        DataTable dsTable=dbObj.GetDataSet(strSql,"tbArticle");
        if(dsTable.Rows.Count>0)
        {
            this.labContent.Text =dsTable.Rows[0]["Content"].ToString();     //文章内容
            this.labSubject.Text=dsTable.Rows[0]["Subject"].ToString();       //文章主题
        }
    }
}
```

说明

自定义类的 GetDataSet 方法返回值类型为 DataTable 类型。

（2）当用户填写完相关评论后，可以单击"提交"按钮对博客文章进行评论，实现该功能需要在用户控件（FeedBack.ascx）的"提交"按钮的 Click 事件下编写代码。具体步骤如下。

① 从文章信息表（tb_Article）中查询指定文章的主题和发表文章的博客 ID 代号。

② 使用 Session["UserName"]对象判断该访客是否已登录，如果未登录，则访客以"匿名"身份发表评论；否则，访客以真实身份发表评论。

③ 将评论后的信息添加到留言信息表（tb_Revert）中。

代码如下：

```
int intBlogId;                  //发表文章的博客 ID 代号
string strSubject;              //文章主题
string strSelect;               //查询文章信息语句
string strAdd;                  //在留言信息表（tb_Revert）中添加留言语句
protected void btnOK _Click(object sender, EventArgs e)
{
    strSelect = "select * from tb_Article where ArticleID='" + Convert.ToInt32(Request["ArticleID"].ToString()) + "'";
    DataTable dsTable = dbObj.GetDataSet(strSelect, "tbArticle");
    intBlogId = int.Parse(dsTable.Rows[0]["BlogID"].ToString());        //发表文章的博客 ID 代号
```

```
        strSubject = dsTable.Rows[0]["Subject"].ToString();              //文章主题
        if (Session["UserName"]==null)
        {
            //访客以"匿名"身份发表评论
            strAdd = "insert into tb_Revert(VisitorName,Subject,Content,IP,Time,ArticleID,BlogID) values('匿名','" +
strSubject + "','" + this.txtContent.Text + "','" + Request.UserHostAddress.ToString() + "','" +
DateTime.Now.ToString() + "','" + int.Parse(Request["ArticleID"].ToString()) + "','" + intBlogId + "')";
        }
        else
        {
            //访客登录后发表评论
            strAdd = "insert into tb_Revert(VisitorID,VisitorName,Subject,Content,IP,Time,ArticleID,BlogID)
values('" + int.Parse(Session["UserID"].ToString()) + "','" + Session["UserName"].ToString() + "','" + strSubject +
"','" + this.txtContent.Text + "','" + Request.UserHostAddress.ToString() + "','" + DateTime.Now.ToString() + "','"
+ int.Parse(Request["ArticleID"].ToString()) + "','" + intBlogId + "')";
        }
        dbObj.ExecNonQuery(strAdd);
        Response.Redirect("Index.aspx");
}
```

4．文章管理页面的实现过程

  数据表：tb_Article、tb_Revert 技术：DataList 控件实现分页功能

  当用户登录后，单击页面中的"文章管理"按钮，可以进入文章管理页面（ArticleManage.aspx），在该页面中可以发表文章、检索文章、编辑文章和删除相关文章。页面运行结果如图 29.6 所示。

图 29.6 文章管理页面

1）前台页面设计

  文章管理页面（ArticleManage.aspx）设计的具体步骤如下。

  首先，将一个表格（Table）控件置于 ArticleManage.aspx 页中，为整个页面进行布局。

  然后，从"工具箱"选项卡中拖曳一个 TextBox 控件、一个 Button 控件、一个 LinkButton 控件和一个 GridView 控件置于该表格中，各个控件的属性设置及用途如表 29.10 所示。

表 29.10 ArticleManage.aspx 中各个控件的属性设置及用途

控件类型	控件名称	主要属性设置	用途
标准/TextBox 控件	txtKey	TextMode 属性设置为 SingleLine	输入查询关键字
标准/Button 控件	btnSearch	Text 属性设置为"查找"	执行"查找"操作
标准/LinkButton 控件	lnkbtnAdd	Text 属性设置为"添加新文章"	执行"添加文章"操作
标准/GridView 控件	gvArticle	AutoGenerateColumns 属性设置为 false AllowPaging 属性设置为 true	显示博客文章信息

最后，为 GridView 控件绑定数据列，单击 GridView 控件右上角的▶按钮，打开 GridView 任务列表，然后选择"编辑列"选项，将会弹出如图 29.7 所示的对话框。

图 29.7 为 GridView 控件绑定字段

在该对话框中为 GridView 控件添加 3 个 BoundField 字段、1 个 HyperLinkField 字段和 1 个 CommandField 字段，各个字段的属性设置如表 29.11 所示。

表 29.11 GridView 控件添加显示字段的属性设置

添加的字段	主要属性设置
BoundField	DataField 属性设置为 Subject HeaderText 属性设置为"文章主题"
	DataField 属性设置为 Content HeaderText 属性设置为"文章内容"
	DataField 属性设置为 Time HeaderText 属性设置为"创作时间"
HyperLinkField	HeaderText 属性设置为"编辑" Text 属性设置为"编辑" DataNavigateUrlFields 属性设置为 ArticleID，DataNavigateUrlFormatString 属性设置为 EditContent.aspx?id={0}
CommandField	HeaderText 属性设置为"删除" ShowDeleteButton 属性设置为 true

第29章 Blog

2）后台功能代码

在编辑器页（ArticleManage.aspx.cs）中编写代码前，首先需要定义一个 DBClass 类对象和 CommonClass 类对象，以便在编写代码时调用该类中的方法。代码如下：

```csharp
DBClass dbObj = new DBClass();
CommonClass ccObj = new CommonClass();
```

程序主要代码如下。

（1）在 Page_Load 事件中，调用自定义方法 BindData，显示博客发表的文章，代码如下：

```csharp
protected void Page_Load(object sender, EventArgs e)
{
            if (Session["UserID"] == null)
            {
                Response.Redirect("../Default.aspx");
            }
        BindData();//显示博客发表文章的信息
}
```

自定义方法 BindData 首先从文章信息表（tb_Article）中查找博客发表的文章，然后调用 DBClass 类中的 GetDataSet 方法，获取查询结果后的数据集，并将该数据集绑定到 GridView 控件中。代码如下：

```csharp
public void BindData()
{    //查询博客发表的文章
        string strSql = "select * from tb_Article where BlogID='" + Session["UserID"] + "'";
        DataTable dsTable = dbObj.GetDataSet(strSql,"tbArticle");
        this.gvArticle.DataSource = dsTable.DefaultView;//绑定 GridView 控件
        gvArticle.DataKeyNames = new string[] { "ArticleID" };
        gvArticle.DataBind();
}
```

> **注意**
> DataTable 类的 DefaultView 属性用于获取表的自定义视图。

（2）输入关键字后，单击"查找"按钮，将会触发该按钮的 Click 事件，在该事件下调用自定义方法 SearchBind，将符合条件的数据信息显示出来。代码如下：

```csharp
protected void btnSearch_Click(object sender, EventArgs e)
{
        ViewState["search"] = "1";//查询标志
        SearchBind();//显示符合结果的数据信息
}
```

自定义方法 SearchBind，首先从文章信息表（tb_Article）中查找符合条件的数据信息，然后调用 DBClass 类中的 GetDataSet 方法获取查询结果后的数据集，并将该数据集绑定到 GridView 控件中。代码如下：

```
public void SearchBind()
{
    //显示符合条件的数据信息
    string strSql = "Select * from tb_Article Where ( Subject like '%" + this.txtKey.Text + "%'";
    strSql += " or Content like '%" + this.txtKey.Text + "%')";
    strSql += " and BlogID='"+Session["UserID"]+"'";
    strSql += " order by Time Desc";
    DataTable dsTable = dbObj.GetDataSet(strSql,"tbArticle");
    this.gvArticle.DataSource = dsTable.DefaultView;
    gvArticle.DataKeyNames = new string[] { "ArticleID" };
    gvArticle.DataBind();
}
```

（3）在 GridView 控件的 RowDeleting 事件下，实现当单击"删除"按钮后，将指定的文章信息删除。代码如下：

```
protected void gvArticle_RowDeleting(object sender, GridViewDeleteEventArgs e)
{
    string strSql = "delete from tb_Article where ArticleID='" + gvArticle.DataKeys[e.RowIndex].Value + "'";
    dbObj.ExecNonQuery(strSql);
    if (ViewState["search"] != null)
    {
        SearchBind();//显示符合条件的数据信息
    }
    else
    {
        BindData();//显示博客发表文章的信息
    }
}
```

（4）在 GridView 控件的 RowDataBound 事件下，实现如下操作。
① 对绑定到 GridView 控件的"文章主题"、"文章内容"字段截取指定的字符长度。
② 对"创建时间"字段进行格式化。
③ 为 GridView 控件的"删除"按钮添加确认对话框。
代码如下：

```
protected void gvArticle_RowDataBound(object sender, GridViewRowEventArgs e)
{
    if (e.Row.RowType == DataControlRowType.DataRow)
    {
        if ((e.Row.Cells[0].Text).Length > 6)
        {
            e.Row.Cells[0].Text = (e.Row.Cells[0].Text).Substring(0, 6) + "…";     //截取文章主题
        }
        if ((e.Row.Cells[1].Text).Length > 6)
        {
            e.Row.Cells[1].Text = (e.Row.Cells[1].Text).Substring(0, 6) + "…";     //截取文章内容
        }
```

```
            DateTime dt = Convert.ToDateTime(e.Row.Cells[2].Text.ToString());
            e.Row.Cells[2].Text = dt.ToShortDateString();//格式化创建时间
            ((LinkButton)e.Row.Cells[4].Controls[0]).Attributes.Add("onclick","return  confirm(' 确 定 要 删 除
吗?')");//为 GridView 控件的"删除"按钮添加确认对话框
        }
}
```

说明
由于本书篇幅有限,此处不再给出对博客文章的添加和编辑操作,读者可参看本书附带光盘。

5. 评论管理页面的实现过程

数据表：tb_Revert   技术：DataList控件实现分页功能

当用户登录后,单击页面中的"评论管理"按钮可以进入评论管理页面（ReplyManage.aspx）,在该页面中,可以浏览和删除相关评论。页面运行结果如图 29.8 所示。

图 29.8 评论管理页面

该页面的核心部分是 Reply.ascx 用户控件。设计该用户控件的具体步骤如下。

1）前台页面设计

首先,将一个表格控件（Table）置于用户控件（Reply.ascx）中,为整个页面进行布局。

然后,从"工具箱"选项卡中拖放 4 个 Label 控件、1 个 DataList 控件和 4 个 LinkButton 控件置于该表格中,各个控件的属性设置及用途如表 29.12 所示。

表 29.12　Reply.ascx 用户控件中各个控件的属性设置及用途

控件类型	控件名称	主要属性设置	用途
标准/Label 控件	labCP	Text 属性设置为"当前页码为："	显示"当前页码为："字样
	labPage	Text 属性设置为 1	显示当前页码
	labTP	Text 属性设置为"总页码为："	显示"总页码为："字样
	labBackPage	Text 属性设置为""	显示总页码
标准/LinkButton 控件	lnkbtnOne	Text 属性设置为"第一页"	执行返回第一页功能
	lnkbtnUp	Text 属性设置为"上一页"	执行返回上一页功能
	lnkbtnNext	Text 属性设置为"下一页"	执行跳转到下一页功能
	lnkbtnBack	Text 属性设置为"最后一页"	执行跳转到最后一页功能
标准/DataList 控件	dlReply	RepeatDirection 属性设置为 Vertical	显示数据

最后，为 DataList 控件绑定评论的相关信息。具体步骤如下：

（1）单击 DataList 控件右上角的▶按钮，打开 DataList 任务列表。

（2）选择 DataList 任务列表中的"编辑模板"选项，在弹出的窗口中选择 ItemTemplate 模板编辑模式。

（3）在该编辑模式下，添加 1 个 Table 控件，并从"工具箱"/"标准"选项卡中拖放 3 个 Label 控件和 1 个 LinkButton 控件置于该表格中，其中，3 个 Label 控件用于绑定"评论时间"、"评论主题"和"评论内容"字段；LinkButton 控件用于执行删除操作。

（4）将页面切换到 HTML 源码中，首先为 DataList 控件绑定"评论时间"、"评论主题"和"评论内容"字段，并设置 LinkButton 控件的 CommandName 属性值为 delete，然后添加一个超链接按钮，用于查看博客的个人信息。源代码如下：

```
<table style="width: 410px" cellpadding="0" cellspacing="0">
 <tr>
  <td style="width: 96px; text-align: right; vertical-align:top">
    <span style="font-size: 9pt;text-align: right; vertical-align :top ">评论时间</span>:</td>
  <td style="width: 61px;text-align: left; vertical-align :top ">
    <asp:Label ID="labTime" runat="server" Font-Size="9pt" Width="98px" Text='<%# DataBinder.Eval
(Container.DataItem, "Time") %>'></asp:Label></td>
  <td style="width: 91px; text-align: right; vertical-align :top ">
    <span style="font-size: 9pt;text-align: right; vertical-align :top ">评论主题</span>
  <td style="width: 148px;text-align: left; vertical-align :top ">
    <asp:Label ID="labSubject" runat="server" Font-Size="9pt" Width="159px" Text=<%#DataBinder.Eval
(Container.DataItem, "Subject") %>></asp:Label></td>
</tr>
<tr>
  <td style="width: 96px; height: 41px; text-align: right; vertical-align :top ">
    <span style="font-size: 9pt;text-align: right; vertical-align :top ">评论内容</span>:</td>
  <td colspan="3" style="height: 41px;text-align: left; vertical-align :top ">
    <asp:Label ID="labContext" runat="server" Height="36px" Width="344px" Text='<%# DataBinder.Eval
(Container.DataItem, "Content") %>' Font-Size="9pt"></asp:Label></td>
</tr>
<tr>
```

绑定"评论时间"
绑定"评论主题"
绑定"评论内容"

第29章 Blog

```
        <td colspan="4" style="height: 36px; vertical-align: top;">
          <span style="font-size: 9pt">
            <table style="font-size: 9pt; width: 410px; height: 9px;" background="../../Images/Skin/BA3.jpg" cellpadding="0" cellspacing="0">
              <tr>
                <td style="text-align: right; height: 20px; width: 293px;" colspan="2">
                  发表人:<a href="PersonInfo.aspx?Var=3&VisitorID=<%#DataBinder.Eval(Container.DataItem,"VisitorID") %>"><%#DataBinder.Eval(Container.DataItem,"VisitorName") %></a></td>
                <td colspan="2" style="height: 20px; text-align: center; width: 135px;">
                  <asp:LinkButton ID="lnkbtnDelete" runat="server" CommandName="delete" Font-Underline="False" ForeColor="Blue">【删除评论】</asp:LinkButton></td></tr>
            </table>
```

绑定"发表人",并超链接到 PersonInfo.aspx 页,同时传递博客 ID 代号

将"删除评论"按钮的 CommandName 属性值设置为 delete

2) 后台功能代码

在编辑器页(Reply.ascx.cs)中编写代码前,首先需要定义一个 DBClass 类对象,以便在编写代码时调用该类中的方法。代码如下:

```
DBClass dbObj = new DBClass();
```

程序主要代码如下。

(1) 在 Page_Load 事件中,首先调用自定义方法 dlBind 显示评论的相关信息。代码如下:

```
protected void Page_Load(object sender, EventArgs e)
{
        if (!Page.IsPostBack)             //第一次请求执行
        {
            if (Session["UserID"] == null)
            {
                Response.Redirect("Default.aspx");
            }
            dlBind();                     //显示评论信息
        }
}
```

自定义方法 dlBind 实现的主要功能是分页显示评论的相关信息,实现该功能的具体步骤如下。
① 从留言回复信息表(tb_Revert)中查询评论的相关信息并按时间降序排列。
② 调用 DBClass 类的 GetDataSet 方法填充数据集,并返回该数据集的表的集合。
③ 将获取的数据信息绑定到 DataList 控件上,并通过 PagedDataSource 类对 DataList 控件实现分页功能。

代码如下:

```
public void dlBind()
{
        int curpage = Convert.ToInt32(this.labPage.Text);
        //获取数据源的数据表
        string strSql = "select * from tb_Revert where BlogID='" + int.Parse(Session["UserID"].ToString()) + "' order by Time Desc";
```

```csharp
            DataTable dsTable = dbObj.GetDataSet(strSql, "tbRevert");
            PagedDataSource ps = new PagedDataSource();
            ps.DataSource = dsTable.DefaultView;
            ps.AllowPaging = true;              //是否可以分页
            ps.PageSize = 5;                    //显示的数量
            ps.CurrentPageIndex = curpage - 1;  //取得当前页的页码
            this.lnkbtnUp.Enabled = true;
            this.lnkbtnNext.Enabled = true;
            this.lnkbtnBack.Enabled = true;
            this.lnkbtnOne.Enabled = true;
            if (curpage == 1)
            {
                this.lnkbtnOne.Enabled = false;   //不显示"第一页"超链接
                this.lnkbtnUp.Enabled = false;    //不显示"上一页"超链接
            }
            if (curpage == ps.PageCount)
            {
                this.lnkbtnNext.Enabled = false;  //不显示"下一页"超链接
                this.lnkbtnBack.Enabled = false;  //不显示"最后一页"超链接
            }
            this.labBackPage.Text = Convert.ToString(ps.PageCount);
            this.dlReply.DataSource = ps;
            this.dlReply.DataKeyField = "RevertID";
            this.dlReply.DataBind();
        }
```

说明

int 数据类型的 Parse 方法用于将数字的字符串表示形式转换为有符号整数。

（2）当用户单击用于操作分页的 LinkButton 控件时，程序根据当前页码执行指定操作。用于控制分页的 LinkButton 控件的 Click 事件代码如下：

```csharp
//第一页
protected void lnkbtnOne_Click(object sender, EventArgs e)
{
        this.labPage.Text = "1";
        this.dlBind();
}
//上一页
protected void lnkbtnUp_Click(object sender, EventArgs e)
{
        this.labPage.Text = Convert.ToString(Convert.ToInt32(this.labPage.Text) - 1);
        this.dlBind();
}
//下一页
protected void lnkbtnNext_Click(object sender, EventArgs e)
```

```
{
        this.labPage.Text = Convert.ToString(Convert.ToInt32(this.labPage.Text) + 1);
        this.dlBind();
}
//最后一页
protected void lnkbtnBack_Click(object sender, EventArgs e)
{
        this.labPage.Text = this.labBackPage.Text;
        this.dlBind();
}
```

（3）在 DataList 控件的 DeleteCommand 事件下，实现当用户单击评论显示框中的"删除评论"按钮时，将指定的数据信息删除。代码如下：

```
protected void dlReply_DeleteCommand(object source, DataListCommandEventArgs e)
{
        string strID = this.dlReply.DataKeys[e.Item.ItemIndex].ToString(); //获取当前DataList控件列
        string strSql= "Delete from tb_Revert where RevertID='" + Convert.ToInt32(strID) + "'";
        dbObj.ExecNonQuery(strSql);
        Page.Response.Redirect("ReplyManage.aspx?ArticleID="+Request["ArticleID"]+"");
}
```

29.3.5 后台主要管理模块设计

后台管理模块只对管理员开放，管理员登录后，可以查找和删除已注册的博客用户，可以添加、修改和删除管理员并对管理员进行权限设置，还可以添加、查找和删除友情链接。

1. 系统管理员登录页面的实现过程

数据表：tb_Admin　　　　技术：验证用户名和密码

当用户单击网站前台的"管理员登录"按钮时，会进入后台登录页面。后台登录页面主要用来对进入网站后台的用户进行安全性检查，以防止非法用户进入该系统的后台，同时使用验证码技术，防止使用注册机恶意登录本站后台。后台登录页面如图 29.9 所示。

图 29.9　后台登录页面运行结果

1）前台页面设计

将一个表格（Table）控件置于 Index.aspx 页中，为整个页面进行布局，然后从"工具箱"/"标准"

选项卡中拖放 3 个 TextBox 控件、1 个 Label 控件和 2 个 Button 按钮控件置于该表格中，各个控件的属性设置及用途如表 29.13 所示。

表 29.13 后台登录页中各个控件的属性设置及用途

控件类型	控件名称	主要属性设置	用途
标准/TextBox 控件	txtUid	TextMode 属性设置为 SingleLine	输入用户登录名
	txtPwd	TextMode 属性设置为 Password	输入用户密码
	txtVali	TextMode 属性设置为 SingleLine	输入验证码
标准/Button 控件	btnLogin	Text 属性设置为"确定"	执行登录操作
	btnCancel	Text 属性设置为"取消"	执行取消操作
标准/Label 控件	labCode	Text 属性设置为 8888	显示验证码

2）后台功能代码

在编辑器页（Index.aspx.cs）中编写代码前，首先需要定义 CommonClass 类对象和 DBClass 类对象，以便在编写代码时调用该类中的方法。代码如下：

```
CommonClass ccObj = new CommonClass();
DBClass dbObj=new DBClass();
```

程序主要代码如下。

（1）在 Page_Load 事件中，调用 CommonClass 类的 RandomNum 方法显示随机验证码，代码如下：

```
protected void Page_Load(object sender, EventArgs e)
{
    if (!IsPostBack)
    {
        this.labCode.Text =ccObj.RandomNum(4);//产生验证码
    }
}
```

（2）当用户输入完登录信息时，可以单击"确定"按钮，在该按钮的 Click 事件下，首先判断用户是否输入了合法的信息。如果输入的信息合法，则进入网站后台；否则，弹出对话框，提示用户重新输入。代码如下：

```
protected void btnOK_Click(object sender, EventArgs e)
{
    if (this.txtVali.Text != this.labVali.Text)
    {//判断验证码输入错误
        Response.Write(ccObj.MessageBox("验证码错误！"));
    }
    else
    {
        //判断用户输入的用户名和密码是否合法
        string strSql = "select * from tb_Admin where UserName='" + this.txtUid.Text + "' and PassWord='" + this.txtPwd.Text + "'";
        DataTable dsTable = dbObj.GetDataSet(strSql, "tbAdmin");
```

第29章 Blog

```
        if (dsTable.Rows.Count > 0)
        {
         Session["UserName"] = this.txtUid.Text;//保存用户名
         Session["UserID"] = int.Parse(dsTable.Rows[0]["ID"].ToString());//保存用户ID代号
         Session["SuperAdmin"] = dsTable.Rows[0]["SuperAdmin"].ToString();//保存管理员级别
            Response.Write("<script language=javascript>window.open('AdminManage.aspx');
window.close();</script>");
        }
        else
        {//用户名或密码不合法
            Response.Write(ccObj.MessageBox("用户名或密码有误！"));
            return;
        }
    }
}
```

2．博客管理页面的实现过程

　数据表：tb_Admin　　　　技术：根据条件向数据库中插入数据

管理员登录后，可以单击"管理博客"按钮进入博客管理页面（BlogManage.aspx），在该页面管理员可以对博客信息执行检索、删除操作，还可以单击"详细信息"按钮查看博客的详细信息。该页运行结果如图29.10所示。

图29.10　管理博客页

1）前台页面设计

博客管理页面（BlogManage.aspx）设计的具体步骤如下。

首先，将一个表格（Table）控件置于BlogManage.aspx页中，为整个页面进行布局。

然后，从"工具箱"选项卡中拖放一个DropDownList控件、一个TextBox控件、一个Button控件和一个GridView控件置于该表格中，各个控件的属性设置及用途如表29.14所示。

621

表 29.14　BlogManage.aspx 中各个控件的属性设置及用途

控件类型	控件名称	主要属性设置	用途
标准/DropDownList 控件	ddlSearch	AutoPostBack 属性设置为 true	绑定搜索项，即博客姓名和 QQ 号
标准/TextBox 控件	txtKey	TextMode 属性设置为 SingleLine	输入查询关键字
标准/Button 控件	btnSearch	Text 属性设置为 "查找"	执行 "查找" 操作
标准/GridView 控件	gvArticle	AutoGenerateColumns 属性设置为 false AllowPaging 属性设置为 true	显示博客信息

最后，为 GridView 控件绑定数据列。

（1）单击 GridView 控件右上角的 ▶ 按钮，打开 GridView 任务列表。

（2）选择"编辑列"选项，将会弹出如图 29.11 所示的对话框。

图 29.11　为 GridView 控件绑定字段

在该对话框中为 GridView 控件添加 3 个 BoundField 字段、1 个 HyperLinkField 字段、1 个 ItemTemplate 字段和 1 个 CommandField 字段，各个字段的属性设置如表 29.15 所示。

表 29.15　GridView 控件添加显示字段的属性设置

添加的字段	主要属性设置
BoundField	DataField 属性设置为 UserName HeaderText 属性设置为 "博客姓名"
	DataField 属性设置为 Sex HeaderText 属性设置为 "博客性别"
	DataField 属性设置为 QQ HeaderText 属性设置为 QQ
ItemTemplate	HeaderText 属性设置为 "注册时间"
HyperLinkField	HeaderText 属性设置为 "详细信息" Text 属性设置为 "详细信息" DataNavigateUrlFields 属性设置为 BlogID DataNavigateUrlFormatString 属性设置为 　"BlogInfo.aspx?ID={0}"
CommandField	HeaderText 属性设置为 "删除" ShowDeleteButton 属性设置为 true

（3）将页面切换到 HTML 源码中，为 ItemTemplate 字段添加注册时间，并将其格式化。代码如下：

```
<ItemTemplate>
<%#Convert.ToDateTime(DataBinder.Eval(Container.DataItem, "RegTime").ToString()).ToLongDateString()
%>
</ItemTemplate>
```

2）后台功能代码

在编辑器页（BlogManage.aspx.cs）中编写代码前，首先需要定义一个 DBClass 类对象和 CommonClass 类对象，以便在编写代码时调用该类中的方法。代码如下：

```
DBClass dbObj = new DBClass();
CommonClass ccObj = new CommonClass();
```

程序主要代码如下。

（1）在 Page_Load 事件中，调用自定义方法 BindData 显示博客信息。代码如下：

```
protected void Page_Load(object sender, EventArgs e)
{
    if (!IsPostBack)
    {
        if (Session["UserName"] == null)
        {
            Response.Redirect("~/Default.aspx");
        }
        else
        {
            BindData();//显示博客信息
        }
    }
}
```

自定义方法 BindData，首先从博客信息表（tb_Blog）中查找博客信息，然后调用 DBClass 类中的 GetDataSet 方法，获取查询结果后的数据集，并将该数据集绑定到 GridView 控件中。代码如下：

```
public void BindData()
{
    string strSql = "select * from tb_Blog";
    DataTable dsTable = dbObj.GetDataSet(strSql, "tbBlog");
    this.gvBlog.DataSource = dsTable.DefaultView;
    this.gvBlog.DataKeyNames = new string[] { "BlogID" };
    this.gvBlog.DataBind();
}
```

（2）当用户输入关键信息后，单击"查找"按钮，将会触发该按钮的 Click 事件。在该事件下调用自定义方法 SearchBind，将符合条件的数据信息显示出来。代码如下：

```
protected void btnSearch_Click(object sender, EventArgs e)
{
        ViewState["search"] = "1";//查询标志
        SearchBind();//显示符合结果的数据信息
}
```

说明

ASP.NET 页面提供了 ViewState 属性用于保存页面的视图状态。

自定义方法 SearchBind，首先从博客信息表（tb_Blog）中查找符合条件的数据信息，然后调用 DBClass 类中的 GetDataSet 方法，获取查询结果后的数据集，并将该数据集绑定到 GridView 控件中。代码如下：

```
string strSelSql;
public void SearchBind()
{
    strSelSql = "Select * From tb_Blog   Where ";
    string search = this.ddlSearch.SelectedValue;
    switch (search)
    {
        case "博客姓名"://按博客姓名查询
            strSelSql += " UserName    Like    '%" + this.txtKey.Text + "%'";
            break;
        case "QQ"://按 QQ 查询
            strSelSql += " QQ    Like    '%" + this.txtKey.Text + "%'";
            break;
        default:
            Response.Write(ccObj.MessageBoxPage("出错！"));
            break;
    }
    DataTable dsTable = dbObj.GetDataSet(strSelSql, "tbAdmin");
    this.gvBlog.DataSource = dsTable.DefaultView;
    this.gvBlog.DataKeyNames = new string[] { "BlogID" };
    this.gvBlog.DataBind();
}
```

（3）在 GridView 控件的 RowDeleting 事件下，实现当用户单击"删除"按钮后，将指定的博客信息删除。代码如下：

```
protected void gvBlog_RowDeleting(object sender, GridViewDeleteEventArgs e)
{
        string strSql = "delete from tb_Blog where BlogID='" + gvBlog.DataKeys[e.RowIndex].Value + "'";
        strSql += " Delete from tb_Article where BlogID='" + gvBlog.DataKeys[e.RowIndex].Value + "'";
        strSql += " Delete from tb_Message where FriendID='" + gvBlog.DataKeys[e.RowIndex].Value + "'";
        strSql += " Delete from tb_Message where BlogID='" + gvBlog.DataKeys[e.RowIndex].Value + "'";
        strSql += " Delete from tb_Revert where BlogID='" + gvBlog.DataKeys[e.RowIndex].Value + "'";
```

```
strSql += " Delete from tb_Revert where VisitorID='" + gvBlog.DataKeys[e.RowIndex].Value + "'";
dbObj.ExecNonQuery(strSql);
        Response.Redirect("BlogManage.aspx");
if (ViewState["search"]!=null)
{
    SearchBind();       //绑定符合条件的博客信息
}
else
{
    BindData();         //绑定博客信息
}
}
```

第30章

BBS 论坛

（ 视频讲解：1小时10分钟）

论坛（Bulletin Board System，BBS），是一种在 Internet 上常见的用于信息服务的 Web 系统，主要用来给浏览者提供相互沟通的平台。

BBS 起源于 20 世纪 80 年代初，最初，它只是发布公告信息和讨论问题的在线交流平台，后来随着网络的普及，论坛的功能越来越丰富，各大商家纷纷在自己的网站上开辟论坛与网民交流，同时，在线技术支持和在线服务也在论坛中开展起来。

由此可见，论坛在人们生活中的地位越来越重要，本章将讲解如何使用 ASP.NET 4.0 编写一个简单的论坛。

第 30 章 BBS 论坛

30.1 实 例 说 明

BBS 论坛网站给用户提供了一个发布信息和讨论问题的平台,在该网站中,未注册的用户进入后只能浏览版块、帖子和发表帖子;已经注册的用户在登录进入论坛后,可以对各类帖子发表自己的评论;版主登录之后,可以管理属于自己的版块;管理员登录之后,有权对用户、版主、版块和帖子进行添加、修改和删除。

本实例实现的主要功能如下:

☑ 浏览帖子。
☑ 发表帖子。
☑ 回复帖子。
☑ 删除帖子。
☑ 版块管理。
☑ 用户注册。
☑ 用户头像管理。

BBS 论坛首页运行结果如图 30.1 所示。

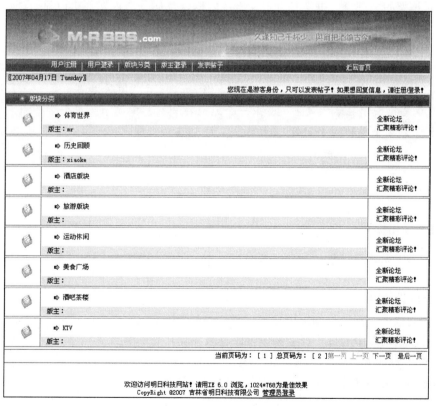

图 30.1 BBS 论坛首页

30.2 技术要点

30.2.1 IFrame 框架的使用

框架是浏览器窗口中的一个区域，它可以显示与浏览器窗口其他部分中所显示内容无关的 HTML 文档。

框架集是 HTML 文件，它定义一组框架的布局和属性，包括框架的数目、框架的大小和位置以及在每个框架中初始显示页面的 URL。框架集文件本身不包含浏览器中显示的 HTML 内容，但 noframes 部分除外。框架集文件只是向浏览器提供应如何显示一组框架以及在这些框架中应显示哪些文档的有关信息。

1．了解框架和框架集如何工作

要在浏览器中查看一组框架，输入框架集文件的 URL，浏览器便可以打开要显示在这些框架中的相应文档。

注意，框架不是文件。用户很可能会以为当前显示在框架中的文档是构成框架的一部分，但该文档实际上并不是框架的一部分。框架是存放文档的容器，任何一个框架都可以显示任意一个文档。

> **注意**
>
> 页面一词含义较为广泛，既可以表示单个 HTML 文档，也可以表示给定时刻浏览器窗口中的全部内容，即使当时同时显示几个 HTML 文档。例如，短语"使用框架的页面"通常表示一组框架以及最初在这些框架中显示的文档。如果一个站点在浏览器中显示为包含 3 个框架的单个页面，则它实际上至少由 4 个单独的 HTML 文档组成，即框架集文件以及 3 个文档。这 3 个文档包含框架内初始显示的内容。当在 Dreamweaver 中设计使用框架集的页面时，必须将这 4 个文件全部保存，以便该页面可以在浏览器中正常工作。

2．决定是否使用框架

框架的最常见用途就是导航。一组框架通常包括一个含有导航条的框架和另一个要显示主要内容页面的框架。

但是，框架的设计可能比较复杂，并且可以创建没有框架的 Web 页，它可以达到使用一组框架所能达到的许多相同效果。例如，如果用户想让导航条显示在页面的左侧，则既可以用一组框架代替用户的页面，也可以在站点中的每一页上都包含该导航条。

许多专业 Web 设计人员和浏览 Web 页的用户都不喜欢框架，在大多数情况下，这种反感是因为遇到了那些使用框架效果不佳或不必要使用框架的站点。如果框架使用得当，对于某些站点来说可能非常有用。

使用框架具有以下优点：
- 访问者的浏览器不需要为每个页面重新加载与导航相关的图形。
- 每个框架都具有自己的滚动条，因此访问者可以独立滚动这些框架。例如，当框架中的内容页面较长时，如果导航条位于不同的框架中，那么向下滚动到页面底部的访问者就不需要再滚动回顶部使用导航条。

使用框架具有以下缺点：
- 难以实现不同框架中各元素的精确图形对齐。
- 对导航进行测试可能耗时较长。
- 各个带有框架的页面的 URL 不显示在浏览器中，因此访问者可能难以将特定页面设为书签。

本实例通过使用 IFrame 框架来布局页面，其主要属性设置如下。
- Src 属性：要在框架中显示的页面的 URL。
- Name 属性：用来设置框架名，以标识该框架。

除此之外，为了使页面美观大方，还可以设置 IFrame 框架的一些其他属性。例如，scrolling 属性用来设置在框架中是否显示滚动条，frameborder 属性用来设置框架的边框，另外，还可以通过 style 属性设置框架的大小、背景颜色和字体大小等。

30.2.2 第三方组件 FreeTextBox 的使用

本实例中用到了第三方组件 FreeTextBox（本书光盘中附带该组件），该组件是一个在线文本编辑器，可以对文字以及图片内容进行处理，并将数据保存到数据库中。该组件的配置步骤如下。

（1）将 FreeTextBox.dll 添加到项目中

在"解决方案资源管理器"面板中右击项目，在弹出的快捷菜单中选择"添加引用"命令，在弹出的对话框中选择"浏览"选项卡，找到组件存放位置，单击"确定"按钮，系统将自动创建 Bin 文件夹，并将组件存放到该文件夹中。"添加引用"对话框如图 30.2 所示。

图 30.2 "添加引用"对话框

（2）设置 SupportFolder 属性

将存放有 FreeTextBox 组件资源文件的文件夹存放到 aspnet_client 文件夹中，然后设置 SupportFolder 属性为 aspnet_client/FreeTextBox/。

（3）向页面中添加组件

配置完成后，即可向页面添加组件。在向页面中添加组件前，需先注册组件。在页面 HTML 源码顶部添加注册代码如下：

```
<%@ Register TagPrefix="FTB" Namespace="FreeTextBoxControls" Assembly="FreeTextBox" %>
```

在页面中适当的位置添加 FreeTextBox 组件的代码如下：

```
<FTB:FreeTextBox id="FreeTextBox1" runat="Server" Language="zh-cn"
SupportFolder="../aspnet_client/FreeTextBox/" Height="300px" Width="500px"
HtmlModeDefaultsToMonoSpaceFont="True" DownLevelCols="50" DownLevelRows="10"
ButtonDownImage="False" GutterBackColor="LightSteelBlue" ToolbarBackgroundImage="True"
ToolbarLayout="ParagraphMenu,FontFacesMenu,FontSizesMenu,FontForeColorsMenu|Bold,Italic,Underline,
Strikethrough;Superscript,Subscript,RemoveFormat|JustifyLeft,JustifyRight,JustifyCenter,JustifyFull;BulletedList,
NumberedList,Indent,Outdent;CreateLink,Unlink,InsertImage,InsertRule|Cut,Copy,Paste;Undo,Redo,Print"
ToolbarStyleConfiguration="NotSet" />
```

注册完成后，回到设计视图，选中 FreeTextBox 组件，进行相关的属性设置。

（4）写入数据库

完成以上配置后，即可使用该组件。下面以在 btnSubmit_Click 事件中向数据库插入帖子信息为例，介绍 FreeTextBox 组件的使用方法。实现代码如下：

```csharp
protected void btnSubmit_Click(object sender, EventArgs e)
{
    string strName = "";
    string strPop = "";
    if (txtCName.Text == string.Empty)
    {
        Response.Write("<script language=javascript>alert('帖子名称不能为空！')</script>");
        return;
    }
    if (Session["Name"] == null)
    {
        strName = "匿名";
        strPop = "游客";
    }
    else
    {
        strName = Session["Name"].ToString();
        strPop = Session["Pop"].ToString();
    }
    cardmanage.CardID = cardmanage.GetCID();
    cardmanage.CardName = txtCName.Text;
    modulemanage.ModuleName = ddlMName.SelectedValue;
    cardmanage.ModuleID = modulemanage.FindModuleByName(modulemanage,
"tb_Module").Tables[0].Rows[0][0].ToString();
    cardmanage.CardContent = FreeTextBox1.Text;   // 此处获取 FreeTextBox1 中的内容，包括 HTML 标记。要去掉 HTML 标记，用 FreeTextBox1.HtmlStrippedText
    cardmanage.CardTime = DateTime.Now;
    cardmanage.CardPeople = strName;
    cardmanage.Pop = strPop;
    cardmanage.AddCard(cardmanage);
    Response.Write("<script language=javascript>alert('帖子发表成功！')</script>");
}
```

> **注意**
>
> 将 FreeTextBox 控件中的内容插入到数据库时，需要在 Web.config 文件的 system.web 节下添加 <pages validateRequest="false"/>，否则可能会出现异常。

30.2.3　以缩略图形式上传图片

在以缩略图形式上传图片时，主要用到了 Image 对象的 GetThumbnailImage 方法，该方法用来返回 Image 图像的缩略图。语法格式如下：

```
public Image GetThumbnailImage
(
    int thumbWidth,
    int thumbHeight,
    GetThumbnailImageAbort callback,
    IntPtr callbackData
)
```

参数说明如下。

- thumbWidth：请求的缩略图的宽度（以像素为单位）。
- thumbHeight：请求的缩略图的高度（以像素为单位）。
- callback：一个 Image.GetThumbnailImageAbort 委托。在 GDI+1.0 版中不使用此委托，即便如此，也必须创建一个委托并在该参数中传递对此委托的引用。Image.GetThumbnailImageAbort 委托提供一个回调方法，用于确定 GetThumbnailImage 方法应在何时提前取消执行。
- callbackData：必须为 Zero。
- 返回值：表示缩略图的 Image。

例如，下面的代码用来生成指定文件的缩略图。

```
System.Drawing.Image image, newimage;
image = System.Drawing.Image.FromFile("文件路径");
System.Drawing.Image.GetThumbnailImageAbort callb = null;
newimage = image.GetThumbnailImage(45, 50, callb, new System.IntPtr());
```

30.2.4　多层设计模式开发

目前，开发人员在开发项目时大多使用分层开发模式，最常见的就是 3 层开发模式，如图 30.3 所示。分层设计的目的在于使各个层之间只能够被它相邻的层影响，但是这个限制常常在使用多层开发时被违反，这对系统的开发是有害的。本节主要讨论层的隔离为什么如此重要。下面将对 3 种开发模式进行具体说明并比较。

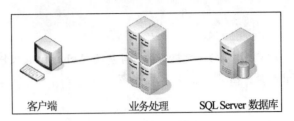

图 30.3　3 层开发模式

1．数据层驱动模式

所谓的数据层驱动模式，就是先设计数据层，接着陈述层围绕数据层展开，一旦完成数据层和陈述层，业务层就围绕数据层展开。因为陈述层是围绕数据层展开的，这将会使陈述层中的约束不准确，并且限制了业务层的变更。由于业务层受到限制，一些简单的变化就可以通过 SQL 查询和存储过程来实现。

这种模式非常普遍，它和传统的客户服务端开发相似，并且是围绕已经存在的数据库设计的。由于陈述层是围绕数据层设计的，它常常凭直觉模仿数据层的实际结构。

在陈述层到数据层之间常常存在一种额外的反馈循环，当在设计陈述层不容易实现时常会修改数据层，也就形成了这种反馈循环。开发者请求修改数据库方便陈述层的开发，但是对数据层的设计却是有害的。这种改变是人为的而且没有考虑到其他需求的限制，经常会损害数据的特有规则，导致不必要的数据冗余和数据的非标准化。数据层驱动模式设计如图 30.4 所示。

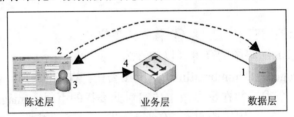

图 30.4　数据层驱动模式设计

2．陈述层驱动模式

陈述层驱动模式是数据层围绕陈述层展开。业务层的完成一般通过简单的 SQL 查询和很少的变化或者隔离来实现。由于数据库的设计是为了陈述层的方便，并非从数据层设计方面考虑，所以数据库的设计在性能上通常很低。陈述层驱动模式设计如图 30.5 所示。

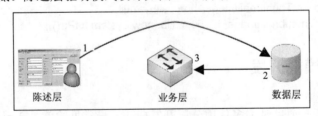

图 30.5　陈述层驱动模式设计

3．隔离驱动模式

隔离驱动模式设计是陈述层和数据层独立开发，常常是平行开发。这两层在设计时没有任何的相互干扰,所以不会存在人为的约束和有害的设计元素。当两层都设计完成后,再设计业务层。业务层的责任就是在没有对数据层和陈述层的需求产生变化的基础上完成所有的转换。

因为陈述层和数据层是完全独立的,当业务层需求改变时,它们都可以做相应的修改而不影响对方。改变两个在物理上不相邻的层不会直接对其他层产生影响或发生冲突,这就允许数据层结构的调整或者陈述层根据用户的需求作出相应的变化,而不需要系统做大的调整或者修改。隔离驱动模式设计如图 30.6 所示。

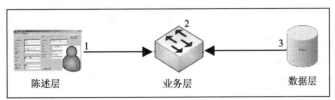

图 30.6　隔离驱动模式设计

用表的形式能更清晰地对比这 3 种开发模式,如表 30.1 所示。

表 30.1　3 种开发模式的对比

	数据层驱动模式	陈述层驱动模式	隔离驱动模式
数据库	(1) 很容易设计 (2) 产生负面影响 (3) 很难改变数据层,因为它和陈述层紧密绑定	(1) 数据库设计很糟 (2) 严重的不规范化设计 (3) 其他系统不易使用 (4) 很难改变数据层,因为它和陈述层紧密绑定	(1) 优化设计 (2) 集中设计数据库,陈述层对它影响很小
业务需求	常常不能适应业务需求变化	适应业务需求变化	适应业务需求变化
用户界面	是围绕数据层而不是围绕用户,不易修改	适合用户扩展界面	适合用户界面扩展
扩展性	通常可扩张,但是常常在用户界面需要比较多的重写以满足数据库的结构,同时数据库可能需要存储一些冗余的字段	完整性的扩张很难,常常只有通过"剪切"、"粘贴"函数来实现	很容易扩展

> **说明**
> 从表 30.1 中很容易看出隔离驱动模式的优点,隔离驱动模式设计可以极大地提高程序的扩展性,因此本章网站采用隔离驱动模式开发。

30.3　开发过程

30.3.1　数据库设计

本实例采用 SQL Server 2008 数据库系统,在该系统中新建一个数据库,将其命名为 db_BBS。本实例中用到了 7 个数据表，下面对主要的数据表结构及数据库关系图进行介绍。

1. 主要数据表结构

（1）tb_User（用户信息表）

表 tb_User 用于保存注册用户的详细信息，该表的结构如表 30.2 所示。

表 30.2　表 tb_User 的结构

字 段 名 称	类　　型	大　　小	主　　键
用户名	nvarchar	50	是
用户密码	nvarchar	50	
真实姓名	nvarchar	20	
性别	bit	1	
出生日期	smalldatetime	8	
联系电话	nvarchar	20	
手机	nvarchar	20	
QQ 号	bigint	8	
头像	nvarchar	200	
E-mail	nvarchar	50	
家庭住址	nvarchar	100	
联系地址	nvarchar	100	
个人首页	nvarchar	50	
用户权限	nchar	10	

（2）tb_Module（版块信息表）

表 tb_Module 用于保存该论坛所包含的版块信息，该表的结构如表 30.3 所示。

表 30.3　表 tb_Module 的结构

字 段 名 称	类　　型	大　　小	主　　键
版块名称	nvarchar	50	是
版块编号	nvarchar	100	

（3）tb_Card（帖子信息表）

表 tb_Card 用于保存各类帖子的详细信息，该表的结构如表 30.4 所示。

表 30.4　表 tb_Card 的结构

字 段 名 称	类　　型	大　　小	主　　键
帖子编号	nvarchar	50	是
帖子名称	nvarchar	1000	
版块编号	nvarchar	50	
帖子内容	nvarchar	4000	
发表时间	smalldatetime	8	
发帖人	nvarchar	50	
角色	nchar	10	

（4）tb_Revert（回帖信息表）

表 tb_Revert 用于保存对帖子的回复信息，该表的结构如表 30.5 所示。

表 30.5　表 tb_Revert 的结构

字段名称	类　　型	大　　小	主　　键
回帖编号	nvarchar	20	是
回帖主题	nvarchar	50	
帖子编号	nvarchar	50	
回帖内容	nvarchar	4000	
回帖时间	smalldatetime	8	
回帖人	nvarchar	50	
角色	nchar	10	

2．数据库关系图

本实例新建了一个 Diagram_CardInfo 关系图，如图 30.7 所示。

图 30.7　数据库关系图

30.3.2　配置 Web.config

为了方便数据操作和网页维护，可以将一些配置参数放在 Web.config 文件中。本实例主要在 Web.config 文件中配置连接数据库的字符串和使用 FreeTextBox 组件时的验证信息。代码如下：

```
<configuration>
    <appSettings>
        <add key="ConnectionString" value="Data Source=mrwxk\mrwxk;Database=db_BBS;Uid=sa;Pwd=;"/>
    </appSettings>
    <connectionStrings/>
    <system.web>
    <pages validateRequest="false"></pages>
    </system.web>
</configuration>
```

30.3.3 公共类编写

在网站开发项目中以类的形式来组织、封装一些常用的方法和事件，将会在编程过程中起到事半功倍的效果。本系统中创建了 8 个公共类文件，分别为 DataBase.cs（数据库操作类）、AdminManage.cs（管理员功能模块类）、CardManage.cs（帖子管理功能模块类）、HostManage.cs（版主管理功能模块类）、ImageManage.cs（头像管理功能模块类）、ModuleManage.cs（版块管理功能模块类）、RevertManage.cs（回帖管理功能模块类）和 UserManage.cs（用户管理功能模块类）。其中，数据库操作类主要用来访问 SQL Server 2008 数据库，而其他功能模块类主要用于处理业务逻辑功能，确切地说就是实现功能窗体（陈述层）与数据库操作（数据层）之间的业务功能。数据库操作类、功能模块类和功能窗体之间的理论关系图如图 30.8 所示。

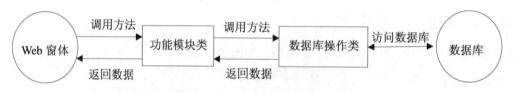

图 30.8　各层之间的关系图

创建类文件的方法为：在集成开发环境 Microsoft Visual Studio 2010 的菜单中选择 "项目" / "添加新项" 命令，在弹出的 "添加新项" 对话框中选择 "类" 选项，并修改名称为 DataBase.cs，如图 30.9 所示。

图 30.9　创建类文件

1. 数据库操作类设计

数据库操作类实现的主要功能有打开数据库连接、关闭数据库连接、释放数据库连接资源、传入参数并且转换为 SqlParameter 类型、执行参数命令文本（无返回值）、执行参数命令文本（有返回值）、将命令文本添加到 SqlDataAdapter 和将命令文本添加到 SqlCommand。下面给出所有的数据库操作类源代码，并且做出详细的介绍。

在命名空间区域引用 using System.Data.SqlClient 命名空间。为了精确地控制释放未托管资源，必须实现 DataBase 类的 System.IDisposable 接口。IDisposable 接口声明了一个方法 Dispose，该方法不带参数，返回 Void。相关代码如下：

```csharp
using System;
using System.Data;
using System.Configuration;
using System.Web;
using System.Web.Security;
using System.Web.UI;
using System.Web.UI.WebControls;
using System.Web.UI.WebControls.WebParts;
using System.Web.UI.HtmlControls;
using System.Data.SqlClient;
///<summary>
///DataBase 的摘要说明
///</summary>
public class DataBase:IDisposable
{
    public DataBase()
    {
    }
    private SqlConnection con;   //创建连接对象
        …
        …下面编写相关的功能方法
        …
}
```

建立数据的连接主要通过 SqlConnection 类实现，并初始化数据库连接字符串，然后通过 State 属性判断连接状态，如果数据库连接状态为关，则打开数据库连接。

实现打开数据库连接的 Open 方法的代码如下：

```csharp
#region    打开数据库连接
///<summary>
///打开数据库连接
///</summary>
private void Open()
{
    if (con == null)     //打开数据库连接
    {
        con = new SqlConnection(ConfigurationManager.AppSettings["ConnectionString"]);
    }
    if (con.State == System.Data.ConnectionState.Closed)
        con.Open();
}
#endregion
```

关闭数据库连接主要通过 SqlConnection 对象的 Close 方法实现。自定义 Close 方法关闭数据库连接的代码如下：

```csharp
#region    关闭连接
```

```csharp
///<summary>
///关闭数据库连接
///</summary>
public void Close()
{
    if (con != null)
        con.Close();
}
#endregion
```

因为 DataBase 类使用 System.IDisposable 接口，IDisposable 接口声明了一个方法 Dispose，所以此处应该完善 IDisposable 接口的 Dispose 方法，用来释放数据库连接资源。代码如下：

```csharp
#region  释放数据库连接资源
///<summary>
///释放资源
///</summary>
public void Dispose()
{
    //确认连接是否已经关闭
    if (con != null)
    {
        con.Dispose();
        con = null;
    }
}
#endregion
```

本系统向数据库中读写数据是以参数形式实现的，MakeInParam 方法用于传入参数，MakeParam 方法用于转换参数。

实现 MakeInParam 和 MakeParam 方法的完整代码如下：

```csharp
#region  传入参数并且转换为 SqlParameter 类型
///<summary>
///传入参数
///</summary>
///<param name="ParamName">存储过程名称或命令文本</param>
///<param name="DbType">参数类型</param>
///<param name="Size">参数大小</param>
///<param name="Value">参数值</param>
///<returns>新的 parameter 对象</returns>
public SqlParameter MakeInParam(string ParamName, SqlDbType DbType, int Size, object Value)
{
    return MakeParam(ParamName, DbType, Size, ParameterDirection.Input, Value);
}
///<summary>
///初始化参数值
///</summary>
```

```
///<param name="ParamName">存储过程名称或命令文本</param>
///<param name="DbType">参数类型</param>
///<param name="Size">参数大小</param>
///<param name="Direction">参数方向</param>
///<param name="Value">参数值</param>
///<returns>新的 parameter 对象</returns>
public SqlParameter MakeParam(string ParamName, SqlDbType DbType, Int32 Size, ParameterDirection Direction, object Value)
{
    SqlParameter param;
    if (Size > 0)
        param = new SqlParameter(ParamName, DbType, Size);
    else
        param = new SqlParameter(ParamName, DbType);
    param.Direction = Direction;
    if (!(Direction == ParameterDirection.Output && Value == null))
        param.Value = Value;
    return param;
}
#endregion
```

RunProc 方法为可重载方法，功能分别为执行带 SqlParameter 参数的命令文本；RunProc(string procName, SqlParameter[] prams)方法主要用于执行添加、修改和删除操作；RunProc(string procName)方法用来直接执行 SQL 语句，如数据库备份与数据库恢复。

实现可重载方法 RunProc 的完整代码如下：

```
#region    执行参数命令文本(无数据库中数据返回)
///<summary>
///执行命令
///</summary>
///<param name="procName">命令文本</param>
///<param name="prams">参数对象</param>
///<returns></returns>
public int RunProc(string procName, SqlParameter[] prams)
{
    SqlCommand cmd = CreateCommand(procName, prams);
    cmd.ExecuteNonQuery();
    this.Close();
    //得到执行成功返回值
    return (int)cmd.Parameters["ReturnValue"].Value;
}
///<summary>
///直接执行 SQL 语句
///</summary>
///<param name="procName">命令文本</param>
///<returns></returns>
public int RunProc(string procName)
{
    this.Open();
```

```
    SqlCommand cmd = new SqlCommand(procName, con);
    cmd.ExecuteNonQuery();
    this.Close();
    return 1;
}
#endregion
```

RunProcReturn 方法为可重载方法，返回值为 DataSet 类型，功能分别为执行带参数 SqlParameter 的命令文本和直接执行 SQL 语句。

说明

① RunProcReturn(string procName, SqlParameter[] prams,string tbName)方法主要用于执行带参数 SqlParameter 的查询命令文本。
② RunProcReturn(string procName, string tbName)方法用于直接执行查询 SQL 语句。

可重载方法 RunProcReturn 的完整代码如下：

```
#region    执行参数命令文本(有返回值)
///<summary>
///执行查询命令文本，并且返回 DataSet 数据集
///</summary>
///<param name="procName">命令文本</param>
///<param name="prams">参数对象</param>
///<param name="tbName">数据表名称</param>
///<returns></returns>
public DataSet RunProcReturn(string procName, SqlParameter[] prams,string tbName)
{
    SqlDataAdapter dap=CreateDataAdaper(procName, prams);
    DataSet ds = new DataSet();
    dap.Fill(ds,tbName);
    this.Close();
    //得到执行成功返回值
    return ds;
}
///<summary>
///执行命令文本，并且返回 DataSet 数据集
///</summary>
///<param name="procName">命令文本</param>
///<param name="tbName">数据表名称</param>
///<returns>DataSet</returns>
public DataSet RunProcReturn(string procName, string tbName)
{
    SqlDataAdapter dap = CreateDataAdaper(procName, null);
    DataSet ds = new DataSet();
    dap.Fill(ds, tbName);
    this.Close();
    //得到执行成功返回值
```

```
    return ds;
}
#endregion
```

CreateDataAdaper 方法将带 SqlParameter 参数的命令文本添加到 SqlDataAdapter 中,并执行命令文本。
CreateDataAdaper 方法的完整代码如下:

```
#region  将命令文本添加到 SqlDataAdapter
///<summary>
///创建一个 SqlDataAdapter 对象,以此来执行命令文本
///</summary>
///<param name="procName">命令文本</param>
///<param name="prams">参数对象</param>
///<returns></returns>
private SqlDataAdapter CreateDataAdaper(string procName, SqlParameter[] prams)
{
    this.Open();
    SqlDataAdapter dap = new SqlDataAdapter(procName,con);
    dap.SelectCommand.CommandType = CommandType.Text;   //执行类型:命令文本
    if (prams != null)
    {
        foreach (SqlParameter parameter in prams)
            dap.SelectCommand.Parameters.Add(parameter);
    }
    //加入返回参数
    dap.SelectCommand.Parameters.Add(new SqlParameter("ReturnValue", SqlDbType.Int, 4,
        ParameterDirection.ReturnValue, false, 0, 0,
        string.Empty, DataRowVersion.Default, null));
    return dap;
}
#endregion
```

CreateCommand 方法将带 SqlParameter 参数的命令文本添加到 SqlCommand 中,并执行命令文本。
CreateCommand 方法的完整代码如下:

```
#region    将命令文本添加到 SqlCommand
///<summary>
///创建一个 SqlCommand 对象,以此来执行命令文本
///</summary>
///<param name="procName">命令文本</param>
///<param name="prams">命令文本所需参数</param>
///<returns>返回 SqlCommand 对象</returns>
private SqlCommand CreateCommand(string procName, SqlParameter[] prams)
{
    //确认打开连接
    this.Open();
    SqlCommand cmd = new SqlCommand(procName, con);
    cmd.CommandType = CommandType.Text;                 //执行类型:命令文本
    //依次把参数传入命令文本
    if (prams != null)
```

```
        {
            foreach (SqlParameter parameter in prams)
                cmd.Parameters.Add(parameter);
        }
        //加入返回参数
        cmd.Parameters.Add(
            new SqlParameter("ReturnValue", SqlDbType.Int, 4,
            ParameterDirection.ReturnValue, false, 0, 0,
            string.Empty, DataRowVersion.Default, null));
        return cmd;
}
#endregion
```

2．版块管理功能模块类

版块管理功能模块类主要处理论坛中有关版块的业务逻辑功能。由于篇幅有限，其他功能模块类的源代码可参见本书附带光盘。

版块管理功能模块类主要实现版块信息的添加、修改、删除以及各种查询方式。以下方法主要提供给陈述层调用，从编码的角度出发，这些方法的实现是建立在数据层（数据库操作类 **DataBase.cs**）的基础上的，下面将详细介绍。

在版块管理功能模块类中，首先定义版块信息的数据结构。代码如下：

```
#region   定义版块数据结构
private string moduleid = "";
private string modulename = "";
///<summary>
///版块编号
///</summary>
public string ModuleID
{
    get { return moduleid; }
    set { moduleid = value; }
}
///<summary>
///版块名称
///</summary>
public string ModuleName
{
    get { return modulename; }
    set { modulename = value; }
}
#endregion
```

GetMID 方法主要实现自动生成版块编号功能。代码如下：

```
#region   自动生成版块编号
///<summary>
///自动生成版块编号
```

```
///</summary>
///<returns></returns>
public string GetMID()
{
    DataSet ds = GetAllModule("tb_Module");
    string strCID = "";
    if (ds.Tables[0].Rows.Count == 0)
        strCID = "M1001";
    else
        strCID = "M" + (Convert.ToInt32(ds.Tables[0].Rows[ds.Tables[0].Rows.Count - 1][0].ToString().Substring(1, 4)) + 1);
    return strCID;
}
#endregion
```

AddModule 方法主要实现添加版块信息功能,实现的关键技术为:创建 SqlParameter 参数数组,通过数据库操作类(DataBase.cs)中的 MakeInParam 方法将参数值转换为 SqlParameter 类型,储存在数组中,然后调用数据库操作类(DataBase.cs)中的 RunProc 方法执行命令文本。代码如下:

```
#region   添加版块信息
///<summary>
///添加版块信息
///</summary>
///<param name="modulemanage"></param>
///<returns></returns>
public int AddModule(ModuleManage modulemanage)
{
    SqlParameter[] prams = {
            data.MakeInParam("@moduleid",   SqlDbType.NVarChar, 50, modulemanage.ModuleID),
            data.MakeInParam("@modulename",   SqlDbType.NVarChar, 100, modulemanage.ModuleName),
        };
    return (data.RunProc("INSERT INTO tb_Module (版块编号,版块名称) VALUES (@moduleid,@modulename)", prams));
}
#endregion
```

注意

自定义类的 MakeInParam 方法用于写入输入参数, RunProc 方法用于执行带参数的 SQL 语句。

UpdateModule 方法主要实现修改版块信息功能。代码如下:

```
#region   修改版块信息
///<summary>
///修改版块信息
///</summary>
///<param name="modulemanage"></param>
///<returns></returns>
public int UpdateModule(ModuleManage modulemanage)
```

```
{
    SqlParameter[] prams = {
        data.MakeInParam("@moduleid",   SqlDbType.NVarChar, 50, modulemanage.ModuleID),
        data.MakeInParam("@modulename", SqlDbType.NVarChar, 100, modulemanage.ModuleName),
    };
    return (data.RunProc("update tb_Module set 版块名称=@modulename where 版块编号=@moduleid", prams));
}
#endregion
```

DeleteModule方法主要实现根据版块编号删除版块信息功能。代码如下：

```
#region  删除版块信息
///<summary>
///删除版块信息
///</summary>
///<param name="modulemanage"></param>
///<returns></returns>
public int DeleteModule(ModuleManage modulemanage)
{
    SqlParameter[] prams = {
        data.MakeInParam("@moduleid", SqlDbType.NVarChar, 50, modulemanage.ModuleID),
    };
    return (data.RunProc("delete from tb_Module where 版块编号=@moduleid", prams));
}
#endregion
```

FindModuleByID、FindModuleByName 和 GetAllModule 方法分别用来实现根据"版块编号"、"版块名称"得到版块信息以及得到所有版块信息功能。代码如下：

```
#region  查询版块信息
///<summary>
///根据版块编号得到版块信息
///</summary>
///<param name="modulemanage"></param>
///<param name="tbName"></param>
///<returns></returns>
public DataSet FindModuleByID(ModuleManage modulemanage, string tbName)
{
    SqlParameter[] prams = {
        data.MakeInParam("@moduleid", SqlDbType.NVarChar, 50, modulemanage.ModuleID+"%"),
    };
    return (data.RunProcReturn("select * from tb_Module where 版块编号 like @moduleid", prams, tbName));
}
///<summary>
///根据版块名称得到版块信息
///</summary>
///<param name="modulemanage"></param>
///<param name="tbName"></param>
///<returns></returns>
```

```
public DataSet FindModuleByName(ModuleManage modulemanage, string tbName)
{
    SqlParameter[] prams = {
            data.MakeInParam("@modulename", SqlDbType.NVarChar, 100, modulemanage.ModuleName+"%"),
        };
    return (data.RunProcReturn("select * from tb_Module where 版块名称 like @modulename", prams, tbName));
}
///<summary>
///得到所有版块信息
///</summary>
///<param name="tbName"></param>
///<returns></returns>
public DataSet GetAllModule(string tbName)
{
    return (data.RunProcReturn("select * from tb_Module ORDER BY 版块编号", tbName));
}
#endregion
```

30.3.4 模块设计说明

1. 浏览帖子页面的实现过程

数据表：tb_Card、tb_Revert、tb_User、tb_Host   技术：DataBinder.Eval方法绑定数据、DataList控件分页

浏览帖子页面（CardInfo.aspx）实现了显示指定帖子及其回复信息的功能，该页面运行结果如图 30.10 所示。

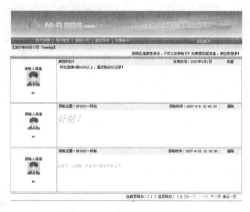

图 30.10　浏览帖子页面

实现浏览帖子页面的步骤如下。
（1）将一个表格（Table）控件置于 CardInfo.aspx 页中，为整个页面进行布局。
（2）CardInfo.aspx 页面主要用到的控件的属性设置及用途如表 30.6 所示。

表30.6 CardInfo.aspx 页面中各个控件的属性设置及用途

控件类型	控件名称	主要属性设置	用途
标准/Label 控件	Label4	Text 属性设置为空	显示帖子名称
	Label1	Text 属性设置为空	显示帖子发表时间
	Label2	Text 属性设置为空	显示发帖人姓名
	Label8	Text 属性设置为空	显示帖子内容
	labPage	Text 属性设置为 1	显示当前页码
	labBackPage	Text 属性设置为空	显示总页码
标准/LinkButton 控件	LinkButton1	Font-Underline 属性设置为 false	定向到回复信息页面
	lnkbtnOne	Font-Underline 属性设置为 false	第一页
	lnkbtnUp	Font-Underline 属性设置为 false	上一页
	lnkbtnNext	Font-Underline 属性设置为 false	下一页
	lnkbtnBack	Font-Underline 属性设置为 false	最后一页
标准/Image 控件	Image2	属性值全部默认	显示发帖人头像
数据/DataList 控件	dlInfo	属性设置见步骤（3）中的代码	显示回帖信息

（3）进入 CardInfo.aspx 页面的 HTML 源码中，为 DataList 控件中的相应控件及超链接进行数据绑定。代码如下：

```
<asp:DataList ID="dlInfo" runat="server" BackColor="White" BorderColor="#999999"
 BorderStyle="None" BorderWidth="0px" CellPadding="3" GridLines="Vertical" Width="751px"
OnDeleteCommand="dlInfo_DeleteCommand"><FooterStyle BackColor="#CCCCCC" ForeColor="Black" />
<SelectedItemStyle BackColor="#008A8C" Font-Bold="True" ForeColor="White" /><ItemTemplate>
   <table style="width: 762px;" border="0" cellpadding="0" cellspacing="0" class="TableCss">
     <tr>
       <td style="width: 165px; height: 20px; text-align: center">回帖人信息</td>
       <td style="width: 334px; height: 20px; text-align:left;"> 回帖主题：<asp:Label ID="Label5"
runat="server"><%# DataBinder.Eval(Container.DataItem,"回帖编号") %></asp:Label>--<asp:Label
ID="Label3" runat="server"><%# DataBinder.Eval(Container.DataItem,"回帖主题") %></asp:Label></td>
       <td style="width: 178px; height: 20px">回帖时间：<asp:Label ID="Label1" runat="server"><%#
DataBinder.Eval(Container.DataItem,"回帖时间") %></asp:Label></td>
       <td colspan="2" style="height: 20px; width: 57px;"><asp:LinkButton ID="lbtnDel" runat="server"
CommandName="Delete" ForeColor="Black">删除</asp:LinkButton></td>
     </tr>
     <tr>
       <td colspan="1" style="vertical-align: top; width: 165px"><br/>
          <asp:Image ID="Image1" runat="server" Height="44px" Width="44px" ImageUrl='<%#
getPhoto(Convert.ToString(DataBinder.Eval(Container.DataItem,"回帖编号"))) %>'/><br/><br/>
          <asp:Label ID="Label2" runat="server"><%# DataBinder.Eval(Container.DataItem,"回帖人")
%></asp:Label></td>
       <td colspan="4" style="vertical-align: top; text-align:left;">   <%#
DataBinder.Eval(Container.DataItem,"回帖内容") %></td>
     </tr>
   </table>
</ItemTemplate>
<AlternatingItemStyle BackColor="Gainsboro" />
```

```
<ItemStyle BackColor="#EEEEEE" ForeColor="Black" />
<HeaderStyle BackColor="#000084" Font-Bold="True" ForeColor="White" />
</asp:DataList>
```

为 DataList 控件设置项模板的方法为：单击 DataList 控件右上角的▶按钮，在下拉菜单（如图 30.11 所示）中选择"编辑模板"命令，或者右击 DataList 控件，在弹出的快捷菜单中选择"编辑模板"/"项模板（ItemTemplate）"命令，即可在 DataList 控件的项模板（ItemTemplate）中进行编辑。该页面中 DataList 控件的项模板布局如图 30.12 所示。

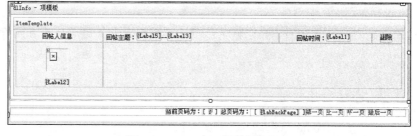

图 30.11　DataList 快捷菜单　　　　　图 30.12　DataList 项模板布局

（4）返回设计页面，进入该页的代码编辑页面（CardInfo.aspx.cs），声明功能模块类的对象，以便在程序中调用它们的方法。代码如下：

```
CardManage cardmanage = new CardManage();
RevertManage revertmanage = new RevertManage();
UserManage usermanage = new UserManage();
HostManage hostmanage = new HostManage();
```

（5）为了实现显示帖子及回复信息的功能，本实例自定义了 dlBind、cardBind、dataBind、pageCount 和 getPhoto 方法。下面分别对这几个方法进行介绍。

☑　dlBind 方法用于控制 DataList 控件的分页。代码如下：

```
public void dlBind(string str)
{
    int curpage = Convert.ToInt32(labPage.Text);
    PagedDataSource ps = new PagedDataSource();
    revertmanage.CardID = str;
    ps.DataSource = revertmanage.FindRevertByCID(revertmanage, "tb_Revert").Tables[0].DefaultView;
    ps.AllowPaging = true;              //是否可以分页
    ps.PageSize = 3;                    //显示的数量
    ps.CurrentPageIndex = curpage - 1;  //取得当前页的页码
    lnkbtnUp.Enabled = true;
    lnkbtnNext.Enabled = true;
    lnkbtnBack.Enabled = true;
    lnkbtnOne.Enabled = true;
    if (curpage == 1)
    {
        lnkbtnOne.Enabled = false;      //不显示"第一页"超链接
        lnkbtnUp.Enabled = false;       //不显示"上一页"超链接
    }
```

```
        if (curpage == ps.PageCount)
        {
            lnkbtnNext.Enabled = false;        //不显示"下一页"超链接
            lnkbtnBack.Enabled = false;        //不显示"最后一页"超链接
        }
        this.labBackPage.Text = Convert.ToString(ps.PageCount);
        dlInfo.DataSource = ps;
        dlInfo.DataKeyField = "回帖编号";
        dlInfo.DataBind();
}
```

☑ cardBind 方法用于显示帖子信息，并根据发帖人姓名显示其头像。代码如下：

```
public void cardBind(string str)
{
        try
        {
            cardmanage.CardID = str;
            Label1.Text = Convert.ToDateTime(cardmanage.FindCardByID(cardmanage,
"tb_Card").Tables[0].Rows[0][4].ToString()).ToLongDateString();
            Label2.Text = cardmanage.FindCardByID(cardmanage,
"tb_Card").Tables[0].Rows[0][5].ToString();
            Label4.Text = cardmanage.FindCardByID(cardmanage,
"tb_Card").Tables[0].Rows[0][1].ToString();
            Label8.Text = cardmanage.FindCardByID(cardmanage,
"tb_Card").Tables[0].Rows[0][3].ToString();
            string strPop = cardmanage.FindCardByID(cardmanage,
"tb_Card").Tables[0].Rows[0][6].ToString().Trim();
            string strPhoto = "";
            if (strPop == "游客")
            {
                strPhoto = "../Images/Visiter.jpg";
            }
            if (strPop == "用户")
            {
                usermanage.UserName = cardmanage.FindCardByID(cardmanage,
"tb_Card").Tables[0].Rows[0][5].ToString();
                strPhoto = usermanage.FindUserByName(usermanage,
"tb_User").Tables[0].Rows[0][8].ToString();
            }
            if (strPop == "版主")
            {
                hostmanage.HostName = cardmanage.FindCardByID(cardmanage,
"tb_Card").Tables[0].Rows[0][5].ToString();
                strPhoto = hostmanage.FindHostByName(hostmanage,
"tb_Host").Tables[0].Rows[0][8].ToString();
            }
            if (strPop == "管理员")
            {
                strPhoto = "../Images/Admin.jpg";
```

```
            }
            Image2.ImageUrl = strPhoto;
        }
        catch { }
}
```

- ☑ dataBind 方法用于在 Web 页面中显示帖子及回复信息。代码如下：

```
public void dataBind()
{
        if (Page.Request.QueryString["CardID"] != null)
        {
            cardBind(Page.Request.QueryString["CardID"].ToString());
            dlBind(Page.Request.QueryString["CardID"].ToString());
            return;
        }
        if (Session["CardID"] != null)
        {
            cardBind(Session["CardID"].ToString());
            dlBind(Session["CardID"].ToString());
            return;
        }
}
```

说明

Session["CardID"]保存的是帖子编号，该值是在 CardManage.aspx.cs 页面中进行赋值的。

- ☑ pageCount 方法用于获得回帖显示的总页码数，代码如下：

```
public void pageCount()
{
    if (Page.Request.QueryString["CardID"] != null)
    {
        dlBind(Page.Request.QueryString["CardID"].ToString());
        return;
    }
    if (Session["CardID"] != null)
    {
        dlBind(Session["CardID"].ToString());
        return;
    }
}
```

- ☑ getPhoto 方法用于根据回帖编号获得回帖人的头像信息。代码如下：

```
public string getPhoto(string str)
{
    string strPPhoto= "";
```

```
            revertmanage.RevertID = str;
            string strPop = revertmanage.FindRevertByID(revertmanage, "tb_Revert").Tables[0].Rows[0][6].ToString().Trim();
            if (strPop == "用户")
            {
                usermanage.UserName = revertmanage.FindRevertByID(revertmanage, "tb_Revert").Tables[0].Rows[0][5].ToString();
                strPhoto = usermanage.FindUserByName(usermanage, "tb_User").Tables[0].Rows[0][8].ToString();
            }
            if (strPop == "版主")
            {
                hostmanage.HostName = revertmanage.FindRevertByID(revertmanage, "tb_Revert").Tables[0].Rows[0][5].ToString();
                strPhoto = hostmanage.FindHostByName(hostmanage, "tb_Host").Tables[0].Rows[0][8].ToString();
            }
            if (strPop == "管理员")
            {
                strPhoto = "../Images/Admin.jpg";
            }
            return strPhoto;
        }
```

（6）在 Page_Load 事件中编写一段代码，用于当页面初始化时显示帖子及其回复信息。代码如下：

```
protected void Page_Load(object sender, EventArgs e)
{
        try
        {
            dataBind();
        }
        catch { }
}
```

（7）双击 LinkButton 控件触发它们的 Click 事件，在该事件中实现控制 DataList 控件分页的功能。代码如下：

```
protected void lnkbtnOne_Click(object sender, EventArgs e)
{
    labPage.Text = "1";
    pageCount();
}
protected void lnkbtnUp_Click(object sender, EventArgs e)
{
    labPage.Text = Convert.ToString(Convert.ToInt32(labPage.Text) - 1);
    pageCount();
}
protected void lnkbtnNext_Click(object sender, EventArgs e)
{
    labPage.Text = Convert.ToString(Convert.ToInt32(labPage.Text) + 1);
    pageCount();
```

```
}
protected void lnkbtnBack_Click(object sender, EventArgs e)
{
    labPage.Text = labBackPage.Text;
    pageCount();
}
```

（8）触发 DataList 控件的 DeleteCommand 事件，在该事件中判断登录者的权限，如果是"管理员"或"版主"，则可以删除相应的回复信息。代码如下：

```
protected void dlInfo_DeleteCommand(object source, DataListCommandEventArgs e)
    {
        if (Session["Pop"] == "管理员" || Session["Pop"] == "版主")
        {
            string revertid = dlInfo.DataKeys[e.Item.ItemIndex].ToString(); //获取当前 DataList 控件列
            revertmanage.RevertID = revertid;
            revertmanage.DeleteRevert(revertmanage);
            Response.Write("<script>alert('回帖信息--删除成功')</script>");
            dataBind();
        }
        else
            Response.Redirect("../Common/LimitPop.aspx");
    }
```

2. 回复帖子页面的实现过程

数据表：tb_Revert、tb_Card、tb_User、tb_Host　　技术：FreeTextBox组件的使用、使用Image控件显示头像

回复帖子页面（RevertCard.aspx）实现了给指定帖子回复信息的功能，该页运行结果如图 30.13 所示。

图 30.13　回复帖子页面

实现回复帖子页面的步骤如下。

（1）将一个表格（Table）控件置于 RevertCard.aspx 页中，为整个页面进行布局。

（2）RevertCard.aspx 页面主要用到的控件的属性设置及用途如表 30.7 所示。

表 30.7 RevertCard.aspx 页面中各个控件的属性设置及用途

控件类型	控件名称	主要属性设置	用途
标准/Label 控件	labName	Text 属性设置为空	显示回帖人姓名
	labEmail	Text 属性设置为空	显示回帖人 E-mail
	labQQ	Text 属性设置为空	显示回帖人 QQ 号码
	labIndex	Text 属性设置为空	显示回帖人个人首页
	labCName	Text 属性设置为空	显示帖子名称
标准/TextBox 控件	txtName	属性值全部默认	输入回复主题
标准/Button 控件	btnSubmit	Text 属性设置为"提交",CssClass 属性设置为 ButtonCss	提交回复信息
	btnCancel	Text 属性设置为"取消",CssClass 属性设置为 ButtonCss	清空已经填写的回复主题和内容
标准/Image 控件	imgPhoto	Height 属性设置为 50px,Width 属性设置为 45px	显示回帖人头像

（3）进入 RevertCard.aspx 页面的 HTML 源码中，在顶部添加 FreeTextBox 组件的注册代码。代码如下：

```
<%@ Register TagPrefix="FTB" Namespace="FreeTextBoxControls" Assembly="FreeTextBox"%>
```

然后在页面中适当的位置添加 FreeTextBox 组件，代码如下：

```
<FTB:FreeTextBox id="FreeTextBox1" runat="Server" Language="zh-cn"
SupportFolder="../aspnet_client/FreeTextBox/" Height="300px" Width="500px"
HtmlModeDefaultsToMonoSpaceFont="True" DownLevelCols="50" DownLevelRows="10"
ButtonDownImage="False" GutterBackColor="LightSteelBlue" ToolbarBackgroundImage="True"
ToolbarLayout="ParagraphMenu,FontFacesMenu,FontSizesMenu,FontForeColorsMenu|Bold,Italic,Underline,
Strikethrough;Superscript,Subscript,RemoveFormat|JustifyLeft,JustifyRight,JustifyCenter,JustifyFull;BulletedList,
NumberedList,Indent,Outdent;CreateLink,Unlink,InsertImage,InsertRule|Cut,Copy,Paste;Undo,Redo,Print"
ToolbarStyleConfiguration="NotSet" />
```

注意

关于 FreeTextBox 控件可参见 30.2.2 节的介绍。

（4）返回设计页面，进入该页的代码编辑页面（RevertCard.aspx.cs），声明功能模块类的对象，以便在程序中调用它们的方法。代码如下：

```
CardManage cardmanage = new CardManage();
RevertManage revertmanage = new RevertManage();
UserManage usermanage = new UserManage();
HostManage hostmanage = new HostManage();
```

（5）在 Page_Load 事件中编写一段代码，用于当页面初始化时，显示帖子名称及回帖人的详细信息。代码如下：

```
protected void Page_Load(object sender, EventArgs e)
{
```

```csharp
        if (!IsPostBack)
        {
            DataSet ds = null;
            if (Session["Name"] == null)
            {
                Response.Redirect("../Common/LimitPop.aspx");
            }
            else
            {
                cardmanage.CardID = Page.Request.QueryString["CardID"].ToString();
                labCName.Text = cardmanage.FindCardByID(cardmanage, "tb_Card").Tables[0].Rows[0][1].ToString();
                string strName = Session["Name"].ToString();
                if (Session["Pop"].ToString() == "用户")
                {
                    usermanage.UserName = strName;
                    ds = usermanage.FindUserByName(usermanage, "tb_User");
                    labName.Text = strName;
                    labEmail.Text = ds.Tables[0].Rows[0][9].ToString();
                    labQQ.Text = ds.Tables[0].Rows[0][7].ToString();
                    labIndex.Text = ds.Tables[0].Rows[0][12].ToString();
                    imgPhoto.ImageUrl = ds.Tables[0].Rows[0][8].ToString();
                    return;
                }
                if (Session["Pop"].ToString() == "版主")
                {
                    hostmanage.HostName = strName;
                    ds = hostmanage.FindHostByName(hostmanage, "tb_Host");
                    labName.Text = strName;
                    labEmail.Text = ds.Tables[0].Rows[0][10].ToString();
                    labQQ.Text = ds.Tables[0].Rows[0][8].ToString();
                    labIndex.Text = ds.Tables[0].Rows[0][13].ToString();
                    imgPhoto.ImageUrl = ds.Tables[0].Rows[0][9].ToString();
                    return;
                }
                if (Session["Pop"].ToString() == "管理员")
                {
                    labName.Text = strName;
                    labEmail.Text = "无";
                    labQQ.Text = "无";
                    labIndex.Text = "无";
                    imgPhoto.ImageUrl = "../Images/Admin.jpg";
                    return;
                }
            }
        }
}
```

（6）双击"提交"按钮触发其 Click 事件，在该事件中实现添加回复信息功能。代码如下：

```
protected void btnSubmit_Click(object sender, EventArgs e)
{
    if (txtName.Text == string.Empty)
    {
        Response.Write("<script language=javascript>alert('回帖主题不能为空！')</script>");
        return;
    }
    revertmanage.RevertID = revertmanage.GetRCID();
    revertmanage.RevertName = txtName.Text;
    revertmanage.CardID = Page.Request.QueryString["CardID"].ToString();
    revertmanage.RevertContent = FreeTextBox1.Text;
    revertmanage.RevertTime = DateTime.Now;
    revertmanage.RevertPeople = Session["Name"].ToString();
    revertmanage.Pop = Session["Pop"].ToString();
    revertmanage.AddRevert(revertmanage);
    Response.Redirect("CardInfo.aspx?CardID=" + Page.Request.QueryString["CardID"].ToString() + "");
}
```

3．发表帖子页面的实现过程

数据表：tb_Card、tb_Module、tb_User、tb_Host　　技术：FreeTextBox组件的使用、使用Image控件显示头像

发表帖子页面（DeliverCard.aspx）实现了在指定版块中发表帖子的功能，该页面运行结果如图30.14所示。

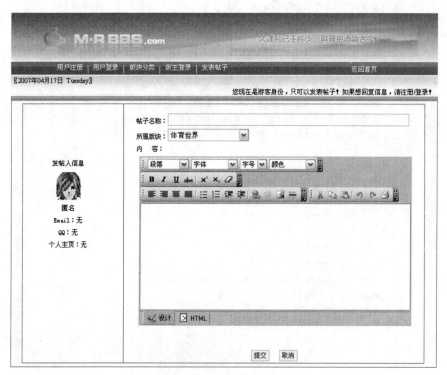

图30.14　发表帖子页面

实现发表帖子页面的步骤如下。

（1）将一个表格（Table）控件置于 DeliverCard.aspx 页中，为整个页面进行布局。

（2）DeliverCard.aspx 页面主要用到的控件的属性设置及用途如表 30.8 所示。

表 30.8 DeliverCard.aspx 页面中各个控件的属性设置及用途

控件类型	控件名称	主要属性设置	用途
标准/Label 控件	labName	Text 属性设置为空	显示发帖人姓名
	labEmail	Text 属性设置为空	显示发帖人 E-mail
	labQQ	Text 属性设置为空	显示发帖人 QQ 号码
	labIndex	Text 属性设置为空	显示发帖人个人首页
标准/TextBox 控件	txtCName	属性值全部默认	输入帖子名称
标准/DropDownList 控件	ddlMName	属性值全部默认	选择帖子所属版块
标准/Button 控件	btnSubmit	Text 属性设置为"提交"，CssClass 属性设置为 ButtonCss	提交回复信息
	btnCancel	Text 属性设置为"取消"，CssClass 属性设置为 ButtonCss	清空已经填写的帖子名称和内容
标准/Image 控件	imgPhoto	Height 属性设置为 50px，Width 属性设置为 45px	显示发帖人头像

（3）进入 DeliverCard.aspx 页面的 HTML 源码中，在顶部添加 FreeTextBox 组件的注册代码。代码如下：

```
<%@ Register TagPrefix="FTB" Namespace="FreeTextBoxControls" Assembly="FreeTextBox"%>
```

然后在页面中适当的位置添加 FreeTextBox 组件，代码如下：

```
<FTB:FreeTextBox id="FreeTextBox1" runat="Server" Language="zh-cn"
SupportFolder="../aspnet_client/FreeTextBox/" Height="300px" Width="500px"
HtmlModeDefaultsToMonoSpaceFont="True" DownLevelCols="50" DownLevelRows="10"
ButtonDownImage="False" GutterBackColor="LightSteelBlue" ToolbarBackgroundImage="True"
ToolbarLayout="ParagraphMenu,FontFacesMenu,FontSizesMenu,FontForeColorsMenu|Bold,Italic,Underline,
Strikethrough;Superscript,Subscript,RemoveFormat|JustifyLeft,JustifyRight,JustifyCenter,JustifyFull;BulletedList,
NumberedList,Indent,Outdent;CreateLink,Unlink,InsertImage,InsertRule|Cut,Copy,Paste;Undo,Redo,Print"
ToolbarStyleConfiguration="NotSet" />
```

（4）返回设计页面，进入该页的代码编辑页面（DeliverCard.aspx.cs），声明功能模块类的对象，以便在程序中调用它们的方法。代码如下：

```
CardManage cardmanage = new CardManage();
ModuleManage modulemanage = new ModuleManage();
UserManage usermanage = new UserManage();
HostManage hostmanage = new HostManage();
```

（5）在 Page_Load 事件中编写一段代码，用于当页面初始化时，对"所属版块"下拉列表框进行数据绑定，并显示发帖人的详细信息。代码如下：

```csharp
protected void Page_Load(object sender, EventArgs e)
{
    if (!IsPostBack)
    {
        ddlMName.DataSource = modulemanage.GetAllModule("tb_Module");
        ddlMName.DataTextField = "版块名称";
        ddlMName.DataBind();
    }
    DataSet ds = null;
    string strName = "";
    if (Session["Name"] == null)
    {
        strName = "匿名";
        labName.Text = strName;
        labEmail.Text = "无";
        labQQ.Text = "无";
        labIndex.Text = "无";
        imgPhoto.ImageUrl = "../Images/Visiter.jpg";
    }
    else
    {
        strName = Session["Name"].ToString();
        if (Session["Pop"].ToString() == "用户")
        {
            usermanage.UserName = strName;
            ds = usermanage.FindUserByName(usermanage, "tb_User");
            labName.Text = strName;
            labEmail.Text = ds.Tables[0].Rows[0][9].ToString();
            labQQ.Text = ds.Tables[0].Rows[0][7].ToString();
            labIndex.Text = ds.Tables[0].Rows[0][12].ToString();
            imgPhoto.ImageUrl = ds.Tables[0].Rows[0][8].ToString();
            return;
        }
        if (Session["Pop"].ToString() == "版主")
        {
            hostmanage.HostName = strName;
            ds = hostmanage.FindHostByName(hostmanage, "tb_Host");
            labName.Text = strName;
            labEmail.Text = ds.Tables[0].Rows[0][10].ToString();
            labQQ.Text = ds.Tables[0].Rows[0][8].ToString();
            labIndex.Text = ds.Tables[0].Rows[0][13].ToString();
            imgPhoto.ImageUrl = ds.Tables[0].Rows[0][9].ToString();
            return;
        }
        if (Session["Pop"].ToString() == "管理员")
        {
            labName.Text = strName;
```

```
                labEmail.Text = "无";
                labQQ.Text = "无";
                labIndex.Text = "无";
                imgPhoto.ImageUrl = "../Images/Admin.jpg";
                return;
            }
        }
    }
}
```

> **说明**
> Page 类的 IsPostBack 方法用于判断客户端是回发加载还是首次加载，值为 true 表示回发加载；值为 false 表示首次加载。

（6）双击"提交"按钮触发其 Click 事件，在该事件中实现发表帖子功能。代码如下：

```
protected void btnSubmit_Click(object sender, EventArgs e)
{
    string strName = "";
    string strPop = "";
    if (txtCName.Text == string.Empty)
    {
        Response.Write("<script language=javascript>alert('帖子名称不能为空！')</script>");
        return;
    }
    if (Session["Name"] == null)
    {
        strName = "匿名";
        strPop = "游客";
    }
    else
    {
        strName = Session["Name"].ToString();
        strPop = Session["Pop"].ToString();
    }
    cardmanage.CardID = cardmanage.GetCID();
    cardmanage.CardName = txtCName.Text;
    try
    {
        modulemanage.ModuleName = ddlMName.SelectedValue;
        cardmanage.ModuleID = modulemanage.FindModuleByName(modulemanage, "tb_Module").Tables[0].Rows[0][0].ToString();
    }
    catch
    {
        Response.Write "<script language=javascript> alert('请先填写版块信息')</script>");
        return
```

```
            }
            cardmanage.CardContent = FreeTextBox1.Text;
            cardmanage.CardTime = DateTime.Now;
            cardmanage.CardPeople = strName;
            cardmanage.Pop = strPop;
            cardmanage.AddCard(cardmanage);
            Response.Write("<script language=javascript>alert('帖子发表成功！')</script>");
            txtCName.Text = FreeTextBox1.Text = string.Empty;
        }
```

第 31 章

B2C 电子商务网站

（视频讲解：2 小时 18 分钟）

电子商务是指整个事务活动和贸易活动的电子化，它通过先进的信息网络，将事务活动和贸易活动中发生关系的各方有机地联系起来。B2C 电子商务网站实际上就是一种企业对消费者的网上购物商城，在该网站中，用户可以购买任何商品，而管理员可以对商品和订单等信息进行管理。通过对本章的学习，读者不仅可以轻松地开发一个电子商务网站，更能学会网络程序的设计思路、方法和过程，快速提高 ASP.NET 开发能力和设计水平。

31.1 系统分析

31.1.1 需求分析

通过实际调查，B2C 电子商务网站主要包括以下功能：
- ☑ 要求系统具有良好的人机界面。
- ☑ 如果系统的使用对象较多，则要求有较好的权限管理。
- ☑ 全面展示系统内所有的商品。
- ☑ 商品分类显示，方便顾客了解本网站的商品。
- ☑ 查看网站内的交易信息。
- ☑ 支持打印功能。
- ☑ 支持网上在线支付功能。
- ☑ 网站最大限度地实现易维护性和易操作性。
- ☑ 网站运行稳定、安全可靠。

31.1.2 可行性分析

随着网络的快速发展，B2C 电子商务网站以其方便、快捷的特点受到了更多用户的青睐。对比传统的商场销售，B2C 电子商务网站可以将商品详细分类，使用户的选择更方便；通过前台商品的展示，可以使顾客更好地了解商城内的商品；网络购物车的实现，使顾客真正实现了足不出户、网上购物的目的。

本系统后台数据库采用目前最新的 Microsoft SQL Server 2008，该数据库系统在安全性、准确性和运行速度方面有绝对的优势，并且处理数据量大、效率高；前台采用 Microsoft 公司的 Visual Studio 2010 作为主要的开发工具，其可与 SQL Server 2008 数据库无缝连接。

31.2 总体设计

31.2.1 项目规划

B2C 电子商务网站按照实现功能来划分，主要包括两大模块，分别为前台用户功能模块和后台管理员管理模块。

其中，前台用户功能模块是用户所看到的界面，用户可通过该模块来实现其购买交易的全部功能。根据功能，可以将该模块细分为以下几个部分：

- ☑ 用户注册/登录/验证模块。
- ☑ 最新商品/精品推荐/特价商品/热销商品浏览模块。
- ☑ 购物车模块。
- ☑ 服务台模块。
- ☑ 网上在线支付模块。
- ☑ 网站留言模城。
- ☑ 查看/管理我的留言模块。
- ☑ 网站帮助模块。

后台管理员管理模块是管理员所见到的界面，管理员可通过该模块来管理网站。根据具体的功能，又可以细分为以下几个部分：

- ☑ 管理员登录模块。
- ☑ 库存管理模块（包括商品添加/商品管理/商品类别添加/商品类别管理）。
- ☑ 管理员管理模块（包括添加管理员/管理管理员）。
- ☑ 用户管理模块。
- ☑ 订单管理（订单查询/订单管理/订单打印）。
- ☑ 系统管理（上传图片管理/留言管理）。

31.2.2 系统业务流程分析

B2C 电子商务网站具体流程如图 31.1 所示。

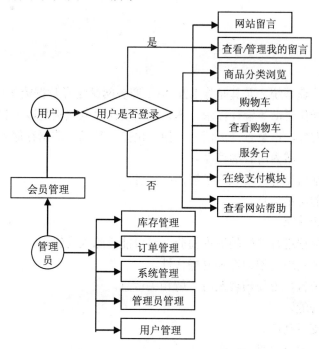

图 31.1　B2C 电子商务网站流程图

31.2.3 系统功能结构图

B2C 电子商务网站的功能结构如图 31.2 所示。

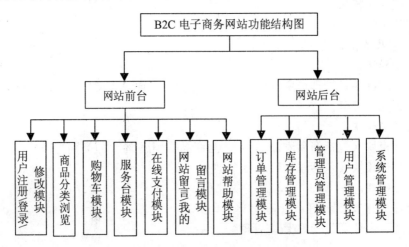

图 31.2 网上购物商城前台功能结构图

31.3 系统设计

31.3.1 设计目标

对于典型的数据库管理系统,尤其是像 B2C 电子商务网站这样数据流量比较大的网络管理系统,一定要满足使用方便、操作灵活等设计需求。本系统在设计时应该满足以下目标:
- ☑ 界面设计美观友好,信息查询灵活、方便、快捷、准确,数据存储安全可靠。
- ☑ 全面、分类展示商城内所有的商品。
- ☑ 显示商品的详细信息,方便顾客了解商品信息。
- ☑ 可查看商城内的交易信息。
- ☑ 设置灵活的打印功能。
- ☑ 对用户输入的数据进行严格的数据检验,尽可能排除人为错误。
- ☑ 系统最大限度地实现易维护性和易操作性。
- ☑ 显示新品上市公告,方便顾客及时了解相关信息。
- ☑ 提供网站留言功能。
- ☑ 提供网上在线支付功能。
- ☑ 系统运行稳定、安全可靠。

31.3.2 开发及运行环境

- ☑ 系统开发平台：Microsoft Visual Studio 2010。
- ☑ 系统开发语言：C#。
- ☑ 系统后台数据库：SQL Server 2008。
- ☑ 运行平台：Windows XP（SP2）/ Windows 2000（SP4）/ Windows Server 2003（SP1）/Windows 7。
- ☑ 运行环境：Microsoft .NET Framework SDK v4.0。
- ☑ 分辨率：最佳效果为 1024×768 像素。

SP（Service Pack）为 Windows 操作系统补丁。

31.3.3 数据库设计

1. 数据表概要说明

为了使读者对本系统后台数据库中的数据表有一个更清晰的认识，在此特别设计了一个数据表树形结构图，该结构图包括系统中的所有数据表，如图 31.3 所示。

图 31.3 数据表树形结构图

2. 数据表的结构

（1）tb_Member（会员信息表）

表 tb_Member 主要用来存储注册会员的基本信息，包括用户名、密码和真实姓名等，结构如表 31.1 所示。

表 31.1　表 tb_Member 的结构

字段名称	类型	大小	是否为空	描述
MemberID	int	4	否	会员 ID（自增主键）
UserName	varchar	50	否	会员登录名
Password	varchar	50	否	会员登录密码
RealName	varchar	50	否	会员真实姓名
Sex	bit	1	否	会员的性别
Phonecode	varchar	20	否	电话号码
Email	varchar	50	否	会员 E-mail 地址
Address	varchar	200	否	会员详细地址
PostCode	char	10	否	邮编
LoadDate	datetime	8	否	创建时间（默认值为系统时间）

（2）tb_Admin（管理员信息表）

表 tb_Admin 用于保存管理员的基本信息，结构如表 31.2 所示。

表 31.2　表 tb_Admin 的结构

字段名称	类型	大小	是否为空	描述
AdminID	int	4	否	管理员 ID（自增主键）
AdminName	varchar	50	否	管理员登录名
Password	varchar	50	否	管理员密码
RealName	varchar	50	否	管理员真实姓名
Email	varchar	50	否	E-mail 地址
LoadDate	datetime	8	否	创建时间（默认值为系统时间）

（3）tb_Class（商品类别表）

表 tb_Class 用于保存商品类别的基本信息，结构如表 31.3 所示。

表 31.3　表 tb_Class 的结构

字段名称	类型	大小	是否为空	描述
ClassID	int	4	否	商品类别 ID（自增主键）
ClassName	varchar	50	否	商品类别名称
CategoryUrl	varchar	50	否	商品类别图片

（4）tb_BookInfo（商品信息表）

表 tb_BookInfo 用于保存商品的基本信息，结构如表 31.4 所示。

表 31.4　表 tb_BookInfo 的结构

字段名称	类型	大小	是否为空	描述
BookID	int	4	否	商品 ID（自增主键）
ClassID	int	4	否	商品类别号
BookName	varchar	50	否	商品名称

续表

字段名称	类型	大小	是否为空	描述
BookIntroduce	ntext	16	否	商品介绍
Author	varchar	50	否	主编
Company	varchar	50	否	出版社
BookUrl	varchar	200	否	商品图片
MarketPrice	float	8	否	市场价
HotPrice	float	8	否	热销价
Isrefinement	bit	1	否	是否推荐
IsHot	bit	1	否	是否热销
IsDiscount	bit	1	否	是否打折
LoadDate	datetime	8	否	进货日期（默认值为系统时间）

在商品信息表（tb_BookInfo）中，ClassID 字段用来确定该商品所属的类别的 ID 代号，与商品类别表（tb_Class）的主键 ClassID 相对应。

（5）tb_Image（图片信息表）

表 tb_Image 用于保存网站的图片信息，结构如表 31.5 所示。

表 31.5　表 tb_Image 的结构

字段名称	类型	大小	是否为空	描述
ImageID	int	4	否	图片 ID（自增主键）
ImageName	varchar	50	否	图片名称
ImageUrl	varchar	200	否	图片地址

（6）tb_OrderInfo（订单信息表）

表 tb_OrderInfo 用于保存用户购买商品生成的订单信息，结构如表 31.6 所示。

表 31.6　表 tb_OrderInfo 的结构

字段名称	类型	大小	是否为空	描述
OrderID	int	4	否	订单 ID（主键）
OrderDate	datetime	8	否	订单生成日期
BooksFee	float	8	否	商品费用
ShipFee	float	8	否	运输费用
TotalPrice	float	8	否	订单总费用
ShipType	varchar	50	否	运输方式
ReceiverName	varchar	50	否	接收人姓名
ReceiverPhone	varchar	20	否	接收人电话
ReceiverAddress	varchar	200	否	接收人详细地址
ReceiverEmail	varchar	50	否	接收人 E-mail 地址
IsConfirm	bit	1	否	是否确认
IsSend	bit	1	否	是否发货

续表

字 段 名 称	类 型	大 小	是否为空	描 述
IsEnd	bit	1	否	收货人是否验收
AdminID	int	4	是	跟单员 ID 代号
ConfirmTime	datetime	8	是	确认时间（默认值为系统时间）

在订单信息表（tb_OrderInfo）中，IsConfirm 用来设置订单是否被确认，即在送货之前确认收货人的情况，主要通过电话来联系；当确认完毕后，则开始发送货物，发送货物状态用 IsSend 字段来表示；货物是否交到用户手中，用 IsEnd 字段来表示。从确认到货物移交到用户手中的每一步，都需要一个跟单员，其中跟单员的 ID 代号用字段 AdminID 来表示，该字段与管理员信息表（tb_Admin）中的主键 AdminID 相对应。

（7）tb_Detail（订单明细表）

表 tb_Detail 用来存储订单中的商品的详细信息，结构如表 31.7 所示。

表 31.7 表 tb_Detail 的结构

字 段 名 称	类 型	大 小	是否为空	描 述
DetailID	int	4	否	订单详细表号（自增主键）
BookID	int	4	否	商品代号
Num	int	4	否	商品数量
OrderID	int	4	否	该项对应的订单号
TotalPrice	float	8	否	该商品总金额
Remark	varchar	200	否	备注

订单明细表（tb_Detail）细分到对一个订单中的每一种商品进行统计，它与订单信息表（tb_OrderInfo）之间的联系是通过 OrderID 来实现的。

（8）tb_LeaveWord（用户留言表）

表 tb_LeaveWord 用来存储用户留言的基本信息，包括主题、内容和留言时间，结构如表 31.8 所示。

表 31.8 表 tb_LeaveWord 的结构

字 段 名 称	类 型	大 小	是否为空	描 述
ID	int	4	否	ID 代号（自增主键）
Uid	nvarchar	50	否	留言人姓名
Subject	nvarchar	50	否	留言主题
Content	ntext	16	否	留言内容
DateTime	datetime	8	否	留言时间
IP	nvarchar	20	否	留言人 IP 地址

（9）tb_Reply（回复留言表）

表 tb_Reply 用来存储回复留言信息的具体内容，主要包括回复留言人的姓名、回复留言的内容和回复留言的时间等，结构如表 31.9 所示。

表 31.9 表 tb_Reply 的结构

字段名称	类型	大小	是否为空	描述
ID	int	4	否	ID 代号（自增主键）
UName	nvarchar	50	否	回复留言人姓名
Content	ntext	16	否	回复留言内容
DateTime	datetime	8	否	回复留言时间
IP	nvarchar	20	否	回复留言人 IP 地址

3．数据表之间的关系

设计完各个数据表之后，现在开始设置各个数据表之间的联系。在以上各个数据表之间，主要有以下几个联系：

- ☑ tb_BookInfo 表项与 tb_Class 表项是多对一的关系，表示一个商品对应一个商品类型，而一个商品类型可以有多个商品。
- ☑ tb_OrderInfo 表项与 tb_Detail 表项是一对多的关系，表示一个订单对应多个订单明细表，而一个订单明细表只能是一个订单的。
- ☑ tb_Detail 表项与 tb_BookInfo 表项是多对多的关系，表示一个订单明细表可以对应多个商品，而一个商品可以在多个订单明细表中。

其关系图如图 31.4 所示。

图 31.4　关系图

4．存储过程

存储过程是保存起来的可以接收和返回用户提供参数的 Transact-SQL 语句的集合，在存储过程中可以使用数据存取语句、流程控制语句和错误处理语句等，其主要特点是执行效率高、可重复使用。在创建存储过程时，SQL Server 会将存储过程编译成一个执行计划并保存起来，在执行存储过程时，不需要重新编译，因此执行速度快。一旦创建一个存储过程，很多需要执行该过程的应用程序都可以调用存储过程，减少程序员可能出现的错误。下面对存储过程的创建、修改和删除以及在开发本系统时用到的主要存储过程进行介绍。

（1）新建存储过程

在 SQL Server 中可以使用 CREATE PROCEDURE 语句创建存储过程。语法格式如下：

```
CREATE PROC [ EDURE ] procedure_name [ ; number ]
[ { @parameter data_type }
[ VARYING ] [ = default ] [ OUTPUT ]
] [,…n ]
AS sql_statement
```

参数说明如表 31.10 所示。

表 31.10　CREATE PROCEDURE 语句创建存储过程的参数说明

参　　数	说　　明
CREATE PROC[EDURE]	关键字，也可以写成 CREATE PROC
procedure_name	要创建的存储过程的名称
number	可选项，表示对存储过程进行分组，以后用一条 DROP PROCEDURE 语句即可将同组的过程一起删除
@parameter	存储过程参数，存储过程可以声明一个或多个参数。用户必须在执行过程时提供每个所声明参数的值（除非定义了该参数的默认值）
data_type	参数的数据类型，所有数据类型（包括 text、ntext 和 image）均可以用作存储过程的参数。不过，cursor 数据类型只能用于 OUTPUT 参数
VARYING	可选项，指定作为输出参数支持的结果集（由于存储过程动态构造，内容可以变化），该关键字仅适用于游标参数
default	可选项，表示为参数设置默认值
OUTPUT	可选项，表明参数是返回参数，可以将参数值返回给调用的过程
n	表示可以定义多个参数
AS	关键字指定存储过程要执行的操作
sql_statement	存储过程中的过程体

例如，创建一个存储过程 proc_UserLogin，用于查询指定用户名的信息，代码如下：

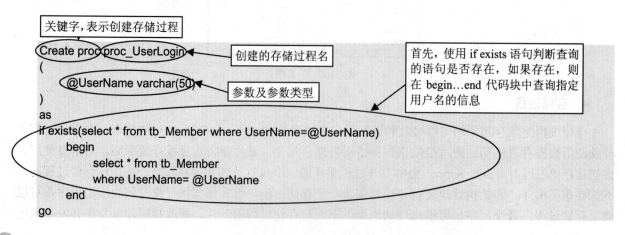

（2）修改存储过程

在 SQL Server 中，提供了 ALTER PROCEDURE 语句对存储过程进行修改。语法格式如下：

```
ALTER PROC [ EDURE ] procedure_name [ ; number ]
 [ { @parameter data_type }
 [ VARYING ] [ = default ] [ OUTPUT ]
 ] [ ,…n ]
AS sql_statement
```

> **说明**
> 修改存储过程与创建存储过程类似，只是使用的关键字不同，因此对于 ALTER PROCEDURE 的语法不作详细介绍，读者可参考表 31.10 中的说明。

例如，修改存储过程 proc_UserLogin，用于查询指定用户名和密码的信息，代码如下：

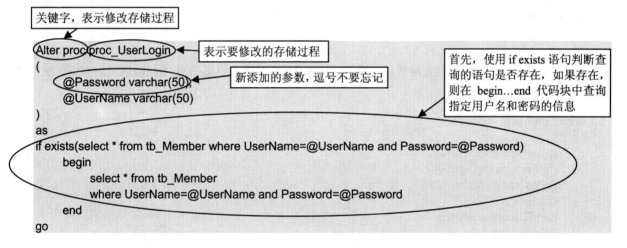

（3）删除存储过程

在 SQL Server 中，提供了 DROP PROCEDURE 语句来删除存储过程。语法格式如下：

```
DROP PROCEDURE { procedure } [ ,…n ]
```

> **说明**
> DROP PROCEDURE 是关键字，指定要删除的存储过程；procedure 是要删除的存储过程或存储过程组的名称；n 表示该语句可以同时删除多个存储过程，过程名之间用逗号分隔。

例如，删除存储过程 proc_UserLogin，首先利用 if 语句判断存储过程 proc_UserLogin 是否存在，如果存在，则利用 DROP PROC 语句将该存储过程删除。代码如下：

```
if object_Id('proc_UserLogin') is not null
drop proc proc_UserLogin
go
```

（4）开发本系统时用到的主要存储过程

☑ proc_UserLogin 存储过程

proc_UserLogin 存储过程用于从数据表 tb_Member 中获取指定用户名和密码的数据信息。创建该存储过程的 SQL 语句如下：

```sql
Create proc proc_UserLogin
(
    @UserName varchar(50),
    @Password varchar(50)
)
as
//用于判断查询的信息是否存在
if exists(select * from tb_Member where UserName=@UserName and Password=@Password)
    begin
        select * from tb_Member
        where UserName=@UserName and Password=@Password
    end
go
```

☑ proc_AddUser 存储过程

proc_AddUser 存储过程用来向会员信息表 tb_Member 中插入数据信息。创建该存储过程的 SQL 语句如下：

```sql
Create proc proc_AddUser
(
    @UserName varchar(50),
    @Password varchar(50),
    @RealName varchar(50),
    @Sex bit,
    @Phonecode char(20),
    @Email varchar(50),
    @Address varchar(200),
    @PostCode char(10)
)
as
//通过用户名判断该用户是否存在，如果存在，则返回-100；不存在，则插入该用户信息，并返回 100
if Exists(select * from tb_Member where UserName=@UserName)
    return -100
else
    begin
        Insert tb_Member(UserName,Password,RealName,Sex,Phonecode,Email,Address,PostCode)
        values(@UserName,@Password,@RealName,@Sex,@Phonecode,@Email,@Address,@PostCode)
        return 100
    end
go
```

☑ proc_GetUI 存储过程

proc_GetUI 存储过程用来从用户会员表 tb_Member 中,查询指定用户 ID 代号的相关信息。创建该存储过程的 SQL 语句如下:

```sql
Create proc proc_GetUI
(
    @MemberID int
)
as
if exists(select * from tb_Member where MemberID=@MemberID)
    begin
        select * from tb_Member
        where    MemberID=@MemberID
    end
go
```

☑ proc_ModifyUser 存储过程

proc_ModifyUser 存储过程是通过用户 ID 代号修改会员信息表 tb_Member 中的相关信息。创建该存储过程的 SQL 语句如下:

```sql
Create proc proc_ModifyUser
(
    @UserName varchar(50),
    @Password varchar(50),
    @RealName varchar(50),
    @Sex bit,
    @Phonecode char(20),
    @Email varchar(50),
    @Address varchar(200),
    @PostCode char(10),
    @MemberID int
)
as
update tb_Member
set UserName=@UserName,
    Password=@Password,
    RealName=@RealName,
    Sex=@Sex,
    Phonecode=@Phonecode,
    Email=@Email,
    Address=@Address,
    PostCode=@PostCode
 where MemberID=@MemberID
go
```

☑ proc_DeplayGI 存储过程

proc_DeplayGI 存储过程用于从商品信息表 tb_BookInfo 中分类检索相关商品的前 4 条信息。创建该存储过程的 SQL 语句如下:

```
//当@Deplay=1 时，从数据表 tb_BookInfo 中查询 Isrefinement（精品推荐）字段为 1 的商品信息
//当@Deplay=2 时，从数据表 tb_BookInfo 中查询 IsDiscount（特价商品）字段为 1 的商品信息
//当@Deplay=3 时，从数据表 tb_BookInfo 中查询 IsHot（热销商品）字段为 1 的商品信息
Create proc proc_DeplayGl
(
    @Deplay int
)
as
if(@Deplay=1)//精品推荐
    begin
        select top 4 * from tb_BookInfo
        where Isrefinement=1
    end
else if(@Deplay=2)//特价商品
    begin
        select top 4 * from tb_BookInfo
        where   IsDiscount=1
    end
else if(@Deplay=3)//热销商品
    begin
        select top 4 * from tb_BookInfo
        where IsHot=1
    end
go
```

☑ proc_GIList 存储过程

proc_GIList 存储过程用于从商品信息表 tb_BookInfo 中分类检索所有商品的相关信息。创建该存储过程的 SQL 语句如下：

```
Create proc proc_GIList
(
    @ClassID int, //商品类别号
    @Deplay int //最新商品/精品推荐/特价商品/热销商品的代号
)
as
if (@ClassID=0)
    begin
        if(@Deplay=1) //最新商品
            begin
                select * from tb_BookInfo
                    where DATEDIFF(day, LoadDate, getdate()) < 7
            end
        else if(@Deplay=2) //精品推荐
            begin
                select * from tb_BookInfo
                    where Isrefinement=1
            end
        else if(@Deplay=3) //特价商品
            begin
```

```
                    select * from tb_BookInfo
                    where IsDiscount=1
              end
         else if(@Deplay=4) //热销商品
              begin
                    select * from tb_BookInfo
                    where IsHot=1
              end
      end
else
      begin
          select * from tb_BookInfo
          where ClassID=@ClassID
      end
go
```

☑ proc_GCN 存储过程

proc_GCN 存储过程用于从商品类别表 tb_Class 中获取指定商品类别号的商品类别名。创建该存储过程的 SQL 语句如下:

```
create proc proc_GCN
(
      @ClassID int
)
as
if exists(select * from tb_Class where ClassID=@ClassID)
      begin
           select ClassName from tb_Class
           where ClassID=@ClassID
      end
go
```

☑ proc_AddOI 存储过程

proc_AddOI 存储过程用于向订单信息表 tb_OrderInfo 中插入订单信息,并输出订单 ID 代号。创建该存储过程的 SQL 语句如下:

```
create proc proc_AddOI
(
@BooksFee float,
@ShipFee float,
@ShipType varchar(50),
@Name varchar(50),
@Phone varchar(20),
@PostCode char(10),
@Address varchar(200),
@Email varchar(50),
@OrderID int output
)
as
```

```
Insert into tb_OrderInfo
(BooksFee,ShipFee,TotalPrice,ShipType,ReceiverName,ReceiverPhone,ReceiverPostCode,ReceiverAddress,
ReceiverEmail)
values
(@BooksFee,@ShipFee,(@BooksFee+@ShipFee),@ShipType,@Name,@Phone,@PostCode,@Address,
@Email)
select @OrderID=@@identity
go
```

☑ proc_AddODetail 存储过程

proc_AddODetail 存储过程用于向订单明细表 tb_Detail 中插入订单中商品的详细信息。创建该存储过程的 SQL 语句如下：

```
create proc proc_AddODetail
(
@BookID int,
@Num int,
@OrderID int,
@TotailPrice float,
@Remark varchar(200)
)
as
Insert into tb_Detail
(BookID,Num,OrderID,TotailPrice,Remark)
values
(@BookID,@Num,@OrderID,@TotailPrice,@Remark)
go
```

☑ Proc_SearchOI 存储过程

Proc_SearchOI 存储过程用于从订单信息表 tb_OrderInfo 中查找详细订单信息。创建该存储过程的 SQL 语句如下：

```
Create proc Proc_SearchOI
(
  @OrderID int,          //订单号
  @NF int,               //是否通过接收人的姓名查询
  @Name varchar(50),     //接收人的姓名
  @IsConfirm int,        //是否确认
  @IsSend int,           //是否发送
  @IsEnd int             //接收人是否已收到商品
)
as
declare
          @Msql varchar(1024)
            set @Msql='select * from tb_OrderInfo where IsConfirm='+Convert(varchar(20),@IsConfirm)+'
and IsSend='+Convert(varchar(20),@IsSend)+' and IsEnd='+Convert(varchar(20),@IsEnd)+"
          if @OrderID>0
                begin
                    set @Msql=@Msql+'and OrderID='+ convert(varchar(20),@OrderID)
```

```
            end
        if @NF>0
            begin
                set @Msql=@Msql+'and ReceiverName='''+convert(varchar(50),@Name)+''''
            end
        exec(@Msql)
go
```

31.4 关键技术

在开发本系统时，涉及的关键技术介绍如下。

31.4.1 使用母版页构建网站的整体风格

对于一个网站而言，保持页面的一致性非常重要，而在 ASP.NET 4.0 中提供了一个新的手段，那就是母版页。它包含两种文件，一种是母版页，另一种是内容页。母版页后缀名是.master，它封装页面中的公共元素；内容页实际是普通的.aspx 文件，它包含除母版页之外的其他非公共内容。在运行过程中，ASP.NET 引擎将两种页面内容合并执行，最后将结果发送给客户端浏览器。

例如，设计本系统前台功能模块时，使用了母版页。在设计过程中，将每个页面都包含的页头、页尾和导航条封装到母版页中，将分类显示的商品信息、购物车、结账等非公共内容封装到内容页中。其中，母版页的设计布局如图 31.5 所示，内容页（如购物车页 shopCart.aspx）的设计布局如图 31.6 所示。

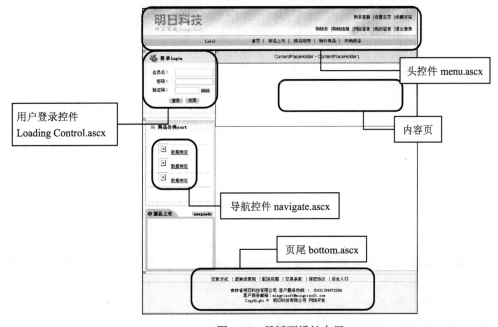

图 31.5　母版页设计布局

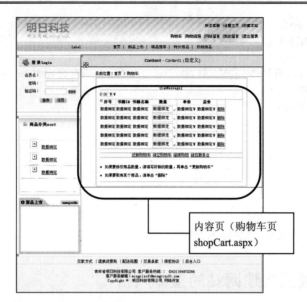

图 31.6　内容页设计布局（购物车页 shopCart.aspx）

1．母版页的创建及其设计

（1）在网站的"解决方案资源管理器"面板中右击网站名称，在弹出的快捷菜单中选择"添加新项"命令。

（2）打开"添加新项"对话框，如图 31.7 所示。在其中选择"母版页"选项，并为其命名，然后单击"添加"按钮即可创建一个新的母版页。

图 31.7　创建母版页

> **注意**
>
> ① 在图 31.7 中，有一个"将代码放在单独的文件中"复选框，默认情况下，该复选框处于选中状态，表示 Visual Studio 2010 将会为 MasterPage.master 文件应用代码隐藏模型，即在创建 MasterPage.master 文件的基础上，自动创建一个与该文件相关的 MasterPage.master.cs 文件。如果取消选中该复选框，那么只会创建一个 MasterPage.master 文件。建议读者选中该复选框。
>
> ② 母版页都是以.master 为扩展名，以防止浏览器直接打开。

（3）设计母版页的布局。在母版页的设计视图中，将一个表格控件 Table 拖放到界面中，为母版页布局，然后从用户控件（关于用户控件的详解，可参见 31.6.2 节）中将页头（menu.ascx）、页尾（bottom.ascx）和导航部分（LoadingControl.ascx 和 navigate.ascx）添加到母版页中。

2．创建内容页

在创建一个完整的母版页后创建内容页。内容页的创建与母版页类似，具体步骤如下。

（1）在网站的"解决方案资源管理器"面板中右击网站名称，在弹出的快捷菜单中选择"添加新项"命令。

（2）打开"添加新项"对话框，如图 31.8 所示。选择"Web 窗体"选项并为其命名，同时选中"选择母版页"复选框，然后单击"添加"按钮，弹出如图 31.9 所示的"选择母版页"对话框，在其中选择一个母版页，单击"确定"按钮，即可创建一个新的内容页。

图 31.8　创建内容页

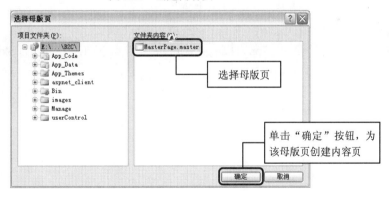

图 31.9　选择母版页

> **注意**
> ① 内容页与普通.aspx 页面的扩展名相同。
> ② 内容页必须绑定母版页，所以需要选中"将代码放在单独的文件中"和"选择母版页"复选框。

说明

内容页的设计与普通页面相同，此处不再具体介绍。

31.4.2 主题的应用

ASP.NET 4.0 提供的"主题"功能可以实现为控件定义一次样式属性，就能方便地应用到站点的所有页面中的功能。主题是由一组元素组成的，即外观、级联样式表（CSS）、图像和其他资源，其中外观文件是主题的核心内容，用于定义页面中服务器控件的外观。

在主题中可以包含一个或多个外观文件，这种文件的扩展名为.skin，其中包含对各种服务器控件（如 Button、Label、TextBox 和 GridView 等控件）的属性设置。下面分别讲解如何为 GridView 控件创建以及在网站中如何应用该主题。

1. 为 GridView 控件创建主题

（1）在应用程序根目录下创建一个 App_Themes 文件夹用于存储主题，然后在该文件夹中创建一个名为 SkinFile 的子文件夹。

说明

在应用程序中，主题文件必须存储在根目录的 App_Themes 文件夹下（除全局主题之外）。

（2）右击 SkinFile 文件夹，在弹出的快捷菜单中选择"添加新项"命令。

（3）打开"添加新项"对话框，如图 31.10 所示。在图中选择"外观文件"选项并为其命名，然后单击"添加"按钮，即可在网站的 App_Themes/SkinFile 文件夹下创建一个名为 SkinFile.skin 的外观文件。

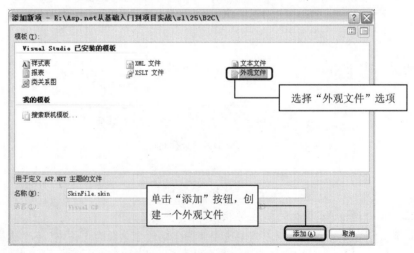

图 31.10 创建主题文件

（4）在 SkinFile.skin 外观文件中，添加如下源代码，用来设置页面中 GridView 控件的命名外观。

```
<asp:GridView  runat="server"  Width="100%" HorizontalAlign="Center" BorderWidth="1"
BorderColor="#CCCCCC"
        SkinID ="gvSkin" HeaderStyle-CssClass="summary-title" CellPadding="4"
HeaderStyle-Font-Size=Small EditRowStyle-Font-Size=Small   AlternatingRowStyle-Font-Size=small
Font-Size=Small   >
</asp:GridView>
```

> **说明**
> ① 外观文件是主题的核心内容，用于定义页面中服务器控件的外观，即"默认外观"和"已命名外观"。
>
> 默认外观是在设置控件外观时没有 SkinID 属性，当向页面应用主题时，默认外观自动应用于同一类型的所有控件。例如，如果为 GridView 控件创建一个默认外观，则该控件外观适用于使用本主题的页面上的所有 GridView 控件。另外，默认外观严格按控件类型来匹配，因此 Button 控件外观适用于所有 Button 控件，但不适用于 LinkButton 控件或从 Button 对象派生的控件。
>
> 已命名外观是设置了 SkinID 属性的控件外观。已命名外观不会自动按类型应用于控件，而应当通过设置控件的 SkinID 属性将已命名外观显式应用于控件。通过创建已命名外观，可以为应用程序中同一控件的不同实例设置不同的外观。
>
> ② 在外观文件中应移除控件的 ID 属性。

> **技巧**
> 在创建控件外观时，一个简单的方法是将控件添加到.aspx 页面中，然后利用 Visual Studio 2010 的属性面板及可视化设计功能对控件进行设置，最后将控件代码复制到外观文件中并做适当的修改。需要注意的是，在外观文件中应移除控件的 ID 属性。

2．使用主题为网页中的 GridView 控件设置外观

（1）将包含有 GridView 控件的网页切换到源视图中，在<%@ Page%>标签中设置 Theme 属性值为主题文件夹。代码如下：

```
<%@ Page Language="C#" AutoEventWireup="true" CodeFile="Main.aspx.cs" Inherits="Manage_Main" Theme ="SkinFile" %>
```

（2）为 GridView 控件设置命名外观属性，代码如下：

```
<asp:GridView id="gvOrderList" runat="server" SkinID ="gvSkin"
OnPageIndexChanging="gvOrderList_PageIndexChanging" AllowPaging="True"
AutoGenerateColumns="False" >
  …//其他代码
</asp:GridView>
```

> **说明**
> ① 如果为控件设置默认外观，则不用设置控件的 SkinID 属性；如果为控件设置了命名外观，则需要设置控件的 SkinID 属性。
> ② 如果在控件代码中添加了与控件外观相同的属性，则页面最终显示的是控件外观的设置效果。

31.4.3　使用存储过程实现站内模糊查询

对于信息量比较大的网站，均设置了站内查询，以便用户能够快速、准确地浏览相关信息。在本系统中，为了提高执行效率，使用存储过程实现站内模糊查询。

在本系统的后台管理模块中，使用存储过程对商品信息进行站内模糊查询，其运行结果如图 31.11 所示。

图 31.11　使用存储过程对商品信息进行站内模糊查询

实现的具体步骤如下。

（1）在 SQL Server 数据库中创建存储过程，代码如下：

```
Create proc proc_SearchGI
(
@keywords varchar(50)                    //模糊查询的关键字
)
as
declare
@sql nvarchar(1024)                      //声明一个查询语句
set @sql='select * from tb_BookInfo b, tb_Class c
          where b.ClassID=c.ClassID      //查询的基本语句
          and
                                         //使用 like 运算符，确定给定的字符串是否与指定模式匹配
          (BookID like "%'+CONVERT(NVARCHAR(50),@keywords)+'%"
          or BookName like "%'+CONVERT(NVARCHAR(50),@keywords)+'%"
          or ClassName like"%'+CONVERT(NVARCHAR(50),@keywords)+'%"
          or Author like"%'+CONVERT(NVARCHAR(50),@keywords)+'%"
          or Company like"%'+CONVERT(NVARCHAR(50),@keywords)+'%"
          or HotPrice like "%'+CONVERT(NVARCHAR(50),@keywords)
          +'%")'
exec(@sql)                               //执行声明语句，返回查询结果
go
```

（2）在搜索按钮 btnSearch 的 Click 事件下，首先使用 SqlCommand 类对象执行存储过程，然后使用 SqlDataAdapter 对象将查询的结果填充到 DataSet 数据集中，最后将查询的数据绑定到数据控件 GridView 中。代码如下：

```csharp
protected void btnSearch_Click(object sender, EventArgs e)
{
    SqlConnection myConn;
    SqlCommand myCmd;
    SqlDataAdapter adapt;
    DataSet ds = new DataSet();
    try
    {
        //与数据库的连接
        myConn = new SqlConnection(ConfigurationManager.AppSettings["ConnectionString"].ToString());
        //定义一个 SqlCommand 类对象，并使用存储过程名和数据库连接字符串初始化该对象
        myCmd = new SqlCommand("proc_SearchGI", myConn); //指定 SqlCommand 类对象执行的是存储过程
        myCmd.CommandType = CommandType.StoredProcedure;    //为存储过程中的参数赋值
        SqlParameter key = new SqlParameter("@keywords", SqlDbType.VarChar, 50);
        key.Value = strKeyWord;
        myCmd.Parameters.Add(key);
        myConn.Open();//打开与数据库的连接
        myCmd.ExecuteNonQuery(); //执行操作
        adapt = new SqlDataAdapter(myCmd); //填充数据集 ds
        adapt.Fill(ds, "tbSearch");
        //将获取的数据集绑定到数据控件中
        this.gvGoodsInfo.DataSource = ds.Tables["tbSearch"].DefaultView;
        this.gvGoodsInfo.DataKeyNames = new string[] { "BookID" };
        this.gvGoodsInfo.DataBind();
    }
    catch (Exception ex)
    {
        throw new Exception(ex.Message, ex);
    }
        finally
        {
            //释放占有的资源
            myConn.Close();
            myCmd.Dispose();
            ds.Dispose();
            adapt.Dispose();
        }
}
```

31.4.4 使用哈希表和 Session 对象实现购物功能

在实现购物功能时需要考虑两个条件：一是如何区分用户与购物车的对应关系；二是购物车中商品存放的结构。

☑ 用户与购物车的对应关系

用户与购物车的对应关系即每个用户都有自己的购物车，购物车不能混用，而且必须保证当用户退出系统时，其购物车也随之消失。这种特性正是 Session 对象的特性，所以用 Session 对象在用户登录期间传递购物信息。

☑ 购物车中商品存放的结构

实现购物功能的实质是增加一个（商品名，商品个数）的（名，值）对，该结构正是一个哈希表的结构（哈希表 Hashtable 是键/值对的集合），所以用哈希表 Hashtable 来表示用户的购买情况。

1. 向购物车中添加商品

当用户向购物车中添加商品时，首先判断用户是否已经有了购物车。如果没有，则重新分配一个给用户，然后添加一个（名，值）对，其中，"名"是这个商品的 ID 代号，"值"为 1，表示购买了一个商品；反之，如果用户已经有了购物车，则首先判断购物车中是否已经有该商品。如果有，则表示用户想多买一个，此时把该商品的"值"，即数量加 1；如果没有，则新加一个（名，值）对。实现代码如下：

```
Hashtable hashCar;                                          //定义一个 Hashtable 对象
    if (Session["ShopCart"] == null)                        //判断是否为用户分配购物车
    {
        //如果用户没有分配购物车
        hashCar = new Hashtable();                          //新生成一个
        //添加一个商品（在 e.CommandArgument 中保存的是商品编号）
        hashCar.Add(e.CommandArgument, 1);
        Session["ShopCart"] = hashCar;                      //分配给用户
    }
    else
    {
        //用户已经有购物车
        hashCar = (Hashtable)Session["ShopCart"];           //得到购物车的 hash 表
        if (hashCar.Contains(e.CommandArgument))            //购物车中已有此商品，商品数量加 1
        {   //得到该商品的数量
            int count = Convert.ToInt32(hashCar[e.CommandArgument].ToString());
            hashCar[e.CommandArgument] = (count + 1);       //商品数量加 1
        }
        else
            hashCar.Add(e.CommandArgument, 1);              //如果没有此商品，则新添加一个项
    }
```

2. 修改购物车中的商品

当需要修改购物车中某类商品的数量时，首先将包含在 Session["ShopCart"]类对象中的购物信息赋给 Hashtable 类对象，然后利用 foreach 循环语句在购物信息显示框中获取修改后的商品数量，并对 Hashtable 类对象做相应的更改，最后将修改后的 Hashtable 类对象重新赋给 Session["ShopCart"]对象。代码如下：

```
hashCar = (Hashtable)Session["ShopCart"];
foreach (GridViewRow gvr in this.gvShopCart.Rows)
{
```

```
    int index = gvr.RowIndex;
    TextBox otb = (TextBox)gvr.FindControl("txtNum");
    int count = Int32.Parse(otb.Text);
    string BookID = gvr.Cells[1].Text;
    hashCar[BookID] = count;
}
Session["ShopCart"] = hashCar;
```

3．删除购物车中某类商品

当要从购物车中删除指定的某类商品时，可以使用 Hashtable 类的 Remove 方法将该类商品从购物车中删除，然后将修改后的 Hashtable 类对象重新赋给 Session["ShopCart"]对象。代码如下：

```
hashCar =(Hashtable)Session["ShopCart"];
hashCar.Remove(e.CommandArgument);
Session["ShopCart"] = hashCar;
```

4．清空购物车

当需要清空购物车中的商品信息时，只需将 Session["ShopCart"]对象清空，代码如下：

```
Session["ShopCart"] =null;
```

31.4.5　FreeTextBox 组件的配置使用

网站留言模块中用到了 FreeTextBox 组件（本书光盘已附带该组件），该组件是一个在线文本编辑器，可以对文字以及图片内容进行处理，并将数据保存到数据库中。该组件的配置步骤如下。

（1）将 FreeTextBox.dll 添加到项目中

在"解决方案资源管理器"面板中右击项目，在弹出的快捷菜单中选择"添加引用"命令，在弹出的对话框中选择"浏览"选项卡，找到组件存放位置，单击"确定"按钮，系统将自动创建 Bin 文件夹，并将组件存放到该文件夹中。"添加引用"对话框如图 31.12 所示。

图 31.12　"添加引用"对话框

（2）在项目中添加资源

将存放有 FreeTextBox 组件的文件夹复制到 aspnet_client 文件夹中。

（3）向页面中添加组件

在向页面中添加组件前，需要先注册组件。在页面 HTML 源码顶部添加如下注册代码：

`<%@ Register TagPrefix="FTB" Namespace="FreeTextBoxControls" Assembly="FreeTextBox" %>`

再在页面中适当的位置添加 FreeTextBox 组件，代码如下：

`<FTB:FreeTextBox id="FreeTextBox1" runat="Server" SupportFolder="aspnet_client/FreeTextBox/" ButtonSet="Office2003" Height="200px" Width="400px" />`

说明

　　SupportFolder 属性用于设置 FreeTextBox 组件存放的路径，ButtonSet 属性用于设置控件的显示主题。

（4）设置 FreeTextBox 组件的属性

注册完成后，回到设计视图，选中 FreeTextBox 组件，进行相关属性设置。

（5）写入数据库

完成以上配置后，就要使用该组件了。下面就以在 btnOK_Click 事件下向数据库插入数据为例，介绍 FreeTextBox 组件的使用方法。

```
protected void btnOK_Click(object sender, EventArgs e)
{
    string strSql = "INSERT INTO tb_LeaveWord(Uid,Subject,Content,DateTime,IP)";
    strSql += " VALUES('" + Session["UserName"].ToString() + "','" + this.txtTitle.Text + "'";
    strSql += ",'" + this.FreeTextBox1.Text + "','" + DateTime.Now + "'";
    strSql += ",'" + Request.UserHostAddress + "')";
    dbObj.ExecNonQuery(dbObj.GetCommandStr(strSql));
    Response.Write(ccObj.MessageBox("添加成功!","Default.aspx"));
}
```

此处获取 FreeTextBox1 中的内容，包括 HTML 标记。要去掉 HTML 标记，用 FreeTextBox1.HtmlStrippedText

注意

　　Web.config 在 system.web 节加入`<pages validateRequest="false"/>`。

上面只是网站留言模块中的使用方法，具体配置使用还需要视情况而定。

31.5　公共类的编写

31.5.1　Web.config 文件配置

为了方便对数据进行操作和限制，本系统在 Web.config 文件中配置一些参数，主要配置参数是数据库连接字符串。具体配置如下：

```xml
<?xml version="1.0"?>
<configuration>
  <appSettings>
    <add key="ConnectionString"
value="server=TIE\SQLEXPRESS;database=db_NetStore;UId=sa;password=""/>
  </appSettings>
<connectionStrings/>
</configuration>
```

31.5.2 数据库操作类的编写

在网站开发项目中以类的形式来组织、封装一些常用的方法和事件，不仅可以提高代码的重用率，也大大方便了代码的管理。在 B2C 电子商务网站中新建了 5 个公共类，即 CommonClass（用于管理在项目中用到的公共方法，如弹出提示框、随机验证码等）、DBClass（用于管理在项目中对数据库的各种操作，如连接数据库、获取数据集 DataSet 等）、GoodsClass（用于管理对商品信息的各种操作）、OrderClass（用于管理对购物订单信息的各种操作）和 UserClass（用于管理对用户信息的各种操作）。

下面对类的创建以及各类中用到的主要方法作详细讲解。

1. 类的创建

在编写类时，用户可以直接在该项目中找到 App_Code 文件夹然后右击，在弹出的快捷菜单中选择"添加新项"命令，在弹出的"添加新项"对话框中选择"类"选项，并为其命名，如图 31.13 所示。

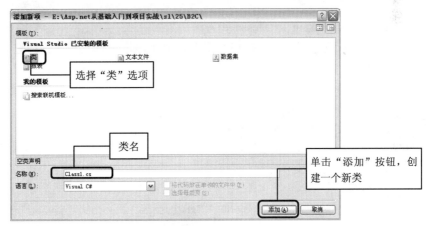

图 31.13 "添加新项"对话框

2. CommonClass 类

CommonClass 类用于管理在项目中用到的公共方法，主要包括 MessageBox、MessageBoxPage 和 RandomNum 方法，下面分别进行介绍。

☑ MessageBox(string TxtMessage)方法

MessageBox 方法是在客户端弹出对话框，提示用户执行某种操作。代码如下：

```
///<summary>
///说明：MessageBox 用来在客户端弹出对话框
///参数：TxtMessage 为对话框中显示的内容
///</summary>
public string MessageBox(string TxtMessage)
{
    string str;
    str = "<script language=javascript>alert('" + TxtMessage + "')</script>";
    return str;
}
```

☑ MessageBox(string TxtMessage,string Url)方法

MessageBox(string TxtMessage,string Url)方法是 MessageBox(string TxtMessage)方法的重载，是在客户端弹出对话框，提示用户已完成了某种操作，并返回到指定页。代码如下：

```
///<summary>
///说明：MessageBox 用来在客户端弹出对话框，关闭对话框返回指定页
///参数：TxtMessage 为对话框中显示的内容
///参数：Url 为对话框关闭后跳转到的页
///</summary>
public string MessageBox(string TxtMessage,string Url)
{
    string str;
    str = "<script language=javascript>alert('" + TxtMessage + "');location='" + Url + "';</script>";
    return str;
}
```

☑ MessageBoxPage(string TxtMessage)方法

MessageBoxPage 方法是在客户端弹出对话框，提示用户执行某种操作或已完成了某种操作，并刷新页面。代码如下：

```
///<summary>
///说明：MessageBoxPage 用来在客户端弹出对话框，关闭对话框返回原页
///参数：TxtMessage 为对话框中显示的内容
///</summary>
public string MessageBoxPage(string TxtMessage)
{
    string str;
    str = "<script language=javascript>alert('" + TxtMessage + "');location='javascript:history.go(-1)';</script>";
    return str;
}
```

☑ RandomNum(int n)方法

RandomNum 方法用来生成由英文字母和数字组成的 4 位验证码，常用于登录界面，用于防止用户利用注册机自动注册、登录或灌水。代码如下：

```csharp
///<summary>
///实现随机验证码
///</summary>
///<param name="n">显示验证码的个数</param>
///<returns>返回生成的随机数</returns>
public string RandomNum(int n)
{
    //定义一个包括数字、大写英文字母和小写英文字母的字符串
    string strchar = "0,1,2,3,4,5,6,7,8,9,A,B,C,D,E,F,G,H,I,J,K,L,M,N,O,P,Q,R,S,T,U,V,W,X,Y,Z,a,b,c,d,e,f,g,h,i,j,k,l,m,n,o,p,q,r,s,t,u,v,w,x,y,z";
    //将 strchar 字符串转化为数组
    //String.Split 方法返回包含此实例中的子字符串（由指定 Char 数组的元素分隔）的 string 数组
    string[] VcArray = strchar.Split(',');
    string VNum = "";
    //记录上次的随机数值，尽量避免产生几个相同的随机数
    int temp = -1;
    //采用一个简单的算法以保证生成随机数的不同
    Random rand = new Random();
    for (int i = 1; i < n + 1; i++)
    {
        if (temp != -1)
        {
            //unchecked 关键字用于取消整型算术运算和转换的溢出检查
            //DateTime.Ticks 属性获取表示此实例的日期和时间的刻度数
            rand = new Random(i * temp * unchecked((int)DateTime.Now.Ticks));
        }
        //Random.Next 方法返回一个小于所指定最大值的非负随机数
        int t = rand.Next(61);
        if (temp != -1 && temp == t)
        {
            return RandomNum(n);
        }
        temp = t;
        VNum += VcArray[t];
    }
    return VNum;//返回生成的随机数
}
```

3．DBClass 类

DBClass 类用于管理在项目中对数据库进行各种操作用到的方法，主要包括 GetConnection、ExecNonQuery、ExecScalar、GetDataSet 和 GetCommandProc 方法，下面分别进行介绍。

☑　GetConnection(string sString, int nLeng)方法

GetConnection 方法用来创建与数据库的连接，并返回 SqlConnection 类对象。代码如下：

```
///<summary>
///连接数据库
```

```
///</summary>
///<returns>返回 SqlConnection 对象</returns>
public SqlConnection GetConnection()
{
    //获取配置节中的连接字符串
    string myStr = ConfigurationManager.AppSettings["ConnectionString"].ToString();
    SqlConnection myConn = new SqlConnection(myStr);
    return myConn;
}
```

☑ ExecNonQuery(SqlCommand myCmd)方法

ExecNonQuery 方法用来执行 SQL 语句，并返回受影响的行数。当用户对数据库进行添加、修改或删除操作时，可以调用该方法，执行 SQL 语句。代码如下：

```
///<summary>
///执行 SQL 语句，并返回受影响的行数
///</summary>
///<param name="myCmd">执行 SQL 语句命令的 SqlCommand 对象</param>
public void ExecNonQuery(SqlCommand myCmd)
{
    try
    {
        if (myCmd.Connection.State != ConnectionState.Open)
        {
            myCmd.Connection.Open(); //打开与数据库的连接
        }
        //使用 SqlCommand 对象的 ExecuteNonQuery 方法执行 SQL 语句，并返回受影响的行数
        myCmd.ExecuteNonQuery();
    }
    catch (Exception ex)
    {
        throw new Exception(ex.Message, ex);
    }
    finally
    {
        if (myCmd.Connection.State == ConnectionState.Open)
        {
            myCmd.Connection.Close(); //关闭与数据库的连接
        }
    }
}
```

☑ ExecScalar(SqlCommand myCmd)方法

ExecScalar 方法用来返回查询结果中第一行第一列的值。当用户从数据库中检索数据，并获取查询结果中第一行第一列的值时，可以调用该方法。代码如下：

```
///<summary>
///返回查询结果中第一行第一列的值
///</summary>
///<param name="myCmd"></param>
///<returns>执行 SQL 语句命令的 SqlCommand 对象</returns>
public string ExecScalar(SqlCommand myCmd)
{
    string strSql;
    try
    {
        if (myCmd.Connection.State != ConnectionState.Open)
        {
            myCmd.Connection.Open(); //打开与数据库的连接
        }
        //使用 SqlCommand 对象的 ExecuteScalar 方法返回第一行第一列的值
        strSql=Convert.ToString(myCmd.ExecuteScalar());
        return strSql ;
    }
    catch (Exception ex)
    {
        throw new Exception(ex.Message, ex);
    }
    finally
    {
        if (myCmd.Connection.State == ConnectionState.Open)
        {
            myCmd.Connection.Close();//关闭与数据库的连接
        }
    }
}
```

☑ GetDataSet(SqlCommand myCmd, string TableName)方法

GetDataSet 方法主要用来从数据库中检索数据，并将检索到的结果使用 SqlDataAdapter 对象的 Fill 方法填充到 DataSet 数据集，然后返回该数据集的表的集合。代码如下：

```
///<summary>
///说明：从数据库中检索数据，并返回数据集的表的集合
///返回值：数据源的数据表
///参数：myCmd 为执行 SQL 语句命令的 SqlCommand 对象；TableName 为数据表名称
///</summary>
public DataTable GetDataSet(SqlCommand myCmd, string TableName)
{
    SqlDataAdapter adapt;
    DataSet ds = new DataSet();
    try
    {
        if (myCmd.Connection.State != ConnectionState.Open)
```

```
            {
                myCmd.Connection.Open();           //打开与数据库的连接
            }
            adapt = new SqlDataAdapter(myCmd);     //实例化 SqlDataAdapter 类对象
            adapt.Fill(ds,TableName);              //调用 SqlDataAdapter 类对象的 Fill 方法,填充数据集 DataSet
            return ds.Tables[TableName];           //返回数据集 DataSet 的表的集合
        }
        catch (Exception ex)
        {
            throw new Exception(ex.Message, ex);
        }
        finally
        {
            if (myCmd.Connection.State == ConnectionState.Open)
            {
                myCmd.Connection.Close();          //关闭与数据库的连接
            }
        }
    }
}
```

☑ GetCommandProc(string strProcName)方法

GetCommandProc 方法用于执行存储过程,并返回一个 SqlCommand 类对象。代码如下:

```
///<summary>
///执行存储过程语句,返回 SqlCommand 类对象
///</summary>
///<param name="strProcName">存储过程名</param>
///<returns>返回 SqlCommand 类对象</returns>
public SqlCommand GetCommandProc(string strProcName)
{
    //调用 GetConnection 方法,获取与数据库的连接字符串
    SqlConnection myConn = GetConnection();
    //实例化 SqlCommand 类对象
    SqlCommand myCmd = new SqlCommand();
    //为 SqlCommand 类对象指定与数据库的连接字符串
    myCmd.Connection = myConn;
    //获取或设置对数据源执行的是存储过程
    myCmd.CommandText = strProcName;
    //指定 SqlCommand 类对象执行的是存储过程
    myCmd.CommandType = CommandType.StoredProcedure;
    return myCmd;
}
```

注意

在编写 DBClass 类之前,需要引入命名空间 System.Data.SqlClient,以便使用该命名空间中包含的类。引用该命名空间的代码为 using System.Data.SqlClient。

4. UserClass 类

UserClass 类用于管理对用户信息的各种操作，主要包括 UserLogin、AddUser、GetUserInfo 和 MedifyUser 方法，下面分别进行介绍。

☑ UserLogin(string strName,string strPwd)方法

UserLogin 方法用来从会员信息表 tb_Member 中查询指定用户名和密码的信息，并将查询的结果填充到数据集 DataSet 中，然后返回包含在该数据集的表的集合。代码如下：

```
///<summary>
///判断用户是否能登录
///</summary>
///<param name="strName">用户名</param>
///<param name="strPwd">用户密码</param>
///<returns>返回数据源的数据表</returns>
public DataTable UserLogin(string strName,string strPwd)
{
    //调用 DBClass 类的 GetCommandProc 方法执行存储过程，并返回一个 SqlCommand 类对象
    SqlCommand myCmd = dbObj.GetCommandProc("proc_UserLogin");
    //添加参数（用户名）
    SqlParameter Name = new SqlParameter("@UserName",SqlDbType.VarChar,50);
    Name.Value = strName;
    myCmd.Parameters.Add(Name);
    //添加参数（用户密码）
    SqlParameter Pwd = new SqlParameter("@Password",SqlDbType.VarChar,50);
    Pwd.Value = strPwd;
    myCmd.Parameters.Add(Pwd);
    //调用 DBClass 类的 ExecNonQuery 方法执行 SQL 语句，并返回受影响的行数
    dbObj.ExecNonQuery(myCmd);
    DataTable dsTable = dbObj.GetDataSet(myCmd, "tbUser");
    return dsTable;
}
```

☑ AddUser 方法

AddUser 方法主要是在数据表 tb_Member 中插入用户信息，并返回信息插入是否成功的标志（100 表示插入成功；-100 表示插入失败）。代码如下：

```
///<summary>
///向用户表中插入信息
///</summary>
///<param name="strName">会员名</param>
///<param name="strPassword">密码</param>
///<param name="strRealName">真实姓名</param>
///<param name="blSex">性别</param>
///<param name="strPhonecode">电话号码</param>
///<param name="strEmail">E-mail</param>
///<param name="strAddress">会员详细地址</param>
```

```csharp
///<param name="strPostCode">邮编</param>
///<returns>返回一个整数,用来标识信息插入是否成功</returns>
public int AddUser(string strName, string strPassword, string strRealName, bool blSex, string strPhonecode, string strEmail, string strAddress, string strPostCode)
{
    //调用 DBClass 类的 GetCommandProc 方法执行存储过程,并返回一个 SqlCommand 类对象
    SqlCommand myCmd =dbObj.GetCommandProc("proc_AddUser");
    //添加参数(会员名)
    SqlParameter name = new SqlParameter("@UserName", SqlDbType.VarChar, 50);
    name.Value = strName;
    myCmd.Parameters.Add(name);
    //添加参数(密码)
    SqlParameter password = new SqlParameter("@Password", SqlDbType.VarChar, 50);
    password.Value = strPassword;
    myCmd.Parameters.Add(password);
    //添加参数(真实姓名)
    SqlParameter realName = new SqlParameter("@RealName", SqlDbType.VarChar, 50);
    realName.Value = strRealName;
    myCmd.Parameters.Add(realName);
    //添加参数(性别)
    SqlParameter sex = new SqlParameter("@Sex", SqlDbType.Bit, 1);
    sex.Value = blSex;
    myCmd.Parameters.Add(sex);
    //添加参数(电话号码)
    SqlParameter phonecode = new SqlParameter("@Phonecode", SqlDbType.VarChar, 20);
    phonecode.Value = strPhonecode;
    myCmd.Parameters.Add(phonecode);
    //添加参数(E-mail)
    SqlParameter email = new SqlParameter("@Email", SqlDbType.VarChar, 50);
    email.Value = strEmail;
    myCmd.Parameters.Add(email);
    //添加参数(会员详细地址)
    SqlParameter address = new SqlParameter("@Address", SqlDbType.VarChar, 200);
    address.Value = strAddress;
    myCmd.Parameters.Add(address);
    //添加参数(邮编)
    SqlParameter postCode = new SqlParameter("@PostCode", SqlDbType.Char, 10);
    postCode.Value = strPostCode;
    myCmd.Parameters.Add(postCode);
    //添加参数(表示存储过程的返回值)
    SqlParameter ReturnValue = myCmd.Parameters.Add("ReturnValue", SqlDbType.Int, 4);
    ReturnValue.Direction = ParameterDirection.ReturnValue;
    //调用 DBClass 类的 ExecNonQuery 方法执行 SQL 语句,并返回受影响的行数
    dbObj.ExecNonQuery(myCmd);
    //返回一个值(100 表示插入成功;-100 表示插入失败)
    return Convert.ToInt32(ReturnValue.Value.ToString());
}
```

☑ GetUserInfo 方法

GetUserInfo 方法主要是通过用户 ID 代号获取用户的相关信息。代码如下：

```
///<summary>
///通过用户 ID，获取用户的详细信息
///</summary>
///<param name="IntMemberID">用户 ID 代号</param>
///<returns>返回数据集的表的集合</returns>
public DataTable GetUserInfo(int IntMemberID)
{
    //调用 DBClass 类的 GetCommandProc 方法执行存储过程，并返回一个 SqlCommand 类对象
    SqlCommand myCmd = dbObj.GetCommandProc("proc_GetUI");
    //添加参数
    SqlParameter memberId =new SqlParameter("@MemberID",SqlDbType.Int, 4);
    memberId.Value = IntMemberID;
    myCmd.Parameters.Add(memberId);
    //调用 DBClass 类的 ExecNonQuery 方法执行 SQL 语句，并返回受影响的行数
    dbObj.ExecNonQuery(myCmd);
    DataTable dsTable = dbObj.GetDataSet(myCmd, "tbUser");
    return dsTable;
}
```

☑ MedifyUser 方法

MedifyUser 方法主要是通过用户 ID 代号修改用户的相关信息。代码如下：

```
///<summary>
///修改用户表的信息
///</summary>
///<param name="strName">用户名</param>
///<param name="strPassword">密码</param>
///<param name="strRealName">真实姓名</param>
///<param name="blSex">性别</param>
///<param name="strPhonecode">电话号码</param>
///<param name="strEmail">E-mail</param>
///<param name="strAddress">用户详细地址</param>
///<param name="strPostCode">邮编</param>
///<param name="IntMemberID">用户的 ID 代号</param>
public void MedifyUser(string strName, string strPassword, string strRealName, bool blSex, string strPhonecode, string strEmail, string strAddress, string strPostCode, int IntMemberID)
{
    //调用 DBClass 类的 GetCommandProc 方法执行存储过程，并返回一个 SqlCommand 类对象
    SqlCommand myCmd = dbObj.GetCommandProc("proc_ModifyUser");
    //添加参数（用户名）
    SqlParameter name = new SqlParameter("@UserName", SqlDbType.VarChar, 50);
    name.Value = strName;
    myCmd.Parameters.Add(name);
    //添加参数（密码）
    SqlParameter password = new SqlParameter("@Password", SqlDbType.VarChar, 50);
```

```
    password.Value = strPassword;
    myCmd.Parameters.Add(password);
    //添加参数（真实姓名）
    SqlParameter realName = new SqlParameter("@RealName", SqlDbType.VarChar, 50);
    realName.Value = strRealName;
    myCmd.Parameters.Add(realName);
    //添加参数（性别）
    SqlParameter sex = new SqlParameter("@Sex", SqlDbType.Bit, 1);
    sex.Value = blSex;
    myCmd.Parameters.Add(sex);
    //添加参数（电话号码）
    SqlParameter phonecode = new SqlParameter("@Phonecode", SqlDbType.VarChar, 20);
    phonecode.Value = strPhonecode;
    myCmd.Parameters.Add(phonecode);
    //添加参数（E-mail）
    SqlParameter email = new SqlParameter("@Email", SqlDbType.VarChar, 50);
    email.Value = strEmail;
    myCmd.Parameters.Add(email);
    //添加参数（用户详细地址）
    SqlParameter address = new SqlParameter("@Address", SqlDbType.VarChar, 200);
    address.Value = strAddress;
    myCmd.Parameters.Add(address);
    //添加参数（邮编）
    SqlParameter postCode = new SqlParameter("@PostCode", SqlDbType.Char, 10);
    postCode.Value = strPostCode;
    myCmd.Parameters.Add(postCode);
    //添加参数（用户的 ID 代号）
    SqlParameter memberId =new SqlParameter("@MemberId", SqlDbType.Int, 4);
    memberId.Value = IntMemberID;
    myCmd.Parameters.Add(memberId);
    //调用 DBClass 类的 ExecNonQuery 方法执行 SQL 语句，并返回受影响的行数
    dbObj.ExecNonQuery(myCmd);
}
```

> **注意**
>
> ① 在编写 UserClass 类之前，需要引入命名空间 System.Data.SqlClient，以便使用该命名空间中包含的类。引用该命名空间的代码为 using System.Data.SqlClient。
>
> ② 在编写 UserClass 类时，调用了 DBClass 类的方法对数据库进行相关的操作，因此，在编写 UserClass 类之前，还需要实例化一个 DBClass 类对象。代码如下：
>
>   DBClass dbObj = new DBClass();

5. GoodsClass 类

GoodsClass 类用于管理对商品信息的各种操作，主要包括 dlBind、DLDeplayGI 和 GetClass 方法，

下面分别进行介绍。

☑ dlBind(DataList dlName,DataTable dsTable)方法

dlBind 方法用于对 DataList 数据控件进行绑定。代码如下：

```
///<summary>
///对 DataList 控件进行绑定
///</summary>
///<param name="dlName">DataList 控件名</param>
///<param name="dsTable">数据集 DataSet 的表的集合</param>
public void dlBind(DataList dlName,DataTable dsTable)
{
    if (dsTable != null)
    {
        dlName.DataSource = dsTable.DefaultView;
        dlName.DataKeyField = dsTable.Columns[0].ToString();
        dlName.DataBind();
    }
}
```

☑ DLDeplayGI(int IntDeplay, DataList dlName, string TableName)方法

DLDeplayGI 方法用于从商品信息表 tb_BookInfo 中，查询符合条件的商品信息，并调用 dlBind 方法，将检索的商品信息绑定到 DataList 数据控件中。代码如下：

```
///<summary>
///在首页面中绑定商品信息
///</summary>
///<param name="IntDeplay">商品分类标志</param>
///<param name="dlName">绑定商品的 DataList 控件</param>
///<param name="TableName">数据集标志</param>
public void DLDeplayGI(int IntDeplay, DataList dlName, string TableName)
{
    //调用 DBClass 类的 GetCommandProc 方法执行存储过程，并返回一个 SqlCommand 类对象
    SqlCommand myCmd = dbObj.GetCommandProc("proc_DeplayGI");
    //添加参数
    SqlParameter Deplay = new SqlParameter("@Deplay", SqlDbType.Int, 4);
    Deplay.Value = IntDeplay;
    myCmd.Parameters.Add(Deplay);
    //调用 DBClass 类的 ExecNonQuery 方法执行 SQL 语句，并返回受影响的行数
    dbObj.ExecNonQuery(myCmd);
    //调用 DBClass 类的 GetDataSet 方法填充数据集，并返回该数据集的表的集合
    DataTable dsTable = dbObj.GetDataSet(myCmd, TableName);
    dlBind(dlName, dsTable);   //调用 dlBind 方法绑定数据控件 DataList
}
```

☑ GetClass(int IntClassID)方法

GetClass 方法用于从商品类别表 tb_Class 中查询指定类别号的商品类别名，并返回商品类别名。代码如下：

```
///<summary>
///获取商品类别名
///</summary>
///<param name="IntClassID">商品类别号</param>
///<returns>返回商品类别名</returns>
public string GetClass(int IntClassID)
{
    //调用 DBClass 类的 GetCommandProc 方法执行存储过程,并返回一个 SqlCommand 类对象
    SqlCommand myCmd = dbObj.GetCommandProc("proc_GCN");
    //添加参数
    SqlParameter classID = new SqlParameter("@ClassID", SqlDbType.Int, 4);
    classID.Value = IntClassID;
    myCmd.Parameters.Add(classID);
    //调用 DBClass 类的 ExecScalar 方法,执行 SQL 语句,并返回商品类别名
    return dbObj.ExecScalar(myCmd).ToString();
}
```

注意

① 在编写 GoodsClass 类之前,需要引入命名空间 System.Data.SqlClient,以便使用该命名空间中包含的类。引用该命名空间的代码为 using System.Data.SqlClient。

② 在编写 GoodsClass 类时,调用了 DBClass 类的方法对数据库进行相关的操作,因此,在编写 GoodsClass 类之前,还需要实例化一个 DBClass 类对象。代码如下:

```
DBClass dbObj = new DBClass();
```

6. OrderClass 类

OrderClass 类用于管理对购物订单信息的各种操作,主要包括 AddOrder、AddDetail 和 ExactOrderSearch 方法,下面分别进行介绍。

☑ AddOrder 方法

AddOrder 方法用于向订单信息表 tb_OrderInfo 中插入订单信息,并返回订单号。代码如下:

```
///<summary>
///向订单信息表中添加信息
///</summary>
///<param name="fltBooksFee">商品总费用</param>
///<param name="fltShipFee">运输总费用</param>
///<param name="strShipType">运输方式</param>
///<param name="strName">接收人姓名</param>
///<param name="strPhone">接收人电话</param>
///<param name="cPostCode">接收人邮编</param>
///<param name="strAddress">接收人详细地址</param>
///<param name="strEmail">接收人 E-mail</param>
///<returns>返回订单号</returns>
public int AddOrder(float fltBooksFee,float fltShipFee,string strShipType,string strName,string strPhone,string
```

```csharp
strPostCode,string strAddress,string strEmail)
{
    //调用 DBClass 类的 GetCommandProc 方法执行存储过程，并返回一个 SqlCommand 类对象
    SqlCommand myCmd = dbObj.GetCommandProc("proc_AddOI");
    //添加参数（商品总费用）
    SqlParameter booksFee = new SqlParameter("@BooksFee", SqlDbType.Float ,8);
    booksFee.Value = fltBooksFee;
    myCmd.Parameters.Add(booksFee);
    //添加参数（运输总费用）
    SqlParameter shipFee = new SqlParameter("@ShipFee", SqlDbType.Float, 8);
    shipFee.Value = fltShipFee;
    myCmd.Parameters.Add(shipFee);
    //添加参数（运输方式）
    SqlParameter shipType = new SqlParameter("@ShipType", SqlDbType.VarChar, 50);
    shipType.Value = strShipType;
    myCmd.Parameters.Add(shipType);
    //添加参数（接收人姓名）
    SqlParameter name = new SqlParameter("@Name", SqlDbType.VarChar, 50);
    name.Value = strName;
    myCmd.Parameters.Add(name);
    //添加参数（接收人电话）
    SqlParameter phone = new SqlParameter("@Phone", SqlDbType.VarChar, 20);
    phone.Value = strPhone;
    myCmd.Parameters.Add(phone);
    //添加参数（接收人邮编）
    SqlParameter postCode = new SqlParameter("@PostCode", SqlDbType.Char, 10);
    postCode.Value = strPostCode;
    myCmd.Parameters.Add(postCode);
    //添加参数（接收人详细地址）
    SqlParameter address = new SqlParameter("@Address", SqlDbType.VarChar, 200);
    address.Value = strAddress;
    myCmd.Parameters.Add(address);
    //添加参数（接收人 E-mail）
    SqlParameter email = new SqlParameter("@Email", SqlDbType.VarChar, 50);
    email.Value = strEmail;
    myCmd.Parameters.Add(email);
    //添加参数（输出订单号）
    SqlParameter orderID = myCmd.Parameters.Add("@OrderID", SqlDbType.Int, 4);
    orderID.Direction = ParameterDirection.Output;
    //调用 DBClass 类的 ExecNonQuery 方法执行 SQL 语句，并返回受影响的行数
    dbObj.ExecNonQuery(myCmd);
    //返回订单号
    return Convert.ToInt32(orderID.Value.ToString());
}
```

☑ AddDetail 方法

AddDetail 方法用于向订单明细表 tb_Detail 中插入订单中商品的详细信息。代码如下：

```
///<summary>
///向订单明细表中添加信息
///</summary>
///<param name="IntBookID">书籍编号</param>
///<param name="IntNum">数量</param>
///<param name="IntOrderID">订单号</param>
///<param name="fltTotailPrice">总价</param>
///<param name="strRemark">备注</param>
public void AddDetail(int IntBookID,int IntNum,int IntOrderID,float fltTotailPrice,string strRemark)
{
    //调用 DBClass 类的 GetCommandProc 方法执行存储过程,并返回一个 SqlCommand 类对象
    SqlCommand myCmd = dbObj.GetCommandProc("proc_AddODetail");
    //添加参数(书籍编号)
    SqlParameter bookID = new SqlParameter("@BookID", SqlDbType.Int, 4);
    bookID.Value = IntBookID;
    myCmd.Parameters.Add(bookID);
    //添加参数(数量)
    SqlParameter num = new SqlParameter("@Num", SqlDbType.Int, 4);
    num.Value = IntNum;
    myCmd.Parameters.Add(num);
    //添加参数(订单号)
    SqlParameter orderID = new SqlParameter("@OrderID", SqlDbType.Int, 4);
    orderID.Value = IntOrderID;
    myCmd.Parameters.Add(orderID);
    //添加参数(总价)
    SqlParameter totailPrice = new SqlParameter("@TotailPrice", SqlDbType.Float, 8);
    totailPrice.Value = fltTotailPrice;
    myCmd.Parameters.Add(totailPrice);
    //添加参数(备注)
    SqlParameter remark = new SqlParameter("@Remark", SqlDbType.VarChar,200);
    remark.Value = strRemark;
    myCmd.Parameters.Add(remark);
    //调用 DBClass 类的 ExecNonQuery 方法执行 SQL 语句,并返回受影响的行数
    dbObj.ExecNonQuery(myCmd);
}
```

☑ ExactOrderSearch 方法

ExactOrderSearch 方法用于从订单信息表 tb_OrderInfo 中详细查找订单信息,并调用 DBClass 类的 GetDataSet 方法获取数据集的表的集合。代码如下:

```
///<summary>
///详细查询订单信息
///</summary>
///<param name="IntOrderID">订单号</param>
///<param name="IntNF">标志是否填写收货人的姓名</param>
///<param name="strName">收货人的姓名</param>
///<param name="IntIsConfirm">是否确认</param>
```

```csharp
///<param name="IntIsSend">是否发货</param>
///<param name="IntIsEnd">是否归档</param>
///<returns>返回数据源表 DataTable</returns>
public DataTable ExactOrderSearch(int IntOrderID,int IntNF,string strName,int IntIsConfirm,int IntIsSend,int IntIsEnd)
{
    //调用 DBClass 类的 GetCommandProc 方法执行存储过程,并返回一个 SqlCommand 类对象
    SqlCommand myCmd = dbObj.GetCommandProc("Proc_SearchOI");
    //添加参数(订单号)
    SqlParameter orderId = new SqlParameter("@OrderID", SqlDbType.Int, 4);
    orderId.Value = IntOrderID;
    myCmd.Parameters.Add(orderId);
    //添加参数(标志是否填写收货人的姓名)
    SqlParameter nf = new SqlParameter("@NF", SqlDbType.Int, 4);
    nf.Value = IntNF;
    myCmd.Parameters.Add(nf);
    //添加参数(收货人的姓名)
    SqlParameter name = new SqlParameter("@Name", SqlDbType.VarChar, 50);
    name.Value = strName;
    myCmd.Parameters.Add(name);
    //添加参数(是否确认)
    SqlParameter confirm = new SqlParameter("@IsConfirm", SqlDbType.Int, 4);
    confirm.Value = IntIsConfirm;
    myCmd.Parameters.Add(confirm);
    //添加参数(是否发货)
    SqlParameter send = new SqlParameter("@IsSend", SqlDbType.Int, 4);
    send.Value = IntIsSend;
    myCmd.Parameters.Add(send);
    //添加参数(是否归档)
    SqlParameter end = new SqlParameter("@IsEnd", SqlDbType.Int, 4);
    end.Value = IntIsEnd;
    myCmd.Parameters.Add(end);
    //调用 DBClass 类的 ExecNonQuery 方法执行 SQL 语句,并返回受影响的行数
    dbObj.ExecNonQuery(myCmd);
    //调用 DBClass 类的 GetDataSet 方法填充查询的 SQL 语句,并返回数据集的表的集合
    DataTable dsTable = dbObj.GetDataSet(myCmd, "tbOI");
    return dsTable;
}
```

注意

① 在编写 OrderClass 类之前,需要引入命名空间 System.Data.SqlClient,以便使用该命名空间中包含的类。引用该命名空间的代码为 using System.Data.SqlClient。

② 在编写 OrderClass 类时,调用了 DBClass 类的方法对数据库进行相关操作,因此在编写 OrderClass 类之前,还需要实例化一个 DBClass 类对象。代码如下:

```csharp
DBClass dbObj = new DBClass();
```

31.6 网站前台主要功能模块设计

31.6.1 网站前台功能结构图

B2C 电子商务网站前台功能结构如图 31.14 所示。

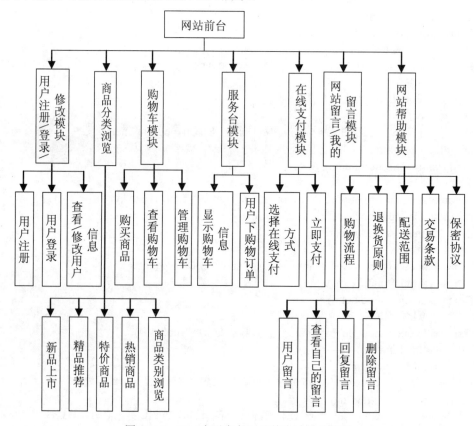

图 31.14　B2C 电子商务网站前台功能结构图

31.6.2 母版页

技术：母版页的应用

在设计前台用户功能模块时，采用了母版页技术，用来封装前台每个页面的页头、页尾、分类导航条和用户登录，母版页的页面布局如图 31.5 所示。在图 31.5 中，母版页的页头、页尾、用户登录和分类导航条都是由用户控件实现的，下面分别进行介绍。

1. 页头用户控件设计

技术：用户控件的设计

母版页中页头用户控件的界面设计如图 31.15 所示，用来实现站内导航功能。

图 31.15　页头用户控件界面设计

1）前台页面设计

首先，将一个表格（Table）控件置于用户控件（menu.ascx）中，为整个页面进行布局。

然后，从"工具箱"/"标准"选项卡中拖放 3 个 LinkButton 按钮和 5 个 HyperLink 控件置于表格中，并在各个控件上右击，打开属性面板，设置控件的属性。各个控件的属性设置及用途如表 31.11 所示。

表 31.11　menu.ascx 中各个控件的属性设置及用途

控件类型	控件名称	主要属性设置	用途
标准/LinkButton 控件	lnkbtnfeedback	Text 属性设置为"网站留言"	执行导航功能，跳转到"网站留言"页
	lnkbtnMyWord	Text 属性设置为"我的留言"	执行导航功能，跳转到"我的留言"页
	lnkbtnOut	Text 属性设置为"退出登录"	执行退出功能
标准/HyperLink 控件	HyperLink1	NavigateUrl 属性设置为"~/Default.aspx" Font-Underline 属性设置为 false Text 属性设置为"首页"	用于显示导航条的"首页"
	HyperLink2	NavigateUrl 属性设置为 "~/goodsList.aspx?var=1&&id=1" Font-Underline 属性设置为 false Text 属性设置为"新品上市"	用于显示导航条的"新品上市"
	HyperLink3	NavigateUrl 属性设置为 "~/goodsList.aspx?id=2&&var=1" Font-Underline 属性设置为 false Text 属性设置为"精品推荐"	用于显示导航条的"精品推荐"
	HyperLink4	NavigateUrl 属性设置为 "~/goodsList.aspx?id=3&&var=1" Font-Underline 属性设置为 false Text 属性设置为"特价商品"	用于显示导航条的"特价商品"
	HyperLink5	NavigateUrl 属性设置为 "~/goodsList.aspx?id=4&&var=1" Font-Underline 属性设置为 false Text 属性设置为"热销商品"	用于显示导航条的"热销商品"

最后，将页面切换到源代码中，添加 5 个 <a></a> 超链接，并设计其相关的属性，实现"购物车"、"购物流程"、"联系客服"、"设置主页"和"收藏本站"导航功能。源代码如下：

```html
<a href="shopCart.aspx" style=" color:Black; font-size: 9pt; font-family: 宋体; text-decoration :none;"><font color =black>购物车</font></a>
    |<a href="buyFlow.aspx" style=" color:Black; font-size: 9pt; font-family: 宋体; text-decoration :none;"><font color =black>购物流程</font></a>
<a href="mailto:mingrisoft@mingrisoft.com" style=" color:Black; font-size: 9pt; font-family: 宋体; text-decoration :none;">联系客服</a>
    |<a href="#" style=" color:Black; font-size: 9pt; font-family: 宋体;  text-decoration :none;" onclick ="this.style.behavior='url(#default#homepage)';this.sethomepage('hppt://www.mingrisoft.com')">设置主页</a>
    |<a  href="#"  onclick="window.external.addFavorite('http://www.mingrisoft.com','吉林省明日科技');"><font color="white" style=" color:Black; font-size: 9pt; font-family: 宋体;  text-decoration :none;">收藏本站</font></a>
```

2）后台功能代码

在编辑器页（menu.ascx.cs）中编写代码前，首先需要定义一个 CommonClass 类对象，以便在编写代码时调用该类中的方法。代码如下：

```csharp
CommonClass ccObj = new CommonClass();
```

程序主要代码如下。

（1）在本网站中，留言功能只对登录用户开放。当用户需要留言时，可以单击"网站留言"超链接，在该超链接的 Click 事件下，首先需要判断该用户是否登录，如果已登录，则跳转到网站留言页（feedback.aspx）。代码如下：

```csharp
protected void lnkbtnfeedback_Click(object sender, EventArgs e)
{
        if (Session["UserName"] == null)
        {
            Response.Write(ccObj.MessageBox("您还没有登录！", "Default.aspx"));
        }
        else
        {
            Response.Redirect("feedback.aspx");
        }
}
```

（2）在本网站中，只有登录用户才可以查看自己的留言。当用户单击"我的留言"超链接时，在该超链接的 Click 事件下，首先需要判断该用户是否登录，如果已登录，则跳转到我的留言页（MyWord.aspx）。代码如下：

```csharp
protected void lnkbtnMyWord_Click(object sender, EventArgs e)
{
    if (Session["UserName"] == null)
    {
        Response.Write(ccObj.MessageBox("您还没有登录！", "Default.aspx"));
    }
    else
    {
        Response.Redirect("MyWord.aspx");
    }
}
```

（3）单击"退出登录"超链接可以退出本网站，在该按钮的 Click 事件下，清空 Session ["UserName"] 和 Session["UserID"]对象。代码如下：

```
protected void lnkbtnOut_Click(object sender, EventArgs e)
{
        if (Session["UserName"] != null)
        {
            Session["UserID"] = null ; //用户的 ID 代号
            Session["Username"] = null ;//用户登录名
            Response.Write(ccObj.MessageBox("谢谢您的光顾！", "Default.aspx"));
        }
}
```

2．页尾用户控件设计

> 技术：用户控件的设计

母版页中页尾用户控件的界面设计如图 31.16 所示，用来显示版权归属、站内帮助导航和后台入口。

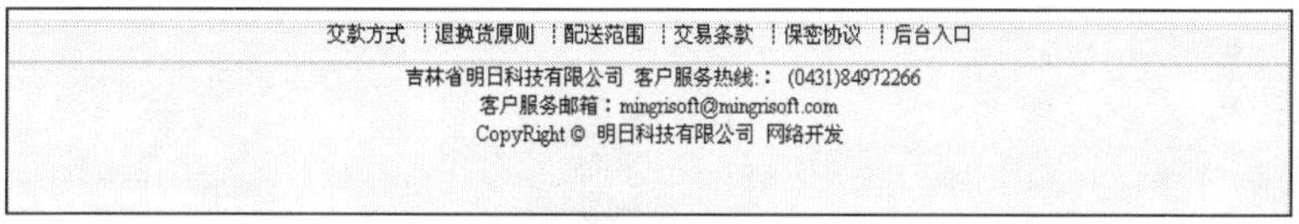

图 31.16　页尾用户控件界面设计

页尾用户控件实现的功能是由前台完成的，其页面设计的具体步骤如下。

首先，将一个表格（Table）控件置于用户控件（bottom.ascx）中，为整个页面进行布局。

然后，将页面切换到源代码中，添加 6 个<a></a>超链接，并设计其相关的属性，实现"交款方式"、"退换货原则"、"配送范围"、"交易条款"、"保密协议"和"后台入口"导航功能。源代码如下：

```
<A href="helpCenter.aspx?TextName=jkfs" style="font-size: 9pt;text-decoration:none; color: black;">交款方式</A>
<A href="helpCenter.aspx?TextName=thhyz" style="font-size: 9pt;text-decoration:none; color: black;">退换货原则</A>
<A href="helpCenter.aspx?TextName=psfw" style="font-size: 9pt;text-decoration:none;color: black;">配送范围</A>
<A href="helpCenter.aspx?TextName=jytk" style="font-size: 9pt;text-decoration:none; color: black;">交易条款</A>
<A href="helpCenter.aspx?TextName=bmxy" style="font-size: 9pt;text-decoration:none; color: black;">保密协议</A>
<a onclick ="javascript:window.open('Manage/Login.aspx','650','450','1','1')" ><font color =black>后台入口</font></a>
```

3．分类导航条

> 数据表：tb_Class、tb_BookInfo　　　技术：DataList控件的应用、用户控件的设计

母版页中分类导航条的页面设计如图 31.17 所示，该用户控件包括两部分，即商品分类显示面板和新品上市滚动面板。

1）前台页面设计

首先，将一个表格（Table）控件置于用户控件（navigate.ascx）中，为整个页面进行布局。

其次，从"工具箱"选项卡中拖放 2 个 DataList 控件，将其 ID 属性值分别设置为 dlClass 和 dlNewGoods，用于显示商品类别名和新上市商品。

最后，为这两个 DataList 控件绑定字段。

（1）为显示商品类别名的 DataList 控件绑定"图像"和"商品类别名"字段，实现的具体步骤如下。

① 单击 DataList 控件右上角的▶按钮，打开 DataList 任务列表。

② 选择 DataList 任务列表中的"编辑模板"选项，在弹出的窗口中选择 ItemTemplate 模板编辑模式。

③ 在该编辑模式下，添加一个 1 行 2 列的 Table 控件，然后在该表格控件中添加一个 Image 控件和一个 LinkButton 控件，其设计结果如图 31.18 所示。

图 31.17　导航条用户控件页面布局　　　　图 31.18　为 DataList 控件设计模板项

④ 右击 Image 控件，打开属性面板，将其 ID 属性设置为 imageIcon。然后在 Image 控件上右击，在弹出的快捷菜单中选择"编辑 DataBindings"命令，将会弹出如图 31.19 所示的对话框。在其中选择 Image 控件的 ImageUrl 属性，在"代码表达式"文本框中输入代码"DataBinder.Eval(Container.DataItem, "CategoryUrl")"，用于绑定商品类别图像字段。

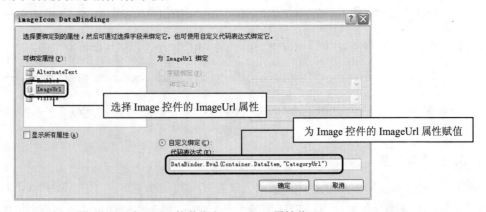

图 31.19　为 Image 控件绑定 ImageUrl 属性值

⑤ 右击 LinkButton 控件，打开属性面板，将其 ID 属性设置为 lnkbtnClass、CommandName 属性设置为 select、CauseValidation 属性设置为 false。然后在 LinkButton 控件上右击，在弹出的快捷菜单中选择"编辑 DataBindings"命令，将会弹出如图 31.20 所示的对话框。在其中选择 LinkButton 控件的 CommandArgument 参数，在"代码表达式"文本框中输入代码"DataBinder.Eval(Container.DataItem, "ClassID")"，将 CommandArgument 参数值设置为商品类别号。

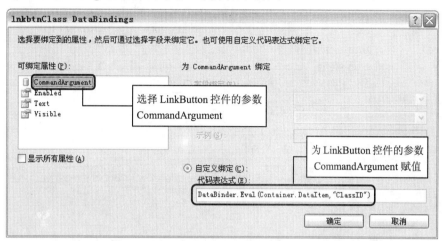

图 31.20　为 LinkButton 控件绑定 CommandArgument 参数值

相应的 HTML 代码如下：

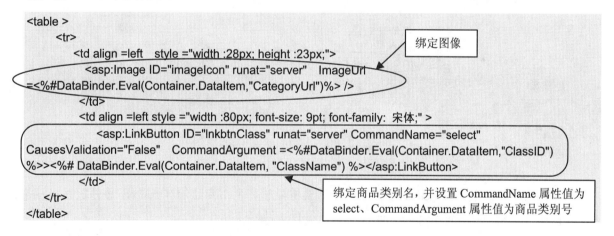

（2）为显示新上市商品的 DataList 控件绑定"图像"、"类别名"、"书名"、"作者"和"出版社"，实现的具体步骤如下。

① 单击 DataList 控件右上角的▶按钮，打开 DataList 任务列表。

② 选择 DataList 任务列表中的"编辑模板"选项，在弹出的窗口中选择 ItemTemplate 模板编辑模式。

③ 在该编辑模式下，添加一个 Table 控件，然后将页面切换到 HTML 源码中，将如下代码添加到 Table 表格中。

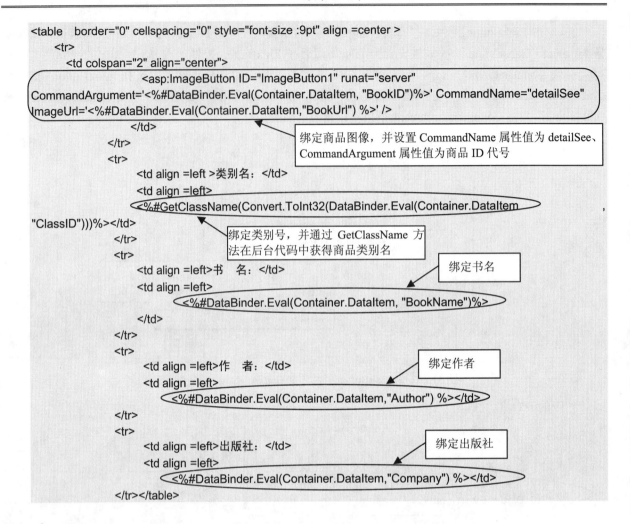

 说明

编辑 DataList 控件模块项的具体步骤可参见本书第 10 章。

（3）为了能够滚动显示新上市的商品，需要将显示新上市商品的 DataList 控件放在<marquee></marquee>节点之间。<marquee></marquee>节点的代码如下：

```
<marquee direction="up" onmouseout="this.start()" onmouseover="this.stop()" scrollAmount="2" scrollDelay="7" style="width: 220px; height: 262px" >
</marquee>
```

2）后台功能代码

在编辑器页（navigate.ascx.cs）中编写代码前，首先需要定义类对象 GoodsClass，以便在编写代码时调用该类中的方法。代码如下：

```
GoodsClass gcObj = new GoodsClass();
```

程序主要代码如下。

（1）在 Page_Load 事件中，调用 GoodsClass 类的 DLClassBind 和 DLNewGoods 方法，显示商品类别名和新上市的商品，代码如下：

```csharp
protected void Page_Load(object sender, EventArgs e)
{
    if (!IsPostBack)
    {
        gcObj.DLClassBind(this.dlClass);              //显示商品类别名
        gcObj.DLNewGoods(this.dlNewGoods);            //显示新上市的商品
    }
}
```

（2）在显示新上市商品的 DataList 控件中，为了通过绑定类别号获取商品类别名，在 DataList 控件中将 Public 类型的 GetClassName 方法绑在了"类别名"字段中。GetClassName 方法的代码如下：

```csharp
public string GetClassName(int IntClassID)
{
    return gcObj.GetClass(IntClassID);
}
```

（3）在 dlClass 控件（用于显示商品类别）的 ItemCommand 事件下编写一段代码，实现当用户单击商品的类别名按钮时，跳转到商品浏览页，查看该类别下的所有商品，同时传递商品类别号。代码如下：

```csharp
protected void dlClass_ItemCommand(object source, DataListCommandEventArgs e)
{
    if (e.CommandName == "select")
    {
        Response.Redirect("goodsList.aspx?id="+e.CommandArgument);
    }
}
```

（4）在 dlNewGoods 控件（用于显示新上市商品）的 ItemCommand 事件下编写一段代码，实现当用户单击商品图像按钮时，跳转到商品详细信息页，查看该商品的详细信息，同时传递商品 ID 代号。代码如下：

```csharp
protected void dlNewGoods_ItemCommand(object source, DataListCommandEventArgs e)
{
    if (e.CommandName == "detailSee")
    {
        Session["address"] = "";
        Session["address"] = "Default.aspx";
        Response.Redirect("~/showInfo.aspx?id=" + Convert.ToInt32(e.CommandArgument.ToString()));
    }
}
```

4．用户登录

☝ 数据表：tb_Member　　　技术：用户控件的设计

母版页中用户登录模块的页面设计如图 31.21 所示，该用户控件包括两部分，即用户登录面板和用户欢迎面板。

图 31.21　用户登录面板和用户欢迎面板页面设计

1）前台页面设计

首先，在用户控件（LoadingControl.ascx）中添加两个表格（Table）控件，将其 ID 属性值分别设置为 tabLoading 和 tabLoad，用于封装用户登录面板和用户欢迎面板。

然后，在封装用户登录面板的表格控件中添加 1 个 Table 控件、1 个 Label 控件、3 个 TextBox 控件和 2 个 Button 控件，各个控件的属性设置及用途如表 31.12 所示。

表 31.12　在封装用户登录面板的表格控件中添加的控件的属性设置及用途

控件类型	控件名称	主要属性设置	用　　途
标准/Table 控件	table1	Style 属性设置为"width:178px; height: 90px; font-size: 9pt; font-family: 宋体;"	用于布局用户登录面板
标准/TextBox 控件	txtName	TextMode 属性设置为 SingleLine	输入会员名
	txtPassword	TextMode 属性设置为 Password	输入密码
	txtValid	TextMode 属性设置为 SingleLine	输入验证码
标准/Label 控件	labValid	Text 属性设置为 8888	用于显示随机验证码
标准/Button 控件	btnLoad	Text 属性设置为"登录" CausesValidation 属性设置为 false	执行登录功能
	btnRegister	Text 属性设置为"注册" CausesValidation 属性设置为 false	执行注册功能

最后，在封装用户欢迎面板的表格控件中，添加 1 个 Table 控件、1 个 HyperLink 控件和 1 个 LinkButton 控件，各个控件的属性设置及用途如表 31.13 所示。

表 31.13　在封装用户欢迎面板的表格控件中添加的控件的属性设置及用途

控件类型	控件名称	主要属性设置	用　　途
标准/Table 控件	table2	Style 属性设置为"width: 178px; height: 50px; font-size: 9pt; font-family: 宋体;"	用于布局用户欢迎面板

续表

控件类型	控件名称	主要属性设置	用途
标准/HyperLink 控件	HpLinkUser	Text 属性设置为"更新信息" NavigateUrl 属性设置为"~/UpdateMember.aspx"	用于链接更新信息页
标准/LinkButton 控件	lnkbtnOut	Text 属性设置为"安全退出"	执行安全退出功能

2）后台功能代码

在编辑器页（LoadingControl.ascx.cs）中编写代码前，首先需要定义类对象 CommonClass 和 UserClass，以便在编写代码时调用该类中的方法。代码如下：

```
CommonClass ccObj = new CommonClass();
UserClass ucObj = new UserClass();
```

程序主要代码如下。

（1）在 Page_Load 事件中，首先调用 CommonClass 类的 RandomNum 方法显示随机验证码，然后判断用户是否登录，如果已登录，则显示用户欢迎面板，隐藏用户登录面板。代码如下：

```
protected void Page_Load(object sender, EventArgs e)
{
    if (!IsPostBack)
    {
        this.labValid.Text = ccObj.RandomNum(4);        //产生随机验证码
        if (Session["UserID"] != null)
        {
            //判断用户是否登录
            this.tabLoad.Visible = true;                //显示用户欢迎面板
            this.tabLoading.Visible =false ;            //隐藏用户登录面板
        }
    }
}
```

（2）当用户单击"登录"按钮时，将会触发该按钮的 Click 事件，在该事件下调用 UserClass 类的 UserLogin 方法判断用户是否为合法用户。如果是合法用户，则跳转到当前请求的页；否则，弹出对话框，提示用户重新输入。代码如下：

```
protected void btnLoad_Click(object sender, EventArgs e)
{
    //清空 Session 对象
    Session["UserID"] = null ;
    Session["Username"] = null ;
    if (this.txtName.Text.Trim() == "" || this.txtPassword.Text.Trim () == "")
    {
        Response.Write(ccObj.MessageBoxPage("登录名和密码不能为空！"));
    }
    else
    {
        if (this.txtValid.Text.Trim() == this.labValid.Text.Trim())
```

```
        {
            //调用 UserClass 类的 UserLogin 方法判断用户是否为合法用户
            DataTable dsTable = ucObj.UserLogin(this.txtName.Text.Trim(), this.txtPassword.Text.Trim());
            if (dsTable.Rows.Count > 0) //判断用户是否存在
            {
                Session["UserID"] = Convert.ToInt32(dsTable.Rows[0][0].ToString());   //保存用户 ID
                Session["Username"] = dsTable.Rows[0][1].ToString();              //保存用户登录名
                Response.Redirect(Request.CurrentExecutionFilePath);              //跳转到当前请求的虚拟路径
            }
            else
            {
                Response.Write(ccObj.MessageBoxPage("您的登录有误,请核对后再重新登录!"));
            }
        }
        else
        {
            Response.Write(ccObj.MessageBoxPage("请正确输入验证码!"));
        }
    }
}
```

注意

由于用户登录可以发生在很多页面中,所以登录之后切换的页面不能是指定页,而是当前页。Request.CurrentExecutionFilePath 就是获得当前页面的路径。

(3)当用户单击"注册"按钮时,将会跳转到用户注册页(Register.aspx)。"注册"按钮的 Click 事件代码如下:

```
protected void btnRegister_Click(object sender, EventArgs e)
{
    Response.Redirect("Register.aspx");
}
```

(4)登录本网站的用户,可以单击"安全退出"超链接退出本网站。"安全退出"超链接的 Click 事件代码如下:

```
protected void lnkbtnOut_Click(object sender, EventArgs e)
{
    //清空 Session 对象
    Session["UserID"] = null;
    Session["UserName"] = null;
    this.tabLoad.Visible = false;      //隐藏用户欢迎面板
    this.tabLoading.Visible = true;    //显示用户登录面板
    Response.Write(ccObj.MessageBox("谢谢您的惠顾! ","Default.aspx"));
}
```

31.6.3　网站前台首页

👆　数据表：tb_BookInfo

技术：数据表信息的检索、DataList控件的应用、哈希表和Session对象的使用

网站前台首页的主要功能是使用户能够浏览该网站的所有商品，并根据自己的意愿购买所需商品。网站前台首页的运行结果如图 31.22 所示。

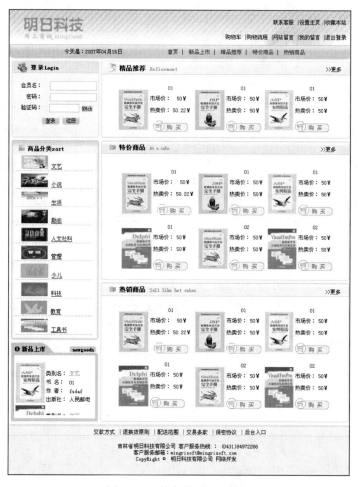

图 31.22　前台首页运行结果

1．前台页面设计

网站前台首页（Default.aspx）是母版页的内容页，其设计的具体步骤如下。

首先，将一个表格（Table）控件置于 Default.aspx 页中，为整个页面进行布局。

然后，从"工具箱"选项卡中拖放 3 个 HyperLink 控件和 3 个 DataList 控件置于表格中，并在各个控件上右击，打开属性面板，设置控件的属性。各个控件的属性设置及用途如表 31.14 所示。

表 31.14 Default.aspx 中各个控件的属性设置及用途

控件类型	控件名称	主要属性设置	用　　途
标准/HyperLink 控件	HyperLink1	ImageUrl 属性设置为 "~/images/more.gif" NavigateUrl 属性设置为 "~/goodsList.aspx?id=2&&var=1" Font-Underline 属性设置为 false	导航到商品浏览页（goodsList.aspx），显示更多的"精品推荐"
	HyperLink2	ImageUrl 属性设置为 "~/images/more.gif" NavigateUrl 属性设置为 "~/goodsList.aspx?id=3&&var=1" Font-Underline 属性设置为 false	导航到商品浏览页（goodsList.aspx），显示更多的"特价商品"
	HyperLink3	ImageUrl 属性设置为 "~/images/more.gif" NavigateUrl 属性设置为 "~/goodsList.aspx?id=3&&var=1" Font-Underline 属性设置为 false	导航到商品浏览页（goodsList.aspx），显示更多的"热销商品"
标准/DataList 控件	dlRefine	RepeatColumns 属性设置为 2 RepeatDirection 属性设置为 Horizontal	显示"精品推荐"
	dlDiscount	RepeatColumns 属性设置为 2 RepeatDirection 属性设置为 Horizontal	显示"特价商品"
	dlHot	RepeatColumns 属性设置为 2 RepeatDirection 属性设置为 Horizontal	显示"热销商品"

最后，分别为显示"精品推荐"、"特价商品"和"热销商品"的 DataList 控件绑定商品信息，由于为 DataList 控件绑定的商品字段相同，在此只给出绑定"精品推荐"的 DataList 控件的具体步骤：

（1）单击 DataList 控件右上角的▶按钮，打开 DataList 任务列表。

（2）选择 DataList 任务列表中的"编辑模板"选项，在弹出的窗口中选择 ItemTemplate 模板编辑模式。

（3）在该编辑模式下，添加一个表格（Table）控件，并从"工具箱"/"标准"选项卡中拖放一个 Image 控件、一个 LinkButton 控件和一个 ImageButton 控件置于该表格中。

（4）将页面切换到 HTML 源码中，在 DataList 控件中绑定"商品图像"、"商品名"、"市场价"、"热卖价"和执行购物功能图标。源代码如下：

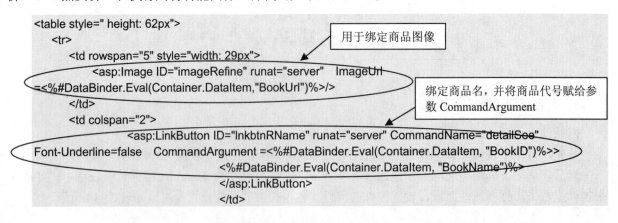

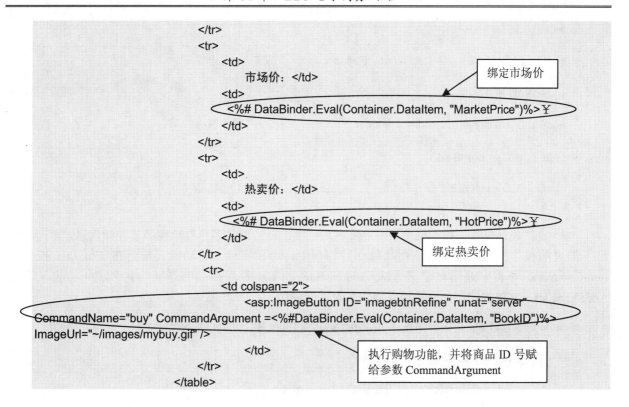

2. 后台功能代码

在编辑器页（Default.aspx.cs）中编写代码前，首先需要定义 CommonClass 类对象和 GoodsClass 类对象，以便在编写代码时调用该类中的方法。代码如下：

```
CommonClass ccObj = new CommonClass();
GoodsClass gcObj = new GoodsClass();
```

程序主要代码如下。

（1）在 Page_Load 事件中，首先调用自定义方法 RefineBind、HotBind 和 DiscountBind，分别用于显示"精品推荐"、"热销商品"和"特价商品"。代码如下：

```
protected void Page_Load(object sender, EventArgs e)
{
        if (!IsPostBack)
        {
            RefineBind();
            HotBind();
            DiscountBind();
        }
}
```

自定义方法 RefineBind、HotBind 和 DiscountBind 分别用于 GoodsClass 类的 DLDeplayGI 方法，绑定商品信息。代码如下：

```csharp
protected void RefineBind()
{
    gcObj.DLDeplayGI(1, this.dLRefine, "Refine");        //绑定"精品推荐"
}
protected void HotBind()
{
    gcObj.DLDeplayGI(3, this.dlHot, "Hot");              //绑定"热销商品"
}
protected void DiscountBind()
{
    gcObj.DLDeplayGI(2, this.dlDiscount, "Discount");    //绑定"特价商品"
}
```

（2）在"精品推荐"显示框中，用户可以通过单击任一商品名查看该商品的详细信息；单击该商品下的"购买"按钮，可以将该商品放在购物车中。为了实现上述功能，需要在 DataList 控件的 ItemCommand 事件中调用自定义方法 AddressBack，实现查看商品的详细信息；调用自定义方法 AddShopCart，实现将购买的商品放在购物车中。代码如下：

```csharp
protected void dLRefine_ItemCommand(object source, DataListCommandEventArgs e)
{
    if (e.CommandName == "detailSee")
    {
        AddressBack(e);         //查看商品的详细信息
    }
    else if (e.CommandName == "buy")
    {
        AddShopCart(e);         //将购买的商品放在购物车中
    }
}
```

自定义方法 AddressBack 实现的主要功能是跳转到商品详细信息页（showInfo.aspx）查看商品的详细信息。实现的具体步骤如下。

① 将当前页的地址放在 Session["address"]对象中，以便在商品详细信息页单击"返回"按钮时，返回到该页。

② 使用 Response 对象的 Redirect 方法实现跳转功能，并传递该商品的 ID 代码，代码如下：

```csharp
public void AddressBack(DataListCommandEventArgs e)
{
    Session["address"] = "";
    Session["address"] = "Default.aspx";
    Response.Redirect("~/showInfo.aspx?id=" + Convert.ToInt32(e.CommandArgument.ToString()));
}
```

自定义方法 AddShopCart 实现的主要功能是将用户新购买的商品添加到购物车中。在实现的过程中，首先判断用户是否已经有了购物车。如果没有购物车，则重新分配一个给用户；如果已经有了购物车，则判断该购物车中是否已经有该商品。如果有，则表示用户想多买一个，此时把这个商品的"值"，即数量加 1；如果没有，则新加一个（名，值）对。实现代码如下：

```csharp
///<summary>
///向购物车中添加新商品
///</summary>
///<param name="e">
///获取或设置可选参数
///该参数与关联的 CommandName 一起被传递到 Command 事件
///</param>
public void AddShopCart(DataListCommandEventArgs e)
{
    Hashtable hashCar;
    if (Session["ShopCart"] == null)
    {
        //如果用户没有分配购物车
        hashCar = new Hashtable();                          //新生成一个
        hashCar.Add(e.CommandArgument, 1);                  //添加一个商品
        Session["ShopCart"] = hashCar;                      //分配给用户
    }
    else
    {
        //用户已经有购物车
        hashCar = (Hashtable)Session["ShopCart"];           //得到购物车的 hash 表
        if (hashCar.Contains(e.CommandArgument))            //购物车中已有此商品，商品数量加 1
        {
            int count = Convert.ToInt32(hashCar[e.CommandArgument].ToString());//得到该商品的数量
            hashCar[e.CommandArgument] = (count + 1);//商品数量加 1
        }
        else
            hashCar.Add(e.CommandArgument, 1);              //如果没有此商品，则新添加一个项
    }
}
```

> **说明**
> "热销商品"和"特价商品"显示框中"查看商品的详细信息"和"将购买的商品添加到购物车"功能的实现过程，与在"精品推荐"中"查看商品的详细信息"和"将购买的商品添加到购物车"功能的实现过程相似，此处不再赘述。

31.6.4　商品浏览页

数据表：tb_BookInfo

技术：数据表信息检索、DataList控件的应用、分页技术的实现、哈希表和Session对象的使用

在网站前台首页中单击"精品推荐"、"热销商品"、"特价商品"显示框中的"更多"按钮或在商品分类导航条中单击"商品分类 sort"下的超链接，都可以进入商品浏览页面（goodsList.aspx）查看相关的商品。该页的运行结果如图 31.23 所示。

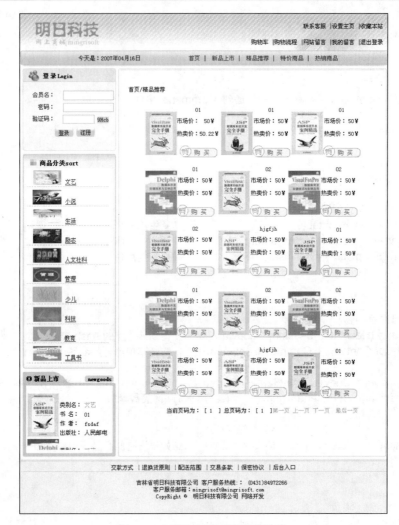

图 31.23　商品浏览页面运行结果

1．前台页面设计

商品浏览页面（goodsList.aspx）是母版页的内容页，设计的具体步骤如下。

首先，将一个表格（Table）控件置于 goodsList.aspx 页中，为整个页面进行布局。

然后，从"工具箱"选项卡中拖放 5 个 Label 控件、1 个 DataList 控件和 4 个 LinkButton 控件置于表格中，各个控件的属性设置及用途如表 31.15 所示。

表 31.15　goodsList.aspx 中各个控件的属性设置及用途

控件类型	控件名称	主要属性设置	用　　途
标准/Label 控件	labTitle	Text 属性设置为 Label	显示当前页浏览商品的位置
	labCP	Text 属性设置为"当前页码为："	显示"当前页码为："字样
	labPage	Text 属性设置为 1	显示当前页码
	labTP	Text 属性设置为"总页码为："	显示"总页码为："字样
	labBackPage	Text 属性设置为""	显示总页码

续表

控件类型	控件名称	主要属性设置	用途
标准/LinkButton 控件	lnkbtnOne	Text 属性设置为"第一页"	执行返回第一页功能
	lnkbtnUp	Text 属性设置为"上一页"	执行返回上一页功能
	lnkbtnNext	Text 属性设置为"下一页"	执行跳转到下一页功能
	lnkbtnBack	Text 属性设置为"最后一页"	执行跳转到最后一页功能
标准/DataList 控件	dlGoodsList	RepeatColumns 属性设置为 2 RepeatDirection 属性设置为 Horizontal	分类显示商品信息

最后，为 DataList 控件绑定商品信息。具体步骤如下。

（1）单击 DataList 控件右上角的▶按钮，打开 DataList 任务列表。

（2）选择 DataList 任务列表中的"编辑模板"选项，在弹出的窗口中选择 ItemTemplate 模板编辑模式。

（3）在该编辑模式下，添加一个 Table 控件，并从"工具箱"/"标准"选项卡中拖放一个 Image 控件、一个 LinkButton 控件和一个 ImageButton 控件，置于该表格中。

（4）将页面切换到 HTML 源码中，在 DataList 控件中绑定"商品图像"、"商品名"、"市场价"、"热卖价"和执行购物功能的图标。源代码如下：

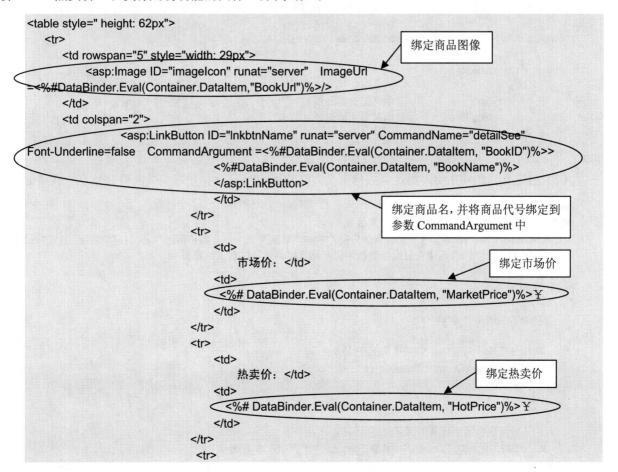

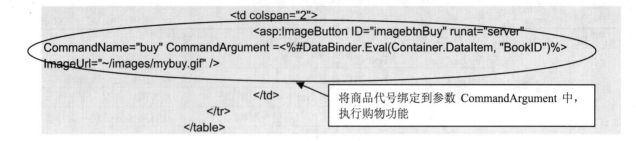

2. 后台功能代码

在编辑器页（goodsList.aspx.cs）中编写代码前，首先需要定义 CommonClass 类对象、GoodsClass 类对象和 DBClass 类对象，以便在编写代码时调用类中的方法。代码如下：

```
CommonClass ccObj = new CommonClass();
GoodsClass gcObj = new GoodsClass();
DBClass dbObj = new DBClass();
```

程序主要代码如下。

（1）在 Page_Load 事件中，首先调用自定义方法 dlBind 和 deplayTitle，分别用于显示浏览的商品信息和当前页所在位置。代码如下：

```
protected void Page_Load(object sender, EventArgs e)
{
    if (!IsPostBack)
    {
        dlBind();         //显示浏览的商品信息
        deplayTitle();    //显示当前页浏览商品的位置
    }
}
```

（2）自定义方法 dlBind，通过调用自定义方法 dlBindPage 分页显示相关的商品信息。代码如下：

```
///<summary>
///说明：dlBind 方法用于绑定相关的商品信息
///如果 Request["var"]的值为 1，表示单击头控件中的"新品上市"、"特价商品"和"热销商品"超链接时导航
///到该浏览页；否则，表示单击分类导航条中的商品类别名时导航到该浏览页
///</summary>
public void dlBind()
{
    if (this.Request["var"]=="1")
    {
        //分页显示新上市商品/特价商品/热销商品
        dlBindPage(Convert.ToInt32(Request["id"].ToString()), 0);
    }
    else
    {
        //分页显示某个商品类别下的商品信息
        dlBindPage(0, Convert.ToInt32(Request["id"].ToString()));
```

        }
}

自定义方法 dlBindPage 实现的主要功能是分页显示商品信息,实现该功能的具体步骤如下。
① 为存储过程中的参数赋值,并调用 DBClass 类的 ExecNonQurery 方法执行存储过程。
② 调用 DBClass 类的 GetDataSet 方法填充数据集,并返回该数据集的表的集合。
③ 将获取的数据信息绑定到 DataList 上,并通过 PagedDataSource 类对 DataList 控件实现分页功能。
代码如下:

```
public void dlBindPage(int IntDeplay,int IntClass)
{
        //调用 DBClass 类的 GetCommandProc 方法执行存储过程,并返回一个 SqlCommand 类对象
        SqlCommand myCmd = dbObj.GetCommandProc("proc_GIList");
        //添加参数(1:最新商品;2:精品推荐;3:特价商品;4:热销商品的代号)
        SqlParameter Deplay = new SqlParameter("@Deplay", SqlDbType.Int, 4);
        Deplay.Value = IntDeplay;
        myCmd.Parameters.Add(Deplay);
        //添加参数(商品类别号)
        SqlParameter Class = new SqlParameter("@ClassID", SqlDbType.Int, 4);
        Class.Value = IntClass;
        myCmd.Parameters.Add(Class);
        //调用 DBClass 类的 ExecNonQuery 方法执行 SQL 语句,并返回受影响的行数
        dbObj.ExecNonQuery(myCmd);
        //调用 DBClass 类的 GetDataSet 方法填充数据集,并返回该数据集的表的集合
        DataTable dsTable = dbObj.GetDataSet(myCmd, "tbGI");
        int curpage = Convert.ToInt32(this.labPage.Text);
        PagedDataSource ps = new PagedDataSource();
        ps.DataSource = dsTable.DefaultView;
        ps.AllowPaging = true;                          //是否可以分页
        ps.PageSize = 2;                                //显示的数量
        ps.CurrentPageIndex = curpage - 1;     //取得当前页的页码
        this.lnkbtnUp.Enabled = true;
        this.lnkbtnNext.Enabled = true;
        this.lnkbtnBack.Enabled = true;
        this.lnkbtnOne.Enabled = true;
        if (curpage == 1)
        {
            this.lnkbtnOne.Enabled = false;     //不显示"第一页"超链接
            this.lnkbtnUp.Enabled = false;      //不显示"上一页"超链接
        }
        if (curpage == ps.PageCount)
        {
            this.lnkbtnNext.Enabled = false;    //不显示"下一页"超链接
            this.lnkbtnBack.Enabled = false;    //不显示"最后一页"超链接
        }
        //绑定 DataList 控件
        this.labBackPage.Text = Convert.ToString(ps.PageCount);
        this.dLGoodsList.DataSource = ps;
        this.dLGoodsList.DataKeyField ="BookID";
```

```
            this.dLGoodsList.DataBind();
}
```

（3）自定义方法 deplayTitle，用于显示当前页浏览商品信息的位置。实现该功能的具体过程是：通过 Request["var"]对象的值，判断用户将要浏览哪类商品信息。如果用户浏览的商品信息为"新品上市/特价商品/热销商品"，则使用 switch 语句和 Request["id"]对象的值，在界面上将当前页浏览商品信息的位置显示出来；如果用户浏览的商品信息为某类商品信息，则调用 GoodsClass 类的 GetClass 方法获取商品名，并将当前页浏览商品信息的位置显示出来。

代码如下：

```
///<summary>
///说明：显示当前页浏览商品的位置
///</summary>
public void deplayTitle()
{
    if (this.Request["var"] == "1")
    {
        //如果 Request["var"]的值为 1，表示单击头控件中的"新品上市"、"特价商品"和"热销商品"超链
        //接时导航到该浏览页
        switch (this.Request["id"])
        {
            case "1":
                this.labTitle.Text="首页/新品上市";
                break;
            case "2":
                this.labTitle.Text = "首页/精品推荐";
                break;
            case "3":
                this.labTitle.Text = "首页/特价商品";
                break;
            case "4":
                this.labTitle.Text = "首页/热销商品";
                break;
        }
    }
    else
    {
        //表示单击分类导航条中的商品类别名时导航到该浏览页
        string strClassName = gcObj.GetClass(Convert.ToInt32(this.Request["id"].ToString()));
        this.labTitle.Text = "首页/商品分类/" + strClassName;
    }
}
```

（4）当用户单击用于操作分页的 LinkButton 控件时，程序根据当前页码执行指定操作。用于控制分页的 LinkButton 控件的 Click 事件代码如下：

```csharp
//第一页
protected void lnkbtnOne_Click(object sender, EventArgs e)
{
        this.labPage.Text = "1";
        this.dlBind();
}
//上一页
protected void lnkbtnUp_Click(object sender, EventArgs e)
{
        this.labPage.Text = Convert.ToString(Convert.ToInt32(this.labPage.Text) - 1);
        this.dlBind();
}
//下一页
protected void lnkbtnNext_Click(object sender, EventArgs e)
{
        this.labPage.Text = Convert.ToString(Convert.ToInt32(this.labPage.Text) + 1);
        this.dlBind();
}
//最后一页
protected void lnkbtnBack_Click(object sender, EventArgs e)
{
        this.labPage.Text = this.labBackPage.Text;
        this.dlBind();
}
```

> **说明**
> 在商品浏览页中，还设置了"查看商品的详细信息"和"将购买的商品添加到购物车"功能，由于这两个功能的实现过程与在网站前台首页的实现过程相同，此处不再赘述。

31.6.5 商品详细信息页

数据表：tb_BookInfo、tb_Class　　技术：数据表信息检索

用户在商品列表框中单击任一商品的名字，都可以进入商品详细信息页面（showInfo.aspx），查看商品的详细信息。该页的运行结果如图 31.24 所示。

1．前台页面设计

商品详细信息页（showInfo.aspx）是母版页的内容页，设计的具体步骤如下。

首先，将一个表格（Table）控件置于 showInfo.aspx 页中，为整个页面进行布局。然后，从"工具箱"/"标准"选项卡中拖放 7 个 TextBox 控件、1 个 ImageMap 控件、3 个 CheckBox 控件和 1 个 Button 控件置于表格中，各个控件的属性设置及用途如表 31.16 所示。

图 31.24　商品详细信息页面运行结果

表 31.16　showInfo.aspx 页面中各个控件的属性设置及用途

控件类型	控件名称	主要属性设置	用途
标准/TextBox 控件	txtCatagory	TextMode 属性设置为 SingleLine	显示商品类别名
	txtName	TextMode 属性设置为 SingleLine	显示书名称
	txtAuthor	TextMode 属性设置为 SingleLine	显示主编
	txtCompany	TextMode 属性设置为 SingleLine	显示出版社
	txtMarketPrice	TextMode 属性设置为 SingleLine	显示市场价格
	txtHotPrice	TextMode 属性设置为 SingleLine	显示热销价
	txtShortDesc	TextMode 属性设置为 MultiLine	显示商品描述
标准/CheckBox 控件	cbxCommend	Checked 属性设置为 true AutoPostBack 属性设置为 true	显示是否推荐
	cbxHot	Checked 属性设置为 true AutoPostBack 属性设置为 true	显示是否热销
	cbxDiscount	Checked 属性设置为 true AutoPostBack 属性设置为 true	显示是否打折
标准/ImageMap 控件	ImageMapPhoto	ImageUrl 属性设置为 ""	显示商品图像
标准/Button 控件	btnBack	Text 属性设置为 "返回"	执行返回操作

2．后台功能代码

在编辑器页（showInfo.aspx.cs）中编写代码前，首先需要定义 CommonClass、GoodsClass 和 DBClass 类对象，以便在编写代码时调用类中的方法。代码如下：

```
CommonClass ccObj = new CommonClass();
GoodsClass gcObj = new GoodsClass();
DBClass dbObj = new DBClass();
```

程序主要代码如下。

（1）在 Page_Load 事件中，调用自定义方法 GetGoodsInfo 将指定商品的详细信息显示出来，代码如下：

```
protected void Page_Load(object sender, EventArgs e)
{
    if (!IsPostBack)
    {
        GetGoodsInfo(); //显示商品的详细信息
    }
}
```

自定义方法 GetGoodsInfo，首先从数据库中获取指定的商品信息，然后将商品信息显示在界面上，代码如下：

```
public void GetGoodsInfo()
{
    //定义一个获取指定商品信息的 SQL 语句
    string strSql = "select * from tb_BookInfo where BookID=" + Convert.ToInt32(Request["id"].Trim());
    //调用 DBClass 类的 GetCommandStr 方法，指定执行的语句为 SQL 语句
    SqlCommand myCmd = dbObj.GetCommandStr(strSql);
    //调用 DBClass 类的 GetDataSetStr 方法填充数据集，并返回该数据集的表的集合
    DataTable dsTable = dbObj.GetDataSetStr(strSql, "tbBI");
    this.txtCategory.Text = gcObj.GetClass(Convert.ToInt32(dsTable.Rows[0]["ClassID"].ToString()));
                                                                            //显示商品类别名
    this.txtName.Text = dsTable.Rows[0]["BookName"].ToString();         //显示书名
    this.txtAuthor.Text = dsTable.Rows[0]["Author"].ToString();         //显示书的主编
    this.txtCompany.Text = dsTable.Rows[0]["Company"].ToString();       //显示书籍出版社
    this.txtMarketPrice.Text = dsTable.Rows[0]["MarketPrice"].ToString(); //显示市场价格
    this.txtHotPrice.Text = dsTable.Rows[0]["HotPrice"].ToString();     //显示热卖价
    this.ImageMapPhoto.ImageUrl = dsTable.Rows[0]["BookUrl"].ToString(); //显示商品图像
    this.cbxCommend.Checked = bool.Parse(dsTable.Rows[0]["Isrefinement"].ToString());  //是否推荐
    this.cbxHot.Checked = bool.Parse(dsTable.Rows[0]["IsHot"].ToString());             //是否热销
    this.cbxDiscount.Checked = bool.Parse(dsTable.Rows[0]["IsDiscount"].ToString());   //是否打折
    this.txtShortDesc.Text = dsTable.Rows[0]["BookIntroduce"].ToString();  //显示商品简介
}
```

（2）当用户单击"返回"按钮时，将触发该按钮的 Click 事件，在该事件下实现返回上一页功能。代码如下：

```
protected void btnBack_Click(object sender, EventArgs e)
{
    string strUrl = Session["address"].ToString();
    Response.Redirect(strUrl);
}
```

31.6.6　购物车管理页

技术：哈希表和Session对象的使用、GridView控件的应用

购物车功能的实现是本网站的关键，用于帮助用户完成商品的选购，并把商品交给服务台进行结算。它包括的功能有：

- ☑ 将商品添加到购物车。
- ☑ 浏览购物车。
- ☑ 编辑购物车中的商品数量。
- ☑ 删除购物车中的商品。
- ☑ 清空购物车。

其中，将商品添加到购物车功能，可以在网站的前后首页或商品的浏览页中通过单击"购物车"超链接实现。在购物车管理页（shopCart.aspx）中，将完成其他4个功能对购物车进行管理。购物车管理页（shopCart.aspx）的运行结果如图 31.25 所示。

图 31.25　购物车页面运行结果

1. 前台页面设计

购物车管理页（shopCart.aspx）是母版页的内容页，设计的具体步骤如下。

首先，将一个表格（Table）控件置于 shopCart.aspx 页中，为整个页面进行布局。

其次，从"工具箱"选项卡中拖放 2 个 Label 控件、1 个 GridView 控件和 4 个 LinkButton 控件，各个控件的属性设置及用途如表 31.17 所示。

表 31.17 shopCart.aspx 页面中各个控件的属性设置及用途

控 件 类 型	控 件 名 称	主要属性设置	用　　途
标准/Label 控件	labMessage	Visible 属性设置为 false	显示提示信息
	labTotalPrice	Text 属性设置为 0.00￥：	显示购物商品总价
标准/LinkButton 控件	lnkbtnUpdate	Text 属性设置为"更新购物车"	执行"更新购物车"操作
	lnkbtnClear	Text 属性设置为"清空购物车"	执行"清空购物车"操作
	lnkbtnContinue	Text 属性设置为"继续购物"	执行"继续购物"操作
	lnkbtnCheck	Text 属性设置为"前往服务台"	执行"前往服务台"操作
标准/GridView 控件	gvShopCart	AutoGenerateColumns 属性设置为 false	显示用户购买的商品信息

最后，为 GridView 控件绑定字段，具体步骤如下。

（1）单击 GridView 控件右上角的▶按钮，打开 GridView 任务列表，然后选择"编辑列"选项，将会弹出如图 31.26 所示的对话框。

图 31.26 为 GridView 控件绑定字段

在该对话框中为 GridView 控件添加 3 个 BoundField 字段和 4 个 TemplageField 字段，各个字段的属性设置如表 31.18 所示。

表 31.18 GridView 控件添加的显示字段的属性设置

添加的字段	主要属性设置
BoundField	DataField 属性设置为 No HeaderText 属性设置为"序号" ReadOnly 属性设置为 true
	DataField 属性设置为 BookID HeaderText 属性设置为"书籍 ID" ReadOnly 属性设置为 true
	DataField 属性设置为 BookName HeaderText 属性设置为"书籍名称" ReadOnly 属性设置为 true
TemplateField	HeaderText 属性设置为"数量"
	HeaderText 属性设置为"单价"
	HeaderText 属性设置为"总价"
	HeaderText 属性设置为"　"

（2）单击 GridView 控件右上角的▶按钮，打开 GridView 任务列表，然后选择"编辑模板"选项，将会弹出如图 31.27 所示的对话框。

图 31.27　GridView 控件编辑模板

（3）在弹出的"模板编辑"对话框中，选择 Column[3]列下的 ItemTemplate 选项，并在 ItemTemplate 模板下添加 1 个 TextBox 控件（用于输入购买商品的数量）和 1 个 RegularExpressionValidator 验证控件（用于验证输入的商品数量是否为整数），然后打开属性面板，将 TextBox 控件的 ID 属性设置为 txtNum，RegularExpressionValidator 控件的 ControlToValidate 属性设置为 txtNum、ErrorMessage 属性设置为"×"、ValidationExpression 属性设置为"^\+?[1-9][0-9]*$"。

（4）单击 TextBox 控件的▶按钮，选择"编辑 DataBinding"选项，将会弹出如图 31.28 所示的对话框，在该对话框中选择 txtNum 文本控件的 Text 属性，然后在"代码表达式"文本框中输入代码"Eval("Num")"，为 TextBox 的 Text 属性绑定商品数量。

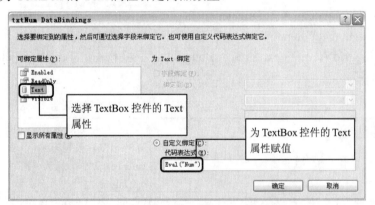

图 31.28　txtNum Data Bindings 控件编辑器

相应的 HTML 代码如下：

```
<asp:TemplateField HeaderText="数量">
    <ItemTemplate >
        <asp:TextBox ID="txtNum" runat="server" Text =<%#Eval("Num") %> Width =60px></asp:TextBox>
        <asp:RegularExpressionValidator 
ID="RegularExpressionValidator1" runat="server" ControlToValidate="txtNum" 
ErrorMessage="×" ValidationExpression="^\+?[1-9][0-9]*$"></asp:RegularExpressionValidator>
</ItemTemplate>
```

（5）按照以上步骤，对其他 3 个 TemplageField 字段进行设置，相应的 HTML 代码如下：

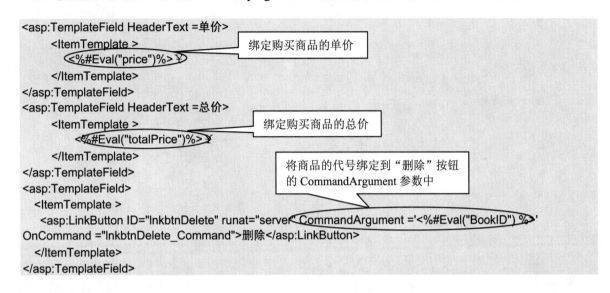

2．后台功能代码

在编辑器页（shopCart.aspx.cs）中编写代码前，首先需要定义 CommonClass 类对象和 DBClass 类对象，以便在编写代码时调用该类中的方法，然后定义 3 个全局变量。代码如下：

```
CommonClass ccObj = new CommonClass();
DBClass dbObj = new DBClass();
string strSql;
DataTable dtTable;
Hashtable hashCar;
```

实现步骤如下。

（1）在 Page_Load 事件中创建一个自定义数据源，并将其绑定到 GridView 控件中，显示购物车中的商品信息。实现该功能的具体步骤如下。

首先判断 Session["ShopCart"]对象是否为空，如果为空，则表示用户没有购物车，提示用户，购买商品获取购物车；如果不为空，获取其购物车。

然后，当获取到购物车后，需要判断购物车中是否有商品，如果没有商品，则提示用户购买商品；如果已有商品，则创建一个数据表。实现过程如下：

① 为数据表 DataTable 添加数据列，需要注意的是，此处添加的数据列一定要和 HTML 中为 GridView 控件绑定的 DataField 名称相同。

② 获得用户购物车的数据，赋给一个哈希表，然后使用 foreach 循环语句将哈希表中的商品 ID 代号和数量逐行添加到数据表 DataTable 的对应列中。

③ 从商品信息表 tb_BookInfo 中获取商品的其他信息，并计算商品的总价，然后，使用 foreach 循环语句将获取的商品信息逐行添加到数据表 DataTable 的对应列中。

最后，将创建的数据表绑定到 GridView 控件中，将购物车中的商品信息在界面中显示出来。

代码如下:

```csharp
protected void Page_Load(object sender, EventArgs e)
{
    if (!IsPostBack)
    {
        if (Session["ShopCart"] == null)
        {
            //如果没有购物,则给出相应信息,并隐藏超链接
            this.labMessage.Text = "您还没有购物! ";
            this.labMessage.Visible = true;              //显示提示信息
            this.lnkbtnCheck.Visible = false;            //隐藏"前往服务台"超链接
            this.lnkbtnClear.Visible = false;            //隐藏"清空购物车"超链接
            this.lnkbtnContinue.Visible = false;         //隐藏"继续购物"超链接
            this.lnkbtnUpdate.Visible = false;           //隐藏"更新购物车"超链接
        }
        else
        {
            hashCar = (Hashtable)Session["ShopCart"];    //获取其购物车
            if (hashCar.Count == 0)
            {
                //如果没有购物,则给出相应信息,并隐藏超链接
                this.labMessage.Text = "您购物车中没有商品! ";
                this.labMessage.Visible = true;          //显示提示信息
                this.lnkbtnCheck.Visible = false;        //隐藏"前往服务台"超链接
                this.lnkbtnClear.Visible = false;        //隐藏"清空购物车"超链接
                this.lnkbtnContinue.Visible = false;     //隐藏"继续购物"超链接
                this.lnkbtnUpdate.Visible = false;       //隐藏"更新购物车"超链接
            }
            else
            {
                //设置购物车内容的数据源
                dtTable = new DataTable();
                DataColumn column1 = new DataColumn("No");           //序号列
                DataColumn column2 = new DataColumn("BookID");       //书籍 ID 代号
                DataColumn column3 = new DataColumn("BookName");     //书籍名称
                DataColumn column4 = new DataColumn("Num");          //数量
                DataColumn column5 = new DataColumn("price");        //单价
                DataColumn column6 = new DataColumn("totalPrice");   //总价
                dtTable.Columns.Add(column1);                        //添加新列
                dtTable.Columns.Add(column2);
                dtTable.Columns.Add(column3);
                dtTable.Columns.Add(column4);
                dtTable.Columns.Add(column5);
                dtTable.Columns.Add(column6);
                DataRow row;
                //对数据表中每一行进行遍历,给每一行的新列赋值
                foreach (object key in hashCar.Keys)
                {
                    row = dtTable.NewRow();
```

```
                    row["BookID"] = key.ToString();
                    row["Num"] = hashCar[key].ToString();
                    dtTable.Rows.Add(row);
                }
                //计算价格
                DataTable dstable;
                int i=1;
                float price;                                           //商品单价
                int count;                                             //商品数量
                float totalPrice = 0;                                  //商品总价格
                foreach (DataRow drRow in dtTable.Rows)
                {
                    strSql = "select BookName,HotPrice from tb_BookInfo where BookID=" +
Convert.ToInt32(drRow["BookID"].ToString());
                    dstable = dbObj.GetDataSetStr(strSql, "tbGI");
                    drRow["No"] = i;                                   //序号
                    drRow["BookName"] = dstable.Rows[0][0].ToString(); //书籍名称
                    drRow["price"] = (dstable.Rows[0][1].ToString());  //单价
                    price = float.Parse(dstable.Rows[0][1].ToString());
                    count = Int32.Parse(drRow["Num"].ToString());
                    drRow["totalPrice"] = price * count;               //总价
                    totalPrice += price * count;                       //计算合价
                    i++;
                }
                this.labTotalPrice.Text = "总价：" + totalPrice.ToString();  //显示所有商品的价格
                this.gvShopCart.DataSource = dtTable.DefaultView;           //绑定 GridView 控件
                this.gvShopCart.DataBind();
            }
        }
    }
}
```

（2）在购物车信息显示框中，数量的显示是通过一个可写的 TextBox 控件来实现的，用户可以在 TextBox 控件中输入需要购买的商品数量，然后单击"更新购物车"超链接，购物车中的商品数量将会被更新。更新购物车超链接的 Click 事件代码如下：

```
protected void lnkbtnUpdate_Click(object sender, EventArgs e)
{
        hashCar = (Hashtable)Session["ShopCart"];    //获取其购物车
        //使用 foreach 语句，遍历更新购物车中的商品数量
        foreach (GridViewRow gvr in this.gvShopCart.Rows)
        {
            TextBox otb = (TextBox)gvr.FindControl("txtNum"); //找到用来输入数量的 TextBox 控件
            int count = Int32.Parse(otb.Text);//获得用户输入的数量值
            string BookID = gvr.Cells[1].Text;//得到该商品的 ID 代号
            hashCar[BookID] = count;//更新 Hashtable 表
        }
        Session["ShopCart"] = hashCar;//更新购物车
        Response.Write(ccObj.MessageBoxPage("更新成功！"));
}
```

（3）当需要删除购物车中的某一类商品时，可以在购物车显示框中单击该类商品后的"删除"超链接，将该商品从购物车中删除。"删除"超链接的 Click 事件代码如下：

```
protected void lnkbtnDelete_Command(object sender, CommandEventArgs e)
{
        hashCar = (Hashtable)Session["ShopCart"];//获取其购物车
        //从 Hashtable 表中将指定的商品从购物车中移除，其中，"删除"超链接（lnkbtnDelete）的
        //CommandArgument 参数值为商品 ID 代号
        hashCar.Remove(e.CommandArgument);
        Session["ShopCart"] = hashCar; //更新购物车
        Response.Redirect("shopCart.aspx");
}
```

（4）当单击"清空购物车"超链接时，将会清空购物车中的所有商品。"清空购物车"超链接的 Click 事件代码如下：

```
protected void lnkbtnClear_Click(object sender, EventArgs e)
{
    Session["ShopCart"] =null;
    Response.Redirect("shopCart.aspx");
}
```

（5）当单击"继续购物"超链接时，将会跳转到前后首页，继续购买商品。"继续购物"超链接的 Click 事件代码如下：

```
protected void lnkbtnContinue_Click(object sender, EventArgs e)
{
    Response.Redirect("Default.aspx");
}
```

（6）当已购买完商品后，可以单击"前往服务台"超链接，将会跳转到服务台页（checkOut.aspx）进行结算并提交订单。"前往服务台"超链接的 Click 事件代码如下：

```
protected void lnkbtnCheck_Click(object sender, EventArgs e)
{
    Response.Redirect("checkOut.aspx");
}
```

31.6.7 服务台页

数据表：tb_OrderInfo、tb_Detail

技术：哈希表和Session对象的使用、GridView控件的应用、数据表信息检索和添加

当用户购买完所有商品后，就可以去服务台结账并填写相关信息。在进入服务台页面之后，首先会显示出用户购物车中的商品，然后在下方给出用户提供相关信息的输入框，用来填写收货人的相关信息。运行结果如图 31.29 所示。

第 31 章　B2C 电子商务网站

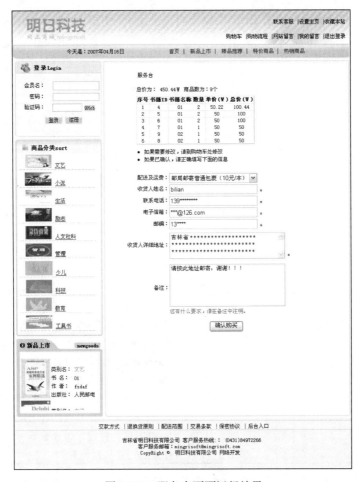

图 31.29　服务台页面运行结果

1. 前台页面设计

服务台页（checkOut.aspx）是母版页的内容页，其设计的具体步骤如下。

首先，将一个表格（Table）控件置于 checkOut.aspx 页中，为整个页面进行布局，再在该表格控件中添加两个表格（Table）控件，用于封装购物车显示框和填写收货人相关信息的输入框。

然后，从"工具箱"选项卡中拖放 3 个 Label 控件和 1 个 GridView 控件，置于封装购物车显示框的表格中，各个控件的属性设置及用途如表 31.19 所示。

表 31.19　封装购物车显示框中各个控件的属性设置及用途

控件类型	控件名称	主要属性设置	用　　途
标准/Label 控件	labMessage	Text 属性设置为"您的购物车" Visible 属性设置为 false	显示"您的购物车"字样
	labTotalPrice	Text 属性设置为 0.00￥：	显示购买商品的总价
	labTotalNum	Text 属性设置为 0	显示购买商品的数量
标准/GridView 控件	gvShopCart	AutoGenerateColumns 属性设置为 false	显示用户购买的商品信息

为 GridView 控件绑定字段。单击 GridView 控件右上角的 ▶ 按钮，打开 GridView 任务列表，然后选择"编辑列"选项，在弹出的窗口中为 GridView 控件添加 6 个 BoundField 字段，各个字段的属性设置如表 31.20 所示。

表 31.20 GridView 控件添加显示字段的属性设置

添加的字段	主要属性设置
BoundField	DataField 属性设置为 No HeaderText 属性设置为"序号" ReadOnly 属性设置为 true
	DataField 属性设置为 BookID HeaderText 属性设置为"书籍 ID" ReadOnly 属性设置为 true
	DataField 属性设置为 BookName HeaderText 属性设置为"书籍名称" ReadOnly 属性设置为 true
	DataField 属性设置为 BookName HeaderText 属性设置为"数量" ReadOnly 属性设置为 true
	DataField 属性设置为 BookName ReadOnly 属性设置为 true HeaderText 属性设置为"单价"
	DataField 属性设置为 BookName ReadOnly 属性设置为 true HeaderText 属性设置为"总价"

最后，从"工具箱"选项卡中拖放 1 个 DropDownList 控件、6 个 TextBox 控件、5 个 RequiredFieldValidator 验证控件和 1 个 Button 控件，置于封装填写收货人相关信息的表格中，各个控件的属性设置及用途如表 31.21 所示。

表 31.21 封装填写收货人相关信息的输入框中各个控件的属性设置及用途

控件类型	控件名称	主要属性设置	用途
标准/DropDownList 控件	ddlShipType	AutoPostBack 属性设置为 true	显示配送方式及运输费用
标准/TextBox 控件	txtReciverName	TextMode 属性设置为 SingleLine	用于输入"收货人姓名"
	txtReceiverPhone	TextMode 属性设置为 SingleLine	用于输入"联系电话"
	txtReceiverEmails	TextMode 属性设置为 SingleLine	用于输入"电子信箱"
	txtReceiverPostCode	TextMode 属性设置为 SingleLine	用于输入"邮编"
	txtReceiverAddress	TextMode 属性设置为 MultiLine	用于输入"收货人详细地址"
	txtRemark	TextMode 属性设置为 MultiLine	用于输入"备注"
验证/RequiredFieldValidator 控件	rfvReceiverName	ControlToValidate 属性设置为 txtRecivername Text 属性设置为**	用于验证"收货人姓名"是否为空

控件类型	控件名称	主要属性设置	用途
验证/RequiredFieldValidator 控件	rfvReceiverPhone	ControlToValidate 属性设置为 txtReceiverPhone Text 属性设置为**	用于验证"联系电话"是否为空
	rfvReceiverEmails	ControlToValidate 属性设置为 txtReceiverEmails Text 属性设置为**	用于验证"电子信箱"是否为空
	rfvReceiverPostCode	ControlToValidate 属性设置为 txtReceiverPostCode Text 属性设置为**	用于验证"邮编"是否为空
	rfvAddress	ControlToValidate 属性设置为 txtReceiverAddress Text 属性设置为**	用于验证"收货人详细地址"是否为空
标准/Button 控件	btnConfirm	Text 属性设置为"确认购买"	执行"提交"功能

为 DropDownList 控件添加列表项。单击 DropDownList 控件右上角的▶按钮,打开 DropDownList 任务列表,然后选择"编辑项"选项,将会弹出"ListItem 集合编辑器"对话框,如图 31.30 所示。在该对话框中,为 DropDownList 控件添加列表项。

图 31.30 "ListItem 集合编辑器"对话框

相应的 HTML 代码如下:

```
<asp:DropDownList id="ddlShipType" runat="server" AutoPostBack="True" >
    <asp:ListItem>请选择配送方式及运输费用</asp:ListItem>
<asp:ListItem Value="10">邮局邮寄普通包裹(10 元/本)</asp:ListItem>
<asp:ListItem Value="30">邮局邮寄快递包裹(30 元/本)</asp:ListItem>
 <asp:ListItem Value="0">免费送货(长春)</asp:ListItem>
</asp:DropDownList>
```

2.后台功能代码

在编辑器页(checkOut.aspx.cs)中编写代码前,首先需要定义 CommonClass 类对象、DBClass 类对象、UserClass 类对象和 OrderClass 类对象,以便在编写代码时调用类中的方法,然后再定义 3 个全局变量。代码如下：

```
CommonClass ccObj = new CommonClass();
DBClass dbObj = new DBClass();
OrderClass ocObj = new OrderClass();
UserClass ucObj = new UserClass();
DataTable dtTable;
Hashtable hashCar;
string strSql;
```

程序的主要代码如下。

（1）在 Page_Load 事件中创建一个自定义数据源，并将其绑定到 GridView 控件中，显示购物车中的商品信息。实现该功能的具体步骤如下。

首先，判断用户是否登录，如果用户已登录，则调用 UserClass 类中的 GetUserInfo 方法获取用户详细信息。

然后，判断 Session["ShopCart"]对象是否为空，如果为空，则表示用户没有购物车，提示用户购买商品获取购物车；如果不为空，获取其购物车。

当获取到购物车后，需要判断购物车中是否有商品。如果没有商品，则提示用户购买商品；如果已有商品，则创建一个数据表。其实现过程如下：

① 为数据表 DataTable 添加数据列，需要注意的是，此处添加的数据列一定要和 HTML 中为 GridView 控件绑定的 DataField 名称相同。

② 获得用户购物车的数据，赋给一个哈希表，然后使用 foreach 循环语句将哈希表中的商品 ID 代号和数量逐行添加到数据表 DataTable 的对应列中。

③ 从商品信息表 tb_BookInfo 中获取商品的其他信息，并计算商品的总价和总数量，然后使用 foreach 循环语句将获取的商品信息逐行添加到数据表 DataTable 的对应列中。

最后，将创建的数据表绑定到 GridView 控件中，将购物车中的商品信息在界面中显示出来。

代码如下：

```
protected void Page_Load(object sender, EventArgs e)
{
    if (!IsPostBack)
    {
        if (Session["Username"] != null)
        {
            //如果用户已登录，则显示用户的基本信息
            DataTable dsTable = ucObj.GetUserInfo(Convert.ToInt32(Session["UserID"].ToString()));
            this.txtReciverName.Text = dsTable.Rows[0][1].ToString();         //收货人姓名
            this.txtReceiverPhone.Text = dsTable.Rows[0][5].ToString();       //收货人电话号码
            this.txtReceiverEmails.Text = dsTable.Rows[0][6].ToString();      //收货人 E-mail
            this.txtReceiverPostCode.Text = dsTable.Rows[0][8].ToString();    //收货人邮编
            this.txtReceiverAddress.Text = dsTable.Rows[0][7].ToString();     //收货人详细地址
        }
        if (Session["ShopCart"] == null)
        {
            //如果没有购物，则给出相应信息，并隐藏按钮
```

```csharp
            this.labMessage.Text = "您还没有购物！";                    //显示提示信息
            this.btnConfirm.Visible = false;                              //隐藏"确认购买"按钮
        }
        else
        {
            hashCar = (Hashtable)Session["ShopCart"];                     //获取其购物车
            if (hashCar.Count == 0)
            {
                //如果没有购物，则给出相应信息，并隐藏按钮
                this.labMessage.Text = "您购物车中没有商品！";            //显示提示信息
                this.btnConfirm.Visible = false;                          //隐藏"确认购买"按钮
            }
            else
            {
                //设置购物车内容的数据源
                dtTable = new DataTable();
                DataColumn column1 = new DataColumn("No");                //序号列
                DataColumn column2 = new DataColumn("BookID");            //书籍ID代号
                DataColumn column3 = new DataColumn("BookName");          //书籍名称
                DataColumn column4 = new DataColumn("Num");               //数量
                DataColumn column5 = new DataColumn("price");             //单价
                DataColumn column6 = new DataColumn("totalPrice");        //总价
                dtTable.Columns.Add(column1);                             //添加新列
                dtTable.Columns.Add(column2);
                dtTable.Columns.Add(column3);
                dtTable.Columns.Add(column4);
                dtTable.Columns.Add(column5);
                dtTable.Columns.Add(column6);
                DataRow row;
                //对数据表中每一行进行遍历，给每一行的新列赋值
                foreach (object key in hashCar.Keys)
                {
                    row = dtTable.NewRow();
                    row["BookID"] = key.ToString();                       //商品ID
                    row["Num"] = hashCar[key].ToString();                 //商品数量
                    dtTable.Rows.Add(row);
                }
                //计算价格
                DataTable dstable;
                int i = 1;
                float price;                                              //商品单价
                int num;                                                  //商品数量
                float totalPrice = 0;                                     //商品总价格
                int totailNum = 0;                                        //商品总数量
                foreach (DataRow drRow in dtTable.Rows)
                {
                    strSql = "select BookName,HotPrice from tb_BookInfo where BookID=" + Convert.ToInt32(drRow["BookID"].ToString());
                    dstable = dbObj.GetDataSetStr(strSql, "tbGl");
```

```csharp
                    drRow["No"] = i;
                    drRow["BookName"] = dstable.Rows[0][0].ToString();      //书籍名称
                    drRow["price"] = dstable.Rows[0][1].ToString();         //书籍价格
                    price = float.Parse(dstable.Rows[0][1].ToString());
                    num = Int32.Parse(drRow["Num"].ToString());
                    drRow["totalPrice"] =(price*num);                       //总价
                    totalPrice += price * num;                              //计算合价
                    totailNum += num;                                       //计算商品总数
                    i++;
                }
                this.labTotalPrice.Text = totalPrice.ToString();            //显示所有商品的价格
                this.labTotalNum.Text = totailNum.ToString();               //显示商品总数
                this.gvShopCart.DataSource = dtTable.DefaultView;           //绑定 GridView 控件
                this.gvShopCart.DataBind();
            }
        }
    }
}
```

（2）当用户填写完相关信息后，可以单击"确认购买"按钮提交相关资料，并形成订单。在该按钮的 Click 事件下，首先判断输入的相应信息是否合法，如果输入相关资料正确，则调用 OrderClass 类的 AddOrder 方法，将商品信息插入订单信息表（tb_OrderInfo）中，并获取订单号，然后将订单中的每一类商品信息（如商品 ID 代号、商品数量以及所属订单号等）插入订单明细表（tb_Detail），最后将购物车清空。代码如下：

```csharp
protected void btnConfirm_Click(object sender, EventArgs e)
{
    if (Page.IsValid)
    {
        //得到用户输入的信息
        string strPhone;     //电话号码
        string strEmail;     //E-mail
        string strZip;       //邮政编码
        float fltShipFee;    //邮递方式及其费用
        if (IsValidPostCode(this.txtReceiverPostCode.Text.Trim()) == true)      //判断输入的邮编是否合法
        {
            strZip = this.txtReceiverPostCode.Text.Trim();
        }
        else
        {
            Response.Write(ccObj.MessageBox("输入有误！"));
            return;
        }
        if (IsValidPhone(this.txtReceiverPhone.Text.Trim()) == true)            //判断输入的电话号码是否合法
        {
            strPhone = this.txtReceiverPhone.Text.Trim();
        }
        else
```

```csharp
        {
            Response.Write(ccObj.MessageBox("输入有误！"));
            return;
        }
        if (IsValidEmail(this.txtReceiverEmails.Text.Trim()) == true)   //判断输入的 E-mail 是否合法
        {
            strEmail = this.txtReceiverPhone.Text.Trim();
        }
        else
        {
            Response.Write(ccObj.MessageBox("输入有误！"));
            return;
        }
        if (this.ddlShipType.SelectedIndex != 0)                        //获取邮递方式及其费用
        {
            fltShipFee = float.Parse(this.ddlShipType.SelectedValue.ToString());
        }
        else
        {
            Response.Write(ccObj.MessageBox("请选择运输方式！"));
            return;
        }
        string strName = this.txtReciverName.Text.Trim();               //收货人姓名
        string strAddress = this.txtReceiverAddress.Text.Trim();        //收货人详细地址
        string strRemark = this.txtRemark.Text.Trim();                  //备注
        int IntTotalNum = int.Parse(this.labTotalNum.Text);             //商品总数
        float fltTotalShipFee = IntTotalNum * fltShipFee;               //运输总费用
        //将订单信息插入到订单表中
        int IntOrderID = ocObj.AddOrder(float.Parse(this.labTotalPrice.Text), fltTotalShipFee,
this.ddlShipType.SelectedItem.Text, strName, strPhone, strZip, strAddress, strEmail);
        int IntBookID;                                                  //商品 ID
        int IntNum;                                                     //购买商品的数量
        float fltTotalPrice;
        //将订单中的每一个货物插入到订单详细表中
        foreach (GridViewRow gvr in this.gvShopCart.Rows)
        {
            IntBookID = int.Parse(gvr.Cells[1].Text);
            IntNum = int.Parse(gvr.Cells[3].Text);
            fltTotalPrice = float.Parse(gvr.Cells[5].Text);
            ocObj.AddDetail(IntBookID, IntNum, IntOrderID, fltTotalPrice, strRemark);
        }
        //设置 Session
        Session["ShopCart"] = null;                                     //清空购物车
        Response.Write(ccObj.MessageBox("提交成功！", "Default.aspx"));
    }
}
```

31.6.8 在线支付功能模块

☞ 技术：Form表单提交、工商银行网上支付开发

在线支付功能模块由两部分组成，即选择在线支付方式和工商银行在线支付页，下面分别进行介绍。

1．选择在线支付方式

用户在服务台页填写完相关信息后，单击"确认购买"按钮即可进入选择在线支付方式页面（PayWay.aspx），在该页用户可以选择在线支付方式，其运行结果如图 31.31 所示。

图 31.31　选择在线支付方式页面

实现该功能的具体步骤如下。

首先，将一个表格（Table）控件置于 PayWay.aspx 页中，为整个页面进行布局。

然后，从"工具箱"/"标准"选项卡中拖放 5 个 ImageButton 控件，设置各个控件的 ImageUrl 属性值，用于显示在线支付方式。

最后，在"中国工商银行"按钮的 Click 事件下添加代码，用于实现当用户单击该按钮后，跳转到工商银行在线支付页。代码如下：

```
protected void ImageButton1_Click(object sender, ImageClickEventArgs e)
{
        Response.Redirect("GoBank.aspx?OrderID=" + Request["OrderID"].ToString());
}
```

2．工商银行在线支付页

B2C 在线支付业务是指企业（卖方）与个人（买方）通过 Internet 上的电子商务网站进行交易时，银行为其提供网上资金结算服务的一种业务。目前，ICBC 个人网上银行的 B2C 在线支付系统是 ICBC 专门为拥有工行牡丹信用卡账户，并开通网上支付功能的网上银行个人客户进行网上购物所开发的支付平台。下面详细介绍开发工商银行在线支付页的全过程。

1）开发工商银行在线支付页前期工作

首先，需要特约网站申请人到 ICBC 当地指定机构办理申请手续，并提交如下申请资料。

☑ 营业执照副本及复印件。
☑ 经办人员的有效身份证件。
☑ 填写好的"特约网站注册申请表"。
☑ 最近年度的资产负债表和损益表的复印件。
☑ 《域名注册证》复印件或其他对所提供域名享有权利的证明。
☑ 企业标识 LOGO 的电子文件。
☑ 填写好的"牡丹卡单位申请表"。

然后，经工商银行审查合格后，由工商银行提供银行方的通信、数据接口、已有商户端程序及商户客户证书。

最后，特约网站可以根据工商银行提供的资料，开发工商银行在线支付功能。

2）开发工商银行在线支付页的具体步骤

（1）按照工商银行提供的资料注册 com 组件，步骤如下。

① 将 ICBCEBankUtil.dll 和 LIB\windows\WIN32\infosecapi.dll 两个文件复制到系统目录 system32 下。
② 打开 DOS 窗口，进入 system32 目录。
③ 运行 regsvr32 ICBCEBankUtil.dll 命令注册控件。

（2）将工商银行提供的 public 公钥、拆分 pfx 后缀证书的公钥和拆分 pfx 后缀证书的私钥放到本地磁盘（如 D 盘根目录下）。在本网站中，将其放在了项目下的 bank 文件中。

（3）在项目的 Bin 文件上右击，在弹出的如图 31.32 所示的对话框中添加引用 ICBCEBankUtil.dll 文件。

图 31.32 "添加引用"对话框

（4）设计提交表单页面（GoBank.aspx），步骤如下。

① 创建一个类 BankPay，用于定义相关变量并返回变量的值，代码如下：

```
//定义相关变量
private string interfaceName = "名称";            //接口名称
private string interfaceVersion = "版本号";        //接口版本号
private string merID = "代码";                     //商户代码
private string merAcct = "账号";                   //商城账号
```

```csharp
private string merURL = "";                              //接收银行消息地址（如 http://地址/Get.aspx）
private string notifyType = "通知类型";                   //通知类型（在交易完成后是否通知商户）
private string orderid;                                  //订单号
private string amount;                                   //订单金额
private string curType = "金额类型";                      //支付币种
private string resultType = "对应通知类型";               //结果发送类型
private string orderDate;                                //交易日期时间（格式为 yyyyMMddHHmmss）
private string verifyJoinFlag = "检验联名标志";           //检验联名标志
private string merCert;                                  //商城证书公钥
private string goodsID = "";                             //商品编号
private string goodsName = "";                           //商品名称
private string goodsNum = "";                            //商品数量
private string carriageAmt = "";                         //已含运费金额
private string merHint = "";                             //商城提示
private string comment1 = "";                            //备注字段 1
private string comment2 = "";                            //备注字段 2
private string path1 ="";                                //公钥路径
private string path2 ="";                                //拆分 pfx 后缀的证书后的公钥路径
private string path3 ="";                                //拆分 pfx 后缀的证书后的私钥路径
private string key = "私钥保护密码";                      //私钥保护密码
private string merSignMsg = "";                          //订单签名数据（加密码后的字符串）
private string msg = "";                                 //需要加密码的明文字符串
//返回相关变量值
public string InterfaceName
{
    get { return interfaceName; }
    set { interfaceName = value; }
}
public string InterfaceVersion
{
    get { return interfaceVersion; }
    set { interfaceVersion = value; }
}
public string MerID
{
    get { return merID; }
    set { merID = value; }
}
public string MerAcct
{
    get { return merAcct; }
    set { merAcct = value; }
}
public string MerURL
{
    get { return merURL; }
    set { merURL = value; }
}
public string NotifyType
```

```csharp
{
    get { return notifyType; }
    set { notifyType = value; }
}
public string Orderid
{
    get { return orderid; }
    set { orderid = value; }
}
public string Amount
{
    get { return amount; }
    set { amount = value; }
}
public string CurType
{
    get { return curType; }
    set { curType = value; }
}
public string ResultType
{
    get { return resultType; }
    set { resultType = value; }
}
public string OrderDate
{
    get { return orderDate; }
    set { orderDate = value; }
}
public string VerifyJoinFlag
{
    get { return verifyJoinFlag; }
    set { verifyJoinFlag = value; }
}
public string MerSignMsg
{
    get { return merSignMsg; }
    set { merSignMsg = value; }
}
public string MerCert
{
    get { return merCert; }
    set { merCert = value; }
}
public string GoodsID
{
    get { return goodsID; }
    set { goodsID = value; }
}
```

```csharp
public string GoodsName
{
    get { return goodsName; }
    set { goodsName = value; }
}
public string GoodsNum
{
    get { return goodsNum; }
    set { goodsNum = value; }
}
public string CarriageAmt
{
    get { return carriageAmt; }
    set { carriageAmt = value; }
}
public string MerHint
{
    get { return merHint; }
    set { merHint = value; }
}
public string Comment1
{
    get { return comment1; }
    set { comment1 = value; }
}
public string Comment2
{
    get { return comment2; }
    set { comment2 = value; }
}
public string Path1
{
    get { return path1; }
    set { path1 = value; }
}
public string Path2
{
    get { return path2; }
    set { path2 = value; }
}
public string Path3
{
    get { return path3; }
    set { path3 = value; }
}
public string Key
{
    get { return key; }
    set { Key = value; }
```

```
}
public string Msg
{
    get { return msg; }
    set { msg = value; }
}
```

> **注意**
> 此处只给出相关的方法，对于变量的赋值可参见银行提供的相关资料。

② 将提交表单页面（GoBank.aspx）切换到 HTML 视图中，添加如下代码，用于设计提交表单内容。

```
<form id="form1"  name="order"    method="post"    action="银行地址">
<input   type="hidden"   name="interfaceName"    value="<%=bankpay.InterfaceName%>"   >
<input   type="hidden"   name="interfaceVersion"   value=<%=bankpay.InterfaceVersion%>   >
<input   type="hidden"   name="orderid"     value="<%=bankpay.Orderid%>">
<input   type="hidden"   name="amount"      value="<%=bankpay.Amount%>">
<input   type="hidden"   name="curType"     value="<%=bankpay.CurType%>">
<input   type="hidden"   name="merID"       value="<%=bankpay.MerID%>"    >
<input   type="hidden"   name="merAcct"     value="<%=bankpay.MerAcct%>"   >
<input   type="hidden"   name="verifyJoinFlag"   value="<%=bankpay.VerifyJoinFlag%>">
<input   type="hidden"   name="notifyType"   value="<%=bankpay.NotifyType%>">
<input   type="hidden"   name="merURL"      value="<%=bankpay.MerURL%>">
<input   type="hidden"   name="resultType"   value="<%=bankpay.ResultType%>">
<input   type="hidden"   name="orderDate"   value="<%=bankpay.OrderDate%>">
<input   type="hidden"   name="merSignMsg"   value="<%=bankpay.MerSignMsg%>">
<input   type="hidden"   name="merCert"     value="<%=bankpay.MerCert%>">
<input   type="hidden"   name="goodsID"     value="<%=bankpay.GoodsID%>">
<input   type="hidden"   name="goodsName"   value="<%=bankpay.GoodsName%>">
<input   type="hidden"   name="goodsNum"    value="<%=bankpay.GoodsNum%>">
<input   type="hidden"   name="carriageAmt"   value="<%=bankpay.CarriageAmt%>">
<input   type="hidden"   name="merHint"     value="<%=bankpay.MerHint%>">
<input   type="hidden"   name="comment1"    value="<%=bankpay.Comment1%>"    >
<input   type="hidden"   name="comment2"    value="<%=bankpay.Comment2%>"    >
<input    type="submit"    value="立即支付！ "  >
</form>
```

> **说明**
> ☑ 订单只能使用 POST 方式提交，使用 https 协议通信。
> ☑ 如果提交的表格含有中文，需要在<head></head>节点中使用字符集 GBK 指定，代码如下：
> `<meta http-equiv="content-type" content="text/html;charset=GBK">`

③ 将提交表单页面切换到编辑器页（GoBank.aspx.cs）中，为提交表单赋值，代码如下：

```
public static BankPay bankpay = new BankPay();//实例化 BankPay 类对象
#region  初始化 BankPay 类
    public BankPay   GetPayInfo()
    {
        //从订单信息表中获取订单编号、订单金额
        string strSql = "select Round(TotalPrice,2) as TotalPrice from tb_OrderInfo where OrderID=" + Convert.ToInt32(Page.Request["OrderID"].Trim());
        DataTable dsTable = dbObj.GetDataSetStr(strSql, "tbOI");
        bankpay.Orderid = Request["OrderID"].Trim();//订单编号
        bankpay.Amount = Convert.ToString(float.Parse(dsTable.Rows[0]["TotalPrice"].ToString())*100);
        //订单金额
        bankpay.OrderDate = DateTime.Now.ToString("yyyyMMddhhmmss");//交易日期时间
        bankpay.Path1 = Server.MapPath(@"bank\user.crt");//公钥路径
        bankpay.Path2 = Server.MapPath(@"bank\user.crt");//拆分 pfx 后缀的证书后的公钥路径
        bankpay.Path3 = Server.MapPath(@"bank\user.key");//拆分 pfx 后缀的证书后的私钥路径
        //下面是需要加密的明文字符串
        bankpay.Msg = bankpay.InterfaceName + bankpay.InterfaceVersion + bankpay.MerID + bankpay.MerAcct + bankpay.MerURL + bankpay.NotifyType + bankpay.Orderid + bankpay.Amount + bankpay.CurType + bankpay.ResultType + bankpay.OrderDate + bankpay.VerifyJoinFlag;
        ICBCEBANKUTILLib.B2CUtil obj=new ICBCEBANKUTILLib.B2CUtil() ;
        //项目中引用组件，以声明的方式创建 com 组件
        if (obj.init(bankpay.Path1, bankpay.Path2, bankpay.Path3, bankpay.Key) == 0)
        //加载公钥、私钥、密码，如果返回 0，则初始化成功
        {
            bankpay.MerSignMsg = obj.signC(bankpay.Msg, bankpay.Msg.Length);//加密明文
            bankpay.MerCert = obj.getCert(1);//提取证书
        }
        else
        {
            Response.Write(obj.getRC());//返回签名失败信息
        }
        return (bankpay);
    }
#endregion
```

31.6.9 用户注册页

数据表：tb_Member   技术：数据表信息添加

对于已登录的用户，可以在本网站中留言、查看自己的留言，同时还可以简化购物流程（当用户购买完所有商品时，将会前往服务台进行结算。如果用户已登录，则系统可在"填写收货人信息表"中自动调出用户的信息资料，用户只需确认信息资料即可）。用户登录代码已在 31.6.2 节中介绍过，本节主要介绍如何设计用户注册页。该页的运行结果如图 31.33 所示。

图 31.33 用户注册页面运行结果

1. 前台页面设计

注册页面（Register.aspx）是母版页的内容页，设计的具体步骤如下。

首先，将一个表格（Table）控件置于 Register.aspx 页中，为整个页面进行布局。

然后，从"工具箱"选项卡中拖放 7 个 TextBox 控件、1 个 DropDownList 控件、4 个 RequiredFieldValidator 控件、3 个 RegularExpressionValidator 控件和 2 个 Button 控件置于该表格中。TextBox、RequiredFieldValidator、RegularExpressionValidator 和 Button 控件的属性设置及用途如表 31.22 所示。

表 31.22　Register.aspx 中部分控件的属性设置及用途

控件类型	控件名称	主要属性设置	用途
标准/TextBox 控件	txtName	TextMode 属性设置为 SingleLine MaxLength 属性设置为 50	输入"用户名"
	txtPassword	TextMode 属性设置为 SingleLine MaxLength 属性设置为 50	输入"密码"
	txtTrueName	TextMode 属性设置为 SingleLine MaxLength 属性设置为 50	输入"真实姓名"
	txtPostCode	TextMode 属性设置为 SingleLine MaxLength 属性设置为 50	输入"邮编"
	txtPhone	TextMode 属性设置为 SingleLine MaxLength 属性设置为 50	输入"固定电话号码"
	txtEmail	TextMode 属性设置为 SingleLine MaxLength 属性设置为 50	输入 E-mail
	txtAddress	TextMode 属性设置为 MultiLine MaxLength 属性设置为 100	输入"详细住址"
验证/RequiredFieldValidator 控件	rfvLoginName	ControlToValidate 属性设置为 txtName Text 属性设置为 "**"	验证"用户名"是否为空
	rfvPassword	ControlToValidate 属性设置为 txtPassword Text 属性设置为 "**"	验证"密码"是否为空
	rfvTrueName	ControlToValidate 属性设置为 txtTrueName Text 属性设置为 "**"	验证"真实姓名"是否为空
	rfvAddress	ControlToValidate 属性设置为 rfvAddress Text 属性设置为 "**"	验证"详细住址"是否为空
验证/RegularExpressionValidator 控件	revPostCode	ControlToValidate 属性设置为 txtPostCode Text 属性设置为 "您的邮编输入有误" ValidationExpression 属性设置为 "\d{6}"	验证邮编输入是否正确
	revPhone	ControlToValidate 属性设置为 txtPhone Text 属性设置为 "您输入的电话号码有误" ValidationExpression 属性设置为 "(\(\d{3,4}\)|\d{3,4}-)?\d{7,8}$"	验证电话号码输入是否正确
	revEmail	ControlToValidate 属性设置为 txtEmail Text 属性设置为 "您输入的 E-mail 地址格式不正确" ValidationExpression 属性设置为 "\w+([-+.']\w+)*@\w+([-.]\w+)*\.\w+([-.]\w+)*"	验证 E-mail 输入是否正确
标准/Button 控件	btnSave	Text 属性设置为 "添加"	执行添加功能
	btnReset	Text 属性设置为 "重置" CausesValidation 属性设置为 false	执行重置功能

最后，将 DropDownList 控件的 ID 属性值设置为 ddlSex，并为 DropDownList 控件添加列表项。单

击 DropDownList 控件右上角的▶按钮，打开 DropDownList 任务列表，然后选择"编辑项"选项，在弹出的"ListItem 集合编辑器"中添加两个列表项（男、女）。DropDownList 控件的 HTML 源代码为：

```
<asp:dropdownlist id="ddlSex" runat="server">
    <asp:ListItem Selected="True" Value="1">男</asp:ListItem>
    <asp:ListItem Value="0">女</asp:ListItem>
</asp:dropdownlist>
```

2. 后台功能代码

在编辑器页（Register.aspx.cs）中编写代码前，首先需要定义 CommonClass 类对象和 UserClass 类对象，以便在编写代码时调用该类中的方法。代码如下：

```
CommonClass ccObj = new CommonClass();
UserClass ucObj = new UserClass();
```

程序主要代码如下。

（1）当用户填写完必要的信息后，可以单击"添加"按钮，将输入的信息添加到会员信息表（tb_Member）中。"添加"按钮的 Click 事件代码如下：

```
protected void btnSave_Click(object sender, EventArgs e)
{
    //判断用户是否输入了必要的信息
    if (this.txtPostCode.Text.Trim() == "" && this.txtPhone.Text.Trim()=="" && this.txtEmail.Text.Trim() == "")
    {
        Response.Write(ccObj.MessageBoxPage("请输入必要的信息！"));
    }
    else
    {
        //将用户输入的信息插入到用户表 tb_Member 中
        int    IntReturnValue=ucObj.AddUser(txtName.Text.Trim(),txtPassword.Text.Trim(),txtTrueName.Text.Trim(), transfer(this.ddlSex.SelectedItem.Text),txtPhone.Text.Trim(),txtEmail.Text.Trim(), txtAddress. Text. Trim(), txtPostCode.Text.Trim());
        if (IntReturnValue == 100)
        {
            Response.Write(ccObj.MessageBox("恭喜您，注册成功！", "Default.aspx"));
        }
        else
        {
            Response.Write(ccObj.MessageBox("插入失败，该名字已存在！"));
        }
    }
}
```

（2）用户可以单击"重置"按钮，重新填写信息。"重置"按钮的 Click 事件代码如下：

```
protected void btnReset_Click(object sender, EventArgs e)
{
    this.txtName.Text = "";          //用户名
```

```
        this.txtPassword.Text = "";         //用户密码
        this.txtTrueName.Text = "";         //用户真实姓名
        this.txtPhone.Text = "";            //用户电话号码
        this.txtPostCode.Text = "";         //邮政编码
        this.txtEmail.Text = "";            //E-mail
        this.txtAddress.Text = "";          //详细地址
}
```

31.6.10 浏览/更新用户信息页

☞ 数据表：tb_Member　　　技术：数据表信息检索和更新

当用户登录到本网站后，可以在欢迎面板中单击"更新信息"超链接跳转到浏览/更新用户信息页（UpdateMember.aspx）。在该页中，用户可以查看并修改自己的相关信息。该页运行结果如图 31.34 所示。

图 31.34　浏览/更新用户信息页面运行结果

1. 前台页面设计

浏览/更新用户信息页（UpdateMember.aspx）是母版页的内容页，其设计的具体步骤如下。

首先，将一个表格（Table）控件置于 UpdateMember.aspx 页中，为整个页面进行布局。

然后，从"工具箱"/"标准"选项卡中拖放 7 个 TextBox 控件、1 个 DropDownList 控件和 2 个 Button 控件置于该表格中。TextBox 和 Button 控件的属性设置及用途如表 31.23 所示。

表 31.23 UpdateMember.aspx 页面中部分控件的属性设置及用途

控件类型	控件名称	主要属性设置	用途
标准/TextBox 控件	txtName	TextMode 属性设置为 SingleLine MaxLength 属性设置为 50	输入"用户名"
	txtPassword	TextMode 属性设置为 SingleLine MaxLength 属性设置为 50	输入"密码"
	txtTrueName	TextMode 属性设置为 SingleLine MaxLength 属性设置为 50	输入"真实姓名"
	txtPostCode	TextMode 属性设置为 SingleLine MaxLength 属性设置为 50	输入"邮编"
	txtPhone	TextMode 属性设置为 SingleLine MaxLength 属性设置为 50	输入"固定电话号码"
	txtEmail	TextMode 属性设置为 SingleLine MaxLength 属性设置为 50	输入 E-mail
	txtAddress	TextMode 属性设置为 MultiLine MaxLength 属性设置为 100	输入"详细住址"
标准/Button 控件	btnUpdate	Text 属性设置为"更新"	执行更新功能
	btnReset	Text 属性设置为"重置"	执行重置功能

最后，将 DropDownList 控件的 ID 属性值设置为 ddlSex，并为 DropDownList 控件添加列表项。单击 DropDownList 控件右上角的 ▶ 按钮，打开 DropDownList 任务列表，然后选择"编辑项"选项，在弹出的"ListItem 集合编辑器"中添加两个列表项（男、女）。DropDownList 控件的 HTML 源码为：

```
<asp:dropdownlist id="ddlSex" runat="server">
    <asp:ListItem Selected="True" Value="1">男</asp:ListItem>
    <asp:ListItem Value="0">女</asp:ListItem>
</asp:dropdownlist>
```

2. 后台功能代码

在编辑器页（UpdateMember.aspx.cs）中编写代码前，首先需要定义 CommonClass 类对象和 UserClass 类对象，以便在编写代码时调用该类中的方法。代码如下：

```
CommonClass ccObj = new CommonClass();
UserClass ucObj = new UserClass();
```

程序主要代码如下。

（1）在 Page_Load 事件中，通过用户 ID 获取用户相关信息，并将其显示出来，代码如下：

```csharp
protected void Page_Load(object sender, EventArgs e)
{
        if (!IsPostBack)
        {
            //通过用户的 ID 代号，获取用户信息
            if (Session["UserID"] == null)
            {
                Response.Redirect("Default.aspx");
            }
            else
            {
                DataTable dsTable = ucObj.GetUserInfo(Convert.ToInt32(Session["UserID"].ToString()));
                this.txtName.Text = dsTable.Rows[0]["UserName"].ToString();        //用户姓名
                this.txtPassword.Text = dsTable.Rows[0]["Password"].ToString();    //用户密码
                this.txtTrueName.Text = dsTable.Rows[0]["RealName"].ToString();    //用户真实姓名
                this.ddlSex.SelectedIndex = Convert.ToInt32(dsTable.Rows[0]["Sex"]); //用户性别
                this.txtPhone.Text = dsTable.Rows[0]["Phonecode"].ToString();      //用户电话号码
                this.txtEmail.Text = dsTable.Rows[0]["Email"].ToString();          //用户 E-mail
                this.txtAddress.Text = dsTable.Rows[0]["Address"].ToString();      //用户详细地址
                this.txtPostCode.Text = dsTable.Rows[0]["PostCode"].ToString();    //用户邮编
            }
        }
}
```

（2）当用户修改完相关的信息后，可以单击"修改"按钮，更新用户表（tb_Member）中的信息。"修改"按钮的 Click 事件代码如下：

```csharp
protected void btnUpdate_Click(object sender, EventArgs e)
{
        //确保用户输入必要的信息
        if (this.txtName.Text.Trim() == "" && this.txtPassword.Text.Trim() == "" && this.txtTrueName.Text.Trim() == "" && this.txtPhone.Text.Trim() == "" && this.txtEmail.Text.Trim() == "" && this.txtAddress.Text.Trim() == "" && this.txtPostCode.Text.Trim() == "")
        {
            Response.Write(ccObj.MessageBoxPage("请输入完整信息！"));
        }
        else
        {
            if (IsValidPostCode(txtPostCode.Text.Trim()) == false)
            {//验证邮编输入是否正确
                Response.Write(ccObj.MessageBoxPage("您的邮编输入有误！"));
                return;
            }
            else if (IsValidPhone(txtPhone.Text.Trim()) == false)
            {//验证电话号码输入是否正确
                Response.Write(ccObj.MessageBoxPage("您输入的电话号码有误，请重新输入"));
                return;
```

```
        }
        else if (IsValidEmail(txtEmail.Text.Trim()) == false)
        {//验证 E-mail 输入是否正确
            Response.Write(ccObj.MessageBoxPage("您输入的 E-mail 地址格式不正确,请重新输入!"));
            return;
        }
        else
        {//更新用户信息表 tb_Member
            ucObj.MedifyUser(txtName.Text.Trim(), txtPassword.Text.Trim(), txtTrueName.Text.Trim(),
transfer(ddlSex.SelectedItem.Text.Trim()),txtPhone.Text.Trim(), txtEmail.Text.Trim(), txtAddress.Text.Trim(),
txtPostCode.Text.Trim(), Convert.ToInt32(Session["UserID"].ToString()));
            Session["Username"] = "";
            Session["Username"] = txtName.Text.Trim();
            Response.Write(ccObj.MessageBox("恭喜您,修改成功!", "Default.aspx"));
        }
    }
}
```

31.6.11　发表留言

🖐 数据表：tb_LeaveWord　　　　技术：FreeTextBox组件的使用

在本网站中,浏览者发表留言必须先进行登录,对于登录的用户可以单击导航栏中的"网站留言"超链接,发表留言信息。发表留言页面运行结果如图 31.35 所示。

图 31.35　发表留言页面运行结果

1. 前台页面设计

发表留言页（feedback.aspx）是母版页的内容页，主要用到了 FreeTextBox 组件，用户可以根据该组件提供的功能来对文字进行编辑处理。设计该页的具体步骤如下。

首先，将一个表格（Table）控件置于 feedback.aspx 页面中，为整个页面进行布局。

然后，从"工具箱"选项卡中拖放 1 个 TextBox 控件、1 个 RequiredFieldValidator 控件、1 个 FreeTextBox 组件和 3 个 Button 控件置于该表格中，各个控件的属性设置及用途如表 31.24 所示。

表 31.24　feedback.aspx 中各个控件的属性设置及用途

控件类型	控件名称	主要属性设置	用　途
标准/TextBox 控件	txtTitle	TextMode 属性设置为 SingleLine	输入"留言主题"
验证/RequiredFieldValidator 控件	rfvTitle	ControlToValidate 属性设置为 txtTitle ErrorMessage 属性设置为"主题不能为空" Text 属性设置为"*"	验证"留言主题"是否为空
标准/Button 控件	btnOK	Text 属性设置为"提交"	执行更新功能
	btnReset	Text 属性设置为"重置" CausesValidation 属性设置为 false	执行重置功能
	btnBack	Text 属性设置为"返回" CausesValidation 属性设置为 false	执行返回功能
FreeTextBox 组件	FreeTextBox1	SupportFolder 属性设置为 aspnet_client/FreeTextBox/ ButtonSet 属性设置为 Office 2003 Language 属性设置为 zh-cn	填写留言内容

2. 后台功能代码

在编辑器页（feedback.aspx.cs）中编写代码前，首先需要定义 CommonClass 类对象和 DBClass 类对象，以便在编写代码时调用该类中的方法。代码如下：

```
CommonClass ccObj = new CommonClass();
DBClass dbObj = new DBClass();
```

程序主要代码如下。

（1）在页面的 Page_Load 事件中判断用户是否已登录，若已登录，进入"发表留言"页面；反之，返回到网站首页。代码如下：

```
protected void Page_Load(object sender, EventArgs e)
{
    if (Session["UserName"] == null)
    {
        Response.Redirect("Default.aspx");
    }
}
```

（2）当用户填写完相关信息后，可以单击"提交"按钮完成向数据库提交数据的操作。主要功能

代码如下:

```
protected void btnOK_Click(object sender, EventArgs e)
{
    string strSql = "INSERT INTO tb_LeaveWord(Uid,Subject,Content,DateTime,IP)";
    strSql += " VALUES('" + Session["UserName"].ToString() + "','" + this.txtTitle.Text + "'";
    strSql += ",'" + this.FreeTextBox1.Text + "','" + DateTime.Now + "'";
    strSql += ",'" + Request.UserHostAddress + "')";
    dbObj.ExecNonQuery(dbObj.GetCommandStr(strSql));
    Response.Write(ccObj.MessageBox("添加成功!","Default.aspx"));
}
```

31.6.12 浏览/管理我的留言

数据表:tb_LeaveWord、tb_Reply　　技术:检索数据并将其绑定

对于已登录的用户,可以在导航栏中单击"我的留言"超链接,进入 MyWord 页面对留言信息进行查看、回复和删除管理。页面运行结果如图 31.36 所示。

图 31.36　留言信息查看页面

1. 前台页面设计

浏览/管理我的留言页（MyWord.aspx）是母版页的内容页，设计的具体步骤如下。

首先，将一个表格（Table）控件置于 MyWord.aspx 页面中，为整个页面进行布局。

其次，从"工具箱"/"标准"选项卡中拖放 1 个 DataList 控件、2 个 Label 控件和 4 个 LinkButton 控件置于该表格中。Label 和 LinkButton 控件的属性设置及用途如表 31.25 所示。

表 31.25 MyWord.aspx 页面中部分控件的属性设置及用途

控件类型	控件名称	主要属性设置	用途
标准/Label 控件	labCount	Text 属性设置为 ""	显示总页数
	labNowPage	Text 属性设置为 1	显示当前页数
标准/LinkButton 控件	lnkbtnTop	Text 属性设置为 "首页"	执行 "跳转到首页" 操作
	lnkbtnPrve	Text 属性设置为 "上一页"	执行 "返回上一页" 操作
	lnkbtnNext	Text 属性设置为 "下一页"	执行 "跳转到下一页" 操作
	lnkbtnLast	Text 属性设置为 "尾页"	执行 "跳转到尾页" 操作

说明

关于 DataList 控件的使用可参见第 10 章的介绍。

最后，为 DataList 控件绑定网站留言信息，具体步骤如下。

（1）单击 DataList 控件右上角的 ▶ 按钮，打开 DataList 任务列表。

（2）选择 DataList 任务列表中的"编辑模板"选项，在弹出的窗口中选择 ItemTemplate 模板编辑模式，并在该编辑模式下添加一个表格（Table）控件。

（3）将页面切换到 HTML 源码中，在 DataList 控件中绑定"留言主题"、"留言人"、"留言时间"和"留言内容"数据项，并添加对留言信息进行查看、回复和删除功能。源代码如下：

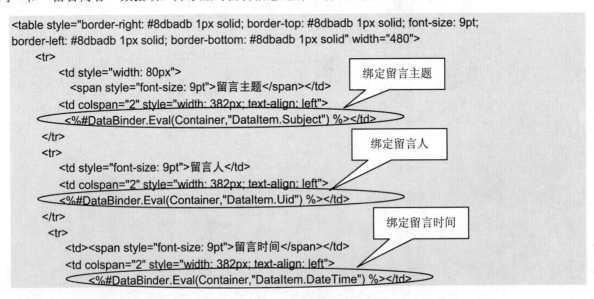

```
        </tr>
        <tr>
            <td><span style="font-size: 9pt">留言内容</span></td>
            <td colspan="2" rowspan="2" style="width: 382px; text-align:left;" align =middle >
                <%#DataBinder.Eval(Container,"DataItem.Content") %> </td>
        </tr>
        <tr>
            <td> </td>
            <td colspan="2" style="font-size: 9pt; width: 382px; text-align: right">
                <a href='LeaveWordBack.aspx?ID=<%#DataBinder.Eval(Container,"DataItem.ID") %>'
style="color: #0000ff; text-decoration: none"><span style="color: #000000">回复留言</span></a>
                <a href='leaveWordView.aspx?ID=<%#DataBinder.Eval(Container,"DataItem.ID") %>'
style="font-size: 9pt; color: #0000ff; text-decoration: none"><span style="color: #000000">
查看回复</span></a>  
<asp:LinkButton ID="lnkbtnDelete" runat="server" CommandName="delete"
Font-Size="9pt" Font-Underline="False" ForeColor="Black">删除留言</asp:LinkButton> 
            </td>
        </tr>
</table>
```

绑定留言内容

单击"回复留言"超链接，链接到回复留言页中，并传递留言代号

单击"查看回复"超链接，链接到留言回复页，并传递留言代号

删除留言控件，并将 LinkButton 按钮的 CommandName 属性设置为 delete

2. 后台功能代码

在编辑器页（MyWord.aspx.cs）中编写代码前，首先需要定义 CommonClass 类对象和 DBClass 类对象，以便在编写代码时调用该类中的方法。代码如下：

```
CommonClass ccObj = new CommonClass();
DBClass dbObj = new DBClass();
```

程序主要代码如下。

（1）在页面的 Page_Load 事件中判断用户是否已登录，若已登录，进入浏览/管理我的留言页页面，并调用自定义方法 dlBind 显示留言信息；反之，返回到网站首页。代码如下：

```
protected void Page_Load(object sender, EventArgs e)
{
    if (Session["UserName"] == null)
    {
        Response.Redirect("Default.aspx");
    }
    this.dlBind();//显示留言信息
}
```

页面中最关键的是 dlBind 方法的使用，该方法实现了 DataList 控件分页技术。代码如下：

```
public void dlBind()
{
    int curpage = Convert.ToInt32(labNowPage.Text); //当前页
    PagedDataSource ps = new PagedDataSource(); //定义一个 PagedDataSource 类对象
    //获取留言信息
    string strSql = "SELECT * FROM tb_LeaveWord WHERE Uid='" + Session["UserName"].ToString() +
```

```csharp
"";
            SqlCommand myCmd = dbObj.GetCommandStr(strSql);
            DataTable dsTable = dbObj.GetDataSet(myCmd, "tbLeaveWord");
            ps.DataSource =dsTable.DefaultView;
            ps.AllowPaging = true;                          //是否可以分页
            ps.PageSize = 10;                               //显示的数量
            ps.CurrentPageIndex = curpage - 1;              //取得当前页的页码
            lnkbtnPrve.Enabled = true;
            lnkbtnTop.Enabled = true;
            lnkbtnNext.Enabled = true;
            lnkbtnLast.Enabled = true;
            if (curpage == 1)
            {
                lnkbtnTop.Enabled = false;                  //不显示"首页"超链接
                lnkbtnPrve.Enabled = false;                 //不显示"上一页"超链接
            }
            if (curpage == ps.PageCount)
            {
                lnkbtnNext.Enabled = false;                 //不显示"下一页"超链接
                lnkbtnLast.Enabled = false;                 //不显示"尾页"超链接
            }
            this.labCount.Text = Convert.ToString(ps.PageCount);  //页的总数
            //绑定 DataList 控件，显示留言信息
            this.dlMyWord.DataSource = ps;
            this.dlMyWord.DataKeyField = "ID";
            this.dlMyWord.DataBind();
}
```

控制 DataList 翻页主要用到 LinkButton 控件。实现分页功能的代码如下：

```csharp
protected void lnkbtnTop_Click(object sender, EventArgs e)
{//首页
        this.labNowPage.Text = "1";
        this.dlBind();
}
protected void lnkbtnPrve_Click(object sender, EventArgs e)
{//上一页
        this.labNowPage.Text = Convert.ToString(Convert.ToInt32(this.labNowPage.Text) - 1);
        this.dlBind();
}
protected void lnkbtnNext_Click(object sender, EventArgs e)
{//下一页
        this.labNowPage.Text = Convert.ToString(Convert.ToInt32(this.labNowPage.Text) + 1);
        this.dlBind();
}
protected void lnkbtnLast_Click(object sender, EventArgs e)
{//尾页
        this.labNowPage.Text = this.labCount.Text;
        this.dlBind();
}
```

（2）该页面具有删除留言功能，主要是通过 DataList 控件中的 LinkButton 控件来实现的，将 LinkButton 按钮的 CommandName 属性值设为 delete，然后在 DataList 控件的 DeleteCommand 事件中编写如下代码完成删除功能。

```
protected void dlMyWord_DeleteCommand(object source, DataListCommandEventArgs e)
{
    string strSql = this.dlMyWord.DataKeys[e.Item.ItemIndex].ToString(); //获取当前 DataList 控件列
    string sqlDelSql = "Delete from tb_LeaveWord where ID='" + Convert.ToInt32(strSql) + "'";
    SqlCommand myCmd = dbObj.GetCommandStr(sqlDelSql);
    dbObj.ExecNonQuery(myCmd);
    Page.Response.Redirect("MyWord.aspx");
}
```

31.7 网站后台主要功能模块设计

31.7.1 网站后台功能结构图

B2C 电子商务网站后台功能结构如图 31.37 所示。

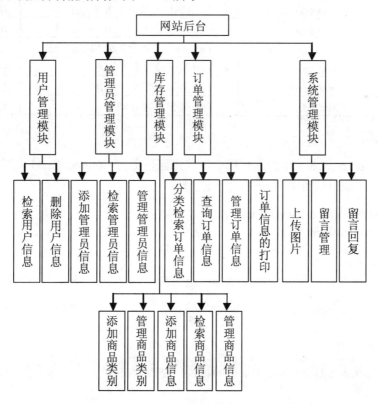

图 31.37 B2C 电子商务网站后台功能结构

31.7.2 后台登录模块设计

☞ 数据表：tb_Admin   技术：数据表信息检索

网站前台任何页面底部都设置了进入后台登录页的"后台入口"超链接。后台登录页面主要是用来对进入网站后台的用户进行安全性检查，以防止非法用户进入该系统的后台。同时使用了验证码技术，防止使用注册机恶意登录本站后台。后台登录页面如图 31.38 所示。

图 31.38 后台登录页面运行结果

1. 前台页面设计

将一个表格（Table）控件置于 Login.aspx 页面中，为整个页面进行布局，然后从"工具箱"/"标准"选项卡中拖放 3 个 TextBox 控件、1 个 Label 控件和 2 个 Button 控件，置于该表格中，各个控件的属性设置及用途如表 31.26 所示。

表 31.26 Login.aspx 页面中各个控件的属性设置及用途

控 件 类 型	控 件 名 称	主 要 属 性 设 置	用　　途
标准/TextBox 控件	txtAdminName	TextMode 属性设置为 SingleLine	用于输入用户登录名
	txtAdminPwd	TextMode 属性设置为 Password	用于输入用户密码
	txtAdminCode	TextMode 属性设置为 SingleLine	用于输入验证码
标准/Button 控件	btnLogin	Text 属性设置为"登录"	执行"登录"操作
	btnCancel	Text 属性设置为"取消"	执行"取消：操作
标准/Label 控件	labCode	Text 属性设置为 8888	显示验证码

2. 后台功能代码

在编辑器页（Login.aspx.cs）中编写代码前，首先需要定义 CommonClass 类对象和 DBClass 类对象，以便在编写代码时调用该类中的方法。代码如下：

```
CommonClass ccObj = new CommonClass();
DBClass dbObj=new DBClass();
```

程序主要代码如下。

（1）在 Page_Load 事件中调用 CommonClass 类的 RandomNum 方法，显示随机验证码，代码如下：

```
protected void Page_Load(object sender, EventArgs e)
{
        if (!IsPostBack)
        {
                this.labCode.Text =ccObj.RandomNum(4);//产生验证码
        }
}
```

（2）当用户输入完登录信息时，可以单击"登录"按钮，在该按钮的 Click 事件下，首先判断用户是否输入了合法的信息，如果输入的信息合法，则进入网站后台；否则，弹出对话框，提示用户重新输入。代码如下：

```csharp
protected void btnLogin_Click(object sender, EventArgs e)
{
        //判断用户是否已输入了必要的信息
        if (this.txtAdminName.Text.Trim() == "" || this.txtAdminPwd.Text.Trim() == "")
        {
                Response.Write(ccObj.MessageBoxPage("登录名和密码不能为空！"));
        }
        else
        {
                //判断用户输入的验证码是否正确
                if (txtAdminCode.Text.Trim() == labCode.Text.Trim())
                {
                        //定义一个字符串，获取用户信息
                        string strSql = "select * from tb_Admin where AdminName='"+this.txtAdminName.Text.Trim()+"' and Password='"+this.txtAdminPwd.Text.Trim()+"'";
                        DataTable dsTable=dbObj.GetDataSetStr(strSql, "tbAdmin");
                        if (dsTable.Rows.Count > 0)
                        {
                                Session["AID"] = Convert.ToInt32(dsTable.Rows[0][0].ToString());//保存用户ID
                                Session["AName"] = dsTable.Rows[0][1].ToString();//保存用户名
                                Response.Write("<script language=javascript>window.open('AdminIndex.aspx');window.close();</script>");
                        }
                        else
                        {
                                Response.Write(ccObj.MessageBoxPage("您输入的用户名或密码错误，请重新输入！"));
                        }
                }
                else
                {
                        Response.Write(ccObj.MessageBoxPage("验证码输入有误，请重新输入！"));
                }
        }
}
```

31.7.3 商品管理模块设计

商品管理模块主要包括对商品信息的添加和管理（对商品信息进行检索、修改和删除操作），下面分别进行介绍。

1. 商品添加

☞ 数据表：tb_BookInfo、tb_Class　　　技术：数据表信息检索、添加操作

在网站的后台管理模块中，单击菜单栏中的"商品添加"按钮，将会在功能执行区中打开如图 31.39 所示的添加商品信息界面，在该界面中用户可以根据实际需要添加商品信息。

图 31.39　添加商品信息

1）前台页面设计

将一个表格（Table）控件置于 ProductAdd.aspx 页面中，为整个页面进行布局，然后从"工具箱"/"标准"选项卡中拖放 2 个 DropDownList 控件、6 个 TextBox 控件、3 个 CheckBox 控件、1 个 ImageMap 控件和 2 个 Button 控件，置于该表格中，各个控件的属性设置及用途如表 31.27 所示。

表 31.27　ProductAdd.aspx 页面中各个控件的属性设置及用途

控件类型	控件名称	主要属性设置	用途
标准/Button 控件	btnSave	Text 属性设置为"保存"	保存商品信息
	btnReset	Text 属性设置为"重置"	清空界面上原有的信息
标准/DropDownList 控件	ddlCategory	AutoPostBack 属性设置为 true	绑定商品类别名
	ddlUrl	AutoPostBack 属性设置为 true	绑定图像名称
标准/TextBox 控件	txtName	TextMode 属性设置为 SingleLine	输入商品名称
	txtAuthor	TextMode 属性设置为 SingleLine	输入主编
	txtCompany	TextMode 属性设置为 SingleLine	输入出版社
	txtMarketPrice	TextMode 属性设置为 SingleLine	输入市场价格
	txtHotPrice	TextMode 属性设置为 SingleLine	输入热销价格
	txtShortDesc	TextMode 属性设置为 MultiLine	输入商品描述
标准/ImageMap 控件	ImageMapPhoto	ImageUrl 属性默认设置为"~/Images/icon_7.gif"	显示商品图像
标准/CheckBox 控件	cbxCommend	Checked 属性设置为 true	是否推荐
	cbxHot	Checked 属性设置为 true	是否热销
	cbxDiscount	Checked 属性设置为 true	是否参与打折

2）后台功能代码

在编辑器页（ProductAdd.aspx.cs）中编写代码前，首先需要定义 CommonClass 类对象和 DBClass 类对象，以便在编写代码时调用该类中的方法。代码如下：

```
CommonClass ccObj = new CommonClass();
DBClass dbObj=new DBClass();
```

程序主要代码如下。

（1）在 Page_Load 事件中调用自定义方法 ddlClassBind 和 ddlUrlBind，用于绑定商品类别名和商品供选图像，代码如下：

```
protected void Page_Load(object sender, EventArgs e)
{
    if (!IsPostBack)
    {
        ddlClassBind();    //绑定商品类别名
        ddlUrlBind();      //绑定商品供选图像
    }
}
```

自定义方法 ddlClassBind 用于绑定商品类别名，代码如下：

```
public void ddlClassBind()
{
    string strSql = "select * from tb_Class";
    DataTable dsTable = dbObj.GetDataSetStr(strSql, "tbClass");
    //将商品类别信息绑定到 DropDownList 控件中
    this.ddlCategory.DataSource = dsTable.DefaultView;
    this.ddlCategory.DataTextField = dsTable.Columns[1].ToString();    //绑定商品类别名
    this.ddlCategory.DataValueField = dsTable.Columns[0].ToString();   //绑定商品类别号
    this.ddlCategory.DataBind();
}
```

自定义方法 ddlUrlBind 用于绑定商品供选图像，代码如下：

```
public void ddlUrlBind()
{
    string strSql = "select * from tb_Image";
    DataTable dsTable = dbObj.GetDataSetStr(strSql, "tbImage");
    //将供选图像绑定到 DropDownList 控件中
    this.ddlUrl.DataSource = dsTable.DefaultView;
    this.ddlUrl.DataTextField = dsTable.Columns[1].ToString();     //绑定图像名
    this.ddlUrl.DataValueField = dsTable.Columns[2].ToString();    //绑定图像路径
    this.ddlUrl.DataBind();
}
```

（2）当用户输入完商品的相关信息后，可以单击"保存"按钮，将商品信息插入商品信息表（tb_BookInfo）中，代码如下：

```
protected void btnSave_Click(object sender, EventArgs e)
{
    int IntClassID=Convert.ToInt32(this.ddlCategory.SelectedValue.ToString());    //商品类别号
    string strBookName=this.txtName.Text.Trim();                                   //商品类别名
    string strBookDesc=this.txtShortDesc.Text.Trim();                              //商品简短描述
    string strAuthor=this.txtAuthor.Text.Trim();                                   //书籍作者
    string strCompany=this.txtCompany.Text.Trim();                                 //书籍出版社
    string strBookUrl=this.ddlUrl.SelectedValue.ToString();                        //商品图像路径
    float fltMarketPrice=float.Parse(this.txtMarketPrice.Text.Trim());             //商品市场价
    float fltHotPrice=float.Parse(this.txtHotPrice.Text.Trim());                   //商品热销价
    bool blrefine =Convert.ToBoolean(this.cbxCommend.Checked);                     //是否推荐
    bool blHot = Convert.ToBoolean(this.cbxHot.Checked);                           //是否热销
    bool blDiscount = Convert.ToBoolean(this.cbxDiscount.Checked);                 //是否打折
    string strSql="select * from tb_BookInfo where BookName='"+strBookName+"'and Author='"+strAuthor+"'and Company='"+strCompany+"'";
    DataTable dsTable=dbObj.GetDataSetStr(strSql,"tbBI");
    if(dsTable.Rows.Count>0)
    {
        Response.Write(ccObj.MessageBox("该商品已存在！"));
    }
    else
    {//将商品信息插入到数据库中
        string strAddSql = "Insert into tb_BookInfo(ClassID,BookName,BookIntroduce,Author,Company,BookUrl,MarketPrice,HotPrice,Isrefinement,IsHot,IsDiscount)";
        strAddSql += "values ('" + IntClassID + "','" + strBookName + "','" + strBookDesc + "','" + strAuthor + "','" + strCompany + "','" + strBookUrl + "','" + fltMarketPrice + "','" + fltHotPrice + "','" + blrefine + "','" + blHot + "','" + blDiscount + "')";
        SqlCommand myCmd = dbObj.GetCommandStr(strAddSql);
        dbObj.ExecNonQuery(myCmd);
        Response.Write(ccObj.MessageBox("添加成功！"));
    }
}
```

2. 商品管理

数据表：tb_BookInfo、tb_Class   技术：数据表信息检索和删除操作、GridView控件的应用

在网站的后台管理模块中，单击菜单栏中的"商品管理"按钮，将会在功能执行区中打开如图31.40所示的商品管理界面。在该界面中，用户可以根据实际需要查询、浏览和删除商品。

当用户单击商品管理界面中的"详细信息"按钮时，将会在功能执行区中打开如图31.41所示的商品详细信息界面，用户可以在该界面中查询某一商品的详细信息，并且可以对商品信息进行修改。

1）前台页面设计

（1）设计商品管理页面

首先，将一个表格（Table）控件置于Product.aspx页面中，为整个页面进行布局。

图 31.40　商品管理页面

图 31.41　商品详细信息页面

然后，从"工具箱"选项卡中拖放一个 TextBox 控件、一个 Button 控件和一个 GridView 控件置于表格中，各个控件的属性设置及用途如表 31.28 所示。

表 31.28　商品管理页面用到的主要控件的属性设置及用途

控件类型	控件名称	主要属性设置	用途
标准/Button 控件	btnSearch	Text 属性设置为"搜索"	实现搜索功能
标准/TextBox 控件	txtKey	TextMode 属性设置为 SingleLine	输入搜索关键字
标准/GridView 控件	gvGoodsInfo	AllowPaging 属性设置为 true AutoGenerateColumns 属性设置为 false PageSize 属性设置为 5	显示商品信息

最后，为 GridView 控件绑定数据列，具体步骤如下。

① 单击 GridView 控件右上角的 ▶ 按钮，打开 GridView 任务列表，然后选择"编辑列"选项，将会弹出如图 31.42 所示的对话框。

图 31.42　为 GridView 控件绑定字段

在该对话框中为 GridView 控件添加 4 个 BoundField 字段、2 个 TemplageField 字段、1 个 HyperLinkField 字段和 1 个 CommandField 字段，各个字段的属性设置如表 31.29 所示。

表 31.29　GridView 控件添加的显示字段的属性设置

添加的字段	主要属性设置
BoundField	DataField 属性设置为 BookID
	HeaderText 属性设置为"书籍 ID"
	DataField 属性设置为 BookName
	HeaderText 属性设置为"书籍名称"
	DataField 属性设置为 Author
	HeaderText 属性设置为"主编"
	DataField 属性设置为 Company
	HeaderText 属性设置为"出版社"
TemplateField	HeaderText 属性设置为"所属类别"
	HeaderText 属性设置为"热销价"
HyperLinkField	HeaderText 属性设置为"详细信息"
	Text 属性设置为"详细信息"
	DataNavigateUrlFields 属性设置为 BookID
	DataNavigateUrlFormatString 属性设置为 EditProduct.aspx?BookID={0}
CommandField	HeaderText 属性设置为"删除"
	ShowDeleteButton 属性设置为 true

② 将页面切换到 HTML 源码中，为"所属类别"和"热销价"列绑定数据。代码如下：

```
<asp:TemplateField HeaderText ="所属类别">
<HeaderStyle HorizontalAlign =Center />
<ItemStyle HorizontalAlign =Center />
<ItemTemplate >
<%# GetClassName(Convert.ToInt32(DataBinder.Eval(Container.DataItem, "ClassID").ToString())) %>
</ItemTemplate>
</asp:TemplateField>
<asp:TemplateField HeaderText ="热销价">
<HeaderStyle HorizontalAlign =Center />
<ItemStyle HorizontalAlign =Center />
<ItemTemplate >
<%#DataBinder.Eval(Container.DataItem, "HotPrice")%>￥
</ItemTemplate>
</asp:TemplateField>
```

说明：绑定商品类别号，并通过后台代码中的公共方法 GetClassName 获取类别名

说明：绑定热销价

（2）设计商品详细信息页面

将一个表格（Table）控件置于 EditProduct.aspx 页面中，为整个页面进行布局，然后从"工具箱"/"标准"选项卡中拖放 2 个 DropDownList 控件、6 个 TextBox 控件、3 个 CheckBox 控件、1 个 ImageMap 控件和 1 个 Button 控件，置于该表格中，各个控件的属性设置及用途如表 31.30 所示。

表 31.30　商品详细信息页面的主要控件的属性设置及用途

控 件 类 型	控 件 名 称	主要属性设置	用　　途
标准/Button 控件	btnUpdate	Text 属性设置为"修改"	修改商品信息
标准/DropDownList 控件	ddlCategory	AutoPostBack 属性设置为 true	绑定商品类别名
	ddlUrl	AutoPostBack 属性设置为 true	绑定图像名称
标准/TextBox 控件	txtName	TextMode 属性设置为 SingleLine	显示商品名称
	txtAuthor	TextMode 属性设置为 SingleLine	显示主编
	txtCompany	TextMode 属性设置为 SingleLine	显示出版社
	txtMarketPrice	TextMode 属性设置为 SingleLine	显示市场价格
	txtHotPrice	TextMode 属性设置为 SingleLine	显示热销价格
	txtShortDesc	TextMode 属性设置为 MultiLine	显示商品描述
标准/ImageMap 控件	ImageMapPhoto	ImageUrl 属性默认设置为 "~/Images/icon_7.gif"	显示商品图像
标准/CheckBox 控件	cbxCommend	Checked 属性设置为 true	显示是否推荐
	cbxHot	Checked 属性设置为 true	显示是否热销
	cbxDiscount	Checked 属性设置为 true	显示是否参与打折

2）后台功能代码

在编辑器页（Product.aspx.cs）中编写代码前，首先需要定义 CommonClass 类对象、DBClass 类对象和 GoodsClass 类对象，以便在编写代码时调用该类中的方法。代码如下：

```
CommonClass ccObj = new CommonClass();
DBClass dbObj = new DBClass();
GoodsClass gcObj = new GoodsClass();
```

程序主要代码如下。

（1）在 Page_Load 事件中调用自定义方法 gvBind，显示商品信息，代码如下：

```
protected void Page_Load(object sender, EventArgs e)
{
        if (!IsPostBack)
        {
            ViewState["search"] = null;    //判断是否已单击"搜索"按钮
            gvBind();                      //显示商品信息
        }
}
```

自定义方法 gvBind，首先从商品信息表（tb_BookInfo）中获取商品信息，然后将获取的商品信息绑定到 GridView 控件中。代码如下：

```
public void gvBind()
{
        string strSql = "select * from tb_BookInfo";
        DataTable dsTable = dbObj.GetDataSetStr(strSql, "tbBI");
        this.gvGoodsInfo.DataSource = dsTable.DefaultView;
        this.gvGoodsInfo.DataKeyNames = new string[] { "BookID"};
        this.gvGoodsInfo.DataBind();
}
```

（2）当用户输入关键信息后，单击"搜索"按钮，将会触发该按钮的 Click 事件，在该事件下调用自定义方法 gvSearchBind 绑定查询后的商品信息。代码如下：

```
protected void btnSearch_Click(object sender, EventArgs e)
{
        ViewState["search"] = 1;    //将 ViewState["search"]对象置为 1
        gvSearchBind();             //绑定查询后的商品信息
}
```

自定义方法 gvSearchBind，调用 GoodsClass 类的 search 方法，查询符合条件的商品信息，并将其绑定到 GridView 控件上。代码如下：

```
public void gvSearchBind()
{
        DataTable dsTable = gcObj.search(this.txtKey.Text.Trim());
        this.gvGoodsInfo.DataSource = dsTable.DefaultView;
        this.gvGoodsInfo.DataKeyNames = new string[] { "BookID" };
        this.gvGoodsInfo.DataBind();
}
```

（3）在 GridView 控件的 PageIndexChanging 事件下添加如下代码，实现 GridView 控件的分页功能。

```
protected void gvGoodsInfo_PageIndexChanging(object sender, GridViewPageEventArgs e)
{
        gvGoodsInfo.PageIndex = e.NewPageIndex;
        if (ViewState["search"] != null)
```

```
        {
            gvSearchBind();//绑定查询后的商品信息
        }
        else
        {
            gvBind();//绑定所有商品信息
        }
}
```

（4）在 GridView 控件的 RowDeleting 事件下编写如下代码，实现当用户单击某个商品后的"删除"按钮时，将该商品从商品信息表中删除。

```
protected void gvGoodsInfo_RowDeleting(object sender, GridViewDeleteEventArgs e)
{
        int IntBookID = Convert.ToInt32(gvGoodsInfo.DataKeys[e.RowIndex].Value); //获取商品代号
        string strSql = "select count(*) from tb_Detail where BookID=" + IntBookID;
        SqlCommand myCmd = dbObj.GetCommandStr(strSql);
        //判断商品是否能被删除（如在明细订单中包含该商品的 ID 代号）
        if (Convert.ToInt32(dbObj.ExecScalar(myCmd)) > 0)
        {
            Response.Write(ccObj.MessageBox("该商品正被使用，无法删除！"));
        }
        else
        {
            //删除指定的商品信息
            string strDelSql = "delete from tb_BookInfo where BookID=" + IntBookID;
            SqlCommand myDelCmd = dbObj.GetCommandStr(strDelSql);
            dbObj.ExecNonQuery(myDelCmd);
            //对商品信息进行重新绑定
            if (ViewState["search"] != null)
            {
                gvSearchBind();//绑定查询后的商品信息
            }
            else
            {
                gvBind();//绑定所有商品信息
            }
        }
}
```

当单击 GridView 控件中的"详细信息"按钮时，将会跳转到详细信息页面。在该页面中，用户可以查看并修改商品信息。

在编辑器页（EditProduct.aspx.cs）中编写代码前，首先需要定义 CommonClass 类对象和 DBClass 类对象，以便在编写代码时调用该类中的方法。代码如下：

```
CommonClass ccObj = new CommonClass();
DBClass dbObj=new DBClass();
```

程序主要代码如下。

（1）在 Page_Load 事件中调用自定义方法 ddlClassBind 和 ImageBind，用于绑定商品类别名和商品供选图像。代码如下：

```
protected void Page_Load(object sender, EventArgs e)
{
        if (!IsPostBack)
        {
                ddlClassBind();         //绑定商品类别名
                ImageBind();            //绑定商品供选图像
                GetGoodsInfo();         //指定商品信息
        }
}
```

自定义方法 GetGoodsInfo，首先从商品信息表（tb_BookInfo）中获取指定商品的信息，然后将商品信息显示出来。代码如下：

```
public void GetGoodsInfo()
{
        string strSql = "select * from tb_BookInfo where BookID="+Convert.ToInt32(Request["BookID"].Trim());
        SqlCommand myCmd = dbObj.GetCommandStr(strSql);
        DataTable dsTable = dbObj.GetDataSetStr(strSql, "tbBI");
        this.ddlCategory.SelectedValue = dsTable.Rows[0]["ClassID"].ToString();              //商品类别号
        this.txtName.Text = dsTable.Rows[0]["BookName"].ToString();                          //商品类别名
        this.txtAuthor.Text = dsTable.Rows[0]["Author"].ToString();                          //书籍作者
        this.txtCompany.Text = dsTable.Rows[0]["Company"].ToString();                        //书籍出版社
        this.txtMarketPrice.Text = dsTable.Rows[0]["MarketPrice"].ToString();                //商品市场价
        this.txtHotPrice.Text = dsTable.Rows[0]["HotPrice"].ToString();                      //商品热销价
        this.ddlUrl.SelectedValue = dsTable.Rows[0]["BookUrl"].ToString();                   //商品图像路径
        this.ImageMapPhoto.ImageUrl = ddlUrl.SelectedItem.Value;                             //显示商品图像
        this.cbxCommend.Checked = bool.Parse(dsTable.Rows[0]["Isrefinement"].ToString());    //是否推荐
        this.cbxHot.Checked = bool.Parse(dsTable.Rows[0]["IsHot"].ToString());               //是否热销
        this.cbxDiscount.Checked = bool.Parse(dsTable.Rows[0]["IsDiscount"].ToString());     //是否打折
        this.txtShortDesc.Text = dsTable.Rows[0]["BookIntroduce"].ToString();                //商品简短描述
}
```

说明

自定义方法 ddlClasBind 和 ImageBind 已在商品添加页（ProductAdd.aspx）中给出，此处不再赘述。

（2）当用户修改完商品的相关信息后，可以单击"修改"按钮，将修改后的商品信息保存到商品信息表（tb_BookInfo）中。代码如下：

```
protected void btnUpdate_Click(object sender, EventArgs e)
{
        int IntClassID = Convert.ToInt32(this.ddlCategory.SelectedValue.ToString());   //商品类别号
        string strBookName = this.txtName.Text.Trim();                                 //商品类别名
        string strBookDesc = this.txtShortDesc.Text.Trim();                            //商品简短描述
```

```
            string strAuthor = this.txtAuthor.Text.Trim();                      //书籍作者
            string strCompany = this.txtCompany.Text.Trim();                    //书籍出版社
            string strBookUrl = this.ddlUrl.SelectedValue.ToString();           //商品图像路径
            float fltMarketPrice = float.Parse(this.txtMarketPrice.Text.Trim()); //商品市场价
            float fltHotPrice = float.Parse(this.txtHotPrice.Text.Trim());      //商品热销价
            bool blCommend = Convert.ToBoolean(this.cbxCommend.Checked);        //是否推荐
            bool blHot = Convert.ToBoolean(this.cbxHot.Checked);                //是否热销
            bool blDiscount = Convert.ToBoolean(this.cbxDiscount.Checked);      //是否打折
            //修改数据表中的商品信息
            string strSql = "update tb_BookInfo ";
            strSql += "set ClassID='" + IntClassID + "',BookName='" + strBookName + "',BookIntroduce='" + strBookDesc + "'";
            strSql += ",Author='" + strAuthor + "',Company='" + strCompany + "',BookUrl='" + strBookUrl + "'";
            strSql += ",MarketPrice='" + fltMarketPrice + "',HotPrice='" + fltHotPrice + "'";
            strSql += ",Isrefinement='" + blCommend + "',IsHot='" +blHot+ "',IsDiscount='" +blDiscount+ "',LoadDate='"+DateTime.Now+"'";
            strSql += " where BookID=" + Convert.ToInt32(Request["BookID"].Trim());
            SqlCommand myCmd = dbObj.GetCommandStr(strSql);
            dbObj.ExecNonQuery(myCmd);
            ccObj.MessageBox("修改成功！");
        }
```

31.7.4 订单管理模块设计

订单管理模块主要包括订单管理（订单的检索、修改和删除操作）和订单打印，下面分别进行介绍。

1. 订单管理

数据表：tb_Admin、tb_BookInfo

技术：对数据表信息进行检索和删除操作、GridView控件的应用

在网站后台管理模块中，单击菜单栏中"订单管理"下的"未确认"、"已确认"、"未发货"、"已发货"、"未归档"、"已归档"中任一个按钮，都会在功能执行区中打开如图31.43所示的订单管理页面，在该界面中，用户可以根据实际需要查询、浏览和删除订单信息。

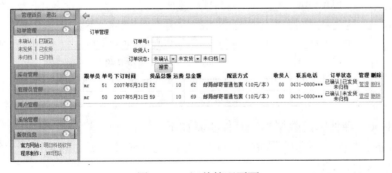

图31.43 订单管理页面

当单击订单管理界面中的"管理"按钮时,将会在功能执行区中打开如图 31.44 所示的订单详细信息界面,用户可以在该界面中查询某一订单的详细信息,并且可以对订单的信息进行修改。

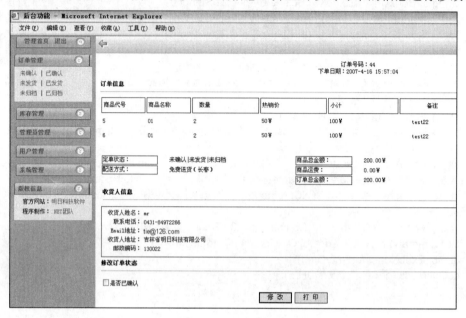

图 31.44　订单详细信息界面

1)前台页面设计

(1)设计订单管理页面

首先,将一个表格(Table)控件置于 OrderList.aspx 页中,为整个页面进行布局。

然后,从"工具箱"选项卡中拖放 2 个 TextBox 控件、3 个 DropDownList 控件、1 个 Label 控件、1 个 Button 控件和 1 个 GridView 控件置于表格中。TextBox、Label、Button 和 GridView 控件的属性设置及用途如表 31.31 所示。

表 31.31　订单管理页面用到的主要控件的属性设置及用途

控件类型	控件名称	主要属性设置	用途
标准/Button 控件	btnSearch	Text 属性设置为"搜索"	实现搜索功能
标准/Label 控件	labTitleInfo	Text 属性设置为""	显示订单状态
标准/TextBox 控件	txtKeyword	TextMode 属性设置为 SingleLine	输入搜索关键字
	txtName	TextMode 属性设置为 SingleLine	输入订单号
标准/GridView 控件	gvGoodsInfo	AllowPaging 属性设置为 true AutoGenerateColumns 属性设置为 false PageSize 属性设置为 5	显示订单信息

最后,为 GridView 控件绑定数据列,具体步骤如下。

① 单击 GridView 控件右上角的▶按钮,打开 GridView 任务列表,然后选择"编辑列"选项,将会弹出如图 31.45 所示的对话框。

图 31.45　为 GridView 控件绑定字段

在该对话框中为 GridView 控件添加 7 个 BoundField 字段、4 个 TemplateField 字段和 1 个 CommandField 字段，各个字段的属性设置如表 31.32 所示。

表 31.32　GridView 控件添加的显示字段的属性设置

添加的字段	主要属性设置
BoundField	DataField 属性设置为 ShipType
	HeaderText 属性设置为"配送方式"
	DataField 属性设置为 OrderID
	HeaderText 属性设置为"单号"
	DataField 属性设置为 BooksFee
	HeaderText 属性设置为"货品总额"
	DataField 属性设置为 ShipFee
	HeaderText 属性设置为"运费"
	DataField 属性设置为 TotalPrice
	HeaderText 属性设置为"总金额"
	DataField 属性设置为 ReceiverName
	HeaderText 属性设置为"收货人"
	DataField 属性设置为 ReceiverPhone
	HeaderText 属性设置为"联系电话"
TemplateField	HeaderText 属性设置为"跟单员"
	HeaderText 属性设置为"下单时间"
	HeaderText 属性设置为"订单状态"
	HeaderText 属性设置为"管理"
CommandField	HeaderText 属性设置为"删除"
	ShowDeleteButton 属性设置为 true

② 将页面切换到 HTML 源码中，为"订单状态"和"管理"绑定数据项。代码如下：

```
<asp:TemplateField    HeaderText ="跟单员">
    <ItemTemplate>
        <%#GetAdminName(Convert.ToInt32(DataBinder.Eval(Container.DataItem, "OrderID").ToString())) %>
    </ItemTemplate>
</asp:TemplateField>
<asp:TemplateField    HeaderText ="下单时间">
    <ItemTemplate>
        <%#Convert.ToDateTime(DataBinder.Eval(Container.DataItem, "OrderDate").ToString()).ToLongDateString()%>
    </ItemTemplate>
</asp:TemplateField>
<asp:TemplateField HeaderText="订单状态">
    <ItemTemplate>
        <%# GetStatus(Convert.ToInt32(DataBinder.Eval(Container.DataItem, "OrderID").ToString()))%>
    </ItemTemplate>
</asp:TemplateField >
<asp:TemplateField HeaderText="管理">
    <ItemTemplate>
        <a href='OrderModify.aspx?OrderID=<%# DataBinder.Eval(Container.DataItem, "OrderID") %>'>
管理</a>
    </ItemTemplate>
</asp:TemplateField>
```

绑定订单号，并通过后台代码中的公共方法 GetAdminName 获取跟单员名

绑定下单时间，并将其转化为长日期型

绑定订单号，并通过后台代码中的公共方法 GetStatus 获取跟单员名

当用户单击"管理"按钮后，跳转到订单修改页，并传递订单号

（2）设计订单详细信息页面

将表格（Table）控件置于页面中，为整个页面进行布局，然后从"工具箱"选项卡中拖放 1 个 Button 控件、1 个 Repeater 控件、1 个 Input（Button）控件和 3 个 CheckBox 控件置于表格中，各个控件的属性设置及用途如表 31.33 所示。

表 31.33 订单详细信息页面用到的主要控件的属性设置及用途

控件类型	控件名称	主要属性设置	用途
标准/Button 控件	btnSave	Text 属性设置为"修改"	执行"修改"操作
HTML/Input（Button）	btnInput	Value 属性设置为"打印"	跳转到订单页，执行"打印"操作
标准/CheckBox 控件	chkConfirm	Text 属性设置为"是否已确认" AutoPostBack 属性设置为 true	是否已确认
	chkConsignment	Text 属性设置为"是否已发货" AutoPostBack 属性设置为 true	是否已发货
	chkPigeonhole	Text 属性设置为"是否已归档" AutoPostBack 属性设置为 true	是否已归档
数据/Repeater 控件	rptOrderItems	Runat 属性设置为 server	显示订单中商品信息

2）后台功能代码

在编辑器页（OrderList.aspx.cs）中编写代码前，首先需要定义 CommonClass 类对象、DBClass 类对象和 OrderClass 类对象，以便在编写代码时调用该类中的方法。代码如下：

```
CommonClass ccObj = new CommonClass();
DBClass dbObj = new DBClass();
OrderClass ocObj = new OrderClass();
```

程序主要代码如下。

（1）在 Page_Load 事件中调用自定义方法 pageBind，分类显示订单信息，代码如下：

```
protected void Page_Load(object sender, EventArgs e)
{
    if (!IsPostBack)
    {
        ViewState["search"] = null;        //判断是否已单击"搜索"按钮
        pageBind();                         //绑定订单信息
    }
}
```

自定义方法 pageBind，首先从订单信息表（tb_OrderInfo）中获取订单信息，然后将获取的订单信息绑定到 GridView 控件中。代码如下：

```
public void pageBind()
{
        strSql ="select * from tb_OrderInfo where ";
        //获取 Request["OrderList"]对象的值，确定查询条件
        string strOL=Request["OrderList"].Trim();
        switch (strOL)
        {
            case "00"://表示未确定
                strSql +="IsConfirm=0";
                break;
            case "01"://表示已确定
                strSql +="IsConfirm=1";
                break;
            case "10": //表示未发货
                strSql +="IsSend=0";
                break;
            case "11"://表示已发货
                strSql +="IsSend=1";
                break;
            case "20": //表示收货人未验收货物
                strSql +="IsSend=0";
                break;
            case "21": //表示收货人已验收货物
                strSql +="IsEnd=1";
                break;
            default :
                break;
        }
        strSql +="  order by OrderDate Desc";
        //获取查询信息，并将其绑定到 GridView 控件中
```

```
            DataTable dsTable = dbObj.GetDataSetStr(strSql, "tbOI");
            this.gvOrderList.DataSource = dsTable.DefaultView;
            this.gvOrderList.DataKeyNames = new string[] { "OrderID"};
            this.gvOrderList.DataBind();
}
```

（2）当用户输入关键信息后，单击"搜索"按钮，将会触发该按钮的 Click 事件，在该事件下，调用自定义方法 gvSearchBind 绑定查询后的订单信息。代码如下：

```
protected void btnSearch_Click(object sender, EventArgs e)
{
        ViewState["search"] = 1;           //将 ViewState["search"]对象置为 1
        gvSearchBind();                    //绑定查询后的订单信息
}
```

自定义方法 gvSearchBind，首先获取查询条件，然后调用 OrderClass 类的 ExactOrderSearch 方法，查询符合条件的商品信息，并将其绑定到 GridView 控件上。代码如下：

```
public void gvSearchBind()
{
    int IntOrderID = 0;        //输入订单号
    int IntNF=0;               //判断是否输入收货人
    string strName="";         //输入收货人姓名
    int IntIsConfirm=0 ;       //是否确认
    int IntIsSend=0 ;          //是否发货
    int IntIsEnd =0;           //是否归档
    if (this.txtKeyword.Text == "" && this.txtName.Text == "" && this.ddlConfirmed.SelectedIndex == 0 && this.ddlFinished.SelectedIndex == 0 && this.ddlShipped.SelectedIndex == 0)
    {//关键信息为空时，调用 pageBind 方法绑定订单信息
        pageBind();
    }
    else
    {
        //获取关键信息
        if (this.txtKeyword.Text != "")
        {
            IntOrderID = Convert.ToInt32(this.txtKeyword.Text.Trim());
        }
        if (this.txtName.Text != "")
        {
            IntNF = 1;
            strName = this.txtName.Text.Trim();
        }
        IntIsConfirm = this.ddlConfirmed.SelectedIndex;
        IntIsSend = this.ddlShipped.SelectedIndex;
        IntIsEnd =this.ddlFinished.SelectedIndex;
        //获取符合条件的查询语句，并将数据信息绑定到 GridView 控件中
        DataTable  dsTable = ocObj.ExactOrderSearch(IntOrderID, IntNF, strName, IntIsConfirm, IntIsSend, IntIsEnd);
        this.gvOrderList.DataSource = dsTable.DefaultView;
```

```
            this.gvOrderList.DataKeyNames = new string[] { "OrderID"};
            this.gvOrderList.DataBind();
    }
}
```

（3）在 GridView 控件的 PageIndexChanging 事件下添加如下代码，实现 GridView 控件的分页功能。

```
protected void gvOrderList_PageIndexChanging(object sender, GridViewPageEventArgs e)
{
        gvOrderList.PageIndex = e.NewPageIndex;
        if (ViewState["search"] == null)
        {
            pageBind();//绑定所有订单信息
        }
        else
        {
            gvSearchBind();//绑定查询后的订单信息
        }
}
```

（4）在 GridView 控件的 RowDeleting 事件下编写如下代码，实现当用户单击某个订单后的"删除"按钮时，首先判断该订单是否被确认或归档，如果没有被确认（说明购物用户不存在）或已归档（说明货物已被用户验收），则将该订单从订单信息表中删除。

```
protected void gvOrderList_RowDeleting(object sender, GridViewDeleteEventArgs e)
{
        string strSql = "select  *  from tb_OrderInfo where (IsConfirm=0 or IsEnd=1) and OrderID=" + Convert.ToInt32(gvOrderList.DataKeys[e.RowIndex].Value);
        //判断该订单是否已被确认或归档，如果已被确认或未归档，不能删除该订单
        if (dbObj.GetDataSetStr(strSql, "tbOrderInfo").Rows.Count > 0)
        {
            //删除订单表中的信息
            string strDelSql = "delete from tb_OrderInfo where OrderId=" + Convert.ToInt32(gvOrderList.DataKeys[e.RowIndex].Value);
            SqlCommand myCmd = dbObj.GetCommandStr(strDelSql);
            dbObj.ExecNonQuery(myCmd);
            //删除订单详细表中的信息
            string strDetailSql = "delete from tb_Detail where OrderId=" + Convert.ToInt32(gvOrderList.DataKeys[e.RowIndex].Value);
            SqlCommand myDCmd = dbObj.GetCommandStr(strDetailSql);
            dbObj.ExecNonQuery(myDCmd);
        }
        //重新绑定
        if (Session["search"] == null)
        {
            pageBind();
        }
        else
```

```
            {
                gvSearchBind();
            }
}
```

当用户单击 GridView 控件中的"管理"按钮时,将会跳转到订单详细信息页面(OrderModify.aspx)。在该页面中,用户可以查看并修改订单信息。

在编辑器页(OrderModify.aspx.cs)中编写代码前,需要进行如下操作:

首先,在 App_Code 文件夹下创建一个 OrderProperty 类,编写一段代码,以便在显示订单信息时调用该类中的公共属性。代码如下:

```
public class OrderProperty
{
    private int IntOrderNo;                    //订单编号
    private DateTime dtOrderTime;              //下单时间
    private float fltProductPrice;             //商品总金额
    private float fltShipPrice;                //商品运费
    private float fltTotalPrice;               //订单总金额
    private string strReceiverName;            //收货人姓名
    private string strReceiverPhone;           //联系人电话
    private string strReceiverEmail;           //E-mail 地址
    private string strReceiverAddress;         //购货人地址
    private string strReceiverPostcode;        //邮政编码
    private string strShipType;                //运输类型
    public int OrderNo
    {//订单编号
        get{ return IntOrderNo; }
        set{ IntOrderNo = value; }
    }
    public DateTime OrderTime
    {//下单时间
        get{return dtOrderTime; }
        set{dtOrderTime = value; }
    }
    public float ProductPrice
    {//商品总金额
        get{return fltProductPrice; }
        set{fltProductPrice = value; }
    }
    public float ShipPrice
    {//商品运费
        get { return fltShipPrice; }
        set { fltShipPrice = value; }
    }
    public float TotalPrice
    {//订单总金额
        get { return fltTotalPrice; }
        set { fltTotalPrice =value ;}
    }
```

```
        public string ReceiverName
        {//收货人姓名
            get{return strReceiverName; }
            set{strReceiverName = value; }
        }
        public string ReceiverPhone
        {//联系人电话
            get{return strReceiverPhone; }
            set{strReceiverPhone = value; }
        }
        public string ReceiverEmail
        {//E-mail 地址
            get{return strReceiverEmail; }
            set{strReceiverEmail = value; }
        }
        public string ReceiverAddress
        {//购货人地址
            get{return strReceiverAddress; }
            set{strReceiverAddress = value; }
        }
        public string ReceiverPostcode
        {//邮政编码
            get{return strReceiverPostcode; }
            set{strReceiverPostcode = value; }
        }
        public string ShipType
        {//运输类型
            get{ return strShipType; }
            set{strShipType = value; }
        }
}
```

然后，在编辑器页（OrderModify.aspx.cs）中定义 CommonClass 类对象和 DBClass 类对象，以便在编写代码时调用该类中的方法。同时，再声明一个静态的公共类 OrderProperty 的全局对象，调用 OrderProperty 类中的公共属性。代码如下：

```
CommonClass ccObj = new CommonClass();
DBClass dbObj = new DBClass();
public static OrderProperty    order = new OrderProperty()
```

程序主要代码如下：

（1）在 Page_Load 事件中调用自定义方法 ModifyBind 和 rpBind，用于显示订单状态和订单中商品的详细信息。代码如下：

```
protected void Page_Load(object sender, EventArgs e)
{
        order = GetOrderInfo();              //为 OrderProperty 类对象赋值
        if (!IsPostBack)
        {
```

```csharp
            ModifyBind();              //显示订单状态
            rpBind();                  //显示订单中商品的详细信息
    }
}
```

自定义方法 GetOrderInfo，实现的主要功能是为 OrderProperty 类中的公共属性赋值，并返回 OrderProperty 类对象。代码如下：

```csharp
///<summary>
///为 OrderProperty 类中的订单信息赋值
///</summary>
///<returns>返回 OrderProperty 类的实例对象</returns>
public OrderProperty GetOrderInfo()
{
    string strSql = "select * from tb_OrderInfo where OrderID="+Convert.ToInt32(Request["OrderID"].Trim());
    DataTable dsTable = dbObj.GetDataSetStr(strSql, "tbOI");
    order.OrderNo = Convert.ToInt32(Request["OrderID"].Trim());                              //订单编号
    order.OrderTime = Convert.ToDateTime(dsTable.Rows[0]["OrderDate"].ToString());           //下单时间
    order.ProductPrice = float.Parse(dsTable.Rows[0]["BooksFee"].ToString());                //商品总金额
    order.ShipPrice = float.Parse(dsTable.Rows[0]["ShipFee"].ToString());                    //商品运费
    order.TotalPrice = float.Parse(dsTable.Rows[0]["TotalPrice"].ToString());                //订单总金额
    order.ShipType = dsTable.Rows[0]["ShipType"].ToString();                                 //运输类型
    order.ReceiverAddress = dsTable.Rows[0]["ReceiverAddress"].ToString();                   //购货人地址
    order.ReceiverEmail = dsTable.Rows[0]["ReceiverEmail"].ToString();                       //E-mail 地址
    order.ReceiverName = dsTable.Rows[0]["ReceiverName"].ToString();                         //收货人姓名
    order.ReceiverPhone = dsTable.Rows[0]["ReceiverPhone"].ToString();                       //联系人电话
    order.ReceiverPostcode = dsTable.Rows[0]["ReceiverPostcode"].ToString();                 //邮政编码
    order.ShipType = dsTable.Rows[0]["ShipType"].ToString();
    return (order);
}
```

自定义方法 ModifyBind，用来显示当前订单状态，代码如下：

```csharp
///<summary>
///绑定订单状态
///</summary>
public void ModifyBind()
{
    string strSql = "select IsConfirm,IsSend,IsEnd from tb_OrderInfo where OrderID=" + Convert.ToInt32(Request["OrderID"].Trim());
    DataTable dsTable = dbObj.GetDataSetStr(strSql, "tbOI");
    this.chkConfirm.Checked = Convert.ToBoolean(dsTable.Rows[0][0].ToString());       //是否被确认
    this.chkConsignment.Checked = Convert.ToBoolean(dsTable.Rows[0][1].ToString());   //是否已发货
    this.chkPigeonhole.Checked = Convert.ToBoolean(dsTable.Rows[0][2].ToString());    //是否已归档
    //对复选框的隐藏，订单状态的顺序为确认、发货、归档
    if (this.chkConfirm.Checked == false)
    {
        this.chkConsignment.Visible = false;   // "是否已发货"复选框隐藏
        this.chkPigeonhole.Visible = false;    // "是否已归档"复选框隐藏
```

```csharp
        }
        else
        {
            if (this.chkConsignment.Checked == false)
            {
                this.chkConfirm.Enabled = false;          //"是否已确认"复选框不可用
                this.chkPigeonhole.Visible = false;       //"是否已归档"复选框不可见
            }
            else
            {
                if (this.chkPigeonhole.Checked == false)
                {
                    this.chkConfirm.Enabled = false;      //"是否已确认"复选框不可用
                    this.chkConsignment.Enabled = false;  //"是否已发货"复选框不可用
                }
                else
                {
                    this.btnSave.Visible = false;         //"修改"按钮不可见
                }
            }
        }
    }
}
```

自定义方法 rpBind，首先从订单明细表中获取订单中商品的详细信息，然后将获取的商品信息绑定到 repeater 数据控件中。代码如下：

```csharp
public void rpBind()
{
    string strSql = "select b.BookID,BookName,Num,HotPrice,TotailPrice,Remark ";
    strSql += "from tb_Detail d,tb_BookInfo b where d.BookID=b.BookID and OrderID=" + Convert.ToInt32(Request["OrderID"].Trim());
    DataTable dsTable = dbObj.GetDataSetStr(strSql, "tbDI");
    this.rptOrderItems.DataSource = dsTable.DefaultView;
    this.rptOrderItems.DataBind();
}
```

（2）当用户修改完订单状态后，可以单击"修改"按钮，在该按钮的 Click 事件下，修改订单信息表中的订单状态。代码如下：

```csharp
protected void btnSave_Click(object sender, EventArgs e)
{
    bool blConfirm = Convert.ToBoolean(this.chkConfirm.Checked);         //是否被确认
    bool blSend = Convert.ToBoolean(this.chkConsignment.Checked);        //是否已发货
    bool blEnd = Convert.ToBoolean(this.chkPigeonhole.Checked);          //是否已归档
    int IntAdminID = Convert.ToInt32(Session["AID"].ToString());         //跟单员 ID 代号
    //修改订单表中订单状态
    string strSql = "update tb_OrderInfo ";
    strSql += "  set IsConfirm='" + blConfirm + "',IsSend='" + blSend + "',IsEnd='" + blEnd + "',AdminID='" + IntAdminID + "',ConfirmTime='" + DateTime.Now + "'";
```

```
    strSql += "where OrderID=" + Convert.ToInt32(Request["OrderID"].Trim());
    SqlCommand myCmd = dbObj.GetCommandStr(strSql);
    dbObj.ExecNonQuery(myCmd);
    Response.Write(ccObj.MessageBox("修改成功！", "main.aspx"));
}
```

（3）当用户修改完订单状态后，还可以单击"打印"按钮，弹出订单打印页（OrderPrint.aspx）对订单进行打印。实现该功能的具体步骤如下。

首先，将页面切换到 HTML 源码中，设置"打印"按钮的 onclick 事件为"printOrder(<%=Request.QueryString["OrderID"]%>)"。

然后，使用 JavaScript 语言编写代码，实现当用户单击"打印"按钮时，弹出订单打印页（OrderPrint.aspx）。代码如下：

```
<script language=javascript>
    function printOrder(oid)
    {temp=window.open('OrderPrint.aspx?OrderID='+oid,'Order','width=700,height=650,scrollbars=yes');
    temp.focus();}
</script>
```

2. 订单打印

数据表：tb_Admin　　　存储过程：proAdminInfo　　　技术：数据表信息检索

当用户单击订单详细信息页（OrderModify.aspx）中的"打印"按钮后，将会弹出订单打印页（OrderPrint.aspx）。在该页中，用户可以打印订单，运行结果如图 31.46 所示。

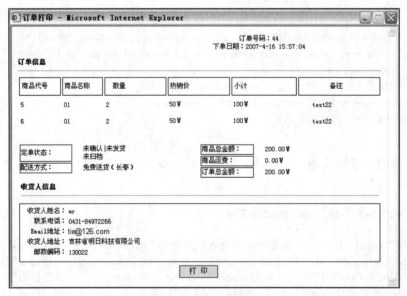

图 31.46　订单打印页面

（1）前台页面设计

将表格控件（Table）置于页面中，为整个页面进行布局，然后从"工具箱"选项卡中拖放一个 Repeater

控件和一个 Input（Button）控件置于表格中，各个控件的属性设置及用途如表 31.34 所示。

表 31.34　订单打印页面用到的主要控件的属性设置及用途

控件类型	控件名称	主要属性设置	用途
HTML/Input（Button）	btnInput	Value 属性设置为"打印"	跳转到订单页，执行"打印"操作
数据/Repeater 控件	rptOrderItems	Runat 属性设置为 server	显示订单中商品信息

说明

在订单打印的编辑器页（OrderPrint.aspx.cs）中，完成的主要功能是订单信息的显示和订单的打印，对于订单信息的显示，读者可参见订单详细信息页（OrderModify.aspx）中的实现方法，此处不再赘述，下面重点介绍订单的打印功能。

（2）后台页面设计

当用户单击"打印"按钮后，将会对订单进行打印，同时隐藏打印按钮。实现该功能的具体步骤如下。

首先，将页面切换到 HTML 源码中，设置"打印"按钮的 onclick 事件为 printPage()，并将"打印"按钮置于 Id 为 printOrder 的<SPAN></SPAN>节中。源代码为：

```
<SPAN id="printOrder"><input type="button" onclick="printPage()" value="打 印" id=" btnInput "></SPAN>
```

然后，在<head></head>节中，使用 JavaScript 语言编写如下代码，实现当用户单击"打印"按钮时，隐藏"打印"按钮并对订单进行打印。

```
<head runat="server">
    <title>订单打印</title>
    <SCRIPT language="JavaScript">
        function printPage()
        {
            eval("printOrder" + ".style.display=\"none\";");
            window.print();
        }
    </SCRIPT>
</head>
```